W0269408

Verfahrenstechnik mit EXCEL

Verfahrenstechnik mit EXCEL

Uwe Feuerriegel

Verfahrenstechnik mit EXCEL

Verfahrenstechnische Berechnungen effektiv durchführen und professionell dokumentieren

Uwe Feuerriegel
FH Aachen
Aachen, Deutschland

ISBN 978-3-658-02902-9   ISBN 978-3-658-02903-6 (eBook)
DOI 10.1007/978-3-658-02903-6

Die Deutsche Nationalbibliothek verzeichnet diese Publikation in der Deutschen Nationalbibliografie; detaillierte bibliografische Daten sind im Internet über http://dnb.d-nb.de abrufbar.

Springer Vieweg

Lektorat: Thomas Zipsner
Unter Mitarbeit von: Dr. Stefan Pinnow

Gedruckt auf säurefreiem und chlorfrei gebleichtem Papier.

Springer Vieweg ist Teil von Springer Nature
Die eingetragene Gesellschaft ist Springer Fachmedien Wiesbaden GmbH

Vorwort

In der verfahrenstechnischen Berufspraxis stellen Berechnungen einen großen Teil der täglichen Arbeit von Projektingenieuren dar. Viele Aufgabenstellungen müssen routinemäßig wiederholt werden oder sind zumindest so anspruchsvoll, dass sie nicht ohne Weiteres mit Papier, Stift und Taschenrechner gelöst werden können.

Schnell kann es sich für verfahrenstechnische Auslegungen lohnen, ein Berechnungsprogramm in Excel[1] oder einem vergleichbaren Tabellenkalkulationsprogramm zu erstellen, um Arbeitsschritte zu standardisieren. Wird die Berechnung übersichtlich in einem Arbeitsblatt angelegt, so liegt als Ergebnis ein gut strukturiertes, kommentiertes, ausdruckbares und z. B. per E-Mail versendbares Berechnungsblatt vor, das Kollegen, Vorgesetzten oder Kunden übermittelt werden kann und diese in die Lage versetzt, die Berechnung und ihre Ergebnisse nachzuvollziehen und zu verwenden.

Zu wenig bekannt ist, dass sich Excel für komplexe Berechnungen und mathematische Optimierungen erfolgreich einsetzen lässt. Nicht immer ist der Einsatz von Computeralgebrasystemen oder professionellen Simulationsprogrammen der beste Weg. Gerade in kleineren Unternehmen stehen diese Werkzeuge aus Kosten- und Zeitgründen oft nicht zur Verfügung.

Der inhaltliche Schwerpunkt dieses Buches liegt auf den thermischen Grundoperationen der Verfahrenstechnik. Es basiert auf meiner zweisemestrigen Lehrveranstaltung Thermische Verfahren an der FH Aachen in den Bachelorstudiengängen Prozesstechnik und Chemie sowie auf weiteren verfahrenstechnischen Lehrveranstaltungen. Die Erstellung von Berechnungsmodulen in Excel wurde über Jahre erfolgreich aufgebaut und erprobt. So entstand eine Sammlung von Modulen, die auch im Rahmen von Industriekooperationen genutzt oder hierfür gezielt angefertigt wurden.

Besonderer Dank gilt denen, die während ihres Studiums an der FH Aachen, ihrer von mir betreuten Abschlussarbeit, ihrer Zeit als wissenschaftliche Mitarbeiter an der FH Aachen oder sogar danach an der Entstehung dieses Buches inhaltlich mitgewirkt haben. Dies sind Herr Dr.-Ing. Stefan Pinnow, Herr Dipl.-Ing. Simon Wittenhorst, Frau Anke Patt M. Eng., Herr Andrej Matthes M. Sc., Herr Jakob Schneider B. Sc. und Herr Sascha Kleiber B. Sc.

Dieses Buch wäre ohne Herrn Pinnow nicht entstanden. Das betrifft die Inhalte, die zu großen Teilen mit Herrn Pinnow besprochen und abgestimmt sowie kritisch von ihm gelesen und verbessert wurden. Es betrifft die VBA-Codes, die von ihm überarbeitet, ergänzt und in eine professionelle Form gebracht wurden. Und es betrifft den Satz und das Layout dieses Buches mit LaTeX, das nur Dank seiner aktiven Hilfe, seines Expertenwissens sowie seiner geduldigen Unterstützung entstehen konnte. Von der Umsetzung der Inhalte mit LaTeX über die Erstellung von Formatvorlagen bis zur Versionsverwaltung arbeitete zudem Herr Pablo Theissen M. Sc. intensiv mit.

---

[1] Microsoft® Office Excel®

Herrn Jakob Schneider danke ich auch für die sorgfältigen Korrekturen und die vielen Verbesserungsvorschläge.

Dann ist die wichtigste Gruppe zu erwähnen, die Studierenden, für die dieses Buch geschrieben wurde und die am intensivsten mitgewirkt haben, indem Sie sich – freiwillig oder auch unfreiwillig – mit den Inhalten der Lehrveranstaltungen auseinandersetzten und in den Praktika Excel-Berechnungsmodule unter Anleitung erstellten, Fehler fanden und dieses neue Konzept testeten. Aber auch die industrieseitigen Partner gemeinsamer Entwicklungsprojekte haben u. a. durch interessante Aufgabenstellungen aus der Praxis einen wichtigen Beitrag geleistet.

Herrn Zipsner als Lektor und geduldigem Ansprechpartner bei Springer Vieweg sei für die konstruktive und herzliche Zusammenarbeit gedankt sowie für die Freiheiten bei der Erstellung dieses Buches und der Möglichkeit, es als druckfertiges PDF-Dokument abliefern zu dürfen.

Das Manuskript dieses Buches wurde von verschiedenen Personen kritisch gelesen, um die Zahl der Fehler zu minimieren. Wo dies nicht gelang, danke ich für Hinweise, die bitte an meine E-Mail-Adresse gesendet werden. Auch Fragen, Anregungen oder Verbesserungsvorschläge nehme ich gern auf: feuerriegel@fh-aachen.de

Zusätzliches Material zu diesem Buch ist über die URL www.unit-operations.de verfügbar. Dazu gehören die (längeren) VBA-Codes. Die aufgeführten Berechnungsbeispiele sind nur als PDF-Dateien vorhanden, um insbesondere die Studierenden nicht davon abzuhalten, eigene Berechnungen zu erstellen. Hierfür bitte ich um Verständnis.

Formales

- Über Dialogelemente wie Befehlsregisterkarten, Symbole und Buttons einzugebende Anweisungen werden wie folgt dargestellt: Daten ⟩ Sortieren und Filtern ⟩ Sortieren . Dieses Beispiel fordert auf, die Registerkarte Daten zu öffnen und unter Sortieren und Filtern den Button Sortieren anzuklicken.

- In Zellen im Arbeitsblatt *einzugebende* Befehle wie `=WENN(T<T_kr;p_S;1000)` oder die `RGP`-Funktion werden in hellblauer Schrift dargestellt.

- Werte, die im Arbeitsblatt *ausgegeben* werden, stehen in blauvioletter Farbe, wie z. B. der Fehlerwert `#NV`.

- Die Bezeichnungen oder Namen von Zellen oder Zellbereichen im Arbeitsblatt stehen in der Farbe `magenta`, z. B. die Zelle `B1` oder `Zielzelle`.

- In `oranger` Farbe steht VBA-Code im Fließtext, der im VBA-Editor schwarz dargestellt wird, wie z. B. `Application.WorksheetFunction`; wird Code dagegen im VBA-Editor blau dargestellt, wie z. B. die Schlüsselwörter `If` oder `For`, wird diese Darstellungsart auch im Fließtext verwendet.

Aachen, im Frühjahr 2016 Uwe Feuerriegel

Inhaltsverzeichnis

Abkürzungsverzeichnis

DAE	Differential-algebraisches Gleichungssystem (*engl.:* differential-algebraic equation system)
GLE	Gas-Flüssig-Gleichgewicht (*engl.:* gas liquid equilibrium)
LLE	Flüssig-Flüssig-Gleichgewicht (*engl.:* liquid liquid equilibrium)
SLE	Fest-Flüssig-Gleichgewicht (*engl.:* solid liquid equilibrium)
UDF	benutzerdefinierte Funktion (*engl.:* user defined function)
VB	Visual Basic
VBA	Visual Basic for Applications
VLE	Dampf-Flüssig-Gleichgewicht (*engl.:* vapor liquid equilibrium)
ZDQ	Zentraler Differenzenquotient

Symbolverzeichnis

Lateinische Symbole

A	Fläche, Querschnittsfläche	$\mathrm{m^2}$
a	Formfaktor	1
a_i	Aktivität der Komponente i	1
A_{ij}	NRTL-Parameter	K oder $\mathrm{mol\,cal^{-1}}$
a_m	massenbezogene Oberfläche	$\mathrm{m^2\,kg^{-1}}$
a_V	volumenbezogene Oberfläche	$\mathrm{m^2\,m^{-3}}$
B^*	dimensionslose Berieselungsdichte	1
c_i	Stoffmengenkonzentration der Komponente i	$\mathrm{kmol\,m^{-3}}$
c_p	spezifische isobare Wärmekapazität	$\mathrm{kJ\,kg^{-1}\,K^{-1}}$
c_W	Widerstandsbeiwert	1
D	Diffusionskoeffizient	$\mathrm{m^2\,s^{-1}}$
D	Durchgangssumme	1
d	Durchmesser	m
E	Stufenwirkungsgrad, Austauschgrad	1
F	F-Faktor	$\mathrm{Pa^{0,5}}$
F	Kraft	N
f_i	Fugazität der Komponente i	Pa
g	Fallbeschleunigung $(g = 9{,}806\,65\,\mathrm{m\,s^{-2}})$	$\mathrm{m\,s^{-2}}$
G	freie Enthalpie	kJ
$\bar{G}$	molare freie Enthalpie	$\mathrm{kJ\,kmol^{-1}}$
$\bar{G}^\mathrm{E}$	molare freie Exzessenthalpie	$\mathrm{kJ\,kmol^{-1}}$
G_{ij}	Term der NRTL-Gleichung	1
H	Enthalpie	kJ
$\dot{H}$	Enthalpiestrom	W
H	Höhe, Förderhöhe	m
h	spezifische Enthalpie	$\mathrm{kJ\,kg^{-1}}$
h	volumenbezogener Flüssigkeitsinhalt / Hold-up	1
h_{1+X}	spezifische Enthalpie (bezogen auf trockene Luft)	$\mathrm{kJ\,kg^{-1}}$
H_{12}	Henry-Koeffizient	Pa
$HETP$	$HETP$-Wert (Height Equivalent to One Theoretical Plate)	m
HTU	HTU-Wert (Height of Transfer Units)	m
ΔH_B	Bodenabstand in einer Kolonne	m
$\Delta_\mathrm{fus} h$	spezifische Schmelzenthalpie	$\mathrm{kJ\,kg^{-1}}$
$\Delta_\mathrm{solv} \bar{H}$	molare Sorptionsenthalpie	$\mathrm{kJ\,kmol^{-1}}$
$\Delta_\mathrm{vap} h$	spezifische Verdampfungsenthalpie	$\mathrm{kJ\,kg^{-1}}$
k	Stoffdurchgangskoeffizient	$\mathrm{m\,s^{-1}}$

K_i	K-Faktor der Komponente i	1
l	Länge	m
Le	LEWIS-Zahl	1
m	Masse	kg
$\dot{m}$	Massenstrom	$\mathrm{kg\,s^{-1}}$
m_i	Masse der Komponente i	kg
$\dot{m}_i$	Massenstrom der Komponente i	$\mathrm{kg\,s^{-1}}$
M_i	molare Masse der Komponente i	$\mathrm{kg\,kmol^{-1}}$
n	Stoffmenge	kmol
$\dot{n}$	Stoffmengenstrom	$\mathrm{kmol\,s^{-1}}$
n_i	Stoffmenge der Komponente i	kmol
$\dot{n}_i$	Stoffmengenstrom der Komponente i	$\mathrm{kmol\,s^{-1}}$
n_{th}	Zahl der theoretischen Stufen	1
$NPSHA$	$NPSHA$-Wert (Net Positive Suction Head Available)	m
$NPSHR$	$NPSHR$-Wert (Net Positive Suction Head Required)	m
NTU	NTU-Wert (Number of Transfer Units)	1
p	Druck	Pa
P	Leistung	kW
p_i	Partialdruck der Komponente i	Pa
$p_{\mathrm{S}i}$	Sättigungsdampfdruck der Komponente i	Pa
P_{t}	technische Leistung	kW
Δp^*	dimensionsloser Druckverlust	1
Δp	Druckverlust	Pa
q	spezifische Wärme	$\mathrm{kJ\,kg^{-1}}$
Q	Wärme	kJ
$\dot{Q}$	Wärmestrom	W
$\bar{q}_r$	mittlere Verteilungsdichte	$\mathrm{mm^{-1}}$
q_r	Verteilungsdichte	$\mathrm{mm^{-1}}$
Q_r	Verteilungssumme	1
R	Rückstandssumme	1
R	universelle Gaskonstante $(R = 8{,}314\,462\,1\,\mathrm{kJ\,kmol^{-1}\,K^{-1}})$	$\mathrm{kJ\,kmol^{-1}\,K^{-1}}$
R_i	spezielle Gaskonstante der Komponente i	$\mathrm{kJ\,kg^{-1}\,K^{-1}}$
Re	REYNOLDS-Zahl	1
T	thermodynamische Temperatur	K
t	Zeit	s
U	Innere Energie	kJ
u	spezifische Innere Energie	$\mathrm{kJ\,kg^{-1}}$
$\bar{V}$	molares Volumen	$\mathrm{m^3\,kmol^{-1}}$
v	spezifisches Volumen	$\mathrm{m^3\,kg^{-1}}$
V	Volumen	$\mathrm{m^3}$
$\dot{V}$	Volumenstrom	$\mathrm{m^3\,s^{-1}}$
v	Waschflüssigkeits-, Strippgas-, Rücklauf-, Dampf-, Extraktionsmittelverhältnis	1
v_{1+X}	spezifisches Volumen (bezogen auf trockene Luft)	$\mathrm{m^3\,kg^{-1}}$

w	Strömungs-, Sinkgeschwindigkeit	$\mathrm{m\,s^{-1}}$
w_i	Massenanteil der Komponente i	$\mathrm{kg\,kg^{-1}}$
w_t	spezifische technische Arbeit	$\mathrm{kJ\,kg^{-1}}$
x	Äquivalentdurchmesser	m
X	Wasserbeladung der Luft	$\mathrm{kg\,kg^{-1}}$
x_i	Stoffmengenanteil der Komponente i, allgemein oder in der Flüssigphase	$\mathrm{kmol\,kmol^{-1}}$
X_i	Stoffmengenbeladung der Komponente i	$\mathrm{kmol\,kmol^{-1}}$
Y	Stoffmengenbeladung der Gasphase	$\mathrm{kmol\,kmol^{-1}}$
y_i	Stoffmengenanteil der Komponente i in der Gasphase	$\mathrm{kmol\,kmol^{-1}}$
z	geodätische Höhe	m

Griechische Symbole

α	Volumenanteil	1
α	Wärmeübergangskoeffizient	$\mathrm{W\,m^{-2}\,K^{-1}}$
α_{ij}	Nonrandomness-Parameter des NRTL-Modells	1
α_{ij}	relative Flüchtigkeit oder Trennfaktor	1
β	Stoffübergangskoeffizient	$\mathrm{m\,s^{-1}}$
β_i	Massenkonzentration der Komponente i	$\mathrm{mg\,m^{-3}}$
β_W	absolute Feuchte oder Partialdichte	$\mathrm{kg\,m^{-3}}$
γ_i	Aktivitätskoeffizient der Komponente i	1
$\gamma_{i\infty}$	Grenzaktivitätskoeffizient der Komponente i	1
γ_i^*	rationeller Aktivitätskoeffizient der Komponente i	1
ε	Leervolumenanteil, relative Rauigkeit	1
ζ	Widerstandsbeiwert	1
η	dynamische Viskosität	$\mathrm{Pa\,s}$
η	Wirkungsgrad	1
ϑ	Celsius-Temperatur	$\mathrm{^\circ C}$
κ_i	POYNTING-Koeffizient der Komponente i	1
μ_i	chemisches Potential der Komponente i	$\mathrm{kJ\,kmol^{-1}}$
ν_i	stöchiometrischer Koeffizient der Komponente i	1
π	Kreiszahl ($\pi = 3{,}141\,592\,6\ldots$)	1
ϱ	Dichte	$\mathrm{kg\,m^{-3}}$
σ	Oberflächenspannung	$\mathrm{N\,m^{-1}}$
τ_{ij}	Term der NRTL-Gleichung	1
φ	relative Feuchte	1
ϕ	Sphärizität	1
φ	spezifische dissipierte Energie	$\mathrm{kJ\,kg^{-1}}$
φ	Verhältnis abhängig vom Feedzustand	1
φ_i	Fugazitätskoeffizient der Komponente i	1
φ_i	Volumenanteil der Komponente i	$\mathrm{m^3\,m^{-3}}$

Hochgestellte Indizes

$'$	siedende Flüssigkeit, Zustand auf Siedelinie
$''$	gesättigter Dampf, Zustand auf Taulinie

*	im Phasengleichgewicht zueinander stehend
$\circ$	idealer Gaszustand
G	Gas oder Gasphase
L	Flüssigkeit oder Flüssigphase
OG	overall gas
OL	overall liquid
V	Dampf oder Dampfphase

Tiefgestellte Indizes

$\circ$	Referenzzustand
$0i$	Komponente i als reiner Stoff
$1 + X$	bezogen auf trockene Luft
A	Absorptiv
A	Anlage
A	Auftrieb
a	außen
ber	berechnet
D	Dampf, Dampfgemisch
D	Druckseite
Diagr	Diagramm
dyn	dynamisch
E	Einbauten
E	Extrakt
eff	effektiv
F	Feed
F	Feingut
F	Fluid
FK	Feuchtkugel
g	Fallbeschleunigung
G	Grobgut
geo	geodätisch
ges	gesamt
I	Inertkomponente
i	innen
K	Kolonne
K	Kopfprodukt, Destillat
KG	Kühlgrenze
kond	Kondensation, Kondensator
kr	kritisch, kritischer Punkt
l	flüssig (liquid)
L	trockene Luft
M	Mischungspunkt, Mischungszustand
m	Mittelwert
n	Normzustand nach DIN 1343
P	Partikel, Teilchen
P	Pumpe

r	Mengenart
R	Raffinat
R	Rohrleitung
R	Rücklauf
rel	relativ
S	Extraktionsmittel, Lösungsmittel, Solvens
S	Sättigung, Sättigungszustand
S	Saugseite, Saugbetrieb
S	Schüttung
S	Strippgas
S	Sumpf
stat	statisch
T	Trägheit
T	Turbine
Tau	Taupunkt
TK	Trockenkugel
tr	Tripelpunkt
tr	trocken
v	dampfförmig
V	Verlust
verd	Verdampfung, Verdampfer
vor	Vorwärmung, Vorwärmer
W	Waschflüssigkeit
W	Wasserdampf, Wasser
W	Welle
W	Widerstand
Z	Zulaufbetrieb
α	Eintritt, Anfang
ω	Austritt, Ende

1 Einleitung

Auf der Basis eines einfachen Grundfließschemas für die betrachtete Grundoperation oder den Prozess und der Kenntnis der Daten der relevanten Stoffströme (Mengenstrom, Zusammensetzung, Temperatur, Druck) werden u. a. die Mengen- und Energiebilanzen formuliert. Fast immer sind auch Stoffwertefunktionen und Informationen über Phasengleichgewichte erforderlich. Unter Berücksichtigung von Annahmen und Vereinfachungen werden die resultierenden Gleichungen nach dem Festlegen einer Berechnungsstruktur und einer damit verbundenen Darstellungsstruktur in das Excel-Arbeitsblatt eingegeben und komplexe oder sich wiederholende Berechnungsschritte ggf. in Visual Basic for Applications (VBA) „ausgelagert". Wenn möglich, wird das Berechnungsblatt mit aussagekräftigen Diagrammen und darin eingetragenen Arbeitspunkten oder Kennlinien angereichert. Somit ist die Vorgehensweise in den Kapiteln dieses Buches grob umrissen.

Dieses Buch wurde nicht als Lehrbuch geschrieben. Aber es hat den Anspruch, dass die physikalischen Grundlagen und die mathematischen Zusammenhänge in den Kapiteln umfassend und nachvollziehbar dargestellt sind, damit eine solide Basis für die Erstellung der Berechnungen vorliegt. Insbesondere Anwendern aus der Industrie sollen diese ausführlichen Beschreibungen den Einstieg in die Aufgabenstellungen erleichtern.

Zielgruppen für dieses Buch

- Studierende, die die in diesem Buch behandelten Themengebiete ergänzend zu thermodynamischen oder verfahrenstechnischen Lehrveranstaltungen durch konkretes Berechnen praxisnaher Aufgabenstellungen vertiefen wollen.

- Studierende, die an der Durchführung praxisnaher verfahrenstechnischer Berechnungen interessiert sind und mehr darüber erfahren und erlernen möchten, wie diese Berechnungen mit Excel und VBA umgesetzt werden können.

- Anwender, die nach einer Anleitung für die praktische Umsetzung von verfahrenstechnischen Berechnungen mit Excel und VBA suchen.

Voraussetzungen für die Arbeit mit diesem Buch

- Grundkenntnisse in Technischer und Chemischer Thermodynamik.

- Grundkenntnisse der behandelten verfahrenstechnischen Grundoperationen.

- Sicherer Umgang mit Excel bzgl. der Verwendung von Arbeitsblattfunktionen, Formatierungen, Diagrammen usw.

Wesentliche Inhalte dieses Buches

Der inhaltliche Schwerpunkt liegt auf den thermischen Grundoperationen:

- In Kapitel 2 werden praktische Hinweise zur Einrichtung von Berechnungsblättern gegeben, gefolgt von einer zielgerichteten Einführung in den Umgang mit VBA mit verfahrenstechnischen Anwendungsbeispielen, u. a. zur Berechnung der Stoffdaten von Reinstoffen mit benutzerdefinierten Funktionen (basierend insbesondere auf den Stoffwertekorrelationen im *VDI-Wärmeatlas* [91, 92]).

- In Kapitel 3 liegt der Schwerpunkt auf Flash-Berechnungen und der Berechnung von idealen und insbesondere realen Dampf-Flüssig- und Flüssig-Flüssig-Gleichgewichten für die nachfolgenden Kapitel.

- Die Kapitel 4 bis 9 behandeln die wichtigsten Grundoperationen der Thermischen Verfahrenstechnik: Die Batch-Destillation und -Rektifikation einschließlich dynamischer Simulationen, die Flüssig-Flüssig-Extraktion, die Absorption und die Auslegung von Packungskolonnen für die Absorption, die Rektifikation idealer und realer Zweistoffgemische einschließlich Energiebilanzen und die thermische Trocknung einschließlich Zustandsänderungen feuchter Luft und Trocknungsprozesse.

- Mit Kapitel 10 wird das Gebiet der Thermischen Verfahren verlassen und Druckverluste, Anlagenkennlinien und Betriebspunkte von Anlagen zur Flüssigkeitsförderung berechnet.

- In Kapitel 11 werden Partikelsysteme betrachtet und Sinkgeschwindigkeiten von Einzelpartikeln sowie Verteilungen von Partikelsystemen berechnet.

Warum Verfahrenstechnik mit Excel und VBA?

Microsoft® Office Excel® mit VBA steht an fast jedem Arbeitsplatz zur Verfügung. Im Vergleich zu anderen Softwareprodukten verursacht die Verwendung von VBA keine Zusatzkosten. Im Umgang mit den Grundfunktionen von Excel sind die Studierenden und die meisten Anwender in der Prozessindustrie grundsätzlich vertraut. Ein weiterer Vorteil von Excel ist, dass viele Anwenderprogramme eine Schnittstelle zu Excel haben oder sogar aus Excel heraus gestartet werden können.

VBA ist eine leistungsfähige Skriptsprache, die relativ einfach zu erlernen ist. Sie entstand aus dem BASIC-Dialekt Visual Basic (VB). Zu VBA gibt es viele Informationsmöglichkeiten, z. B. in der Fachliteratur oder im Internet. Außerdem lassen sich über sogenannte Add-Ins eigene Programme erstellen, die nach Bedarf installiert werden können. Die Anzahl der verfügbaren Add-Ins, die den Funktionsumfang von Excel vergrößern, nimmt weiter zu (z. B. FLUIDCAL® [28] oder TREND [84]). Das wichtigste Add-In für Excel ist der *Solver*[1], ein Zusatzprogramm von Excel, das in der Standard-Installation enthalten ist. Mit dem *Solver* können – ohne vertiefte mathematische Kenntnisse – z. B. Gleichungssysteme gelöst und Optimierungen durchgeführt werden.

---

[1]Frontline Systems Inc. `http://www.solver.com`

2 Excel mit VBA für verfahrenstechnische Anwendungen

Mitautoren: ANKE PATT, STEFAN PINNOW, JAKOB SCHNEIDER, SIMON WITTENHORST

Zielsetzung

Einrichten von Berechnungsblättern in Excel und Erstellung von Vorlagen von der Wahl geeigneter Formatierungen über die Festlegung der signifikanten Stellen bis zur Formatierung der Druckausgabe. Behandlung der Grundlagen im Umgang mit der Entwicklungsumgebung von VBA: Aufruf des VBA-Editors, Sicherheitseinstellungen, Umgang mit Prozeduren, Funktionen, Makros, Schaltflächen und Schleifen. Hinweise zu Datentypen, Zellbezügen, der Verwendung von Namen für Zellen, zur Ausführung von Makros und zu Schutzfunktionen. Verwendung des Objektkatalogs, Einstellungen im VBA-Editor sowie Tipps zur Verwendung des Direktbereichs, des Lokalfensters, zu Haltepunkten, zum Debuggen und zur Verwendung digitaler Signaturen. Erstellung einfacher Anwendungsbeispiele und Anwendung des Solvers. Erstellung benutzerdefinierter Funktionen (UDFs) (siehe die nachfolgend aufgeführten Berechnungsbeispiele) einschließlich Kurzbeschreibungen. Erstellung von Add-Ins. Ermittlung von Ausgleichsfunktionen. Nullstellensuche mit dem Verfahren des zentralen Differenzenquotienten (ZDQ-Verfahren). Durchführung von Berechnungen unter Anwendung eines Zirkelbezugs. Behandlung ausgewählter Arbeitsblattfunktionen.

Empfohlene Literatur

Excel in Naturwissenschaften und Technik von FLEISCHHAUER [29], *Excel programmieren* von KOFLER u. a. [45], *Excel for Scientists and Engineers* von BILLO [4], *Numerical Methods for Engineers* von CHAPRA u. a. [9].

Anwendungen und Berechnungsbeispiele in Excel

- Einrichten eines Excel-Berechnungsblattes (Abb. 2.1).
- Einfache Anwendungsbeispiele in VBA
    - Addition über eine Schaltfläche (Beispiel 2.1).
    - Makros aufzeichnen und Befehle daraus verwenden (Beispiel 2.2).
    - Berechnungen mit Schleifen, `For`-Schleife (Beispiel 2.3).
    - Berechnungen mit Schleifen, `Do-While`-Schleife (Beispiel 2.4).
- Anwendung des Solvers
    - Nullstellensuche für eine Funktion unter Anwendung des Solvers (Abb. 2.7).
- Anwendungen benutzerdefinierter Funktionen

- – Berechnung des Widerstandsbeiwerts für ein innendurchströmtes Rohr (Beispiel 2.6).
- – Berechnung des Sättigungsdampfdrucks und der Sättigungstemperatur für einen Reinstoff (Abb. 2.8).
- – Berechnung der Dichte eines idealen und eines realen Gases (Abb. 2.9).
- – Berechnung der spezifischen Verdampfungsenthalpie (Abb. 2.10).
- – Erstellung von Kurzbeschreibungen zu UDFs (Abschnitt 2.5.5).
- Ermittlung von Ausgleichsfunktionen
  - – Nichtlineare Regression unter Verwendung des Solvers (Abb. 2.12).
  - – Berechnung der Ausgleichsfunktion der Siedelinie eines realen binären Systems mit einer benutzerdefinierten Funktion (Abb. 2.13).
- Nullstellensuche für eine Funktion mit dem ZDQ-Verfahren (Abb. 2.14).
- Berechnungen unter Anwendung von Zirkelbezügen
  - – Berechnung einer Rückführung (Abb. 2.17).
- Ausgewählte Arbeitsblattfunktionen
  - – Berechnung der Ausgleichsfunktion der Siedelinie eines realen binären Systems mit der RGP-Funktion (Abb. 2.18).

2.1 Einrichten von Berechnungsblättern in Excel

Neben den wichtigen Fragen, *was* in einem Berechnungsblatt berechnet und *wie* diese Berechnung durchgeführt werden soll, stellt sich die mindestens ebenso wichtige Frage, welcher Zweck mit der Erstellung verfolgt wird oder an wen es gerichtet ist. Adressaten von Excel-Berechnungsblättern oder technischen Dokumenten sind üblicherweise Kollegen, Vorgesetzte oder Kunden.

Formatierung von Berechnungsblättern

Die optisch ansprechende Form eines in Excel erstellten Dokuments – unter sparsamem Einsatz von Formatierungen und Farbe – soll die Aufmerksamkeit des Adressaten oder Auftraggebers wecken. Schon das Layout soll den Eindruck vermitteln, dass die durchgeführten Berechnungen gewissenhaft und sorgfältig erstellt wurden. Wenn auch noch der Ablauf der Berechnung nachvollziehbar und die wesentlichen Ergebnisse erkennbar sind – z. B. in einem Diagramm mit typischen Verläufen der relevanten Größen und dem berechneten Arbeitspunkt – vergrößert dies die Chance, dass das geplante Projekt beachtet, umgesetzt oder zum Auftrag wird.

Standard für den Umgang mit Papier, aber auch elektronischen Dokumenten, ist das A4-Format (nach DIN 476). Dieses Format sollte grundsätzlich auch für die Druck- oder PDF-Ausgabe von Excel-Berechnungsblättern verwendet und deshalb bei deren Erstellung berücksichtigt werden.

Ein Berechnungsblatt muss einen aussagekräftigen Titel und ggf. Hinweise auf technische Randbedingungen (Annahmen oder Vereinfachungen) oder Datenquellen enthalten. Dazu gehören evtl. die Bezeichnung des Projekts, das Druck- und das Erstelldatum, der Name des Verfassers (wenn die Berechnungen korrekt sind) und der Dateiname (evtl. mit Hinweis auf den Speicherort).

Die (sparsame) Verwendung von Farben erhöht bekanntermaßen die Aufmerksamkeit. Unter der Registerkarte $\boxed{\text{Seitenlayout} \rangle \text{Farben}}$ können ein Farbschema gewählt oder eigene Farben für ein Farbschema festgelegt werden. Es empfiehlt sich die Verwendung kräftiger, unterschiedlicher Farben, also nicht hell-, mittel- und dunkelblau, sondern besser blau, grün und rot, damit auch Linien in Diagrammen unterscheidbar sind.

Schriftart, Formatierungen

Als Standardschriftart für die in diesem Buch gezeigten Excel-Berechnungsblätter wurde Arial und als Schriftgröße 10 pt gewählt. Die Standardschriftart lässt sich am einfachsten unter der Registerkarte $\boxed{\text{Seitenlayout} \rangle \text{Designs} \rangle \text{Schriftarten}}$ wechseln oder verändern. Die Verwendung von Arial hat mehrere Vorteile. Sie ist auf den meisten Systemen installiert, nimmt – verglichen mit anderen Schriftarten – relativ wenig Platz ein und die Darstellung von zeitlichen Ableitungen mit einem Punkt, z. B. $\dot{V}$ oder $\dot{m}$, die in der Verfahrenstechnik oft gebraucht werden, ist möglich. Mehr dazu nachfolgend.

Beim Anlegen von Berechnungstabellen bietet es sich an, den Namen der entsprechenden physikalischen Größe, das Symbol, die Dimension und den Zahlenwert aufzuführen. Dabei sollten *Formelschreibweise und Formelsatz* gemäß DIN 1338 [13] beachtet werden. Die wichtigsten Hinweise dazu:

- Formelzeichen für Variablen sowie für Größenwerte (z. B. Naturkonstanten) werden in kursiver oder geneigter Schrift gesetzt (z. B. $T = 300\,\text{K}$). DIN 1338 verlangt hier die Verwendung von Serifen. Abweichend davon wird in den Excel-Berechnungsblättern in diesem Buch für Variablen, Indizes und Größenwerte Arial als serifenlose Schrift verwendet.

- Indizes werden – je nach Bedeutung – in geradestehender oder kursiver Schrift gesetzt (z. B. beim Flüssigkeitsvolumen V^{L} der Index L für „flüssig" oder bei der Stoffmenge n_i der Index i für die Komponente).

- Zeichen für Dimensionen werden geradestehend gesetzt (z. B. $T = 300\,\text{K}$).

Um die Struktur eines Berechnungsblattes besser erkennen zu können, bietet es sich an, *Eingaben, Berechnungen, verknüpfte Zellen* und *Ergebnisse* zu unterscheiden:

- Eingaben: Zellen, in die Daten für nachfolgende Berechnungen eingegeben werden, sind zur besseren Kennzeichnung grau unterlegt und mit schwarzer, fetter Schrift versehen. Gegebenenfalls ist eine Datenüberprüfung mit der Registerkarte $\boxed{\text{Daten} \rangle \text{Datentools} \rangle \text{Datenüberprüfung}}$ sinnvoll, um unzulässige Eingaben abzufangen (siehe dazu auch Abschnitt 2.5.1).

- Berechnungen: Zellen, in denen Berechnungen stattfinden, bekommen keine besonderen Formatierungen (also schwarze Schrift).

- Verknüpfte Zellen: Zellen, in die einfach nur Werte aus anderen Zellen (auch aus anderen Arbeitsblättern oder Dateien) übernommen werden, sind mit grauer Schrift formatiert.

- Ergebnisse: Besondere Werte oder Ergebnisse können durch Formatierungen (Fettdruck, Farbe) hervorgehoben werden.

Sinnvoll ist die Erstellung einer Formatvorlage (Excel-Vorlage), siehe nachfolgend.

Symbole für zeitliche Ableitungen

Symbole für zeitliche Ableitungen oder molare Größen können in Excel relativ einfach formatiert werden, seit es die UTF-8-Zeichenkodierung gibt. Für z. B. die Schriftarten Arial, Times New Roman oder Calibri wird dazu wie folgt vorgegangen: Für das Symbol $\dot{V}$ zunächst V in eine Zelle eingegeben und während der Cursor rechts neben das Symbol platziert ist, unter der Registerkarte Einfügen >> Symbole >> Symbol die Schriftart >> Arial wählen[1] und den Zeichencode „U+0307" (kurz für *Zeichencode 0307 von Unicode (hex)*) eingeben, wodurch das Zeichen „Combining Dot Above" im Subset Diakritische Markierungen gewählt wird. Ein Klick auf Einfügen fügt das Symbol ein und nach dem Schließen des Fensters kann das neue (kombinierte) Symbol kursiv gesetzt werden. Für das Symbol $\bar{V}$ wird entsprechend vorgegangen und der Zeichencode „U+0304" („Combining Macron") verwendet.

Absolute Zellbezüge, Namen

Oft ist sinnvoll, Zellen in Berechnungsblättern Namen (oft einfach nur das Symbol oder eine Abkürzung) zu geben. Dies hat die Vorteile, dass Gleichungen in Zellen leichter eingegeben werden können, besser lesbar sind und beim Kopieren oder Verschieben von Zellen die Bezüge erhalten bleiben, da damit ein *absoluter Zellbezug* hergestellt wird. In VBA-Makros ist dies noch wichtiger, da sonst z. B. beim Einfügen von Zeilen im Arbeitsblatt jeder Bezug im VBA-Code manuell korrigiert werden muss. Siehe dazu die Anleitung im Abschnitt 2.2 „Absolute Zellbezüge, Namen".

Signifikante Stellen

Excel rechnet intern mit 15 Stellen, aber die Ergebnisse von Berechnungen werden in der Regel gerundet angegeben. Für praktische Berechnungen ist die korrekte Angabe von Zahlenwerten – also die Anzahl der signifikanten Stellen – äußerst wichtig, siehe dazu DIN 1333 [12]. Nach dieser Norm sind alle Stellen von der ersten von null verschiedenen Stelle von vorn bis zur Rundungsstelle signifikant. Dazu zählen damit auch Nullen zwischen signifikanten Ziffern und End-Nullen in Nachkommastellen. Die wissenschaftliche Schreibweise von Zahlen ist eindeutiger und deshalb grundsätzlich vorzuziehen.

Rechnen mit signifikanten Stellen: Bei der Addition und der Subtraktion hat das Ergebnis so viele Nachkommastellen, wie die Zahl mit den wenigsten Nachkommastellen. Bei der Multiplikation oder Division hat das Ergebnis so viele signifikante Stellen, wie die Zahl mit den wenigsten signifikanten Stellen.

Signifikante Stellen von Zwischenergebnissen: Für Zwischenergebnisse werden meist sinnvoll zusätzliche Stellen angegeben. Zu den in diesem Buch enthaltenen Berechnungsbeispielen sei grundsätzlich angemerkt, dass – insbesondere auch zum besseren

---

[1] Schriftart „Arial", nicht „Arial (Überschriften)" oder „Arial (Textkörper)".

Vergleich der Ergebnisse von Berechnungen – oft entgegen der vorgenannten Regeln gehandelt und zusätzliche Stellen aufgeführt werden.

Einrichten von Arbeitsblättern und Vorlagen in Excel

Die Erstellung eines neuen Arbeitsblattes oder einer Vorlage kann – unter Beachtung der Hinweise oben – wie folgt ablaufen:

- Öffnen der Arbeitsmappe und Einrichten des Arbeitsblattes: Überschrift, Kopf- und Fußzeilen usw.

- Einrichten des Farbschemas.

- Umsetzung der Hinweise zur Standardschriftart und zur DIN 1338 (Schriftarten und Schriftgröße, Symbole, Indizes, Dimensionen).

- Erstellung der Berechnungen.

- Kontrolle der Druckansicht.

- Speichern als Excel-Vorlage (*.xltx) oder Excel-Vorlage mit Makros (*.xltm).

Beispielhaftes Excel-Berechnungsblatt

Abbildung 2.1 enthält die Druckansicht für ein beispielhaftes Excel-Berechnungsblatt (zur Erstellung der Berechnungen siehe Abschnitt 2.5.3). Anmerkung: Die nachfolgenden Berechnungsblätter werden aus Platzgründen ausnahmslos ohne Kopf- und Fußzeilen dargestellt. Die meisten in diesem Buch dargestellten Berechnungsblätter sind im PDF-Format auf der Seite www.unit-operations.de abrufbar.

2.2 Grundlagen und Tipps zu VBA

VBA ist eine leistungsfähige Skriptsprache, Bestandteil der Programme von Microsoft® Office und lässt sich in diesen Anwendungen nutzen. Es ist nicht mit VB zu verwechseln, einer Programmiersprache, mit der ausführbare Programme erstellt werden können.

Excel besitzt als Entwicklungsumgebung den sogenannten VBA-Editor. Dieser ermöglicht umfangreiche Berechnungen, die in einer reinen „Tabellenkalkulation" nicht oder nur umständlich durchführbar wären. Außerdem können hier Abläufe automatisiert werden. Beispiele dafür:

- Einfügen von Text oder den Ergebnissen von Berechnungen im Arbeitsblatt,

- Durchführung komplexer iterativer Berechnungen,

- Ausgeben von Meldungen im Arbeitsblatt.

In VBA erstellte Funktionen lassen sich als UDFs (siehe Abschnitt 2.5) oder als Add-Ins (siehe Abschnitt 2.6) abspeichern und damit für weitere Anwender verfügbar machen. Die nachfolgenden Betrachtungen, Beispiele und Tipps basieren auf der Entwicklungsumgebung von Microsoft Excel 2010 und 2013.

FH Aachen, Lehrgebiet Thermische Energietechnik — Prof. Dr.-Ing. Uwe Feuerriegel

Berechnung der Dichte und des spezifischen/molaren Volumens von idealen/realen Gasen

Berechnungen mit der Zustandsgleichung idealer Gase und der PENG-ROBINSON-Gleichung für reale Gase. Stoffdaten aus VDI-Wärmeatlas (2013) 11. Aufl. Springer, Abschnitt D3.1. Tripeldaten Ethen: Smukala et. al. (2000) J. Phys. Chem. Ref. Data 29 (5), S. 1053–1121.

Stoff			**Ethen**
Temperatur ($T_{tr} < T$)	T	K	**250**
	ϑ	°C	-23,15
Druck ($p < p_S$ für $T < T_{kr}$)	p	bar	**16,0**
Stoffwerte aus VDI-Wärmeatlas, 11. Aufl., Abschnitt D3.1			
kritische Temperatur	T_{kr}	K	282,35
kritischer Druck	p_{kr}	bar	50,42
molare Masse	M	$kg\ kmol^{-1}$	28,05
azentrischer Faktor	ω	1	0,087
Sättigungsdampfdruck (WAGNER-Gleichung)	$p_S(T)$	bar	23,288
Koeffizienten Sättigungsdampfdruck	A	1	-6,41327
	B	1	1,45469
	C	1	-1,24183
	D	1	-1,99446
Tripeltemperatur	T_{tr}	K	103,989
Tripeldruck	p_{tr}	bar	1,2265E-03
Berechnung mit der idealen Gasgleichung			
Dichte $\rho = p\,M\,/\,(R\,T)$	ρ	$kg\ m^{-3}$	**21,59**
spezifisches Volumen $v = 1\,/\,\rho$	v	$m^3\ kg^{-1}$	**0,04631**
molares Volumen $\bar{V} = v\,M$	$\bar{V}$	$m^3\ kmol^{-1}$	**1,299**
Berechnung mit der PENG-ROBINSON-Gleichung	$p = \frac{RT}{\bar{V}-b} - \frac{a(T)}{\bar{V}^2 + 2b\bar{V} - b^2}$		
reduzierte Temperatur	$T_r = T\,/\,T_{kr}$	1	0,8854
$\alpha(T) = [1 + (0{,}37464 + 1{,}54226\omega - 0{,}26992\omega^2)(1 - T_r^{0,5})]^2$	$\alpha(T)$	1	1,0607
$a_{kr} = 0{,}45724\,(R^2\,T_{kr}^2)\,/\,p_{kr}$	a_{kr}	$Pa\ m^6\ mol^{-2}$	0,4998
$b = 0{,}0778\,R\,T_{kr}\,/\,p_{kr}$	b	$m^3\ mol^{-1}$	3,6224E-05
$a(T) = a_{kr}\,\alpha(T)$	a	$Pa\ m^6\ mol^{-2}$	0,5301
Realgasfaktor Z, variable Zelle Solver [Solver]	Z	1	0,8083
Zielfunktion $f(Z) = 0$, Zielzelle Solver	$f(Z)$	1	-4,25E-07

$$f(Z) = Z^3 + Z^2\left(\frac{bp}{RT} - 1\right) + Z\left(\frac{ap}{R^2T^2} - 3\frac{p^2b^2}{R^2T^2} - 2\frac{bp}{RT}\right) + \frac{p^3b^3}{R^3T^3} + \frac{p^2b^2}{R^2T^2} - \frac{abp^2}{R^3T^3} = 0$$

Dichte $\rho = p\,M\,/\,(Z\,R\,T)$	ρ	$kg\ m^{-3}$	**26,713**
spezifisches Volumen $v = 1\,/\,\rho$	v	$m^3\ kg^{-1}$	**0,03743**
molares Volumen $\bar{V} = v\,M$	$\bar{V}$	$m^3\ kmol^{-1}$	**1,050**
Vergleich ideal – real			
relative Abweichung $(\rho_{ideal} - \rho_{real})\,/\,\rho_{real}$	$\Delta\rho\,/\,\rho$	1	-19,2%

Excel_mit_VBA_2015.xlsm Gasdichte ideal real Ethen P3_4 / UF / D 22.04.2016 — UnitOperations.de

Abbildung 2.1: Druckansicht des Excel-Berechnungsblattes für die Berechnung der Dichte, des spezifischen sowie des molaren Volumens eines idealen oder realen Gases (siehe dazu Abschnitt 2.5.3)

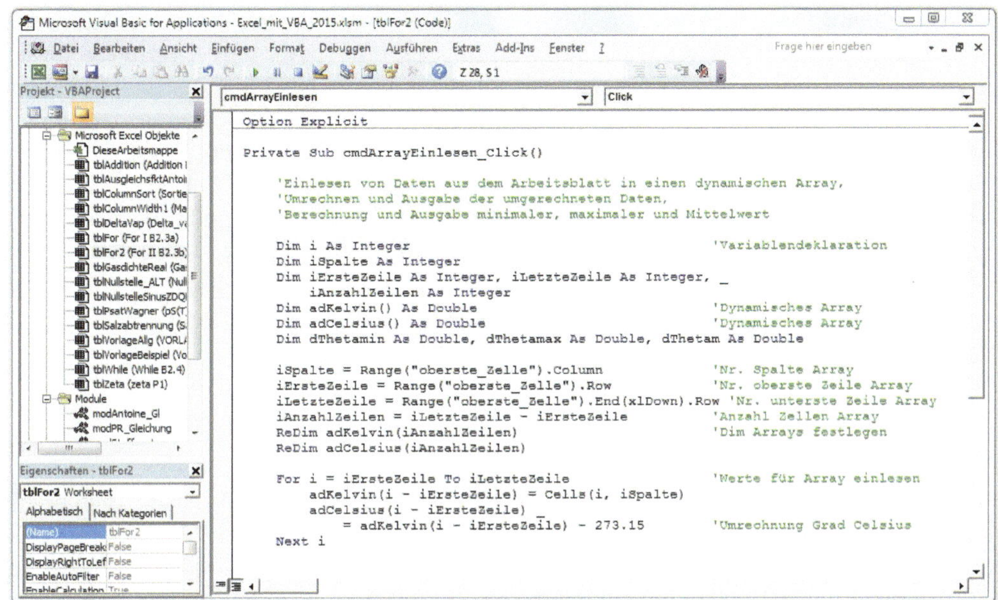

Abbildung 2.2: VBA-Editor mit Eingabebereich und Eigenschaftenfenster

Aufruf des VBA-Editors   Um den VBA-Editor aufrufen zu können, siehe Abb. 2.2, muss die Registerkarte Entwicklertools in der Hauptansicht angezeigt werden. Dazu wird in der Registerkarte Datei ⟩ Optionen ⟩ Menüband anpassen im rechten Fenster unter Hauptregisterkarten das Kontrollkästchen Entwicklertools aktiviert. Über die nun sichtbare Registerkarte Entwicklertools der Hauptansicht kann mit der Schaltfläche Visual Basic der VBA-Editor aufgerufen werden. Zum schnellen Wechsel zwischen der Arbeitsmappe und dem VBA-Editor empfiehlt sich die Tastenkombination Alt + F11 . Alternativ können – eine entsprechend große Monitoroberfläche vorausgesetzt – beide Fenster nebeneinander angeordnet werden.

Sicherheitseinstellungen in Excel   Die Sicherheitseinstellungen für Makros müssen angepasst werden, da diese sonst nicht ausgeführt werden können. Dafür wird unter der Registerkarte Entwicklertools ⟩ Makrosicherheit das folgende Kontrollkästchen aktiviert: Alle Makros mit Benachrichtigung deaktivieren .

Makros aufzeichnen   Um Abläufe in der Arbeitsmappe zu automatisieren oder VBA-Befehle für bestimmte Aktionen auf einfache Art ermitteln zu können, wird der Makrorekorder genutzt, siehe Abschnitt 2.3.2. Nach Betätigen der Schaltfläche Entwicklertools ⟩ Makro aufzchn. werden alle Aktionen in der Arbeitsmappe als VBA-Code gespeichert. Aufzeichnung beenden schließt die Aufzeichnung ab. Im VBA-Editor kann der aufgezeichnete Code unter der Registerkarte Projekt-Explorer ⟩ Module angezeigt und angepasst werden.

Makros ausführen Die zuvor erzeugten Makros können z. B. über die Schaltfläche mit dem grünen Play-Symbol im VBA-Editor ausgeführt werden. Alternativ können Makros auch in Excel entweder manuell über das Dialogfenster unter ⟨Entwicklertools⟩ ⟩Code⟩⟩Makros⟩ oder über selbst erstellte Schaltflächen in der Arbeitsmappe (siehe nachfolgend) ausgeführt werden oder automatisch bei Änderungen im Arbeitsblatt.

Prozeduren Prozeduren werden durch Steuerelemente oder Ereignisse gestartet und dienen zur Automatisierung. Eine Prozedur Sub ist ein Unterprogramm in einem VBA-Programm. Prozeduren werden nach folgendem Muster in einem Modul erstellt:

```
Sub ProzedurName()
    <Code>
End Sub
```

Funktionen Elementarer Bestandteil von Programmen sind Funktionen. Benutzerdefinierte Funktionen erweitern die Excel-Bibliothek, siehe Abschnitt 2.5. Eine Funktion Function kann aus einer Prozedur ausgegliedert werden, um die Übersicht zu verbessern oder um die Verwendung in weiteren Prozeduren zu ermöglichen. Funktionen werden nach folgendem Muster in einem Modul erstellt:

```
Function FunktionName(Argument1 As Datentyp,...) As Datentyp
    <Code>
    FunktionName = <Ergebnis>
End Function
```

Die Argumente in der Funktion sind die Variablen, von denen das Ergebnis der Funktion abhängt; der Datentyp am Ende der ersten Zeile ist der Datentyp des Ergebnisses. Die Funktion kann mit FunktionName(Argument1,...) mit den eingegebenen Variablen in einer Prozedur verwendet werden. Das Einfügen von Prozeduren und Funktionen erfolgt manuell oder durch Aufrufen des Menüs ⟨Einfügen⟩⟩Prozedur einfügen⟩.

Public und Private Im VBA-Editor unter ⟨Module⟩ im ⟨Projekt-Explorer⟩ gespeicherte Prozeduren und Funktionen sind standardmäßig in der gesamten Arbeitsmappe verfügbar. Prozeduren und Funktionen unter ⟨Microsoft Excel Objekte⟩ sind nur in diesem Objekt verfügbar. Durch Voranstellen des Befehls Public (verfügbar in allen Modulen und Arbeitsblättern) oder des Befehls Private (verfügbar nur in diesem Objekt) vor Sub bzw. Function kann die Verfügbarkeit definiert werden.

Datentypen, Option Explicit In VBA sind u. a. die in Tabelle 2.1 aufgeführten Datentypen verwendbar. Standardmäßig kommt der Datentyp Variant zur Anwendung. Variablen werden nach dem Schema Dim VarName [As Datentyp] deklariert.

Mit der Eingabe Option Explicit am Anfang des VBA-Codes wird automatisch vor fehlenden Variablendeklarationen gewarnt (siehe auch nachfolgend). Hinweis: Die Zeile mit der Eingabe Option Explicit am Anfang der nachfolgenden VBA-Codes wird aus Platzgründen häufig nicht dargestellt.

Kommentare Zur näheren Beschreibung können im VBA-Code Kommentare eingegeben werden, die immer mit einem Apostroph (') beginnen. Über Kommentare lassen sich auch Code-Abschnitte zur Fehlersuche vorübergehend „ausschalten".

Punkte, Kommata und Semikola Die Syntax ist in den Arbeitsblättern und im VBA-Editor teilweise unterschiedlich. In der deutschsprachigen Excel-Version werden im Arbeitsblatt Kommata als Dezimaltrennzeichen verwendet und Semikola zur Trennung von Parametern in einer Funktion. Der VBA-Editor versteht dagegen vorwiegend englisch. Daher werden dort Punkte als Dezimaltrennzeichen verwendet und Kommata zur Trennung von Parametern einer Funktion. Im VBA-Editor kommen zudem englische Funktionsnamen zur Anwendung.

Zellen und Zellbereiche Mit den Befehlen `Range` und `Cells` kann aus VBA auf Zellen oder Zellbereiche im Arbeitsblatt zugegriffen werden, z. B. `Range("E42")` oder `Range("A2:E42")`. `Cells` bietet Vorteile beim Programmieren, weil es numerische Werte erwartet und Zeilen- und Spaltennummern mit Variablen gebildet werden können. So lauten die entsprechenden Befehle für diese beiden Beispiele `Cells(42, 5)` (Zeile 42, Spalte 5) und `Range(Cells(2, 1), Cells(42, 5))`. Siehe dazu auch die Beispiele in den Abschnitten 2.3.1 und 2.3.3. Wie nachfolgend erläutert, können Zellen im Arbeitsblatt auch Namen gegeben werden, die dann mit `Range` angesprochen werden können.

Absolute Zellbezüge, Namen Werden in Arbeitsblättern Spalten oder Zeilen eingefügt oder gelöscht, ändern sich automatisch die Bezüge in den Formeln der von der Verschiebung betroffenen Zellen. Wird dagegen in VBA auf eine Zelle oder einen Zellbereich verwiesen und dann im Arbeitsblatt eine Spalte oder Zeile eingefügt oder gelöscht, steht in VBA nach wie vor der ursprüngliche Zellbereich. Dieses Problem kann umgangen werden, wenn Zellen oder Zellbereichen im Arbeitsblatt Namen zugewiesen und diese in VBA verwendet werden:

```
T = Range("A1").Value      '"T" ist der Name einer Variablen in VBA
T = Range("Temp").Value    '"Temp" ist der Name einer Zelle im Arbeitsblatt
```

Um einem Zellbereich – bestehend aus einer oder aus mehreren Zellen – im Arbeitsblatt einen Namen zuzuweisen, wird dieser Bereich markiert und nach einem Klick auf Neu...

Tabelle 2.1: Auswahl von Datentypen in VBA

Datentyp	Art	Wertebereich
Boolean	Logische Werte	True oder False
Integer	Ganze Zahlen	$-32\,768$ bis $32\,767$
Double	Gleitkommazahlen	$-1{,}80 \cdot 10^{308}$ bis $-4{,}94 \cdot 10^{-324}$ für negative Werte und $4{,}94 \cdot 10^{-324}$ bis $1{,}80 \cdot 10^{308}$ für positive Werte
Date	Datum	01.01.1900 00:00:00 bis 31.12.9999 23:59:59
String	Zeichenketten	Zeichenkette kann 0 bis $63\,000$ Zeichen umfassen
Variant	Beliebige Daten	

im Namens-Manager unter [Formeln] ⟩ [Definierte Namen] ⟩ [Namens-Manager] im Feld [Name] der Name eingegeben. Unter [Bereich] kann gewählt werden, ob der Name für die gesamte Arbeitsmappe oder nur für ein bestimmtes Arbeitsblatt gelten soll. Häufig ist es sinnvoll, einen Namen nur für ein bestimmtes Arbeitsblatt zu vergeben. So besteht die Möglichkeit, diesen Namen auch in anderen Arbeitsblättern definieren zu können. Alternativ kann der Name direkt im [Namenfeld] links neben der [Bearbeitungsleiste] eingegeben werden, gilt dann allerdings für die gesamte Arbeitsmappe.

Makros bei Änderung ausführen   Mit dem Worksheet_Change-Ereignis kann ein Makro bei Änderungen im Arbeitsblatt automatisch ausgeführt werden. Zur Erstellung wird im VBA-Editor im [Projekt-Explorer] ein Arbeitsblatt ausgewählt, in dem das Makro ausgeführt werden soll. Links über dem Codebereich wird im Dropdown-Menü [(Allgemein)] in [Worksheet] geändert und im Dropdown-Menü rechts daneben [Change] ausgewählt. In die entstandene Prozedur wird der VBA-Code eingefügt, der bei jeder Änderung im Arbeitsblatt ausgeführt werden soll. Die Ausführung auf Änderungen hin kann auf bestimmte Zellen beschränkt sein, z. B. auf die Zelle A10, siehe dazu Beispiel 2.6.

```vba
Private Sub Worksheet_Change(ByVal Target As Range)
    If Target.Address = "$A$10" Then
        Range("B10").Value = "Test"
    End If
End Sub
```

Mit Änderung ist in diesem Fall die manuelle Änderung durch den Anwender und nicht die automatische Neuberechnung im Arbeitsblatt gemeint. Alternativ dazu ist auch die Ausführung von Makros nach dem Öffnen oder vor dem Speichern möglich.

Makros per Schaltfläche ausführen   Die Verwendung von Schaltflächen erleichtert das Aufrufen von Makros. Dazu wird unter der Registerkarte [Entwicklertools] die Schaltfläche [Einfügen] ⟩ [Befehlsschaltfläche (ActiveX-Steuerelement)] ausgewählt, wobei automatisch der Entwurfsmodus aktiviert ist – siehe dazu die farblich veränderte Schaltfläche [Entwurfsmodus] – und mit dem Cursor im Arbeitsblatt ein Rechteck aufgezogen. Der auszuführende VBA-Code kann entweder nach einem Doppelklick auf die Schaltfläche oder nach einem Rechtsklick darauf und Wahl von [Code anzeigen] an der aktuellen Cursorposition eingegeben werden.

Die Bearbeitung der Schaltfläche ist nur möglich, wenn der [Entwurfsmodus] auf der Registerkarte [Entwicklertools] aktiviert ist, wodurch die Ausführung von VBA-Code verhindert wird. Eine Änderung der Beschriftung der Schaltfläche ist nach Rechtsklick und Aktivieren von [Eigenschaften] unter [Caption] möglich, eine Änderung der Farbe unter [ForeColor] und [BackColor]. Der [Name] (Code-Name dieser Schaltfläche) wird unter [Eigenschaften] in cmdTest und nach Rechtsklick auf die Schaltfläche und Aktivieren von [Code anzeigen] ebenfalls in cmdTest verändert und abschließend im Arbeitsblatt unter der Registerkarte [Entwicklertools] der Entwurfsmodus wieder deaktiviert. Abschnitt 2.3 enthält mehrere Beispiele, die per Schaltfläche ausgeführt werden.

```
Private Sub cmdTest_Click()
    Range("B10").Value = "Test"
End Sub
```

Namenskonventionen: VBA-Objekte sollten mit einem einheitlichen Präfix benannt werden, um den Typ des Objekts einfacher erkennen zu können. Das Präfix „cmd" steht beispielsweise für „Command Button" (Befehlsschaltfläche).[2]

Schutzfunktionen Grundsätzlich ist es in Excel möglich, Zellen, Arbeitsblätter und Arbeitsmappen gegen Änderungen zu schützen und VBA-Code mit einem Passwortschutz zu verbergen. Die Schutzfunktionen können jedoch leicht von Tools zur Suche nach „vergessenen" Passwörtern aufgehoben werden, sodass sie keine Sicherheit bieten. Ein sicherer Schutz ist über COM-Add-Ins möglich. Alternativ sind ggf. auch kommerzielle Programme wie LockXLS oder DoneEx in Betracht zu ziehen.

Sinnvoll ist der Schutz von Arbeitsblättern als Sicherheit gegen das versehentliche Überschreiben von Zellen. Dafür werden die Zellen markiert, welche nicht geschützt werden sollen. Nach einem Rechtsklick auf Zellen Formatieren 〉 Schutz wird der Haken bei Gesperrt entfernt und anschließend Überprüfen 〉 Änderungen 〉 Blatt schützen 〉 OK der Blattschutz aktiviert. Das Passwort ist optional.

Optionen und Einstellungen im VBA-Editor Bei der Arbeit mit VBA sind eine Reihe von Einstellungen sinnvoll, die im VBA-Editor unter Extras 〉 Optionen eingestellt werden:

- Unter Editor sollte die Automatische Syntaxüberprüfung deaktiviert werden. Die Syntaxüberprüfung wird weiterhin durchgeführt, jedoch unterbleibt die lästige Fehlermeldung.

- Ebenfalls unter Editor ist Variablendeklaration erforderlich zu aktivieren, wodurch an den Anfang des Codes automatisch die Zeile `Option Explicit` gesetzt wird und die explizite Deklaration der Variablen verlangt und nicht vergessen wird.

- Unter Editor sollte die Tab-Schrittweite auf einen sinnvollen Wert gesetzt werden, z. B. auf 2 oder 4.

- Unter Editorformat können Schriftart und Code-Farben festgelegt werden.

- Unter Allgemein ist unter Kompilieren der Punkt Bei Bedarf zu deaktivieren, damit immer der gesamte Code in der Arbeitsmappe und nicht nur die aufgerufene Prozedur oder Funktion überprüft wird.

Objektkatalog Im VBA-Editor wird unter Ansicht 〉 Objektkatalog oder mit der Taste F2 der Objektkatalog aufgerufen. Der Objektkatalog enthält alle verfügbaren Objekte, die nach Bibliotheken geordnet sind – einschließlich der selbst definierten Funktionen insbesondere zu „Excel", „VBA" und mit „VBAProject" zur geöffneten Arbeitsmappe.

---

[2]Zu den Namenskonventionen siehe auch `http://de.wikibooks.org/w/index.php?title=VBA_in_Excel/_Namenskonventionen&oldid=699390`.

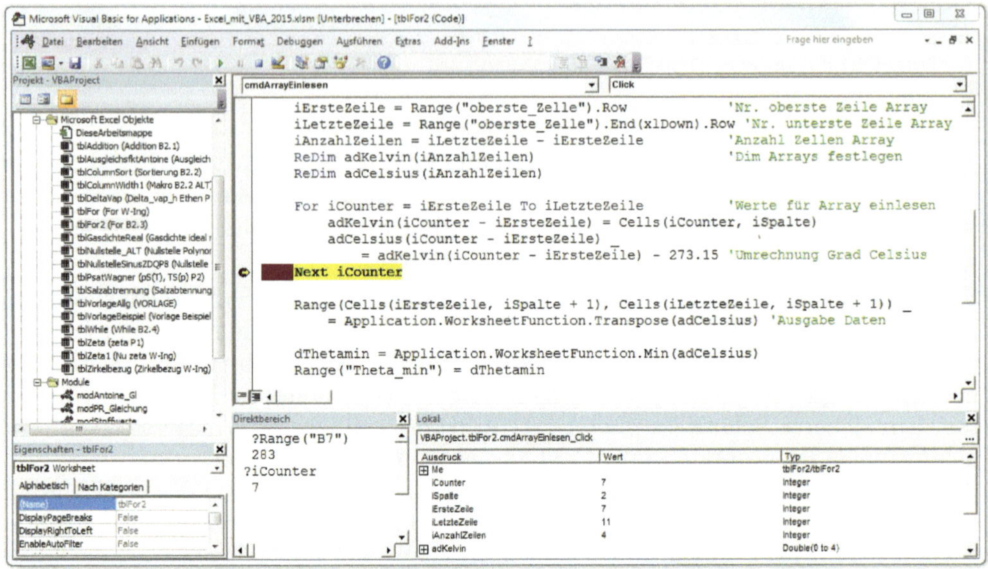

Abbildung 2.3: VBA-Editor mit Direktbereich und Lokalfenster

Direktbereich, Lokalfenster, Haltepunkte, Debuggen   Der *Direktbereich* als Hilfsmittel zur Fehlersuche wird im VBA-Editor unter $\boxed{\text{Ansicht}} \gg \boxed{\text{Direktfenster}}$ aufgerufen. Dort können u. a. Zellinhalte oder Inhalte von Variablen angezeigt werden, indem z. B. `?Range("B7")` oder `?iCounter` (für die Variable `iCounter`) im Direktbereich eingegeben und mit der $\boxed{\text{Enter}}$-Taste bestätigt wird, siehe Abb. 2.3. Zudem können Anweisungen ausgeführt werden, siehe dazu [45]. Mit dem Befehl `Debug.Print` kann beim Ausführen von Code innerhalb einer Prozedur oder Funktion auch in den Direktbereich geschrieben werden, siehe dazu die Beschreibungen in Abschnitt 2.8.

Im *Lokalfenster*, aufzurufen unter $\boxed{\text{Ansicht}} \gg \boxed{\text{Lokal-Fenster}}$, lassen sich die Inhalte und die Typen von Variablen anzeigen, siehe Abb. 2.3. Dazu werden am besten *Haltepunkte* verwendet, die sich durch Klicken direkt links vor dem Code auf die Leiste setzen und auch so wieder entfernen lassen, siehe die rotbraune Markierung in Abb. 2.3. Die Ausführung des Codes erfolgt bis zu diesem Haltepunkt, deutlich erkennbar an der zusätzlich erscheinenden gelben Markierung. Im Lokalfenster sind die Informationen zu den Variablen zu sehen. Durch Drücken von $\boxed{\text{F5}}$ wird die Ausführung des Codes fortgesetzt.

Alternativ werden die aktuellen Werte der Variablen auch direkt im Editor als Tool-Tips angezeigt, wenn der Mauszeiger über die Variablen geführt wird (ohne Klicken). Diese Methoden eignen sich insbesondere zur Fehlersuche im Code, dem sogenannten *Debuggen*. Detailliertere Informationen dazu finden sich in der empfohlenen Literatur.

Digitale Signaturen   Mit digitalen Signaturen können VBA-Projekte signiert werden, um ihnen anschließend „vertrauen zu können". Dadurch unterbleibt – vor allem bei eigenen Projekten – die lästige Sicherheitswarnung, dass die Makros deakti-

Massenstrom 1	$\dot{m}_1$	kg h^{-1}	**21**	
Massenstrom 2	$\dot{m}_2$	kg h^{-1}	**21**	Addition ausführen
Massenstrom Summe	$\dot{m}_\Sigma$	kg h^{-1}	**42**	

Abbildung 2.4: Addition der Werte zweier Massenströme in VBA über eine Schaltfläche

viert wurden. Einfache digitale (Code-)Zertifikate können unter [Start] [Alle Programme] [Microsoft Office 2010] [Microsoft Office 2010-Tools] [Digitales Zertifikat für VBA-Projekte] erstellt werden. Dabei sollte dem Zertifikat ein aussagekräftiger Name gegeben werden wie z. B. `<Vorname Nachname (Firmenname)>`. Das Zertifikat wird im „Zertifikatsmanager" (certmgr.msc) unter den „Eigenen Zertifikaten" gespeichert.

Anschließend kann das Zertifikat einem eigenen Projekt im VBA-Editor unter [Extras] [Digitale Signatur ...] [Wählen] und der Auswahl des erstellten Zertifikates hinzugefügt werden. Beim nächsten Öffnen der Datei kann in den Signaturdetails „Allen Dokumenten von diesem Herausgeber vertrauen" ausgewählt und bestätigt werden.

Wollen Sie Zertifikaten Fremder vertrauen, klicken Sie bei der Sicherheitswarnung auf [Makros wurden deaktiviert.] [Inhalt aktiveren] [Erweiterte Optionen] [Signaturdetails anzeigen] [Zertifikat anzeigen] [Zertifikat installieren...]. Es ist wichtig, im „Zertifikatimport-Assistent" nach einem Klick auf [Weiter] den Zertifikatspeicher nicht automatisch zu wählen, sondern diesen durch Klicken auf [Alle Zertifikate in folgendem Speicher speichern] [Durchsuchen...] [Vertrauenswürdige Stammzertifizierungsstellen] [Fertig stellen] manuell zuzuweisen. Abschließend muss die Installation des Zertifikates bestätigt werden. Daraufhin öffnet sich erneut der Anfangsdialog (bei dem [Signaturdetails anzeigen] geklickt wurde), für den die Option [Allen Dokumenten von diesem Herausgeber vertrauen] hinzugekommen ist, die abschließend ausgewählt und bestätigt wird.

2.3 Anwendungsbeispiele mit VBA

In den nachfolgenden Abschnitten sollen die erarbeiteten Grundlagen angewendet werden. Wir starten mit anfangs „neutralen" Beispielen, die zunehmend „verfahrenstechnischen" Charakter bekommen. Es empfiehlt sich, die Beispiele in der vorgeschlagenen Reihenfolge nachzuarbeiten und dazu *eine* Arbeitsmappe mit mehreren Arbeitsblättern – auf Basis der in Abschnitt 2.1 erstellten Vorlage – anzulegen.

2.3.1 Addition über eine Schaltfläche

Beispiel 2.1

Im Arbeitsblatt sollen die Werte zweier Massenströme $\dot{m}_1$ und $\dot{m}_2$ eingegeben, die Summe bei der Zusammenführung der Ströme $\dot{m}_\Sigma$ in VBA berechnet, im Arbeitsblatt ausgegeben und der Ablauf über eine Schaltfläche gestartet werden. (Ergebnis im Excel-Berechnungsblatt in Abb. 2.4.)

1. Schaltfläche einfügen: Siehe Anleitung in Abschnitt 2.2 „Makros per Schaltfläche ausführen".

2. Schaltfläche umbenennen: Zum Umbenennen der Schaltfläche wird ebenfalls wie in Abschnitt 2.2 beschrieben vorgegangen. In diesem Beispiel sollen bei Name „cmdAddition" und Caption „Addition ausführen" eingetragen werden, um den Unterschied zu verdeutlichen. Name und Caption müssen nicht unterschiedlich, sollten aber eindeutig sein. Zur Verwendung des Präfix „cmd" siehe die Anmerkungen in Abschnitt 2.2.

3. Code anzeigen: Rechtsklick auf die erstellte Schaltfläche und den Menüpunkt Code anzeigen wählen. In einem neuen Fenster öffnet sich der VBA-Editor:

```
Private Sub cmdAddition_Click()

End Sub
```

4. Den Zellen im Arbeitsblatt mit den Zahlen Namen zuweisen (siehe dazu Abschnitt 2.2), VBA-Code vervollständigen: Die Zahlen aus den Zellen m_1 und m_2 sollen addiert und das Ergebnis in Zelle m_Summe geschrieben werden:

Listing 2.1: VBA-Code für die Addition über eine Schaltfläche

```
Private Sub cmdAddition_Click()  'Sub nur im Arbeitsblatt verfügbar

      Dim dMass1 As Double          'Variablendeklaration
      Dim dMass2 As Double
 5    Dim dMassSum As Double

      dMass1 = Range("m_1")         'Wert aus Zelle "m_1" in Variable 'dMass1'
      dMass2 = Range("m_2")         'Wert aus Zelle "m_2" in Variable 'dMass2'
      dMassSum = dMass1 + dMass2    'Werte addieren und in 'dMassSum' speichern
 10   Range("m_Summe") = dMassSum   'Wert von 'dMassSum' in Zelle "m_Summe" schreiben

End Sub
```

Auch hier wurden Präfixe vergeben, u. a. „d" für die Kennzeichnung der verwendeten Variablen („d" für Datentyp Double), siehe auch Abschnitt 2.2.

5. VBA-Editor schließen: Der VBA-Editor wird geschlossen und die Datei gespeichert. Falls die Arbeitsmappe zuvor noch nicht mit Makros gespeichert wurde, erfolgt die Aufforderung dazu. Im sich öffnenden Dialog ist der Dateityp *.xlsm zu wählen. Um das Makro über das Klicken der Schaltfläche aufrufen zu können, muss der Entwurfsmodus deaktiviert sein.

$d_i\,/\,\mathrm{m}$	**0,10530**
$\dot V$	$w = \dot V / A$
$\mathrm{m^3\,h^{-1}}$	$\mathrm{m\,s^{-1}}$
0,0	0,00
10,0	0,32
20,0	0,64
30,0	0,96
40,0	1,28
50,0	1,59
51,2	1,63
60,0	1,91
70,0	2,23

Abbildung 2.5: Datentabelle für die Anwendung einer Sortierung, vgl. Abb. 10.15

2.3.2 Makros aufzeichnen und Befehle daraus verwenden

Beispiel 2.2

Der VBA-Befehl für die automatische zeilenweise Sortierung der Tabelle in Abb. 10.15 soll gefunden und mittels einer Schaltfläche angewendet werden. Die Sortierung soll aufsteigend nach der Spalte A, also den Werten für den Volumenstrom $\dot V$, erfolgen. (Ergebnis im Excel-Berechnungsblatt in Abb. 2.5.)

Der Einfachheit halber erstellen wir hier eine vereinfachte Version der Tabelle in Abb. 10.15, die nur zwei Spalten enthält, siehe Abb. 2.5. Die Werte für den Volumenstrom $\dot V$ in der ersten Spalte werden vorgegeben. Der Wert $\dot V = 51{,}2\,\mathrm{m^3\,h^{-1}}$ und damit die rot formatierte Zeile werden *nicht* passend einsortiert, sondern z. B. in die dritte Zeile der Tabelle geschrieben. Die Strömungsgeschwindigkeit w ergibt sich mit Gleichung (10.2) zu $w = \dot V / A$, wobei die Querschnittsfläche für die Rohrleitung mit $A = \pi d_i^2 / 4$ (unter Verwendung der Funktion `PI()` für die Kreiszahl π) berechnet wird.

1. Der Bereich mit den Zahlenwerten in den *beiden Spalten* der Tabelle bekommt den Namen `TabelleWertebereich` und die Spalte mit den Werten der Volumenströme den Namen `Spalte_V`, siehe dazu Abschnitt 2.2.

2. Makro aufzeichnen: Die Aufzeichnung des Makros wird über [Entwicklertools] ▷ [Code] ▷ [Makro aufzeichnen] gestartet. Zunächst werden die beiden Spalten mit den Zahlenwerten markiert, die die Werte für die Volumenströme und Strömungsgeschwindigkeiten enthalten. Unter der Registerkarte [Daten] ▷ [Sortieren] wird nach der Spalte A nach Werten mit aufsteigender Reihenfolge sortiert. Aufzeichnung beenden: [Entwicklertools] ▷ [Code] ▷ [Aufzeichnung beenden].

3. Schaltfläche einfügen, umbenennen, Code anzeigen: siehe Abschnitt 2.3.1.

4. Code kopieren: Im linken Fenster des VBA-Editors wird unter [Module] durch einen Doppelklick [Modul1] (oder das entsprechende Modul) ausgewählt. Der gesamte Code wird kopiert und der Schaltfläche zugeordnet, indem der Code der Schaltfläche durch einen Doppelklick im VBA-Editor auf [Tabelle1] (oder den

entsprechenden Namen des Arbeitsblattes) im linken Fenster aufgerufen und
zwischen den bereits vorhandenen Zeilen eingefügt wird. Es bietet sich an, den
Code wie folgt umzusortieren, zu vereinfachen und zu ergänzen:

Listing 2.2: VBA-Code für die Sortierung von Daten über eine Schaltfläche

```
Private Sub cmdTabelleSortieren_Click()

    With ActiveWorkbook.Worksheets("Sortierung").Sort
        .SortFields.Clear
        .SortFields.Add Key:=Range("Spalte_V"), _
            SortOn:=xlSortOnValues, Order:=xlAscending, DataOption:=xlSortNormal
        .SetRange Range("TabelleWertebereich")
        .Header = xlNo
        .MatchCase = False
        .Orientation = xlTopToBottom
        .SortMethod = xlPinYin
        .Apply
    End With

End Sub
```

5. Speichern und VBA-Editor schließen, Makro testen.

2.3.3 Berechnungen mit Schleifen

Sollen Anweisungen mehrfach hintereinander durchgeführt werden, bietet sich die
Verwendung von Schleifen an. Es gibt Zählschleifen (wie die `For`-Schleife) und prüfende
Schleifen (wie die `Do-While`-Schleife). Eine Anwendung für die `For`-Schleife ist das
Beispiel 2.3 oder auch die Nullstellensuche in Beispiel 2.13. Eine Anwendung für die
`Do-While`-Schleife ist das Beispiel 2.4.

For-Schleife

Beispiel 2.3

Aus einer veränderbaren Anzahl von im Arbeitsblatt in einer Spalte vorgegebenen Werten für Temperaturen in Kelvin sollen die entsprechenden Temperaturen
in °C berechnet und das Makro über eine Schaltfläche gestartet werden. Optional ist die Ermittlung der minimalen und der maximalen Celsius-Temperatur
sowie des arithmetischen Mittelwertes durchzuführen. (Ergebnisse im Excel-
Berechnungsblatt in Abb. 2.6.)

1. Tabellenkopf erstellen und Daten wie z.B. in Abb. 2.6 für die Temperatur
   in K eingeben. Schaltfläche einfügen, umbenennen, Code anzeigen: siehe Abschnitt 2.3.1.

2. `For`-Schleifen sind nach dem Schema

i	T_i / K	ϑ_i / °C	ϑ_{min} / °C	ϑ_{max} / °C	ϑ_m / °C	Berechnung
1	283,0	9,9	9,9	13,9	11,9	
2	284,0	10,9				
3	285,0	11,9				
4	286,0	12,9				
5	287,0	13,9				
6						
7						
8						

Abbildung 2.6: Excel-Berechnungsblatt für die Umrechnung von Temperaturen mit einem dynamischen Array

```
For iCounter = iStart To iEnd Step iStep
    <Code>
Next iCounter
```

aufgebaut. Ausgehend von einem Startwert wird bis zu einem Endwert gezählt und dabei ein Code ausgeführt. iCounter ist die Laufvariable, iStart ihr Startwert und iEnd ihr Endwert. iStep ist die Schrittweite und gibt an, um welchen Wert iCounter bei jedem Durchlauf erhöht (bzw. bei einem negativen Wert erniedrigt) wird. Wird Step iStep nicht angegeben, erhöht sich iCounter um den Wert 1.

3. Die Werte für die Temperaturen werden in Arrays verarbeitet. Das sind z. B. Vektoren, Matrizen oder allgemein n-dimensionale Felder. Mit der Definition Dim adVektor(100) as Double wird ein Vektor mit 101 Zeilen definiert, da VBA mit dem Index 0 beginnt. Alternativ sind auch andere Datentypen möglich. Unser Beispiel erfordert ein dynamisches Array Dim adVektor() as Double (mit leerem Klammerausdruck), bei dem die Größe im Programmablauf mit dem Befehl ReDim festgelegt oder verändert werden kann. Der Code für die Aufgabenstellung lautet:

Listing 2.3: VBA-Code für Umrechnung von Temperaturen mit einem dynamischen Array

```
Private Sub cmdArrayForSchleife_Click()

    'Einlesen von Daten aus dem Arbeitsblatt in einen dynamischen Array,
    'Umrechnen und Ausgabe der umgerechneten Daten,
    'Berechnung und Ausgabe minimaler, maximaler und Mittelwert

    Dim iZaehler As Integer                         'Variablendeklaration
    Dim iSpalte As Integer
    Dim iErsteZeile As Integer, iLetzteZeile As Integer, _
        iAnzahlZeilen As Integer
    Dim adKelvin() As Double                        'Dynamisches Array
    Dim adCelsius() As Double                        'Dynamisches Array
    Dim dThetamin As Double, dThetamax As Double, dThetam As Double

    iSpalte = Range("oberste_Zelle").Column          'Nr. Spalte Array
    iErsteZeile = Range("oberste_Zelle").Row          'Nr. oberste Zeile Array
```

```vba
        iLetzteZeile = Range("oberste_Zelle").End(xlDown).Row 'Nr. unterste Zeile Array
        iAnzahlZeilen = iLetzteZeile - iErsteZeile            'Anzahl Zellen Array
        ReDim adKelvin(iAnzahlZeilen)                         'Dim Arrays festlegen
        ReDim adCelsius(iAnzahlZeilen)

        For iZaehler = iErsteZeile To iLetzteZeile            'Werte für Array einlesen
            adKelvin(iZaehler - iErsteZeile) = Cells(iZaehler, iSpalte)
            adCelsius(iZaehler - iErsteZeile) _
                = adKelvin(iZaehler - iErsteZeile) - 273.15 'Umrechnung Grad Celsius
        Next iZaehler

        Range(Cells(iErsteZeile, iSpalte + 1), Cells(iLetzteZeile, iSpalte + 1)) _
            = Application.WorksheetFunction.Transpose(adCelsius) 'Ausgabe Daten

        dThetamin = Application.WorksheetFunction.Min(adCelsius)
        Range("Theta_min") = dThetamin
        dThetamax = Application.WorksheetFunction.Max(adCelsius)
        Range("Theta_max") = dThetamax
        dThetam = Application.WorksheetFunction.Average(adCelsius)
        Range("Theta_m") = dThetam

End Sub
```

4. Zunächst erfolgt die Deklaration der Variablen: der Laufvariablen `iZaehler`,
   der Variablen `iSpalte` (für die Nummer der Spalte im Arbeitsblatt) und den
   Variablen `iErsteZeile`, `iLetzteZeile`, `iAnzahlZellen` für die Nummern der
   obersten und der untersten Zellen sowie der Gesamtzahl der Zellen des Arrays.
   Danach werden die dynamischen Arrays `adKelvin()` und `adCelsius()` für
   die Temperaturfelder und die Variablen `dThetamin`, `dThetamax` und `dThetam`
   definiert.

5. Dem Element in der obersten Zelle des Temperaturfeldes wird im Arbeitsblatt
   der Name `oberste_Zelle` zugewiesen. Die Spaltennummer des Temperaturfeldes
   wird ermittelt und der Variablen `iSpalte` zugewiesen. Außerdem werden die
   Nummern der obersten und der untersten Zellen dieses Arrays an die Variablen
   `iErsteZeile` und `iLetzteZeile` sowie die Anzahl der Zellen des Arrays an die
   Variable `iAnzahlZellen` übergeben und die Größe der Arrays für die Temperaturfelder anhand der Anzahl der Zellen im Arbeitsblatt mit Temperaturwerten
   festgelegt.

6. In der `For`-Schleife werden an `adKelvin` die Werte aus dem Arbeitsblatt mittels `Cells`-Befehl übergeben, die Elemente des Arrays umgerechnet und an
   `adCelsius` gereicht. Anschließend erfolgt mit einem gekoppeltem `Range`-`Cells`-
   Befehl die Übergabe der Elemente an das Arbeitsblatt. Dabei ist zu beachten,
   dass eindimensionale Arrays aus VBA für eine zeilenweise Übergabe in das
   Arbeitsblatt transponiert werden müssen, deshalb der Befehl `Transpose`.

7. Abschließend erfolgt für `arKelvin` die Berechnung und Ausgabe der minimalen, der maximalen und der arithmetisch gemittelten Temperaturen `dThetamin`,
   `dThetamax` bzw. `dThetam` in die mit Namen zu versehenden Zellen im Arbeitsblatt.

8. Speichern und VBA-Editor schließen, Makro testen.

Do-While-Schleife

Beispiel 2.4

Die EULERsche Zahl e, die als Reihe dargestellt werden kann

$$e = \sum_{n=0}^{\infty} \frac{1}{n!} = \frac{1}{0!} + \frac{1}{1!} + \frac{1}{2!} + \frac{1}{3!} + \frac{1}{4!} + \dots , \qquad (2.1)$$

soll mit einer Do-While-Schleife berechnet werden (mit $0! = 1$ per Definition). Die Berechnung soll durch eine Schaltfläche gestartet und das Ergebnis im Arbeitsblatt ausgegeben werden.

1. Schaltfläche einfügen, umbenennen, Code anzeigen: siehe Abschnitt 2.3.1.

2. Code einfügen: Zur Berechnung bietet sich hier eine Do-While-Schleife an, die nach dem Schema

```
Do While <Bedingung>
     <Code>
Loop
```

aufgebaut ist. Solange die Bedingung „wahr" ist, wird der Code ausgeführt. Der Code für die Aufgabenstellung lautet:

Listing 2.4: VBA-Code für die Berechnung der Zahl e in einer Schleife

```
Private Sub cmdBerechnungE_Click()
    Range("Zahl_e") = e()     'Wert der Funktion e() in Zelle Zahl_e schreiben
End Sub

Function e() As Double        'Funktion ohne Argument

    Dim n As Integer          'Variablendeklaration
    Dim dDiff As Double
    Dim dSum As Double
    Const cdAbbruchkrit As Double = 10 ^ (-14) 'Abbruchkriterium als Konstante

    n = 1                     'Zuweisung Startwerte
    dDiff = 1
    dSum = 1

    Do While dDiff > cdAbbruchkrit
        dDiff = dDiff / n
        dSum = dSum + dDiff
        n = n + 1
    Loop

    e = dSum                  'Zuweisung berechneter Funktionswert

End Function
```

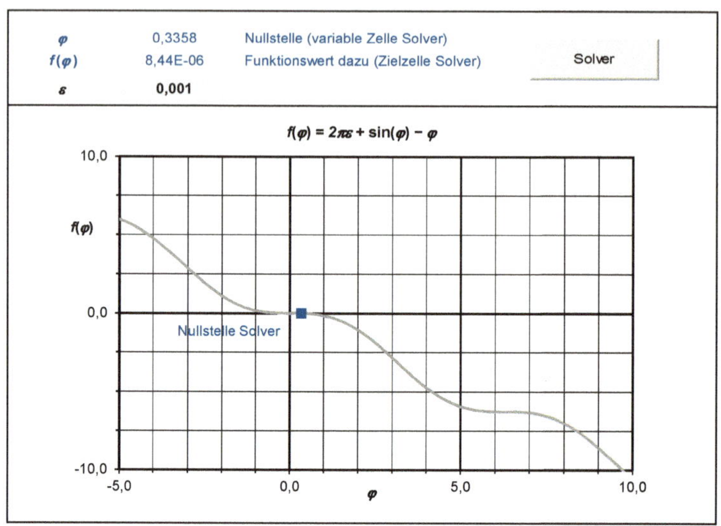

Abbildung 2.7: Nullstellensuche für eine Funktion unter Anwendung des Solvers

3. Speichern und VBA-Editor schließen, Makro testen.

In diesem Code wird mit Aufruf der Prozedur `cmdBerechnungE_Click()` die Funktion `e()` gestartet, in der die Zahl e berechnet und ihr Wert der Zelle `Zahl_e` im Arbeitsblatt übergeben wird.

Alternativ kann auch ein modifizierter Code unter Verwendung der Excel-Funktion für die Berechnung der Fakultäten verwendet werden. Der entsprechende Befehl im Arbeitsblatt lautet `FAKULTÄT(<Zahl>)`. Da VBA aber kein Deutsch versteht und den Hinweis erhalten muss, dass es sich um einen Befehl der Arbeitsmappe handelt, wird daraus in VBA der Befehl `Application.WorksheetFunction.Fact(<Zahl>)`.

2.4 Anwendung des Solvers

Der Solver ist ein leistungsfähiges Werkzeug zur Zielwertsuche und zum Lösen von Optimierungsproblemen oder mathematischen Gleichungen, z. B. zur Nullstellensuche. Der Solver ist ein Add-In und im Lieferumfang von Excel enthalten. In Abschnitt 2.8 wird alternativ zu der Vorgehensweise mit dem Solver das ZDQ-Verfahren zur Nullstellensuche vorgestellt.

Beispiel 2.5

Der Solver soll über eine Schaltfläche aufgerufen und die Nullstelle der Funktion $f(\varphi) = 2\pi\varepsilon + \sin(\varphi) - \varphi$ für $\varepsilon = 0{,}001$ bestimmt werden. (Ergebnisse im Excel-Berechnungsblatt in Abb. 2.7.)

Physikalischer Hintergrund für die Aufgabenstellung: Bei der Auslegung von horizontalen oder wenig geneigten Verdampferrohren nach *VDI-Wärmeatlas* ist die Strömungsform der Zweiphasenströmung in den Rohren zu ermitteln. Dafür ist die Nullstelle der im Beispiel genannten Funktion erforderlich (φ ist der unbenetzte Winkel der durchströmten Rohre im Bogenmaß, ε der Dampfvolumenanteil).[3]

1. x-Wert vorgeben: Die Zelle, in der im Arbeitsblatt der Startwert der Nullstelle von φ vorgegeben wird, bekommt den Namen `Nullstelle`, die Zelle $f(\varphi)$ den Namen `Funktionswert`. In einer weiteren Zelle mit den Namen `eps` wird der veränderbare Wert von ε eingegeben.

2. Funktionswert $f(\varphi)$ berechnen:

   ```
   =2 * PI() * eps + SIN(Nullstelle) - Nullstelle
   ```

3. Solver installieren: Falls noch nicht geschehen, muss der Solver installiert werden. Dies erfolgt unter Datei ≫ Optionen ≫ Add-Ins ≫ Gehe zu durch Aktivieren des Kontrollkästchens für den Solver.

4. Makro unter Verwendung des Solvers aufzeichnen: Die Aufzeichnung wird gestartet (siehe Abschnitt 2.3.2) und der Solver unter Daten ≫ Analyse ≫ Solver aufgerufen. Als Zielzelle wird `Funktionswert`, als Zielwert 0 und als Variablenzelle `Nullstelle` ausgewählt und die iterative Berechnung anschließend mit der Schaltfläche Lösen gestartet. Die erscheinende Meldung kann bestätigt und die Aufzeichnung beendet werden.

5. Schaltfläche einfügen, umbenennen, Code anzeigen: siehe Abschnitt 2.3.1.

6. Code kopieren und einfügen: siehe Abschnitt 2.3.2. Das Ergebnis sollte wie folgt aussehen:

```
Private Sub cmdSolverNullstelle_Click()
    SolverOk SetCell:="$B$12", MaxMinVal:=3, ValueOf:=0, ByChange:="$B$11", _
        Engine:=1, EngineDesc:="GRG Nonlinear"
    SolverSolve
End Sub
```

Besser ist die nachfolgende Variante mit absoluten Zellbezügen, in der der Zelle `B11` im Arbeitsblatt der Name `Nullstelle` und der Zelle `B12` der Name `Funktionswert` gegeben und der VBA-Code entsprechend angepasst wird:

```
Private Sub cmdSolverNullstelle_Click()
    SolverOk SetCell:="Funktionswert", MaxMinVal:=3, ValueOf:=0, _
        ByChange:="Nullstelle", Engine:=1, _
            EngineDesc:="GRG Nonlinear"
    SolverSolve
End Sub
```

---

[3]Siehe dazu *VDI-Wärmeatlas*, Abschnitt H3.1 „Strömungsformen in Verdampferrohren", S. 901, Gl. (27) [91, 92]

Zeilenumbrüche im VBA-Code lassen sich mit einem Unterstrich „ _ " am Zeilenende (mit einem Leerzeichen davor) realisieren. Informationen zum Solver sind auf der Webseite von Frontline Systems zu finden.[4]

7. Verweis auf Solver in VBA einrichten: Um den Code nutzen zu können, ist im VBA-Editor unter $\boxed{\text{Extras}}\!\!\rangle\!\boxed{\text{Verweise}}$ der $\boxed{\text{Solver}}$ zu aktivieren. Im $\boxed{\text{Projekt-Explorer}}$ (im linken Fenster des VBA-Editors) wird der Verweis unter dem Punkt $\boxed{\text{Verweise}}$ angezeigt.

8. Speichern und VBA-Editor schließen, Makro testen.

Durch Anfügen des Befehls `True` direkt nach `SolverSolve` wird das Ergebnis des Solvers automatisch bestätigt, was aber nur eingerichtet werden sollte, wenn sicher ist, dass der Solver konvergiert.

2.5 Anwendung benutzerdefinierter Funktionen

Für häufig vorkommende Gleichungen bietet es sich an, benutzerdefinierte Funktionen (UDFs) in Excel zu erstellen, um Berechnungen zukünftig schneller durchführen zu können.

2.5.1 Berechnung des Widerstandsbeiwerts

Beispiel 2.6

Der Widerstandsbeiwert ζ ist für den Fall der ausgebildeten turbulenten Durchströmung eines Rohres mit der im *VDI-Wärmeatlas* gegebenen Gleichung nach KONAKOV in Abhängigkeit von der REYNOLDS-Zahl Re zu berechnen. Dafür ist eine benutzerdefinierte Funktion zu erstellen.

Um – wie im *VDI-Wärmeatlas* vorgegeben – den Wärmeübergangskoeffizienten innendurchströmter Rohre bei einer voll ausgebildeten turbulenten Strömung[5] berechnen zu können, ist die vorherige Berechnung des Widerstandsbeiwerts

$$\zeta = (1{,}8 \lg Re - 1{,}5)^{-2} \tag{2.2}$$

nach KONAKOV erforderlich [91, 92]. Mit dieser Gleichung kann der Druckverlust bei der Durchströmung technisch glatter Rohre im Bereich $10^4 \leq Re \leq 10^6$ ermittelt werden, siehe dazu auch Abschnitt 10.4.

1. Die Zelle, in der im Arbeitsblatt der Wert der REYNOLDS-Zahl eingegeben wird, bekommt den Namen `Re`.

---

[4]`http://www.solver.com/content/basic-solver-solveroptions-function`
[5]Siehe dazu *VDI-Wärmeatlas*, Abschnitt H1 „Wärmeübertragung bei turbulenter Strömung durch Rohre", S. 788, Gl. (27) [91, 92]

2. VBA-Editor aufrufen, neues Modul einfügen: Benutzerdefinierte Funktionen werden in ein Modul eingetragen. Um ein Modul unter den Objekten der Arbeitsmappe einzufügen, wird in der linken Spalte des VBA-Editors (Projekt-Explorer) nach einem Rechtsklick | Einfügen 》 Modul | gewählt (analog in oberer Menüleiste).

3. Neues Modul umbenennen: Das Modul sollte einen aussagekräftigen Namen bekommen (z. B. „modZeta"). Dafür wird das Modul durch Anklicken markiert, in der Menüleiste die Schaltfläche | Eigenschaftenfenster | (alternativ | F4 |-Taste) gewählt und der Name angepasst.

4. Im Arbeitsblatt ist der dekadische Logarithmus und der Logarithmus zu einer Basis verfügbar, in VBA nur der natürliche Logarithmus. Mit dem Befehl `Application.WorksheetFunction.Log10(Re)` kann der dekadische Logarithmus auch in VBA aufgerufen werden, siehe dazu die entsprechende benutzerdefinierte Funktion im nachfolgenden Code:

Listing 2.5: VBA-Code für die Berechnung des Widerstandsbeiwerts

```
Function zeta_Re(Re As Double) As Double
    zeta_Re = (1.8 * Application.WorksheetFunction.Log10(Re) - 1.5) ^ -2
End Function
```

Die erstellte UDF kann nun in der gesamten Arbeitsmappe eingesetzt werden. Ihr Aufruf erfolgt über die Befehlsschaltfläche | Funktion einfügen | links neben der | Bearbeitungsleiste | in der Kategorie | Benutzerdefiniert |. Zur Erstellung einer Kurzbeschreibung, die bei Aufruf dieser Funktion und Eingabe der Parameter erscheint, siehe Abschnitt 2.5.5.

5. Optional kann eine „Sicherheitsabfrage" bereits bei der Eingabe der REYNOLDS-Zahl erfolgen, damit der Gültigkeitsbereich von Gleichung (2.2) zwingend eingehalten wird. Dazu wird die Zelle für die Eingabe von Re angeklickt und unter | Daten 》 Datentools 》 Datenüberprüfung 》 Datenüberprüfung | die Eingabe von Dezimalzahlen sowie von $10^4 \leq Re \leq 10^6$ zugelassen.

6. Speichern und VBA-Editor schließen, Funktion testen.

2.5.2 Berechnung des Sättigungsdampfdrucks und der Sättigungstemperatur

Beispiel 2.7

Für Ethen ist ein Excel-Berechnungsmodul zu erstellen, mit dem – bei vorgegebener Temperatur (z. B. $-42\,°C$) – der Sättigungsdampfdruck $p_S(T)$ und – bei vorgegebenem Druck (z. B. $2{,}0\,bar$) – die Sättigungstemperatur $T_S(p)$ mit der WAGNER-Gleichung aus dem *VDI-Wärmeatlas* berechnet werden können. (Ergebnisse im Excel-Berechnungsblatt in Abb. 2.8.)

Die Berechnung von Sättigungsdampfdrücken oder Dampf-Sättigungspartialdrücken kann mit der ANTOINE- oder der WAGNER-Gleichung durchgeführt werden. In der

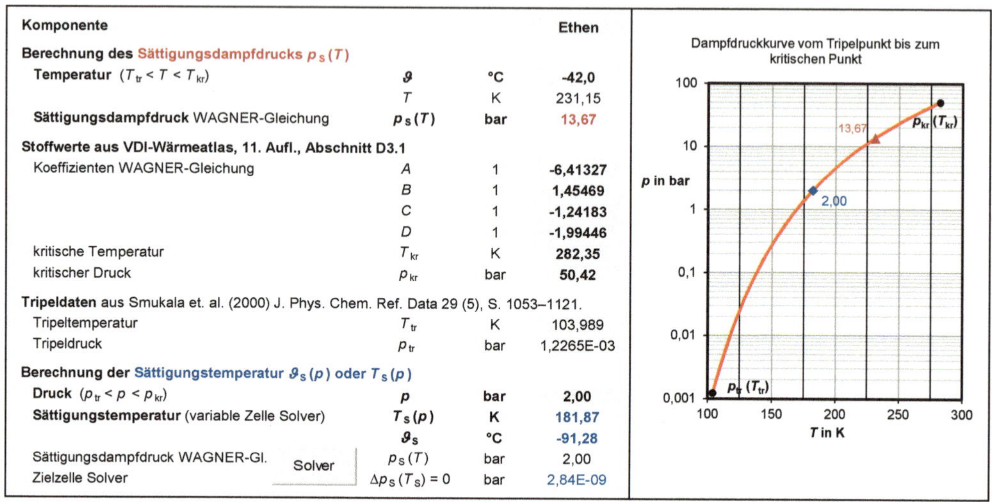

Komponente			Ethen
Berechnung des Sättigungsdampfdrucks $p_S(T)$			
Temperatur $(T_{tr} < T < T_{kr})$	ϑ	°C	**-42,0**
	T	K	231,15
Sättigungsdampfdruck WAGNER-Gleichung	$p_S(T)$	bar	13,67
Stoffwerte aus VDI-Wärmeatlas, 11. Aufl., Abschnitt D3.1			
Koeffizienten WAGNER-Gleichung	A	1	**-6,41327**
	B	1	**1,45469**
	C	1	**-1,24183**
	D	1	**-1,99446**
kritische Temperatur	T_{kr}	K	**282,35**
kritischer Druck	p_{kr}	bar	**50,42**
Tripeldaten aus Smukala et. al. (2000) J. Phys. Chem. Ref. Data 29 (5), S. 1053–1121.			
Tripeltemperatur	T_{tr}	K	103,989
Tripeldruck	p_{tr}	bar	1,2265E-03
Berechnung der Sättigungstemperatur $\vartheta_S(p)$ oder $T_S(p)$			
Druck $(p_{tr} < p < p_{kr})$	p	bar	**2,00**
Sättigungstemperatur (variable Zelle Solver)	$T_S(p)$	K	**181,87**
	ϑ_S	°C	**-91,28**
Sättigungsdampfdruck WAGNER-Gl. Solver	$p_S(T)$	bar	2,00
Zielzelle Solver	$\Delta p_S(T_S) = 0$	bar	2,84E-09

Abbildung 2.8: Excel-Berechnungsblatt für die Berechnung des Sättigungs-dampfdrucks und der Sättigungstemperatur

ANTOINE-Gleichung

$$\lg\left(\frac{p_S(T)}{\text{hPa}}\right) = A + \frac{B}{T/\text{K} + C} \tag{2.3}$$

sind die Parameter A, B und C dimensionslos; ihre Werte hängen jedoch von den Einheiten des Druckes und der Temperatur ab. Es existieren unterschiedliche Formen oder Erweiterungen dieser Gleichung [64]. Nachteil ist ihr relativ enger Gültigkeitsbereich.

Die WAGNER-Gleichung ist dagegen in der Lage, den Bereich von der Tripeltemperatur T_{tr} bis zur kritischen Temperatur T_{kr} mit trotzdem hoher Genauigkeit zu beschreiben. Deshalb ist diese Gleichung für viele Anwendungen die bessere Wahl. Diesen Gleichungstyp gibt es mit vier bis sechs Koeffizienten. Im *VDI-Wärmeatlas* [91, 92] ist ein Gleichungstyp mit vier Koeffizienten

$$\ln\frac{p_S(T)}{p_{kr}} = \frac{T_{kr}}{T}\left(A\Theta + B\Theta^{1,5} + C\Theta^{2,5} + D\Theta^{5}\right)\ , \tag{2.4}$$

mit

$$\Theta = 1 - \frac{T}{T_{kr}} \tag{2.5}$$

angegeben. Dort sind auch die kritische Temperatur T_{kr} und der kritische Druck p_{kr} sowie die Koeffizienten A bis D für 275 Stoffe aufgeführt. Gegenüber der ANTOINE-Gleichung hat die WAGNER-Gleichung den Nachteil, dass sie nicht nach der Temperatur aufgelöst werden kann, weshalb die Berechnung von Sättigungstemperaturen – wie in Beispiel 2.7 gefordert – bei vorgegebenem Druck nur iterativ möglich ist.

Auf Basis der WAGNER-Gleichung (2.4) wird ein Excel-Berechnungsblatt wie in Abb. 2.8 angelegt:

1. Der obere Teil des Berechnungsblattes dient zur Berechnung des Sättigungsdampfdrucks $p_S(T)$. Es wird ein Eingabefeld für die Temperatur in °C und ein Ergebnisfeld für den Sättigungsdampfdruck erstellt und die Temperatur in Kelvin umgerechnet.

2. Für die Berechnung des Sättigungsdampfdrucks für Ethen sind die Werte der Koeffizienten A bis D der WAGNER-Gleichung sowie der kritischen Daten T_{kr} und p_{kr} aus dem *VDI-Wärmeatlas* erforderlich, siehe Abb. 2.8.

3. Tripeltemperatur und -druck von Ethen wurden [79] entnommen, da diese Daten nicht im *VDI-Wärmeatlas* aufgeführt sind, siehe Abb. 2.8.

4. VBA-Editor aufrufen, neues Modul einfügen: Siehe Abschnitt 2.5.1.

5. Neues Modul umbenennen: Das Modul sollte einen aussagekräftigen Namen bekommen (z. B. „modStoffwerte"), siehe Abschnitt 2.5.1.

6. Der VBA-Code kann entsprechend der Gleichungen (2.4) und (2.5) entweder als Version erstellt werden, bei der die Koeffizienten A bis D einzeln angegeben werden

Listing 2.6: VBA-Code für die Berechnung des Sättigungsdampfdrucks nach *VDI-Wärmeatlas* (Parameter A bis D einzeln anzugeben)

```vba
'VDI-Wärmeatlas 11. Auflage Abschnitt D3.1
'Gl. (7) Sättigungsdampfdruck WAGNER-Gleichung
'[T] = K , [p_S] = bar
Function p_S_VDI_11(
    T As Double, _
    p_kr As Double, _
    T_kr As Double, _
    A As Double, _
    B As Double, _
    C As Double, _
    D As Double _
        ) As Double

    Dim Theta As Double

    Theta = 1 - T / T_kr
    p_S_VDI_11 = p_kr * Exp((T_kr / T) * (A * Theta + B * Theta ^ 1.5 _
        + C * Theta ^ 2.5 + D * Theta ^ 5))

End Function
```

oder als Version, bei der die Koeffizienten als Array angegeben werden:[6,7]

---

[6] Wie im Listing beschrieben, benötigt diese Version zusätzlich das Modul „modArraySupport", welches unter `http://www.cpearson.com/excel/VBAArrays.htm` heruntergeladen werden kann.

[7] Ein umfassender VBA-Code, der die Korrelationsgleichungen für die Stoffwerte nach dem Abschnitt D3.1 aus dem *VDI-Wärmeatlas* einschließlich der Kurzbeschreibungen gemäß Abschnitt 2.5.5 enthält, steht unter `http://www.unit-operations.de` zum Download bereit.

Listing 2.7: VBA-Code für die Berechnung des Sättigungsdampfdrucks nach *VDI-Wärmeatlas* (Parameter *A* bis *D* als Array anzugeben)

```vba
Option Explicit

'=====================================================================
'benötigt das 'modArraySupport'-Modul von Pearson Software Consulting Services
'<http://www.cpearson.com/excel/VBAArrays.htm>
'=====================================================================


'VDI-Wärmeatlas 11. Auflage Abschnitt D3.1
'Gl. (7) Sättigungsdampfdruck WAGNER-Gleichung
'[T] = K , [p_S] = bar
Function p_S_VDI_11_arr( _
    T As Double, _
    p_kr As Double, _
    T_kr As Double, _
    a As Variant _
        ) As Double

    Dim Theta As Double
    Dim b() As Double

        '=============================================================
        'Anzahl Parameter 'a'
        Const N As Integer = 4
        '=============================================================


        'Falls 'a' ein Range-Object ist, konvertiere es zu einem Array
        a = a

        'Extrahiere den Vektor 'b' aus 'a', wenn 'a' "richtig" gegeben ist
        If Not ExtractNumericVector(a, b, N) Then Exit Function

        'berechne p_S
        Theta = 1 - T / T_kr
        p_S_VDI_11_arr = p_kr * Exp((T_kr / T) * (b(1) * Theta + b(2) * Theta ^ 1.5 _
            + b(3) * Theta ^ 2.5 + b(4) * Theta ^ 5))

End Function


'=====================================================================


'Extrahiere die erste Spalte/Zeile aus Array 'a' und speichere den Vektor in 'b'.
'Anschließend prüfe Vektor 'b', ob er 'N' Elemente enthält und schließlich, ob er
'numerische Daten enthält
Private Function ExtractNumericVector( _
    a As Variant, _
    b As Variant, _
    N As Integer _
        ) As Boolean

    'Initialisiere 'ExtractNumericVector'
    ExtractNumericVector = False

        'Wenn die Parameter in 'a' vertikal gegeben sind, extrahiere die erste
        'Spalte des Arrays, sind die Parameter in 'a' horizontal gegeben,
        'extrahiere die erste Zeile des Arrays
```

```vba
        If UBound(a, 1) > 1 And UBound(a, 2) = 1 Then
            If Not GetColumn(a, b, 1) Then Exit Function
        ElseIf UBound(a, 1) = 1 And UBound(a, 2) > 1 Then
            If Not GetRow(a, b, 1) Then Exit Function
60      Else
            Debug.Print "Parameter array 'a' is given non-valid"
            Exit Function
        End If

65      '---
        'Stelle sicher, dass der Vektor 'b' die Elemente 1 bis 'N' enthält
        If LBound(b) <> 1 Or UBound(b) <> N Then
            Debug.Print "Bounds of 'b' are not 1 and " & N
            Exit Function
70      End If
        'Stelle sicher, dass der Vektor 'b' numerische Daten enthält
        If Not IsNumericDataType(b) Then
            Debug.Print "Array is not numeric."
            Exit Function
75      End If
        '---

        'Wenn kein Fehler aufgetreten ist, retourniere 'WAHR'
        ExtractNumericVector = True
80
    End Function
```

Die benutzerdefinierten Funktionen können nun in der gesamten Arbeitsmappe eingesetzt werden. Zur Erstellung einer Kurzbeschreibung, die bei Aufruf dieser Funktion und Eingabe der Parameter erscheint, siehe Abschnitt 2.5.5. Es bietet sich an, diese und weitere benutzerdefinierte Funktionen in die in Abschnitt 2.1 erwähnte Vorlage zu übernehmen oder daraus ein Add-In zu erstellen, siehe Abschnitt 2.6.

7. Der untere Teil des Berechnungsblattes dient zur Berechnung der Sättigungstemperatur $T_S(p)$. Es wird ein Eingabefeld für den Druck erstellt und die Sättigungstemperatur iterativ unter Verwendung des Solvers ermittelt. In der vom Solver veränderbaren oder variablen Zelle wird ein geeigneter Startwert vorgegeben, z. B. 200 K. Dieser Wert kann zusätzlich in °C umgerechnet werden.

8. Der Sättigungsdampfdruck wird in Abhängigkeit des eben in der variablen Zelle eingegebenen Startwertes berechnet. In der Zielzelle für den Solver wird die Differenz $\Delta p_S(T_S) = p - p_S(T)$ berechnet.

9. Wie in Abschnitt 2.4 beschrieben, wird ein Makro für den Aufruf und die Anwendung des Solvers aufgezeichnet. Der Wert in der Zielzelle soll gleich null werden. Dabei darf der Wert in der variablen Zelle verändert werden.

10. Schaltfläche für den Aufruf des Solvers einfügen, umbenennen, Code anzeigen: siehe Abschnitt 2.3.1.

11. Code kopieren und einfügen: siehe Abschnitt 2.3.2. Das Ergebnis sollte wie folgt aussehen:

```
Private Sub cmdSolver_Click()
    SolverOk SetCell:="Zielzelle", MaxMinVal:=3, ValueOf:=0, _
        ByChange:="variable_Zelle", Engine:=1, EngineDesc:="GRG Nonlinear"
    SolverSolve
End Sub
```

Im Arbeitsblatt wurde `Zielzelle` als Name für die Zielzelle und `variable_Zelle` als Name für die veränderbare oder variable Zelle im Solver gewählt.

12. Speichern und VBA-Editor schließen, Funktion testen.

Zusätzlich kann wie in Abb. 2.8 für die Darstellung der Dampfdruckkurve vom Tripelpunkt bis zum kritischen Punkt ein Diagramm erstellt werden, für das eine Wertetabelle $p_S(T)$ unter Verwendung der neuen benutzerdefinierten Funktion angelegt wird. Es bietet sich an, den Tripelpunkt, den kritischen Punkt und die berechneten Datenpunkte explizit im Diagramm darzustellen.

2.5.3 Berechnung der Dichte eines idealen und eines realen Gases

Nachfolgend werden Berechnungen für die Dichte eines idealen und eines realen Gases sowie weiterer Größen unter Verwendung benutzerdefinierter Funktionen erstellt.

Berechnung der Dichte eines idealen Gases

Beispiel 2.8

Für die Berechnung der Dichte ϱ, des spezifischen Volumens v und des molaren Volumens $\bar{V}$ idealer Gase ist ein Berechnungsblatt zu erstellen. Darin sind beispielhaft die vorgenannten Größen für Ethen für eine Temperatur von 250 K und einen Druck von 16 bar zu berechnen. (Ergebnisse im Excel-Berechnungsblatt in Abb. 2.9.)

Es gilt die thermische Zustandsgleichung idealer Gase

$$pV = nRT \tag{2.6}$$

mit der universellen Gaskonstante $R = 8{,}314\,462\,1\,\text{kJ}\,\text{kmol}^{-1}\,\text{K}^{-1}$ [59]. Gleichung (2.6) und davon abgeleitete Gleichungen sollten – wenn überhaupt – nur für niedrige Drücke (bis etwa 5 bar im unterkritischen Temperaturbereich) und nicht zu tiefe Temperaturen verwendet werden. Besondere Vorsicht gilt bei Berechnungen realer Gase in der Nähe des Sättigungszustands. Dort kann der Fehler schon bei Umgebungsdruck mehrere Prozent betragen [1].

Die Dichte des idealen Gases folgt aus Gleichung (2.6) mit

$$\varrho = \frac{pM}{RT}\,, \tag{2.7}$$

woraus sich das spezifische Volumen als Kehrwert ergibt

$$v = \frac{1}{\varrho} \; . \tag{2.8}$$

Für den Zusammenhang zwischen spezifischem und molarem Volumen folgt

$$\bar{V} = vM \; . \tag{2.9}$$

Bevor diese Berechnungen durchgeführt werden, ist zu klären, ob die eingegebenen Werte für Temperatur und Druck überhaupt zu einem Zustand führen, der in der Gasphase liegt. Da aus Abschnitt 2.5.2 nur eine benutzerdefinierte Funktion für die Dampfdruckkurve, und nicht für die Sublimationsdruckkurve vorliegt, ist auch nur eine Abschätzung für den Bereich $T_{\mathrm{tr}} < T < T_{\mathrm{kr}}$ – dem Gültigkeitsbereich von Gleichung (2.4) – möglich. Für diesen Bereich ist die Bedingung $p < p_{\mathrm{S}}$ einzuhalten. Im Bereich $T \geq T_{\mathrm{kr}}$ entfällt die Unterscheidung zwischen Gas- und Flüssigphase und die Anwendung der Zustandsgleichung idealer Gase (und grundsätzlich auch der PENG-ROBINSON-Gleichung (2.13) für reale Gase) ist uneingeschränkt möglich.

Auf Basis dieser Gleichungen und Betrachtungen wird ein Excel-Berechnungsblatt angelegt, siehe dazu den oberen Teil von Abb. 2.9:

1. Die Berechnung erfolgt in Abhängigkeit von Druck und Temperatur. Optional ist die Berechnung der Temperatur ϑ in °C möglich.

2. Erforderliche Daten sind die kritische Temperatur T_{kr}, der kritische Druck p_{kr}, die molare Masse M und der azentrische Faktor ω aus dem *VDI-Wärmeatlas*. Der azentrische Faktor wird erst für die nachfolgende Erweiterung des Berechnungsblattes in Beispiel 2.9 benötigt. Für die Berechnung des Sättigungsdampfdrucks mit der benutzerdefinierten Funktion nach Abschnitt 2.5.2 (mit den Gleichungen (2.4) und (2.5)) werden die Werte der Koeffizienten A bis D aus Abb. 2.8 übernommen, ebenso die Werte für die Tripeltemperatur und den Tripeldruck von Ethen.

3. Für die Berechnungen im Arbeitsblatt wird empfohlen, für die relevanten Zellen Namen zu definieren, z. B. T für die Temperatur, T_kr für die kritische Temperatur oder rho für die Gasdichte.

4. Für dieses Beispiel soll eine „Sicherheitsabfrage" bereits bei der Eingabe von Temperatur und Druck erfolgen. Dazu wird die Zelle für die Eingabe der Temperatur angeklickt und unter Daten ≫ Datentools ≫ Datenüberprüfung ≫ Datenüberprüfung die Eingabe von Dezimalzahlen sowie von Temperaturen größer als die Tripeltemperatur (Verweis auf die entsprechende Zelle) zugelassen. Für die Zelle mit der Eingabe des Druckes erfolgt für das Minimum die Eingabe des Wertes 0 und für das Maximum die Eingabe von =WENN(T<T_kr;p_S;1000) (mit T als der Eingabezelle für die Temperatur, T_kr als der Zelle mit der kritischen Temperatur, p_S als der Zelle mit dem berechneten Sättigungsdampfdruck und 1000 als willkürlich festgelegtem Maximalwert für den Druck).

Da Gleichung (2.7) für die Berechnung der Dichte des idealen Gases auch in den nachfolgenden Kapiteln zur Anwendung kommt, bietet es sich an, eine benutzerdefinierte

Stoff			Ethen
Temperatur $(T_{tr} < T)$	T	K	**250**
	ϑ	°C	-23,15
Druck $(p < p_s$ für $T < T_{kr})$	p	bar	**16,0**
Stoffwerte aus VDI-Wärmeatlas, 11. Aufl., Abschnitt D3.1			
kritische Temperatur	T_{kr}	K	282,35
kritischer Druck	p_{kr}	bar	50,42
molare Masse	M	kg kmol^{-1}	28,05
azentrischer Faktor	ω	1	0,087
Sättigungsdampfdruck (WAGNER-Gleichung)	$p_s(T)$	bar	23,288
Koeffizienten Sättigungsdampfdruck	A	1	-6,41327
	B	1	1,45469
	C	1	-1,24183
	D	1	-1,99446
Tripeltemperatur	T_{tr}	K	103,989
Tripeldruck	p_{tr}	bar	1,2265E-03
Berechnung mit der idealen Gasgleichung			
Dichte $\rho = p\,M\,/\,(R\,T)$	ρ	kg m^{-3}	**21,59**
spezifisches Volumen $v = 1\,/\,\rho$	v	m^3 kg^{-1}	**0,04631**
molares Volumen $\tilde{V} = v\,M$	$\tilde{V}$	m^3 kmol^{-1}	**1,299**

Berechnung mit der PENG-ROBINSON-Gleichung

$$p = \frac{R\,T}{\overline{V} - b} - \frac{a(T)}{\overline{V}^2 + 2b\,\overline{V} - b^2}$$

reduzierte Temperatur	$T_r = T\,/\,T_{kr}$	1	0,8854
$\alpha(T) = [1 + (0{,}37464 + 1{,}54226\,\omega - 0{,}26992\,\omega^2)(1 - T_r^{0,5})]^2$	$\alpha(T)$	1	1,0607
$a_{kr} = 0{,}45724\,(R^2\,T_{kr}^2)\,/\,p_{kr}$	a_{kr}	Pa m^6 mol^{-2}	0,4998
$b = 0{,}0778\,R\,T_{kr}\,/\,p_{kr}$	b	m^3 mol^{-1}	3,6224E-05
$a(T) = a_{kr}\,\alpha(T)$	a	Pa m^6 mol^{-2}	0,5301
Realgasfaktor Z, variable Zelle Solver	Z	1	0,8083
Zielfunktion $f(Z) = 0$, Zielzelle Solver	$f(Z)$	1	-4,25E-07

$$f(Z) = Z^3 + Z^2\left(\frac{bp}{RT} - 1\right) + Z\left(\frac{ap}{R^2T^2} - 3\frac{p^2b^2}{R^2T^2} - 2\frac{bp}{RT}\right) + \frac{p^3b^3}{R^3T^3} + \frac{p^2b^2}{R^2T^2} - \frac{abp^2}{R^3T^3} = 0$$

Dichte $\rho = p\,M\,/\,(Z\,R\,T)$	ρ	kg m^{-3}	**26,713**
spezifisches Volumen $v = 1\,/\,\rho$	v	m^3 kg^{-1}	**0,03743**
molares Volumen $\tilde{V} = v\,M$	$\tilde{V}$	m^3 kmol^{-1}	**1,050**
Vergleich ideal − real			
relative Abweichung $(\rho_{ideal} - \rho_{real})\,/\,\rho_{real}$	$\Delta\rho\,/\,\rho$	1	-19,2%

Abbildung 2.9: Excel-Berechnungsblatt für die Berechnung der Dichte und des spezifischen/molaren Volumens eines idealen und eines realen Gases (vgl. Abb. 2.1)

Funktion zu erstellen.

5. VBA-Editor aufrufen: Die neue benutzerdefinierte Funktion kann zu bereits erstellten Funktionen der Arbeitsmappe in der linken Spalte des VBA-Editors (Projekt-Explorer) hinzugefügt werden. Oder es wird ein neues Modul angelegt, wie bereits in Abschnitt 2.5.1 beschrieben.

6. Code einfügen:

Listing 2.8: VBA-Code für die Berechnung der Gasdichte mit der Zustandsgleichung idealer Gase

```
'Gl. (0) Zustandsgleichung idealer Gase: Dichte rho = p M / (R T)
'[rho] = kg  m^-3, [T] = K, [p] = bar, [M] = kg kmol^-1
Function rho_ideal(T As Double, p As Double, M As Double) As Double

    Const R As Double = 8.3144621  'univ. Gaskonstante, [R] = kJ kmol^-1 K^-1

    rho_ideal = (p * M * 100) / (R * T)

End Function
```

7. Berechnung des spezifischen und des molaren Volumens mit den Gleichungen (2.8) und (2.9).

8. Speichern und VBA-Editor schließen, Funktion testen.

Das Ergebnis der Berechnung für das ideale Gas nach Beispiel 2.8 ist – insbesondere wegen des im Beispiel gewählten hohen Druckes – nur mit Vorbehalt zu verwenden.

Berechnung der Dichte eines realen Gases

Für das nachfolgende Beispiel wird das Berechnungsblatt zu Beispiel 2.8 erweitert und die reale Gasdichte mit der PENG-ROBINSON-Gleichung berechnet [63].

Beispiel 2.9

Aufbauend auf Beispiel 2.8 soll ein Berechnungsblatt für die Dichte ϱ, das spezifische Volumen v und das molare Volumen $\bar{V}$ eines *realen* Gases auf Basis der PENG-ROBINSON-Gleichung erstellt werden. Darin sind beispielhaft die vorgenannten Größen für Ethen für eine Temperatur von 250 K und einen Druck von 16 bar zu berechnen. (Ergebnisse im Excel-Berechnungsblatt in Abb. 2.9.)

Historische Zustandsgleichungen sind die VAN-DER-WAALS-Gleichung

$$\left(p + \frac{a}{\bar{V}^2}\right)(\bar{V} - b) = RT \tag{2.10}$$

oder die Virialform der Zustandsgleichung

$$Z = (1 + B'p + C'p^2 + \dots) \tag{2.11}$$

mit dem so genannten Realgasfaktor

$$Z = \frac{p\bar{V}}{RT} \,. \tag{2.12}$$

Für zeitgemäße Berechnungen eignen sich in besonderer Weise kubische Zustandsgleichungen wie die PENG-ROBINSON-Gleichung [63]

$$p = \frac{RT}{\bar{V} - b} - \frac{a(T)}{\bar{V}^2 + 2b\bar{V} - b^2} \tag{2.13}$$

oder auch die SOAVE-REDLICH-KWONG-Gleichung [80]

$$p = \frac{RT}{\bar{V} - b} - \frac{a(T)}{\bar{V}^2 + 2b\bar{V}} \,, \tag{2.14}$$

da einfach handhabbar und hinreichend genau. Diese Gleichungen sind für sehr polare oder für assoziierende Stoffe nicht geeignet.

Die Gleichungen (2.10) und (2.13) sind kubische Funktionen des spezifischen Volumens. Bei gegebenem Druck und gegebener Temperatur liefern sie im unterkritischen Bereich drei reale Lösungen, wobei die größte Lösung für die Gasphase und die kleinste Lösung für die Flüssigkeit gilt. Allerdings sind diese Gleichungen für die Berechnung von Flüssigkeiten nicht geeignet. Im überkritischen Bereich existieren eine reale und zwei komplexe Lösungen. Die reale Lösung beschreibt die überkritische Fluidphase [91, 92].

Um mit der PENG-ROBINSON-Gleichung die Aufgabenstellung in Beispiel 2.9 bearbeiten zu können, ist der azentrische Faktor

$$\omega = -1 - \lg\left(\frac{p_{\mathrm{S}}}{p_{\mathrm{kr}}}\right)_{T/T_{\mathrm{kr}}=0,7} \tag{2.15}$$

erforderlich, der mit den kritischen Daten berechnet werden kann oder im *VDI-Wärmeatlas* gegeben ist. Zusammen mit der reduzierten Temperatur

$$T_{\mathrm{r}} = \frac{T}{T_{\mathrm{kr}}} \tag{2.16}$$

gelten für die Koeffizienten in Gleichung (2.13) die folgenden Beziehungen [91, 92]:

- Für die PENG-ROBINSON-Gleichung

$$a(T) = a_{\mathrm{kr}}\alpha(T) \tag{2.17}$$

$$\alpha(T) = \left[1 + (0{,}374\,64 + 1{,}542\,26\,\omega - 0{,}269\,92\,\omega^2)(1 - T_{\mathrm{r}}^{0,5})\right]^2 \tag{2.18}$$

$$a_{\mathrm{kr}} = 0{,}457\,24\frac{R^2 T_{\mathrm{kr}}^2}{p_{\mathrm{kr}}} \tag{2.19}$$

$$b = 0{,}0778\frac{RT_{\mathrm{kr}}}{p_{\mathrm{kr}}} \,. \tag{2.20}$$

- Und für die Soave-Redlich-Kwong-Gleichung

$$a(T) = a_{\mathrm{kr}}\alpha(T) \tag{2.21}$$

$$\alpha(T) = \left[1 + (0{,}48 + 1{,}574\omega - 0{,}176\omega^2)(1 - T_{\mathrm{r}}^{0,5})\right]^2 \tag{2.22}$$

$$a_{\mathrm{kr}} = 0{,}427\,48\frac{R^2 T_{\mathrm{kr}}^2}{p_{\mathrm{kr}}} \tag{2.23}$$

$$b = 0{,}086\,64\frac{R T_{\mathrm{kr}}}{p_{\mathrm{kr}}}\ . \tag{2.24}$$

Diese Gleichungen können mit den Mischungsregeln auch für Gasgemische angewendet werden.

Die Peng-Robinson-Gleichung (2.13) ergibt mit Gleichung (2.12) sowie den Gleichungen (2.17) bis (2.20) die Zielfunktion

$$
\begin{aligned}
f(Z) = Z^3 &+ Z^2 \left(\frac{bp}{RT} - 1\right) + Z\left(\frac{ap}{R^2 T^2} - 3\frac{p^2 b^2}{R^2 T^2} - 2\frac{bp}{RT}\right) \\
&+ \frac{p^3 b^3}{R^3 T^3} + \frac{p^2 b^2}{R^2 T^2} - \frac{abp^2}{R^3 T^3} = 0\ ,
\end{aligned}
\tag{2.25}
$$

mit welcher der Realgasfaktor Z iterativ unter Verwendung des Solvers berechnet werden kann, siehe die nachfolgende Beschreibung. Grundsätzlich können kubische Gleichungen auch mit der cardanischen Formel analytisch gelöst werden, was für unsere Anwendung jedoch aufwendiger wäre.

Für die Berechnung der Realgasdichte wird das Berechnungsblatt in Abb. 2.9 erweitert:

1. VBA-Editor aufrufen: Die neue benutzerdefinierte Funktion $f(Z)$ mit Gleichung (2.25) kann zu den bereits erstellten Funktionen der Arbeitsmappe in der linken Spalte des VBA-Editors (Projekt-Explorer) hinzugefügt werden. Oder es wird ein neues Modul angelegt, siehe Abschnitt 2.5.2.

2. Code einfügen:

Listing 2.9: VBA-Code für die Zielfunktion nach der Peng-Robinson-Gleichung

```vba
'Gleichung f(Z) zur iterativen Berechnung des Realgasfaktors Z
'mit der realen Zustandsgleichung nach PENG und ROBINSON (1976)
'[T] = K , [p] = bar
Function Z_Funktion_PR(Z As Double, T As Double, p As Double, _
    T_kr As Double, p_kr As Double, omega As Double) As Double

    Dim T_red As Double             'Variablendeklaration
    Dim A As Double
    Dim alpha As Double
    Dim a_kr As Double
    Dim B As Double

    '=========================================================================
```

```vba
    Const R As Double = 8.3144621    '[R] = kJ kmol^-1 K^-1
    '==================================================================

    p = p * 100000                    'Umrechnung von bar in Pa
    p_kr = p_kr * 100000

    T_red = T / T_kr
    alpha = (1 + (0.37464 + 1.54226 * omega - 0.26992 * omega ^ 2) _
        * (1 - T_red ^ 0.5)) ^ 2
    a_kr = 0.45724 * R ^ 2 * T_kr ^ 2 / p_kr
    B = 0.0778 * R * T_kr / p_kr
    A = a_kr * alpha

    Z_Funktion_PR = Z ^ 3 + Z ^ 2 * ((B * p) / (R * T) - 1) _
        + Z * ((A * p) / (R ^ 2 * T ^ 2) - 3 _
        * (p ^ 2 * B ^ 2) / (R ^ 2 * T ^ 2) _
        - 2 * (B * p) / (R * T)) _
        + (p ^ 3 * B ^ 3) / (R ^ 3 * T ^ 3) _
        + (p ^ 2 * B ^ 2) / (R ^ 2 * T ^ 2) _
        - (A * B * p ^ 2) / (R ^ 3 * T ^ 3)

End Function
```

Anmerkung: Mit dieser UDF ist nicht die explizite Berechnung der Terme gemäß der Gleichungen (2.16) bis (2.20) möglich. Diese Terme wurden nur für die Darstellung in Abb. 2.9 berechnet, um – falls erforderlich – die Fehlersuche bei der Berechnung von $f(Z)$ zu erleichtern.

3. Wie in Abschnitt 2.4 beschrieben, wird ein Makro für den Aufruf und die Anwendung des Solvers aufgezeichnet. Der Wert in der Zielzelle mit der benutzerdefinierten Funktion $f(Z)$ soll gleich null werden. Dabei darf der Wert in der variablen Zelle verändert werden.

4. Schaltfläche einfügen, umbenennen, Code anzeigen: siehe Abschnitt 2.3.1.

5. Code kopieren und einfügen: siehe Abschnitt 2.3.2.

6. Mit dem berechneten Realgasfaktor Z folgt die Dichte des realen Gases mit

$$\varrho = \frac{pM}{ZRT} \tag{2.26}$$

und daraus das spezifische sowie das molare Volumen mit den Gleichungen (2.8) und (2.9). Optional kann die relative Abweichung zwischen idealer und realer Gasdichte ermittelt werden.

7. Speichern und VBA-Editor schließen, Funktion testen.

In Abb. 2.9 wird auch die relative Abweichung zwischen den Dichten des idealen und des realen Gases berechnet, die bei den eingegebenen Werten von Temperatur und Druck erheblich ist – zuungunsten der mit der idealen Zustandsgleichung berechneten Dichte. Der mit FLUIDCAL [28] auf Basis einer hochgenauen Zustandsgleichung ermittelte Wert beträgt $\varrho = 26{,}389\,\mathrm{kg\,m^{-3}}$ für $250\,\mathrm{K}$ und $16\,\mathrm{bar}$.

2.5.4 Berechnung der spezifischen Verdampfungsenthalpie

Beispiel 2.10

Für Ethen ist für eine Temperatur von $T = 250\,\text{K}$ die spezifische Verdampfungsenthalpie $\Delta_{\text{vap}}h$ unter Verwendung der PENG-ROBINSON-Gleichung zu berechnen. (Ergebnisse im Excel-Berechnungsblatt in Abb. 2.10.)

Die Ableitung der Dampfdruckkurve $p_{\text{S}}(T)$

$$\frac{\mathrm{d}p_{\text{S}}}{\mathrm{d}T} = \frac{h'' - h'}{T(v'' - v')} \tag{2.27}$$

wird als CLAUSIUS-CLAPEYRON-Gleichung bezeichnet. Darin kennzeichnet der hochgestellte Index $'$ den Zustand der siedenden Flüssigkeit und $''$ den Zustand des gesättigten Dampfes. Diese Gleichung gilt analog für die Schmelzdruckkurve und die Sublimationsdruckkurve.

Gleichung (2.27) liefert einen Zusammenhang zwischen der spezifischen Verdampfungsenthalpie und den einfach zugänglichen Größen Dampfdruck, Temperatur sowie den spezifischen Volumina von siedender Flüssigkeit und gesättigtem Dampf und kann damit zur Berechnung der spezifischen Verdampfungsenthalpie verwendet werden

$$\Delta_{\text{vap}}h = h'' - h' = T(v'' - v')\frac{\mathrm{d}p_{\text{S}}}{\mathrm{d}T} \; . \tag{2.28}$$

Siehe dazu auch die Hinweise zur Genauigkeit von Berechnungen im *VDI-Wärmeatlas* [91, 92], insbesondere die Empfehlung, die CLAUSIUS-CLAPEYRONsche Gleichung nicht bei Dampfdrücken $p_{\text{S}} < 1\,\text{hPa}$ anzuwenden.

Für die Ableitung der WAGNER-Gleichung (2.4) folgt mit der reduzierten Temperatur T_{r} gemäß Gleichung (2.16) (siehe [91, 92])

$$\frac{\mathrm{d}p_{\text{S}}}{\mathrm{d}T} = -\frac{p_{\text{S}}}{T} \left(\ln \frac{p_{\text{S}}}{p_{\text{kr}}} + A + 1{,}5B(1 - T_{\text{r}})^{0,5} + 2{,}5C(1 - T_{\text{r}})^{1,5} + 5D(1 - T_{\text{r}})^{4} \right) \; .$$

$$\tag{2.29}$$

Alternativ zur (analytischen) Ableitung soll hier eine einfache numerische Methode unter Verwendung des zentralen Differenzenquotienten (ZDQ) verwendet werden. Beim zentralen Differenzenquotienten

$$\frac{\Delta y}{\Delta x} = \frac{f(x + \frac{1}{2}\Delta x) - f(x - \frac{1}{2}\Delta x)}{\Delta x} \tag{2.30}$$

liegen die zur Differenzbildung verwendeten Stellen symmetrisch um den x-Wert, für den die Ableitung angenähert werden soll.

Es wird ein neues Berechnungsblatt in Abb. 2.10 auf Basis von Abb. 2.9 erstellt:

1. Für die Berechnung der spezifischen Verdampfungsenthalpie $\Delta_{\text{vap}}h$ ist in dieser Tabelle nur die Vorgabe der Temperatur erforderlich. Der Druck p ist gleich dem

Stoff			Ethen
Temperatur $(T_{tr} < T < T_{kr})$	T	K	**250**
	ϑ	°C	-23,15
Druck	$p = p_s(T)$	bar	23,288
Stoffwerte aus VDI-Wärmeatlas, 11. Aufl., Abschnitt D3.1			
kritische Temperatur	T_{kr}	K	282,35
kritischer Druck	p_{kr}	bar	50,42
kritische Dichte	ρ_{kr}	kg m^{-3}	214
molare Masse	M	kg kmol^{-1}	28,05
azentrischer Faktor	ω	1	0,087
Sättigungsdampfdruck (WAGNER-Gleichung)	$p_s(T)$	bar	23,288
Koeffizienten Sättigungsdampfdruck	A	1	-6,41327
	B	1	1,45469
	C	1	-1,24183
	D	1	-1,99446
Flüssigkeitsdichte (Dichte der gesättigten Flüssigkeit $\rho^L = \rho'$)	$\rho^L(T)$	kg m^{-3}	421,8
Koeffizienten Flüssigkeitsdichte	A	1	364,3614
	B	1	211,7762
	C	1	-203,5475
	D	1	188,4411
Tripeltemperatur	T_{tr}	K	103,989
Tripeldruck	p_{tr}	bar	1,2265E-03

Berechnung mit der PENG-ROBINSON-Gleichung

$$p = \frac{RT}{\overline{V} - b} - \frac{a(T)}{\overline{V}^2 + 2b\,\overline{V} - b^2}$$

reduzierte Temperatur	$T_r = T / T_{kr}$	1	0,8854
$\alpha(T) = [1 + (0,37464 + 1,54226\,\omega - 0,26992\,\omega^2)(1 - T_r^{0,5})]^2$	$\alpha(T)$	1	1,0607
$a_{kr} = 0,45724\,(R^2\,T_{kr}^2)\,/\,p_{kr}$	a_{kr}	Pa m^6 mol^{-2}	0,4998
$b = 0,0778\,R\,T_{kr}\,/\,p_{kr}$	b	m^3 mol^{-1}	3,6224E-05
$a(T) = a_{kr}\,\alpha(T)$	a	Pa m^6 mol^{-2}	0,5301
Realgasfaktor Z, variable Zelle Solver	Z	1	0,6913
Zielfunktion $f(Z) = 0$, Zielzelle Solver	$f(Z)$	1	-1,21E-07

$$f(Z) = Z^3 + Z^2\left(\frac{bp}{RT} - 1\right) + Z\left(\frac{ap}{R^2T^2} - 3\frac{p^2b^2}{R^2T^2} - 2\frac{bp}{RT}\right) + \frac{p^3b^3}{R^3T^3} + \frac{p^2b^2}{R^2T^2} - \frac{abp^2}{R^3T^3} = 0$$

Dichte gesättigter Dampf $\rho'' = p\,M\,/\,(Z\,R\,T)$	ρ''	kg m^{-3}	45,458
spezifisches Volumen gesättiger Dampf $v'' = 1\,/\,\rho$	v''	m^3 kg^{-1}	0,02200

Berechnung spezifische Verdampfungsenthalpie

$$\Delta_{vap}h = h'' - h' = T(v'' - v')\frac{dp_s}{dT}$$

Dichte siedende Flüssigkeit	ρ'	kg m^{-3}	421,8
spezifisches Volumen $v' = 1\,/\,\rho'$	v'	m^3 kg^{-1}	0,00237
gewählte Differenz	ΔT	K	1,00E-03
Ableitung Dampfdruckkurve (aus Differenzenquotient)	dp_s/dT	bar K^{-1}	0,612
Ableitung Dampfdruckkurve (analytisch)	dp_s/dT	bar K^{-1}	0,612
spezifische Verdampfungsenthalpie (aus Differenzenquotient)	$\Delta_{vap}h\,(T)$	kJ kg^{-1}	**300,27**

Abbildung 2.10: Excel-Berechnungsblatt für die Berechnung der spezifischen Verdampfungsenthalpie

Sättigungsdampfdruck $p_\text{S}(T)$ (gemäß der WAGNER-Gleichung (2.4)).

2. Für die einzugebende Temperatur gilt $T_\text{tr} < T < T_\text{kr}$. Auch in diesem Beispiel ist deshalb eine „Sicherheitsabfrage" sinnvoll, vergleiche Abschnitt 2.5.3. Dazu wird die Zelle für die Eingabe der Temperatur angeklickt und unter $\boxed{\text{Daten}\rangle}$ $\rangle\text{Datentools}\rangle\text{Datenüberprüfung}\rangle\boxed{\text{Datenüberprüfung}}$ die Eingabe von Dezimalzahlen sowie von Temperaturen größer als der Tripeltemperatur und kleiner als der kritischen Temperatur zugelassen.

3. Die Berechnung des Realgasfaktors Z erfolgt wie in Abb. 2.9 (und entsprechend der Erläuterungen zu Beispiel 2.9) mit der PENG-ROBINSON-Gleichung (2.13) unter Verwendung des Solvers. Daraus werden die Dichte ϱ'' und das spezifische Volumen v'' des gesättigten Dampfes mit den Gleichungen (2.26) und (2.8) ermittelt.

4. Für die Berechnung des spezifischen Volumens v' wird die Dichte der siedenden Flüssigkeit $\varrho' = \varrho^\text{L}$ anhand der im *VDI-Wärmeatlas* [91, 92] gegebenen Funktion für die Flüssigkeitsdichte

$$\frac{\varrho^\text{L}}{\text{kg/m}^3} = \frac{\varrho_\text{kr}}{\text{kg/m}^3} + A\Theta^{0,35} + B\Theta^{2/3} + C\Theta + D\Theta^{4/3} \tag{2.31}$$

mit Θ gemäß Gleichung (2.5) berechnet. Dafür werden oben in der Tabelle der Wert für die kritische Dichte ϱ_kr und die Werte der Koeffizienten A bis D aus dem *VDI-Wärmeatlas* aufgenommen.

5. Das spezifische Volumen der siedenden Flüssigkeit v' folgt aus der Dichte der siedenden Flüssigkeit mit Gleichung (2.8).

6. Um die spezifische Verdampfungsenthalpie $\Delta_\text{vap}h$ mit Gleichung (2.28) ermitteln zu können, ist die Ableitung dp_S/dT erforderlich, wofür hier vereinbarungsgemäß der zentrale Differenzenquotient in Gleichung (2.30) verwendet wird. Dafür wird eine Differenz ΔT vorgegeben und für die Differenzbildung in Gleichung (2.30) die Werte $p_\text{S}(T + \Delta T/2)$ und $p_\text{S}(T - \Delta T/2)$ mit der WAGNER-Gleichung (2.4) berechnet. Unter Beachtung der Dimensionen folgt die Ableitung dp_S/dT und mit Gleichung (2.28) die gesuchte spezifische Verdampfungsenthalpie $\Delta_\text{vap}h(T)$.

7. Optional ist die Berechnung von $\Delta_\text{vap}h(T)$ mit Gleichung (2.29) sowie auch mit der Korrelationsgleichung (3.71) aus dem *VDI-Wärmeatlas* möglich.

Der mit FLUIDCAL [28] auf Basis einer hochgenauen Zustandsgleichung ermittelte Wert für Ethen beträgt $\Delta_\text{vap}h(250\,\text{K}) = 304{,}303\,\text{kJ\,kg}^{-1}$.

2.5.5 Kurzbeschreibungen zu benutzerdefinierten Funktionen

Beim Aufrufen und Einfügen von Funktionen in Arbeitsblättern z. B. über die Registerkarte $\boxed{\text{Formeln}\rangle\text{Funktionsbibliothek}\rangle\text{Funktionen einfügen}}$ erscheinen Kurzbeschreibungen der entsprechenden Funktion. Um diese Kurzbeschreibungen auch beim Aufruf benutzerdefinierter Funktionen (UDFs) zu erhalten, sind zwei Methoden möglich:

- Die Beschreibung im *Objektkatalog* des VBA-Editors und
- die Beschreibung per *Workbook_Open()* mit *Application.MacroOptions*.

Beschreibung im Objektkatalog des VBA-Editors

In Abschnitt 2.2 wurde bereits auf den Objektkatalog hingewiesen, der unter der Registerkarte Ansicht ≫ Objektkatalog im VBA-Editor aufgerufen wird. Durch Markierung der entsprechenden Funktion im Objektkatalog, Anwahl mit rechter Maustaste und Auswahl von Eigenschaften ≫ Elementoptionen kann die Kurzbeschreibung der Funktion eingegeben werden. Sollen auch die Parameter der Funktion beschrieben werden, empfiehlt sich die nachfolgende Methode.

Beschreibung per *Workbook_Open()* mit *Application.MacroOptions*

Mit dem `Workbook_Open()`-Ereignis werden Anweisungen beim Öffnen der Arbeitsmappe ausgeführt. Für die Erstellung einer Beschreibung wird wie folgt vorgegangen:

1. VBA-Editor öffnen und Doppelklick auf die Arbeitsmappe, damit der Code angezeigt wird (sollte noch leer sein).

2. Links über dem Codebereich wird im Dropdown-Menü (Allgemein) in Workbook geändert und im Dropdown-Menü rechts daneben Open ausgewählt. Es erscheint der folgende Code, der um die mittlere Zeile ergänzt wird:

```
Private Sub Workbook_Open()
    Call modStoffwerte.AddUDFDescription
End Sub
```

3. Nachfolgend wird beispielhaft eine Beschreibung für die bereits in Abschnitt 2.5.2 verwendete benutzerdefinierte Funktion zur Berechnung des Sättigungsdampfdrucks auf Basis der WAGNER-Gleichung (2.4) erstellt, siehe dazu Abb. 2.11. Dazu wird der in Listing 2.10 aufgeführte Code *vor* der Funktion in Listing 2.6 eingefügt:[8]

Listing 2.10: VBA-Code für die Erstellung der Kurzbeschreibung der benutzerdefinierten Funktion gemäß Listing 2.6

```
Sub AddUDFDescription()
    With Application
        .MacroOptions _
            Category:="Stoffwerte", _
5           Macro:="p_S_VDI_11", _
            Description:="Berechnung des Sättigungsdampfdrucks mit Gl. (7) " & _
                "S. 357 aus dem VDI-Wärmeatlas (2013) 11. Aufl. Abschn. D3.1", _
            ArgumentDescriptions:=Array( _
                "Temperatur in K", _
10              "kritischer Druck in bar", _
                "kritische Temperatur in K", _
                "Parameter A aus VDI-Wärmeatlas", _
                "Parameter B aus VDI-Wärmeatlas", _
                "Parameter C aus VDI-Wärmeatlas", _
```

---

[8]Ein umfassender VBA-Code, der die Korrelationsgleichungen für die Stoffwerte nach dem Abschnitt D3.1 aus dem *VDI-Wärmeatlas* einschließlich der Kurzbeschreibungen enthält, steht unter `http://www.unit-operations.de` zum Download bereit.

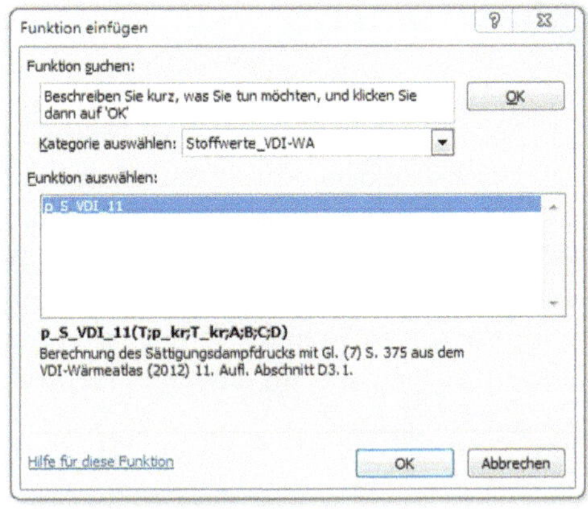
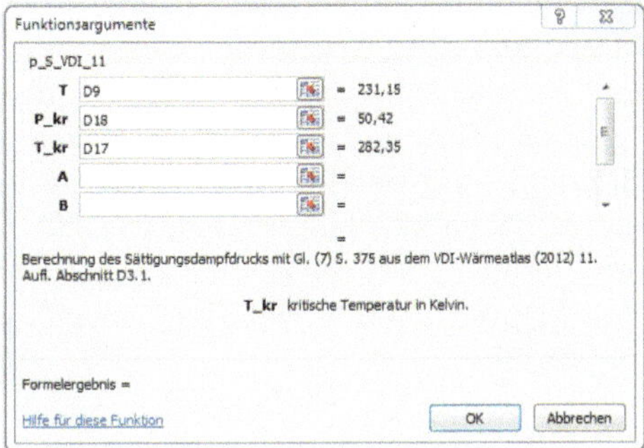

Abbildung 2.11: „Funktion einfügen"-Dialog. Links Funktionsaufruf, rechts Funktionsargumente.

```
15                "Parameter D aus VDI-Wärmeatlas")
        End With
End Sub
```

Erläuterung:

- *Category*: Definiert eine neue Funktionskategorie oder wählt eine der von Excel bereits vorgegebenen Kategorien. Diese Definition ist optional.

- *Macro*: Definiert die Funktion, deren Beschreibung erstellt wird.

- *Description*: Hier wird die Kurzbeschreibung eingegeben.

- *ArgumentDescriptions*: Hier werden die Hinweise zu den Parametern in Form eines *Arrays* eingegeben.

2.6 Erstellung von Add-Ins

Aus einer Arbeitsmappe mit benutzerdefinierten Funktionen kann ein *Add-In* erstellt werden. Add-Ins sind an der Endung `.xlam` erkennbar. Aktivierte Add-Ins können in allen Arbeitsmappen verwendet werden. Ein Beispiel für ein vorhandenes Add-In ist der Solver. Vorgehensweise:

- Arbeitsmappe als Add-In speichern: Datei ≫ Speichern unter Dateityp *Excel-Add-In (*.xlam)*. Speicherort wählen.

- Excel schließen, neu öffnen. Hinweis auf das Add-In unter Datei ≫ Optionen ≫ Add-Ins einrichten.

- Um auch in VBA Funktionen aus dem Add-In aufrufen zu können, ist ein Verweis auf das Add-In im VBA-Editor unter Extras ≫ Verweise hinzuzufügen.

- Der Aufruf einer benutzerdefinierten Funktion aus dem Add-In kann nun auf die übliche Weise erfolgen.

2.7 Ermittlung von Ausgleichsfunktionen

Bei einer Regression oder Ausgleichsrechnung werden auf der Basis von Daten oder Messdaten die Parameter einer vorgegebenen Funktion ermittelt. Excel bietet hier zwei Möglichkeiten an. Die Ermittlung von Ausgleichsfunktionen mit der Trendlinienfunktion geht den Umweg über vorher zu erstellende Diagramme und ist bezüglich des Handlings mit den zu ermittelnden Parametern umständlich. Die in Abschnitt 2.10.2 beschriebene RGP-Funktion (sowie die RKP-Funktion) ist etwas kryptisch. Nachteil beider Methoden ist, das sie nur auf polynomische, logarithmische und exponentielle sowie Potenzfunktionen anwendbar sind. Nachfolgend werden zwei alternative Methoden vorgestellt.

2.7.1 Nichtlineare Regression unter Verwendung des Solvers

Die Ermittlung selbst definierter Ausgleichsfunktionen ist durch eine nichtlineare Regression unter Verwendung des Solvers auf Basis einer Ausgleichung nach der GAUSSschen *Methode der kleinsten Quadrate* möglich [62].

> **Beispiel 2.11**
>
> Für die ANTOINE-Gleichung (2.3) sollen die Parameter A, B und C an die im *VDI-Wärmeatlas* gegebenen Sättigungsdaten von Wasser für den Temperaturbereich von 0,01 °C bis 60,0 °C angepasst werden. (Ergebnisse im Excel-Berechnungsblatt in Abb. 2.12.)

Es wird ein Berechnungsblatt wie in Abb. 2.12 erstellt:

1. Anlegen der Wertetabelle: Aus dem *VDI-Wärmeatlas* [91, 92] werden die Sättigungsdaten für den vorgegebenen Temperaturbereich übernommen und die entsprechenden Datenpunkte in einem Diagramm dargestellt.

2. Berechnung der Funktionswerte: Unter Vorgabe sinnvoller Startwerte für die ANTOINE-Parameter A, B und C (z. B. 1) werden in der Spalte p_S' die Sättigungsdampfdrücke mit Gleichung (2.3) – auch hier am besten unter Verwendung einer benutzerdefinierten Funktion – berechnet. Der Tripeldruck p_{tr} von Wasser ist in der Spalte p_S für $\vartheta = 0{,}01$ °C aufgeführt.

3. In der nächsten Spalte werden die vertikalen Abweichungsquadrate $(p_S' - p_S)^2$ und daraus die Summe der Abweichungsquadrate am unteren Ende der Spalte ermittelt.

4. Berechnung der relativen Abweichungen: In der letzten Spalte stehen die relativen Abweichungen $\Delta p_S / p_S = (p_S' - p_S)/p_S$.

5. Aufruf des Solvers: Zielzelle für den Solver ist die Summe der Abweichungsquadrate, die minimiert werden soll. Die veränderbaren oder variablen Zellen sind die Zellen mit den ANTOINE-Parametern A, B und C. Als Lösungsmethode für den Solver empfiehlt sich hier GRG-nichtlinear mit der Option Ableitungen zentral. Die Option Nicht eingeschränkte Variablen als nicht-negativ festlegen ist zu deaktivieren.

$$\lg(p_\mathrm{s}(T) \,/\, \mathrm{hPa}) = A + \frac{B}{T/\mathrm{K} + C}$$

Auszug Sättigungsdaten Wasser aus dem
VDI-Wärmeatlas (2013) 11. Aufl. D2.1

Parameter ANTOINE-Gleichung

A	8,261581535
B	-1766,286989
C	-36,87712088

ϑ	T	p_s	p_s'	$(p_\mathrm{s}' - p_\mathrm{s})^2$	$\Delta p_\mathrm{s}/p_\mathrm{s}$
°C	K	hPa	hPa	hPa^2	%
0,01	273,16	6,117	6,113	1,38E-05	-0,06%
5,00	278,15	8,726	8,727	1,64E-06	0,01%
10,00	283,15	12,282	12,289	4,60E-05	0,06%
15,00	288,15	17,057	17,070	1,59E-04	0,07%
20,00	293,15	23,392	23,408	2,65E-04	0,07%
25,00	298,15	31,697	31,715	3,29E-04	0,06%
30,00	303,15	42,467	42,482	2,39E-04	0,04%
35,00	308,15	56,286	56,295	9,01E-05	0,02%
40,00	313,15	73,844	73,843	3,04E-07	0,00%
45,00	318,15	95,944	95,931	1,58E-04	-0,01%
50,00	323,15	123,51	123,49	3,14E-04	-0,01%
55,00	328,15	157,61	157,60	1,23E-04	-0,01%
60,00	333,15	199,46	199,48	2,73E-04	0,01%

$$\Sigma(p_\mathrm{s} - p_\mathrm{s}')^2 = \quad 2{,}34\mathrm{E}\text{-}03$$

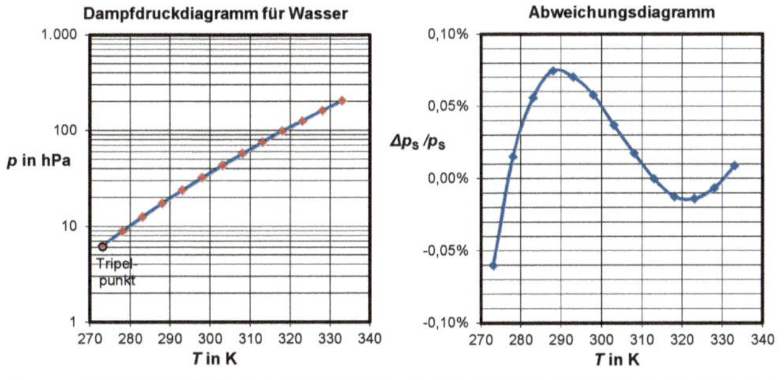

Abbildung 2.12: Anpassung der ANTOINE-Parameter an die Sättigungsdaten für Wasser (Sättigungsdaten entnommen aus [91, 92])

Da die relative Abweichung im Bereich um den Tripelpunkt recht groß ist, wird dieser Datenpunkt bei der Berechnung der Summe der Abweichungsquadrate z. B. mit dem Faktor 25 gewichtet. Die vorgegebenen Dampfdrücke p_S werden als Punkte und die berechneten Dampfdrücke $p_S{'}$ als Linie (ohne Datenpunkte) im Dampfdruckdiagramm mit logarithmisch skalierter Ordinate aufgetragen. Da auch relativ große Abweichungen in dieser Diagrammdarstellung kaum erkennbar sind, wird zusätzlich ein „Abweichungsdiagramm" mit den temperaturabhängigen relativen Abweichungen erstellt.

2.7.2 Polynomregression unter Verwendung einer benutzerdefinierten Funktion

Alternativ zu Abschnitt 2.7.1 soll eine Regression unter Anwendung der Polynomfunktion

$$y = a_0 + a_1 x + a_2 x^2 + \cdots = \sum_{i=0}^{n} a_i x^i \ . \tag{2.32}$$

auf Basis einer benutzerdefinierten Funktion, die keiner Hilfszellen bedarf und direkt die gewünschten Koeffizienten zurückgibt, erstellt werden. Grundlage hierfür ist ebenfalls die GAUSS*sche Methode der kleinsten Quadrate.*

Beispiel 2.12

Für das reale binäre System Ethanol-Wasser soll für einen konstanten Druck $p = 1{,}013\,$bar die Siedelinie durch ein Polynom als Ausgleichsfunktion auf Basis einer benutzerdefinierten Funktion beschrieben werden (vergleiche hierzu Beispiel 2.15 in Abschnitt 2.10.2). (Ergebnisse im Excel-Berechnungsblatt in Abb. 2.13.)

Für die Lösung der Aufgabenstellung verwenden wir den dankenswerterweise von KRUCKER [46] erstellten VBA-Code der benutzerdefinierten Funktion PolynomReg, siehe den zweiten Teil des nachfolgend aufgeführten Listings 2.11.[9] Zusätzlich ist in diesem Listing die Funktion Polynom enthalten, die eine Erweiterung der hier nicht gelisteten Funktion PolynomEval von KRUCKER ist. Diese neue Funktion ermöglicht – unter Angabe des optionalen Argumentes NV – auch die Verarbeitung von Zellen mit dem Fehlerwert #NV und damit die weitgehend flexible Vorgabe unterschiedlicher Grade der Polynomfunktion entsprechend Gleichung (2.32).[10]

---

[9]siehe dazu auch `http://www.krucker.ch/skripten-uebungen/IAMSkript/IAMKap3.pdf` [46]

[10]Die längeren VBA-Codes aus diesem Buch stehen unter `http://www.unit-operations.de` zum Download bereit.

Listing 2.11: VBA-Code für die Ermittlung der Koeffizienten einer Polynom-regression

```vba
'Polynomregression als Erweiterung der Funktion PolynomEval von G. Krucker
Public Function Polynom(Coefficients As Variant, x As Double, Optional NV As Variant) _
      As Variant

  Dim i As Integer
  Dim sum As Double
  Dim bCoeffRange As Boolean

  'Falls 'Coefficients' als Range gegeben sind
  If TypeName(Coefficients) = "Range" Then
     'setze 'bCoeffRange' auf 'Wahr'
    bCoeffRange = True
    'und überprüfe die Dimensionen der Koeffizientenmatrix
    If Coefficients.Rows.Count >= 1 And Coefficients.Columns.Count = 1 Then
       'sind die Koeffizienten spaltenweise gegeben, ist alles in Ordnung
      Coefficients = Coefficients.Value2
    ElseIf Coefficients.Rows.Count = 1 And Coefficients.Columns.Count >= 1 Then
       'sind sie zeilenweise gegeben, werden sie transponiert
      Coefficients = Application.WorksheetFunction.Transpose(Coefficients.Value2)
    Else
       'hier ist weder ein Skalar noch ein Vektor aber eine Matrix gegeben
       '--> beende die Funktion
      Polynom = "wrong"
      Exit Function
    End If
  End If

  'ist der Parameter 'NV' gegeben und 'Wahr', dann ersetze alle 'NV's durch Nullen
  On Error Resume Next
  If Not IsMissing(NV) Then
     'dies macht nur Sinn, wenn mehr als 1 Koeffizient (Skalar) gegeben ist
    If NV = True And IsArray(Coefficients) = True Then
      For i = UBound(Coefficients) To LBound(Coefficients) Step -1
         'wenn die Koeffizienten als "Range" gegeben sind, ist
         ''Coefficients' ein zweidimensionales Array
        If bCoeffRange = True Then
           'sind die gegebenen Koeffizienten keine Zahlen, beende die Schleife
          If Not IsNumeric(Coefficients(i, 1)) Then
             'ist der aktuelle Koeffizient der Fehlerwert 'NV',
             'ersetze ihn durch 0
            If Coefficients(i, 1) = CVErr(xlErrNA) Then
              Coefficients(i, 1) = 0
            End If
          Else
            Exit For
          End If
           'wird die Funktion von einer anderen Funktion aufgerufen,
           'dann ist 'Coefficients' als Vektor mit nur einer Dimension gegeben
        Else
           'sind die gegebenen Koeffizienten keine Zahlen, beende die Schleife
          If Not IsNumeric(Coefficients(i)) Then
             'ist der aktuelle Koeffizient der Fehlerwert 'NV',
             'ersetze ihn durch 0
            If Coefficients(i) = CVErr(xlErrNA) Then
              Coefficients(i) = 0
```

```vba
                        End If
                    Else
                        Exit For
                    End If
                End If
            Next
        End If
    End If
    On Error GoTo 0

    'ist 'Coefficients' ein Skalar, entspricht der Koeffizient dem Polynom
    If IsArray(Coefficients) = False Then
        sum = Coefficients
    'andernfalls wird das Polynom berechnet
    Else
        'ist 'Coefficients' als "Range" gegeben, fängt der untere Index
        'mit 1 an, weshalb der Exponent um 1 reduziert wird
        If bCoeffRange = True Then
            For i = 1 To UBound(Coefficients)
                sum = sum + Coefficients(i, 1) * x ^ (i - 1)
            Next
        'ist 'Coefficients' dagegen als Vektor gegeben, kann der
        'Startindex beliebig sein, weshalb der Exponent um den unteren
        'Index von 'Coefficients' korrigiert wird
        Else
            For i = LBound(Coefficients) To UBound(Coefficients)
                sum = sum + Coefficients(i) * x ^ (i - LBound(Coefficients))
            Next
        End If
    End If


    Polynom = sum

End Function


'==============================================================================
' Berechnen der Polynomkoeffizienten a0,..,an für eine polynomiale Ausgleichsfunktion
' n-ten Grades für m Datenpunkte.
' Parameter: x = Array mit x-Werten (Anzahl: m, beliebig)
'            y = Array mit y-Werten (Anzahl: m, beliebig)
'            n = Grad des zu erzeugenden Ausgleichspolynoms
'
' Das Resultat wird als Funktionswert (Arrayfunktion) retourniert
' Autor: Gerhard Krucker
' Datum: 17.08.1995, 22.09.1996
' Sprache: VBA for EXCEL7
' -----
' Stefan Pinnow      11.05.2015
' - "Parameterkontrolle" überarbeitet.
' - ...
'
Function PolynomReg(x As Range, y As Range, Polynomgrad As Double) As Variant

    'Anzahl x- und y-Werte
    Dim AnzX As Integer, AnzY As Integer
    'Anzahl auszugleichender Datenpunkte
```

```vba
    Dim m As Integer
    'Dynamisches Array für die Summe der Potenzen von xk
15  Dim Sxk() As Double
    'Dynamisches Array für die Summe der Potenzen von xk * yk
    Dim Sxkyk() As Double
    'Dynamisches Array für die Koeffizientenmatrix G
    Dim G() As Double, g1 As Variant
20  'Dynamisches Array für den Konstantenvektor c
    Dim c() As Double
    'Dynamisches Array für die Polynomkoeffizienten a0,..,an
    Dim a() As Double
    'Laufvariablen
25  Dim i As Integer, j As Integer, k As Integer

    '---
    'Parameterkontrolle
    '---
30  ''Polynomgrad' muss eine ganze Zahl >= 1 sein
    If Not IsNumeric(Polynomgrad) Then
        PolynomReg = CVErr(xlErrValue)
        Exit Function
    ElseIf CInt(Polynomgrad) <> Polynomgrad Then
35      PolynomReg = CVErr(xlErrValue)
        Exit Function
    ElseIf Polynomgrad < 1 Then
        PolynomReg = CVErr(xlErrValue)
        Exit Function
40  End If

    AnzX = x.Count 'Anzahl Datenpunkte in den Arrays bestimmen
    AnzY = y.Count

45  'die Anzahl der X- und Y-Punkte muss übereinstimmen
    If (AnzX <> AnzY) Then
        PolynomReg = CVErr(xlErrValue)
        Exit Function
    End If
50
    'der Polynomgrad muss kleiner sein als die Anzahl der gegebenen Punkte
    If AnzX <= Polynomgrad Then
        PolynomReg = CVErr(xlErrValue)
        Exit Function
55  End If
    '---

    m = AnzX

60  '''Summe der Potenzen xk und xk*yk berechnen und in Arrays abspeichern
    'Arrays auf passende Größe dimensionieren
    ReDim Sxk(Polynomgrad * 2)
    'Die Arrayindizes laufen von 0..Polynomgrad, resp 0..2*Polynomgrad
    ReDim Sxkyk(Polynomgrad)
65  For i = 0 To 2 * Polynomgrad
        Sxk(i) = 0
        For k = 1 To m 'für jeden Datenpunkt
            Sxk(i) = Sxk(i) + x(k) ^ i
        Next k
```

```vba
170    Next i
       For i = 0 To Polynomgrad
           Sxkyk(i) = 0
           For k = 1 To m
               Sxkyk(i) = Sxkyk(i) + x(k) ^ i * y(k)
175        Next k
       Next i

       '''Koeffizientenmatrix G und Konstantenvektor c erzeugen
       'Matrix mit Indizes 0..Polynomgrad,0..Polynomgrad dimensionieren
180    ReDim G(1 To Polynomgrad + 1, 1 To Polynomgrad + 1)
       'Matrix für die Inverse von G (MINV kann nicht in G zurückschreiben)
       ReDim g1(1 To Polynomgrad + 1, 1 To Polynomgrad + 1)
       ReDim c(1 To Polynomgrad + 1)
       'Polynomkoeffizienten a0,..,an (a(0) = a0)
185    ReDim a(0 To Polynomgrad)

       For i = 0 To Polynomgrad    'Koeffizientenmatrix G und Konstantenvektor c aufbauen
           For j = 0 To i
               G(i + 1, j + 1) = Sxk(i + j)
190            G(j + 1, i + 1) = Sxk(i + j)
           Next j
           c(i + 1) = Sxkyk(i)
       Next i

195    'Gleichungssystem G * a = c lösen mit Matrixinversion
       g1 = Application.MInverse(G) 'Koeffizientenmatrix G invertieren
       For i = 1 To Polynomgrad + 1 'Matrixmultiplikation a = G1 * c
           a(i - 1) = 0
           For j = 1 To Polynomgrad + 1
200            a(i - 1) = a(i - 1) + g1(i, j) * c(j)
           Next j
       Next i
       PolynomReg = a 'Koeffizientenvektor a0,..,an retournieren

205 End Function
```

Für die Lösung der Aufgabe wird ein Berechnungsblatt wie in Abb. 2.13 erstellt. Die Werte in den beiden linken Spalten dieser Tabelle (mit den auf zwei Nachkommastellen gerundeten Werten für die Temperaturen) wurden Abb. 3.16 entnommen:

1. Der Grad des Polynoms wird in einer Zelle eingetragen (z. B. der Wert 2).

2. Die benutzerdefinierte Funktion berechnet die Parameter der Funktion entsprechend Gleichung (2.32). Für die Ermittlung der Parameter wird im Arbeitsblatt ein Zellbereich oder Array mit einer ausreichenden Anzahl von Zellen ausgewählt, z. B. für ein Polynom achten Grades neun Zellen. Für die Bestimmung der Parameter erfolgt der Aufruf der Funktion PolynomReg. Die Eingabe wird mit der Tastenkombination `Strg`+`⇧`+`Enter` statt einfach nur mit `Enter` abgeschlossen, da PolynomReg eine Arrayfunktion ist.

3. Die Berechnung der Funktionswerte erfolgt in der dritten Spalte der Tabelle unter Anwendung der benutzerdefinierten Funktion Polynom. Dabei wird dem optionalen Argument der Wert WAHR zugewiesen, womit auch die #NV-Werte des ausgegebenen Polynomparameterblocks verarbeitet werden können.

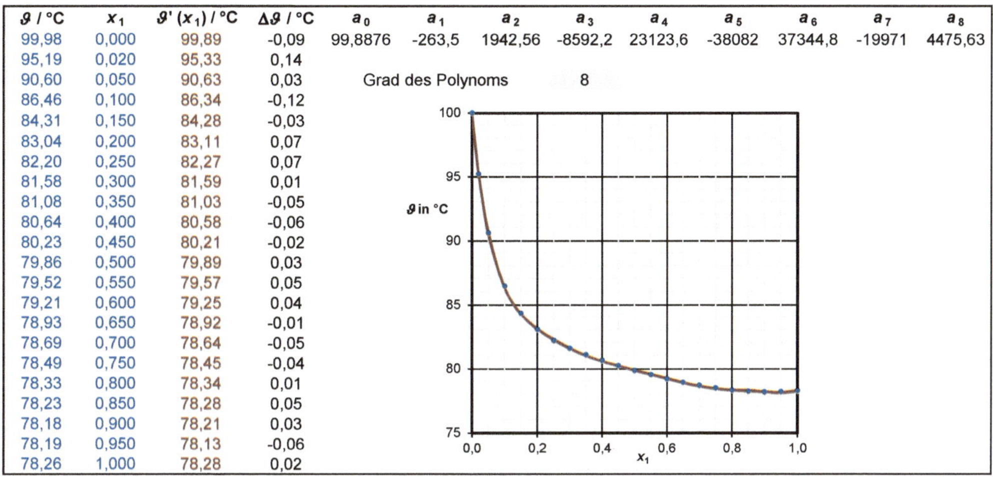

ϑ / °C	x_1	$\vartheta'(x_1)$ / °C	$\Delta\vartheta$ / °C	a_0	a_1	a_2	a_3	a_4	a_5	a_6	a_7	a_8
99,98	0,000	99,89	-0,09	99,8876	-263,5	1942,56	-8592,2	23123,6	-38082	37344,8	-19971	4475,63
95,19	0,020	95,33	0,14									
90,60	0,050	90,63	0,03									
86,46	0,100	86,34	-0,12									
84,31	0,150	84,28	-0,03									
83,04	0,200	83,11	0,07									
82,20	0,250	82,27	0,07									
81,58	0,300	81,59	0,01									
81,08	0,350	81,03	-0,05									
80,64	0,400	80,58	-0,06									
80,23	0,450	80,21	-0,02									
79,86	0,500	79,89	0,03									
79,52	0,550	79,57	0,05									
79,21	0,600	79,25	0,04									
78,93	0,650	78,92	-0,01									
78,69	0,700	78,64	-0,05									
78,49	0,750	78,45	-0,04									
78,33	0,800	78,34	0,01									
78,23	0,850	78,28	0,05									
78,18	0,900	78,21	0,03									
78,19	0,950	78,13	-0,06									
78,26	1,000	78,28	0,02									

Abbildung 2.13: Excel-Berechnungsblatt für die Berechnung einer Polynomfunktion für die Siedelinie des realen binären Systems Ethanol-Wasser mit einer benutzerdefinierten Funktion

4. Der Grad des Polynoms wird erhöht, bis der berechnete Linienzug im Diagramm die gegebenen Punkte mit ausreichender Genauigkeit wiedergibt.

5. Im Diagramm sind die vorgegebenen Datenpunkte der Siedelinie und die mit der Polynomfunktion berechneten Daten als Linienzug dargestellt. Die vierte Spalte enthält die Abweichungen zwischen diesen Daten.

Die in Abschnitt 2.10.2 verwendete Trendlinienfunktion liefert (bis zum Polynom sechsten Grades) identische Ergebnisse; jedoch stehen die ermittelten Koeffizienten des Polynoms nicht in Zellen für weitere Berechnungen zur Verfügung.

2.8 Nullstellensuche mit dem ZDQ-Verfahren

In Abschnitt 2.4 wurde eine Nullstellensuche unter Verwendung des Solvers durchgeführt. Nachfolgend wird ein VBA-Modul zur Nullstellenberechnung auf Basis des auf dem NEWTON-Verfahren beruhenden ZDQ-Verfahrens erstellt. Zum physikalischen Hintergrund der Aufgabenstellung siehe Abschnitt 2.4.

Beispiel 2.13

Die Berechnung der Nullstelle der Funktion $f(\varphi) = 2\pi\varepsilon + \sin(\varphi) - \varphi$ für $\varepsilon = 0{,}001$ soll auf Basis des ZDQ-Verfahrens mit einer benutzerdefinierten Funktion erfolgen. (Ergebnisse im Excel-Berechnungsblatt in Abb. 2.14.)

Die Nullstelle einer differenzierbaren Funktion $f(x) = 0$ kann mit dem NEWTON-Verfahren bestimmt werden. Dafür ist die Ableitung der Funktion erforderlich.

Beim Sekantenverfahren, der Bisektion oder dem nachfolgend vorgestellten modifizierten NEWTON-Verfahren wird die Ermittlung der Ableitung umgangen. Es beruht auf der Berechnung des *Differenzenquotienten*

$$\frac{\Delta y}{\Delta x} = \frac{f(x_1) - f(x_0)}{x_1 - x_0} \tag{2.33}$$

zur näherungsweisen Bestimmung der Ableitung. Der Differenzenquotient entspricht der Steigung der Sekante des Graphen durch die Punkte $(x_0, f(x_0))$ und $(x_1, f(x_1))$.

Beim zentralen Differenzenquotienten ZDQ liegen die zur Differenzbildung verwendeten Stellen symmetrisch um den x-Wert, für den die Ableitung angenähert werden soll. Das ZDQ-Verfahren lässt sich aus dem NEWTON-Verfahren herleiten, indem die Ableitung durch den zentralen Differenzenquotienten gemäß Gleichung (2.30) ersetzt wird. Damit ergibt sich die Iterationsvorschrift

$$x_1 = x_0 - \frac{\Delta x}{\Delta y} f(x_0) \ . \tag{2.34}$$

Zu beachten ist das Konvergenzverhalten, worin sich die beiden genannten Verfahren unterscheiden, und die Wahl des geeigneten Startwerts, auch hinsichtlich der Konvergenz, siehe einschlägige Literatur.

Die in diesem Abschnitt beschriebene Nullstellensuche kann auch für andere Aufgabenstellungen benutzt werden (siehe Abschnitte 4.4, 9.1 und 9.3). Deshalb ist die Entwicklung einer allgemeinen Funktion `ZDQ_Solver` sinnvoll, die allein das ZDQ-Verfahren abbildet und von der eigentlichen Funktion aufgerufen wird. Vorgehensweise bei der Umsetzung in VBA, siehe dazu den nachfolgenden Code für die benutzerdefinierte Funktion in Listing 2.12:

1. VBA-Editor aufrufen, neues Modul einfügen: Siehe Abschnitt 2.5.1.

2. Neues Modul umbenennen: Das Modul sollte einen aussagekräftigen Namen bekommen (z. B. „modZDQ"), siehe Abschnitt 2.5.1.

3. Vor dem Erstellen der benutzerdefinierten Funktion werden die globalen Konstanten definiert: Der Abstand zwischen zwei x-Werten `gcdDelta` $= \Delta x/2$, die maximale Anzahl der Iterationen `gciMaxIteration` und das Abbruchkriterium `gcdAbbruchkrit`.

4. Die Funktion `ZDQ_Solver` hat die Parameter `Startwert` und `y` vom Typ `Double`, `FunktionsName` vom Typ `String` und `arr` vom Typ `Variant`. Es erfolgt die Deklaration der Variablen `dX0`, `dZielfkt` und `dDiffQuot` vom Typ `Double`, der Laufvariablen `i` vom Typ `Integer` und der Variablen `fx`, `fxp` und `fxm` vom Typ `Double`.

5. Wie bereits in Abschnitt 2.2 beschrieben, ist mit dem Befehl `Debug.Print` die Ausgabe von Informationen im Direktbereich möglich. Dazu wird mit dem ersten `Debug.Print` ein neuer Bereich abgegrenzt und mit dem zweiten `Debug.Print` der Aufruf der ZDQ-Funktion ohne den optionalen Parameter `arr` ausgegeben, siehe den Direktbereich in Abb. 2.15.

6. Der weitere Ablauf: Initialisierung von `dX0` mit dem `Startwert` und Ausführen der nachfolgenden Anweisung einschließlich Berechnung der Werte der Zielfunktion `dZielfkt` und des Differenzenquotienten `dDiffQuot` mit der maximalen Iterationszahl `gciMaxIteration`, solange der Absolutwert der Zielfunktion `Abs(dZielFkt)` größer als der Wert des Abbruchkriteriums `gcdAbbruchkrit` ist. Dabei Berechnung des neuen $f(x)$-Wertes der Nullstelle mit `dX0` gemäß der Iterationsvorschrift in Gleichung (2.34). Die Fallunterscheidung zur Berechnung der $f(x)$-Werte `fx`, `fxp` und `fxm` ist erforderlich, um auch Funktionen aufrufen zu können, die mehr als ein Argument besitzen. Alle diese zusätzlichen Argumente können mittels des Parameter-Arrays `arr` an `FunktionsName` weitergegeben werden (siehe dazu z. B. Listing 4.2).)

7. Mit dem dritten `Debug.Print` werden bei jedem Schleifendurchlauf die Werte des Schleifenzählers `i`, des x-Wertes `dX0` und der Zielfunktion `dZielfkt` angezeigt, siehe Abb. 2.15. Wenn `Abs(dZielFkt(dX0)) < gcdAbbruchkrit` wird `dX0` an die Funktion `ZDQ_Solver` übergeben. Wenn nicht, wird die `CVErr`-Funktion verwendet, um einen Fehler auszulösen und in diesem Fall der benutzerdefinierten Funktion `ZDQ_Solver` der Fehlerwert `#NV` zugewiesen.

Hinweis: Das erstellte Modul kann in ein Add-In „ausgelagert" und aus diesem aufgerufen werden, siehe Abschnitt 2.6. Dadurch vereinfachen sich die Aufrufe des Moduls in den Beispielen der Abschnitte 4.4, 9.1 und 9.3.

Listing 2.12: VBA-Code für die Nullstellensuche nach dem ZDQ-Verfahren

```vba
Option Explicit

'==============================================================
Const gcdDelta As Double = 10 ^ (-6)              'Delta x
Const gciMaxIteration As Integer = 50            'max. Anzahl Iterationen
Const gcdAbbruchkrit As Double = 0.5 * 10 ^ (-12) 'Abbruchkriterium
'==============================================================

'Allgemeine Funktion zur Verwendung des ZDQ-Solvers.
'    0 = y - f(x)
'Parameter:
'    Startwert     = Startwert für x für die Iteration
'    y             = y-Wert, für den der x-Wert gesucht werden soll
'    FunktionsName = Funktion, für die die Iteration durchgeführt werden soll
'    arr           = ParameterArray, welches alle weiteren benötigten Parameter
'                    enthält, die für 'FunktionsName' erforderlich sind
Function ZDQ_Solver( _
    Startwert As Double, _
    y As Double, _
    FunktionsName As String, _
    Optional arr As Variant _
        ) As Variant

    Dim dX0 As Double
    Dim dZielFkt As Double
    Dim dDiffQuot As Double
    Dim i As Integer
```

```vba
   Dim fx As Double      'zum Speichern von f(x)
30 Dim fxp As Double     'zum Speichern von f(x+Dx)
   Dim fxm As Double     'zum Speichern von f(x-Dx)


   Debug.Print "-----"
35 Debug.Print "Funktionsaufruf: 'ZDQ_Solver(" & Startwert & ";" & _
       y & "; Funktion: " & FunktionsName & ")'"


   'Initialisiere 'dX0'
   dX0 = Startwert
40

   'Iteriere
   For i = 1 To gciMaxIteration
       'Falls kein ParameterArray gegeben ist,
       'rufe 'FunktionsName' ohne dieses auf, sonst mit
45     If IsMissing(arr) Then
           fx = Application.Run(FunktionsName, dX0)
       Else
           fx = Application.Run(FunktionsName, dX0, arr)
       End If
50

       dZielFkt = y - fx
       If Abs(dZielFkt) < gcdAbbruchkrit Then
           Exit For
       End If
55

       'Falls kein ParameterArray gegeben ist,
       'rufe 'FunktionsName' ohne dieses auf, sonst mit
       If IsMissing(arr) Then
           fxp = Application.Run(FunktionsName, dX0 + gcdDelta)
60         fxm = Application.Run(FunktionsName, dX0 - gcdDelta)
       Else
           fxp = Application.Run(FunktionsName, dX0 + gcdDelta, arr)
           fxm = Application.Run(FunktionsName, dX0 - gcdDelta, arr)
       End If
65

       dDiffQuot = ((y - fxp) - (y - fxm)) / (dX0 + gcdDelta - (dX0 - gcdDelta))

       dX0 = dX0 - dZielFkt / dDiffQuot
       Debug.Print "i = " & i, "x = " & dX0, "ZielFkt = " & dZielFkt
70 Next i

   'Falls 'dZielFkt' kleiner ist als das Abbruchkriterium, wird das
   'Ergebnis zurückgebeben, andernfalls ein Fehlerwert
   If Abs(dZielFkt) < gcdAbbruchkrit Then
75     ZDQ_Solver = dX0
   Else
       ZDQ_Solver = CVErr(xlErrNA)
   End If

80 End Function
```

Mit dieser Vorarbeit ist nun die eigentliche Aufgabe – das Finden der Nullstelle – relativ einfach. Es müssen lediglich zwei weitere benutzerdefinierte Funktionen geschrieben werden: eine Funktion zur Berechnung von $f(x)$ bzw. in diesem Fall $f(\varphi)$,

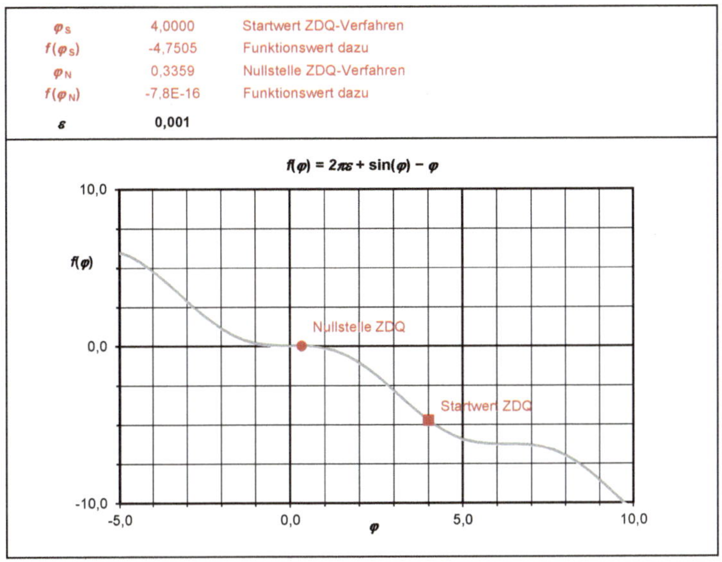

Abbildung 2.14: Nullstellensuche unter Anwendung des ZDQ-Verfahrens

und eine Funktion, die den ZDQ-Solver aufruft. Dabei entspricht $2\pi\varepsilon + \sin(\varphi) - \varphi = 0$ der Bedingung $2\pi\varepsilon = \varphi - \sin(\varphi)$, wobei der konstante Term (hier $2\pi\varepsilon$) beim Aufruf des Solvers berechnet wird. Vorgehensweise bei der Umsetzung in VBA, siehe dazu den nachfolgenden Code für die beiden benutzerdefinierten Funktionen in Listing 2.13:

1. VBA-Editor aufrufen, neues Modul einfügen: Siehe Abschnitt 2.5.1.

2. Neues Modul umbenennen: Das Modul sollte einen aussagekräftigen Namen bekommen (z. B. „modNullstelleSinusfkt"), siehe Abschnitt 2.5.1.

3. Erstellung der Funktion `SolverSinusfkt` mit den Parametern `Startwert_phi` und `epsilon` jeweils vom Typ `Double`, die direkt die eben erstellte Funktion `ZDQ_Solver` aufruft. Dabei ist $2\pi\varepsilon$ der zu übergebende y-Wert.

4. Erstellung der Funktion `WinkelPhi` ($f(x)$-Funktion) als `Private` (da sonst nicht benötigt). In diesem Fall berechnet die Funktion die Differenz $\varphi - \sin(\varphi)$.

Die Berechnung startet mit Aufruf der Funktion `SolverSinusfkt` im Arbeitsblatt in der Zelle φ_N (Nullstelle ZDQ-Verfahren) in Abhängigkeit der Parameter φ_S (Startwert ZDQ-Verfahren) und ε entsprechend Abb. 2.14.

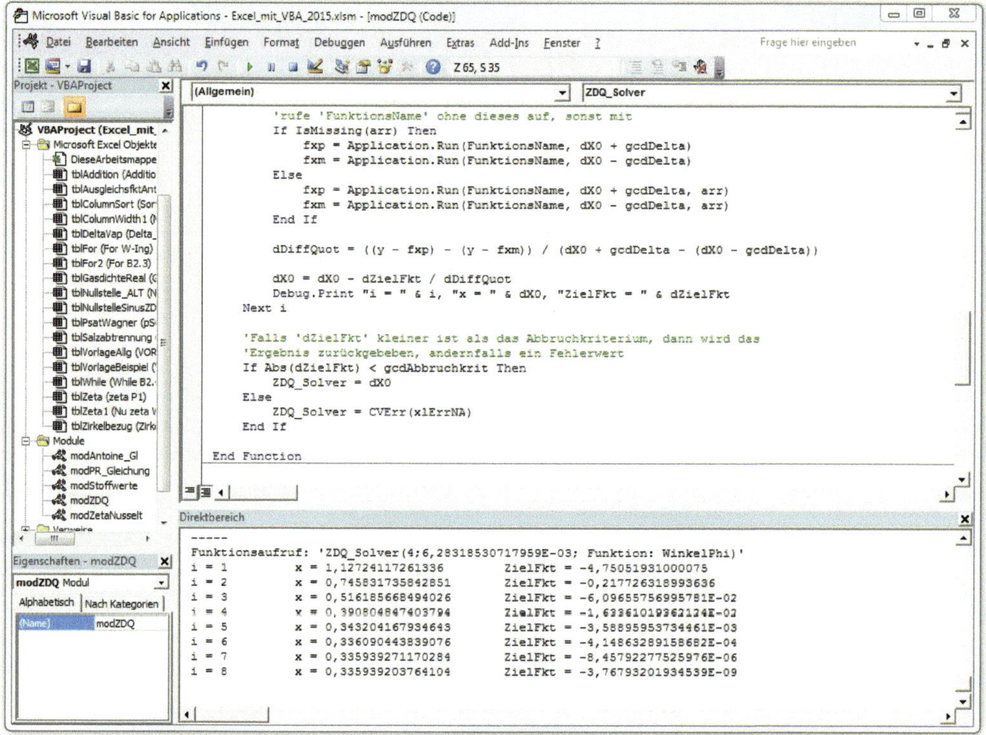

Abbildung 2.15: Ausgabe von Informationen im Direktbereich mit dem `Debug.Print`-Befehl

Listing 2.13: VBA-Code für die Nullstellensuche der Funktion gemäß Beispiel 2.13 unter Verwendung des ZDQ-Verfahrens

```vba
'Bestimmung des unbenetzten Winkels der durchströmten Rohre ('phi' in Bogenmaß)
'bei der Zweiphasenströmung durch horizontale oder wenig geneigte
'Verdampferrohre in Abhängigkeit vom Dampfvolumenanteil ('epsilon')
'nach VDI-WA11, Abschnitt H3.1, Gl. (27)
Function SolverSinusfkt( _
    Startwert_phi As Double, _
    epsilon As Double _
        ) As Variant
    SolverSinusfkt = _
        ZDQ_Solver( _
            Startwert_phi, _
            2 * Application.WorksheetFunction.Pi * epsilon, _
            "WinkelPhi" _
        )
End Function

'Hilfsfunktion zur Berechnung von f(x) für das ZDQ-Verfahren
Private Function WinkelPhi(phi As Double) As Double
    WinkelPhi = phi - Sin(phi)
End Function
```

2.9 Anwendung von Zirkelbezügen

Iterative Berechnungen sind in Excel mit drei Standardmethoden möglich:

- Mit einer Zielwertsuche,

- unter Verwendung des Solvers (siehe Abschnitt 2.4) und

- mit einem Zirkelbezug.

Dazu kommen mit VBA selbst erstellte Lösungsmethoden wie z. B. die in Abschnitt 2.8 beschriebene Nullstellensuche. Die Zielwertsuche wird hier nicht weiter behandelt. Sie ist unter Daten ❯ Datentools ❯ Was-wäre-wenn-Analyse ❯ Zielwertsuche zu finden.

Für einfache Berechnungen bietet sich die Verwendung von Zirkelbezügen an. Dafür wird nachfolgend beispielhaft die Rückführung von Teilströmen bei der Auslegung verfahrenstechnischer Prozesse betrachtet. Weitere Beispiele für die Verwendung von Zirkelbezügen: Beispiel 10.1 in Abb. 10.3 zur Berechnung des Druckverlustes für ein innendurchströmtes Rohr und Beispiel 11.1 in Abb. 11.2 zur Berechnung der stationären Sinkgeschwindigkeit für ein kugelförmiges Einzelpartikel.

Beispiel 2.14

Aus einem Feedstrom (Strom 1), der aus Wasser und darin gelöstem Salz besteht, soll in einem stationären Prozess Salz (Strom 6) gewonnen werden, siehe dazu das Grundfließschema in Abb. 2.16. Dabei wird ein Teilstrom (Strom 4) des salzarmen Produktstroms in den Prozess zurückgeführt. Für den Prozess sollen die Massenströme $\dot{m}_i$ und ihre Zusammensetzungen w_i unter Verwendung

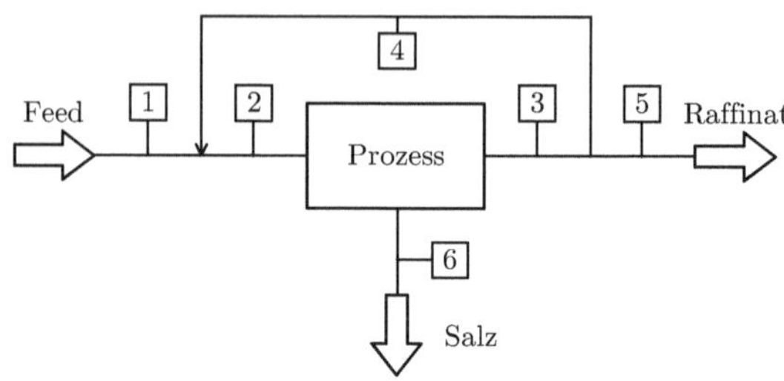

Abbildung 2.16: Prozess zur Abtrennung von Salz mit einer Rückführung

eines Zirkelbezugs in Excel berechnet werden. Gegeben sind der Massenstrom $\dot{m}_1 = 100\,\mathrm{kg\,h^{-1}}$ mit einem Massenanteil an Salz von $w_{S1} = 0{,}30$. Außerdem wird vorgegeben, dass das Salz getrocknet abgezogen wird, also für den Massenanteil von Strom 6 gilt $w_{S6} = 1{,}00$. Für die Rückführung ist ein Verhältnis $v_R = \dot{m}_{S4}/\dot{m}_{S1} = 0{,}30$ und für die Ausschleusung des Salzes ein Verhältnis $v_A = \dot{m}_{S6}/\dot{m}_{S2} = 0{,}50$ einzuhalten. (Ergebnisse im Excel-Berechnungsblatt in Abb. 2.17.)

Prozesstechnische Analyse der Aufgabenstellung: Es gelten die Bilanzgleichungen bei der Zusammenführung der Ströme 1 und 4

$$\dot{m}_2 = \dot{m}_1 \quad + \dot{m}_4 \tag{2.35}$$

$$\dot{m}_{S2} = \dot{m}_{S1} \quad + \dot{m}_{S4} \tag{2.36}$$

$$\dot{m}_{W2} = \dot{m}_{W1} + \dot{m}_{W4} \ , \tag{2.37}$$

bei der Aufteilung der Ströme 3 und 6

$$\dot{m}_2 = \dot{m}_3 \quad + \dot{m}_6 \tag{2.38}$$

$$\dot{m}_{S2} = \dot{m}_{S3} \quad + \dot{m}_{S6} \tag{2.39}$$

$$\dot{m}_{W2} = \dot{m}_{W3} + \dot{m}_{W6} \tag{2.40}$$

sowie bei der Aufteilung der Ströme 4 und 5

$$\dot{m}_3 = \dot{m}_4 \quad + \dot{m}_5 \tag{2.41}$$

$$\dot{m}_{S3} = \dot{m}_{S4} \quad + \dot{m}_{S5} \tag{2.42}$$

$$\dot{m}_{W3} = \dot{m}_{W4} + \dot{m}_{W5} \ . \tag{2.43}$$

Außerdem folgt die Summation der Massenanteile in den Strömen

$$w_{Wi} + w_{Si} = 1 \ . \tag{2.44}$$

Gegeben sind in der Aufgabenstellung die Verhältnisse

$$v_{\mathrm{R}} = \frac{\dot{m}_{\mathrm{S}4}}{\dot{m}_{\mathrm{S}1}} \quad \text{und} \tag{2.45}$$

$$v_{\mathrm{A}} = \frac{\dot{m}_{\mathrm{S}6}}{\dot{m}_{\mathrm{S}2}} \ . \tag{2.46}$$

Gesucht sind die Massenströme $\dot{m}_i$ und ihre Zusammensetzungen $w_{\mathrm{S}i}$. Mit den gegebenen Werten für den Massenstrom $\dot{m}_1$, den Massenanteilen $w_{\mathrm{S}1}$ und $w_{\mathrm{S}6}$ sowie den Verhältnissen v_{R} und v_{A} ist die Aufgabenstellung eindeutig lösbar.

Für den Massenanteil des Salzes im Strom i gilt

$$w_{\mathrm{S}i} = \frac{\dot{m}_{\mathrm{S}i}}{\dot{m}_i} \ , \tag{2.47}$$

siehe dazu Tabelle A mit den Definitionen und Umrechnungen von Konzentrationsmaßen. Der Massenstrom i setzt sich aus den beiden Komponenten Wasser und Salz zusammen

$$\dot{m}_i = \dot{m}_{\mathrm{W}i} + \dot{m}_{\mathrm{S}i} \ . \tag{2.48}$$

Für die Berechnung des Beispiels wird ein Excel-Berechnungsblatt wie in Abb. 2.17 angelegt:

1. Anlegen der Tabelle und Eintragen der in der Aufgabenstellung gegebenen Daten.

2. Stoffstrom 1: Für den Strom 1 werden der Massenstrom $\dot{m}_1$ und der Massenanteil $w_{\mathrm{S}1}$ im Berechnungsblatt gemäß Aufgabenstellung eingetragen. Mit Gleichung (2.47) lässt sich der Teilmassenstrom des Salzes $\dot{m}_{\mathrm{S}1}$ und mit Gleichung (2.48) der Teilmassenstrom des Wassers $\dot{m}_{\mathrm{W}1}$ berechnen.

3. Stoffstrom 2: Der Massenstrom $\dot{m}_2$ folgt aus Gleichung (2.35) mit der noch leeren Zelle für $\dot{m}_4$ als Vorbereitung des Zirkelbezugs. Analog dazu wird $\dot{m}_{\mathrm{S}2}$ mit Gleichung (2.36) berechnet. $\dot{m}_{\mathrm{W}2}$ folgt aus Gleichung (2.48) und $w_{\mathrm{S}2}$ aus Gleichung (2.47).

4. Stoffstrom 6: Der Teilmassenstrom $\dot{m}_{\mathrm{S}6}$ folgt aus Gleichung (2.46), $\dot{m}_6$ aus Gleichung (2.47) und $\dot{m}_{\mathrm{W}6}$ aus Gleichung (2.48).

5. Stoffstrom 3: Aus den Gleichungen (2.38) bis (2.40) folgen die Ströme $\dot{m}_3$, $\dot{m}_{\mathrm{S}3}$ und $\dot{m}_{\mathrm{W}3}$ sowie $w_{\mathrm{S}3}$ aus Gleichung (2.47).

6. Stoffstrom 4: Für den Massenanteil von Stoffstrom 4 gilt $w_{\mathrm{S}4} = w_{\mathrm{S}3}$. Der Teilmassenstrom $\dot{m}_{\mathrm{S}4}$ folgt aus Gleichung (2.45) und der Massenstrom $\dot{m}_4$ aus Gleichung (2.47). Nach dem Eingeben dieser Gleichung in das Arbeitsblatt erscheint die Meldung „Zirkelbezugswarnung". Um die iterative Berechnung durch einen Zirkelbezug zu ermöglichen, wird unter der Registerkarte $\boxed{\text{Datei} \rangle\!\rangle \text{Optionen} \rangle}$ $\boxed{\rangle\!\rangle \text{Formeln}}$ die Option „Iterative Berechnung aktivieren" in den $\boxed{\text{Berechnungsoptionen}}$ aktiviert. Der Massenstrom $\dot{m}_{\mathrm{W}4}$ folgt aus Gleichung (2.48).

7. Stoffstrom 5: Der Massenstrom $\dot{m}_5$ folgt aus Gleichung (2.41), der Teilmassenstrom $\dot{m}_{\mathrm{S}5}$ aus Gleichung (2.42), der Teilmassenstrom $\dot{m}_{\mathrm{W}5}$ aus Gleichung (2.43)

Massenströme und Massenanteile

Nr.	i		1	2	3	4	5	6
Massenstrom	$\dot{m}_i$	kg h^{-1}	100,0	169,0	149,5	69,0	80,5	19,5
Massenanteil Salz	w_{Si}	kg kg^{-1}	0,30	0,23	0,13	0,13	0,13	1,00
Massenstrom Salz	$\dot{m}_{Si}$	kg h^{-1}	30,0	39,0	19,5	9,0	10,5	19,5
Massenstrom Wasser	$\dot{m}_{Wi}$	kg h^{-1}	70,0	130,0	130,0	60,0	70,0	0,0
Prozessparameter								
Verhältnis Rückführung	$v_R = \dot{m}_{S4} / \dot{m}_{S1}$	1	0,30					
Verhältnis Ausschleusung	$v_A = \dot{m}_{S6} / \dot{m}_{S2}$	1	0,50					

Abbildung 2.17: Excel-Berechnungsblatt für die Abtrennung von Salz mit einer Rückführung

und der Massenanteil w_{S5} aus Gleichung (2.47).

2.10 Ausgewählte Arbeitsblattfunktionen

Nachfolgend werden zwei ausgewählte Arbeitsblattfunktionen vorgestellt.

2.10.1 WENN-Funktion

Die WENN-Funktion ermöglicht eine Fallunterscheidung in einer Zelle im Arbeitsblatt:

```
=WENN(Prüfung; Dann_Wert; Sonst_Wert)
```

Prüfung ist ein Wert oder ein Ausdruck, der WAHR oder FALSCH sein kann. Wenn Prüfung WAHR ist, wird der Parameter Dann_Wert berechnet oder ausgegeben, andernfalls der Parameter Sonst_Wert. Es können Berechnungen ausgeführt oder Meldungen ausgegeben werden. Beispiel:

```
=WENN(p < p_tr; "Druck < Tripeldruck"; "Druck >= Tripeldruck")
```

Mit dieser Abfrage wird ermittelt, ob der Wert für den Druck in der Zelle p kleiner als der Tripeldruck in der Zelle p_tr ist.

WENN-Funktionen können auch verschachtelt werden:

```
=WENN(A1 > 100; 100; WENN(A1 < 0; 0; A1))
```

Oft ist die Verwendung der UND- oder der ODER-Funktion im Zusammenhang mit der WENN-Funktion sinnvoll. In Abschnitt 2.2 wurde beschrieben, wie durch Zuweisung von Namen an Zellen ein fester Zellbezug hergestellt wird. Eine Alternative zur WENN-Funktion kann die WAHL-Funktion sein, siehe Abschnitt 9.7.

2.10.2 RGP-Funktion

Wie in Abschnitt 2.7 beschrieben, ermöglicht Excel die Ermittlung von Ausgleichsfunktionen mit der Trendlinienfunktion, die den Nachteil hat, dass sie auf einer Diagrammdarstellung beruht und die Extraktion der Parameter der Ausgleichsfunktion umständlich ist. Nachteil dieser und der nachfolgenden Methode ist die Einschränkung auf polynomische, logarithmische, Exponential- sowie Potenzfunktionen.

Beispiel 2.15

Für das reale binäre System Ethanol-Wasser soll für einen konstanten Druck $p = 1{,}013$ bar die Siedelinie durch ein Polynom als Ausgleichsfunktion auf Basis der RGP-Funktion beschrieben werden (vergleiche hierzu Beispiel 2.12 in Abschnitt 2.7.2). (Ergebnisse im Excel-Berechnungsblatt in Abb. 2.18.)

Die RGP-Funktion

```
=RGP(Y_Werte; X_Werte; Konstante; Stats)
```

basiert auf der GAUSSschen Methode der kleinsten Quadrate und gibt die Parameter eines linearen Trends in Form einer Matrix zurück. Excel erwartet die Gleichung

$$y = m_1 x_1 + m_2 x_2 + \cdots + b \, . \tag{2.49}$$

y, x_i und m_i können Vektoren sein. Die Ergebnismatrix enthält in der obersten Zeile die Werte für m_n, $m_{n-1}, \ldots, m_1$ und b. Zusätzlich können statistische Daten wie z. B. der Regressionskoeffizient ausgegeben werden.

Für Beispiel 2.15 soll ein Polynom sechsten Grades mit der Funktion

$$\vartheta = m_1 x_1 + m_2 x_1^2 + m_3 x_1^3 + m_4 x_1^4 + m_5 x_1^5 + m_6 x_1^6 + b \tag{2.50}$$

und darin x_1 als der Stoffmengenanteil der leichter siedenden Komponente Ethanol in der Flüssigphase verwendet werden. Die Gegenüberstellung mit Gleichung (2.49) ergibt $y = \vartheta$, $x_2 = x_1^2$, $x_3 = x_1^3$, $x_4 = x_1^4$, $x_5 = x_1^5$ und $x_6 = x_1^6$. Dementsprechend erfordert die Anwendung der RGP-Funktion eine Tabelle mit den Werten für ϑ und für die x_1^i für $i = 1$ bis zum Grad n des Polynoms, siehe Abb. 2.18. Die Werte in den beiden linken Spalten dieser Tabelle wurden Abb. 3.16 entnommen, die Werte in der äußersten rechten Spalte mit den – wie nachfolgend beschrieben – ermittelten Koeffizienten berechnet.

Vor dem Aufrufen der Funktion wird der Bereich für die Ausgabematrix im Arbeitsblatt markiert. Diese Matrix besteht aus fünf Zeilen und für Gleichung (2.50) aus sieben Spalten (siehe den grau umrandeten Bereich in Abb. 2.18). Für die y-Werte wird die Spalte mit den Werten für ϑ markiert und für die x-Werte der Bereich mit den x_1^i. Für Konstante wird WAHR eingegeben, womit b berechnet und nicht zu null gesetzt wird. Für Stats wird ebenfalls WAHR eingegeben, damit die Kenngrößen der Regression ausgegeben werden. Die RGP-Funktion ist eine sogenannte „Arrayformel" und muss deshalb mit [Strg]+[⇧]+[Enter] statt einfach nur mit [Enter] bestätigt werden. Zu den Kenngrößen der Regression siehe die Hilfestellung in Excel.

Die maximale Abweichung zwischen den in der linken Spalte der Tabelle in Abb. 2.18 vorgegebenen Werten für die Temperaturen und den anhand der Polynomfunktion berechneten Werten in der rechten Spalte der Tabelle liegt unter 0,5 K. Die Abweichungen werden in dieser Tabelle aus Platzgründen nicht dargestellt, sind aber – wegen der

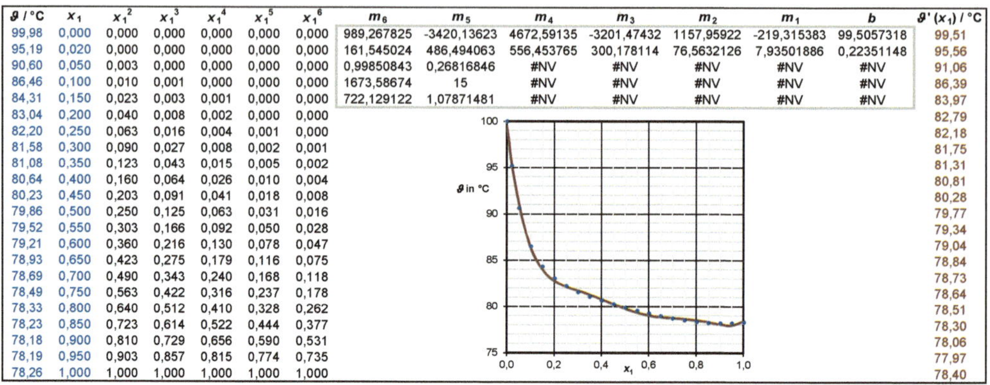

ϑ / °C	x_1	x_1^2	x_1^3	x_1^4	x_1^5	x_1^6	m_6	m_5	m_4	m_3	m_2	m_1	b	$\vartheta'(x_1)$ / °C
99,98	0,000	0,000	0,000	0,000	0,000	0,000	989,267825	-3420,13623	4672,59135	-3201,47432	1157,95922	-219,315383	99,5057318	99,51
95,19	0,020	0,000	0,000	0,000	0,000	0,000	161,545024	486,494063	556,453765	300,178114	76,5632126	7,93501886	0,22351148	95,56
90,60	0,050	0,003	0,000	0,000	0,000	0,000	0,99850843	0,26816846	#NV	#NV	#NV	#NV	#NV	91,06
86,46	0,100	0,010	0,001	0,000	0,000	0,000	1673,58674	15	#NV	#NV	#NV	#NV	#NV	86,39
84,31	0,150	0,023	0,003	0,001	0,000	0,000	722,129122	1,07871481	#NV	#NV	#NV	#NV	#NV	83,97
83,04	0,200	0,040	0,008	0,002	0,000	0,000								82,79
82,20	0,250	0,063	0,016	0,004	0,001	0,000								82,18
81,58	0,300	0,090	0,027	0,008	0,002	0,001								81,75
81,08	0,350	0,123	0,043	0,015	0,005	0,002								81,31
80,64	0,400	0,160	0,064	0,026	0,010	0,004								80,81
80,23	0,450	0,203	0,091	0,041	0,018	0,008								80,28
79,86	0,500	0,250	0,125	0,063	0,031	0,016								79,77
79,52	0,550	0,303	0,166	0,092	0,050	0,028								79,34
79,21	0,600	0,360	0,216	0,130	0,078	0,047								79,04
78,93	0,650	0,423	0,275	0,179	0,116	0,075								78,84
78,69	0,700	0,490	0,343	0,240	0,168	0,118								78,73
78,49	0,750	0,563	0,422	0,316	0,237	0,178								78,64
78,33	0,800	0,640	0,512	0,410	0,328	0,262								78,51
78,23	0,850	0,723	0,614	0,522	0,444	0,377								78,30
78,18	0,900	0,810	0,729	0,656	0,590	0,531								78,06
78,19	0,950	0,903	0,857	0,815	0,774	0,735								77,97
78,26	1,000	1,000	1,000	1,000	1,000	1,000								78,40

Abbildung 2.18: Excel-Berechnungsblatt für die Berechnung einer Polynomfunktion für die Siedelinie des realen binären Systems Ethanol-Wasser mit der RGP-Funktion

unterschiedlichen gewählten Grade der Polynome – in diesem Beispiel etwas größer als in Beispiel 2.12, vergleiche Abb. 2.13.

3 Thermodynamik der Gemische

Mitautoren: STEFAN PINNOW, JAKOB SCHNEIDER

Zielsetzung

Kenntnis der thermodynamischen Grundlagen und Berechnungsansätze, die für die Berechnung von Phasengleichgewichten erforderlich sind. Aufstellung der Gleichungssysteme insbesondere für die Berechnung von Dampf-Flüssig- und Flüssig-Flüssig-Gleichgewichten. Behandlung der Dampfdruck-, Siede- und Gleichgewichtsdiagramme für ideale Zweistoffgemische sowie der Zustände binärer Dampf-Flüssig-Gemische. Durchführung von Flash-Berechnungen einschließlich Berechnung der Siede- und Tautemperaturen. Beispielhafte Berechnung idealer und realer Dampf-Flüssig-Gleichgewichte bei der partiellen Verdampfung einschließlich Berechnung des erforderlichen Wärmestroms. Durchführung von Flash-Berechnungen für reale ternäre Flüssig-Flüssig-Gleichgewichte.

Empfohlene Literatur

Chemical Thermodynamics von GMEHLING u. a. [32], *Mehrstoffsysteme und chemische Reaktionen* von STEPHAN u. a. [85], *The Properties of Gases and Liquids* von POLING u. a. [64], *VDI-Wärmeatlas* [91, 92].

Berechnungsbeispiele in Excel

- Berechnungen zu idealen binären Dampf-Flüssig-Gemischen

    - Berechnung der POYNTING-Koeffizienten (Abb. 3.2).

    - Berechnung der Dampfdruck-, Siede- und Gleichgewichtsdiagramme (Abb. 3.3 bis 3.6).

- Flash-Berechnungen idealer ternärer Dampf-Flüssig-Gleichgewichte

    - Berechnung des Siededrucks und der Zusammensetzung der Dampfphase im Siedezustand (Abb. 3.9).

    - Berechnung der Siedetemperatur und der Zusammensetzung der Dampfphase im Siedezustand (Abb. 3.10).

    - Berechnung des Taudrucks und der Zusammensetzung der Flüssigphase im Tauzustand (Abb. 3.11).

    - Berechnung der Tautemperatur und der Zusammensetzung der Flüssigphase im Tauzustand (Abb. 3.12).

    - Berechnung der Gleichgewichtszusammensetzung bei der partiellen Verdampfung eines Flüssigkeitsgemisches (p-T-Flash, Abb. 3.13), einschließlich Berechnung des erforderlichen Wärmestroms (Abb. 3.15).

- Berechnungen realer ternärer Dampf-Flüssig-Gleichgewichte

- Berechnung von Gleichgewichts- und Siedediagrammen nach der NRTL-Methode (Abb. 3.16).

- Berechnung der Gleichgewichtszusammensetzung bei der partiellen Verdampfung eines realen Flüssigkeitsgemisches (p-T-Flash, Abb. 3.17). Berechnung des für die Verdampfung erforderlichen Wärmestroms (Abb. 3.18).

- Flash-Berechnungen realer ternärer Flüssig-Flüssig-Gleichgewichte

  - Berechnung der Gleichgewichtszusammensetzung auf Basis der NRTL-Methode (Abb. 3.20).

3.1 Einführung

Phasengleichgewichte von Mischungen sind für industriell durchgeführte Trennprozesse wie z. B. der Flüssig-Flüssig-Extraktion, der Absorption und der Rektifikation von besonderer Bedeutung. Die Thermodynamik liefert die Grundlagen und Systematiken, um diese und weitere Grundoperationen berechnen und um Prozesse und Verfahren entwickeln und auslegen zu können. Zur Ermittlung der Daten von Phasengleichgewichten gibt es grundsätzlich folgende Möglichkeiten oder Quellen:

- Durchführung von Messungen,

- veröffentlichte Daten in Monografien, Zeitschriftenartikeln oder in Datenbanken (siehe Abschnitt 3.9),

- Berechnungsmethoden (siehe Abschnitt 3.2) und

- Berechnungssoftware, insbesondere zur Prozesssimulation wie AspenPlus® und CHEMCAD® (auch in Prozesssimulations-Programme integrierte Datenbanken).

In der Literatur werden oft folgende Abkürzungen verwendet: VLE für Dampf-Flüssig-Gleichgewicht (vapour liquid equilibrium), LLE für Flüssig-Flüssig-Gleichgewicht (liquid liquid equilibrium) und SLE für Fest-Flüssig-Gleichgewicht (solid liquid equilibrium). Für die physikalische Absorption kann die Abkürzung GLE für Gas-Flüssig-Gleichgewicht (gas liquid equilibrium) verwendet werden, um zu kennzeichnen, dass es sich um eine *nicht*siedende flüssige Phase handelt.

3.2 Phasengleichgewichts-Beziehungen

Basis für die Auslegung von thermischen Trennverfahren ist die Kenntnis der Phasengleichgewichte der betrachteten Systeme abhängig von Temperaturen, Drücken und Zusammensetzungen in den relevanten Phasen, siehe Abb. 3.1. Anmerkung: Der Schwerpunkt der nachfolgenden Betrachtungen liegt auf der Beschreibung von Dampf-Flüssig-Gleichgewichten (VLE) und Flüssig-Flüssig-Gleichgewichten (LLE).

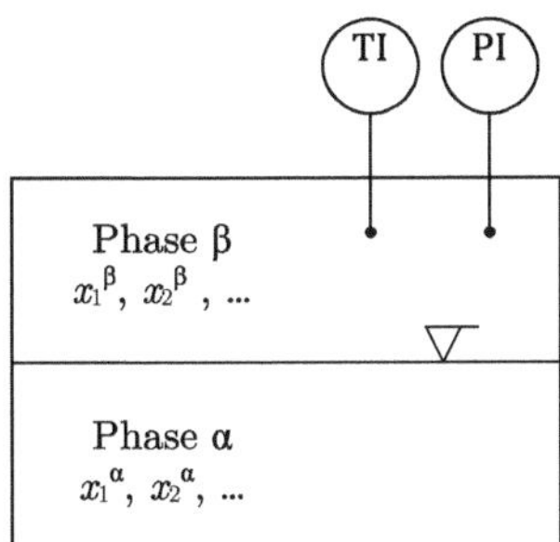

Abbildung 3.1: Theoretische Gleichgewichtsstufe

Die allgemeinen Bedingungen für ein Phasengleichgewicht lauten ($α, β$ = Phasen):

$$T^α = T^β = \ldots = \text{konst} \tag{3.1}$$

$$p^α = p^β = \ldots = \text{konst} \tag{3.2}$$

$$\mu_i^α = \mu_i^β = \ldots = \text{konst} \tag{3.3}$$

Zwei Phasen befinden sich im Phasengleichgewicht, wenn Temperatur und Druck in den beiden Phasen übereinstimmen (thermisches und mechanisches Gleichgewicht) und die chemischen Potentiale μ_i der Komponenten i in den Phasen gleich sind (stoffliches Gleichgewicht). Diese entsprechen den partiellen molaren freien Enthalpien

$$\bar{G}_i = \left(\frac{\partial G}{\partial n_i} \right)_{T,p,n_{j \neq i}} = \mu_i \, . \tag{3.4}$$

Für chemische Gleichgewichte werden diese Bedingungen nochmals um die Bedingung $\sum_i \mu_i \nu_i = 0$ (mit den stöchiometrischen Koeffizienten ν_i) erweitert.

Mit einigen Umformungen kann gezeigt werden, dass anstatt der chemischen Potentiale auch die *Fugazitäten* f_i verwendet werden können [32, 85]

$$f_i^α = f_i^β = \ldots = \text{konst} \tag{3.5}$$

Die Fugazität ist ein fiktiver oder korrigierter Druck; im Grenzfall des reinen Gases sind Fugazität und Druck identisch. In realen Gasgemischen entspricht die Fugazität näherungsweise dem Partialdruck.

3.3 Berechnung von Dampf-Flüssig-Gleichgewichten

In diesem Abschnitt werden die Gebrauchsgleichungen für die Berechnung von Dampf-Flüssig-Gleichgewichten entwickelt. Für ein Dampf-Flüssig-Gleichgewicht folgt aus Gleichung (3.5) (mit den Indizes V für Dampf oder Dampfphase und L für Flüssigkeit oder Flüssigphase)

$$f_i^V = f_i^L \quad (i = 1, 2, \ldots, n) \, . \tag{3.6}$$

Um die Fugazitäten ermitteln zu können, werden drei Hilfsfunktionen eingeführt. Der *Fugazitätskoeffizient* φ_i ist das Verhältnis der Fugazität zum Produkt von Stoffmengenanteil und Systemdruck

$$\varphi_i = \frac{f_i}{x_i p} \,. \tag{3.7}$$

Damit gelten z. B. für den Fugazitätskoeffizienten der Flüssigphase

$$\varphi_i^{\mathrm{L}} = \frac{f_i^{\mathrm{L}}}{x_i^{\mathrm{L}} p} \tag{3.8}$$

und für den Fugazitätskoeffizienten der Gasphase

$$\varphi_i^{\mathrm{V}} = \frac{f_i^{\mathrm{V}}}{x_i^{\mathrm{V}} p} = \frac{f_i^{\mathrm{V}}}{p_i} \,. \tag{3.9}$$

Für das ideale Gas nimmt der Fugazitätskoeffizient den Wert 1 an. Fugazitätskoeffizienten lassen sich aus Zustandsgleichungen berechnen.

Die *Aktivität* a_i ist das Verhältnis der Fugazität zur Standardfugazität der reinen Komponente i

$$a_i = \frac{f_i}{f_{0i}} \tag{3.10}$$

und der *Aktivitätskoeffizient* γ_i das Verhältnis der Aktivität zum Stoffmengenanteil x_i

$$\gamma_i = \frac{a_i}{x_i} = \frac{f_i}{x_i f_{0i}} \,. \tag{3.11}$$

Für die *Berechnung von Dampf Flüssig Gleichgewichten* auf Basis von Gleichung (3.6) können zwei unterschiedliche Ansätze verfolgt werden [32].

$$\text{Ansatz A:} \quad x_i^{\mathrm{V}} \varphi_i^{\mathrm{V}} = x_i^{\mathrm{L}} \varphi_i^{\mathrm{L}} \,. \tag{3.12}$$

Für die Berechnung mit *Ansatz A* sind die Fugazitätskoeffizienten der Flüssigphase φ_i^{L} und der Dampfphase φ_i^{V} erforderlich. Ihre Berechnung ist über thermische Zustandsgleichungen möglich, siehe Abschnitt 3.7. Dieser Ansatz eignet sich eher für kondensierte Phasen, also Flüssigkeiten oder Festkörper, und damit insbesondere für Flüssig-Flüssig-Gleichgewichte, siehe Abschnitt 3.6.

$$\text{Ansatz B:} \quad x_i^{\mathrm{V}} \varphi_i^{\mathrm{V}} p = x_i^{\mathrm{L}} \gamma_i f_{0i}^{\mathrm{L}} \,. \tag{3.13}$$

Für die Berechnung mit *Ansatz B* sind die Aktivitätskoeffizienten γ_i und die Standardfugazitäten der reinen Flüssigkeiten f_{0i}^{L} – also der reinen Komponenten i bei der Temperatur der Mischung – erforderlich. Dieser Ansatz empfiehlt sich für Dampf-Flüssig-Gleichgewichte, siehe dazu die nachfolgenden Betrachtungen.

Auf Basis der Gleichungen (3.6) und (3.9) können die *Standardfugazitäten* bei

Systemtemperatur

$$f_{0i}^{\mathrm{L}}(T, p_{\mathrm{S}i}) = \varphi_i^{\mathrm{L}} p_{\mathrm{S}i} = \varphi_i^{\mathrm{V}} p_{\mathrm{S}i} = \varphi_{\mathrm{S}i} p_{\mathrm{S}i} \tag{3.14}$$

berechnet werden, weil der Druck über der reinen Flüssigkeit mit dem Sättigungs-dampfdruck oder Dampf-Sättigungspartialdruck $p_{\mathrm{S}i}$ übereinstimmt und die Fugazi-tätskoeffizienten φ_i^{L} oder φ_i^{V} durch den Fugazitätskoeffizienten beim Sättigungsdruck $\varphi_{\mathrm{S}i}$ ersetzt werden können [32, 85].

Die Fugazitätskoeffizienten $\varphi_{0i}^{\mathrm{L}}$ der reinen flüssigen Komponente i lassen sich aus der in der Thermodynamik bekannten Beziehung [85]

$$\ln \varphi_{0i}^{\mathrm{L}} = \int_0^p \left(\frac{\bar{V}_{0i}^{\mathrm{L}}}{RT} - \frac{1}{p} \right) \mathrm{d}p \tag{3.15}$$

berechnen ($\bar{V}_{0i}^{\mathrm{L}}$ ist das molare Volumen der reinen flüssigen Komponente i). Daraus ergibt sich für die Standardfugazität der reinen Komponente i bei Systemtemperatur und -druck

$$f_{0i}^{\mathrm{L}}(T, p) = p_{\mathrm{S}i} \varphi_{\mathrm{S}i} \exp \left(\frac{\bar{V}_{0i}^{\mathrm{L}}(p - p_{\mathrm{S}i})}{RT} \right) = p_{\mathrm{S}i} \varphi_{\mathrm{S}i} \kappa_i \tag{3.16}$$

mit dem POYNTING-Koeffizienten κ_i, auch POYNTING-Korrektur genannt. Die Standardfugazität ist gleich dem Sättigungspartialdruck $p_{\mathrm{S}i}$ multipliziert mit dem Fugazitätskoeffizienten $\varphi_{\mathrm{S}i}$ und dem POYNTING-Koeffizienten κ_i. $\varphi_{\mathrm{S}i}$ berücksichtigt die Abweichung vom Idealverhalten und κ_i, dass die Flüssigkeit einen höheren Druck als den Sättigungsdampfdruck hat.

> **Beispiel 3.1**
>
> Für das Gemisch Ethanol-Wasser sind die Werte der POYNTING-Koeffizienten κ_i für eine Temperatur von $80\,^{\circ}\mathrm{C}$ und unterschiedliche Druckdifferenzen $(p - p_{\mathrm{S}i}) = 100\,\mathrm{kPa}$, $1000\,\mathrm{kPa}$ und $10\,000\,\mathrm{kPa}$ zu berechnen. (Ergebnisse im Excel-Berechnungsblatt in Abb. 3.2.)

Abbildung 3.2 enthält die Werte der für das Gemisch Ethanol-Wasser berechneten POYNTING-Koeffizienten bei unterschiedlichen Druckdifferenzen $(p - p_{\mathrm{S}i})$ (vergleiche [32]). Ergebnis: Bei nicht zu hohen Drücken kann die POYNTING-Korrektur vernachläs-sigt werden. Die für die Berechnungen erforderlichen Werte der molaren Volumina der reinen flüssigen Komponente $\bar{V}_{0i}^{\mathrm{L}}$ können mit ausreichender Genauigkeit anhand der im *VDI-Wärmeatlas* [91, 92] gegebenen und bereits in Gleichung (2.31) aufgeführten Funktion für die Flüssigkeitsdichte ϱ^{L} mit Θ gemäß Gleichung (2.5) ermittelt werden, wenn die Flüssigkeiten als inkompressibel angenommen werden. Das molare Volumen

$$\bar{V}_{0i}^{\mathrm{L}} = \frac{M_i}{\varrho_i^{\mathrm{L}}} \tag{3.17}$$

wird aus der Flüssigkeitsdichte mit der molaren Masse umgerechnet. Die dafür er-forderlichen kritischen Daten, Koeffizienten und molaren Massen sind in Abb. 3.2

			Ethanol	Wasser
Systemtemperatur	ϑ	°C	80,00	
	T	K	353,15	
universelle Gaskonstante	R	kJ kmol^{-1} K^{-1}	8,3144621	
Stoffdaten (VDI-Wärmeatlas (2013) 11. Aufl. Berlin: Springer. Abschnitt D3.)				
Komponente			**Ethanol**	**Wasser**
Komponentennummer	i	1	1	2
kritische Temperatur	T_{kr}	K	513,90	647,10
kritische Dichte	ρ_{kr}	kg m^{-3}	276	322
molare Masse	M	kg kmol^{-1}	46,07	18,02
Koeffizienten Funktion Flüssigkeitsdichte	A	1	748,6190	1094,0233
	B	1	-412,3645	-1813,2295
	C	1	776,4385	3863,9557
	D	1	-436,6754	-2479,8130
Berechnete Daten				
Flüssigkeitsdichte	ρ^{L}_i	kg m^{-3}	734,6	969,8
molares Volumen der Flüssigkeit	$\bar{V}^{\mathrm{L}}_{0i} = M_i / \rho^{\mathrm{L}}_i$	m^3 kmol^{-1}	0,06272	0,01858
Poynting-Koeffizient	$(p - p_{\mathrm{S}i})$ / bar	$(p - p_{\mathrm{S}i})$ / kPa	$\kappa_i = \exp((\bar{V}^{\mathrm{L}}_{0i}(p - p_{\mathrm{S}i}))/(RT))$	
	1	100	**1,0021**	**1,0006**
	10	1000	**1,0216**	**1,0063**
	100	10000	**1,2381**	**1,0653**

Abbildung 3.2: Berechnung von Poynting-Koeffizienten für das Gemisch Ethanol-Wasser (vergleiche [32])

aufgeführt und wurden dem *VDI-Wärmeatlas* entnommen.

Wird die Standardfugazität aus Gleichung (3.16) in Gleichung (3.13) eingesetzt, folgt die für die Berechnung von Dampf-Flüssig-Gleichgewichten sehr nützliche Beziehung

$$x_i^{\mathrm{V}} \varphi_i^{\mathrm{V}} p = x_i^{\mathrm{L}} \gamma_i p_{\mathrm{S}i} \varphi_{\mathrm{S}i} \exp\left(\frac{\bar{V}_{0i}^{\mathrm{L}}(p - p_{\mathrm{S}i})}{RT} \right) \quad (i = 1, 2, \ldots, n) \ . \tag{3.18}$$

Diese Gleichungen ergeben ein nichtlineares Gleichungssystem, das nur iterativ zu lösen ist. Die Fugazitätskoeffizienten φ_i^{V} werden aus einer geeigneten thermischen Zustandsgleichung für das Dampfgemisch bestimmt, siehe Abschnitt 3.7. Die Aktivitätskoeffizienten γ_i, die die Nichtidealität der flüssigen Mischung beschreiben, berechnen sich aus empirischen Gleichungen für das flüssige Gemisch, sogenannten G^{E}- oder γ_i-Modellen, siehe Abschnitt 3.8.

Ideale Gasphase und reale Flüssigphase

Für den Fall eines Dampf-Flüssig-Gleichgewichts mit idealer Gasphase und realer Flüssigphase sind die Fugazitätskoeffizienten $\varphi_i^{\mathrm{V}} = \varphi_{\mathrm{S}i} = 1$ und die vorstehende Beziehung vereinfacht sich zu

$$x_i^{\mathrm{V}} p = x_i^{\mathrm{L}} \gamma_i p_{\mathrm{S}i} \exp\left(\frac{\bar{V}_{0i}^{\mathrm{L}}(p - p_{\mathrm{S}i})}{RT} \right) \ . \tag{3.19}$$

Wenn wegen nicht zu hoher Drücke die POYNTING-Korrektur vernachlässigt werden darf, ergibt sich

$$x_i^{\mathrm{V}} p = x_i^{\mathrm{L}} \gamma_i p_{\mathrm{S}i} \ . \tag{3.20}$$

Mit dieser Gleichung ist die Berechnung von Dampf-Flüssig-Gleichgewichten relativ einfach durchführbar. Dafür müssen die Sättigungsdampfdrücke $p_{\mathrm{S}i}(T)$ ermittelt werden, was unter Verwendung der ANTOINE- oder WAGNER-Gleichungen möglich ist, siehe Abschnitt 2.5.2. Die Aktivitätskoeffizienten der Flüssigphase $\gamma_i(T, x_i^{\mathrm{L}})$ können grundsätzlich über die in Abschnitt 3.8 aufgeführten G^{E}- oder γ_i-Modelle berechnet werden, siehe dazu insbesondere Abschnitt 3.8.1.

Nützlich zur Berechnung von Gleichgewichten sind auch die *K-Faktoren*

$$K_i = \frac{x_i^{\mathrm{V}}}{x_i^{\mathrm{L}}} = \frac{\gamma_i p_{\mathrm{S}i}}{p} \tag{3.21}$$

und die *relativen Flüchtigkeiten oder Trennfaktoren*

$$\alpha_{ij} = \frac{K_i}{K_j} = \frac{x_i^{\mathrm{V}}/x_i^{\mathrm{L}}}{x_j^{\mathrm{V}}/x_j^{\mathrm{L}}} = \frac{\gamma_i p_{\mathrm{S}i}}{\gamma_j p_{\mathrm{S}j}} \ . \tag{3.22}$$

Der K-Faktor ist bei einer idealen Gasphase und einer realen Flüssigphase vom Druck, von der Temperatur und von der Zusammensetzung der Flüssigphase abhängig $K_i = K_i(T, p, x_i^{\mathrm{L}})$.

Azeotropes Verhalten

Azeotrope Punkte treten in binären Systemen auf, wenn der Trennfaktor oder die relative Flüchtigkeit α_{12} den Wert 1 annimmt. Dies entspricht gemäß Gleichung (3.22) der Bedingung

$$\frac{\gamma_2}{\gamma_1} = \frac{p_{\mathrm{S}1}}{p_{\mathrm{S}2}} \ . \tag{3.23}$$

Ideale Gasphase und ideale Flüssigphase

Für eine ideale Flüssigphase werden die Aktivitätskoeffizienten $\gamma_i = 1$ und aus Gleichung (3.20) folgt die bekannte RAOULTsche Gleichung

$$x_i^{\mathrm{V}} p = x_i^{\mathrm{L}} p_{\mathrm{S}i} \ . \tag{3.24}$$

Der Partialdruck p_i in der idealen Gasphase ist gleich dem Produkt des Stoffmengenanteils dieser Komponente in der idealen Flüssigphase und ihrem Sättigungsdampfdruck. Für diesen Fall vereinfacht sich Gleichung (3.21) zu

$$K_i = \frac{p_{\mathrm{S}i}}{p} \ . \tag{3.25}$$

Der K-Faktor ist bei einer idealen Gasphase und einer idealen Flüssigphase vom Druck und von der Temperatur, aber nicht von der Zusammensetzung der Flüssigphase abhängig $K_i = K_i(T, p)$.

3.4 Dampf-Flüssig-Gleichgewichte idealer Zweistoffgemische

In den nachfolgenden Abschnitten werden Dampf-Flüssig-Gleichgewichte idealer Zweistoffgemische berechnet und das thermischen Verhalten von Dampf-Flüssig-Systemen im Zweiphasengebiet behandelt.

> **Beispiel 3.2**
>
> Für das binäre System Benzol-Toluol sind – unter Annahme einer idealen Gas- und einer idealen Flüssigphase – für eine Temperatur $\vartheta = 98{,}4\,°\mathrm{C}$ das Dampfdruckdiagramm und für einen Druck $p = 1{,}013\,\mathrm{bar}$ das Siede- und das Gleichgewichtsdiagramm zu berechnen und darzustellen. Außerdem ist der Trennfaktor α_{12} für diesen Druck zu ermitteln. (Ergebnisse im Excel-Berechnungsblatt in Abb. 3.6.)

3.4.1 Dampfdruckdiagramm

Nachfolgend werden zuerst die Beziehungen für das *Dampfdruckdiagramm* abgeleitet und anschließend auf dieser Basis das *Siedediagramm* betrachtet. Das Siedediagramm ist interessanter, da technische Prozesse selten isotherm, oft aber annähernd isobar ablaufen. Tatsächlich gibt es keine idealen Gemische, sondern nur Gemische, die sich näherungsweise so verhalten und oft aus chemisch ähnlichen Gemischpartnern bestehen, z. B. das hier beispielhaft behandelte Zweistoffgemisch Benzol-Toluol.

Für den Gesamtdruck p des Zweistoffgemisches bei einer vorgegebenen Temperatur T folgt aus der Addition der Partialdrücke der Komponenten die *Gleichung der Siedelinie* im Dampfdruck- oder $p(x)$-Diagramm

$$p(x_1^\mathrm{L}) = p_1(x_1^\mathrm{L}) + p_2(x_2^\mathrm{L}) = x_1^\mathrm{L} p_{\mathrm{S}1} + x_2^\mathrm{L} p_{\mathrm{S}2} = x_1^\mathrm{L} p_{\mathrm{S}1} + (1 - x_1^\mathrm{L}) p_{\mathrm{S}2} \ . \tag{3.26}$$

Die Schreibweise von Gleichung (3.26) lässt sich etwas vereinfachen, wenn für die Stoffmengenanteile der leichtersiedenden Komponente – üblicherweise bekommt in der Literatur diese Komponente den Index 1 – in der Dampfphase $y = x_1^\mathrm{V}$ und der Flüssigkeitsphase $x = x_1^\mathrm{L}$ verwendet werden

$$p(x) = x p_{\mathrm{S}1} + (1 - x) p_{\mathrm{S}2} \ . \tag{3.27}$$

Aus der RAOULTschen Gleichung (3.24) folgt

$$x_i^\mathrm{L} = x_i^\mathrm{V} \frac{p}{p_{\mathrm{S}i}} \tag{3.28}$$

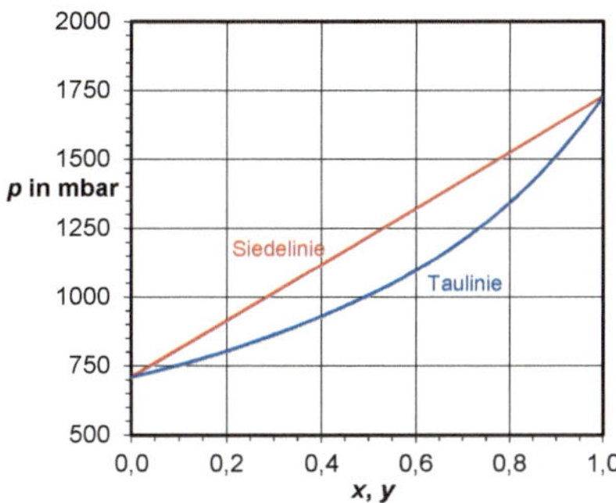

Abbildung 3.3: Dampfdruckdiagramm für das System Benzol-Toluol für $\vartheta = 98{,}4\,°C$

und aus der Summation der Komponenten

$$x_1^{\mathrm{L}} + x_2^{\mathrm{L}} = 1 = x_1^{\mathrm{V}} \frac{p}{p_{\mathrm{S1}}} + x_2^{\mathrm{V}} \frac{p}{p_{\mathrm{S2}}} = p \left(\frac{x_1^{\mathrm{V}}}{p_{\mathrm{S1}}} + \frac{x_2^{\mathrm{V}}}{p_{\mathrm{S2}}} \right) , \tag{3.29}$$

woraus sich die *Gleichung der Taulinie* im Dampfdruckdiagramm

$$p(x_1^{\mathrm{V}}) = \frac{1}{\dfrac{x_1^{\mathrm{V}}}{p_{\mathrm{S1}}} + \dfrac{x_2^{\mathrm{V}}}{p_{\mathrm{S2}}}} = \frac{1}{\dfrac{x_1^{\mathrm{V}}}{p_{\mathrm{S1}}} + \dfrac{1 - x_1^{\mathrm{V}}}{p_{\mathrm{S2}}}} \tag{3.30}$$

oder in der vereinfachten Schreibweise und nach Umformung

$$p(y) = \frac{p_{\mathrm{S1}} p_{\mathrm{S2}}}{p_{\mathrm{S1}} + y(p_{\mathrm{S2}} - p_{\mathrm{S1}})} \tag{3.31}$$

ergibt.

Im Dampfdruckdiagramm hat die Siedelinie einen linearen und die Taulinie einen hyperbolisch gekrümmten Verlauf. Siehe dazu das mit vorstehenden Gleichungen berechnete Dampfdruckdiagramm für das System Benzol-Toluol in Abb. 3.3. Die Erstellung dieses und der nachfolgenden Diagramme wird in Abschnitt 3.4.4 erklärt.

3.4.2 Siedediagramm

Das Siede- oder $T(x)$-Diagramm ist für unsere Betrachtungen wesentlich interessanter, weil Destillations- oder Rektifikationsprozesse annähernd isobar ablaufen. Durch Umformung der Siedelinie des Dampfdruckdiagramms in Gleichung (3.27) erhalten wir die *Berechnungsgleichung der Siedelinie* für das Siedediagramm in vereinfachter Schreibweise

$$x(T) = \frac{p - p_{\mathrm{S2}}}{p_{\mathrm{S1}} - p_{\mathrm{S2}}} . \tag{3.32}$$

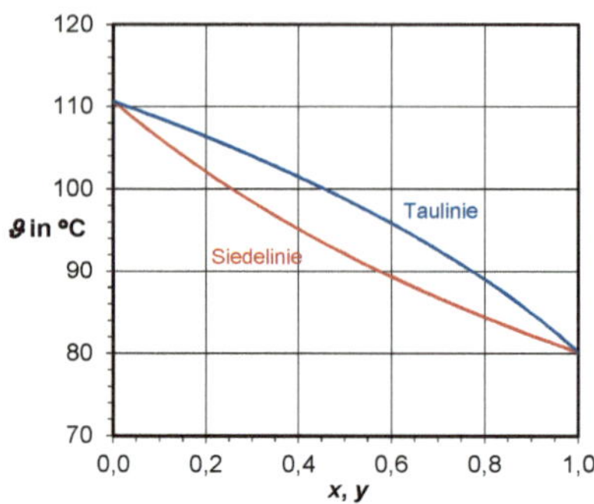

Abbildung 3.4: Siedediagramm für das System Benzol-Toluol für $p = 1,013\,\text{bar}$

Die *Berechnungsgleichung der Taulinie* folgt durch Einsetzen von Gleichung (3.32) in Gleichung (3.24)

$$y(T) = \frac{p_{S1}}{p}\,x = \frac{p_{S1}}{p}\,\frac{p - p_{S2}}{p_{S1} - p_{S2}}\ . \tag{3.33}$$

Damit lassen sich die Wertepaare für die Siedelinie $T(x)$ und die Taulinie $T(y)$ berechnen. Abbildung 3.4 zeigt das Siedediagramm für das System Benzol-Toluol für einen konstanten Druck $p = 1,013\,\text{bar}$. Im Siedediagramm lässt sich der Zustand eines Zweistoffgemisches anschaulich darstellen und dies besonders dann, wenn der Zustand dieses Gemisches im Zweiphasengebiet liegt, also aus Dampf und Flüssigkeit besteht.

3.4.3 Gleichgewichtsdiagramm

Das *Gleichgewichtsdiagramm* oder auch MCCABE-THIELE-*Diagramm* ist die Grundlage für die grafische Ermittlung der sogenannten theoretischen Trennstufenzahl und damit der Höhe einer Rektifikationskolonne. In diesem Diagramm wird der Stoffmengenanteil der leichtersiedenden Komponente in der Dampfphase $y = x_1^{\text{V}}$ über dem Stoffmengenanteil der leichtersiedenden Komponente in der Flüssigphase $x = x_1^{\text{L}}$ bei konstantem Druck aufgetragen. Die für die Darstellung der Funktion $y(x)$ im Diagramm erforderlichen Wertepaare werden über die Gleichungen der Siede- und der Taulinie (3.32) bzw. (3.33) ermittelt. Für das System Benzol-Toluol ist das Diagramm beispielhaft in Abb. 3.5 dargestellt.

Oft lassen sich die Gleichgewichtslinien idealer Zweistoffgemische in diesem Diagramm mit einer einfachen Ausgleichsfunktion

$$y = \frac{\alpha_{12}x}{1 + x(\alpha_{12} - 1)} \tag{3.34}$$

approximieren. Der Trennfaktor α_{12} wurde in Gleichung (3.22) definiert. Für ein

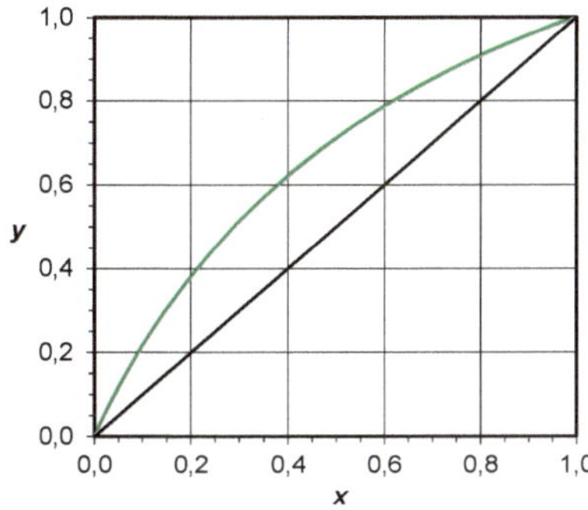

Abbildung 3.5: Gleichgewichtsdiagramm für das System Benzol-Toluol für $p = 1{,}013\,\text{bar}$

ideales binäres Gemisch vereinfacht er sich zu

$$\alpha_{12} = \frac{y_1/x_1}{y_2/x_2} = \frac{p_{S1}(T)}{p_{S2}(T)} \ . \tag{3.35}$$

Aufgrund der Temperaturabhängigkeit ist der Trennfaktor z. B. über die Höhe einer Rektifikationskolonne nur näherungsweise konstant.

Für den Fall $\alpha_{12} = 1$ fällt die Gleichgewichtslinie im Diagramm mit der Diagonalen zusammen – die Triebkraft des Prozesses wird null. Mit zunehmendem Wert für den Trennfaktor wird die Gleichgewichtskurve immer „bauchiger". Für das in Abb. 3.5 dargestellte Gleichgewichtsdiagramm wurde beispielsweise ein Trennfaktor $\alpha_{12} = 2{,}45$ ermittelt, siehe dazu nachfolgenden Abschnitt 3.4.4 und Abb. 3.6.

3.4.4 Berechnung der Diagramme

Gemäß der Aufgabenstellung in Beispiel 3.2 erfolgt die Berechnung der in den Abb. 3.4 und 3.5 einzeln dargestellten Siede- und Gleichgewichtsdiagramme im Excel-Berechnungsblatt in Abb. 3.6:

1. Für diese und auch für weitere Berechnungen z. B. zur Aufstellung der Energiebilanzen in Abschnitt 8.2 werden die Stoffdaten der Komponenten des betrachteten Systems benötigt: Die Molmasse M, die Siedetemperatur $\vartheta_S(p_n)$, die spezifische Verdampfungsenthalpie $\Delta_{vap}h(p_n)$, die kritische Temperatur T_{kr} und der kritische Druck p_{kr}. Diese Daten können wir dem *VDI-Wärmeatlas* [91, 92] entnehmen, aus dem die in Abb. 3.6 aufgeführten Daten für das System Benzol-Toluol stammen.

2. Für den Gesamt- oder Systemdruck p (Absolutdruck) enthält die Tabelle ebenfalls ein Eingabefeld. Der Systemdruck entspricht dem Normdruck $p_n = 1{,}013\,\text{bar}$ nach DIN 1343 [14]. Für diesen Druck sind z. B. im *VDI-Wärmeatlas* die Siedetemperaturen explizit gegeben. Für vom Normdruck abweichende Drücke können die Siedetemperaturen aus der ANTOINE-Gleichung (2.3) oder iterativ aus der WAGNER-Gleichung (2.4) berechnet werden (siehe dazu Abschnitt 2.5.2).

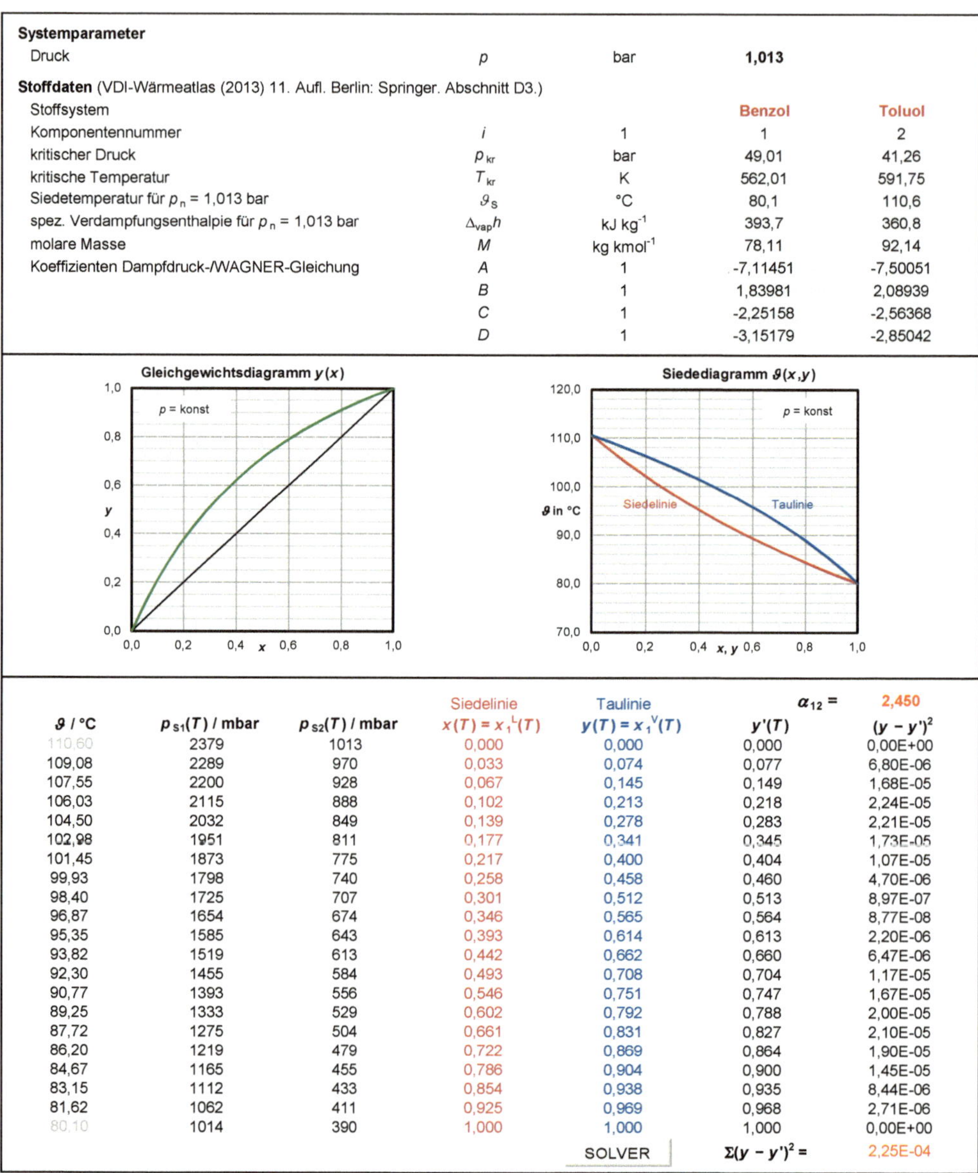

Systemparameter

Druck	p	bar	**1,013**

Stoffdaten (VDI-Wärmeatlas (2013) 11. Aufl. Berlin: Springer. Abschnitt D3.)

			Benzol	Toluol
Stoffsystem			**Benzol**	**Toluol**
Komponentennummer	i	1	1	2
kritischer Druck	p_{kr}	bar	49,01	41,26
kritische Temperatur	T_{kr}	K	562,01	591,75
Siedetemperatur für $p_n = 1{,}013$ bar	ϑ_S	°C	80,1	110,6
spez. Verdampfungsenthalpie für $p_n = 1{,}013$ bar	$\Delta_{vap}h$	kJ kg^{-1}	393,7	360,8
molare Masse	M	kg kmol^{-1}	78,11	92,14
Koeffizienten Dampfdruck-/WAGNER-Gleichung	A	1	-7,11451	-7,50051
	B	1	1,83981	2,08939
	C	1	-2,25158	-2,56368
	D	1	-3,15179	-2,85042

ϑ / °C	$p_{s1}(T)$ / mbar	$p_{s2}(T)$ / mbar	Siedelinie $x(T) = x_1^{L}(T)$	Taulinie $y(T) = x_1^{V}(T)$	$y'(T)$	$\alpha_{12} =$ 2,450 $(y - y')^2$
110,60	2379	1013	0,000	0,000	0,000	0,00E+00
109,08	2289	970	0,033	0,074	0,077	6,80E-06
107,55	2200	928	0,067	0,145	0,149	1,68E-05
106,03	2115	888	0,102	0,213	0,218	2,24E-05
104,50	2032	849	0,139	0,278	0,283	2,21E-05
102,98	1951	811	0,177	0,341	0,345	1,73E-05
101,45	1873	775	0,217	0,400	0,404	1,07E-05
99,93	1798	740	0,258	0,458	0,460	4,70E-06
98,40	1725	707	0,301	0,512	0,513	8,97E-07
96,87	1654	674	0,346	0,565	0,564	8,77E-08
95,35	1585	643	0,393	0,614	0,613	2,20E-06
93,82	1519	613	0,442	0,662	0,660	6,47E-06
92,30	1455	584	0,493	0,708	0,704	1,17E-05
90,77	1393	556	0,546	0,751	0,747	1,67E-05
89,25	1333	529	0,602	0,792	0,788	2,00E-05
87,72	1275	504	0,661	0,831	0,827	2,10E-05
86,20	1219	479	0,722	0,869	0,864	1,90E-05
84,67	1165	455	0,786	0,904	0,900	1,45E-05
83,15	1112	433	0,854	0,938	0,935	8,44E-06
81,62	1062	411	0,925	0,969	0,968	2,71E-06
80,10	1014	390	1,000	1,000	1,000	0,00E+00
				SOLVER	$\Sigma(y - y')^2 =$	2,25E-04

Abbildung 3.6: Excel-Berechnnungsblatt für die Berechnung des Dampf-Flüssig-Gleichgewichts Benzol-Toluol (unter der Annahme einer idealen Gas- und einer idealen Flüssigphase)

3. Die Berechnungen in Abb. 3.6 beginnen wir mit einer Spalte für die Celsius-Temperatur, wobei die Spalte mit der Siedetemperatur der reinen schwerersiedenden Komponente 2 beginnt und mit der Siedetemperatur der reinen leichtersiedenden Komponente 1 endet (beide beim Druck p_n). Dazwischen fügen wir hinreichend viele Zeilen ein. Dies kann einfach umgesetzt werden, wenn – beginnend mit der Siedetemperatur der Komponente 2 – in der nächsten Zeile z. B. 5 % der Siedetemperaturdifferenz der reinen Komponenten subtrahiert werden.

4. Die Berechnung der Sättigungsdampfdrücke der reinen Komponenten $p_S(T)$ erfolgt mit benutzerdefinierten Funktionen für die WAGNER-Gleichung (2.4) gemäß Abschnitt 2.5.2. Die dafür erforderlichen Koeffizienten der beiden Komponenten sind ebenfalls in der Tabelle aufgeführt.

5. Die Werte in der Spalte „Siedelinie" berechnen wir mit Gleichung (3.32) und die Werte in der Spalte „Taulinie" mit Gleichung (3.33). Für die Stoffmengenanteile der reinen Komponenten erhalten wir aufgrund von Rundungsfehlern nicht exakt 0 oder 1, weshalb wir diese Werte vorgeben können.

6. Zur Ermittlung des Trennfaktors α_{12} für das Gleichgewichtsdiagramm wird die in Abschnitt 2.7 beschriebene Methode der nichtlinearen Regression unter Verwendung des Solvers verwendet. Als Zielzelle für den Solver dient die Summe der Abweichungsquadrate, die minimiert wird. Die Variablenzelle ist die Zelle mit dem Trennfaktor α_{12}. Als Lösungsmethode empfiehlt sich hier „GRG-nichtlinear" mit der Option „Ableitungen vorwärts" und dem Startwert $\alpha_{12} = 1$. Als Ergebnis erhalten wir die in Abb. 3.6 aufgeführten Daten und können damit das Siedediagramm und das Gleichgewichtsdiagramm erstellen.

Wenn gewünscht, ist auch die Erstellung eines Dampfdruckdiagramms für eine konstante Temperatur wie in Abb. 3.3 möglich. Dazu wählen wir die Temperatur aus – z. B. $\vartheta = 98,4\,°\mathrm{C}$ wie in der Abbildung – und berechnen hierfür die Sättigungsdampfdrücke der beiden Komponenten $p_S(T)$ sowie mit den Gleichungen (3.27) und (3.31) die Siede- und die Taulinien. Für die Erstellung von Abb. 3.3 sind noch zwei Spalten $p(x)$ für die Siedelinie und $p(y)$ für die Taulinie erforderlich, die in der Tabelle nicht aufgeführt sind.

Für die Siede- und Tautemperaturen liegen uns bisher nur Funktionen der Siede- und Taulinien in den Formen $x(T)$ in Gleichung (3.32) und $y(T)$ in Gleichung (3.33) vor. Die Temperatur „versteckt" sich in diesen Gleichungen in den Funktionen für die Sättigungsdampfdrücke und ist deshalb nur iterativ berechenbar. Deshalb bietet es sich an, geeignete Ausgleichsfunktionen zu verwenden und diese durch eines der in Abschnitt 2.7 beschriebenen Verfahren anzupassen. Als Funktionstyp wird ein Polynom vierten Grades verwendet. Alternativ liefert die Trendlinienfunktion in Excel für diesen Funktionstyp die Ausgleichsfunktionen für die Taulinie

$$\vartheta_{\mathrm{Tau}} = -7{,}7857\,y^4 + 6{,}1148\,y^3 - 9{,}1289\,y^2 - 19{,}683\,y + 110{,}59 \tag{3.36}$$

und für die Siedelinie

$$\vartheta_{\mathrm{S}} = 3{,}1503\,x^4 - 12{,}329\,x^3 + 26{,}028\,x^2 - 47{,}352\,x + 110{,}6 \ . \tag{3.37}$$

Der Gesamtdruck p geht in die Siede- und Taulinien mit ein. Wie bereits oben beschrieben, sind die aus dem *VDI-Wärmeatlas* entnommenen Siedetemperaturen ϑ_S und spezifischen Verdampfungsenthalpien $\Delta_\mathrm{vap}h$ dort nur für den Normdruck p_n aufgeführt. Eine Erweiterung der Berechnung ist möglich, indem die Siedetemperaturen ϑ_S iterativ aus den WAGNER-Gleichungen und anschließend die spezifischen Verdampfungsenthalpien $\Delta_\mathrm{vap}h(T_\mathrm{S})$ mit der im *VDI-Wärmeatlas* aufgeführten Korrelationsgleichung berechnet werden. Bei dieser Vorgehensweise ist grundsätzlich zu beachten, dass mit zunehmendem Druck immer weniger von einem idealen Verhalten des Gemisches ausgegangen werden kann.

Die weitere Verwendung des in Abb. 3.6 ermittelten Trennfaktors α_{12} sollte nur unter Vorbehalt erfolgen, da der über die Regression ermittelte Wert eine recht grobe Vereinfachung darstellt. Dies ist einfach nachzuvollziehen, in dem die Tabelle in Abb. 3.6 um eine Spalte erweitert wird, in der der Trennfaktor zeilenweise temperaturabhängig mit Gleichung (3.35) berechnet wird.

3.4.5 Zustände eines binären Dampf-Flüssig-Gemisches

Beispiel 3.3

Ein aus den Komponenten Benzol und Toluol bestehendes, unterkühltes Flüssigkeitsgemisch mit einem Stoffmengenanteil $x_1 = 0{,}39$ im Ausgangszustand wird bei einem konstanten Druck von $1{,}013\,\mathrm{bar}$ bis auf eine Temperatur von $98{,}4\,°\mathrm{C}$, die oberhalb der Siedetemperatur, aber unterhalb der Tautemperatur liegt, erwärmt. Zu ermitteln sind die Stoffmengenanteile in der Flüssigphase x_1^L und in der Dampfphase x_1^V sowie das Verhältnis der Stoffmengen der beiden Phasen $n^\mathrm{L}/n^\mathrm{V}$. Annahmen: ideale Dampfphase, ideale Flüssigphase.

Im Siedediagramm in Abb. 3.7 (ebenfalls erstellt auf Basis des Datensatzes in Abb. 3.6) sind mögliche Zustände A bis E eines Zweistoffgemisches dargestellt, die in Abschnitt 3.5.3 und später in Abschnitt 8.2 zur Aufstellung der Energiebilanzen hilfreich sind. T ist die Temperatur des Gemisches im jeweiligen Zustand, T_S die Siedetemperatur und T_Tau die Tautemperatur:

A unterkühltes Flüssigkeitsgemisch, $T < T_\mathrm{S}$

B siedendes Flüssigkeitsgemisch, $T = T_\mathrm{S}$

C Zweiphasensystem mit Flüssigkeit und Dampf, $T_\mathrm{S} < T < T_\mathrm{Tau}$

D gesättigtes Dampfgemisch, $T = T_\mathrm{Tau}$

E überhitztes Dampfgemisch, $T > T_\mathrm{Tau}$

Im Zustand A liegt das unterkühlte Flüssigkeitsgemisch vor. Die Temperatur ist so niedrig, dass kein Dampf auftritt. Wird das Gemisch erwärmt, beginnt es im Zustand B ($= \mathrm{B}^\mathrm{L}$) zu sieden und es bilden sich erste Dampfblasen (Zustand B^V). C charakterisiert einen Zustand im Zweiphasengebiet. Befindet sich C nahe der Siedelinie, so überwiegt die Flüssigkeit; nahe der Taulinie überwiegt der Dampf. Die Punkte C^L und C^V markieren die Gleichgewichtszusammensetzungen der Flüssigkeit und des Dampfes

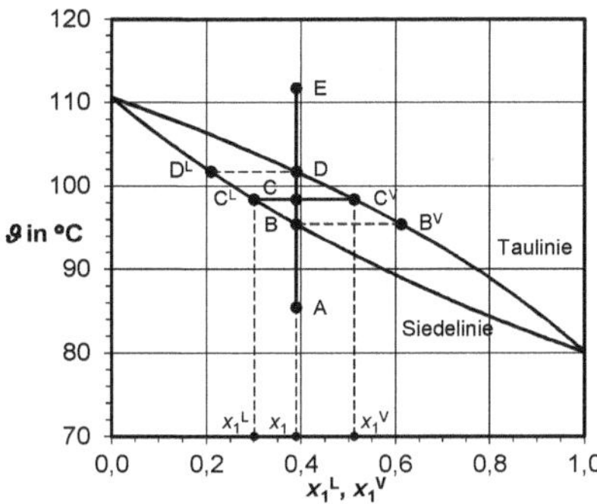

Abbildung 3.7: Siedediagramm Benzol-Toluol mit verschiedenen Zuständen des Feeds für $p = 1{,}013\,\mathrm{bar}$

für den Zustand C bei der Temperatur T und dem Druck p. Der Zustand D $(= \mathsf{D}^\mathrm{V})$ mit dem gesättigten Dampfgemisch und den letzten Flüssigkeitstropfen (Zustand D^L) wird durch weitere Energiezufuhr erreicht. Durch Fortsetzen der Erwärmung entsteht überhitzter Dampf im Zustand E.

In den Zuständen A und B ist für Berechnungen nur die Flüssigkeit zu berücksichtigen, in den Zuständen D und E nur der Dampf. Der Stoffmengenanteil der Komponente 1 im gesamten System ist

$$x_1 = \frac{n_1}{n_1 + n_2} = \frac{n_1^\mathrm{L} + n_1^\mathrm{V}}{n_1^\mathrm{L} + n_1^\mathrm{V} + n_2^\mathrm{L} + n_2^\mathrm{V}} \; . \tag{3.38}$$

Die Stoffmengenanteile in den beiden Phasen betragen x_1^L und x_1^V. Für die Stoffmenge der Komponente 1 im ganzen System gilt

$$n_1 = n_1^\mathrm{L} + n_1^\mathrm{V} = (n^\mathrm{L} + n^\mathrm{V})x_1 = n^\mathrm{L}x_1^\mathrm{L} + n^\mathrm{V}x_1^\mathrm{V} \; , \tag{3.39}$$

woraus für das Stoffmengenverhältnis der beiden Phasen im Zweiphasengebiet

$$\frac{n^\mathrm{L}}{n^\mathrm{V}} = \frac{x_1^\mathrm{V} - x_1}{x_1 - x_1^\mathrm{L}} \tag{3.40}$$

folgt. Damit ist das Verhältnis der Stoffmengen in der Flüssig- und der Dampfphase umgekehrt proportional zum Verhältnis der Strecken $\overline{\mathsf{C}^\mathrm{L}\mathsf{C}}$ und $\overline{\mathsf{C}\mathsf{C}^\mathrm{V}}$ in Abb. 3.7 (sog. „Hebelgesetz").

Zu Beispiel 3.3: Die Stoffmengenanteile in der Flüssigphase x_1^L und in der Dampfphase x_1^V können grafisch aus dem Siedediagramm in Abb. 3.7 abgelesen oder besser aus der unteren Tabelle in Abb. 3.6 entnommen werden (siehe dazu die Zeile mit der entsprechenden Temperatur). Das Verhältnis der Stoffmengen der beiden Phasen $n^\mathrm{L}/n^\mathrm{V}$ kann über Gleichung (3.40) berechnet werden.

Siede- und Tautemperaturen

Eine Fragestellung, die in Zusammenhang mit energetischen Berechnungen für Dampf-Flüssig-Gemische (z. B. in Abschnitt 8.2) auftaucht, ist die Berechnung der Siede- und Tautemperaturen. Wie in Abschnitt 3.4.4 beschrieben, bietet es sich für Zweistoffgemische an, Ausgleichsfunktionen für die Siede- und die Taulinie zu ermitteln. Eine allgemeine Berechnungsvariante zur Ermittlung der Siede- oder Tauzustände von Mehrstoffgemischen wird in den Abschnitten 3.5.1 und 3.5.2 vorgestellt. In Abschnitt 3.5.3 werden auch Zustände von Mehrstoffgemischen im Zweiphasengebiet behandelt.

3.5 Stationäre Verdampfung oder Kondensation (Flash)

Ein Feedstrom $\dot{n}_\mathrm{F}$ mit der Zusammensetzung $x_{\mathrm{F}i}$ wird einer theoretischen Gleichgewichtsstufe oder Trennstufe zugeführt, die z. B. einer einfachen Destillation entsprechen kann, siehe dazu das Fließschema in Abb. 3.8. In der Gleichgewichtsstufe herrschen der Druck p und die Temperatur T. Die austretenden Stoffströme der Dampf- und Flüssigphasen mit den Zusammensetzungen x_i^V und x_i^L stehen im Gleichgewicht zueinander. Die Gesamtbilanz für den als stationär angenommenen Prozess lautet

$$\dot{n}_\mathrm{F} = \dot{n}^\mathrm{V} + \dot{n}^\mathrm{L} \tag{3.41}$$

und die Stoffmengenbilanz für die Komponente i in einem aus n Komponenten bestehenden Gemisch

$$\dot{n}_\mathrm{F} x_{\mathrm{F}i} = \dot{n}^\mathrm{V} x_i^\mathrm{V} + \dot{n}^\mathrm{L} x_i^\mathrm{L} \; . \tag{3.42}$$

Außerdem gelten für die Dampfphase V und die Flüssigphase L die Summationsbedingungen

$$\sum_{i=1}^{n} x_i^\mathrm{V} = 1 \quad \text{bzw.} \tag{3.43}$$

$$\sum_{i=1}^{n} x_i^\mathrm{L} = 1 \; . \tag{3.44}$$

Der in Abb. 3.8 dargestellte Prozess wird in der englischsprachigen Literatur auch als *flash evaporator* bezeichnet.

Aus der Gesamtbilanz in Gleichung (3.41) und der Bilanz für die Komponente i entsprechend Gleichung (3.42) ergibt sich für den Stoffmengenstrom der Dampfphase

$$\dot{n}^\mathrm{V} = \dot{n}_\mathrm{F} \frac{x_{\mathrm{F}i} - x_i^\mathrm{L}}{x_i^\mathrm{V} - x_i^\mathrm{L}} \; . \tag{3.45}$$

Mit dieser Gleichung kann der Stoffmengenstrom der Dampfphase berechnet werden, wenn die Stoffmengenanteile bekannt sind. Ist dies nicht der Fall, siehe die nachfolgenden Betrachtungen. Der Stoffmengenstrom der Flüssigphase $\dot{n}^\mathrm{L}$ lässt sich bei

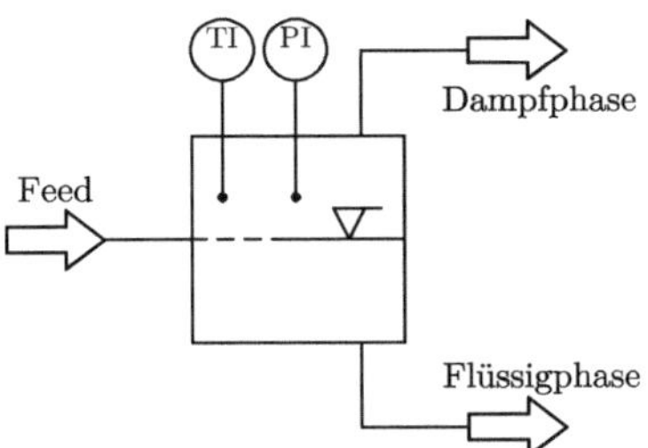

Abbildung 3.8: Fließschema der stationären Verdampfung oder Kondensation in einer theoretischen Gleichgewichtsstufe

bekanntem Stoffmengenstrom der Dampfphase mit Gleichung (3.41) berechnen.

Der Stoffmengenanteil der Komponente i im Feed folgt aus Gleichung (3.42) mit

$$x_{\mathrm{F}i} = \frac{\dot{n}^{\mathrm{V}}}{\dot{n}_{\mathrm{F}}} x_i^{\mathrm{V}} + \frac{\dot{n}^{\mathrm{L}}}{\dot{n}_{\mathrm{F}}} x_i^{\mathrm{L}} \ . \tag{3.46}$$

Durch Einführung des Dampfverhältnisses

$$v = \frac{\dot{n}^{\mathrm{V}}}{\dot{n}_{\mathrm{F}}} \ , \tag{3.47}$$

das Werte $0 \leq v \leq 1$ annehmen kann, wird daraus

$$x_{\mathrm{F}i} = v x_i^{\mathrm{V}} + (1 - v) x_i^{\mathrm{L}} \ . \tag{3.48}$$

Nach Einsetzen des K-Faktors aus Gleichung (3.21) können die Stoffmengenanteile in der Flüssigphase und der Dampfphase

$$x_i^{\mathrm{L}} = \frac{x_{\mathrm{F}i}}{1 + v\left(K_i - 1\right)} \quad \text{bzw.} \tag{3.49}$$

$$x_i^{\mathrm{V}} = x_i^{\mathrm{L}} K_i = \frac{x_{\mathrm{F}i} K_i}{1 + v\left(K_i - 1\right)} \tag{3.50}$$

berechnet werden, wenn das Dampfverhältnis v bekannt ist.

Aus der Differenz der Gleichungen (3.43) und (3.44) folgt die Beziehung

$$\sum_{i=1}^{n} \left(x_i^{\mathrm{V}} - x_i^{\mathrm{L}}\right) = 0 \ , \tag{3.51}$$

aus der mit den Gleichungen (3.49) und (3.50) die sogenannte RACHFORD-RICE-Gleichung

$$\sum_{i=1}^{n} \frac{x_{\mathrm{F}i}\left(K_i - 1\right)}{1 + v\left(K_i - 1\right)} = 0 \tag{3.52}$$

gebildet wird [65, 78, 85], die relativ einfach numerisch zu lösen ist (bei Einhaltung der Randbedingung $0 \leq v \leq 1$ z. B. unter Anwendung des Solvers in Excel). Dafür sind die K-Faktoren K_i der Komponenten des Gemisches erforderlich, deren Berechnung für eine reale Flüssigphase auf der Basis von Gleichung (3.21) und für eine ideale Flüssigphase auf der Basis von Gleichung (3.25) möglich ist.

3.5.1 Berechnung des Siedezustands eines Gemisches

Beispiel 3.4

Für das ternäre System Cyclohexan-Heptan-Toluol (mit als ideal anzunehmenden Flüssig- und Dampfphasen) ist die Zusammensetzung der im Ausgangszustand unterkühlten Flüssigphase über die Stoffmengenanteile $x_{Fi} = x_i^L$ gegeben. Die Mischung wird zum Sieden gebracht. Zu berechnen sind entweder der Siededruck p bei vorgegebener Temperatur oder die Siedetemperatur ϑ bei vorgegebenem Druck sowie die Stoffmengenanteile in der Dampfphase x_i^V. (Ergebnisse in den Excel-Berechnungsblättern in Abb. 3.9 und 3.10.)

Der in Abb. 3.8 dargestellten theoretischen Gleichgewichts- oder Trennstufe wird ein flüssiger Feedstrom zugeführt und zum Sieden gebracht. Für diesen Fall gelten $x_{Fi} = x_i^L$ und $\dot{n}^V = 0$. Der Siedezustand ist erreicht, wenn sich die ersten Dampfblasen bilden (entsprechend Zustand B in Abschnitt 3.4.5). Dafür werden entweder bei vorgegebener Temperatur der Druck gesenkt oder bei vorgegebenem Druck die Temperatur erhöht. Für die Berechnungen werden p oder T variiert, bis Gleichung (3.43) und

$$\sum_{i=1}^{n} K_i x_i^L = 1 \qquad (3.53)$$

für eine vorgegebene Zusammensetzung x_i^L erfüllt sind. Für eine ideale Flüssigphase kann daraus die Bedingung

$$\sum_{i=1}^{n} x_i^L p_{Si}(T) = \sum_{i=1}^{n} p_i = p \qquad (3.54)$$

und für eine reale Flüssigphase die Bedingung

$$\sum_{i=1}^{n} x_i^L \gamma_i p_{Si}(T) = \sum_{i=1}^{n} p_i = p \qquad (3.55)$$

verwendet werden [78]. Die Berechnung des Sättigungsdampfdrucks der Komponenten ist über die ANTOINE-Gleichung (2.3) oder besser über die WAGNER-Gleichung (2.4) möglich.

Grundsätzlich sind für die *Berechnung des Siedezustands* mit flüssigem Feed zwei Aufgabenstellungen denkbar:

- Ermittlung des Siededrucks und der Zusammensetzung der Dampfphase bei

Berechnung des Siededrucks und der Stoffmengenanteile in der Dampfphase für einen flüssigen Feedstrom

Systemparameter

				Cyclohexan	Heptan	Toluol
Temperatur	ϑ	°C	100,00			
	T	K	373,15			
Druck	$p = \Sigma_i\, p_i$	**bar**	1,203			
Stoffdaten (VDI-Wärmeatlas (2013). 11. Aufl. Berlin: Springer. Abschnitt D3.)						
Komponente				Cyclohexan	Heptan	Toluol
Komponentennummer	i	1		1	2	3
kritischer Druck	p_{kr}	bar		40,75	27,74	41,26
kritische Temperatur	T_{kr}	K		553,6	541,23	591,75
Koeffizienten WAGNER-Gleichung	A	1		-7,00979	-7,75469	-7,50051
	B	1		1,57475	1,84795	2,08939
	C	1		-1,96820	-2,80333	-2,56368
	D	1		-3,26095	-3,62418	-2,85042
Berechnete Daten						
Stoffmengenanteil Feed Komponente i	$x_{Fi} = x_i^{\text{L}}$	**1**		**0,300**	**0,500**	**0,200**
Sättigungspartialdruck Komponente i	$p_{Si}(T)$	bar		1,746	1,062	0,742
Partialdruck Komponente i	$p_i = x_i^{\text{L}}\, p_{Si}$	bar		0,524	0,531	0,148
Stoffmengenanteil Dampf Komponente i	$x_i^{\text{V}} = p_i / p$	**1**		0,435	0,441	0,123

Abbildung 3.9: Berechnung des Siededrucks und der Zusammensetzung der Dampfphase im Siedezustand eines idealen ternären Dampf-Flüssig-Gleichgewichts

vorgegebener Temperatur und vorgegebener Zusammensetzung der Flüssigphase. Abbildung 3.9 enthält dazu eine beispielhafte Berechnung im Siedezustand für ein ideales ternäres Dampf-Flüssig-Gleichgewicht (ideale Gas- und Flüssigkeitsphasen).

- Ermittlung der Siedetemperatur und der Zusammensetzung der Dampfphase bei vorgegebenem Druck und vorgegebener Zusammensetzung der Flüssigphase. Dies erfordert eine iterative Vorgehensweise z. B. unter Anwendung des Solvers in Excel mit der Temperatur als veränderbarer Zelle und dem Systemdruck als Zielzelle. Abbildung 3.10 enthält dazu eine beispielhafte Berechnung im Siedezustand für ein ideales ternäres Dampf-Flüssig-Gleichgewicht.

3.5.2 Berechnung des Tauzustands eines Gemisches

Beispiel 3.5

Für das ternäre System Cyclohexan-Heptan-Toluol (mit als ideal anzunehmenden Flüssig- und Dampfphasen) ist die Zusammensetzung der im Ausgangszustand überhitzten Dampfphase über die Stoffmengenanteile $x_{Fi} = x_i^{\text{V}}$ gegeben. Die Mischung wird auf den Tauzustand gebracht. Zu berechnen sind entweder der Taudruck p bei vorgegebener Temperatur oder die Tautemperatur ϑ bei vorgegebenem Druck sowie die Stoffmengenanteile in der Flüssigphase x_i^{L}. (Ergebnisse in den Excel-Berechnungsblättern in Abb. 3.11 und Abb. 3.12.)

Berechnung der Siedetemperatur und der Stoffmengenanteile in der Dampfphase für einen flüssigen Feedstrom

Systemparameter

Druck	p	bar	1,013	
Temperatur	ϑ	°C	94,00	veränderbare Zelle Solver
	T	K	367,15	SOLVER
Zielzelle Solver	$p - \Sigma_i\, p_i = 0$	bar	1,90E-13	

Stoffdaten (VDI-Wärmeatlas (2013). 11. Aufl. Berlin: Springer. Abschnitt D3.)

Komponente			Cyclohexan	Heptan	Toluol
Komponentennummer	i	1	1	2	3
kritischer Druck	p_{kr}	bar	40,75	27,74	41,26
kritische Temperatur	T_{kr}	K	553,6	541,23	591,75
Koeffizienten WAGNER-Gleichung	A	1	-7,00979	-7,75469	-7,50051
	B	1	1,57475	1,84795	2,08939
	C	1	-1,96820	-2,80333	-2,56368
	D	1	-3,26095	-3,62418	-2,85042

Berechnete Daten

			Cyclohexan	Heptan	Toluol
Stoffmengenanteil Feed Komponente i	$x_{Fi} = x_i^{\mathrm{L}}$	1	0,300	0,500	0,200
Sättigungspartialdruck Komponente i	$p_{Si}(T)$	bar	1,484	0,889	0,616
Partialdruck Komponente i	$p_i = x_i^{\mathrm{L}} p_{Si}$	bar	0,445	0,444	0,123
Stoffmengenanteil Dampf Komponente i	$x_i^{\mathrm{V}} = p_i / p$	1	0,440	0,439	0,122

Abbildung 3.10: Berechnung der Siedetemperatur und der Zusammensetzung der Dampfphase im Siedezustand eines idealen ternären Dampf-Flüssig-Gleichgewichts

Der in Abb. 3.8 dargestellten Gleichgewichtsstufe wird ein gasförmiger Feedstrom zugeführt und zur Kondensation gebracht. Für diesen Fall gelten $x_{Fi} = x_i^{\mathrm{V}}$ und $\dot{n}^{\mathrm{L}} = 0$. Der Tauzustand ist erreicht, wenn sich die ersten Kondensattropfen bilden (entsprechend Zustand D in Abschnitt 3.4.5). Dafür werden entweder bei vorgegebener Temperatur der Druck erhöht oder bei vorgegebenem Druck die Temperatur gesenkt. Für die Berechnungen werden p oder T variiert, bis Gleichung (3.44) und

$$\sum_{i=1}^{n} \frac{x_i^{\mathrm{V}}}{K_i} = 1 \tag{3.56}$$

für eine vorgegebene Zusammensetzung x_i^{V} erfüllt sind. Für eine ideale Flüssigphase entspricht dies der Bedingung [78]

$$\sum_{i=1}^{n} \frac{x_i^{\mathrm{V}}}{p_{Si}(T)} = \frac{1}{p} \quad \text{oder} \quad \sum_{i=1}^{n} \frac{x_i^{\mathrm{V}}}{p_{Si}(T)} - \frac{1}{p} = 0 \tag{3.57}$$

und für eine reale Flüssigphase der Bedingung

$$\sum_{i=1}^{n} \frac{x_i^{\mathrm{V}}}{\gamma_i p_{Si}(T)} = \frac{1}{p} \quad \text{oder} \quad \sum_{i=1}^{n} \frac{x_i^{\mathrm{V}}}{\gamma_i p_{Si}(T)} - \frac{1}{p} = 0 \; . \tag{3.58}$$

Grundsätzlich sind für die *Berechnung des Tauzustands* mit dampfförmigem Feed zwei Aufgabenstellungen denkbar:

Berechnung des Taudrucks und der Stoffmengenanteile in der Flüssigphase für einen dampfförmigen **Feedstrom**

Systemparameter				Cyclohexan	Heptan	Toluol
Temperatur	ϑ	°C	100,00			
	T	K	373,15			
Druck	$p = \Sigma_i\, p_i$	bar	1,096			
Stoffdaten (VDI-Wärmeatlas (2013). 11. Aufl. Berlin: Springer. Abschnitt D3.)						
Komponente				Cyclohexan	Heptan	Toluol
Komponentennummer	i	1		1	2	3
kritischer Druck	p_{kr}	bar		40,75	27,74	41,26
kritische Temperatur	T_{kr}	K		553,6	541,23	591,75
Koeffizienten WAGNER-Gleichung	A	1		-7,00979	-7,75469	-7,50051
	B	1		1,57475	1,84795	2,08939
	C	1		-1,96820	-2,80333	-2,56368
	D	1		-3,26095	-3,62418	-2,85042
Berechnete Daten						
Stoffmengenanteil Feed Komponente i	$x_{Fi} = x_i^{\mathrm{V}}$	1		**0,300**	**0,500**	**0,200**
Sättigungspartialdruck Komponente i	$p_{Si}(T)$	bar		1,746	1,062	0,742
Quotient Komponente i	$x_i^{\mathrm{V}}\,/\,p_{Si}$	bar^{-1}		0,172	0,471	0,270
Stoffmengenanteil Flüssigkeit Komp. i	$x_i^{\mathrm{L}} = (x_i^{\mathrm{V}}p)/p_{Si}$	1		0,188	0,516	0,295

Abbildung 3.11: Berechnung des Taudrucks und der Zusammensetzung der Flüssigphase im Tauzustand eines idealen ternären Dampf-Flüssig-Gleichgewichts

- Ermittlung des Taudrucks und der Zusammensetzung der Flüssigphase bei vorgegebener Temperatur und Zusammensetzung der Dampfphase. Abbildung 3.11 enthält dazu eine beispielhafte Berechnung im Tauzustand für ein ideales ternäres Dampf-Flüssig-Gleichgewicht (ideale Gas- und Flüssigkeitsphasen).

- Ermittlung der Tautemperatur und der Zusammensetzung der Flüssigphase bei vorgegebenem Druck und vorgegebener Zusammensetzung der Dampfphase. Dies erfordert eine iterative Vorgehensweise z. B. unter Anwendung des Solvers in Excel mit der Temperatur als veränderbarer Zelle und der Zielzelle gemäß Gleichung (3.57) oder (3.58). Abbildung 3.12 enthält dazu eine beispielhafte Berechnung im Tauzustand für ein ideales ternäres Dampf-Flüssig-Gleichgewicht.

3.5.3 Partielle Verdampfung eines Flüssigkeitsgemisches (p-T-Flash)

Beispiel 3.6

Ein ternäres Gemisch aus den Komponenten Cyclohexan, Heptan und Toluol, für das bezüglich der Gas- und der Flüssigphase ideales Verhalten angenommen werden darf, wird einem Prozess als flüssiger Feedstrom mit der Zusammensetzung $x_{F1} = 0,30$ und $x_{F2} = 0,50$ zugeführt. In diesem Prozess wird der Feedstrom partiell beim Druck $p = 1,013\,\text{bar}$ und der Temperatur $\vartheta = 96,0\,°\text{C}$ verdampft. Zu berechnen sind die Zusammensetzungen der Flüssig- und der Dampfphase x_i^{L} bzw. x_i^{V}. Außerdem sind für einen Feedstrom von $\dot{n}_\mathrm{F} = 10\,\text{mol}\,\text{s}^{-1}$ die entste-

Berechnung der Tautemperatur und der Stoffmengenanteile in der Flüssigphase für einen dampfförmigen Feedstrom

Systemparameter

Druck	p	bar	1,013	
Temperatur	ϑ	°C	97,30	veränderbare Zelle Solver
	T	K	370,45	SOLVER
Zielzelle Solver	$1/p - \Sigma_i(x_i^{\mathrm{V}}/p_{\mathrm{S}i}) = 0$	bar^{-1}	9,87E-14	

Stoffdaten (VDI-Wärmeatlas (2013). 11. Aufl. Berlin: Springer. Abschnitt D3.)

Komponente			Cyclohexan	Heptan	Toluol
Komponentennummer	i	1	1	2	3
kritischer Druck	p_{kr}	bar	40,75	27,74	41,26
kritische Temperatur	T_{kr}	K	553,6	541,23	591,75
Koeffizienten WAGNER-Gleichung	A	1	-7,00979	-7,75469	-7,50051
	B	1	1,57475	1,84795	2,08939
	C	1	-1,96820	-2,80333	-2,56368
	D	1	-3,26095	-3,62418	-2,85042

Berechnete Daten

			Cyclohexan	Heptan	Toluol
Stoffmengenanteil Feed Komponente i	$x_{\mathrm{F}i} = x_i^{\mathrm{V}}$	1	**0,300**	**0,500**	**0,200**
Sättigungspartialdruck Komponente i	$p_{\mathrm{S}i}(T)$	bar	1,624	0,981	0,683
Quotient Komponente i	$x_i^{\mathrm{V}}/p_{\mathrm{S}i}$	bar^{-1}	0,185	0,510	0,293
Stoffmengenanteil Flüssigkeit Komp. i	$x_i^{\mathrm{L}} = (x_i^{\mathrm{V}}p)/p_{\mathrm{S}i}$	1	**0,187**	**0,516**	**0,297**

Abbildung 3.12: Berechnung der Tautemperatur und der Zusammensetzung der Flüssigphase im Tauzustand eines idealen ternären Dampf-Flüssig-Gleichgewichts

henden Stoffmengenströme von Dampf und Flüssigkeit $\dot{n}^{\mathrm{V}}$ bzw. $\dot{n}^{\mathrm{L}}$ zu ermitteln. Welcher Wärmestrom $\dot{Q}$ muss dem Prozess zugeführt werden? (Ergebnisse in den Excel-Berechnungsblättern in Abb. 3.13 und Abb. 3.15.)

Nachfolgend wird die stationäre partielle Verdampfung eines idealen Flüssigkeitsgemisches betrachtet, der sogenannte p-T-Flash, der einer einfachen Destillation entspricht. Aus den vorangegangenen Berechnungen ist abzulesen, dass das als ideal angenommene ternäre Gemisch (ideale Gas- und Flüssigphase) bei einem vorgegebenen Druck von $p = 1{,}013\,\mathrm{bar}$ – wenn es vom unterkühlten Zustand erwärmt wird – bei ca. $\vartheta = 94{,}0\,°\mathrm{C}$ zu sieden beginnt (entsprechend Zustand B), siehe Abb. 3.10. Wenn es vom überhitzten Zustand abgekühlt wird, beginnt es bei ca. $\vartheta = 97{,}3\,°\mathrm{C}$ zu kondensieren (entsprechend Zustand D), siehe Abb. 3.12. Zwischen diesen beiden Temperaturen liegt ein Dampf-Flüssig-Gemisch vor (entsprechend Zustand C in Abschnitt 3.4.5). Für diesen Bereich sind u. a. die Zusammensetzungen der Dampfphase x_i^{V} und der Flüssigphase x_i^{L} sowie das Dampfverhältnis v gesucht.

In der für ein ideales ternäres Dampf-Flüssig-Gleichgewicht durchgeführten Berechnung in Abb. 3.13 werden entsprechend der Aufgabenstellung in Beispiel 3.6

1. zunächst für die nachfolgende Aufstellung der Energiebilanz die Stoffmengenströme der Komponenten i im Feed $\dot{n}_{\mathrm{F}i}$ mit Gleichung (3.66), die Massenströme der Komponenten i im Feed $\dot{m}_{\mathrm{F}i}$ mit Gleichung (3.67) und daraus der Gesamtmassenstrom des Feeds $\dot{m}_{\mathrm{F}}$ mit Gleichung (3.68) berechnet.

			Cyclohexan	Heptan	Toluol
Systemparameter und Feedstrom					
Druck	p	bar	1,013	SOLVER	
Temperatur	ϑ	°C	96,00		
Stoffmengenstrom Feed	$\dot{n}_F$	mol s⁻¹	10,0		
Stoffdaten (VDI-Wärmeatlas (2013). 11. Aufl. Berlin: Springer. Abschnitt D3.)					
Komponente			Cyclohexan	Heptan	Toluol
Komponentennummer	i	1	1	2	3
kritischer Druck	p_{kr}	bar	40,75	27,74	41,26
kritische Temperatur	T_{kr}	K	553,60	541,23	591,75
Koeffizienten WAGNER-Gleichung	A	1	-7,00979	-7,75469	-7,50051
	B	1	1,57475	1,84795	2,08939
	C	1	-1,96820	-2,80333	-2,56368
	D	1	-3,26095	-3,62418	-2,85042
Berechnete Daten, Stoffmengenbilanz					
Stoffmengenanteil Feed Komponente i	x_{Fi}	1	**0,300**	**0,500**	**0,200**
Stoffmengenstrom Feed Komponente i	$\dot{n}_{Fi} = x_{Fi}\,\dot{n}_F$	mol s⁻¹	3,00	5,00	2,00
Massenstrom Komponente i	$\dot{m}_{Fi} = \dot{n}_{Fi}\,M_i$	kg h⁻¹	908,9	1803,8	663,4
Massenstrom Feed	$\dot{m}_F = \Sigma_i\,\dot{m}_{Fi}$	kg h⁻¹	3376		
Sättigungspartialdruck Komponente i	$p_{Si}(T)$	bar	1,568	0,944	0,656
Aktivitätskoeffizient	$\gamma_i(T, x_i^L)$	1	1,000	1,000	1,000
K-Faktor Komponente i	$K_i = \gamma_i\,p_{Si}\,/\,p$	1	1,548	0,932	0,648
Dampfverhältnis $(0 \leq v \leq 1)$	$v = \dot{n}^V\,/\,\dot{n}_F$	1	**0,587**	veränderbare Zelle Solver	
Anteil i RACHFORD-RICE-Gleichung	$(x_{Fi}\,(K_i-1))/(1+v\,(K_i-1))$	1	0,12	-0,04	-0,09
Zielzelle Solver	$\Sigma_i\,(x_{Fi}\,(K_i-1))/(1+v\,(K_i-1)) = 0$	1	-3,62E-13		
Stoffmengenanteil Flüssigkeit Komp. i	$x_i^L = x_{Fi}\,/(1+v\,(K_i-1))$	1	**0,227**	**0,521**	**0,252**
Stoffmengenanteil Dampf Komponente i	$x_i^V = x_i^L\,K_i$	1	**0,351**	**0,485**	**0,163**
Stoffmengenstrom Dampf	$\dot{n}^V = v\,\dot{n}_F$	mol s⁻¹	**5,87**		
Stoffmengenstrom Flüssigkeit	$\dot{n}^L = \dot{n}_F - \dot{n}^V$	mol s⁻¹	**4,13**		

Abbildung 3.13: Partielle Verdampfung eines Flüssigkeitsgemisches, Berechnung des idealen ternären Dampf-Flüssig-Gleichgewichts (p-T-Flash)

2. Die Sättigungsdampfdrücke $p_{Si}(T)$ folgen aus der WAGNER-Gleichung (2.4) und daraus die K-Faktoren K_i gemäß Gleichung (3.25) oder wie hier mit Gleichung (3.21) und $\gamma_i = 1$.

3. Das Dampfverhältnis v gemäß Gleichung (3.47) bildet die veränderbare Zelle für die nachfolgende iterative Berechnung mit dem Solver in Excel.

4. Die Zielzelle für den Solver wird mit der RACHFORD-RICE-Gleichung (3.52) gebildet. Die einzuhaltende Bedingung $0 \leq v \leq 1$ kann im Solver über die Nebenbedingungen $v \geq 0$ und $v \leq 1$ vorgegeben werden.

5. Die abschließenden Berechnungen der Stoffmengenanteile in der Flüssigkeit und im Dampf (x_i^L und x_i^V) erfolgen mit den Gleichungen (3.49) und (3.50), die Berechnungen der Stoffmengenströme von Dampf und Flüssigkeit ($\dot{n}^V$ und $\dot{n}^L$) mit den Gleichungen (3.41) und (3.47)).

Abbildung 3.13 enthält zum Vergleich mit der für eine reale Flüssigkeitsphase erweiterten Berechnung in Abb. 3.17 bereits zusätzlich eine Zeile mit den Aktivitätskoeffizienten (hier noch $\gamma_i = 1$). Die Berechnung der in Gleichung (3.21) erforderlichen Aktivitätskoeffizienten kann mit den in Abschnitt 3.8 beschriebenen G^E- oder γ_i-Modellen erfolgen (siehe dazu inbesondere Abschnitt 3.8.1).

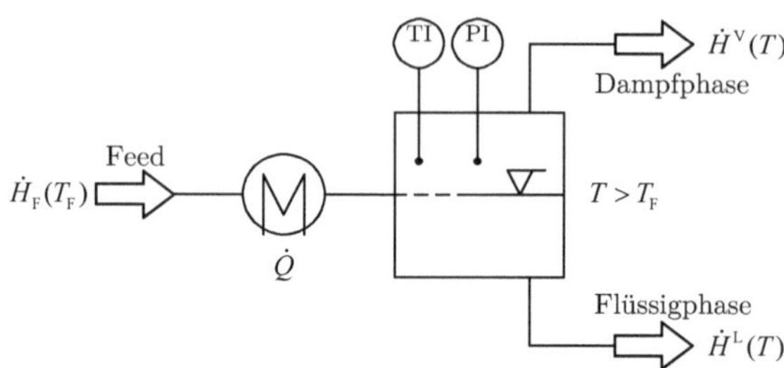

Abbildung 3.14: Fließschema der stationären partiellen Verdampfung (p-T-Flash) einschließlich Feedvorwärmung

Aufstellung der Energiebilanz für die partielle Verdampfung und Berechnung des Wärmestroms

Die Energiebilanz für die Berechnung des für die partielle Verdampfung erforderlichen Wärmestroms $\dot{Q}$ lautet (siehe dazu das Fließschema in Abb. 3.14)

$$\dot{Q} = \dot{H}^{\mathrm{V}} + \dot{H}^{\mathrm{L}} - \dot{H}_{\mathrm{F}} = \dot{m}^{\mathrm{V}}h^{\mathrm{V}} + \dot{m}^{\mathrm{L}}h^{\mathrm{L}} - \dot{m}_{\mathrm{F}}h_{\mathrm{F}} \ . \tag{3.59}$$

Darin sind $\dot{H}^{\mathrm{V}}$, $\dot{H}^{\mathrm{L}}$ und $\dot{H}_{\mathrm{F}}$ die Enthalpieströme von Dampf, Flüssigkeit und Feed.

Für Gleichung (3.59) sind die spezifischen Enthalpien von Dampf, Flüssigkeit und Feed (unter der Annahme einer idealen Gas- und einer idealen Flüssigphase, also unter Vernachlässigung von Mischungsenthalpien und unter Verwendung der Massenanteile w_i) zu berechnen (vergleiche Abschnitt 8.2):

$$h_{\mathrm{F}} = \sum_i w_{\mathrm{F}i}\overline{c_{pi}^{\mathrm{L}}}(T_{\mathrm{F}} - T_\circ) \qquad \text{(unterkühltes Flüssigkeitsgem.),} \tag{3.60}$$

$$h^{\mathrm{L}} = \sum_i w_i^{\mathrm{L}}\overline{c_{pi}^{\mathrm{L}}}(T - T_\circ) \qquad \text{(siedendes Flüssigkeitsgemisch),} \tag{3.61}$$

$$h^{\mathrm{V}} = \sum_i w_i^{\mathrm{V}} \left(\overline{c_{pi}^{\mathrm{L}}}(T - T_\circ) + \Delta_{\mathrm{vap}}h_i(T)\right) \qquad \text{(gesättigtes Dampfgemisch).} \tag{3.62}$$

Als Referenzzustand (Index $_\circ$) für die Berechnung der Enthalpien wird der Normzustand ($T_{\mathrm{n}} = 273{,}15\,\mathrm{K}$ entsprechend DIN 1343 [14]) gewählt und die spezifischen Enthalpien der reinen flüssigen Komponenten für diesen Wert zu null gesetzt. Zur Gleichung (3.62) sei angemerkt, dass das im Referenzzustand flüssige Gemisch bis zur Temperatur T erwärmt und bei der Temperatur T verdampft werden muss, bis es als gesättigtes Dampfgemisch vorliegt.

Die Massenanteile der Komponenten i im Feed berechnen sich über die Beziehung

$$w_{\mathrm{F}i} = \frac{x_{\mathrm{F}i}M_i}{\sum_j x_{\mathrm{F}j}M_j} \ , \tag{3.63}$$

siehe Tabelle A im Anhang. Die spezifische Wärmekapazität kann mit einer für technische Berechnungen oft ausreichenden Genauigkeit im Temperaturintervall T_1

bis T_2 gemittelt werden, indem ihr Wert bei einer Bezugstemperatur T_{Bezug} bestimmt wird,

$$\overline{c_p} = c_p(T_{\text{Bezug}}) \, , \tag{3.64}$$

wobei für diese Bezugstemperatur der arithmetische Mittelwert

$$T_{\text{Bezug}} = \frac{T_1 + T_2}{2} \tag{3.65}$$

verwendet wird.

Für die Gleichungen (3.59) bis (3.62) sind noch die Massenströme der Dampf- und Flüssigphasen $\dot{m}^{\text{V}}$ bzw. $\dot{m}^{\text{L}}$ sowie die Massenanteile der Dampf- und Flüssigphasen w_i^{V} bzw. w_i^{L} erforderlich. Dafür werden jeweils für den Dampf und die Flüssigkeit

- die Stoffmengenströme für die Komponenten i

$$\dot{n}_i^{\text{V}} = x_i^{\text{V}} \dot{n}^{\text{V}} \quad \text{bzw.} \quad \dot{n}_i^{\text{L}} = x_i^{\text{L}} \dot{n}^{\text{L}} \, , \tag{3.66}$$

- die Massenströme für die Komponenten i

$$\dot{m}_i^{\text{V}} = \dot{n}_i^{\text{V}} M_i \quad \text{bzw.} \quad \dot{m}_i^{\text{L}} = \dot{n}_i^{\text{L}} M_i \, , \tag{3.67}$$

- die Massenströme

$$\dot{m}^{\text{V}} = \sum_i \dot{m}_i^{\text{V}} \quad \text{bzw.} \quad \dot{m}^{\text{L}} = \sum_i \dot{m}_i^{\text{L}} \tag{3.68}$$

- und die Massenanteile der Komponenten i

$$w_i^{\text{V}} = \frac{\dot{m}_i^{\text{V}}}{\dot{m}^{\text{V}}} \quad \text{bzw.} \quad w_i^{\text{L}} = \frac{\dot{m}_i^{\text{L}}}{\dot{m}^{\text{L}}} \tag{3.69}$$

berechnet.

Die spezifische isobare Wärmekapazität von Flüssigkeiten und die spezifische Verdampfungsenthalpie folgen aus den im *VDI-Wärmeatlas* [91, 92] aufgeführten Korrelationsgleichungen

$$c_p^{\text{L}} = \frac{R}{M} \left(\frac{A}{\Theta} + B + C\Theta + D\Theta^2 + E\Theta^3 + F\Theta^4 \right) \tag{3.70}$$

und

$$\Delta_{\text{vap}}h = \frac{RT_{\text{kr}}}{M} \left(A\Theta^{1/3} + B\Theta^{2/3} + C\Theta + D\Theta^2 + E\Theta^6 \right) \tag{3.71}$$

mit Θ gemäß Gleichung (2.5).

Eine beispielhafte Berechnung des für die Verdampfung erforderlichen Wärmestroms als Erweiterung der Tabelle in Abb. 3.13 ist in Abb. 3.15 aufgeführt. Dort sind auch die für die Berechnung mit den Gleichungen (3.70) und (3.71) erforderlichen Koeffizienten angegeben. Vorgehensweise:

1. Zunächst erfolgt die Berechnung der Bezugstemperatur des Feeds $T_{\mathrm{Bezug,F}}$ mit Gleichung (3.65), den mittleren spezifischen Wärmekapazitäten der Komponenten des Feeds $\overline{c_{pi}^{\mathrm{L}}}$ mit den Gleichungen (3.64) und (3.70), der spezifischen Enthalpie des Feeds h_{F} mit Gleichung (3.60) unter Verwendung der Massenanteile des Feeds $w_{\mathrm{F}i}$ und daraus mit dem Massenstrom $\dot{m}^{\mathrm{L}}$ der Enthalpiestrom des Feeds $\dot{H}_{\mathrm{F}}$.

2. Mit den entsprechenden Gleichungen erfolgt die Berechnung der Bezugstemperatur von Dampf und Flüssigkeit $T_{\mathrm{Bezug,V/L}}$ sowie der mittleren spezifischen Wärmekapazitäten der Komponenten der Flüssigphase $\overline{c_{pi}^{\mathrm{L}}}$. Die spezifischen Verdampfungsenthalpien $\Delta_{\mathrm{vap}}h_i$ der Komponenten lassen sich mit Gleichung (3.71), die spezifische Enthalpie des Dampfes h^{V} mit Gleichung (3.62) unter Verwendung der Massenanteile des Dampfes w_i^{V} und daraus mit dem Massenstrom $\dot{m}^{\mathrm{V}}$ der Enthalpiestrom des Dampfes $\dot{H}^{\mathrm{V}}$ berechnen.

3. Die Berechnung der spezifischen Enthalpie der Flüssigkeit h^{L} erfolgt unter Verwendung der bereits ermittelten Werte der mittleren spezifischen Wärmekapazitäten der Flüssigphase $\overline{c_{pi}^{\mathrm{L}}}$ sowie der Massenanteile der Flüssigkeit w_i^{L} mit Gleichung (3.61) und daraus mit dem Massenstrom $\dot{m}^{\mathrm{L}}$ der Enthalpiestrom der Flüssigkeit $\dot{H}^{\mathrm{L}}$.

4. Abschließend wird der für die partielle Verdampfung erforderliche Wärmestrom $\dot{Q}$ mit Gleichung (3.59) bestimmt.

3.6 Berechnung von Flüssig-Flüssig-Gleichgewichten

Das Prinzip der Flüssig-Flüssig-Extraktion (siehe dazu Kapitel 5) beruht darauf, dass zwei ineinander möglichst unlösliche Phasen – Träger A und Extraktionsmittel C –, zwischen denen eine dritte Komponente – der Wertstoff B (z. B. eine Flüssigkeit oder ein gelöstes Salz) – übertragen werden soll, in intensiven Kontakt gebracht werden. Grundlage der Auslegung von Extraktionsanlagen ist die Kenntnis des Phasengleichgewichts der beteiligten Stoffe.

Gleichgewichte zwischen zwei flüssigen Phasen L1 und L2 können durch die Isofugazitätsbeziehung

$$f_i^{\mathrm{L1}} = f_i^{\mathrm{L2}} \tag{3.72}$$

gemäß Gleichung (3.5) beschrieben werden [32, 85]. Unter Verwendung der Aktivitätskoeffizienten gemäß Gleichung (3.11) kann diese zu

$$x_i^{\mathrm{L1}}\gamma_i^{\mathrm{L1}} f_{0i}^{\mathrm{L1}} = x_i^{\mathrm{L2}}\gamma_i^{\mathrm{L2}} f_{0i}^{\mathrm{L2}} \tag{3.73}$$

umgeformt werden. Da für die Standardfugazitäten der reinen Flüssigkeiten $f_{0i}^{\mathrm{L1}} = f_{0i}^{\mathrm{L2}}$ gilt, folgt

$$x_i^{\mathrm{L1}}\gamma_i^{\mathrm{L1}} = x_i^{\mathrm{L2}}\gamma_i^{\mathrm{L2}} \; . \tag{3.74}$$

			Cyclohexan	Heptan	Toluol
Systemparameter und Feedstrom					
Druck	p	bar	1,013		SOLVER
Temperatur	ϑ	°C	96,00		
Stoffmengenstrom Feed	$\dot{n}_F$	mol s^{-1}	10,0		
Temperatur Feedstrom flüssig	ϑ_F	°C	20,0		
Stoffdaten (VDI-Wärmeatlas (2013). 11. Aufl. Berlin: Springer. Abschnitt D3.)					
Komponente			Cyclohexan	Heptan	Toluol
Komponentennummer	i	1	1	2	3
kritischer Druck	p_{kr}	bar	40,75	27,74	41,26
kritische Temperatur	T_{kr}	K	553,60	541,23	591,75
molare Masse	M	kg kmol^{-1}	84,16	100,21	92,14
Koeffizienten WAGNER-Gleichung	A	1	-7,00979	-7,75469	-7,50051
	B	1	1,57475	1,84795	2,08939
	C	1	-1,96820	-2,80333	-2,56368
	D	1	-3,26095	-3,62418	-2,85042
Koeff. spez. Wärmekapazität Flüssigkeit	A	1	0,4835	0,6767	0,4806
	B	1	28,0569	34,8802	28,5306
	C	1	-6,7431	-9,4333	-27,4267
	D	1	-118,2361	-51,0547	39,8253
	E	1	355,2759	57,7955	-98,5476
	F	1	-383,5819	-1,9863	85,5686
Koeff. spez. Verdampfungsenthalpie	A	1	3,43321	3,33801	4,60584
	B	1	14,08811	21,88936	13,97224
	C	1	-8,768835	-18,680507	-10,592315
	D	1	0,700818	5,467222	2,120205
	E	1	-0,075958	2,994395	4,277128
Berechnete Daten, Stoffmengenbilanz					
Stoffmengenanteil Feed Komponente i	x_{Fi}	1	**0,300**	**0,500**	**0,200**
Stoffmengenstrom Feed Komponente i	$\dot{n}_{Fi} = x_{Fi}\,\dot{n}_F$	mol s^{-1}	3,00	5,00	2,00
Massenanteil Feed Komponente i	$w_{Fi} = x_{Fi} M_i / \Sigma_j x_{Fj} M_j$	1	0,27	0,53	0,20
Massenstrom Komponente i	$\dot{m}_{Fi} = \dot{n}_{Fi} M_i$	kg h^{-1}	908,9	1803,8	663,4
Massenstrom Feed	$\dot{m}_F = \Sigma_i \dot{m}_{Fi}$	kg h^{-1}	3376		
Sättigungspartialdruck Komponente i	$p_{Si}(T)$	bar	1,568	0,944	0,656
Aktivitätskoeffizient	$\gamma_i(T, x_i^{\,L})$	1	1,000	1,000	1,000
K-Faktor Komponente i	$K_i = \gamma_i\, p_{Si} / p$	1	1,548	0,932	0,648
Dampfverhältnis ($0 \le v \le 1$)	$v = \dot{n}^V / \dot{n}_F$	1	**0,587**	veränderbare Zelle Solver	
Anteil i RACHFORD-RICE-Gleichung	$(x_{Fi}(K_i-1))/(1+v(K_i-1))$	1	0,12	-0,04	-0,09
Zielzelle Solver	$\Sigma_i (x_{Fi}(K_i-1))/(1+v(K_i-1)) = 0$	1	-3,62E-13		
Stoffmengenanteil Flüssigkeit Komp. i	$x_i^{\,L} = x_{Fi}/(1+v(K_i-1))$	1	**0,227**	**0,521**	**0,252**
Stoffmengenanteil Dampf Komponente i	$x_i^{\,V} = x_i^{\,L} K_i$	1	**0,351**	**0,485**	**0,163**
Stoffmengenstrom Dampf	$\dot{n}^V = v\,\dot{n}_F$	mol s^{-1}	**5,87**		
Stoffmengenstrom Dampf Komponente i	$\dot{n}_i^{\,V} = x_i^{\,V} \dot{n}^V$	mol s^{-1}	2,06	2,85	0,96
Massenstrom Dampf Komponente i	$\dot{m}_i^{\,V} = \dot{n}_i^{\,V} M_i$	kg h^{-1}	625,1	1028,2	318,2
Massenstrom Dampf	$\dot{m}^V = \Sigma_i \dot{m}_i^{\,V}$	kg h^{-1}	1971		
Massenanteil Dampf Komponente i	$w_i^{\,V} = \dot{m}_i^{\,V} / \dot{m}^V$	1	0,32	0,52	0,16
Stoffmengenstrom Flüssigkeit	$\dot{n}^L = \dot{n}_F - \dot{n}^V$	mol s^{-1}	**4,13**		
Stoffmengenstrom Flüssigkeit Komponente i	$\dot{n}_i^{\,L} = x_i^{\,L} \dot{n}^L$	mol s^{-1}	0,94	2,15	1,04
Massenstrom Flüssigkeit Komponente i	$\dot{m}_i^{\,L} = \dot{n}_i^{\,L} M_i$	kg h^{-1}	283,8	775,6	345,2
Massenstrom Flüssigkeit	$\dot{m}^L = \Sigma_i \dot{m}_i^{\,L}$	kg h^{-1}	1405		
Massenanteil Flüssigkeit Komponente i	$w_i^{\,L} = \dot{m}_i^{\,L} / \dot{m}^L$	1	0,20	0,55	0,25
Berechnete Daten, Energiebilanz					
Bezugstemperatur Feedstrom	$T_{Bezug,F}$	K	283,2		
mittlere spez. Wärmekapazitäten Feed	$\overline{c}_{pi}^{\,L}(T_{Bezug,F})$	kJ kg^{-1} K^{-1}	1,69	2,19	1,65
spezifische Enthalpie Feed	$h_F = \Sigma_i w_{Fi} \overline{c}_{pi}^{\,L}(T_F - T_o)$	kJ kg^{-1}	39,0		
Enthalpiestrom Feed	$\dot{H}_F = \dot{m}_F h_F$	kW	36,5		
Bezugstemperatur Dampf-/Flüssigkeitsstrom	$T_{Bezug,V/L}$	K	321,2		
mittlere spez. Wärmekapazitäten Flüssigkeit	$\overline{c}_{pi}^{\,L}(T_{Bezug,V/L})$	kJ kg^{-1} K^{-1}	1,97	2,33	1,78
spezifische Verdampfungsenthalpie	$\Delta_{vap} h_i(T)$	kJ kg^{-1}	344,9	318,5	370,2
spezifische Enthalpie Dampf	$h^V = \Sigma_i w_i^{\,V}(\overline{c}_{pi}^{\,L}(T-T_o) + \Delta_{vap} h_i(T))$	kJ kg^{-1}	539,3		
Enthalpiestrom Dampf	$\dot{H}^V = \dot{m}^V h^V$	kW	295,3		
spezifische Enthalpie Flüssigkeit	$h^L = \Sigma_i w_i^{\,L} \overline{c}_{pi}^{\,L}(T-T_o)$	kJ kg^{-1}	203,6		
Enthalpiestrom Flüssigkeit	$\dot{H}^L = \dot{m}^L h^L$	kW	79,5		
Wärmestrom für die partielle Verdampfung	$\dot{Q} = \dot{H}^V + \dot{H}^L - \dot{H}_F$	kW	**338,3**		

Abbildung 3.15: Partielle Verdampfung eines idealen ternären Flüssigkeitsgemisches, Berechnung des erforderlichen Wärmestroms (p-T-Flash)

Eine Extraktion ist demnach durchführbar, wenn die Aktivitätskoeffizienten in den Phasen unterschiedliche Werte haben.

Für die Berechnung von Gleichgewichten wird auch hier ein K-Faktor

$$K_i = \frac{x_i^{\mathrm{L1}}}{x_i^{\mathrm{L2}}} = \frac{\gamma_i^{\mathrm{L2}}}{\gamma_i^{\mathrm{L1}}} \tag{3.75}$$

eingeführt, siehe Gleichung (3.21). Die Ermittlung der für Gleichung (3.75) erforderlichen Aktivitätskoeffizienten kann mit den in Abschnitt 3.8 beschriebenen G^{E}- oder γ_i-Modellen erfolgen (siehe dazu inbesondere Abschnitt 3.8.2).

3.7 Thermische Zustandsgleichungen

Für die Berechnung von Phasengleichgewichten gemäß *Ansatz A* in Gleichung (3.12) eignen sich

- Weiterentwicklungen der Virialgleichung, z. B. die BENEDICT-WEBB-RUBIN-Gleichung oder

- Zustandsgleichungen wie die SOAVE-REDLICH-KWONG-Gleichung sowie die PENG-ROBINSON-Gleichung oder daraus abgeleitete neuere Ansätze [32, 64, 85, 91, 92].

Zur Anwendbarkeit solcher Ansätze siehe [8].

3.8 G^{E}- oder γ_i-Modelle

Die Aktivitätskoeffizienten in flüssigen Mischungen gemäß *Ansatz B* in den Gleichungen (3.13) und (3.18) lassen sich über Exzessgrößen beschreiben, die durch sogenannte G^{E}-Modelle (freie oder GIBBSsche Exzessenthalpie) oder γ_i-Modelle berechnet werden können. Dies sind insbesondere die WILSON-, NRTL- oder UNIQUAC-Methoden [33], die gut für polare Komponenten bei Drücken kleiner 1 MPa anwendbar sind, siehe dazu die Hinweise zur Anwendbarkeit in [8]. Wenn keine verlässlichen Daten auf der Basis von Messungen vorliegen, eignen sich auch Methoden zur *Voraus*berechnung von Aktivitätskoeffizienten, die auf den Molekülstrukturen der Komponenten beruhen, sogenannte Gruppenbeitragsmethoden, wie die UNIFAC-Methode [32, 64, 85, 91, 92].

Die molare freie Enthalpie $\bar{G}$ einer Mischung

$$\bar{G} = \bar{G}^{\mathrm{id}} + \bar{G}^{\mathrm{E}} \tag{3.76}$$

wird durch zwei Anteile dargestellt; einen Anteil bei idealer Vermischung $\bar{G}^{\mathrm{id}}$ und einen Anteil $\bar{G}^{\mathrm{E}}$ für die Abweichung des realen Gemisches vom idealen. Andererseits gilt für die molare freie Enthalpie einer Mischung [85]

$$\bar{G} = \underbrace{\sum_i \mu_{0i} x_i + RT \sum_i x_i \ln x_i}_{\bar{G}^{\mathrm{id}}} + \underbrace{RT \sum_i x_i \ln \gamma_i}_{\bar{G}^{\mathrm{E}}} \; . \tag{3.77}$$

Die beiden linken Terme entsprechen dem Anteil der molaren freien Enthalpie bei idealer Vermischung $\bar{G}^{\mathrm{id}}$ und der rechte Term der molaren freien Exzessenthalpie $\bar{G}^{\mathrm{E}}$. Damit folgt [85]

$$\bar{G}^{\mathrm{E}} = RT \sum_i x_i \ln \gamma_i \; . \tag{3.78}$$

Mit analytischen Ausdrücken für $\bar{G}^{\mathrm{E}}$ können die Aktivitätskoeffizienten γ_i unter Verwendung der oben angegebenen Methoden berechnet werden, siehe dazu nachfolgend die beispielhaften Anwendungen der NRTL-Methode für reale Dampf-Flüssig-Gleichgewichte in Abschnitt 3.8.1 und reale Flüssig-Flüssig-Gleichgewichte in Abschnitt 3.8.2.

3.8.1 Dampf-Flüssig-Gleichgewichte realer Zwei- und Dreistoffgemische

Nachfolgend wird die *NRTL-Methode* (nonrandom two-liquid) zur Berechnung von Aktivitätskoeffizienten beispielhaft beschrieben [68]. Für die molare freie Exzessenthalpie $\bar{G}^{\mathrm{E}}$ gilt nach dieser Methode

$$\frac{\bar{G}^{\mathrm{E}}}{RT} = \sum_i x_i \frac{\sum_j \tau_{ji} G_{ji} x_j}{\sum_j G_{ji} x_j} \; , \tag{3.79}$$

woraus durch Differenzieren die Aktivitätskoeffizienten für ein Multikomponentensystem

$$\ln \gamma_i = \frac{\sum_j \tau_{ji} G_{ji} x_j}{\sum_k G_{ki} x_k} + \sum_j \frac{G_{ij} x_j}{\sum_k G_{kj} x_k} \left(\tau_{ij} - \frac{\sum_l \tau_{lj} G_{lj} x_l}{\sum_k G_{kj} x_k} \right) \tag{3.80}$$

folgt [32, 33, 68, 85]. Die Parameter G_{ij} berechnen sich mit dem Ansatz

$$G_{ij} = \exp(-\alpha_{ij} \tau_{ij}) \quad \text{mit} \quad G_{ii} = G_{jj} = 1 \quad \text{und} \quad \alpha_{ij} = \alpha_{ji} \tag{3.81}$$

und die Parameter τ_{ij} mit dem temperaturabhängigen Ansatz

$$\tau_{ij} = \frac{A_{ij}}{RT} \quad \text{mit} \quad \tau_{ii} = \tau_{jj} = 0 \quad \text{und} \quad \tau_{ij} \neq \tau_{ji} \; . \tag{3.82}$$

Diese Parameter sind für viele binäre, ternäre und teilweise auch quaternäre Systeme in der Literatur zu finden, insbesondere z. B. in der *Vapor-Liquid Equilibrium Data Collection* der DECHEMA [33]. In Listing 3.2 ist der VBA-Code der benutzerdefinierten Funktion zur Berechnung der Aktivitätskoeffizienten eines Multikomponentensystems aufgeführt.

Für ein binäres Gemisch folgen aus Gleichung (3.80) die Aktivitätskoeffizienten

$$\ln \gamma_1 = x_2^2 \left(\tau_{21} \left(\frac{G_{21}}{x_1 + x_2 G_{21}} \right)^2 + \frac{\tau_{12} G_{12}}{(x_2 + x_1 G_{12})^2} \right) \quad \text{und} \tag{3.83}$$

$$\ln \gamma_2 = x_1^2 \left(\tau_{12} \left(\frac{G_{12}}{x_2 + x_1 G_{12}} \right)^2 + \frac{\tau_{21} G_{21}}{(x_1 + x_2 G_{21})^2} \right) \tag{3.84}$$

für die Stoffmengenanteile $x_i = x_i^{\mathrm{L}}$ in der Flüssigphase. Die weiteren Parameter G_{ij} und τ_{ij} lassen sich aus den Gleichungen (3.81) und (3.82) ermitteln. Zur Berechnung von binären und auch von Multikomponentensystemen sind somit lediglich *binäre* Parameter erforderlich. Für binäre Systeme sind dies die Nonrandomness-Parameter $\alpha_{12} (= \alpha_{21})$ sowie die Wechselwirkungsparameter A_{12} und A_{21}.

Mit der NRTL-Methode können auch die Grenzaktivitätskoeffizienten oder Aktivitätskoeffizienten der reinen Komponenten bei unendlicher Verdünnung für ein binäres System

$$\ln \gamma_{1\infty} = \lim_{x_1 \to 0} \ln \gamma_1 = \tau_{21} + \tau_{12} \exp(-\alpha_{12}\tau_{12}) \quad \text{und} \tag{3.85}$$

$$\ln \gamma_{2\infty} = \lim_{x_2 \to 0} \ln \gamma_2 = \tau_{12} + \tau_{21} \exp(-\alpha_{21}\tau_{21}) \tag{3.86}$$

mit $\alpha_{12} = \alpha_{21}$ berechnet werden [33]. In Listing 3.1 ist der VBA-Code der benutzerdefinierten Funktionen zur Berechnung der binären Aktivitätskoeffizienten sowie der binären Grenzaktivitätskoeffizienten aufgeführt.

Berechnung eines binären isobaren Dampf-Flüssig-Gleichgewichts einschließlich der Gleichgewichts- und Siedediagramme

Beispiel 3.7

Für das binäre System Ethanol-Wasser sind für einen Druck $p = 1{,}013\,\mathrm{bar} =$ konst das Gleichgewichtsdiagramm $y(x)$, das Diagramm $\ln \gamma_i(x)$ und das Siedediagramm $\vartheta(x, y)$ unter Annahme einer idealen Gasphase und einer realen Flüssigphase zu berechnen. Weiterhin sollen die Daten des azeotropen Punktes ermittelt werden. Die NRTL-Parameter sind in Abb. 3.16 aufgeführt. (Ergebnisse im Excel-Berechnungsblatt in Abb. 3.16.)

In Abb. 3.16 ist die beispielhafte Berechnung des Dampf-Flüssig-Gleichgewichts für das reale binäre System Ethanol-Wasser (Annahme einer idealen Gasphase und einer realen Flüssigphase) einschließlich der Berechnung des Gleichgewichts- und des Siedediagramms sowie des azeotropen Punktes enthalten. Für die Erstellung des Berechnungsblattes bietet sich folgender Ablauf an:

1. Auswahl der Komponenten und Vorgabe des Systemdrucks.

2. Ermittlung der Parameter einer geeigneten Dampfdruckgleichung für die Komponenten. Dies kann entweder die Antoine-Gleichung oder die Wagner-Glei-

chung (2.4) sein. Die in Abb. 3.16 aufgeführten Koeffizienten für die WAGNER-Gleichung wurden dem *VDI-Wärmeatlas* [91, 92] entnommen.

3. Ermittlung der binären Parameter A_{12}, A_{21} und α_{12}. Die in der Tabelle aufgeführten NRTL-Parameter wurden der *Vapor-Liquid Equilibrium Data Collection* der DECHEMA [33] entnommen. Diese auf Messungen bei einer Temperatur von 70 °C beruhenden Daten sind auch in [32] aufgeführt.

4. Vorgabe von geeigneten Startwerten für die Temperaturen ϑ bei den Zusammensetzungen $x = x_1^{\mathrm{L}}$ (in der Regel konvergiert die Berechnung mit dem Solver, wenn in der Spalte ϑ einheitliche Werte für die Temperaturen im Bereich der Siedetemperaturen der reinen Komponenten als Startwerte vorgegeben werden, hier z. B. $\vartheta = 90\,°\mathrm{C}$). Berechnung der Aktivitätskoeffizienten γ_1 und γ_2 auf Basis der Gleichungen (3.83) und (3.84) unter Verwendung der entsprechenden benutzerdefinierten Funktion in Listing 3.1 oder Listing 3.2.

5. Berechnung der Zusammensetzungen $y = x_1^{\mathrm{V}}$ aus Gleichung (3.20) mit

$$y = \frac{x\gamma_1 p_{\mathrm{S}1}}{p}$$

und darin den Sättigungsdampfdrücken $p_{\mathrm{S}1}(\vartheta)$ mit Gleichung (2.4).

6. Berechnung der Drücke p_{ber} auf Basis von Gleichung (3.20) mit $x_2^{\mathrm{L}} = 1 - x_1^{\mathrm{L}}$:

$$p_{\mathrm{ber}} = \sum_i p_i = x_1^{\mathrm{L}}\gamma_1(\vartheta, x_1^{\mathrm{L}})p_{\mathrm{S}1}(\vartheta) + x_2^{\mathrm{L}}\gamma_2(\vartheta, x_2^{\mathrm{L}})p_{\mathrm{S}2}(\vartheta) \ . \tag{3.87}$$

7. Anpassung der Temperaturen ϑ in der entsprechenden Spalte unter Verwendung des Solvers über die Minimierung der Summe der quadratischen Abweichungen $\sum(p - p_{\mathrm{ber}})^2$ in der letzten Spalte.

8. Darstellung des Gleichgewichtsdiagramms $y(x)$, des Diagramms $\ln\gamma_i(x)$ und des Siedediagramms $\vartheta(x,y)$, siehe Abb. 3.16.

9. Die separate Berechnung der binären Grenzaktivitätskoeffizienten $\gamma_{1\infty}$ und $\gamma_{2\infty}$ auf Basis der Gleichungen (3.85) und (3.86) ist optional (weil für $x_1 \to 0$ bzw. $x_2 \to 0$ bereits in der Tabelle berechnet) und kann über die in Listing 3.1 enthaltene benutzerdefinierte Funktion erfolgen.

10. Ein azeotroper Punkt kann gegebenenfalls mit Gleichung (3.23) und unter Verwendung des Solvers ermittelt werden, siehe den unteren Bereich in der Tabelle. Angepasst werden die Werte für den Stoffmengenanteil $x = x_1^{\mathrm{L}}$ und die Temperatur ϑ. Als Zielzelle dient die letzte Zelle in dieser Zeile, in der die quadratische Abweichung $(p - p_{\mathrm{ber}})^2$ minimiert wird. Gleichung (3.23) wird als Nebenbedingung im Solver formuliert. Zur Kontrolle wird die Differenz zwischen den beiden Seiten der Gleichung berechnet.

Die Berechnung des Dampf-Flüssig-Gleichgewichts für das reale binäre System Ethanol-Wasser erfolgt mit binären Parametern, die aus *isothermen* Messungen bei einer Temperatur von 70 °C stammen. Dies erklärt die ermittelten Daten für den azeotropen Punkt, die von in der Literatur veröffentlichten Daten ($\vartheta_{\mathrm{S}} = 78{,}39\,°\mathrm{C}$

und $x_1^{\mathrm{L}} = 0{,}895$ bei $p = 1{,}013\,\mathrm{bar}$ [5]) leicht abweichen. Hinzu kommt, dass sich die Steigung der Gleichgewichtslinie im azeotropen Punkt nur wenig von der Steigung der Diagonalen unterscheidet, was bei der Berechnung ebenfalls zu Abweichungen führen kann.

In Listing 3.1 sind die VBA-Codes der benutzerdefinierten Funktionen zur Berechnung der binären Aktivitätskoeffizienten γ_1 und γ_2 sowie der binären Grenzaktivitätskoeffizienten $\gamma_{1\infty}$ und $\gamma_{2\infty}$ auf Basis der Gleichungen (3.83) bis (3.86) aufgeführt.

Listing 3.1: VBA-Code für die Berechnung binärer Aktivitätskoeffizienten auf Basis der NRTL-Methode

```vba
Option Explicit
Option Base 1

'Binäre Aktivitätskoeffizienten auf Basis der NRTL-Methode Function
gamma_i_binaer(i As Integer, T As Double, x_1 As Double, _
    A_12 As Double, A_21 As Double, alpha As Double) _
        As Double


    Dim tau_12 As Double, tau_21 As Double
    Dim G_12 As Double, G_21 As Double


    '==========================================================================

    Const R As Double = 1.98721    'universelle Gaskonstante in 'kcal/(kmol*K)'
    '==========================================================================

    tau_12 = A_12 / (R * T)
    tau_21 = A_21 / (R * T)

    G_12 = Exp(-alpha * tau_12)
    G_21 = Exp(-alpha * tau_21)

    Select Case i
        Case 1
            gamma_i_binaer = Exp((1 - x_1) ^ 2 * (tau_21 * (G_21 / (x_1 + (1 - x_1) _
                * G_21)) ^ 2 + (tau_12 * G_12) / ((1 - x_1) + x_1 * G_12) ^ 2))
        Case 2
            gamma_i_binaer = Exp(x_1 ^ 2 * (tau_12 * (G_12 / ((1 - x_1) + x_1 _
                * G_12)) ^ 2 + (tau_21 * G_21) / (x_1 + (1 - x_1) * G_21) ^ 2))
    End Select

End Function

'Binäre Grenzaktivitätskoeffizient auf Basis der NRTL-Methode
Function gamma_i_binaer_unendl(i As Integer, T As Double, _
    A_12 As Double, A_21 As Double, alpha As Double) _
        As Double

    Dim tau_12 As Double, tau_21 As Double


    '==========================================================================

    Const R As Double = 1.98721    'universelle Gaskonstante in 'kcal/(kmol*K)'
    '==========================================================================

    tau_12 = A_12 / (R * T)
```

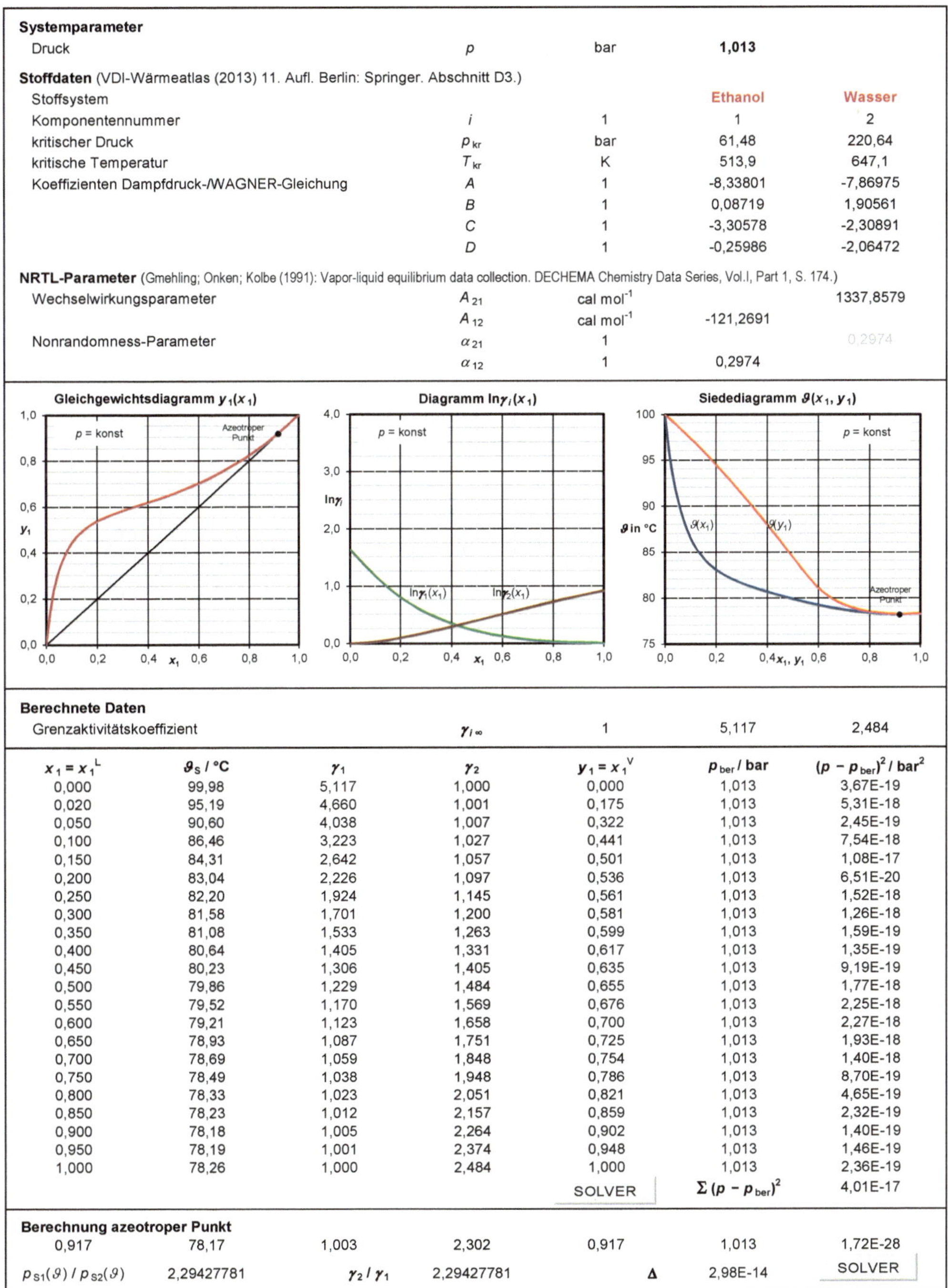

Systemparameter

Druck	p	bar	**1,013**	

Stoffdaten (VDI-Wärmeatlas (2013) 11. Aufl. Berlin: Springer. Abschnitt D3.)

			Ethanol	Wasser
Stoffsystem				
Komponentennummer	i	1	1	2
kritischer Druck	p_{kr}	bar	61,48	220,64
kritische Temperatur	T_{kr}	K	513,9	647,1
Koeffizienten Dampfdruck-/WAGNER-Gleichung	A	1	-8,33801	-7,86975
	B	1	0,08719	1,90561
	C	1	-3,30578	-2,30891
	D	1	-0,25986	-2,06472

NRTL-Parameter (Gmehling; Onken; Kolbe (1991): Vapor-liquid equilibrium data collection. DECHEMA Chemistry Data Series, Vol.I, Part 1, S. 174.)

Wechselwirkungsparameter	A_{21}	cal mol^{-1}		1337,8579
	A_{12}	cal mol^{-1}	-121,2691	
Nonrandomness-Parameter	α_{21}	1		
	α_{12}	1	0,2974	

Berechnete Daten

Grenzaktivitätskoeffizient		$\gamma_{i\,\infty}$	1	5,117	2,484	

$x_1 = x_1^{\mathrm{L}}$	ϑ_{S} / °C	γ_1	γ_2	$y_1 = x_1^{\mathrm{V}}$	p_{ber} / bar	$(p - p_{\mathrm{ber}})^2$ / bar^2
0,000	99,98	5,117	1,000	0,000	1,013	3,67E-19
0,020	95,19	4,660	1,001	0,175	1,013	5,31E-18
0,050	90,60	4,038	1,007	0,322	1,013	2,45E-19
0,100	86,46	3,223	1,027	0,441	1,013	7,54E-18
0,150	84,31	2,642	1,057	0,501	1,013	1,08E-17
0,200	83,04	2,226	1,097	0,536	1,013	6,51E-20
0,250	82,20	1,924	1,145	0,561	1,013	1,52E-18
0,300	81,58	1,701	1,200	0,581	1,013	1,26E-18
0,350	81,08	1,533	1,263	0,599	1,013	1,59E-19
0,400	80,64	1,405	1,331	0,617	1,013	1,35E-19
0,450	80,23	1,306	1,405	0,635	1,013	9,19E-19
0,500	79,86	1,229	1,484	0,655	1,013	1,77E-18
0,550	79,52	1,170	1,569	0,676	1,013	2,25E-18
0,600	79,21	1,123	1,658	0,700	1,013	2,27E-18
0,650	78,93	1,087	1,751	0,725	1,013	1,93E-18
0,700	78,69	1,059	1,848	0,754	1,013	1,40E-18
0,750	78,49	1,038	1,948	0,786	1,013	8,70E-19
0,800	78,33	1,023	2,051	0,821	1,013	4,65E-19
0,850	78,23	1,012	2,157	0,859	1,013	2,32E-19
0,900	78,18	1,005	2,264	0,902	1,013	1,40E-19
0,950	78,19	1,001	2,374	0,948	1,013	1,46E-19
1,000	78,26	1,000	2,484	1,000	1,013	2,36E-19
				SOLVER	$\Sigma (p - p_{\mathrm{ber}})^2$	4,01E-17

Berechnung azeotroper Punkt

$x_1 = x_1^{\mathrm{L}}$	ϑ_{S} / °C	γ_1	γ_2	$y_1 = x_1^{\mathrm{V}}$	p_{ber} / bar	$(p - p_{\mathrm{ber}})^2$ / bar^2
0,917	78,17	1,003	2,302	0,917	1,013	1,72E-28
$p_{\mathrm{S1}}(\vartheta) / p_{\mathrm{S2}}(\vartheta)$	2,29427781	γ_2 / γ_1	2,29427781	Δ	2,98E-14	SOLVER

Abbildung 3.16: Berechnung des Dampf-Flüssig-Gleichgewichts Ethanol-Wasser nach der NRTL-Methode

```
   tau_21 = A_21 / (R * T)

   Select Case i
     Case 1
        gamma_i_binaer_unendl = Exp(tau_21 + tau_12 * Exp(-alpha * tau_12))
     Case 2
        gamma_i_binaer_unendl = Exp(tau_12 + tau_21 * Exp(-alpha * tau_21))
   End Select

End Function
```

Abbildung 8.20 enthält ein Berechnungsbeispiel für das Dampf-Flüssig-Gleichgewicht des Systems Methanol-Wasser, bei dem die Sättigungstemperatur direkt mit der benutzerdefinierten Funktion `theta_S_arr` in Listing 4.2, also ohne Anwendung des Solvers, durchgeführt wird.

Berechnung eines realen ternären Dampf-Flüssig-Gleichgewichts (p-T-Flash), Vergleich mit der idealen Berechnung

Beispiel 3.8

Beispiel 3.6 entsprechend soll das ternäre Gemisch aus den Komponenten Cyclohexan, Heptan und Toluol einem Prozess als flüssiger Feedstrom mit unveränderter Zusammensetzung $x_{F1} = 0,30$ und $x_{F2} = 0,50$ zugeführt werden. Der Feedstrom wird weiterhin in einem p-T-Flash partiell beim Druck $p = 1,013$ bar und der Temperatur $\vartheta = 96,0\,°C$ verdampft. Zu berechnen sind nun die Zusammensetzungen der Flüssig- und der Dampfphase x_i^L bzw. x_i^V für den Prozess mit weiterhin idealer Gasphase, aber *realer* Flüssigphase. Die Ergebnisse der Berechnung sind mit der Flash-Berechnung in Abb. 3.13 zu vergleichen. Außerdem sind auch hier für einen Feedstrom von $\dot{n}_F = 10\,mol\,s^{-1}$ die entstehenden Stoffmengenströme von Dampf und Flüssigkeit $\dot{n}^V$ bzw. $\dot{n}^L$ und der dem Prozess zuzuführende Wärmestrom $\dot{Q}$ zu berechnen. (Ergebnisse in den Excel-Berechnungsblättern in Abb. 3.17 und 3.18.)

In Abb. 3.17 ist die mit der NRTL-Methode erstellte Berechnung der stationären partiellen Verdampfung (p-T-Flash) des realen ternären Systems Cyclohexan-Heptan-Toluol unter Annahme einer idealen Gas- und einer realen Flüssigphase gemäß Beispiel 3.8 enthalten. Als Erweiterung der idealen Berechnung von Beispiel 3.6 in Abb. 3.13, in der die Aktivitätskoeffizienten noch mit $\gamma_i = 1$ vorgegeben wurden, erfolgt hier die Berechnung der Aktivitätskoeffizienten nach der NRTL-Methode. Die in der Berechnung verwendeten NRTL-Parameter wurden der *Vapor-Liquid Equilibrium Data Collection* der DECHEMA [33] entnommen.

Für ein Gemisch mit idealer Gasphase und idealer Flüssigphase hängen die K-Faktoren K_i nur von der Temperatur T und vom Druck p ab, für ein Gemisch mit realer Flüssigphase hängen sie über die Aktivitätskoeffizienten γ_i hingegen auch von den Stoffmengenanteilen der Flüssigphase x_i^L ab, siehe Abschnitt 3.3. Die Berechnung der γ_i in Abb. 3.17 kann in Abhängigkeit der weiter unten zu berechnenden Werte für die x_i^L relativ einfach über einen Zirkelbezug in Excel erfolgen.

Systemparameter und Feedstrom				Cyclohexan	Heptan	Toluol
Druck	p	bar	1,013	SOLVER		
Temperatur	ϑ	°C	96,00			
Stoffmengenstrom Feed	$\dot{n}_F$	mol s^{-1}	10,0			
Stoffdaten (VDI-Wärmeatlas (2013). 11. Aufl. Berlin: Springer. Abschnitt D3.)						
Komponente				Cyclohexan	Heptan	Toluol
Komponentennummer	i		1	1	2	3
kritischer Druck	p_{kr}	bar		40,75	27,74	41,26
kritische Temperatur	T_{kr}	K		553,60	541,23	591,75
Koeffizienten WAGNER-Gleichung	A	1		-7,00979	-7,75469	-7,50051
	B	1		1,57475	1,84795	2,08939
	C	1		-1,96820	-2,80333	-2,56368
	D	1		-3,26095	-3,62418	-2,85042
NRTL-Parameter (Gmehling; Onken; Kolbe (1983): Vapor-liquid equilibrium data collection. DECHEMA Chemistry data series, Volume I, Part 6c, Seite 592.)						
Wechselwirkungsparameter	A_{i1}	cal mol^{-1}			1449,616	1196,506
	A_{i2}	cal mol^{-1}		-968,754		30,172
Berechnung ideal = 0 oder real = 1: 1	A_{i3}	cal mol^{-1}		-747,777	173,263	
Nonrandomness-Parameter	α_{i1}	1		0	0,306	0,273
$\alpha_{ij} = \alpha_{ji}$	α_{i2}	1		0,306	0	0,299
	α_{i3}	1		0,273	0,299	0
Berechnete Daten, Stoffmengenbilanz						
Stoffmengenanteil Feed Komponente i	x_{Fi}	1		**0,300**	**0,500**	**0,200**
Stoffmengenstrom Feed Komponente i	$\dot{n}_{Fi} = x_{Fi}\,\dot{n}_F$	mol s^{-1}		3,00	5,00	2,00
Massenstrom Komponente i	$\dot{m}_{Fi} = \dot{n}_{Fi}\,M_i$	kg h^{-1}		908,9	1803,8	663,4
Massenstrom Feed	$\dot{m}_F = \Sigma_i \dot{m}_{Fi}$	kg h^{-1}		3376		
Sättigungspartialdruck Komponente i	$p_{Si}(T)$	bar		1,568	0,944	0,656
Aktivitätskoeffizient	$\gamma_i(T, x_i^L)$	1		0,900	1,024	1,160
K-Faktor Komponente i	$K_i = \gamma_i\,p_{Si}\,/\,p$	1		1,393	0,954	0,752
Dampfverhältnis $(0 \leq v \leq 1)$	$v = \dot{n}^V / \dot{n}_F$	1		**0,888**	veränderbare Zelle Solver	
Anteil i RACHFORD-RICE-Gleichung	$(x_{Fi}\,(K_i-1))/(1+v\,(K_i-1))$	1		0,09	-0,02	-0,06
Zielzelle Solver	$\Sigma_i\,(x_{Fi}\,(K_i-1))/(1+v\,(K_i-1)) = 0$	1		5,48E-13		
Stoffmengenanteil Flüssigkeit Komp. i	$x_i^L = x_{Fi}\,/(1+v\,(K_i-1))$	1		**0,222**	**0,521**	**0,257**
Stoffmengenanteil Dampf Komponente i	$x_i^V = x_i^L\,K_i$	1		**0,310**	**0,497**	**0,193**
Stoffmengenstrom Dampf	$\dot{n}^V = v\,\dot{n}_F$	mol s^{-1}		**8,88**		
Stoffmengenstrom Flüssigkeit	$\dot{n}^L = \dot{n}_F - \dot{n}^V$	mol s^{-1}		**1,12**		

Abbildung 3.17: Partielle Verdampfung eines Flüssigkeitsgemisches, Berechnung des realen ternären Dampf-Flüssig-Gleichgewichts (p-T-Flash)

Die Ermittlung der ternären Aktivitätskoeffizienten γ_i in Abb. 3.17 erfolgt unter Verwendung der Gleichungen (3.80) bis (3.82) in einer benutzerdefinierten Funktion mit dem in Listing 3.2 aufgeführten VBA-Code, der allgemein für ein Multikomponentensystem gilt.[1] Für die Ermittlung der Parameter wird im Arbeitsblatt ein Zellbereich oder Array mit einer ausreichenden Anzahl von Zellen ausgewählt, z. B. drei Zellen für die ternären Aktivitätskoeffizienten. Die Berechnung der Aktivitätskoeffizienten erfolgt mit der Funktion gamma_i. Dabei sind die Zellbereiche oder Arrays für die Stoffmengenanteile x_i^{L}, die Nonrandomness-Parameter und die Wechselwirkungsparameter auszuwählen. Bei der Berechnung von Flüssig-Flüssig-Gleichgewichten (siehe Abschnitt 3.8.2) ist das *optionale* Argument eVaporLiquid mit dem Wert 1 beim Aufruf der Funktion anzugeben. Die Eingabe wird mit der Tastenkombination ⌈Strg⌉+⌈⇧⌉+⌈Enter⌉ statt einfach nur mit ⌈Enter⌉ abgeschlossen, da gamma_i eine Arrayfunktion ist.

Listing 3.2: VBA-Code für die Berechnung von Aktivitätskoeffizienten auf Basis der NRTL-Methode (um Fehlerprüfung gekürzte Fassung)

```vba
Option Explicit
Option Base 1


'=================================================================
'Erfordert das 'modArraySupport'-Modul von Pearson Software Consulting Services
'<http://www.cpearson.com/excel/VBAArrays.htm>
'=================================================================


'Gültige Phasen, für die Aktivitätskoeffizienten berechnet werden können
Enum VaporLiquid
    [_vlFirst] = -1    'unsichtbarer Eintrag, der unteren ungültigen Eintrag festlegt
    vlVapor     ' = 0
    vlLiquid    ' = 1
    [_vlLast]      '(= 2) unsichtbarer Eintrag, der oberen ungültigen Eintrag festlegt
End Enum



'Funktion, die einen Vektor von Aktivitätskoeffizienten nach dem NRTL-Model zurückgibt
'                                   2014-11-25 von Stefan Pinnow
'- $T$ in Kelvin = Temperatur
'- $x$ in mol/mol = (n)-Vektor der Stoffmengenanteile
'- $A$ in cal/mol = (n \times n)-Matrix der Koeffizienten zur Berechnung der
'  temperaturabhängigen Werte der dimensionslosen Interaktionsparameter
'- $alpha$ = (n \times n)-Matrix der "Non-Randomness"-Parameter
'- 'eVaporLiquid' = optionaler Parameter
'  - 'vlVapor'  = Berechnung von gamma für die Gasphase
'  - 'vlLiquid' = Berechnung von gamma für die Flüssigphase
'- 'bXgivenPartially' = optionaler Parameter
'  - 'FALSCH' = $x$-Vektor ist voll gegeben (default)
'  - 'WAHR'   = $x$-Vektor ist bis auf die letzte Komponente gegeben
Function gamma_i( _
    T As Double, _
    x As Variant, _
    A As Variant, _
```

---

[1]Wie im Listing angegeben, benötigt diese Version zusätzlich das Modul „modArraySupport", das unter http://www.cpearson.com/excel/VBAArrays.htm heruntergeladen werden kann.

```vba
    alpha As Variant, _
    Optional eVaporLiquid As Variant, _
    Optional bXgivenPartially As Variant) _
      As Variant

    Dim i As Integer, j As Integer
    Dim N As Integer
    Dim RT As Double
    Dim tau() As Double
    Dim G() As Double
    Dim bTranspose As Boolean
    Dim y() As Variant


    '==============================================================================
    Const R As Double = 1.98721       'universelle Gaskonstante in 'cal/(mol*K)'
    '==============================================================================


    'Transposition, um 'x', 'A' und 'alpha' zu Arrays zu konvertieren
    x = WorksheetFunction.Transpose(x)
    A = WorksheetFunction.Transpose(A)
    alpha = WorksheetFunction.Transpose(alpha)

    'Wenn 'x' kein Array ist oder nach dem Transponieren mehr als eine Dimension
    'hat, war sie transponiert gegeben, andernfalls muss sie zusammen mit den
    'anderen Variablen zurücktransponiert werden
    If Not IsArray(x) Or NumberOfArrayDimensions(x) > 1 Then
        bTranspose = True
    Else
        bTranspose = False
        x = WorksheetFunction.Transpose(x)
        A = WorksheetFunction.Transpose(A)
        alpha = WorksheetFunction.Transpose(alpha)
    End If

    'Falls 'x' nur partiell gegeben ist ('bXgivenPartially = WAHR'),
    'erweitere 'x' um die fehlende Komponente und speichere den Vektor in 'y'
    If bXgivenPartially = True Then
        Dim z As Variant
        z = CompleteComponentVector(x)
        If CopyArray(y, z) = False Then
            gamma_i = CVErr(xlErrNA)
            Exit Function
        End If
    'andernfalls wandle 'x' in den Vektor 'y' um
    Else
        'falls die Umwandlung von 'x' in den Vektor 'y' nicht funktioniert hat,
        'setze einen Fehlerwert und beende die Funktion
        If GetColumn(x, y, 1) = False Then
            gamma_i = CVErr(xlErrNA)
            Exit Function
        End If
    End If

    'Bestimmung der Anzahl der Komponenten
    N = UBound(y)
        For i = 1 To N     'diese Schleife wird auch ohne Fehlererkennung benötigt
            For j = i + 1 To N
```

```vba
            alpha(j, i) = alpha(i, j)
        Next
    Next

    'ReDim Arrays 'tau' und 'G'
    ReDim tau(N, N)
    ReDim G(N, N)

    'Weist 'RT' abhängig vom Wert von 'eVaporLiquid' 'T' oder 'R*T' zu
    If eVaporLiquid = vlVapor Then
        RT = R * T
    Else
        RT = T
    End If

    'Berechnung der dimensionslosen Interaktionsparameter 'tau' und 'G'
    For j = 1 To N
        For i = 1 To N
            tau(i, j) = A(i, j) / RT
            G(i, j) = Exp(-alpha(i, j) * tau(i, j))
        Next
    Next

    'Berechnung der "inneren" Summen (nur einmal)
    '$\sum_j \tau_{ij} G_{ij} x_j$ und $\sum_j G_{ij} x_j$
        Dim SumTauGx() As Double: ReDim SumTauGx(N)
        Dim SumGx() As Double: ReDim SumGx(N)
    For i = 1 To N
        For j = 1 To N
            SumTauGx(i) = SumTauGx(i) + tau(j, i) * G(j, i) * y(j)
            SumGx(i) = SumGx(i) + G(j, i) * y(j)
        Next
    Next

    'Berechnung der "äußeren" großen Summe (rechte Seite von Gl. (3.81))
    '$\sum_j \frac{G_{ij}x_j}{\sum_k G_{kj} x_k}
    '  ( \tau_{ij} - \frac{\sum_l \tau_{lj} G_{lj} x_l}{\sum_k G_{kj} x_k} )$
        Dim SumBig() As Double: ReDim SumBig(N)
        Dim gamma() As Variant: ReDim gamma(N, 1)
    For i = 1 To N
        For j = 1 To N
            SumBig(i) = SumBig(i) + G(i, j) * y(j) / SumGx(j) _
                * (tau(i, j) - SumTauGx(j) / SumGx(j))
        Next
        'Berechnung der Aktivitätskoeffizienten
        gamma(i, 1) = Exp(SumTauGx(i) / SumGx(i) + SumBig(i))
    Next

    'Übergabe Array an Funktion
    If bTranspose = True Then
        gamma_i = Application.WorksheetFunction.Transpose(gamma)
        'Transponiere 'x', 'A' und 'alpha' zurück,
        'falls 'gamma_i' in einem Makro aufgerufen wurde
        '(dann sind sie wieder wie vor dem Aufruf)
        x = WorksheetFunction.Transpose(x)
        A = WorksheetFunction.Transpose(A)
        alpha = WorksheetFunction.Transpose(alpha)
```

```vba
    Else
        gamma_i = gamma
    End If

End Function


'Funktion ergänzt den unvollständig gegebenen Vektor 'x' um die noch fehlende
'Komponente. Sie wird am Ende des Vektors hinzugefügt.
Function CompleteComponentVector(x As Variant) As Variant

    Dim dSum As Double
    Dim y() As Double
    Dim i As Integer
    Dim bHorizontalVertical As Boolean
    Dim bOk As Boolean

    'Wenn 'x' kein Array ist ...
    If Not IsArray(x) Then
        '... 'ReDim y', füge die Werte 'x' und '1-x' hinzu und retourniere Vektor 'y'
        ReDim y(2)
        y(1) = x
        y(2) = 1 - x
        CompleteComponentVector = y
        'beende die Funktion
        Exit Function
    'ist 'x' als Range gegeben ...
    ElseIf TypeName(x) = "Range" Then
        '... prüfe, ob 'x' mindestens so viele Zeilen wie Spalten hat
        If x.Rows.Count >= x.Columns.Count Then
            'wenn ja, setze 'bHorizontalVertical' auf WAHR
            bHorizontalVertical = True
            'konvertiere 'x' in ein Array
            x = x
            'und speichere die erste Spalte von 'x' im Vektor 'y'
            bOk = GetColumn(x, y, 1)
        'sonst ...
        Else
            '... konvertiere (nur) 'x' in ein Array
            x = x
            'und speichere die erste Zeile von 'x' im Vektor 'y'
            bOk = GetRow(x, y, 1)
        End If
    'sonst ... ('x' ist als Array gegeben)
    Else
        '... speichere die erste Spalte von 'x' im Vektor 'y'
        bOk = GetColumn(x, y, 1)
    End If

    'wenn die obige Extraktion des Vektors 'y' nicht fehlgeschlagen ist ...
    If bOk = True Then
        '... berechne die Summe der gegebenen Werte und speichere das Ergebnis in
        ''dSum'
        For i = LBound(y) To UBound(y)
            dSum = dSum + y(i)
        Next
        'dann füge den Wert '1-dSum' als neues Element an letzter Position von
```

```vba
                ''y' hinzu
                bOk = InsertElementIntoArray(y, UBound(y) + 1, 1 - dSum)
                'wenn dies nicht fehlgeschlagen ist ...
                If bOk = True Then
210                 '... retourniere 'y' horizontal oder vertikal
                    '(je nachdem, wie 'x' gegeben war)
                    If bHorizontalVertical = True Then
                        CompleteComponentVector = Application.WorksheetFunction.Transpose(y)
                    Else
215                     CompleteComponentVector = y
                    End If
                'sonst retourniere einen Fehlerwert
                Else
                    CompleteComponentVector = CVErr(xlErrNA)
220             End If
            'sonst retourniere einen Fehlerwert
            Else
                CompleteComponentVector = CVErr(xlErrNA)
            End If
225
End Function
```

Die Ergebnisse dieser Berechnung können nun direkt mit der Berechnung des idealen Systems in Abb. 3.13 (Abschnitt 3.5.3) verglichen werden, da in beiden Berechnungsblättern dieselben Daten für den Druck p, die Temperatur ϑ und die Stoffmengenanteile im Feed $x_{\mathrm{F}i}$ vorgegeben wurden:

- Die Aktivitätskoeffizienten γ_i der realen Berechnung in Abb. 3.17 weichen nicht viel von 1 ab. Somit erscheint eine überschlägige Berechnung unter Annahme einer idealen Flüssigphase sinnvoll.

- Die Siede- und Tautemperaturen für das reale System bei konstantem Druck $p = 1{,}013\,\mathrm{bar}$ können mit dem Excel-Modul in Abb. 3.17 berechnet werden, wenn dafür z. B. die Temperatur manuell variiert wird, bis das Dampfverhältnis $v = 1$ (Siedezustand) oder $v = 0$ (Tauzustand) ergibt. Die Siedetemperatur des realen Systems beträgt ca. 94,5 °C, die Tautemperatur ca. 96,2 °C. Die Abweichungen der Siede- und Tautemperaturen zwischen idealer und realer Flüssigphase liegen also bei ca. 0,5 K bzw. 1,1 K, siehe Abschnitt 3.5.

- Die Abweichungen bei den Stoffmengenanteilen der Flüssig- und der Dampfphase x_i^{L} bzw. x_i^{V} sind nicht sehr hoch. Dagegen weichen die Werte für das Dampfverhältnis v und die Stoffmengenströme von Dampf und Flüssigkeit bei den beiden Berechnungen erheblich voneinander ab. Ursache dafür ist, dass der Zweiphasenbereich des betrachteten ternären Systems bezüglich der Differenz zwischen Siede- und Tautemperatur relativ klein ist, sodass aus der hier vorgegebenen einheitlichen Systemtemperatur von $\vartheta = 96{,}0$ °C für die beiden Berechnungen sehr unterschiedliche Werte für das Dampfverhältnis und die Stoffmengenströme resultieren.

Abbildung 3.18 enthält die Berechnung des für die partielle Verdampfung erforderlichen Wärmestroms unter Annahme einer realen Flüssigphase als Erweiterung der

Tabelle in Abb. 3.17. Die Berechnungen dafür wurden entsprechend der idealen Berechnung in Abb. 3.15 durchgeführt. Der Vergleich der idealen und der realen Berechnung zeigt eine erhebliche Abweichung zwischen den berechneten Wärmeströmen, die aus den unterschiedlichen Werten des Dampfverhältnisses (und damit der unterschiedlichen Werte der Mengenströme von Dampf und Flüssigkeit in den beiden Berechnungen) resultiert. Anmerkung: Die energetische Berechnung erfolgt auch für den realen Prozess ohne Berücksichtigung von Mischungsenthalpien in der Flüssigphase, was für das betrachtete ternäre System wegen des nur „leichten" Realverhaltens noch zulässig ist.

3.8.2 Flüssig-Flüssig-Gleichgewichte realer Dreistoffgemische

Beispiel 3.9

Ein flüssiges ternäres Gemisch, das aus den Komponenten Wasser, Aceton und Toluol besteht, wird einem Prozess mit der Zusammensetzung $x_{\mathrm{F}1} = 0{,}30$ und $x_{\mathrm{F}2} = 0{,}40$ zugeführt. Die Systemtemperatur beträgt $\vartheta = 20{,}0\,°\mathrm{C}$. Zu berechnen sind die Zusammensetzungen der beiden entstehenden flüssigen Phasen $x_i^{\mathrm{L}1}$ bzw. $x_i^{\mathrm{L}2}$. Außerdem sind für einen Feedstrom von $\dot{n}_{\mathrm{F}} = 42{,}0\,\mathrm{mol\,s^{-1}}$ die entstehenden Stoffmengenströme der beiden Phasen $\dot{n}^{\mathrm{L}1}$ und $\dot{n}^{\mathrm{L}2}$ zu ermitteln. (Ergebnisse im Excel-Berechnungsblatt in Abb. 3.20.)

Die Berechnung von Flüssig-Flüssig-Gleichgewichten ternärer Systeme ist – ebenso wie die Berechnung von Dampf-Flüssig-Gleichgewichten – mit G^{E}- oder γ_i-Modellen auf der Basis von Phasengleichgewichtsdaten binärer Systeme möglich (siehe dazu insbesondere Abschnitt 3.8.1) [32]. Eine umfassende Sammlung von Phasengleichgewichtsdaten zu binären, ternären und quaternären Flüssig-Flüssig-Systemen ist in der *Liquid-Liquid Equilibrium Data Collection* der DECHEMA [53, 81–83] enthalten.

Mit den Gleichungen aus Abschnitt 3.8.1 wird nachfolgend auch das Flüssig-Flüssig-Gleichgewicht eines realen Dreistoffgemisches berechnet. Dafür ist eine Modifikation des temperaturabhängigen Ansatzes in Gleichung (3.82) zu

$$\tau_{ij} = \frac{A_{ij}}{T} \tag{3.88}$$

erforderlich, da die DECHEMA-Daten für Dampf-Flüssig- und Flüssig-Flüssig-Systeme in dieser Hinsicht inkonsistent sind. Somit kann die in Listing 3.2 aufgeführte benutzerdefinierte Funktion zur Berechnung der Aktivitätskoeffizienten γ_i von Multikomponentensystemen auch hier Verwendung finden. Beim Aufruf der Funktion ist deshalb der optionale Parameter `eVaporLiquid` mit dem Wert `1` anzugeben.

Beispiel 3.9 erfordert eine Flash-Berechnung mit zwei flüssigen Phasen gemäß dem Fließschema in Abb. 3.19. Das Ergebnis der Berechnungen ist in Abb. 3.20 dargestellt. Die Aufgabenstellung entspricht einer einstufigen Flüssig-Flüssig-Extraktion mit der Phase L1 als Extraktphase und der Phase L2 als Raffinatphase.

Die Berechnung von Beispiel 3.9 kann analog zur Berechnung eines Dampf-Flüssig-Gleichgewichts (p-T-Flash) in Abschnitt 3.5 auf Basis der RACHFORD-RICE-Gleichung unter Verwendung des Solvers erfolgen. Hier wird alternativ dazu eine Methode unter

Systemparameter und Feedstrom

Druck	p	bar	1,013	SOLVER	
Temperatur	ϑ	°C	96,00		
Stoffmengenstrom Feed	$\dot{n}_F$	mol s^{-1}	10,0		
Temperatur Feedstrom flüssig	ϑ_F	°C	20,0		

Stoffdaten (VDI-Wärmeatlas (2013). 11. Aufl. Berlin: Springer. Abschnitt D3.)

Komponente			Cyclohexan	Heptan	Toluol
Komponentennummer	i	1	1	2	3
kritischer Druck	p_{kr}	bar	40,75	27,74	41,26
kritische Temperatur	T_{kr}	K	553,60	541,23	591,75
molare Masse	M	kg kmol^{-1}	84,16	100,21	92,14
Koeffizienten WAGNER-Gleichung	A	1	-7,00979	-7,75469	-7,50051
	B	1	1,57475	1,84795	2,08939
	C	1	-1,96820	-2,80333	-2,56368
	D	1	-3,26095	-3,62418	-2,85042
Koeff. spez. Wärmekapazität Flüssigkeit	A	1	0,4835	0,6767	0,4806
	B	1	28,0569	34,8802	28,5306
	C	1	-6,7431	-9,4333	-27,4267
	D	1	-118,2361	-51,0547	39,8253
	E	1	355,2759	57,7955	-98,5476
	F	1	-383,5819	-1,9863	85,5686
Koeff. spez. Verdampfungsenthalpie	A	1	3,43321	3,33801	4,60584
	B	1	14,08811	21,88936	13,97224
	C	1	-8,768835	-18,680507	-10,592315
	D	1	0,700818	5,467222	2,120205
	E	1	-0,075958	2,994395	4,277128

NRTL-Parameter (Gmehling; Onken; Kolbe (1983): Vapor-liquid equilibrium data collection. DECHEMA Chemistry data series, Volume I, Part 6c, Seite 592.)

Wechselwirkungsparameter	A_{i1}	cal mol^{-1}		1449,616	1196,506
	A_{i2}	cal mol^{-1}	-968,754		30,172
Berechnung ideal = 0 oder real = 1: **1** A_{i3}		cal mol^{-1}	-747,777	173,263	
Nonrandomness-Parameter	α_{i1}	1	0	0,306	0,273
$\alpha_{ij} = \alpha_{ji}$	α_{i2}	1	0,306	0	0,299
	α_{i3}	1	0,273	0,299	0

Berechnete Daten, Stoffmengenbilanz

Stoffmengenanteil Feed Komponente i	x_{Fi}	1	**0,300**	**0,500**	**0,200**
Stoffmengenstrom Feed Komponente i	$\dot{n}_{Fi} = x_{Fi}\,\dot{n}_F$	mol s^{-1}	3,00	5,00	2,00
Massenanteil Feed Komponente i	$w_{Fi} = x_{Fi}M_i\,/\,\Sigma_j\,x_{Fj}M_j$	1	0,27	0,53	0,20
Massenstrom Komponente i	$\dot{m}_{Fi} = \dot{n}_{Fi}M_i$	kg h^{-1}	908,9	1803,8	663,4
Massenstrom Feed	$\dot{m}_F = \Sigma_i\,\dot{m}_{Fi}$	kg h^{-1}	3376		
Sättigungspartialdruck Komponente i	$p_{Si}(T)$	bar	1,568	0,944	0,656
Aktivitätskoeffizient	$\gamma_i(T, x_i^{L})$	1	0,900	1,024	1,160
K-Faktor Komponente i	$K_i = \gamma_i\,p_{Si}\,/\,p$	1	1,393	0,954	0,752
Dampfverhältnis $(0 \leq v \leq 1)$	$v = \dot{n}^{V}\,/\,\dot{n}_F$	1	**0,888**	veränderbare Zelle Solver	
Anteil i RACHFORD-RICE-Gleichung	$(x_{Fi}\,(K_i-1))/(1+v\,(K_i-1))$	1	0,09	-0,02	-0,06
Zielzelle Solver	$\Sigma_i\,(x_{Fi}\,(K_i-1))/(1+v\,(K_i-1)) = 0$	1	5,66E-13		
Stoffmengenanteil Flüssigkeit Komp. i	$x_i^{L} = x_{Fi}\,/(1+v\,(K_i-1))$	1	**0,222**	**0,521**	**0,257**
Stoffmengenanteil Dampf Komponente i	$x_i^{V} = x_i^{L}K_i$	1	**0,310**	**0,497**	**0,193**
Stoffmengenstrom Dampf	$\dot{n}^{V} = v\,\dot{n}_F$	mol s^{-1}	**8,88**		
Stoffmengenstrom Dampf Komponente i	$\dot{n}_i^{V} = x_i^{V}\,\dot{n}^{V}$	mol s^{-1}	2,75	4,42	1,71
Massenstrom Dampf Komponente i	$\dot{m}_i^{V} = \dot{n}_i^{V}M_i$	kg h^{-1}	833,3	1592,8	567,9
Massenstrom Dampf	$\dot{m}^{V} = \Sigma_i\,\dot{m}_i^{V}$	kg h^{-1}	2994		
Massenanteil Dampf Komponente i	$w_i^{V} = \dot{m}_i^{V}\,/\,\dot{m}^{V}$	1	0,28	0,53	0,19
Stoffmengenstrom Flüssigkeit	$\dot{n}^{L} = \dot{n}_F - \dot{n}^{V}$	mol s^{-1}	**1,12**		
Stoffmengenstrom Flüssigkeit Komponente i	$\dot{n}_i^{L} = x_i^{L}\,\dot{n}^{L}$	mol s^{-1}	0,25	0,58	0,29
Massenstrom Flüssigkeit Komponente i	$\dot{m}_i^{L} = \dot{n}_i^{L}M_i$	kg h^{-1}	75,6	211,0	95,5
Massenstrom Flüssigkeit	$\dot{m}^{L} = \Sigma_i\,\dot{m}_i^{L}$	kg h^{-1}	382		
Massenanteil Flüssigkeit Komponente i	$w_i^{L} = \dot{m}_i^{L}\,/\,\dot{m}^{L}$	1	0,20	0,55	0,25

Berechnete Daten, Energiebilanz

Bezugstemperatur Feedstrom	$T_{Bezug,F}$	K	283,2		
mittlere spez. Wärmekapazitäten Feed	$\bar{c}_{pi}^{L}(T_{Bezug,F})$	kJ kg^{-1} K^{-1}	1,69	2,19	1,65
spezifische Enthalpie Feed	$h_F = \Sigma_i\,w_{Fi}\,\bar{c}_{pi}^{L}(T_F - T_0)$	kJ kg^{-1}	39,0		
Enthalpiestrom Feed	$\dot{H}_F = \dot{m}_F\,h_F$	kW	36,5		
Bezugstemperatur Dampf-/Flüssigkeitsstrom	$T_{Bezug,V/L}$	K	321,2		
mittlere spez. Wärmekapazitäten Flüssigkeit	$\bar{c}_{pi}^{L}(T_{Bezug,V/L})$	kJ kg^{-1} K^{-1}	1,97	2,33	1,78
spezifische Verdampfungsenthalpie	$\Delta_{vap}h_i(T)$	kJ kg^{-1}	344,9	318,5	370,2
spezifische Enthalpie Dampf	$h^{V} = \Sigma_i\,w_i^{V}\,(\bar{c}_{pi}^{L}(T - T_0) + \Delta_{vap}h_i(T))$	kJ kg^{-1}	539,6		
Enthalpiestrom Dampf	$\dot{H}^{V} = \dot{m}^{V}\,h^{V}$	kW	448,8		
spezifische Enthalpie Flüssigkeit	$h^{L} = \Sigma_i\,w_i^{L}\,\bar{c}_{pi}^{L}(T - T_0)$	kJ kg^{-1}	203,6		
Enthalpiestrom Flüssigkeit	$\dot{H}^{L} = \dot{m}^{L}\,h^{L}$	kW	21,6		
Wärmestrom für die partielle Verdampfung	$\dot{Q} = \dot{H}^{V} + \dot{H}^{L} - \dot{H}_F$	kW	**433,8**		

Abbildung 3.18: Partielle Verdampfung eines realen ternären Flüssigkeits-gemisches, Berechnung des erforderlichen Wärmestroms (p-T-Flash)

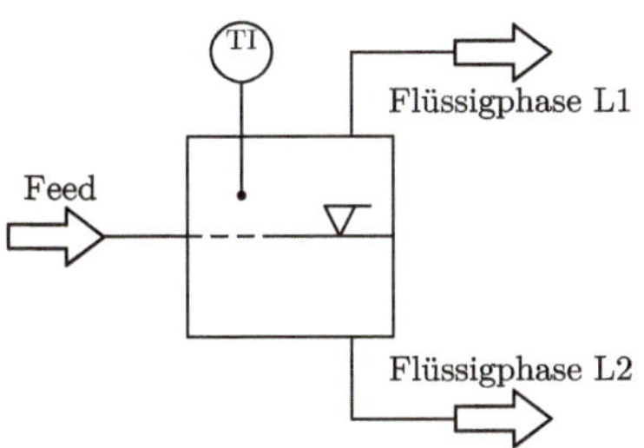

Abbildung 3.19: Fließschema der stationären Trennung in zwei flüssige Phasen in einer theoretischen Gleichgewichtsstufe

Verwendung von Zirkelbezügen erstellt:

1. Vorgabe der Systemtemperatur ϑ und des Feedstroms $\dot{n}_{\mathrm{F}}$. Anmerkung: Die Druckabhängigkeit kann in der Regel bei Flüssig-Flüssig-Systemen vernachlässigt werden, weil der Druck nur einen sehr geringen Einfluss auf das Gleichgewicht hat.

2. Auswahl der Komponenten und der binären Parameter A_{ij} und α_{ij} für das ternäre System. Die in der Tabelle aufgeführten NRTL-Parameter wurden der *Liquid-Liquid Equilibrium Data Collection* der DECHEMA [81] entnommen. Anmerkung: Der Nonrandomness-Parameter α_{ij} wird oft innerhalb bestimmter Gemischklassen konstant gesetzt, um weniger Parameter anpassen zu müssen.

3. Vorgabe der Stoffmengenanteile der Komponenten i für das Feed $x_{\mathrm{F}i}$. Vorgabe von Startwerten für die Stoffmengenströme der Komponenten i in den Phasen $\dot{n}_i^{\mathrm{L}1}$ und $\dot{n}_i^{\mathrm{L}2}$ sowie Berechnung der gesamten Stoffmengenströme der beiden Phasen $\dot{n}^{\mathrm{L}1}$ und $\dot{n}^{\mathrm{L}2}$. Daraus Berechnung der Stoffmengenanteile der Komponenten in den beiden Phasen $x_i^{\mathrm{L}1}$ und $x_i^{\mathrm{L}2}$.

4. Berechnung der ternären Aktivitätskoeffizienten γ_i für die beiden Phasen L1 und L2 auf Basis der Gleichungen (3.80) bis (3.82) über die in Listing 3.2 aufgeführte benutzerdefinierte Funktion. Wie schon oben beschrieben, ist dafür beim Aufruf der Funktion das optionale Argument eVaporLiquid mit dem Wert 1 anzugeben.

5. Berechnung der K-Faktoren K_i unter Verwendung von Gleichung (3.75). Die K-Faktoren hängen über die Aktivitätskoeffizienten von der Temperatur T und den Stoffmengenanteilen der beiden Phasen L1 und L2 ab, $K_i = K_i(T, x_i^{\mathrm{L}1}, x_i^{\mathrm{L}2})$, weshalb auch hier eine iterative Berechnung erfolgt.

6. Berechnung eines Phasenverhältnisses

$$v = \frac{\dot{n}_i^{\mathrm{L}1}}{\dot{n}_{\mathrm{F}}} \tag{3.89}$$

analog zu Gleichung (3.47). Daraus Berechnung des Stoffmengenanteils der Komponente i in der Phase L2 mit

$$x_i^{\mathrm{L}2} = \frac{x_{\mathrm{F}i}}{1 + v\,(K_i - 1)} \tag{3.90}$$

Größe	Symbol	Einheit	Toluol C_7H_8	Aceton C_3H_6O	Wasser H_2O
Systemparameter und Feedstrom					
Temperatur	ϑ	°C	20,0		
Stoffmengenstrom Feed	$\dot{n}_F$	mol s^{-1}	42,0		
Stoffsystem			**Toluol**	**Aceton**	**Wasser**
Komponentennr. (entsprechend DECHEMA)	i	1	1	2	3
Abkürzung			C	B	A
Verwendung			Solvens	Wertstoff	Träger
NRTL-Parameter (Sørensen; Arlt: Liquid-liquid equilibrium data collection. Part 2: Ternery Systems. DECHEMA Chemistry Data Series, Volume V, S. 501.)					
Wechselwirkungsparameter	A_{i1}	K		-301,51	2557,3
	A_{i2}	K	489,20		210,60
	A_{i3}	K	1318,8	377,45	
Nonrandomness-Parameter	α_{i1}	1		0.2	0.2
	α_{i2}	1	0,2		0.2
	α_{i3}	1	0,2	0,2	
Berechnete Daten					
Stoffmengenanteile Feed	x_{Fi}	1	0,300	0,400	0,300
Stoffmengenstrom Feed Komponente i	$\dot{n}_{Fi}$	mol s^{-1}	12,60	16,80	12,60
Aktivitätskoeffizient Phase L1 (Extraktphase)	$\gamma_i^{L1}(T, x_i^{L1})$	1	1,303	0,938	11,145
Aktivitätskoeffizient Phase L2 (Raffinatphase)	$\gamma_i^{L2}(T, x_i^{L2})$	1	191,214	3,511	1,038
K-Faktor Komponente i	$K_i = \gamma_i^{L2} / \gamma_i^{L1}$	1	146,794	3,745	0,093
Phasenverhältnis ($0 \leq v \leq 1$)	$v = \dot{n}^{L1} / \dot{n}_F$	1	0,719		
Stoffmengenanteil Phase L2 Komponente i	$x_i^{L2} = x_{Fi} / (1 + v(K_i - 1))$	1	0,003	0,134	0,863
Stoffmengenanteil Phase L1 Komponente i	$x_i^{L1} = x_i^{L2} K_i$	1	0,416	0,504	0,080
Stoffmengenstrom Phase L1	$\dot{n}^{L1} = v\,\dot{n}_F$	mol s^{-1}	30,21		
Stoffmengenstrom Phase L1 Komponente i	$\dot{n}_i^{L1}$	mol s^{-1}	12,57	15,21	2,43
Stoffmengenstrom Phase L2	$\dot{n}^{L2} = \dot{n}_F - \dot{n}^{L1}$	mol s^{-1}	11,79		
Stoffmengenstrom Phase L2 Komponente i	$\dot{n}_i^{L2}$	mol s^{-1}	0,03	1,59	10,17
Isoaktivitätskriterium	$\Sigma_i\,(x_i^{L1}\gamma_i^{L1} - x_i^{L2}\gamma_i^{L2})^2$	1	1,23E-32		

Fließschema der theoretischen Gleichgewichtsstufe

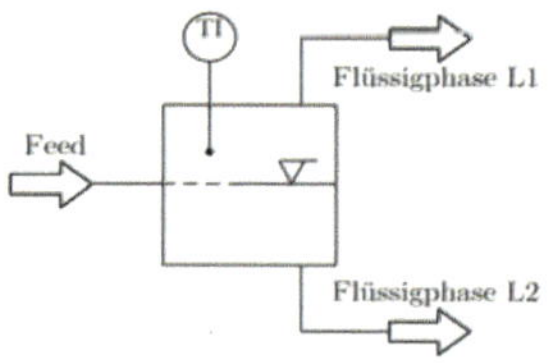

Feed
Flüssigphase L1
Flüssigphase L2

Phasengleichgewicht im Dreiecksdiagramm

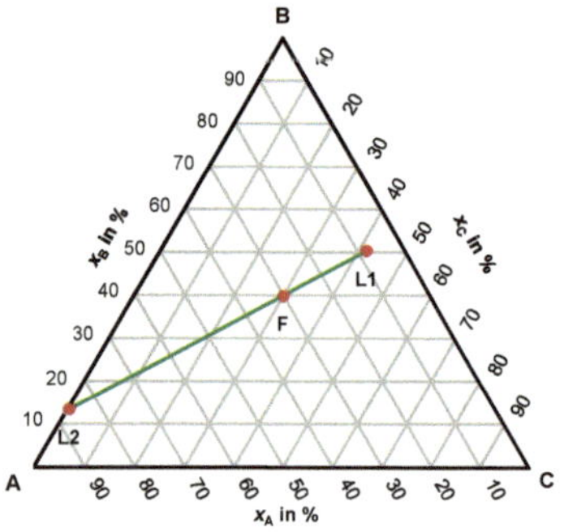

x_B in %, x_C in %, x_A in %; Eckpunkte A, B, C; Punkte L1, F, L2

Abbildung 3.20: Berechnung eines realen ternären Flüssig-Flüssig-Gleichgewichts auf Basis der NRTL-Methode (Flash-Berechnung)

entsprechend Gleichung (3.49) und in der Phase L1

$$x_i^{\mathrm{L1}} = x_i^{\mathrm{L2}} K_i = \frac{x_{\mathrm{F}i} K_i}{1 + v\,(K_i - 1)} \qquad (3.91)$$

entsprechend Gleichung (3.50).

7. Berechnung des Stoffmengenstroms der Phase L1 aus Gleichung (3.89) mit

$$\dot{n}^{\mathrm{L1}} = v\dot{n}_{\mathrm{F}} \qquad (3.92)$$

und daraus der Stoffmengenströme $\dot{n}_i^{\mathrm{L1}}$ der Komponenten i in der Phase L1. Berechnung des Stoffstroms der Phase L2 aus der Gesamtbilanz entsprechend Gleichung (3.41) mit

$$\dot{n}^{\mathrm{L2}} = \dot{n}_{\mathrm{F}} - \dot{n}^{\mathrm{L1}} \qquad (3.93)$$

und daraus der Stoffmengenströme $\dot{n}_i^{\mathrm{L2}}$ der Komponenten i in der Phase L2.

8. Schließen der Zirkelbezüge durch Verknüpfen der oben mit Startwerten belegten Zellen der Stoffmengenströme $\dot{n}_i^{\mathrm{L1}}$ und $\dot{n}_i^{\mathrm{L2}}$ mit den unter dem letzten Punkt berechneten Werten.

9. Zur Kontrolle wird geprüft, ob das Isoaktivitätskriterium

$$\sum_i (x_i^{\mathrm{L1}} \gamma_i^{\mathrm{L1}} - x_i^{\mathrm{L2}} \gamma_i^{\mathrm{L2}})^2 = 0 \qquad (3.94)$$

durch das Erreichen eines sehr kleinen Zahlenwertes erfüllt wird. Anmerkung: Dies ist kein ausreichender Beleg dafür, dass das Phasengleichgewicht korrekt berechnet wurde [81]. So wird das Kriterium bereits erfüllt, wenn die Zusammensetzung der beiden Phasen identisch ist ($\gamma_i^{\mathrm{L1}} = \gamma_i^{\mathrm{L2}}$, siehe Gleichung (3.74)).

10. In der Tabelle enthaltene Zeilen, die – bedingt durch die Berechnung mit einem Zirkelbezug – doppelt vorhanden sind, können ausgeblendet werden. Die Darstellung der berechneten Zustandspunkte des Feeds und der beiden Phasen L1 und L2 erfolgt in einem Dreiecksdiagramm (dessen Erstellung hier leider aus Platzgründen nicht erfolgen kann).

Bei der Durchführung von Berechnungen in Excel unter Verwendung von mehrfachen Zirkelbezügen kommt es vor, dass nach dem Speichern und erneuten Öffnen der Datei die Berechnung nicht konvergiert und in den betroffenen Zellen die Meldung #WERT! steht. Ein „Reparatur-Makro", das neue Startwerte in die Zellen mit den Stoffmengenströmen $\dot{n}_i^{\mathrm{L1}}$ und $\dot{n}_i^{\mathrm{L2}}$ schreibt und anschließend die Verknüpfungen für die Zirkelbezüge wiederherstellt, kann hier helfen.

3.9 Datenbanken

Datenbanken für die Eigenschaften von Reinstoffen und Gemischen

- Dortmunder Datenbank der DDBST GmbH `http://www.ddbst.de`
  (siehe dazu auch veröffentlichte VLE- und LLE-Daten in [33, 53, 81–83]).

- DETHERM-Datenbank für thermophysikalische Eigenschaften der DECHEMA
  `http://www.dechema.de/Detherm.html`.

- DIPPR Design Institute for Physical Properties `http://www.aiche.org/dippr`.

- CHEMSAFE-Datenbank für sicherheitstechnische Kenngrößen
  `http://www.dechema.de/chemsafe.html`.

- LANDOLT-BÖRNSTEIN `http://www.landolt-boernstein.com`.

- NIST Chemistry Webbook (National Institute of Standards and Technology)
  `http://webbook.nist.gov/`.

- PPDS Physical Properties Data Service `http://www.ppds.net`.

- TRC Thermodynamics Research Center `http://trc.nist.gov/`.

4 Batch-Destillation, Batch-Rektifikation

Mitautoren: SASCHA KLEIBER, STEFAN PINNOW

Zielsetzung

Kenntnisse über die Auslegung von Prozessen für die einstufige offene Batch-Destillation idealer und realer binärer Gemische. Dynamische Simulation der zeitabhängigen Batch-Destillation eines realen binären Gemisches unter Einbeziehung der Energiebilanz auf der Basis eines rigorosen Modells, dazu Lösung der aufgestellten Gleichungen durch ein vereinfachtes Finite-Differenzen-Verfahren. Kenntnis des Prinzips der mehrstufigen offenen diskontinuierlichen Destillation im Gegenstrom, der sogenannten Batch-Rektifikation für den Standard-Prozess mit einer Verstärkungskolonne und der unterschiedlichen Fahrweisen dieses Prozesses (konstantes Rücklaufverhältnis bei variabler Zusammensetzung des Destillats, konstante Zusammensetzung des Destillats bei variablem Rücklaufverhältnis). Erstellung der Stufenkonstruktion zur Ermittlung der theoretischen Stufenzahlen für die beiden Fahrweisen.

Empfohlene Literatur

Distillation von GÓRAK u. a. [35], *Distillation* von STICHLMAIR u. a. [87], *Distillation Design* von KISTER [43], *Thermische Verfahrenstechnik* von MERSMANN u. a. [58], *Einführung in die thermischen Trennverfahren* von LOHRENGEL [51].

Berechnungsbeispiele in Excel

- Berechnungen zur Batch-Destillation von Zweistoffgemischen

  - Berechnung eines Batch-Destillationsprozesses für ein ideales binäres Gemisch (Abb. 4.3).

  - Berechnung eines Batch-Destillationsprozesses für ein reales binäres Gemisch (Abb. 4.4).

  - Dynamische Simulation der Batch-Destillation eines realen binären Gemisches (Abb. 4.5).

- Berechnungen zur Batch-Rektifikation realer binärer Gemische

  - Berechnung eines Batch-Rektifikationsprozesses mit konstantem Rücklaufverhältnis (Abb. 4.8).

  - Berechnung eines Batch-Rektifikationsprozesses mit konstanter Destillatzusammensetzung (Abb. 4.10).

4.1 Einführung, Grundbegriffe

Unter der Destillation wird das partielle Verdampfen eines homogenen Flüssigkeitsgemisches zur Anreicherung einer oder auch mehrerer Komponenten aufgrund unterschiedlicher Flüchtigkeiten verstanden. Die leichtersiedenden Komponenten reichern sich in der Dampfphase an, die anschließend kondensiert wird. Die schwerersiedenden Komponenten verbleiben im Destillationsrückstand.[1]

Bei der Destillation sind unterschiedliche Betriebsarten möglich:

- die geschlossene Destillation,

- die offene Destillation und

- die Destillation im Gegenstrom, die üblicherweise als *Rektifikation* bezeichnet wird, siehe dazu Kapitel 8.

Bei der geschlossenen Destillation wird der entstehende Dampf nicht abgeführt, sondern verbleibt in Kontakt mit dem siedenden Rückstand. Bei der offenen Destillation wird der Dampf dagegen abgeführt, kondensiert und das Kondensat in einem Behälter aufgefangen. Zudem können die vorgenannten Betriebsarten

- diskontinuierlich im sogenannten Batch-Betrieb (auch Chargen- oder absatzweiser Betrieb),

- kontinuierlich oder

- halbkontinuierlich durchgeführt werden.

Bei der in Abb. 4.1 dargestellten einstufigen offenen diskontinuierlichen oder *Batch-Destillation* erfolgt die Trennung des in der Destillierblase vorgelegten Flüssigkeitsgemisches in den in der Blase verbleibenden Rückstand, in welchem sich die schwerersiedenden Komponenten anreichern, und das im Destillatbehälter gesammelte kondensierte Destillat, in dem sich die leichtersiedenden Komponenten anreichern. Eine Erweiterung stellt die fraktionierte Destillation dar, bei der das Kondensat zeitlich nacheinander in mehreren Behältern aufgefangen wird.

Die diskontinuierliche Destillation kann auch im Gegenstrom betrieben werden, siehe dazu Abb. 4.2. Dargestellt ist die mehrstufige offene diskontinuierliche Destillation im Gegenstrom, die sogenannte *Batch-Rektifikation* (Standard-Prozess mit einer Verstärkungskolonne, siehe Abschnitt 4.5).

Bei der kontinuierlichen Destillation wird das zu trennende Flüssigkeitsgemisch oder Feed der Destillierblase kontinuierlich zugeführt. Der Rückstand oder das Sumpfprodukt und das Destillat werden kontinuierlich abgezogen. Dabei wird die Anlage stationär betrieben. Zur kontinuierlichen einstufigen oder auch *Flash-Destillation* siehe Abschnitt 3.5. In der Praxis erfolgt meist der Betrieb im Gegenstrom in einer mehrstufigen Anlage, also als kontinuierliche *Rektifikation*, siehe Kapitel 8.

---

[1]Hierzu sei auf die Ausführungen von SATTLER u. a. [73] hingewiesen: „Leichtersiedend" oder „schwerersiedend" bezieht sich auf die Siedetemperatur der reinen Komponente, „leichterflüchtig" oder „schwererflüchtig" auf das Verhalten im Gemisch (was sich bei azeotropen Gemischen umkehren kann).

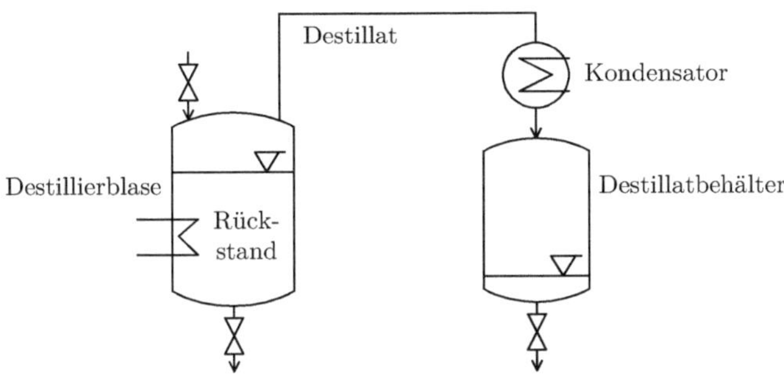

Abbildung 4.1: Fließschema der einstufigen offenen Batch-Destillation

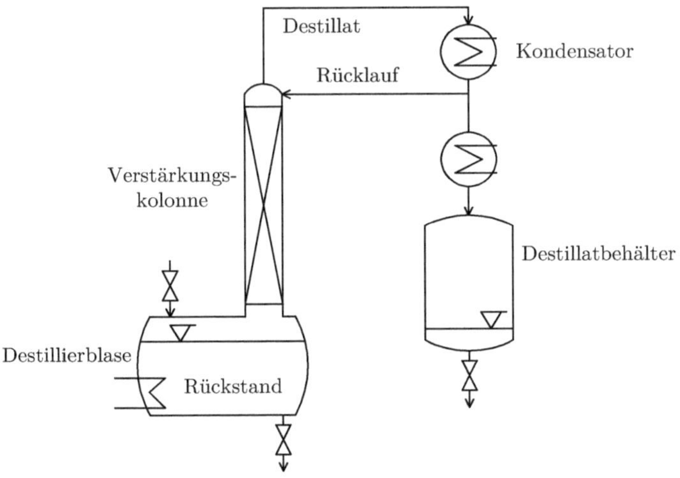

Abbildung 4.2: Fließschema der mehrstufigen offenen Batch-Rektifikation (Standard-Prozess mit Verstärkungskolonne)

Bei der halbkontinuierlichen Destillation erfolgt eine kontinuierliche Zufuhr des zu trennenden Flüssigkeitsgemisches. Dabei reichert sich die schwersiedende Komponente im Rückstand an, der diskontinuierlich aus der Destillierblase abgelassen wird.

In den nachfolgenden Abschnitten werden die einstufige offene diskontinuierliche oder auch *Batch-Destillation* und die mehrstufige offene diskontinuierliche Destillation im Gegenstrom oder auch *Batch-Rektifikation* betrachtet.

Anwendungen und Vorteile der Batch-Destillation und -Rektifikation

- Grundsätzliche Vorteile von Batch-Prozessen sind die hohe Flexibilität bezüglich der zu behandelnden Stoffe, ihrer Anfangszusammensetzung sowie der zu erzielenden Produktqualitäten, auch bei geringen zu behandelnden Mengen. Spezieller Vorteil ist die Trennung auch von Mehrstoffgemischen mit nur einer einzigen Grundoperation. Batch-Destillationen oder -Rektifikationen sind typische Bestandteile von Mehrproduktanlagen.

- Grundsätzliche Nachteile von Batch-Prozessen sind Totzeiten durch Befüllen, Entleeren, Aufheizen und Abkühlen. Spezieller Nachteil des in Abb. 4.2 dargestellten Standard-Prozesses für die Batch-Rektifikation ist das Fehlen einer Abtriebskolonne. Daraus resultieren u. a. lange Verweilzeiten in der Destillierblase.

4.2 Batch-Destillation eines idealen binären Gemisches

Beispiel 4.1

Ein aus den Komponenten Benzol und Toluol bestehendes ideales Gemisch (ideale Gas- und ideale Flüssigphase) wird in einem einstufigen offenen Batch-Destillationsprozess bei einem konstanten Druck $p = 1{,}013\,\text{bar}$ behandelt. Ausgehend von einer Stoffmenge $n_\alpha^\text{L} = 2{,}4\,\text{kmol}$ mit einem Stoffmengenanteil $x_{1,\alpha}^\text{L} = 0{,}80$ zu Beginn des Prozesses soll ein Stoffmengenanteil von $x_{1,\omega}^\text{L} = 0{,}20$ im Rückstand der Destillierblase erreicht werden. Zu berechnen sind die Verläufe der Stoffmengenanteile des flüssigen Rückstands x_1^L und des Destillats x_1^V in Abhängigkeit vom Stoffmengenverhältnis $n_\omega^\text{L}/n_\alpha^\text{L}$ (n_α^L und n_ω^L sind die Stoffmengen zu Beginn und am Ende des Prozesses); außerdem die Stoffmenge n_ω^L und der mittlere Stoffmengenanteil des kondensierten Destillats $x_{1,\text{m}}^\text{V}$. Dafür ist der Trennfaktor α_{12} aus Abb. 3.6 zu entnehmen. (Ergebnisse im Excel-Berechnungsblatt in Abb. 4.3.)

In der im Fließschema in Abb. 4.1 dargestellten einstufigen offenen Batch-Destillation wird das zu trennende Gemisch in der Destillierblase vorgelegt und kontinuierlich z. B. mit Dampf beheizt. Aus dem siedenden Gemisch steigt Dampf auf, der vorwiegend aus der leichtersiedenden Komponente besteht und das Destillat bildet, welches kondensiert und aufgefangen wird. Der Anteil der leichtersiedenden Komponente im Destillat nimmt kontinuierlich ab, der Anteil der schwerersiedenden Komponente in der Destillierblase kontinuierlich zu.

Gesucht wird der Zusammenhang zwischen dem Stoffmengenanteil x_1^{L} der leichtersiedenden Komponente 1 im Rückstand in der Destillierblase und der Stoffmenge in der Blase n^{L}. Aus der Bilanz um die Destillierblase gemäß Abb. 4.1 folgt die Gesamtbilanz

$$\frac{\mathrm{d}n^{\mathrm{L}}}{\mathrm{d}t} = -\dot{n}^{\mathrm{V}} \quad \text{oder} \quad \mathrm{d}n^{\mathrm{L}} = -\dot{n}^{\mathrm{V}}\,\mathrm{d}t \; . \tag{4.1}$$

und für die Komponente 1 entsprechend

$$\frac{\mathrm{d}(n^{\mathrm{L}}x_1^{\mathrm{L}})}{\mathrm{d}t} = -\dot{n}^{\mathrm{V}}x_1^{\mathrm{V}*} \quad \text{oder} \quad \mathrm{d}n^{\mathrm{L}}x_1^{\mathrm{L}} + n^{\mathrm{L}}\,\mathrm{d}x_1^{\mathrm{L}} = -\dot{n}^{\mathrm{V}}x_1^{\mathrm{V}*}\,\mathrm{d}t \; . \tag{4.2}$$

Der hochgestellte Index $*$ soll verdeutlichen, dass $x_1^{\mathrm{V}*}$ mit x_1^{L} im Phasengleichgewicht steht. Die Stoffmenge des Dampfes in der Destillierblase kann dabei vernachlässigt werden.

Durch Einsetzen von Gleichung (4.1) in Gleichung (4.2) folgt

$$\mathrm{d}n^{\mathrm{L}}x_1^{\mathrm{L}} + n^{\mathrm{L}}\,\mathrm{d}x_1^{\mathrm{L}} = \mathrm{d}n^{\mathrm{L}}x_1^{\mathrm{V}*} \; , \tag{4.3}$$

woraus sich nach Trennung der Variablen

$$\frac{\mathrm{d}n^{\mathrm{L}}}{n^{\mathrm{L}}} = \frac{\mathrm{d}x_1^{\mathrm{L}}}{x_1^{\mathrm{V}*} - x_1^{\mathrm{L}}} \tag{4.4}$$

und nach Integration die bekannte Rayleigh-Gleichung [67]

$$\int_{n_\alpha^{\mathrm{L}}}^{n_\omega^{\mathrm{L}}} \frac{\mathrm{d}n^{\mathrm{L}}}{n^{\mathrm{L}}} = \int_{x_{1,\alpha}^{\mathrm{L}}}^{x_{1,\omega}^{\mathrm{L}}} \frac{\mathrm{d}x_1^{\mathrm{L}}}{x_1^{\mathrm{V}*} - x_1^{\mathrm{L}}} \tag{4.5}$$

entsprechend

$$\ln\frac{n_\omega^{\mathrm{L}}}{n_\alpha^{\mathrm{L}}} = \int_{x_{1,\alpha}^{\mathrm{L}}}^{x_{1,\omega}^{\mathrm{L}}} \frac{\mathrm{d}x_1^{\mathrm{L}}}{x_1^{\mathrm{V}*} - x_1^{\mathrm{L}}} \tag{4.6}$$

ergibt. Das rechte Integral lässt sich numerisch lösen, wenn das Phasengleichgewicht $x_1^{\mathrm{V}*}(x_1^{\mathrm{L}})$ bekannt ist. Für ein ideales binäres Gemisch folgt unter Verwendung des Trennfaktors α_{12} mit Gleichung (3.34) die analytische Lösung

$$\frac{n_\omega^{\mathrm{L}}}{n_\alpha^{\mathrm{L}}} = \left(\frac{x_{1,\omega}^{\mathrm{L}}}{x_{1,\alpha}^{\mathrm{L}}}\right)^{\frac{1}{\alpha_{12}-1}} \left(\frac{1 - x_{1,\alpha}^{\mathrm{L}}}{1 - x_{1,\omega}^{\mathrm{L}}}\right)^{\frac{\alpha_{12}}{\alpha_{12}-1}} \; . \tag{4.7}$$

Der mittlere Stoffmengenanteil des im Prozess gewonnen Destillats $x_{1,\mathrm{m}}^{\mathrm{L}}$ folgt aus

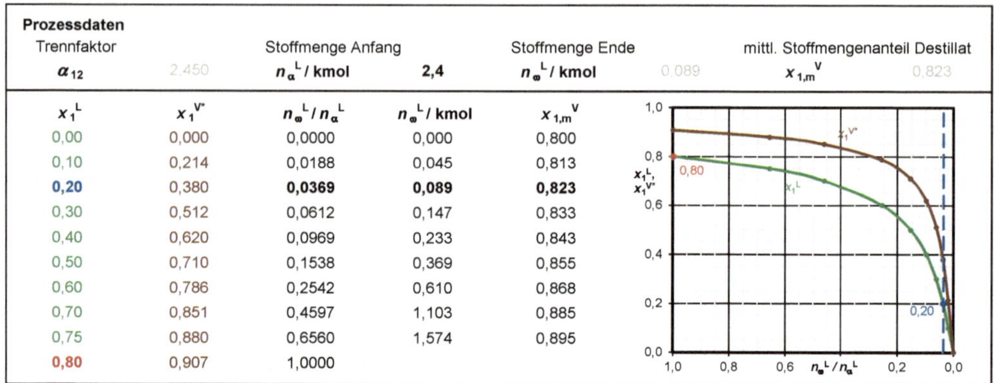

Prozessdaten					
Trennfaktor		Stoffmenge Anfang		Stoffmenge Ende	mittl. Stoffmengenanteil Destillat
α_{12}	2,450	n_α^{L} / kmol	2,4	n_ω^{L} / kmol 0,089	$x_{1,\mathrm{m}}^{\mathrm{V}}$ 0,823
x_1^{L}	$x_1^{\mathrm{V}*}$	$n_\omega^{\mathrm{L}}/n_\alpha^{\mathrm{L}}$	n_ω^{L} / kmol	$x_{1,\mathrm{m}}^{\mathrm{V}}$	
0,00	0,000	0,0000	0,000	0,800	
0,10	0,214	0,0188	0,045	0,813	
0,20	0,380	**0,0369**	**0,089**	**0,823**	
0,30	0,512	0,0612	0,147	0,833	
0,40	0,620	0,0969	0,233	0,843	
0,50	0,710	0,1538	0,369	0,855	
0,60	0,786	0,2542	0,610	0,868	
0,70	0,851	0,4597	1,103	0,885	
0,75	0,880	0,6560	1,574	0,895	
0,80	0,907	1,0000			

Abbildung 4.3: Excel-Berechnungsblatt für den Batch-Destillationsprozess eines idealen binären Gemisches

der Gesamtbilanz

$$n^{\mathrm{V}} = n_\alpha^{\mathrm{L}} - n_\omega^{\mathrm{L}} \tag{4.8}$$

und der Bilanz für die Komponente 1

$$n^{\mathrm{V}} x_{1,\mathrm{m}}^{\mathrm{V}} = n_\alpha^{\mathrm{L}} x_{1,\alpha}^{\mathrm{L}} - n_\omega^{\mathrm{L}} x_{1,\omega}^{\mathrm{L}} \tag{4.9}$$

mit

$$x_{1,\mathrm{m}}^{\mathrm{V}} = \frac{n_\alpha^{\mathrm{L}} x_{1,\alpha}^{\mathrm{L}} - n_\omega^{\mathrm{L}} x_{1,\omega}^{\mathrm{L}}}{n_\alpha^{\mathrm{L}} - n_\omega^{\mathrm{L}}} \ . \tag{4.10}$$

Für die Lösung der Aufgabenstellung gemäß Beispiel 4.1 wird ein Excel-Berechnungsblatt wie in Abb. 4.3 erstellt:

1. In der linken Spalte des Arbeitsblattes werden zwischen den vorgegebenen Werten von $x_{1,\omega}^{\mathrm{L}}$ und $x_{1,\alpha}^{\mathrm{L}}$ abgestufte Werte für x_1^{L} gewählt. In der zweiten Spalte erfolgt die Berechnung des Stoffmengenanteils des Destillats $x_1^{\mathrm{V}*}$ anhand des gegebenen Wertes für den Trennfaktor α_{12} mit Gleichung (3.34). Die Werte in der dritten Spalte werden mit Gleichung (4.7) berechnet, wobei für $x_{1,\omega}^{\mathrm{L}}$ der Wert von x_1^{L} aus der jeweiligen Zeile verwendet wird.

2. Die Stoffmenge des Rückstandes am Ende des Prozesses n_ω^{L} folgt aus dem Verhältnis $n_\omega^{\mathrm{L}}/n_\alpha^{\mathrm{L}}$, der Mittelwert für den Stoffmengenanteil des im Destillatbehälter aufgefangenen kondensierten Produkts $x_{1,\mathrm{m}}^{\mathrm{V}}$ aus Gleichung (4.10). Für die Berechnung von $x_{1,\mathrm{m}}^{\mathrm{V}}$ werden die Anfangswerte von n_α^{L} und $x_{1,\alpha}^{\mathrm{L}}$ und sonst die Werte aus der entsprechenden Zeile verwendet.

3. In einem Diagramm werden die Verläufe der Stoffmengenanteile x_1^{L} und $x_1^{\mathrm{V}*}$ in Abhängigkeit des Stoffmengenverhältnisses $n_\omega^{\mathrm{L}}/n_\alpha^{\mathrm{L}}$ dargestellt. Diese Art der Darstellung ist üblich, um den Fortschritt des Prozesses besser erkennen zu

können. Die mit der Aufgabenstellung gegebenen Werte für $x^{\mathrm{L}}_{1,\alpha}$ und $x^{\mathrm{L}}_{1,\omega}$ sind separat gekennzeichnet.

Anmerkungen: Aufgrund des kleinen Wertes für den Trennfaktor α_{12} fällt die Anreicherung der leichtersiedenden Komponente im Destillat in diesem Beispiel relativ gering aus. Anhand der in Spalte $x^{\mathrm{V}}_{1,\mathrm{m}}$ berechneten Werte ist zu sehen, dass mit zunehmendem Fortschritt des Destillationsprozesses der mittlere Stoffmengenanteil im Destillat abnimmt und am Ende des Prozesses die Anfangszusammensetzung der in der Destillierblase vorgelegten Stoffmenge erreicht. Wird der Prozess jedoch relativ früh abgebrochen, ist die Ausbeute an leichtersiedender Komponente gering.

4.3 Batch-Destillation eines realen binären Gemisches

Beispiel 4.2

Ein aus den Komponenten Ethanol und Wasser bestehendes reales Gemisch (ideale Gas- und reale Flüssigphase) wird in einem einstufigen offenen Batch-Destillationsprozess bei einem konstanten Druck $p = 1{,}013\,\mathrm{bar}$ behandelt. Ausgehend von einer Stoffmenge $n^{\mathrm{L}}_{\alpha} = 10{,}0\,\mathrm{kmol}$ mit einem Stoffmengenanteil $x^{\mathrm{L}}_{1,\alpha} = 0{,}50$ zu Beginn des Prozesses soll ein Stoffmengenanteil von $x^{\mathrm{L}}_{1,\omega} = 0{,}10$ im Rückstand der Destillierblase erreicht werden. Zu berechnen sind die Verläufe der Stoffmengenanteile des flüssigen Rückstandes x^{L}_1 und des Destillats $x^{\mathrm{V}*}_1$ sowie der Siedetemperatur ϑ_{S} in Abhängigkeit vom Stoffmengenverhältnis $n^{\mathrm{L}}_{\omega}/n^{\mathrm{L}}_{\alpha}$ (n^{L}_{α} und n^{L}_{ω} sind die Stoffmengen zu Beginn und am Ende des Prozesses); außerdem die Stoffmenge n^{L}_{ω} sowie der mittlere Stoffmengenanteil des im Destillatbehälter aufgefangenen kondensierten Destillats $x^{\mathrm{V}}_{1,\mathrm{m}}$ auf Basis der NRTL-Methode. (NRTL-Parameter und Ergebnisse im Excel-Berechnungsblatt in Abb. 4.4.)

Für die Bearbeitung der Aufgabenstellung gemäß Beispiel 4.2 wird ein Excel-Berechnungsblatt wie in Abb. 4.4 erstellt. Dazu kann das in Abschnitt 3.8.1 für die Bearbeitung von Beispiel 3.7 erstellte Blatt in Abb. 3.16 als Vorlage verwendet werden oder es wird ein neues Blatt gemäß der Anleitung zu Beispiel 3.7 angelegt. Auf die Berechnung der binären Grenzaktivitätskoeffizienten kann hier verzichtet werden. Die Berechnung des azeotropen Punktes ist im unteren, hier aus Platzgründen nicht aufgeführten Teil des Berechnungsblattes enthalten.

1. Für die Eingabe der vorgegebenen Stoffmenge n^{L}_{α} zu Beginn des Prozesses und die nachfolgend zu berechnenden Werte für n^{L}_{ω} und $x^{\mathrm{V}}_{1,\mathrm{m}}$ wird ein Bereich in der Tabelle angelegt.

2. In der Datentabelle sind die beiden Zeilen, die die Werte für $x^{\mathrm{L}}_{1,\alpha}$ und $x^{\mathrm{L}}_{1,\omega}$ in der linken Spalte enthalten, grau unterlegt und die Werte in rot bzw. blau hervorgehoben.

3. In einer neuen Spalte werden die Werte $1/(x^{\mathrm{V}*}_1 - x^{\mathrm{L}}_1)$ zur nachfolgenden Ermittlung des Integrals in Gleichung (4.6) berechnet und in einem Diagramm als Funktion von x^{L}_1 dargestellt, um ihren Verlauf durch eine Ausgleichsfunktion zu

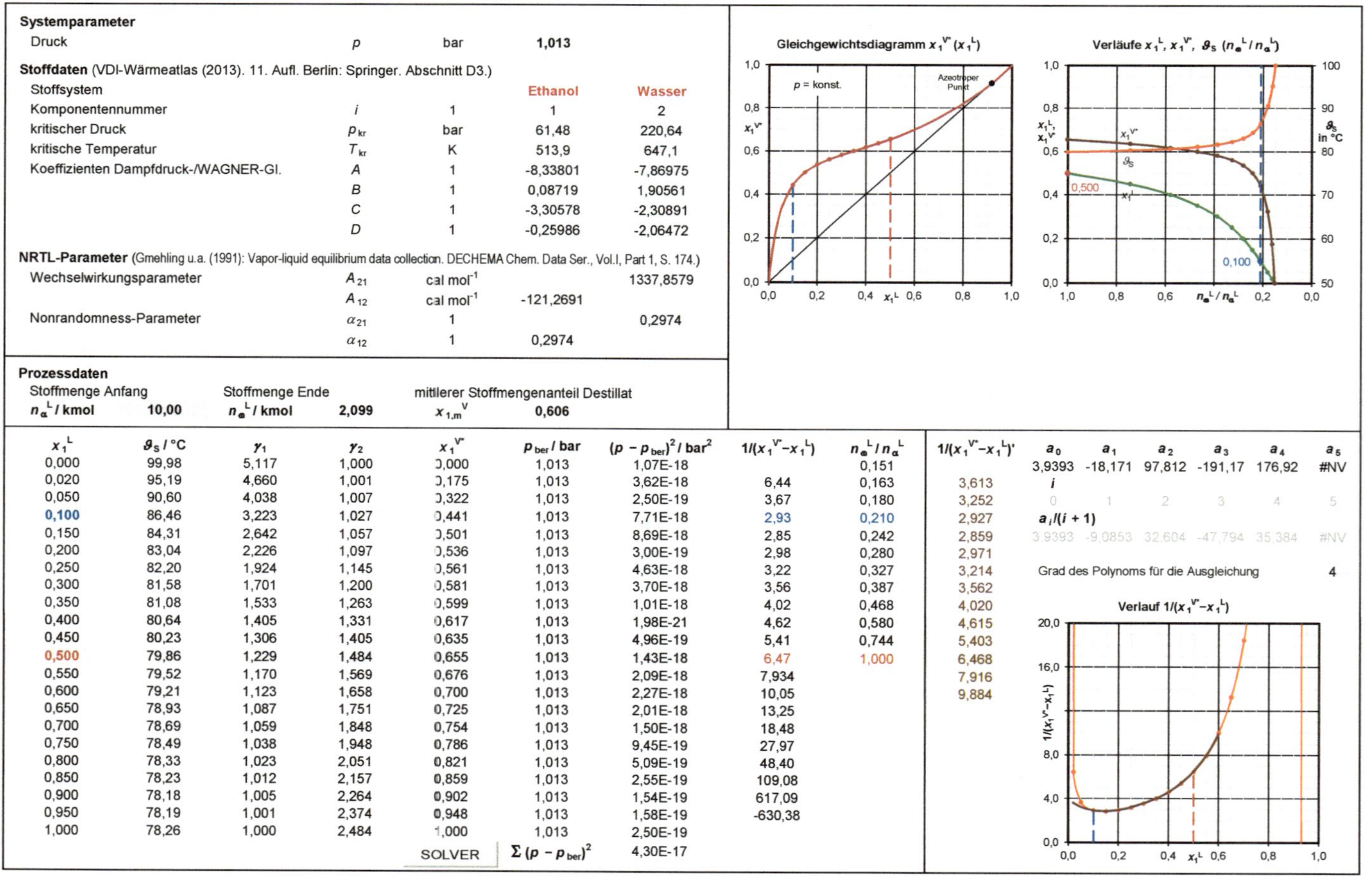

Systemparameter

Druck	p	bar	**1,013**

Stoffdaten (VDI-Wärmeatlas (2013). 11. Aufl. Berlin: Springer. Abschnitt D3.)

			Ethanol	Wasser
Stoffsystem				
Komponentennummer	i	1	1	2
kritischer Druck	p_{kr}	bar	61,48	220,64
kritische Temperatur	T_{kr}	K	513,9	647,1
Koeffizienten Dampfdruck-/WAGNER-Gl.	A	1	-8,33801	-7,86975
	B	1	0,08719	1,90561
	C	1	-3,30578	-2,30891
	D	1	-0,25986	-2,06472

NRTL-Parameter (Gmehling u.a. (1991): Vapor-liquid equilibrium data collection. DECHEMA Chem. Data Ser., Vol.I, Part 1, S. 174.)

			Ethanol	Wasser
Wechselwirkungsparameter	A_{21}	cal mol^{-1}		1337,8579
	A_{12}	cal mol^{-1}	-121,2691	
Nonrandomness-Parameter	α_{21}	1		0,2974
	α_{12}	1	0,2974	

Prozessdaten

Stoffmenge Anfang	n_a^L / kmol	**10,00**	Stoffmenge Ende	n_e^L / kmol	**2,099**
mittlerer Stoffmengenanteil Destillat	$x_{1,m}^V$	**0,606**			

x_1^L	ϑ_S / °C	γ_1	γ_2	x_1^{V*}	p_{ber} / bar	$(p-p_{ber})^2$ / bar^2	$1/(x_1^{V*}-x_1^L)$	n_e^L/n_a^L	$1/(x_1^{V*}-x_1^L)'$
0,000	99,98	5,117	1,000	0,000	1,013	1,07E-18		0,151	
0,020	95,19	4,660	1,001	0,175	1,013	3,62E-18	6,44	0,163	3,613
0,050	90,60	4,038	1,007	0,322	1,013	2,50E-19	3,67	0,180	3,252
0,100	86,46	3,223	1,027	0,441	1,013	7,71E-18	2,93	0,210	2,927
0,150	84,31	2,642	1,057	0,501	1,013	8,69E-18	2,85	0,242	2,859
0,200	83,04	2,226	1,097	0,536	1,013	3,00E-19	2,98	0,280	2,971
0,250	82,20	1,924	1,145	0,561	1,013	4,63E-18	3,22	0,327	3,214
0,300	81,58	1,701	1,200	0,581	1,013	3,70E-18	3,56	0,387	3,562
0,350	81,08	1,533	1,263	0,599	1,013	1,01E-18	4,02	0,468	4,020
0,400	80,64	1,405	1,331	0,617	1,013	1,98E-21	4,62	0,580	4,615
0,450	80,23	1,306	1,405	0,635	1,013	4,96E-19	5,41	0,744	5,403
0,500	79,86	1,229	1,484	0,655	1,013	1,43E-18	6,47	1,000	6,468
0,550	79,52	1,170	1,569	0,676	1,013	2,09E-18	7,934		7,916
0,600	79,21	1,123	1,658	0,700	1,013	2,27E-18	10,05		9,884
0,650	78,93	1,087	1,751	0,725	1,013	2,01E-18	13,25		
0,700	78,69	1,059	1,848	0,754	1,013	1,50E-18	18,48		
0,750	78,49	1,038	1,948	0,786	1,013	9,45E-19	27,97		
0,800	78,33	1,023	2,051	0,821	1,013	5,09E-19	48,40		
0,850	78,23	1,012	2,157	0,859	1,013	2,55E-19	109,08		
0,900	78,18	1,005	2,264	0,902	1,013	1,54E-19	617,09		
0,950	78,19	1,001	2,374	0,948	1,013	1,58E-19	-630,38		
1,000	78,26	1,000	2,484	1,000	1,013	2,50E-19			

SOLVER $\Sigma\,(p-p_{ber})^2$ 4,30E-17

a_0	a_1	a_2	a_3	a_4	a_5
3,9393	-18,171	97,812	-191,17	176,92	#NV

i					
0	1	2	3	4	5

$a_i/(i+1)$

3,9393	-9,0853	32,604	-47,794	35,384	#NV

Grad des Polynoms für die Ausgleichung   **4**

Abbildung 4.4: Excel-Berechnungsblatt für den Batch-Destillationsprozess eines realen binären Gemisches

approximieren. Ein ausreichender Kompromiss für die in der Aufgabenstellung gegebenen Daten ist hier ein Polynom vierten Grades, das naturgemäß den Verlauf der Daten nur abschnittsweise mit ausreichender Genauigkeit wiedergibt, siehe die durchgezogene braune Kurve im Diagramm für die in dieser Spalte berechneten Werte. Die Vorgehensweise für die Polynomregression unter Verwendung einer benutzerdefinierten Funktion ist in Abschnitt 2.7.2 beschrieben.

4. Auf dieser Basis erfolgt die Berechnung der Werte für $n_\omega^\mathrm{L}/n_\alpha^\mathrm{L}$ unter Verwendung von Gleichung (4.6) und Integration der Polynomfunktion zu

$$\frac{n_\omega^\mathrm{L}}{n_\alpha^\mathrm{L}} = \exp\left\{\sum_{i=0}^{n} \frac{a_i\left[\left(x_{1,\omega}^\mathrm{L}\right)^{i+1} - \left(x_{1,\alpha}^\mathrm{L}\right)^{i+1}\right]}{i+1}\right\} \tag{4.11}$$

mit dem Grad n des Polynoms und den Polynomkoeffizienten a_i. Um den Grad des Polynoms verändern und die benutzerdefinierte Funktion aus dem vorstehenden Punkt verwenden zu können, werden zwei Hilfszeilen eingeführt. In der ersten Zeile werden die Werte für i eingetragen und in der zweiten Zeile die Werte von $a_i/(i+1)$ (entsprechend Gleichung (4.11)) berechnet. In der Spalte $n_\omega^\mathrm{L}/n_\alpha^\mathrm{L}$ kann nun die benutzerdefinierte Funktion Polynom mit den Werten von $a_i/(i+1)$ (anstatt der Werte von a_i) verwendet werden. Achtung: Bei der Anwendung dieser Funktion ist die Zelle in der Spalte $1/(x_1^{\mathrm{V}*} - x_1^\mathrm{L})$ einzubeziehen, damit kein Koeffizient fehlt. Der Zahlenwert dieser Zelle ist unerheblich, da er bei der Subtraktion der beiden Polynome gekürzt wird! Dem optionalen Argument wird der Wert WAHR zugewiesen, womit auch die #NV-Werte des ausgegebenen Polynomparameterblocks verarbeitet werden können. Für $x_{1,\omega}^\mathrm{L}$ ist der Wert von x_1^L aus der jeweiligen Zeile einzusetzen.

5. In einem Diagramm werden die Verläufe der Stoffmengenanteile x_1^L und $x_1^{\mathrm{V}*}$ sowie der Siedetemperatur ϑ_S in Abhängigkeit des Stoffmengenverhältnisses $n_\omega^\mathrm{L}/n_\alpha^\mathrm{L}$ (dem zeitlichen Fortschritt des Prozesses entsprechend) dargestellt. Die Temperaturen lassen sich am besten über eine zusätzliche Sekundärachse darstellen: $\boxed{\text{Datenreihen formatieren} \gg \text{Reihenoptionen} \gg \text{Sekundärachse}}$. Die Werte für $x_{1,\alpha}^\mathrm{L}$ und $x_{1,\omega}^\mathrm{L}$ sind separat gekennzeichnet.

6. Abschließend erfolgt die Berechnung des gesuchten Wertes für die Stoffmenge des Rückstandes am Ende des Prozesses n_ω^L aus dem mit $x_{1,\omega}^\mathrm{L}$ berechneten Verhältnis $n_\omega^\mathrm{L}/n_\alpha^\mathrm{L}$. Außerdem wird der gesuchte Mittelwert für den Stoffmengenanteil des im Destillatbehälter aufgefangenen kondensierten Produkts $x_{1,\mathrm{m}}^\mathrm{V}$ aus Gleichung (4.10) ermittelt.

4.4 Dynamische Simulation der Batch-Destillation eines realen binären Gemisches

In den beiden vorangegangenen Abschnitten wurden die Energiebilanzen noch nicht aufgestellt, weshalb die Berechnungen der Energieaufwände für die Prozesse fehlen, ebenso noch jegliche Informationen zum zeitlichen Fortschritt. Bei der nachfolgenden dynamischen – also zeitabhängigen – Simulation auf der Basis eines Finite-Differenzen-Verfahrens finden diese Punkte Berücksichtigung. Die daraus resultierende Vorgehensweise ist wesentlich anspruchsvoller als die vereinfache Vorgehensweise in Abschnitt 4.3.

Beispiel 4.3

Ein aus den Komponenten Ethanol und Wasser bestehendes reales Gemisch (ideale Gas- und reale Flüssigphase) wird in einem einstufigen offenen Batch-Destillationsprozess bei einem konstanten Druck $p = 1{,}013\,\text{bar}$ und einem durch die Beheizung zugeführten, konstanten Wärmestrom $\dot{Q}_\text{verd} = 100\,\text{kW}$ behandelt. Ausgehend von einer Stoffmenge $n_\alpha^\text{L} = 10{,}0\,\text{kmol}$ mit einem Stoffmengenanteil $x_{1,\alpha}^\text{L} = 0{,}50$ und siedend flüssigem Gemisch in der Destillierblase zu Beginn des Prozesses soll ein Stoffmengenanteil von $x_{1,\omega}^\text{L} = 0{,}10$ im Rückstand der Destillierblase erreicht werden. Zu berechnen sind die zeitabhängigen Verläufe der Siedetemperatur $\vartheta_\text{S}(t)$, der Stoffmengenanteile des flüssigen Rückstandes $x_1^\text{L}(t)$ und des Destillats $x_1^{\text{V}*}(t)$ auf Basis der NRTL-Methode sowie der Stoffmenge des Rückstandes in der Destillierblase $n^\text{L}(t)$. Außerdem ist der am Kondensator abzuführende Wärmestrom $\dot{Q}_\text{kond}$ sowie der mittlere Stoffmengenanteil des im Destillatbehälter aufgefangenen kondensierten Destillats $x_{1,\text{m}}^\text{V}$ zu ermitteln. (NRTL-Parameter und Ergebnisse im Excel-Berechnungsblatt in Abb. 4.5.)

Für die Simulation ist die Aufstellung der Energiebilanz um die Destillierblase entsprechend Abb. 4.1

$$\frac{\mathrm{d}U^\text{L}}{\mathrm{d}t} = \dot{Q}_\text{verd} - \dot{m}^\text{V}\Delta_\text{vap}h(T_\text{S}) \tag{4.12}$$

mit der inneren Energie U^L des flüssigen Inhalts der Blase, dem durch die Beheizung zugeführten Wärmestrom $\dot{Q}_\text{verd}$, dem durch die Verdampfung entstehenden und bei Siedetemperatur T_S abgeführten Enthalpiestrom als Produkt des Dampfmassenstroms $\dot{m}^\text{V}$ und der spezifischen Verdampfungsenthalpie $\Delta_\text{vap}h(T_\text{S})$ erforderlich. Daraus folgt für die Zeitabhängigkeit der Temperatur in der Destillierblase mit $\mathrm{d}U^\text{L} = mc\,\mathrm{d}T$ und $c = c_p^\text{L}(T)$ als spezifische Wärmekapazität des Flüssigkeitsinhaltes

$$\frac{\mathrm{d}T}{\mathrm{d}t} = \frac{\dot{Q}_\text{verd} - \dot{m}^\text{V}\Delta_\text{vap}h(T_\text{S})}{m^\text{L}c_p^\text{L}} \tag{4.13}$$

und nach Umrechnung auf die Stoffmengenströme unter Verwendung der mittleren molaren Massen des Dampfes M^V und der Flüssigkeit M^L

$$\frac{\mathrm{d}T}{\mathrm{d}t} = \frac{\dot{Q}_\text{verd} - \dot{n}^\text{V}M^\text{V}\Delta_\text{vap}h(T_\text{S})}{n^\text{L}M^\text{L}c_p^\text{L}}\,. \tag{4.14}$$

Dabei wird – wie bereits für die Aufstellung von Gleichung (4.2) – die Stoffmenge des Dampfes in der Destillierblase vernachlässigt, ebenso am System auftretende Wärmeverlustströme.

Für die dynamische Simulation des Prozesses steht somit ein aus den sogenannten MESH-Gleichungen (**M**aterial balances, **E**quilibrium conditions, **S**ummation conditions, **H**eat balances) bestehendes Gleichungssystem zur Verfügung. M: Gleichungen (4.1) und (4.2), E: Gleichung (3.20) mit den Gleichungen (3.1) und (3.2), S: Gleichungen (3.43) und (3.44), H: Gleichung (4.14); also insgesamt $2k+5$ Gleichungen (mit k Komponenten im System). Auf der anderen Seite stehen die Variablen x_i^L, x_i^{V*}, m^L, T^L, T^V, p^L, p^V, $\dot{m}^V$ oder $\dot{n}^V$ und $\dot{Q}_{\mathrm{verd}}$ und damit insgesamt $2k+7$ Variablen. Für die nachfolgenden Berechnungen werden die Prozessdaten p und $\dot{Q}_{\mathrm{verd}}$ als unabhängige Variablen und die Anfangswerte von n^L, $x_{1,\alpha}^L$ und $x_{1,\omega}^L$ vorgegeben (siehe Beispiel 4.3), um die Verläufe von $T(t) = T_S(t)$ oder $\vartheta_S(t)$, $x_1^L(t)$, $x_1^{V*}(t)$ und $n^L(t)$ berechnen zu können.

Die Massenbilanzen in den Gleichungen (4.1) und (4.2) werden umgeformt, indem Gleichung (4.1) ($\mathrm{d}n^L = \ldots$) in die linke Seite von Gleichung (4.2) eingesetzt wird und sich nach Umformungen

$$\frac{\mathrm{d}x_1^L}{\mathrm{d}t} = \frac{\dot{n}^V(x_1^L - x_1^{V*})}{n^L} \tag{4.15}$$

ergibt. Damit stehen für die Berechnung des Prozesses Gleichung (4.15) und die Gesamtbilanz nach Gleichung (4.1), die Energiebilanz nach Gleichung (4.14) sowie die Gleichgewichtsbedingungen nach Gleichung (3.20) einschließlich der Bedingungen entsprechend Gleichung (3.1) mit $T^L = T^V = T_S$ sowie Gleichung (3.2) mit $p^L = p^V = p$ und die Summationsbedingungen entsprechend der Gleichungen (3.43) und (3.44) zur Verfügung. Diese Gleichungen bilden ein sogenanntes Differential-algebraisches Gleichungssystem (DAE), das sich grundsätzlich numerisch z. B. unter Anwendung des EULER- oder des RUNGE-KUTTA-Verfahrens lösen lässt.

Alternativ dazu wird nachfolgend ein vereinfachtes Finite-Differenzen-Verfahren angewendet. Bei diesem numerischen Näherungsverfahren werden in den vorstehenden Gleichungen die Differenzialquotienten durch Differenzenquotienten ersetzt und der für die Lösung relevante Bereich in Intervalle unterteilt, an deren Grenzen sich die diskreten Funktionswerte der gesuchten Variablen berechnen lassen:

- Die diskreten Werte der Stoffmengenanteile x_i^L werden über die Breite der Intervalle

$$\Delta x_1^L = \frac{x_{1,\omega}^L - x_{1,\alpha}^L}{I} \tag{4.16}$$

anhand der vorgegeben Anfangswerte der Stoffmengenanteile und der Anzahl I der Intervalle berechnet. Für diese Werte werden die Siedetemperaturen ϑ_S und die Stoffmengenanteile x_1^{V*} im Phasengleichgewicht auf Basis der NRTL-Methode (siehe Abschnitt 3.8.1) unter Anwendung des ZDQ-Verfahrens (siehe Abschnitt 2.8) ermittelt. Zielfunktion ist die zu

$$p - \sum_{i=1}^{n} p_i = p - x_1^L \gamma_1(\vartheta_S, x_1^L) p_{S1}(\vartheta_S) + (1 - x_1^L)\gamma_2(\vartheta_S, x_2^L) p_{S2}(\vartheta_S) = 0 \tag{4.17}$$

umgeformte Gleichung (3.55) mit den binären Aktivitätskoeffizienten γ_i nach den Gleichungen (3.83) und (3.84) und den Sättigungspartialdrücken $p_{Si}(T)$ nach Gleichung (2.4). Für x_1^{L} ist jeweils der Wert am Anfang des Intervalls zu wählen. Der Stoffmengenanteil $x_1^{\mathrm{V}*}$ folgt aus Gleichung (3.20).

- Für die Berechnungen der verbleibenden Stoffmenge in der Destillierblase $n^{\mathrm{L}}(t)$ ausgehend von n_α^{L} wird Gleichung (4.15) umgeformt zu

$$\frac{\Delta x_1^{\mathrm{L}}}{\Delta t} = \frac{\dot{n}^{\mathrm{V}}(x_1^{\mathrm{L}} - x_1^{\mathrm{V}*})}{n^{\mathrm{L}}} \tag{4.18}$$

und darin $\dot{n}^{\mathrm{V}}$ gemäß Gleichung (4.1) ersetzt durch

$$\dot{n}^{\mathrm{V}} = -\frac{\Delta n^{\mathrm{L}}}{\Delta t} \ , \tag{4.19}$$

woraus die Änderung der Stoffmenge im Intervall Δx_1^{L}

$$\Delta n^{\mathrm{L}} = \frac{\Delta x_1^{\mathrm{L}} n^{\mathrm{L}}}{x_1^{\mathrm{V}*} - x_1^{\mathrm{L}}} \tag{4.20}$$

folgt. Auch für n^{L} ist jeweils der Wert am Anfang des Intervalls zu wählen.

- Die Breite der Intervalle Δt folgt aus der Energiebilanz entsprechend Gleichung (4.14)

$$\frac{\Delta T}{\Delta t} = \frac{\dot{Q}_{\mathrm{verd}} - \dot{n}^{\mathrm{V}} M^{\mathrm{V}} \Delta_{\mathrm{vap}} h(T_{\mathrm{S}})}{n^{\mathrm{L}} M^{\mathrm{L}} c_p^{\mathrm{L}}} \tag{4.21}$$

und mit Gleichung (4.19) zu

$$\Delta t = \frac{n^{\mathrm{L}} M^{\mathrm{L}} c_p^{\mathrm{L}} \Delta T - \Delta n^{\mathrm{L}} M^{\mathrm{V}} \Delta_{\mathrm{vap}} h(T_{\mathrm{S}})}{\dot{Q}_{\mathrm{verd}}} \ . \tag{4.22}$$

Nach Einsetzen der Terme zur Berechnung der spezifischen Wärmekapazität des Flüssigkeitsinhaltes $c_p^{\mathrm{L}}(T)$ sowie der spezifischen Verdampfungsenthalpie $\Delta_{\mathrm{vap}} h(T_{\mathrm{S}})$ unter Verwendung der Massenanteile w_i folgt

$$\Delta t = \frac{n^{\mathrm{L}} M^{\mathrm{L}} \sum_i (w_i^{\mathrm{L}} c_{pi}^{\mathrm{L}}) \Delta T - \Delta n^{\mathrm{L}} M^{\mathrm{L}} \sum_i (w_i^{\mathrm{V}} \Delta_{\mathrm{vap}} h_i(T_{\mathrm{S}}))}{\dot{Q}_{\mathrm{verd}}} \ , \tag{4.23}$$

siehe dazu die Gleichungen (3.62) bis (3.65) und die Gleichung zur Berechnung der mittleren molaren Masse in Tabelle A. Die spezifischen isobaren Wärmekapazitäten c_{pi}^{L} und die spezifischen Verdampfungsenthalpien $\Delta_{\mathrm{vap}} h_i(T_{\mathrm{S}})$ der Komponenten folgen aus den im *VDI-Wärmeatlas* [91, 92] aufgeführten Korrelationsgleichungen (3.70) und (3.71) mit Θ gemäß Gleichung (2.5).

- Die Berechnung des am Kondensator abzuführenden Wärmestroms $\dot{Q}_{\mathrm{kond}}$ – hier ohne Berücksichtigung einer weiteren Unterkühlung des Kondensats – erfolgt über die Energiebilanz um den Kondensator auf der Basis von Abb. 4.1 zu

$$\dot{Q}_{\mathrm{kond}} = \dot{m}^{\mathrm{V}} \Delta_{\mathrm{vap}} h(T_{\mathrm{S}}) = \dot{n}^{\mathrm{V}} M^{\mathrm{V}} \Delta_{\mathrm{vap}} h(T_{\mathrm{S}})$$

$$= \dot{n}^{\mathrm{V}} M^{\mathrm{V}} \sum_{i=1}^{n} \left(w_i^{\mathrm{V}} \Delta_{\mathrm{vap}} h_i(T_{\mathrm{S}}) \right) . \tag{4.24}$$

Damit unterscheiden sich die Beträge von $\dot{Q}_{\mathrm{kond}}$ und $\dot{Q}_{\mathrm{verd}}$ lediglich um die hier nicht zu berücksichtigende Änderung der Inneren Energie des Flüssigkeitsinhaltes in der Destillierblase (infolge des Anstiegs der Siedetemperatur), siehe Gleichung (4.12).

Nachfolgend wird ein Excel-Berechnungsblatt zur Lösung der in Beispiel 4.3 gegebenen Aufgabenstellung erstellt, siehe Abb. 4.5:

1. Sinnvoll ist die Erstellung des neuen Berechnungsblattes als Erweiterung der Berechnung des Dampf-Flüssig-Gleichgewichts für das System Ethanol-Wasser in Abb. 3.16. Zusätzlich werden hier die Koeffizienten für die nachfolgende Berechnung der spezifischen Wärmekapazitäten der Flüssigkeiten und der spezifischen Verdampfungsenthalpien aus dem *VDI-Wärmeatlas* [91, 92] aufgeführt. Der in Abb. 3.16 dargestellte Bereich mit den Tabellen für die Berechnung der Diagramme wird ausgeblendet und das Diagramm mit den Verläufen der Aktivitätskoeffizienten aus Platzgründen entfernt. Das Eingabefeld für den Druck wird nach unten zu den Prozessdaten verschoben.

2. Das Feld mit den Prozessdaten enthält die Eingabewerte von p und $\dot{Q}_{\mathrm{verd}}$ als unabhängige Variablen sowie die Anfangswerte von $n_\alpha^{\mathrm{L}}, x_{1,\alpha}^{\mathrm{L}}$ und $x_{1,\omega}^{\mathrm{L}}$. Außerdem wird in diesem Feld ein Startwert für die Temperatur eingegeben, der für die Berechnung der Siedetemperaturen mit dem ZDQ-Verfahren erforderlich ist, siehe nachfolgend, und sich im Bereich der Siedetemperaturen der reinen Komponenten befinden sollte, damit dieses Verfahren konvergiert. Diese Zeile ist in Abb. 4.5 ausgeblendet. Das Eingabefeld für die Anzahl der Intervalle I wird eingefügt; das Feld mit den berechneten Daten wird später erstellt.

3. Die Berechnung der Daten für die untere Tabelle erfolgt unter Verwendung der in Listing 4.1 aufgeführten Prozeduren:

   a. Mit dem `Worksheet_Change`-Ereignis wird bei Änderung der Zelle `p` im Arbeitsblatt mit dem Druck p eine Neuberechnung des Phasengleichgewichts und der Daten des azeotropen Punktes unter Verwendung des Solvers in der Prozedur `CalcVLE` ausgeführt. Bei Änderungen im Array `Prozessdaten` im Arbeitsblatt (dies ist der grau unterlegte Eingabebereich der Prozessdaten, der mit diesem Namen versehen wurde) oder bei Änderung der Zelle `Anzahl_I` mit der Anzahl der Intervalle I wird die nachfolgend beschriebene Prozedur `FillTable` ausgeführt.

   b. In der Prozedur `FillTable` erfolgt nach der Deklaration der Variablen und der Arrays für die Koeffizienten der Stoffwertekorrelationen das Einlesen der kritischen Daten, der molaren Massen, der Koeffizienten für die Stoffwertekorrelationen, der Koeffizienten für die NRTL-Methode und der

Stoffdaten (VDI-Wärmeatlas (2013). 11. Aufl. Berlin: Springer. Abschnitt D3.)

			Ethanol	Wasser
Stoffsystem				
Komponentennummer	i		1	2
kritischer Druck	p_{kr}	bar	61,48	220,64
kritische Temperatur	T_{kr}	K	513,9	647,1
kritische Dichte	ρ_{kr}	kg m^{-3}	276	322
molare Masse	M	kg kmol^{-1}	46,07	18,02
Koeffizienten Dampfdruck-/WAGNER-Gleichung	A	1	-8,33801	-7,86975
	B	1	0,08719	1,90561
	C	1	-3,30578	-2,30891
	D	1	-0,25986	-2,06472
Koeffizienten Funktion spez. Wärmekapazität Flüssigkeit	A	1	0,5036	0,2399
	B	1	22,4420	12,8647
	C	1	-36,7832	-33,6392
	D	1	160,3732	104,7686
	E	1	-466,4327	-155,4709
	F	1	396,028	92,3726
Koeffizienten Funktion spez. Verdampfungsenthalpie	A	1	14,68765	6,85307
	B	1	-15,27119	7,43804
	C	1	26,062304	-2,937595
	D	1	-20,049661	-3,282093
	E	1	15,816495	8,397378

NRTL-Parameter (Gmehling; Onken; Kolbe (1991): Vapor-liquid equilibrium data collection. DECHEMA Chemistry Data Series, Vol.I, Part 1, S. 174.)

Wechselwirkungsparameter	A_{21}	cal mol^{-1}		1337,8579
	A_{12}	cal mol^{-1}	-121,2691	
Nonrandomness-Parameter	α_{21}	1		0,2974
	α_{12}	1	0,2974	

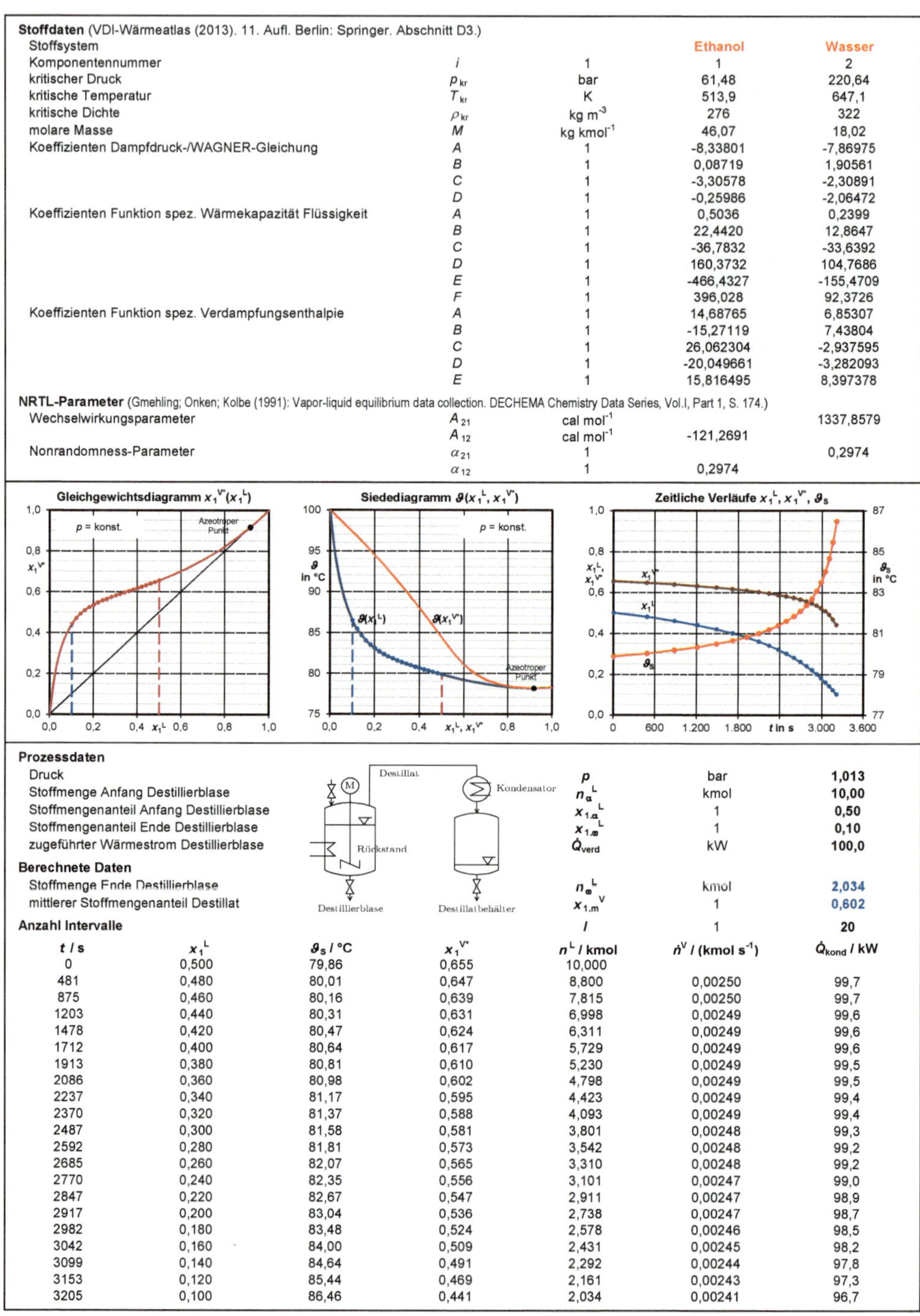

Prozessdaten

Druck	p	bar	1,013
Stoffmenge Anfang Destillierblase	n_{α}^L	kmol	10,00
Stoffmengenanteil Anfang Destillierblase	$x_{1,\alpha}^L$	1	0,50
Stoffmengenanteil Ende Destillierblase	$x_{1,\omega}^L$	1	0,10
zugeführter Wärmestrom Destillierblase	$\dot{Q}_{verd}$	kW	100,0

Berechnete Daten

Stoffmenge Ende Destillierblase	n_{ω}^L	kmol	2,034
mittlerer Stoffmengenanteil Destillat	$x_{1,m}^V$	1	0,602

Anzahl Intervalle I 1   20

t / s	x_1^L	ϑ_s / °C	x_1^{V*}	n^L / kmol	$\dot{n}^V$ / (kmol s^{-1})	$\dot{Q}_{kond}$ / kW
0	0,500	79,86	0,655	10,000		
481	0,480	80,01	0,647	8,800	0,00250	99,7
875	0,460	80,16	0,639	7,815	0,00250	99,7
1203	0,440	80,31	0,631	6,998	0,00249	99,6
1478	0,420	80,47	0,624	6,311	0,00249	99,6
1712	0,400	80,64	0,617	5,729	0,00249	99,6
1913	0,380	80,81	0,610	5,230	0,00249	99,5
2086	0,360	80,98	0,602	4,798	0,00249	99,5
2237	0,340	81,17	0,595	4,423	0,00249	99,4
2370	0,320	81,37	0,588	4,093	0,00249	99,4
2487	0,300	81,58	0,581	3,801	0,00248	99,3
2592	0,280	81,81	0,573	3,542	0,00248	99,2
2685	0,260	82,07	0,565	3,310	0,00248	99,2
2770	0,240	82,35	0,556	3,101	0,00247	99,0
2847	0,220	82,67	0,547	2,911	0,00247	98,9
2917	0,200	83,04	0,536	2,738	0,00247	98,7
2982	0,180	83,48	0,524	2,578	0,00246	98,5
3042	0,160	84,00	0,509	2,431	0,00245	98,2
3099	0,140	84,64	0,491	2,292	0,00244	97,8
3153	0,120	85,44	0,469	2,161	0,00243	97,3
3205	0,100	86,46	0,441	2,034	0,00241	96,7

Abbildung 4.5: Excel-Berechnungsblatt für die dynamische Simulation des Batch-Destillationsprozesses eines realen binären Gemisches

Prozessdaten einschließlich der Anzahl der zu berechnenden Intervalle I aus dem Arbeitsblatt. Die einzelnen Zellen der Prozessdaten im Arbeitsblatt erhalten dazu zusätzlich jeweils eigene Namen (so wie bereits oben die Zelle mit dem Druck p). Die Zellen mit den entsprechenden Daten im Arbeitsblatt wurden zur besseren Übersicht mit denselben Namen versehen, wie die Variablen in VBA. Dies gilt auch für die Arrays mit den Koeffizienten der Stoffwertekorrelationen im Arbeitsblatt.

c. Die oberste linke Datenzelle in der Tabelle im Arbeitsblatt in Abb. 4.5 (mit dem Wert 0 für die Zeit t) bekommt den Namen `oberste_Zelle`. Mit dem `Range`-Befehl werden den Variablen `iErsteSpalte` und `iErsteZeile` die Spalten- und Zeilennummern dieser Zelle zugewiesen.

d. Aus der Anzahl der Intervalle I folgt mit Gleichung (4.16) die Breite der Intervalle Δx_1^{L}, die der Variablen `delta_x_1_L` zugewiesen wird. Die Temperatur T erhält den Startwert `T_Startwert` (in der Dimension K), der aus dem Arbeitsblatt ausgelesen wurde. Der Variablen für den Stoffmengenanteil in der Flüssigkeit x_1^{L} wird der vorher eingelesene Anfangswert zugewiesen und anschließend der Tabellenbereich im Arbeitsblatt mit dem Befehl `ClearContents` gelöscht. Die Größe des dynamischen Arrays `arrTable()` wird mit dem Befehl `ReDim` festgelegt, siehe dazu auch Abschnitt 2.3.3.

e. In der `For`-Schleife erfolgen die Berechnungen mit dem Finite-Differenzen-Verfahren. Die Siedetemperatur wird über die benutzerdefinierte Funktion `theta_S_arr` unter Verwendung des ZDQ-Verfahrens auf Basis der NRTL-Methode iterativ berechnet. Dafür kann der in Abschnitt 2.8 in Listing 2.12 aufgeführte VBA-Code unter Verwendung der in Gleichung (4.17) aufgeführten Zielfunktion verwendet werden, siehe Listing 4.2 (zur Vermeidung einer Fehlermeldung beim Aufruf von `theta_S_arr` werden die Argumente 2 und 3 unter Anwendung der `CDbl`-Funktion konvertiert). Da es möglich ist, dass das ZDQ-Verfahren für die Berechnung der Temperatur nicht konvergiert und in diesem Fall einen Fehler zurückgibt, wird das Ergebnis des Aufrufs von `theta_S_arr` zunächst in der `Variant`-Variablen `TT` zwischengespeichert. Anschließend wird mit der `IsError`-Funktion überprüft, ob `TT` einen Fehlerwert enthält; wenn ja, wird eine Messagebox mit einem Hinweis ausgegeben und das Skript abgebrochen, andernfalls der Wert von `TT` an `T` übergeben.

f. Der zu x_1^{L} bei der vorher ermittelten Temperatur im Gleichgewicht stehende Stoffmengenanteil des Dampfes $x_1^{\mathrm{V}*}$ wird mit Gleichung (3.20) unter Verwendung der auf den Gleichungen (3.80) bis (3.82) basierenden benutzerdefinierten Funktion in Listing 3.2 für die Berechnung der Aktivitätskoeffizienten und unter Verwendung der auf Gleichung (2.4) basierenden benutzerdefinierten Funktion in Listing 2.7 für die Berechnung der Sättigungspartialdrücke ermittelt.

g. In der `If`-Abfrage wird für $i > 0$ zunächst der jeweils neue Wert für die Stoffmenge der Flüssigkeit n^{L} unter Verwendung von Gleichung (4.20) berechnet.

h. Die Berechnung der Breite der Intervalle Δt erfolgt mit Gleichung (4.23) und den dafür vorher berechneten Werten für M^{L} und M^{V} entsprechend der Gleichung in Tabelle A, $c_{pi}^{\mathrm{L}}(T)$ mit Gleichung (3.70), $\Delta_{\mathrm{vap}}h_i(T)$ mit Gleichung (3.71) (unter Verwendung von UDFs) sowie w_1^{L} und w_1^{V} mit Gleichung (3.63). Die in die Gleichung einzusetzende Temperaturänderung ΔT wird aus der Differenz zwischen der aktuell berechneten und der zuletzt berechneten Siedetemperatur `T - T_i_minus_1` ermittelt.

i. Mit den nun bekannten Werten für Δt können mit Gleichung (4.19) die diskreten Werte für den aus der Destillierblase verdampfenden Stoffmengenstrom $\dot{n}^{\mathrm{V}}$ berechnet werden. Daraus folgen mit Gleichung (4.24) die Werte für den im Kondensator abzuführenden Wärmestrom $\dot{Q}_{\mathrm{kond}}$.

j. Im Array `arrTable` werden die berechneten Werte gespeichert, anschließend der neue Wert für x_1^{L} ermittelt und der Variablen `T_i_minus_1` der aktuelle Temperaturwert `T` für den nächsten Schleifendurchlauf zugewiesen.

k. Nach dem letzten Durchlauf der `For`-Schleife werden die Werte aus dem Array `arrTable` sowie der Wert der Stoffmenge in der Destillierblase am Ende des Prozesses n_ω^{L} in das Arbeitsblatt übernommen, für $t = 0$ die Werte von $\dot{n}^{\mathrm{V}}$ und $\dot{Q}_{\mathrm{kond}}$ aus dem Arbeitsblatt entfernt und im Arbeitsblatt der mittlere Stoffmengenanteil im Destillat $x_{1,\mathrm{m}}^{\mathrm{V}}$ nach Gleichung (4.10) berechnet.

Optional kann die Umrechnung der Stoffmenge der Flüssigkeit in der Destillierblase in das Volumen der Flüssigkeit V^{L} und der Stoffmengenanteile der Flüssig- und der Gasphase in die entsprechenden Volumenanteile φ_i^{L} bzw. φ_i^{V} erfolgen. Diese Umrechnungen sind aus Platzgründen in Abb. 4.5 ausgeblendet. Unter der Annahme einer idealen Gasphase gilt für den Volumenanteil $\varphi_i^{\mathrm{V}} = x_i^{\mathrm{V}}$ und damit auch für den mittleren Anteil im Destillat $\varphi_{1,\mathrm{m}}^{\mathrm{V}} = x_{1,\mathrm{m}}^{\mathrm{V}}$. Die Berechnung des Volumens der Flüssigkeit aus der gegebenen Stoffmenge der Flüssigkeit am Anfang des Prozesses

$$V^{\mathrm{L}} = V_1^{\mathrm{L}} + V_2^{\mathrm{L}} = \frac{n_1^{\mathrm{L}} M_1}{\varrho_1^{\mathrm{L}}} + \frac{n_2^{\mathrm{L}} M_2}{\varrho_2^{\mathrm{L}}} = \frac{x_1^{\mathrm{L}} n^{\mathrm{L}} M_1}{\varrho_1^{\mathrm{L}}} + \frac{(1 - x_1^{\mathrm{L}}) n^{\mathrm{L}} M_2}{\varrho_2^{\mathrm{L}}} \qquad (4.25)$$

kann vereinfachend unter der Annahme einer idealen Flüssigphase – also unter Vernachlässigung des für das vorliegende Stoffsystem nicht unerheblichen Exzessvolumens – erfolgen. Die Berechnung der Dichte der Flüssigkeiten ϱ_i^{L} ergibt sich aus Gleichung (2.31) mit den aus dem *VDI-Wärmeatlas* zu entnehmenden Koeffizienten. Für die Umrechnung der Stoffmengenanteile in der Destillierblase am Anfang und am Ende des Prozesses in Volumenanteile gilt (diese Gleichung ist nicht in Tabelle A im Anhang enthalten)

$$\varphi_i = \frac{V_i}{\sum\limits_{j=1}^{k} V_j} = \frac{n_i M_i / \varrho_i}{\sum\limits_{j=1}^{k} n_j M_j / \varrho_j} = \frac{x_i M_i / \varrho_i}{\sum\limits_{j=1}^{k} x_j M_j / \varrho_j} \ . \qquad (4.26)$$

Kommentare zu den Ergebnissen der Berechnung in Abb. 4.5: Die Zeitintervalle Δt sind nicht gleich groß, da die Intervalle Δx_1^{L} vorgegeben wurden. Dies kommt dem Prozessverlauf durchaus entgegen, da die Krümmungen der zeitlichen Verläufe $\vartheta_S(t)$, $x_1^L(t)$ und $x_1^{V*}(t)$ zum Ende hin zunehmen. Der zeitliche Verlauf der in der Destillierblase verbleibenden Stoffmenge der Flüssigkeit $n^L(t)$ ist nicht in einem Diagramm dargestellt, da er praktisch linear abnimmt. Die Werte für die in den Intervallen berechneten Stoffmengenströme des Dampfes $\dot{n}^V$ nehmen leicht ab, da die Änderung der Inneren Energie des Flüssigkeitsinhaltes in der Destillierblase vom Anstieg der Siedetemperatur abhängt. Dies wirkt sich auf den zur Kondensation des Destillats abzuführenden Wärmestrom $\dot{Q}_{kond}$ in den Intervallen aus, weshalb sich die Beträge von $\dot{Q}_{kond}$ und $\dot{Q}_{verd}$ leicht unterscheiden.

Interessant ist der Vergleich dieser Berechnung mit dem Ergebnis der Berechnung in Abb. 4.4 in Zusammenhang mit der Anzahl der gewählten Intervalle und der daraus resultierenden Schrittweite für das Finite-Differenzen-Verfahren. Bei der für die Berechnung in Abb. 4.5 gewählten Anzahl von 20 Intervallen ist die Differenz der sich ergebenden Werte für die in der Destillierblase verbleibenden Stoffmenge n_ω^L nicht unerheblich. Mit zunehmender Anzahl der Intervalle (z. B. $I = 100$ oder $I = 200$) nimmt die Differenz zwischen den Ergebnissen erwartungsgemäß ab.

Listing 4.1: VBA-Code für die Berechnung der Daten des dynamischen Batch-Destillationsprozesses

```vba
Private Sub Worksheet_Change(ByVal Target As Range)
    If Not Application.Intersect(Target, Range("p")) Is Nothing Then
        Call CalcVLE(Target)
    End If
    If Not Application.Intersect(Target, Range("Prozessdaten")) Is Nothing Or _
            Not Application.Intersect(Target, Range("Anzahl_I")) Is Nothing Then
        Call FillTable(Target)
    End If
End Sub


Private Sub CalcVLE(Target As Range)
    SolverOk SetCell:=Range("Zielzelle_GG_Diagr"), MaxMinVal:=2, ValueOf:=0, _
        ByChange:=Range("Theta_Feld"), Engine:=1, EngineDesc:="GRG Nonlinear"
    SolverSolve
    SolverOk SetCell:=Range("Zielzelle_azeotrop"), MaxMinVal:=2, ValueOf:=0, _
        ByChange:=Range("x_1_L_azeotrop,Theta_azeotrop"), _
        Engine:=1, EngineDesc:="GRG Nonlinear"
    SolverSolve
End Sub


Private Sub FillTable(Target As Range)

    Dim p As Double                    'Variablendeklaration
    Dim T_Startwert As Double
    Dim T As Double, T_i_minus_1 As Double
    Dim TT As Variant                  'zum Abfangen von Fehlern
    Dim dtime As Double
    Dim n_L As Double, dot_n_V As Double
    Dim x_1_L As Double, x_1_V As Double
    Dim x_1_L_alpha As Double, x_1_L_omega As Double
    Dim dot_Q As Double
    Dim c_p_L_1 As Double, c_p_L_2 As Double
    Dim delta_h_V_1 As Double, delta_h_V_2 As Double
```

```vba
      Dim w_V_1 As Double, w_L_1 As Double
35    Dim p_kr_1 As Double, p_kr_2 As Double, T_kr_1 As Double, T_kr_2 As Double
      Dim rho_kr_1 As Double, rho_kr_2 As Double, M_1 As Double, M_2 As Double
      Dim A_12 As Double, A_21 As Double, alpha As Double
      Dim Anzahl_I As Double
      Dim delta_x_1_L As Double
40    Dim delta_n_L As Double
      Dim M_L As Double, M_V As Double
      Dim delta_t As Double
      Dim dot_Q_kond
      Dim i As Integer
45    Dim iErsteSpalte As Integer, iErsteZeile As Integer
      Dim gamma As Variant
      Dim arrTable() As Double                 'zum Speichern der Daten in der Tabelle

      Dim arrPs1 As Variant, arrPs2 As Variant          'Deklaration der Arrays
50    Dim arrCp1 As Variant, arrCp2 As Variant          'für die Koeffizienten
      Dim arrHvap1 As Variant, arrHvap2 As Variant      'der Stoffwertekorrelationen
      Dim arrA As Variant, arrAlpha As Variant


55    p_kr_1 = Range("p_kr_1")                  'Einlesen kritische Daten
      p_kr_2 = Range("p_kr_2")
      T_kr_1 = Range("T_kr_1")
      T_kr_2 = Range("T_kr_2")
      rho_kr_1 = Range("rho_kr_1")
60    rho_kr_2 = Range("rho_kr_2")
      M_1 = Range("M_1")                       'molare Massen
      M_2 = Range("M_2")

      arrPs1 = Range("arrPs1"): arrPs2 = Range("arrPs2")   'Einlesen Koeffizienten
65    arrCp1 = Range("arrCp1"): arrCp2 = Range("arrCp2")
      arrHvap1 = Range("arrHvap1"): arrHvap2 = Range("arrHvap2")

      arrA = Range("arrA")                     'Einlesen Daten für NRTL-Methode
      arrAlpha = Range("arrAlpha")
70
      p = Range("p")                           'Einlesen Prozessdaten Arbeitsblatt
      T_Startwert = Range("T_Startwert")
      n_L = Range("n_L_alpha")
      x_1_L_alpha = Range("x_1_L_alpha")
75    x_1_L_omega = Range("x_1_L_omega")
      dot_Q = Range("dot_Q")

      Anzahl_I = Range("Anzahl_I")             'Anzahl Intervalle

80    iErsteSpalte = Range("oberste_Zelle").Column      'Nr. erste Spalte Array
      iErsteZeile = Range("oberste_Zelle").Row          'Nr. oberste Zeile Array


      delta_x_1_L = (x_1_L_omega - x_1_L_alpha) / Anzahl_I
85    T = T_Startwert                          'Zuweisung Startwert für ZDQ-Verfahren
      x_1_L = x_1_L_alpha                      'Zuweisung Anfangswert


      'Löscht den Inhalt der ("alten") Tabelle vor dem Start der Berechnungen
90    Range(Range("oberste_Zelle"), _
```

```vba
        Range("oberste_Zelle").End(xlDown).End(xlToRight)).ClearContents

    'Erzeugt 'arrTable' in der richtigen Größe
    ReDim arrTable(Anzahl_I, 6)

    For i = 0 To Anzahl_I
        'Berechnung Siedetemperatur
        TT = theta_S_arr(T, p, x_1_L, p_kr_1, p_kr_2, T_kr_1, T_kr_2, _
                         arrPs1, arrPs2, arrA, arrAlpha)
        If IsError(TT) Then
            MsgBox ("Es ist ein Fehler aufgetreten.")
            Exit Sub
        Else
            T = TT
        End If
        'Berechnung Aktivitätskoeffizient und Stoffmengenanteil Dampfphase
        gamma = gamma_i(T, x_1_L, arrA, arrAlpha, , True)
        x_1_V = x_1_L * gamma(1) * p_S_VDI_11_arr(T, p_kr_1, T_kr_1, arrPs1) / p

        'Berechnungen für t > 0
        If i > 0 Then
            delta_n_L = (delta_x_1_L * n_L) / (x_1_V - x_1_L)
            n_L = n_L + delta_n_L

            M_L = x_1_L * M_1 + (1 - x_1_L) * M_2
            M_V = x_1_V * M_1 + (1 - x_1_V) * M_2
            c_p_L_1 = c_p_L_VDI_11_arr(T, T_kr_1, M_1, arrCp1)
            c_p_L_2 = c_p_L_VDI_11_arr(T, T_kr_2, M_2, arrCp2)
            delta_h_V_1 = delta_h_V_VDI_11_arr(T, T_kr_1, M_1, arrHvap1)
            delta_h_V_2 = delta_h_V_VDI_11_arr(T, T_kr_2, M_2, arrHvap2)

            w_L_1 = x_1_L * M_1 / (x_1_L * M_1 + (1 - x_1_L) * M_2)
            w_V_1 = x_1_V * M_1 / (x_1_V * M_1 + (1 - x_1_V) * M_2)

            'Berechnung der Breite der zeitlichen Intervalle
            delta_t = (n_L * M_L * (w_L_1 * c_p_L_1 + (1 - w_L_1) * c_p_L_2) _
                * (T - T_i_minus_1) - delta_n_L * M_V * (w_V_1 * delta_h_V_1 _
                + (1 - w_V_1) * delta_h_V_2)) / dot_Q
            dtime = dtime + delta_t

            dot_n_V = -delta_n_L / delta_t
            dot_Q_kond = dot_n_V * M_V * (w_V_1 * delta_h_V_1 _
                + (1 - w_V_1) * delta_h_V_2)
        End If

        'Speichern der Daten für die Tabelle in 'arrTable'
        arrTable(i, 0) = dtime
        arrTable(i, 1) = x_1_L
        arrTable(i, 2) = T - 273.15
        arrTable(i, 3) = x_1_V
        arrTable(i, 4) = n_L
        arrTable(i, 5) = dot_n_V
        arrTable(i, 6) = dot_Q_kond

        'Berechnung Stoffmengenanteil Flüssigphase und speichern der "alten"
        'Temperatur in 'T_i_minus_1' für den nächsten Schleifendurchlauf
        x_1_L = x_1_L + delta_x_1_L
```

```vba
          T_i_minus_1 = T
      Next i

      'Einfügen der Werte des Arrays 'arrTable' in das Arbeitsblatt
      Range("oberste_Zelle").Resize(UBound(arrTable, 1) + 1, _
          UBound(arrTable, 2) + 1) = arrTable
      'Löschen der ersten Werte von 'dot_n_V' und 'dot_Q_kond' für t=0
      Range("oberste_Zelle").Resize(, 2).Offset(, 5).ClearContents

      'Einfügen von 'n_L' in die entsprechende Zelle auf dem Tabellenblatt
      Range("n_L_omega") = n_L
End Sub
```

Listing 4.2: VBA-Code für die Berechnung der Siedetemperatur mit der NRTL-Methode

```vba
'Funktion zur Berechnung der Siedetemperatur einer realen binären Lösung
Function theta_S_arr( _
    Startwert_T As Double, _
    p As Double, _
    x_1 As Double, _
    p_kr_1 As Double, p_kr_2 As Double, _
    T_kr_1 As Double, T_kr_2 As Double, _
    arrPs1 As Variant, arrPs2 As Variant, _
    arrA As Variant, _
    arrAlpha As Variant _
        ) As Variant

    Dim arr(9) As Variant

    'Zusammenfassung (zusätzlicher) Parameter im 'ParameterArray'
    arr(1) = x_1
    arr(2) = p_kr_1
    arr(3) = p_kr_2
    arr(4) = T_kr_1
    arr(5) = T_kr_2
    arr(6) = arrPs1
    arr(7) = arrPs2
    arr(8) = arrA
    arr(9) = arrAlpha

    theta_S_arr = ZDQ_Solver(Startwert_T, p, "SumVaporPressures", arr)
End Function


'Funktion zur Berechnung der Summe der Partialdrücke einer realen binären Lösung
Function SumVaporPressures(T As Double, arr As Variant) As Variant

    Dim gamma As Variant

    gamma = gamma_i(T, arr(1), arr(8), arr(9), , True)

    SumVaporPressures = _
        arr(1) * gamma(1) * p_S_VDI_11_arr(T, CDbl(arr(2)), CDbl(arr(4)), arr(6)) _
        + (1 - arr(1)) * gamma(2) * p_S_VDI_11_arr(T, (arr(3)), (arr(5)), arr(7))
End Function
```

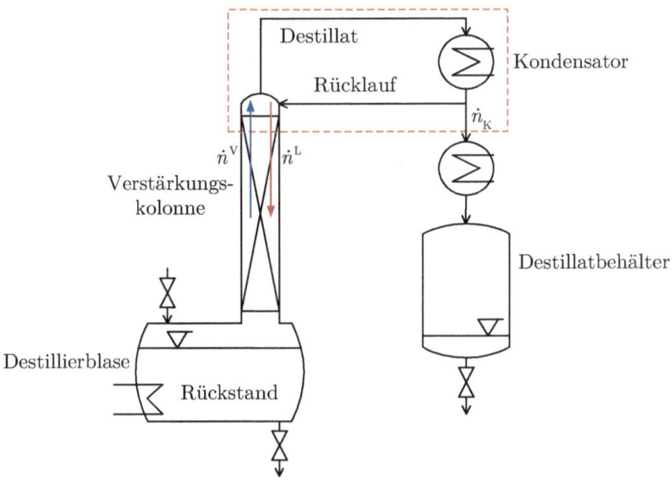

Abbildung 4.6: Bilanzschema der mehrstufigen offenen Batch-Rektifikation

4.5 Batch-Rektifikation eines realen binären Gemisches

Nachfolgend wird die mehrstufige offene diskontinuierliche Destillation im Gegenstrom, die sogenannte *Batch-Rektifikation* betrachtet, siehe Abb. 4.2 und Abb. 4.6. Die Trennkolonne kann direkt über der Destillierblase angeordnet werden. Dies entspricht dem Standard-Prozess mit einer sogenannten Verstärkungskolonne. Im Unterschied dazu gibt es auch die inverse Batch-Rektifikation und die Batch-Rektifikation mit einem Mittelbehälter [58], auf die hier nicht eingegangen wird.

Prinzip der Rektifikation: Ein Teil des aus dem Kopf der Verstärkungskolonne austretenden und anschließend kondensierten Destillats wird in die Kolonne zurückgeführt und läuft dort – im Gegenstrom zum aufsteigenden Dampf – herab (vergleiche Abschnitt 8.1). Wichtig ist dabei eine möglichst große Phasengrenzfläche zwischen gasförmiger und flüssiger Phase in der Trennkolonne und eine gute Wärme- und Stoffübertragung, was beides durch Einbauten in der Kolonne (Böden, Packungen, Füllkörper) unterstützt wird. Das verbleibende Kondensat wird in einem weiteren Wärmeübertrager unterkühlt und in den Destillatbehälter abgeleitet.

Für den Betrieb der Batch-Rektifikation bieten sich die beiden nachfolgend beschriebenen Fahrweisen an:

- konstantes Rücklaufverhältnis bei variabler Zusammensetzung des Destillats und

- konstante Zusammensetzung des Destillats bei variablem Rücklaufverhältnis.

Auch für die Batch-Rektifikation gilt die Rayleigh-Gleichung (4.6). Jedoch stehen das aus der Verstärkungskolonne oben austretende dampfförmige Destillat mit der Zusammensetzung x_1^{V} und die Flüssigkeit in der Destillierblase mit der Zusammensetzung x_1^{L} hier – im Unterschied zur Batch-Destillation – *nicht* im Phasengleichgewicht zueinander (deshalb entfällt hier die Kennzeichnung *)

$$\ln \frac{n_\omega^{\mathrm{L}}}{n_\alpha^{\mathrm{L}}} = \int_{x_{1,\alpha}^{\mathrm{L}}}^{x_{1,\omega}^{\mathrm{L}}} \frac{\mathrm{d}x_1^{\mathrm{L}}}{x_1^{\mathrm{V}} - x_1^{\mathrm{L}}} \; . \tag{4.27}$$

Die Zusammensetzung des austretenden Destillats hängt insbesondere von der sogenannten theoretischen Stufenzahl der Verstärkungskolonne ab.

Der Zusammenhang zwischen $x_1^{\mathrm{V}}{}^*$ und x_1^{L} (im Phasengleichgewicht) kann grafisch im *Gleichgewichtsdiagramm* oder auch McCabe-Thiele-*Diagramm* dargestellt werden, siehe Abschnitt 3.4.3. Daraus folgt in diesem Diagramm die Erstellung einer einfachen grafischen Konstruktion für die Ermittlung der theoretischen Stufenzahl der Verstärkungskolonne, siehe dazu die nachfolgenden Betrachtungen.

Ermittlung der Verstärkungsgeraden

Wie in Abb. 4.6 schematisch dargestellt, strömt in den Querschnitten der Trennkolonne ein Dampfstrom $\dot{n}^{\mathrm{V}}$ nach oben und ein Flüssigkeitsstrom $\dot{n}^{\mathrm{L}}$ nach unten. Da Dampf und Flüssigkeit in denselben Querschnitten der Kolonne nicht im Phasengleichgewicht stehen, kann davon ausgegangen werden, dass aus der Flüssigkeit Dampf gebildet wird und aus dem Dampf Flüssigkeit kondensiert. Dabei wird vorausgesetzt, dass diese Mengen gleich sind. Diese Annahme ist aufgrund der sogenannten Troutonschen Regel – die besagt, dass die molaren Verdampfungsenthalpien der Komponenten nahezu gleich sind, wenn die Differenzen zwischen den Siedetemperaturen der Komponenten gering sind – gerechtfertigt. Wenn Wärmeverluste ausgeschlossen und Änderungen der Enthalpien der beiden Phasen (aufgrund von Temperaturänderungen) vernachlässigt werden können, ergeben sich über die Höhe der Kolonne konstante Stoffmengenströme des aufsteigenden Dampfes und der herablaufenden Flüssigkeit [42, 55].

Für den oberen Bilanzraum in Abb. 4.6 folgt als Stoffmengenbilanz

$$\dot{n}^{\mathrm{V}} = \dot{n}^{\mathrm{L}} + \dot{n}_{\mathrm{K}} \tag{4.28}$$

mit dem kondensierten Destillat oder auch Kopfprodukt (Index K) und als Bilanz für die Komponente 1

$$\dot{n}^{\mathrm{V}} x_1^{\mathrm{V}} = \dot{n}^{\mathrm{L}} x_1^{\mathrm{L}} + \dot{n}_{\mathrm{K}} x_{\mathrm{K}1} \; . \tag{4.29}$$

Mit den bereits in Abschnitt 3.4 verwendeten Abkürzungen $y = x_1^{\mathrm{V}}$ für den Stoffmengenanteil der leichtersiedenden Komponente 1 in der Dampfphase sowie $x = x_1^{\mathrm{L}}$ für den Stoffmengenanteil der leichtersiedenden Komponente 1 in der Flüssigphase und Ersetzen von $\dot{n}^{\mathrm{V}}$ in Gleichung (4.29) durch Gleichung (4.28) folgt

$$y = \frac{\dot{n}^{\mathrm{L}}}{\dot{n}^{\mathrm{L}} + \dot{n}_{\mathrm{K}}} x + \frac{\dot{n}_{\mathrm{K}}}{\dot{n}^{\mathrm{L}} + \dot{n}_{\mathrm{K}}} x_{\mathrm{K}1} \tag{4.30}$$

und nach Erweiterung der beiden rechten Terme mit $1/\dot{n}_K$

$$y = \frac{\dot{n}^L/\dot{n}_K}{\dot{n}^L/\dot{n}_K + 1}x + \frac{1}{\dot{n}^L/\dot{n}_K + 1}x_{K1} \ . \tag{4.31}$$

Als wichtige Betriebsgröße für den Prozess definieren wir das sogenannte *Rücklaufverhältnis*

$$v = \frac{\dot{n}^L}{\dot{n}_K} \ . \tag{4.32}$$

Daraus ergibt sich die *Gleichung der Verstärkungsgeraden* im Gleichgewichtsdiagramm

$$y = \frac{v}{v+1}x + \frac{x_{K1}}{v+1} \ . \tag{4.33}$$

Die Verstärkungsgerade schneidet die Diagonale im Punkt $y = x = x_{K1}$ und hat die vom Rücklaufverhältnis v bestimmte Steigung $v/(v+1)$ sowie den Ordinatenabschnitt $x_{K1}/(v+1)$, siehe das Gleichgewichtsdiagramm in Abb. 4.7. Zustände auf der Geraden geben den Zusammenhang zwischen den Stoffmengenanteilen von Dampf und Flüssigkeit in den waagerechten Querschnitten der Kolonne an. Wird kein Kopfprodukt abgeführt, so ist das Rücklaufverhältnis $v = \infty$ und die Verstärkungsgerade fällt mit der Diagonalen im Diagramm zusammen.

Stufenkonstruktion und theoretische Stufenzahl

Gesucht ist die erforderliche theoretische Stufenzahl n_{th} der Verstärkungskolonne. Im Gleichgewichtsdiagramm in Abb. 4.7 wird eine Konstruktion zur einfachen grafischen Ermittlung dieser Größe nach MCCABE und THIELE erstellt [56]. Dafür müssen die Stoffmengenanteile im flüssigen Rückstand in der Destillierblase x_1^L und im Destillat $x_1^V = x_{K1}$ sowie das Rücklaufverhältnis v gegeben sein.

1. An den Diagrammachsen werden die Stoffmengenanteile $x = x_1^L$ und $y = x_1^V = x_{K1}$ gekennzeichnet und die Verstärkungsgerade entsprechend Gleichung (4.33) aufgetragen. Anmerkungen: Die den Querschnitten der Verstärkungskolonne gemäß dem Grundfließschema in der linken Seite von Abb. 4.7 entsprechenden Zustände (dort als gestrichelte Linien dargestellt) liegen auf der Verstärkungsgeraden. Die aus den theoretischen Stufen austretenden Stoffströme stehen im Phasengleichgewicht (Prinzip der theoretischen Trenn- oder Gleichgewichtsstufe); ihre Zustände liegen damit auf der Gleichgewichtskurve.

2. Der aus der ersten Stufe austretende Dampfstrom V_1 mit dem Stoffmengenanteil y_1 steht mit dem flüssigen Rückstand in der Destillierblase mit dem Stoffmengenanteil x_1^L im Phasengleichgewicht. Somit entspricht die Destillierblase einer theoretischen Gleichgewichtsstufe, siehe Abschnitte 3.5 und 4.2. Für die grafische Darstellung des Zustandspunkts B auf der Verstärkungsgeraden, die den Beginn der ersten Stufe bildet, ist die Koordinate y_B erforderlich, die aus Gleichung (4.33) folgt. Die erste Stufe, die in Punkt B startet, ist mit dem abszissenparallelen

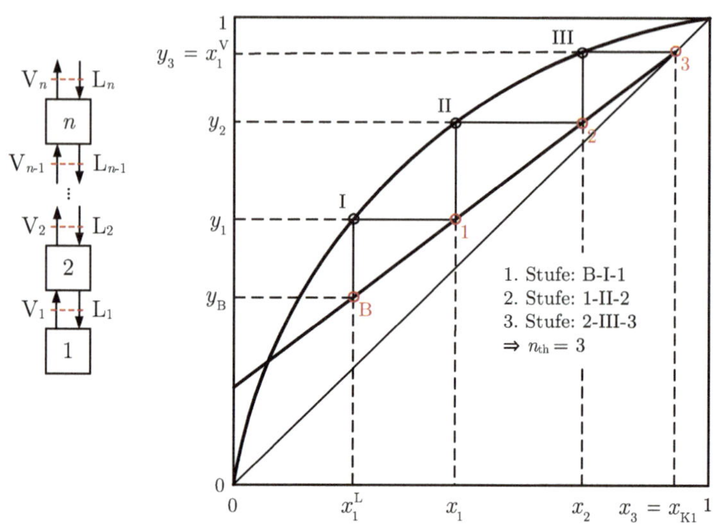

Abbildung 4.7: Stufenkonstruktion für die Batch-Rektifikation im Gleichgewichtsdiagramm. Links: Grundfließschema mit theoretischen Trennstufen, Linien - - - : Zusammensetzungen in den Querschnitten.

Linienzug in Punkt 1 vollendet. Der Stoffmengenanteil x_1 kann aus y_1 mit der nach x aufgelösten Gleichung (4.33) ermittelt werden.

3. Die zweite Stufe startet im Punkt 1. Punkt II liefert über das Phasengleichgewicht den Stoffmengenanteil y_2. Die zweite Stufe ist mit dem abszissenparallelen Linienzug in Punkt 2 vollendet. Der aus der zweiten Stufe ablaufende Flüssigkeitsstrom hat den Stoffmengenanteil x_1, der größer ist, als der Stoffmengenanteil x_1^L des flüssigen Rückstandes in der Destillierblase.

4. Die dritte Stufe startet im Punkt 2. Punkt III liefert über das Phasengleichgewicht den Stoffmengenanteil $y_3 = x_1^V$. Der Endpunkt der dritten Stufe liegt im Schnittpunkt von der Verstärkungsgeraden und der Diagonalen. Somit gilt $y_3 = x_1^V = x_{K1}$. Die Anzahl der Stufen wird zur theoretischen Stufenzahl n_{th} summiert.

4.5.1 Konstantes Rücklaufverhältnis

In der einschlägigen Literatur sind nur vage Hinweise darauf enthalten, wie die Stufenkonstruktionen für die beiden nachfolgend erläuterten Fahrweisen des konstanten Rücklaufverhältnisses und der konstanten Destillatzusammensetzung praktisch erstellt werden können. Im besten Fall ist der Hinweis aufgeführt, dass im Gleichgewichtsdiagramm eine „Anpassung" erfolgen soll. Eine einfache praktische Lösung dafür ist die Erstellung der Stufenkonstruktion im Gleichgewichtsdiagramm unter Anwendung des Solvers, die nachfolgend beschrieben wird.

Beispiel 4.4

Ein aus den Komponenten Methanol und Wasser bestehendes reales Gemisch (ideale Gas- und reale Flüssigphase) wird in einem mehrstufigen offenen Batch-Rektifikationsprozess (Standard-Prozess mit einer Verstärkungskolonne) bei einem konstanten Druck $p = 1{,}013\,\text{bar}$ behandelt. Ausgehend von einer Stoffmenge $n_\alpha^\text{L} = 10{,}0\,\text{kmol}$ mit einem Stoffmengenanteil $x_{1,\alpha}^\text{L} = 0{,}48$ zu Beginn des Prozesses soll ein Stoffmengenanteil von $x_{1,\omega}^\text{L} = 0{,}12$ im Rückstand der Destillierblase erreicht werden. Das Rücklaufverhältnis beträgt konstant $v = 1{,}7$, die theoretische Stufenzahl $n_\text{th} = 4$. Zu berechnen sind die Verläufe der Stoffmengenanteile des flüssigen Rückstandes x_1^L und des kondensierten Destillats $x_1^\text{V} = x_{\text{K1}}$ sowie der Siedetemperatur ϑ_S in Abhängigkeit vom Stoffmengenverhältnis $n_\omega^\text{L}/n_\alpha^\text{L}$ (n_α^L und n_ω^L sind die Stoffmengen in der Destillierblase zu Beginn und am Ende des Prozesses); außerdem die Stoffmenge n_ω^L und der mittlere Stoffmengenanteil des im Destillatbehälter aufgefangenen kondensierten Destillats $x_{1,\text{m}}^\text{V} = x_{\text{K1,m}}$ auf Basis der NRTL-Methode. (NRTL-Parameter und Ergebnisse im Excel-Berechnungsblatt in Abb. 4.8.)

Für die Bearbeitung der Aufgabenstellung gemäß Beispiel 4.4 wird ein Excel-Berechnungsblatt wie in Abb. 4.8 erstellt. Dazu kann das in Abschnitt 3.8.1 für die Bearbeitung von Beispiel 3.7 erstellte Blatt in Abb. 3.16 als Vorlage verwendet werden oder es wird ein neues Blatt gemäß der Anleitung zu Beispiel 3.7 angelegt.

1. Um die Aufgabenstellung vereinfacht im Arbeitsblatt lösen zu können, ist eine Ausgleichsfunktion für die Gleichgewichtskurve im Gleichgewichtsdiagramm erforderlich, die mittels Polynomregression unter Verwendung der benutzerdefinierten Funktion `PolynomReg` – wie in Abschnitt 2.7.2 beschrieben – erstellt wird. Ein Polynom sechsten Grades ist hier ausreichend. Diese Berechnung kann im Arbeitsblatt direkt neben der Berechnung der Gleichgewichtsdaten erfolgen, ist aber aus Platzgründen in Abb. 4.8 nicht dargestellt. Im Gleichgewichtsdiagramm sind die unter Verwendung der NRTL-Methode erstellten Daten als Punkte und die mittels der Polynomregression berechneten Daten als durchgezogene Linie dargestellt.

2. Das Feld mit den Prozessdaten enthält die Eingabewerte von p, $n_\alpha^\text{L}, x_{1,\alpha}^\text{L}, x_{1,\omega}^\text{L}$ sowie das Rücklaufverhältnis v und die theoretische Stufenzahl n_th. Außerdem wird auch in diesem Feld ein Startwert für die Temperatur (unter Beachtung der korrekten Dimension, also in K) eingegeben, der für die Berechnung der Siedetemperaturen mit dem ZDQ-Verfahren erforderlich ist, siehe die entsprechenden Hinweise in Abschnitt 4.4. Aus Platzgründen ist diese Zeile in Abb. 4.8 ausgeblendet.

3. Im unteren Teil des Arbeitsblattes in Abb. 4.8 wird eine Tabelle angelegt, in der zunächst – in Abhängigkeit des Stoffmengenanteils x_1^L – die Siedetemperaturen ϑ_S und die Stoffmengenanteile $x_1^\text{V} = x_{\text{K1}}$ ermittelt werden. Dafür wird der Bereich zwischen $x_{1,\omega}^\text{L}$ und $x_{1,\alpha}^\text{L}$ in der Tabelle in gleich große Intervalle aufgeteilt und für die sich ergebenden Werte von x_1^L die Siedetemperatur anhand der in

Stoffdaten (VDI-Wärmeatlas (2013). 11. Aufl. Berlin: Springer. Abschnitt D3.)

Stoffsystem			**Methanol**	**Wasser**
Komponentennummer	i	1	1	2
kritischer Druck	p_{kr}	bar	82,16	220,64
kritische Temperatur	T_{kr}	K	513,38	647,1
molare Masse	M	kg kmol^{-1}	32,04	18,02
Koeffizienten Dampfdruck-/WAGNER-Gleichung	A	1	-8,72963	-7,86975
	B	1	1,45860	1,90561
	C	1	-2,78449	-2,30891
	D	1	-0,70669	-2,06472

NRTL-Parameter (Gmehling; Onken; Kolbe (1991): Vapor-liquid equilibrium data collection. DECHEMA Chemistry Data Series, Vol.I, Part 1, S. 60.)

Wechselwirkungsparameter	A_{21}	cal mol^{-1}		545,3615
	A_{12}	cal mol^{-1}	-11,5842	
Nonrandomness-Parameter	α_{21}	1		0,3011
	α_{12}	1	0,3011	

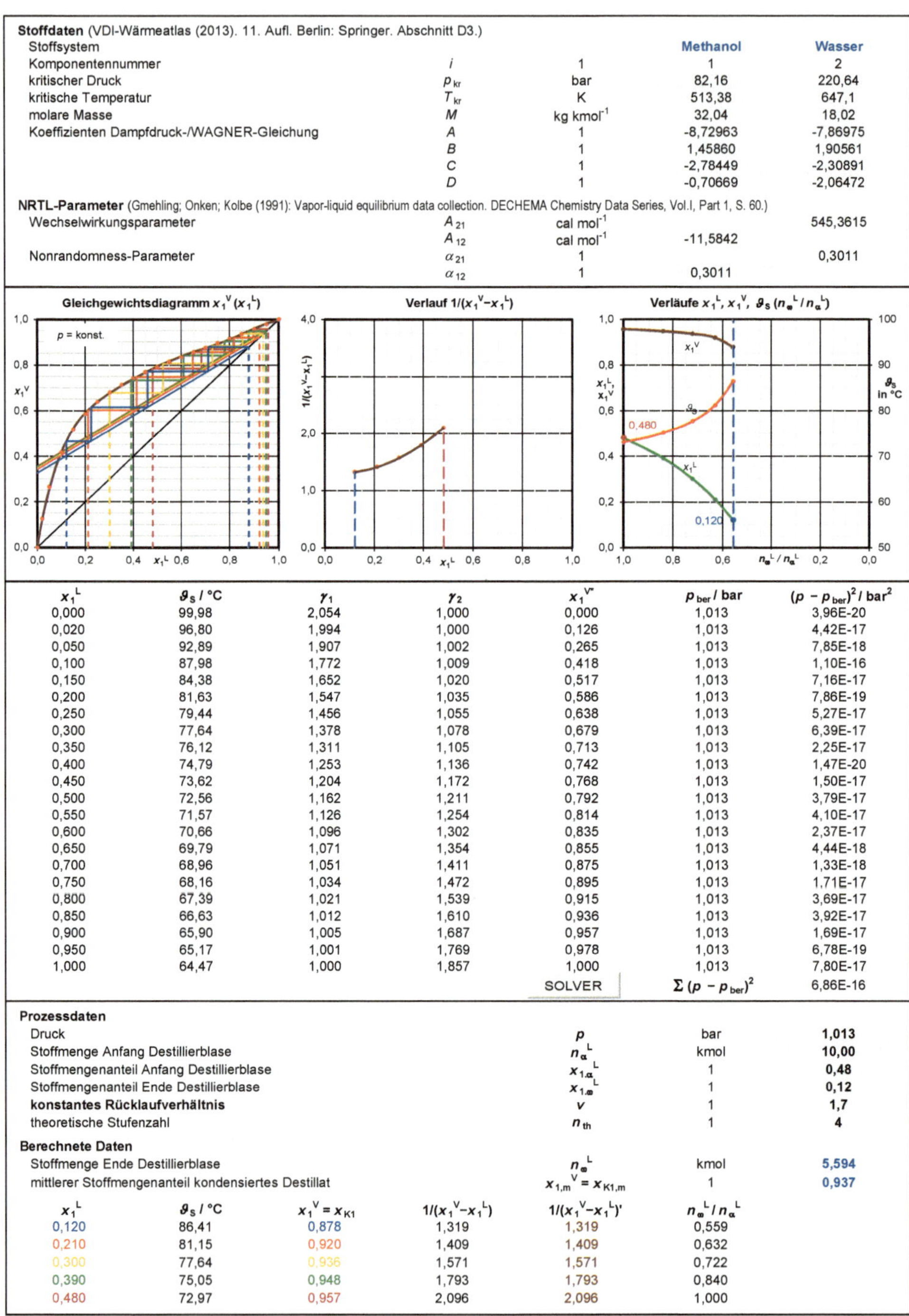

x_1^L	ϑ_S / °C	γ_1	γ_2	$x_1^{V''}$	p_{ber} / bar	$(p - p_{ber})^2$ / bar^2
0,000	99,98	2,054	1,000	0,000	1,013	3,96E-20
0,020	96,80	1,994	1,000	0,126	1,013	4,42E-17
0,050	92,89	1,907	1,002	0,265	1,013	7,85E-18
0,100	87,98	1,772	1,009	0,418	1,013	1,10E-16
0,150	84,38	1,652	1,020	0,517	1,013	7,16E-17
0,200	81,63	1,547	1,035	0,586	1,013	7,86E-19
0,250	79,44	1,456	1,055	0,638	1,013	5,27E-17
0,300	77,64	1,378	1,078	0,679	1,013	6,39E-17
0,350	76,12	1,311	1,105	0,713	1,013	2,25E-17
0,400	74,79	1,253	1,136	0,742	1,013	1,47E-20
0,450	73,62	1,204	1,172	0,768	1,013	1,50E-17
0,500	72,56	1,162	1,211	0,792	1,013	3,79E-17
0,550	71,57	1,126	1,254	0,814	1,013	4,10E-17
0,600	70,66	1,096	1,302	0,835	1,013	2,37E-17
0,650	69,79	1,071	1,354	0,855	1,013	4,44E-18
0,700	68,96	1,051	1,411	0,875	1,013	1,33E-18
0,750	68,16	1,034	1,472	0,895	1,013	1,71E-17
0,800	67,39	1,021	1,539	0,915	1,013	3,69E-17
0,850	66,63	1,012	1,610	0,936	1,013	3,92E-17
0,900	65,90	1,005	1,687	0,957	1,013	1,69E-17
0,950	65,17	1,001	1,769	0,978	1,013	6,78E-19
1,000	64,47	1,000	1,857	1,000	1,013	7,80E-17
				SOLVER	$\Sigma (p - p_{ber})^2$	6,86E-16

Prozessdaten

Druck	p	bar	**1,013**
Stoffmenge Anfang Destillierblase	n_α^L	kmol	**10,00**
Stoffmengenanteil Anfang Destillierblase	$x_{1,\alpha}^L$	1	**0,48**
Stoffmengenanteil Ende Destillierblase	$x_{1,\omega}^L$	1	**0,12**
konstantes Rücklaufverhältnis	v	1	**1,7**
theoretische Stufenzahl	n_{th}	1	**4**

Berechnete Daten

Stoffmenge Ende Destillierblase	n_ω^L	kmol	**5,594**
mittlerer Stoffmengenanteil kondensiertes Destillat	$x_{1,m}^V = x_{K1,m}$	1	**0,937**

x_1^L	ϑ_S / °C	$x_1^V = x_{K1}$	$1/(x_1^V-x_1^L)$	$1/(x_1^V-x_1^L)'$	n_ω^L/n_α^L
0,120	86,41	0,878	1,319	1,319	0,559
0,210	81,15	0,920	1,409	1,409	0,632
0,300	77,64	0,936	1,571	1,571	0,722
0,390	75,05	0,948	1,793	1,793	0,840
0,480	72,97	0,957	2,096	2,096	1,000

Abbildung 4.8: Excel-Berechnungsblatt für den Batch-Rektifikationsprozess mit konstantem Rücklaufverhältnis

Verstär-kungs-gerade	y	x	y	x	y	x	y	x	y	x
	0,957	**0,957**	0,948	**0,948**	0,936	**0,936**	0,920	**0,920**	0,878	**0,878**
	0,354	0	0,351	0	0,347	0	0,341	0	0,325	0

Stufenkonstruktion (Verstärkungsgerade, *Gleichgewichtskurve*)										
Stufe Nr.	**Stufenzug**	**1**	**Stufenzug**	**2**	**Stufenzug**	**3**	**Stufenzug**	**4**	**Stufenzug**	**5**
	$y = x_1^V$	$x = x_1^L$	$y = x_1^V$	$x = x_1^L$	$y = x_1^V$	$x = x_1^L$	$y = x_1^V$	$x = x_1^L$	$y = x_1^V$	$x = x_1^L$
1	0,657	0,480	0,597	0,390	0,536	0,300	0,473	0,210	0,401	0,120
	0,783	*0,480*	*0,734*	*0,390*	*0,677*	*0,300*	*0,601*	*0,210*	*0,465*	*0,120*
2	0,783	0,681	0,734	0,608	0,677	0,524	0,601	0,414	0,465	0,223
	0,868	*0,681*	*0,841*	*0,608*	*0,805*	*0,524*	*0,748*	*0,414*	*0,614*	*0,223*
3	0,868	0,816	0,841	0,778	0,805	0,728	0,748	0,646	0,614	0,459
	0,919	*0,816*	*0,904*	*0,778*	*0,885*	*0,728*	*0,855*	*0,646*	*0,772*	*0,459*
4	0,919	0,897	0,904	0,878	0,885	0,854	0,855	0,818	0,772	0,710
	0,957	*0,897*	*0,948*	*0,878*	*0,936*	*0,854*	*0,920*	*0,818*	*0,878*	*0,710*
	0,957	0,957	0,948	0,948	0,936	0,936	0,920	0,920	0,878	0,878
Zielzelle Solver:		1,81E-25		6,74E-25		1,61E-23		8,31E-24		1,94E-23

	y	x	y	x	y	x	y	x	y	x
Linie x_1^L	0	0,480	0	0,390	0	0,300	0	0,210	0	0,120
	0,657	0,480	0,597	0,390	0,536	0,300	0,473	0,210	0,401	0,120
Linie x_1^V	0	0,957	0	0,948	0	0,936	0	0,920	0	0,878
	0,957	0,957	0,948	0,948	0,936	0,936	0,920	0,920	0,878	0,878

Abbildung 4.9: Berechnung der Stufenkonstruktionen für den Batch-Rektifikationsprozess mit konstantem Rücklaufverhältnis

Listing 4.2 aufgeführten und in Abschnitt 4.4 bereits verwendeten benutzerdefinierten Funktion `theta_S_arr` berechnet. In dieser Funktion wird der bei den Prozessdaten eingegebene Startwert für die Temperatur verwendet.

4. Für jeden der zu ermittelnden Stoffmengenanteile $x_1^V = x_{K1}$ ist die Erstellung einer Stufenkonstruktion (entsprechend der farblichen Zuordnung im Excel-Berechnungsblatt) erforderlich. Problemstellung: Für Gleichung (4.33) fehlen die Stoffmengenanteile x_{K1}, die iterativ unter Verwendung des Solvers ermittelt werden müssen. Dazu wird im unteren Teil des Arbeitsblattes eine weitere Tabelle angelegt, die aus Platzgründen separat in Abb. 4.9 dargestellt ist.

   a. In den oberen Zeilen dieser Tabelle erfolgt die Berechnung der Endpunkte der Verstärkungsgeraden. Wir beginnen mit der Verstärkungsgeraden für $x_{1,\alpha}^L$. Dafür geben wir in der Spalte mit den x-Werten einen Startwert für den unbekannten Stoffmengenanteil von x_{K1} vor, z. B. $x_{K1} = 0{,}9$. Für den y-Wert links daneben gilt $y = x_{K1}$. Die Verstärkungsgerade hat den Ordinatenabschnitt $y = x_{K1}/(v + 1)$, siehe Gleichung (4.33) (bei $x = 0$).

   b. Im mittleren Bereich dieser Tabelle erfolgt die Berechnung der Stufen, die im Diagramm als Polygonzug dargestellt werden können. Ein Stufenzug besteht aus jeweils einem Punkt auf der Verstärkungsgeraden und der Gleichgewichtskurve. Wir beginnen die erste Stufe mit $x = x_{1,\alpha}^L$ und berechnen den dazugehörenden y-Wert mit Gleichung (4.33). Für den x-Wert auf der Gleichgewichtskurve wird der x-Wert auf der Verstärkungsgeraden übernommen. Der y-Wert auf der Gleichgewichtskurve folgt aus der vorher ermittelten Polynomfunktion unter Verwendung der benutzerdefinierten Funktion `Polynom`, siehe Abschnitt 2.7.2.

   c. Ab der zweiten Stufe wird jeweils der y-Wert für den Zustand auf der Verstärkungsgeraden aus der Zeile darüber übernommen und der x-Wert aus der nach x aufgelösten Gleichung (4.33)

$$x = \frac{v+1}{v}y - \frac{x_{K1}}{v} \tag{4.34}$$

berechnet. Der x-Wert in der jeweils zweiten Zeile folgt aus dem x-Wert darüber und der y-Wert dazu jeweils auch hier mit der Polynomfunktion unter Verwendung der benutzerdefinierten Funktion Polynom. Damit in der Tabelle nur „sinnvolle" Werte erscheinen, werden alle Berechnungen ab der zweiten Stufen mit der folgenden Abfrage (in Pseudocode) durchgeführt:

Bilanzgerade: =WENN(theoretische Stufenzahl + 1 < Nummer der Stufe; ""; Berechnung)

Gleichgewichtskurve: =WENN(theoretische Stufenzahl < Nummer der Stufe; ""; Berechnung)

d. Die Anpassung der Werte für $x_1^V = x_{K1}$ erfolgt im Arbeitsblatt unter Anwendung des Solvers. In der Zielzelle wird die Differenz zwischen dem Startwert für x_{K1} und dem Maximalwert aus den x-Werten für den Stufenzug gebildet. Die Variablenzelle ist die Zelle mit dem Startwert. In Pseudocode:

=(Startwert - MAX(Wertebereich Stufenzug))^2

Der Wert in der Zielzelle wird mit dem Solver minimiert und der sich ergebende Wert (in der Variablenzelle) für $x_1^V = x_{K1}$ in die Tabelle weiter oben in Abhängigkeit von x_1^L übernommen (siehe die farbliche Zuordnung).

e. Anschließend werden die leeren Zellen ausgeblendet und die Verstärkungsgerade sowie der Stufenzug im Gleichgewichtsdiagramm dargestellt. Um die Werte der Stoffmengenanteile x_1^L und x_1^V besser erkennen zu können, bietet es sich an, eine Wertetabelle für die im Gleichgewichtsdiagramm eingetragenen gestrichelten Hilfslinien zu erstellen.

f. Die vorstehend erläuterten Berechnungen werden für jeden vorgegebenen Wert von x_1^L durchgeführt (siehe Abb. 4.8) und die sich ergebenden Verstärkungsgeraden und Stufenzüge im Gleichgewichtsdiagramm dargestellt. Es bietet sich an, den Solver gleichzeitig und gemeinsam für *alle* Stufenkonstruktionen anzuwenden. Dafür werden die Werte in der Variablenzelle durch Semikola getrennt eingegeben und in der Zielzelle die Summe der quadrierten Abweichungen gewählt (Schaltfläche und Zielzelle in der Abbildung aus Platzgründen nicht dargestellt).

5. In einer neuen Spalte werden die Werte $1/(x_1^V - x_1^L)$ zur nachfolgenden Ermittlung des Integrals in Gleichung (4.27) berechnet und ihr Verlauf als Funktion von x_1^L dargestellt, siehe dazu das entsprechende Diagramm in Abb. 4.8. Ein Polynom vierten Grades gibt die Daten mit ausreichender Genauigkeit wieder, siehe die durchgezogene braune Kurve. Die Vorgehensweise für die Polynomregression unter Verwendung einer benutzerdefinierten Funktion ist in Abschnitt 2.7.2 beschrieben. Aus Platzgründen ist diese Berechnung im Berechnungsblatt nicht dargestellt.

6. Wie bereits in Abschnitt 4.3 beschrieben, erfolgt auch hier die Berechnung der Werte für n_ω^L/n_α^L unter Verwendung von Gleichung (4.27) und die Integration der Polynomfunktion mit Gleichung (4.11). Aus Platzgründen ist diese Berechnung im Berechnungsblatt nicht dargestellt.

7. In einem Diagramm werden die Verläufe der Stoffmengenanteile x_1^L und x_1^V sowie der Siedetemperatur ϑ_S in Abhängigkeit des Stoffmengenverhältnisses n_ω^L/n_α^L (dem zeitlichen Fortschritt des Prozesses entsprechend) dargestellt.

8. Abschließend erfolgt die Berechnung des gesuchten Wertes für die Stoffmenge des Rückstandes am Ende des Prozesses n_ω^L aus dem für $x_{1,\omega}^L$ berechneten Verhältnis n_ω^L/n_α^L. Außerdem wird der gesuchte Mittelwert für den Stoffmengenanteil des im Destillatbehälter aufgefangenen kondensierten Produkts $x_{1,m}^V = x_{K1,m}$ aus Gleichung (4.10) ermittelt.

Erwartungsgemäß wird infolge des Einsatzes der Verstärkungskolonne eine hohe Reinheit für das Destillat erzielt, auch wenn der Stoffmengenanteil der leichtersiedenden Komponente in der Destillierblase stark abgenommen hat.

4.5.2 Konstante Zusammensetzung des Destillats

Aufbauend auf den Betrachtungen und Anleitungen in Abschnitt 4.5.1 lässt sich das in Abb. 4.8 dargestellte Excel-Berechnungsblatt mit nur geringem Aufwand für eine Aufgabenstellung mit konstanter Zusammensetzung des Destillats modifizieren.

Beispiel 4.5

Ein aus den Komponenten Methanol und Wasser bestehendes reales Gemisch (ideale Gas- und reale Flüssigphase) wird in einem mehrstufigen offenen Batch-Rektifikationsprozess (Standard-Prozess mit einer Verstärkungskolonne) bei einem konstanten Druck $p = 1{,}013\,\mathrm{bar}$ behandelt. Ausgehend von einer Stoffmenge $n_\alpha^L = 10{,}0\,\mathrm{kmol}$ mit einem Stoffmengenanteil $x_{1,\alpha}^L = 0{,}48$ zu Beginn des Prozesses soll ein Stoffmengenanteil von $x_{1,\omega}^L = 0{,}12$ im Rückstand der Destillierblase erreicht werden. Die Zusammensetzung des kondensierten Destillats beträgt konstant $x_1^V = x_{K1} = 0{,}937$, die theoretische Stufenzahl $n_{th} = 4$. Zu berechnen sind die Verläufe des Rücklaufverhältnisses v, der Stoffmengenanteile des flüssigen Rückstandes x_1^L und des kondensierten Destillats $x_1^V = x_{K1}$ sowie der Siedetemperatur ϑ_S in Abhängigkeit vom Stoffmengenverhältnis n_ω^L/n_α^L (n_α^L und n_ω^L sind die Stoffmengen in der Destillierblase zu Beginn und am Ende des Prozesses); außerdem die Stoffmenge n_ω^L und der mittlere Stoffmengenanteil des im Destillatbehälter aufgefangenen kondensierten Destillats $x_{1,m}^V = x_{K1,m}$ auf Basis der NRTL-Methode. (NRTL-Parameter und Ergebnisse im Excel-Berechnungsblatt in Abb. 4.10.)

Für die Bearbeitung der Aufgabenstellung gemäß Beispiel 4.5 wird das Excel-Berechnungsblatt in Abb. 4.8 wie folgt modifiziert:

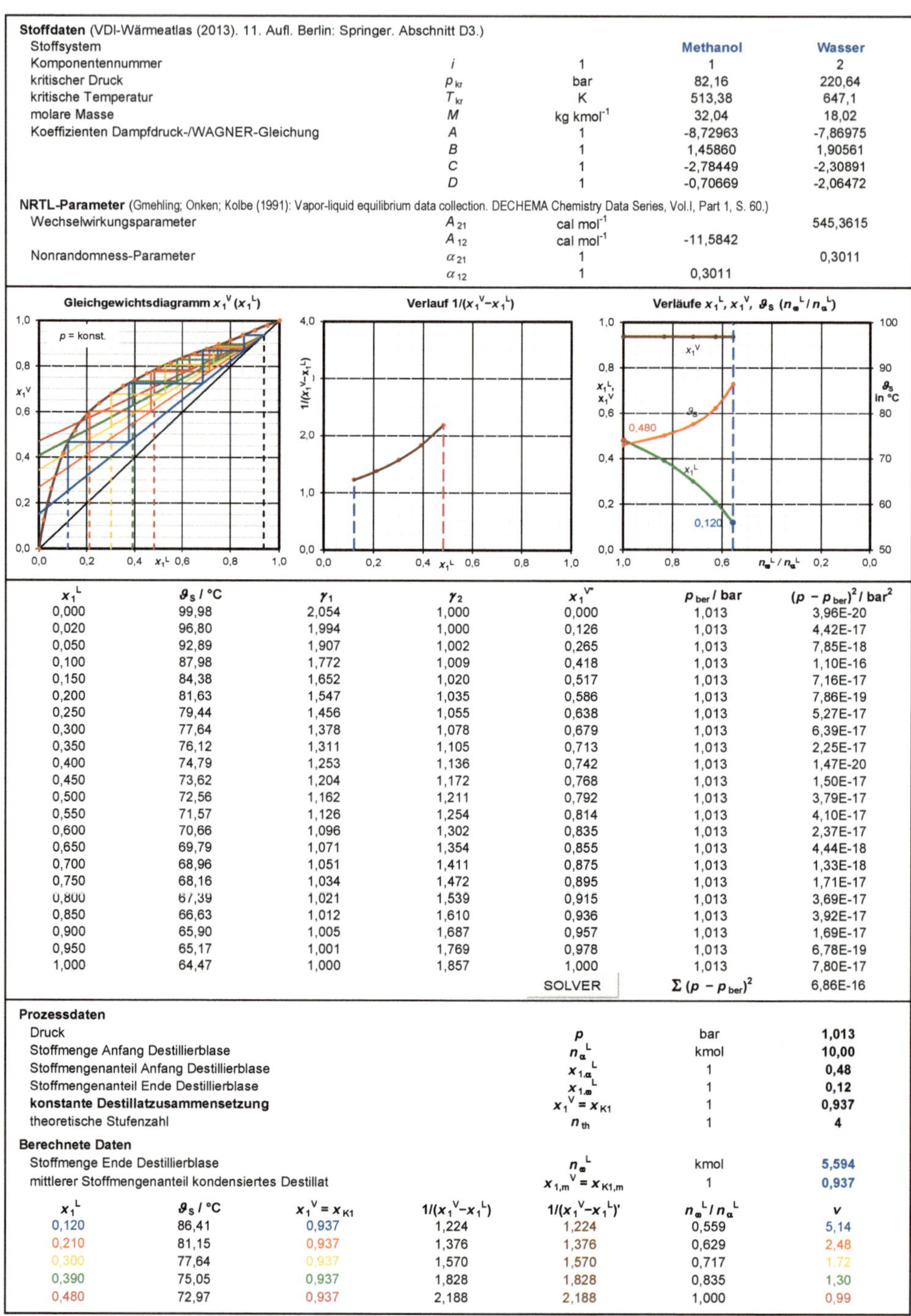

Stoffdaten (VDI-Wärmeatlas (2013). 11. Aufl. Berlin: Springer. Abschnitt D3.)

Stoffsystem			Methanol	Wasser
Komponentennummer	i		1	2
kritischer Druck	p_{kr}	bar	82,16	220,64
kritische Temperatur	T_{kr}	K	513,38	647,1
molare Masse	M	kg kmol^{-1}	32,04	18,02
Koeffizienten Dampfdruck-/WAGNER-Gleichung	A	1	-8,72963	-7,86975
	B	1	1,45860	1,90561
	C	1	-2,78449	-2,30891
	D	1	-0,70669	-2,06472

NRTL-Parameter (Gmehling; Onken; Kolbe (1991): Vapor-liquid equilibrium data collection. DECHEMA Chemistry Data Series, Vol.I, Part 1, S. 60.)

Wechselwirkungsparameter	A_{21}	cal mol^{-1}		545,3615
	A_{12}	cal mol^{-1}	-11,5842	
Nonrandomness-Parameter	α_{21}	1		0,3011
	α_{12}	1	0,3011	

x_1^L	ϑ_S / °C	γ_1	γ_2	x_1^{V*}	p_{ber} / bar	$(p - p_{ber})^2$ / bar²
0,000	99,98	2,054	1,000	0,000	1,013	3,96E-20
0,020	96,80	1,994	1,000	0,126	1,013	4,42E-17
0,050	92,89	1,907	1,002	0,265	1,013	7,85E-18
0,100	87,98	1,772	1,009	0,418	1,013	1,10E-16
0,150	84,38	1,652	1,020	0,517	1,013	7,16E-17
0,200	81,63	1,547	1,035	0,586	1,013	7,86E-19
0,250	79,44	1,456	1,055	0,638	1,013	5,27E-17
0,300	77,64	1,378	1,078	0,679	1,013	6,39E-17
0,350	76,12	1,311	1,105	0,713	1,013	2,25E-17
0,400	74,79	1,253	1,136	0,742	1,013	1,47E-20
0,450	73,62	1,204	1,172	0,768	1,013	1,50E-17
0,500	72,56	1,162	1,211	0,792	1,013	3,79E-17
0,550	71,57	1,126	1,254	0,814	1,013	4,10E-17
0,600	70,66	1,096	1,302	0,835	1,013	2,37E-17
0,650	69,79	1,071	1,354	0,855	1,013	4,44E-18
0,700	68,96	1,051	1,411	0,875	1,013	1,33E-18
0,750	68,16	1,034	1,472	0,895	1,013	1,71E-17
0,800	67,39	1,021	1,539	0,915	1,013	3,69E-17
0,850	66,63	1,012	1,610	0,936	1,013	3,92E-17
0,900	65,90	1,005	1,687	0,957	1,013	1,69E-17
0,950	65,17	1,001	1,769	0,978	1,013	6,78E-19
1,000	64,47	1,000	1,857	1,000	1,013	7,80E-17
				SOLVER	$\Sigma (p - p_{ber})^2$	6,86E-16

Prozessdaten

Druck	p	bar	**1,013**
Stoffmenge Anfang Destillierblase	n_α^L	kmol	**10,00**
Stoffmengenanteil Anfang Destillierblase	$x_{1,\alpha}^L$	1	**0,48**
Stoffmengenanteil Ende Destillierblase	$x_{1,\omega}^L$	1	**0,12**
konstante Destillatzusammensetzung	$x_1^V = x_{K1}$	1	**0,937**
theoretische Stufenzahl	n_{th}	1	**4**

Berechnete Daten

Stoffmenge Ende Destillierblase	n_ω^L	kmol	**5,594**
mittlerer Stoffmengenanteil kondensiertes Destillat	$x_{1,m}^V = x_{K1,m}$	1	**0,937**

x_1^L	ϑ_S / °C	$x_1^V = x_{K1}$	$1/(x_1^V-x_1^L)$	$1/(x_1^V-x_1^L)'$	n_ω^L / n_α^L	v
0,120	86,41	0,937	1,224	1,224	0,559	5,14
0,210	81,15	0,937	1,376	1,376	0,629	2,48
0,300	77,64	0,937	1,570	1,570	0,717	1,72
0,390	75,05	0,937	1,828	1,828	0,835	1,30
0,480	72,97	0,937	2,188	2,188	1,000	0,99

Abbildung 4.10: Excel-Berechnungsblatt für den Batch-Rektifikationsprozess mit konstanter Zusammensetzung des Destillats

Rücklaufverhältnis v	0,99		1,30		1,72		2,48		5,14	
Verstär-kungs-gerade	y	x	y	x	y	x	y	x	y	x
	0,937	0,937	0,937	0,937	0,937	0,937	0,937	0,937	0,937	0,937
	0,471	0	0,408	0	0,344	0	0,269	0	0,152	0

Stufenkonstruktion (Verstärkungsgerade, *Gleichgewichtskurve*)

Stufe Nr.	Stufenzug	1	Stufenzug	2	Stufenzug	3	Stufenzug	4	Stufenzug	5
	$y = x_1^V$	$x = x_1^L$	$y = x_1^V$	$x = x_1^L$	$y = x_1^V$	$x = x_1^L$	$y = x_1^V$	$x = x_1^L$	$y = x_1^V$	$x = x_1^L$
1	0,710	0,480	0,628	0,390	0,534	0,300	0,419	0,210	0,253	0,120
	0,783	0,480	0,734	0,390	0,677	0,300	0,601	0,210	0,465	0,120
2	0,783	0,628	0,734	0,577	0,677	0,526	0,601	0,466	0,465	0,374
	0,849	0,628	0,828	0,577	0,806	0,526	0,776	0,466	0,724	0,374
3	0,849	0,760	0,828	0,745	0,806	0,730	0,776	0,711	0,724	0,683
	0,896	0,760	0,891	0,745	0,885	0,730	0,879	0,711	0,869	0,683
4	0,896	0,855	0,891	0,855	0,885	0,855	0,879	0,855	0,869	0,855
	0,937	0,855	0,937	0,855	0,937	0,855	0,937	0,855	0,937	0,855
	0,937	0,937	0,937	0,937	0,937	0,937	0,937	0,937	0,937	0,937
Zielzelle Solver:	3,05E-24		3,99E-25		3,72E-25		1,16E-24		5,89E-27	

	y	x	y	x	y	x	y	x	y	x
Linie x_1^L	0	0,480	0	0,390	0	0,300	0	0,210	0	0,120
	0,710	0,480	0,628	0,390	0,534	0,300	0,419	0,210	0,253	0,120
Linie x_1^V	0	0,937								
	0,937	0,937								

Abbildung 4.11: Berechnung der Stufenkonstruktionen für den Batch-Rektifikationsprozess mit konstanter Zusammensetzung des Destillats

- Im Feld mit den Prozessdaten wird die Eingabe des Rücklaufverhältnisses entfernt und durch den hier konstanten Stoffmengenanteil des kondensierten Destillats $x_1^V = x_{K1}$ ersetzt.

- In der in Abb. 4.11 dargestellten Tabelle wird eine Zeile mit den Rücklaufverhältnissen eingefügt. Diese Zellen bilden die Variablenzellen für den Solver, dessen Anwendung entsprechend anzupassen ist.

- Da – wegen der konstanten Destillatzusammensetzung – nur eine Hilfslinie für x_1^V im Gleichgewichtsdiagramm verbleibt, ist die Wertetabelle in Abb. 4.11 entsprechend zu vereinfachen.

- Zur besseren Übersicht über die im Prozess anzupassende Veränderung des Rücklaufverhältnisses wird in der Tabelle in Abb. 4.10 eine Spalte mit den berechneten Werten für das Rücklaufverhältnis in Abhängigkeit von x_1^L aufgenommen.

Für Beispiel 4.5 wurde als konstante Zusammensetzung des kondensierten Destillats $x_1^V = x_{K1}$ der Wert gewählt, der als Ergebnis zu Beispiel 4.4 für den mittleren Stoffmengenanteil des im Destillatbehälter aufgefangenen kondensierten Destillats $x_{1,m}^V = x_{K1,m}$ folgt, damit die beiden Beispiele vergleichbar sind. Die Berechnungen zu Beispiel 4.5 zeigen, dass trotz Abnahme des Stoffmengenanteils der leichtersiedenden Komponente in der Destillierblase durch eine stetige Vergrößerung des Rücklaufverhältnisses die vorgegebene Zusammensetzung des Destillats eingehalten werden kann.

Abschließend ist darauf hinzuweisen, dass der Energiebedarf von Prozessen der Batch-Rektifikation grundsätzlich höher ist, als bei der kontinuierlichen Rektifikation. Auch im Vergleich der beiden Fahrweisen ergeben sich Unterschiede, siehe hierzu die weiterführende Literatur [43, 58, 87].

5 Flüssig-Flüssig-Extraktion

Mitautor: JAKOB SCHNEIDER

Zielsetzung

Kenntnis der Grundlagen für die Berechnung von Phasengleichgewichten bei der Flüssig-Flüssig-Extraktion und ihrer Darstellung im Beladungsdiagramm. Aufstellung von Mengenbilanzen für Extraktionsprozesse und Erstellung der Stufenkonstruktion im Beladungsdiagramm. Ermittlung der theoretischen Stufenzahl für Extraktionsprozesse als Basis der Auslegung von Mixer-Settler-Anlagen und Extraktionskolonnen.

Empfohlene Literatur

Thermische Verfahrenstechnik von MERSMANN u. a. [58], *Unit Operations of Chemical Engineering* von MCCABE u. a. [55], *Destillation, Absorption, Extraktion* von SCHLÜNDER u. a. [76], *Einführung in die thermischen Trennverfahren* von LOHRENGEL [51].

Berechnungsbeispiele in Excel

- Berechnungen auf Basis des Beladungsdiagramms

    - Berechnung der Ausgleichsfunktion der Gleichgewichtskurve für die Extraktion von Aceton aus Wasser mit Toluol (Abb. 5.7).

    - Berechnung der Stoffmengenbilanz und der theoretischen Stufenzahl für die Extraktion von Aceton aus Wasser mit Toluol (Abb. 5.8).

5.1 Einführung, Grundbegriffe

Bei der Extraktion erfolgt die Trennung eines Stoffes von einem anderen mit Hilfe eines Lösungs- oder Extraktionsmittels. Je nach Art der beteiligten Phasen kann die nachfolgende Unterscheidung vorgenommen werden.

Fest-Flüssig-Extraktion

Auch Feststoffextraktion oder Auslaugen. Aus dem festen Extraktionsgut wird der Wertstoff mit einem Extraktions- oder Lösungsmittel durch Stoffübertragung selektiv extrahiert. Anwendungsbeispiele: Gewinnung von Ölen aus Früchten und Auslaugen von Zuckerrübenschnitzeln mit Wasser.

Gasförmig-Flüssig-Extraktion

Siehe unter *Absorption* in Kapitel 6.

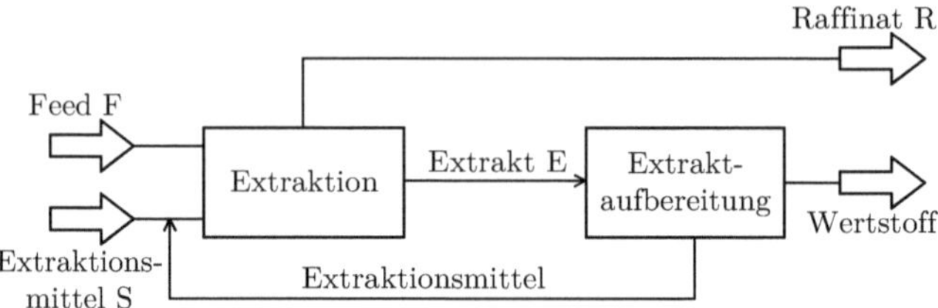

Abbildung 5.1: Grundfließschema der kontinuierlichen Flüssig-Flüssig-Extraktion

Flüssig-Flüssig-Extraktion

Auch Solventextraktion. Aus dem flüssigen Feed wird durch Stoffübertragung mit einem mit dem Feed nicht mischbaren Lösungsmittel der in beiden lösliche Wertstoff (z. B. eine Flüssigkeit oder ein Salz) selektiv extrahiert. Produkte sind das Extrakt (enthält den Wertstoff) und das Raffinat (der gereinigte Träger). Die Gewinnung des Wertstoffs aus dem Extrakt erfolgt z. B. durch eine nachgeschaltete Rektifikation. Anwendungen: Entfernung von Aceton aus Wasser mit Toluol als Lösungsmittel und Gewinnung von Kupfer aus wässriger Lösung mit einem kerosinhaltigen Lösungsmittel. Abbildung 5.1 zeigt das Grundfließschema einer kontinuierlichen Flüssig-Flüssig-Extraktion inklusive der Extraktaufbereitung und der Rückführung des aufbereiteten Extraktionsmittels. Im diesem Kapitel wird ausschließlich die Flüssig-Flüssig-Extraktion behandelt.

Begriffe

- Das *Feed* F ist das zu trennende Gemisch, bestehend aus Träger und Wertstoff.

- Das *Extraktionsmittel* S, auch Lösungsmittel oder Solvens, nimmt selektiv eine oder mehrere Komponenten aus dem zu trennenden Gemisch auf und mischt sich mit dem Träger des Wertstoffs nicht oder nur wenig. Die Lösungsmittelphase wird auch als Extraktphase bezeichnet.

- Das *Raffinat* R ist der verarmte Abgeber, also der von dem zu extrahierenden Stoff weitgehend abgereicherte Träger. Die Trägerphase wird auch als Raffinatphase bezeichnet.

- Das *Extrakt* E ist der beladene Aufnehmer, also das mit dem zu extrahierenden Stoff angereicherte Lösungsmittel.

- Der *Wertstoff* wird vom Feedstrom auf den Extraktstrom übertragen.

- Der *Träger* bildet die Hauptkomponente des Feeds.

Die physikalischen Prozesse bei der Flüssig-Flüssig-Extraktion eines Zweistoffgemisches (Träger A, Wertstoff B) mit einem Extraktionsmittel C (Träger A und Extraktionsmittel C ineinander möglichst unlöslich) können wie folgt formuliert werden:

$$AB + C_{AB} = CB_A + A_{BC} \quad \text{oder} \quad F + S = E + R \,. \tag{5.1}$$

Die tiefgestellten Indizes der vorstehenden Gleichung weisen darauf hin, dass diese Komponenten in geringen Konzentrationen in der betrachteten Phase enthalten sein können:

- $F = AB$ ist das zu trennende Feed, bestehend aus dem Träger A und dem Wertstoff B.

- $S = C_{AB}$ ist das Extraktionsmittel, das bei einer Kreislaufführung gemäß Abb. 5.1 Reste der Komponenten A und B enthält.

- $E = CB_A$ ist das Extrakt mit dem Wertstoff B, das Spuren des Trägers A enthält.

- $R = A_{BC}$ ist das Raffinat, d. h. der vom Wertstoff B weitgehend befreite Träger A.

Die erforderliche möglichst große Phasengrenzfläche für die Stoffübertragung wird durch Dispergieren einer der beiden Phasen in der jeweils anderen Phase erzeugt und durch Einbringen mechanischer Energie vergrößert. Ein wesentlicher Unterschied zur Absorption oder Rektifikation/Destillation bezüglich der Stoffübertragung besteht darin, dass bei der Flüssig-Flüssig-Extraktion zwei flüssige Phasen mit relativ kleinem Dichteunterschied vorliegen.

Betriebsweisen und Ausführungsbeispiele für Extraktionsanlagen

Mögliche Betriebsweisen bei der Extraktion sind der

- absatzweise, diskontinuierliche Betrieb (Batch-Betrieb) und der
- kontinuierliche Betrieb (bei der Flüssig-Flüssig-Extraktion meist im Gegenstrom).

Ausführungsbeispiele für Extraktionsanlagen sind

- Mixer-Settler-Extraktionsanlagen und
- Extraktionskolonnen.

Mixer-Settler-Anlagen bestehen aus einem Rührbehälter oder Mischer (Mixer), in dem die intensive Stoffübertragung zwischen den beiden flüssigen Phasen erfolgt (theoretisch mit einem Ausgleich bis zum Phasengleichgewicht). Wichtig sind eine möglichst große Phasengrenzfläche und ein guter Stoffdurchgang zwischen den beiden Phasen. Im Absetzer oder Abscheider (Settler) erfolgt die mechanische Trennung der beiden Phasen infolge ihrer Dichteunterschiede, siehe die einstufige Mixer-Settler-Anlage in Abb. 5.2a. In der Praxis werden meist mehrere Mixer-Settler-Einheiten als Kaskade im Gegenstrom betrieben.

Thermische Trennverfahren werden oft in Trennkolonnen im Gegenstrom durchgeführt, siehe dazu Abb. 5.2b. Trennkolonnen dienen in der Regel zur kontinuierlichen Stoffübertragung. Auch hier sollen eine möglichst große Phasengrenzfläche und ein guter Stoffdurchgang erreicht werden.

Abbildung 5.3 zeigt das vereinfachte Verfahrensfließschema einer Flüssig-Flüssig-Extraktion mit anschließender Aufbereitung des hier leichterflüchtigen Extrakts in einer Rektifikation zur Gewinnung des Wertstoffs und zur Rückführung des Extraktionsmittels. Zusätzlich wird auch das Raffinat rektifiziert, um den hier leichterflüchtigen

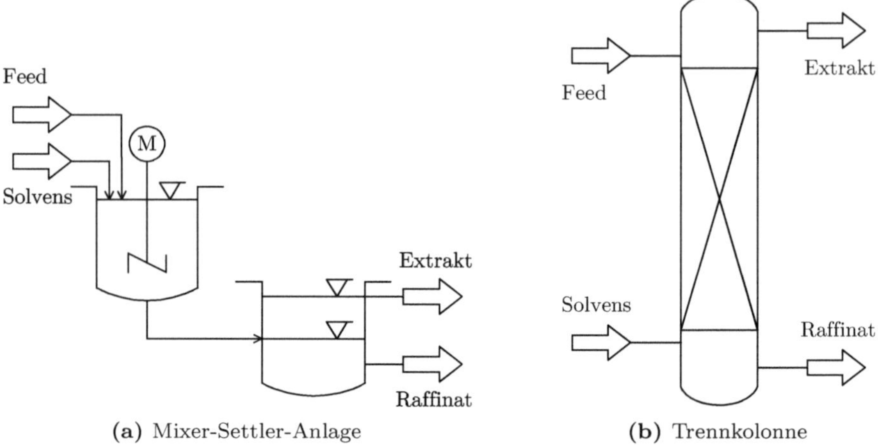

Abbildung 5.2: Verfahrensfließschemata von Extraktionsanlagen

Träger von Resten des Extraktionsmittels zu befreien. Die Wärmeübertrager W1 und W3 dienen jeweils zur Sumpfbeheizung, die Wärmeübertrager W2 und W4 zur Kondensation der Kopfprodukte in den beiden Rektifikationskolonnen und die Pumpen P1 und P2 zur Förderung der Flüssigkeiten.

Anforderungen an das Extraktionsmittel

Das Extraktionsmittel soll ein für den Wertstoff möglichst großes selektives Aufnahmevermögen und eine mit dem Träger möglichst geringe gegenseitige Mischbarkeit aufweisen, sodass eine große Mischungslücke vorhanden ist. Eine hohe Dichtedifferenz der beiden Phasen erleichtert die mechanische Trennung und wirkt der Emulsionsbildung entgegen, eine hohe Grenzflächenspannung erschwert die Dispergierung. Weitere Anforderungen an das Extraktionsmittel sind ein geringer Preis, ein geringer wirtschaftlicher Aufwand für die Rückgewinnung des Wertstoffs (z. B. leichte destillative Abtrennung), eine geringe Korrosivität, eine niedrige Toxizität sowie eine hohe Anlagensicherheit (hinsichtlich z. B. Brennbarkeit und Explosionsschutz).

Stoffübertragung

Der bei der Extraktion von der Raffinat- an die Extraktphase übertragene Stoffstrom des Wertstoffs hängt u. a. von der für die Stoffübertragung verfügbaren Phasengrenzfläche und der Konzentrationsdifferenz zwischen den beteiligten Phasen ab. Grundsätzlich wird der Stoffdurchgang zwischen den Phasen positiv beeinflusst durch

- eine hohe Relativbewegung zwischen den Phasen und damit hohen Turbulenzen,
- eine große Stoffaustauschfläche bei großem Volumenanteil der dispergierten Phase am Arbeitsvolumen des Mixers oder der Kolonne und feiner Verteilung der dispergierten Phase,

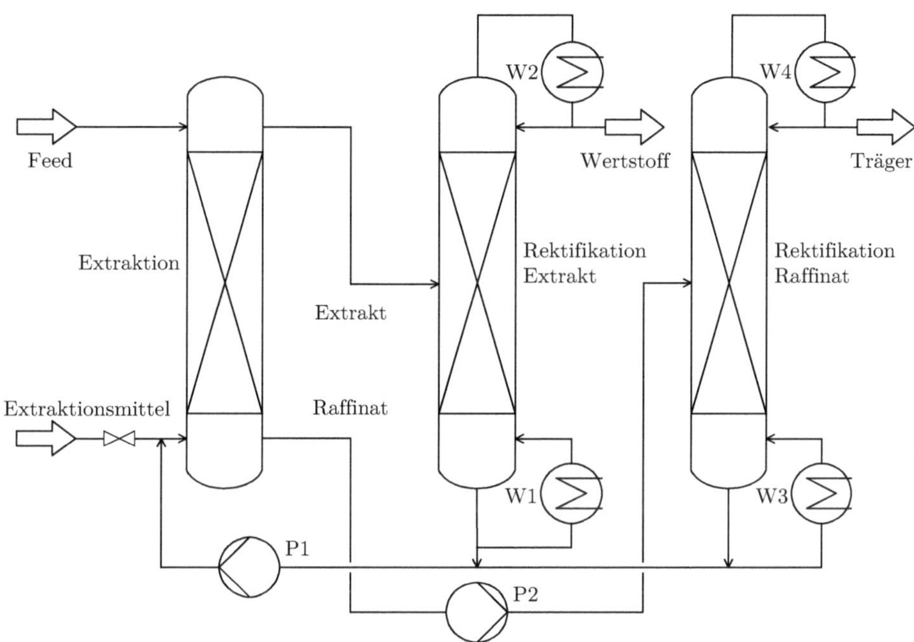

Abbildung 5.3: Vereinfachtes Verfahrensfließschema einer Extraktion mit Rückgewinnung des Extraktionsmittels

- Gegenstromführung zur Erreichung einer großen Triebkraft über die Kolonnenlänge und

- ausreichend lange Kontakt- oder Verweilzeiten der beiden Phasen.

Anwendungen der Flüssig-Flüssig-Extraktion

Die Flüssig-Flüssig-Extraktion als thermisches Trennverfahren wird verwendet, wenn

- die zu trennenden Komponenten azeotropes Verhalten zeigen,

- für die destillative Trennung ein hoher Aufwand erforderlich ist (geringe Siedepunktsdifferenzen, flache Gleichgewichtslinie) oder

- die Komponenten temperaturempfindlich sind.

Praktische Anwendungen sind

- die Extraktion von Metallsalzen,

- die Abtrennung von schwerersiedenden Komponenten, die in geringen Konzentrationen vorliegen (Entfernung von Phenol aus Abwasser), und

- die Gewinnung von Aromaten aus Kohlenwasserstoffgemischen.

5.2 Gegenstromextraktion im Beladungsdiagramm

Beispiel 5.1

In einer Technikumsanlage soll Aceton aus einem Aceton-Wasser-Gemisch mit Toluol als Extraktionsmittel bei einer Temperatur $\vartheta = 20\,°C$ kontinuierlich im Gegenstrom extrahiert werden. Die Volumenströme von Feed und Solvens sind mit $\dot{V}_F = 21\,dm^3\,h^{-1}$ bzw. $\dot{V}_S = 29\,dm^3\,h^{-1}$ gegeben. Der Stoffmengenanteil des Wertstoffs im Feed beträgt $x_{B,F} = 0{,}0165$, der Stoffmengenanteil des Wertstoffs im Solvens $x_{B,S} = 0{,}0020$ und der Stoffmengenanteil des Wertstoffs im Raffinat $x_{B,R} = 0{,}0043$. Zu ermitteln sind die Beladungen in den ein- und austretenden Phasen X_S, X_F und X_R, die Stoffmengenströme des Feeds und des Extraktionsmittels $\dot{n}_F$ bzw. $\dot{n}_S$ sowie die erreichbare Extraktbeladung X_E und die Zahl der erforderlichen theoretischen Trennstufen n_{th}. (Ergebnisse im Excel-Berechnungsblatt in Abb. 5.8.)

Unter der Annahme, dass der Träger A und das Extraktionsmittel C – unabhängig von der Konzentration des Wertstoffs B – vollständig ineinander unlöslich sind, ist eine vereinfachte Betrachtung der Gegenstromextraktion möglich. In diesen Fall gilt für die Extraktion (Feed bestehend aus dem Träger A mit dem Wertstoff B, siehe Gleichung (5.1)):

$$AB + C_B = CB + A_B \ . \tag{5.2}$$

Einführung von Beladungen

Als Voraussetzung für die Verwendung des Beladungsdiagramms werden molare Beladungen oder Stoffmengenbeladungen – nachfolgend vereinfacht Beladungen genannt – eingeführt. Dies bietet sich an, weil bei der kontinuierlichen Extraktion und unter der Annahme der gegenseitigen Unlöslichkeit von Extraktionsmittel C und Träger A die Teilmengenströme des Lösungsmittels in der Extraktphase $\dot{n}_{C,E}$ und des Trägers in der Raffinatphase $\dot{n}_{A,R}$ konstant sind. Deshalb wird für die Extraktbeladung

$$X_E = \frac{n_{B,E}}{n_{C,E}} = \frac{\dot{n}_{B,E}}{\dot{n}_{C,E}} \tag{5.3}$$

die Stoffmenge des Wertstoffs $n_{B,E}$ auf die Stoffmenge des Extraktionsmittels $n_{C,E}$ und für die Raffinatbeladung

$$X_R = \frac{n_{B,R}}{n_{A,R}} = \frac{\dot{n}_{B,R}}{\dot{n}_{A,R}} \tag{5.4}$$

die Stoffmenge des Wertstoffs $n_{B,R}$ auf die Stoffmenge des Trägers $n_{A,R}$ bezogen. Für die kontinuierliche und stationäre Extraktion gelten die Definitionen der Beladungen wie in diesen beiden Gleichungen beschrieben auch mit den entsprechenden Stoffmengenströmen. Analoge Definitionen lassen sich für Massenbeladungen X' erstellen, siehe dazu Tabelle A im Anhang.

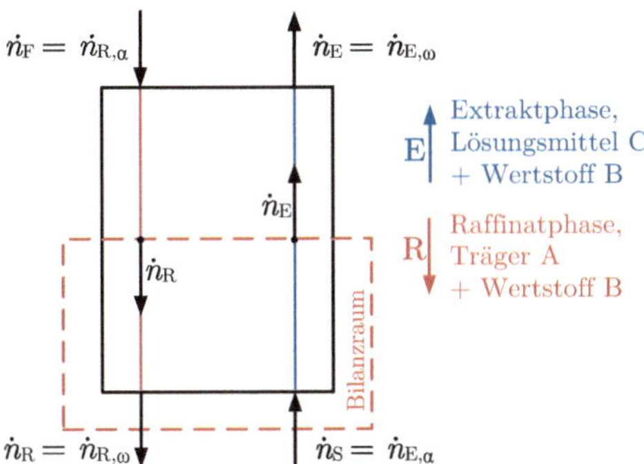

Abbildung 5.4: Stoffmengenbilanz für die Gegenstromextraktion

Mit der oben vorausgesetzten gegenseitigen Unlöslichkeit gelten für den Stoffmengenanteil des Wertstoffs B in der Extraktphase E

$$x_{\mathrm{B,E}} = \frac{n_{\mathrm{B,E}}}{n_{\mathrm{B,E}} + n_{\mathrm{C,E}}} \ , \tag{5.5}$$

für den Stoffmengenanteil des Lösungsmittels C in der Extraktphase E

$$x_{\mathrm{C,E}} = \frac{n_{\mathrm{C,E}}}{n_{\mathrm{B,E}} + n_{\mathrm{C,E}}} \ , \tag{5.6}$$

für den Stoffmengenanteil des Wertstoffs B in der Raffinatphase R

$$x_{\mathrm{B,R}} = \frac{n_{\mathrm{B,R}}}{n_{\mathrm{B,R}} + n_{\mathrm{A,R}}} \tag{5.7}$$

und für den Stoffmengenanteil des Trägers A in der Raffinatphase R

$$x_{\mathrm{A,R}} = \frac{n_{\mathrm{A,R}}}{n_{\mathrm{B,R}} + n_{\mathrm{A,R}}} \ . \tag{5.8}$$

Damit können auf Basis der Gleichungen (5.3) und (5.4) Umrechnungen zwischen Beladungen und Stoffmengenanteilen erfolgen

$$X_{\mathrm{E}} = \frac{x_{\mathrm{B,E}}}{x_{\mathrm{C,E}}} = \frac{x_{\mathrm{B,E}}}{1 - x_{\mathrm{B,E}}} \quad \text{und} \tag{5.9}$$

$$X_{\mathrm{R}} = \frac{x_{\mathrm{B,R}}}{x_{\mathrm{A,R}}} = \frac{x_{\mathrm{B,R}}}{1 - x_{\mathrm{B,R}}} \ . \tag{5.10}$$

Ableitung der Bilanzgeraden für die Stufenkonstruktion im Beladungsdiagramm

Nachfolgend werden die Stoffmengenbilanzen für die Gegenstromextraktion auf der Basis von Abb. 5.4 aufgestellt. Diese Betrachtungen gelten für die kontinuierliche Gegenstromextraktion in Mixer-Settler-Kaskaden und in Trennkolonnen.

Die Teilströme des reinen Trägers in der Raffinatphase $\dot{n}_{\mathrm{A,R}}$ und des reinen Extraktionsmittels in der Extraktphase $\dot{n}_{C,E}$ bleiben wegen der gegenseitigen Unlöslichkeit konstant:

$$\dot{n}_{A,R} = \dot{n}_{A,R,\alpha} = \dot{n}_{A,R,\omega} = \text{konst} \quad \text{und} \quad \dot{n}_{C,E} = \dot{n}_{C,E,\alpha} = \dot{n}_{C,E,\omega} = \text{konst} . \tag{5.11}$$

Die Stoffmengenbilanz für den Wertstoff B in dem in Abb. 5.4 eingezeichneten Bilanzraum, der z. B. dem unteren oder auch oberen Teil einer Kolonne oder einem entsprechenden Teil einer Mixer-Settler-Kaskade entspricht, lautet

$$\dot{n}_{B,E,\alpha} + \dot{n}_{B,R} = \dot{n}_{B,R,\omega} + \dot{n}_{B,E} \quad \text{mit} \tag{5.12}$$

$$\dot{n}_{B,R} = \dot{n}_R - \dot{n}_{A,R} \quad \text{und} \quad \dot{n}_{B,E} = \dot{n}_E - \dot{n}_{C,E} . \tag{5.13}$$

Die einzelnen Terme in Gleichung (5.12) werden erweitert

$$\frac{\dot{n}_{B,E,\alpha}\dot{n}_{C,E}}{\dot{n}_{C,E}} + \frac{\dot{n}_{B,R}\dot{n}_{A,R}}{\dot{n}_{A,R}} = \frac{\dot{n}_{B,R,\omega}\dot{n}_{A,R}}{\dot{n}_{A,R}} + \frac{\dot{n}_{B,E}\dot{n}_{C,E}}{\dot{n}_{C,E}} \tag{5.14}$$

und Teile daraus zu Beladungen zusammengefasst

$$X_{E,\alpha}\dot{n}_{C,E} + X_R\dot{n}_{A,R} = X_{R,\omega}\dot{n}_{A,R} + X_E\dot{n}_{C,E} . \tag{5.15}$$

Nach X_E aufgelöst folgt die *Geradengleichung für die Bilanzgerade*

$$X_E = \frac{\dot{n}_{A,R}}{\dot{n}_{C,E}} X_R + X_{E,\alpha} - \frac{X_{R,\omega}\dot{n}_{A,R}}{\dot{n}_{C,E}} . \tag{5.16}$$

Die *Steigung der Bilanzgeraden*

$$\tan\alpha = \frac{\dot{n}_{A,R}}{\dot{n}_{C,E}} = \frac{X_E - X_S}{X_F - X_R} \tag{5.17}$$

hängt vom Verhältnis des Stoffmengenstroms des reinen Trägers in der Raffinatphase zum Stoffmengenstrom des reinen Extraktionsmittels in der Extraktphase ab, dessen Kehrwert als *Extraktionsmittelverhältnis*

$$v = \frac{\dot{n}_{C,E}}{\dot{n}_{A,R}} = \cot\alpha \tag{5.18}$$

bezeichnet wird.

Stufenkonstruktion im Beladungsdiagramm

Gesucht ist die theoretische Stufenzahl n_{th} für eine kontinuierliche Gegenstromextraktion in einer Trennkolonne oder einer Mixer-Settler-Anlage. Dafür sind in der Regel die Beladungen des Feeds X_F, des Raffinats X_R und des Extraktionsmittels X_S vorgegeben. Das Phasengleichgewicht, dass in Form einer Gleichgewichtskurve in das Beladungsdiagramm in Abb. 5.5 eingetragen ist, muss bekannt sein.

Zur Lösung der Aufgabe wird auf Basis des Grundfließschemas auf der linken Seite von Abb. 5.5 im Beladungsdiagramm auf der rechten Seite der Abbildung

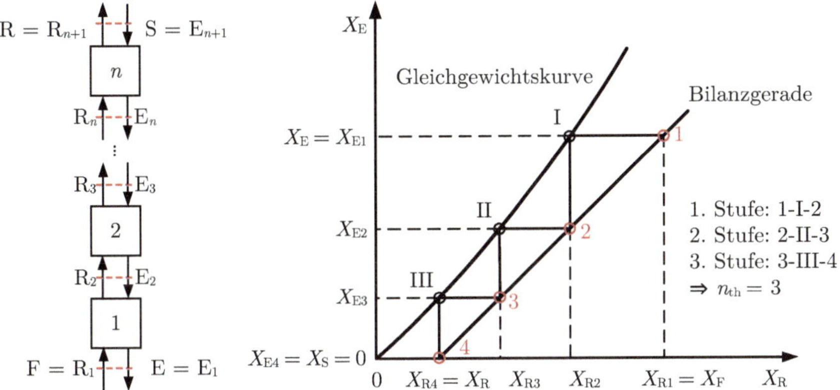

Abbildung 5.5: Grundfließschema mit theoretischen Trennstufen und Stufenkonstruktion für die Extraktion im Beladungsdiagramm

eine Konstruktion zur einfachen grafischen Ermittlung der Anzahl der erforderlichen theoretischen Trennstufen nach McCabe und Thiele erstellt [56]:

1. An den Diagrammachsen des Beladungsdiagramms werden die Beladungen des Feeds X_F, des Raffinats X_R, des Extraktionsmittels X_S und des Extrakts X_E gekennzeichnet. Außerdem wird die Bilanzgerade gemäß Gleichung (5.16) in das Diagramm eingetragen. Die Zustandspunkte $X_E = f(X_R)$ in einem beliebigen Querschnitt (im Grundfließschema als gestrichelte Linien dargestellt) liegen auf der Bilanzgeraden. Die Beladungen der Extraktphase – gegeben durch Zustandspunkte auf der Bilanzgeraden – müssen kleiner sein als die Gleichgewichtsbeladungen. Die aus einer theoretischen Gleichgewichtsstufe austretenden Stoffströme stehen im Phasengleichgewicht und liegen damit auf der Gleichgewichtskurve.

2. Wir starten im Beladungsdiagramm in Abb. 5.5 mit dem in die erste theoretische Stufe eintretenden Feed im Punkt 1 auf der Bilanzgeraden ($X_F = X_{R1}$; $X_E = X_{E1}$). Der aus der ersten Stufe austretende Extraktstrom E = E$_1$ steht im Phasengleichgewicht mit dem Raffinatstrom R$_2$, siehe Punkt I auf der Gleichgewichtskurve (X_{R2}; X_E). Der Raffinatstrom R$_2$ liegt im selben Querschnitt wie der Extraktstrom E$_2$. Die beiden Ströme bilden Punkt 2 (X_{R2}; X_{E2}), den Endpunkt der ersten Stufe.

3. Ein Geradenzug von einem Zustandspunkt auf der Bilanzgeraden über einen Zustandspunkt auf der Gleichgewichtskurve zurück zur Bilanzgeraden bildet eine theoretische Stufe. Die weiteren Stufen werden erstellt, bis die geforderte Beladung des Raffinats X_R gerade erreicht (wie in Abb. 5.5) oder unterschritten wird. Die Summe der Stufen gibt die theoretische Stufenzahl n_{th}.

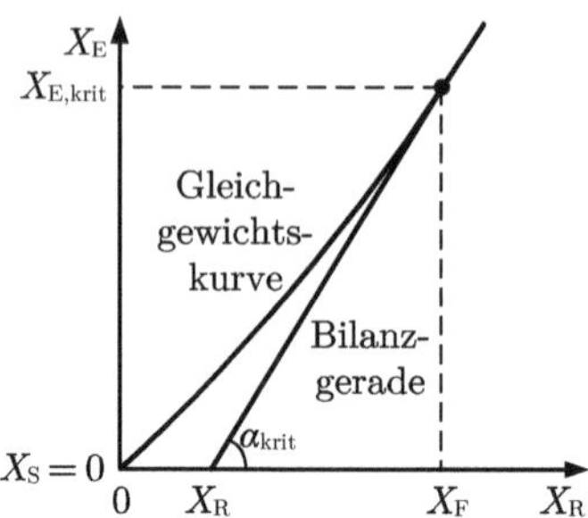

Abbildung 5.6: Minimales Extraktionsmittelverhältnis im Beladungsdiagramm

Praktische Stufenzahl und Höhe von Bodenkolonnen

Die *praktische Stufenzahl* n_{prakt} muss in der Regel größer gewählt werden als die theoretische Stufenzahl n_{th}. Dies kann durch den Stufenwirkungsgrad oder Austauschgrad

$$E = \frac{n_{\mathrm{th}}}{n_{\mathrm{prakt}}} \tag{5.19}$$

berücksichtigt werden. Für die Extraktion in Trennkolonnen oder Mixer-Settler-Anlagen sind Stufenwirkungsgrade von 80 % bis 95 % typisch. Sie werden experimentell ermittelt. Die *Höhe einer Bodenkolonne*

$$H = n_{\mathrm{prakt}} \Delta H_{\mathrm{B}} \tag{5.20}$$

ergibt sich aus der praktischen Stufenzahl und dem Bodenabstand ΔH_{B}.

Minimales Extraktionsmittelverhältnis, minimaler Extraktionsmittelmengenstrom

Wird der Extraktionsmittelmengenstrom verkleinert, nähert sich die Bilanzgerade der Gleichgewichtskurve und die Anzahl der erforderlichen Trennstufen nimmt zu, weil die Konzentrationsdifferenz zwischen den beiden Phasen abnimmt. Wird der Extraktionsmittelmengenstrom minimiert, schneidet oder tangiert die Bilanzgerade die Gleichgewichtskurve. Die treibende Kraft für die Stoffübertragung wird null und die theoretische Trennstufenzahl unendlich, siehe Abb. 5.6.

Aus dem für diesen Fall vorhandenen *minimalen Extraktionsmittelverhältnis*

$$v_{\mathrm{min}} = \frac{\dot{n}_{\mathrm{C,E,min}}}{\dot{n}_{\mathrm{A,R}}} = \cot \alpha_{\mathrm{kr}} \tag{5.21}$$

folgt der *minimale Extraktionsmittelmengenstrom*

$$\dot{n}_{\mathrm{C,E,min}} = \dot{n}_{\mathrm{A,R}} \frac{X_{\mathrm{F}} - X_{\mathrm{R}}}{X_{\mathrm{E,kr}} - X_{\mathrm{S}}}, \tag{5.22}$$

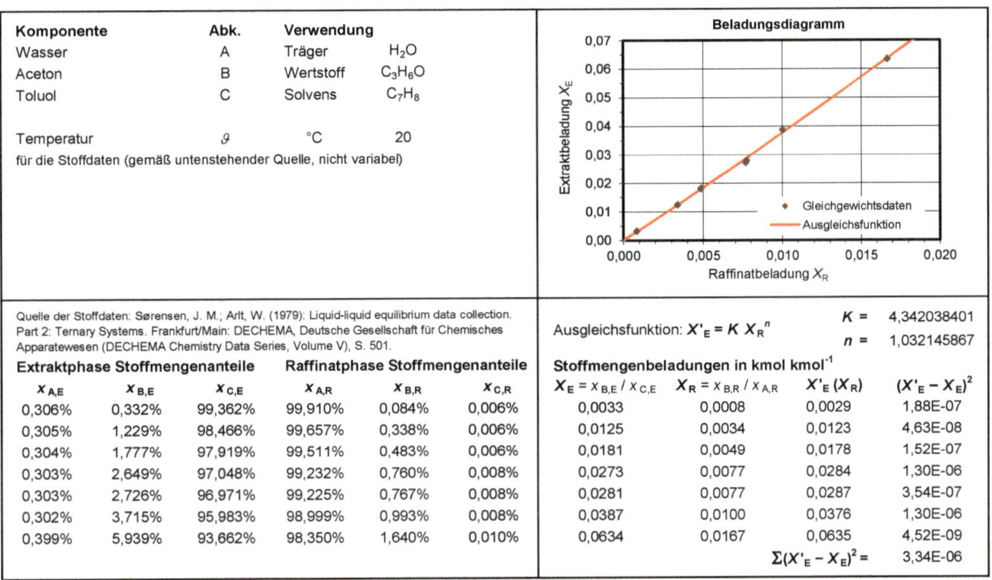

Quelle der Stoffdaten: Sørensen, J. M.; Arlt, W. (1979): Liquid-liquid equilibrium data collection. Part 2: Ternary Systems. Frankfurt/Main: DECHEMA, Deutsche Gesellschaft für Chemisches Apparatewesen (DECHEMA Chemistry Data Series, Volume V), S. 501.

Ausgleichsfunktion: $X'_E = K\,X_R{}^n$ K = 4,342038401 n = 1,032145867

Extraktphase Stoffmengenanteile			Raffinatphase Stoffmengenanteile			Stoffmengenbeladungen in kmol kmol^{-1}			
$x_{A,E}$	$x_{B,E}$	$x_{C,E}$	$x_{A,R}$	$x_{B,R}$	$x_{C,R}$	$X_E = x_{B,E}/x_{C,E}$	$X_R = x_{B,R}/x_{A,R}$	$X'_E(X_R)$	$(X'_E - X_E)^2$
0,306%	0,332%	99,362%	99,910%	0,084%	0,006%	0,0033	0,0008	0,0029	1,88E-07
0,305%	1,229%	98,466%	99,657%	0,338%	0,006%	0,0125	0,0034	0,0123	4,63E-08
0,304%	1,777%	97,919%	99,511%	0,483%	0,006%	0,0181	0,0049	0,0178	1,52E-07
0,303%	2,649%	97,048%	99,232%	0,760%	0,008%	0,0273	0,0077	0,0284	1,30E-06
0,303%	2,726%	96,971%	99,225%	0,767%	0,008%	0,0281	0,0077	0,0287	3,54E-07
0,302%	3,715%	95,983%	98,999%	0,993%	0,008%	0,0387	0,0100	0,0376	1,30E-06
0,399%	5,939%	93,662%	98,350%	1,640%	0,010%	0,0634	0,0167	0,0635	4,52E-09
							$\Sigma(X'_E - X_E)^2 =$		3,34E-06

Abbildung 5.7: Excel-Berechnungsblatt für die Extraktion von Aceton aus Wasser mit Toluol, Berechnung der Ausgleichsfunktion für die Gleichgewichtskurve

der für die Auslegung von Extraktionsprozessen relevant ist, weil das im Betrieb einzustellende Extraktionsmittelverhältnis größer als $v_{\min}$ sein muss.

Erstellung des Berechnungsblattes für die Extraktion im Beladungsdiagramm

Für die Bearbeitung der Aufgabenstellung in Beispiel 5.1 zur Extraktion von Aceton aus Wasser mit Toluol als Extraktionsmittel ist die Ermittlung der Gleichgewichtskurve für das ternäre System erforderlich, genauer gesagt, einer analytischen Ausgleichsfunktion. Dazu wird ein Excel-Berechnungsblatt gemäß Abb. 5.7 erstellt:

1. Das Excel-Berechnungsblatt enthält in der linken Hälfte die für die Ermittlung der Ausgleichsfunktion erforderlichen Gleichgewichtsdaten, die der *Liquid-Liquid Equilibrium Data Collection* [81] der DECHEMA entnommen wurden (wie bereits in Abb. 3.20 die Daten der NRTL-Parameter für dasselbe ternäre System). Diese als Stoffmengenanteile gegebenen Daten werden zunächst unter Verwendung der Gleichungen (5.9) und (5.10) in die Beladungen X_E und X_R umgerechnet.

2. Als Ausgleichsfunktion zur Berechnung des Phasengleichgewichts des ternären Systems im relevanten Konzentrationsbereich wird eine einfache Potenzfunktion

$$X_E = K X_R^n \tag{5.23}$$

gewählt[1]. Die Ermittlung der Koeffizienten K und n erfolgt in Excel über eine Ausgleichung nach der GAUSSschen Methode der kleinsten Quadrate und unter Verwendung des Solvers, wie in Abschnitt 2.7.1 beschrieben. Diesen beiden Koeffizienten wird zunächst ein Startwert gegeben, z. B. 1. In der Spalte $X'_\mathrm{E}(X_\mathrm{R})$ werden die Funktionswerte der Ausgleichsfunktion berechnet, in der Spalte $(X_\mathrm{E} - X'_\mathrm{E})^2$ die vertikalen Abweichungsquadrate und daraus deren Summe. Als Zielzelle für den Solver wird die Summe der Abweichungsquadrate gewählt, deren Wert minimiert werden soll. Als Variablenzellen dienen die Zellen mit den beiden Koeffizienten K und n.

3. Im Diagramm in Abb. 5.7 können die Gleichgewichtsdaten als Punkte und die Ausgleichsfunktion als Linie (ohne Datenpunkte) dargestellt werden. Für die Darstellung der Ausgleichsfunktion werden als zusätzliche Stützstellen (0;0) und ein Datenpunkt für $X_\mathrm{R} \geq 0{,}020$ gewählt. Diese beiden Stützstellen sind im Arbeitsblatt ausgeblendet.

Aufbauend auf Abb. 5.7 wird in derselben Arbeitsmappe das in Abb. 5.8 dargestellte Excel-Berechnungsblatt erstellt:

4. Im Tabellenkopf sind die beteiligten Komponenten mit ihren molaren Massen M, kritischen Daten T_kr sowie ϱ_kr und den Koeffizienten A bis D für die Berechnung der temperaturabhängigen Flüssigkeitsdichte ϱ^L gemäß Gleichung (2.31) aufgeführt. Diese Daten wurden dem *VDI-Wärmeatlas* [91, 92] entnommen und daraus die Flüssigkeitsdichten mit der Temperatur berechnet, bei der die Gleichgewichtsdaten gemessen wurden, siehe Abb. 5.7.

5. Nun werden die Eingabefelder für die Volumenströme von Feed und Solvens $\dot{V}_\mathrm{F}$ bzw. $\dot{V}_\mathrm{S}$, die Stoffmengenanteile des Wertstoffs im Feed $x_\mathrm{B,F}$, im Raffinat $x_\mathrm{B,R}$ und im Solvens $x_\mathrm{B,S}$ erstellt. Daraus lassen sich die Beladungen von Feed X_F, Raffinat X_R und Solvens X_S mit den Gleichungen (5.9) und (5.10) berechnen.

6. Die Stoffmengenströme von Feed und Solvens $\dot{n}_\mathrm{F}$ bzw. $\dot{n}_\mathrm{S}$ und die Extraktbeladung X_E werden nachfolgend in der Tabelle mit den Stoffströmen berechnet. Die kritische Extraktbeladung $X_\mathrm{E,kr}$ folgt unmittelbar aus Gleichung (5.23) in Abhängigkeit von der Feedbeladung X_F.

7. Nachfolgend wird die im unteren Teil von Abb. 5.8 dargestellte Tabelle mit den Daten der Stoffströme berechnet. In diese Tabelle werden die Daten der Stoffmengenanteile $x_\mathrm{B,F}$ im Feed, $x_\mathrm{B,R}$ im Raffinat und $x_\mathrm{B,S}$ im Solvens übernommen und daraus die weiteren Stoffmengenanteile für diese drei Ströme ermittelt. Ebenso werden die Daten der Beladungen von Feed X_F, Raffinat X_R und Solvens X_S übernommen. Die Berechnung der Extraktbeladung und der Stoffmengenanteile im Extrakt folgen später.

8. Die Volumenanteile φ_i für Feed, Raffinat und Solvens ergeben sich mit Gleichung (4.26). Auch die Volumenanteile für das Extrakt folgen später. Die Werte

---

[1] Eine Gerade als Ausgleichsfunktion wäre in diesem Beispiel nur unwesentlich schlechter als eine Potenzfunktion. Potenzfunktionen eignen sich jedoch grundsätzlich besser zur (zumindest abschnittsweisen) Ausgleichung von Messdaten bei der Extraktion.

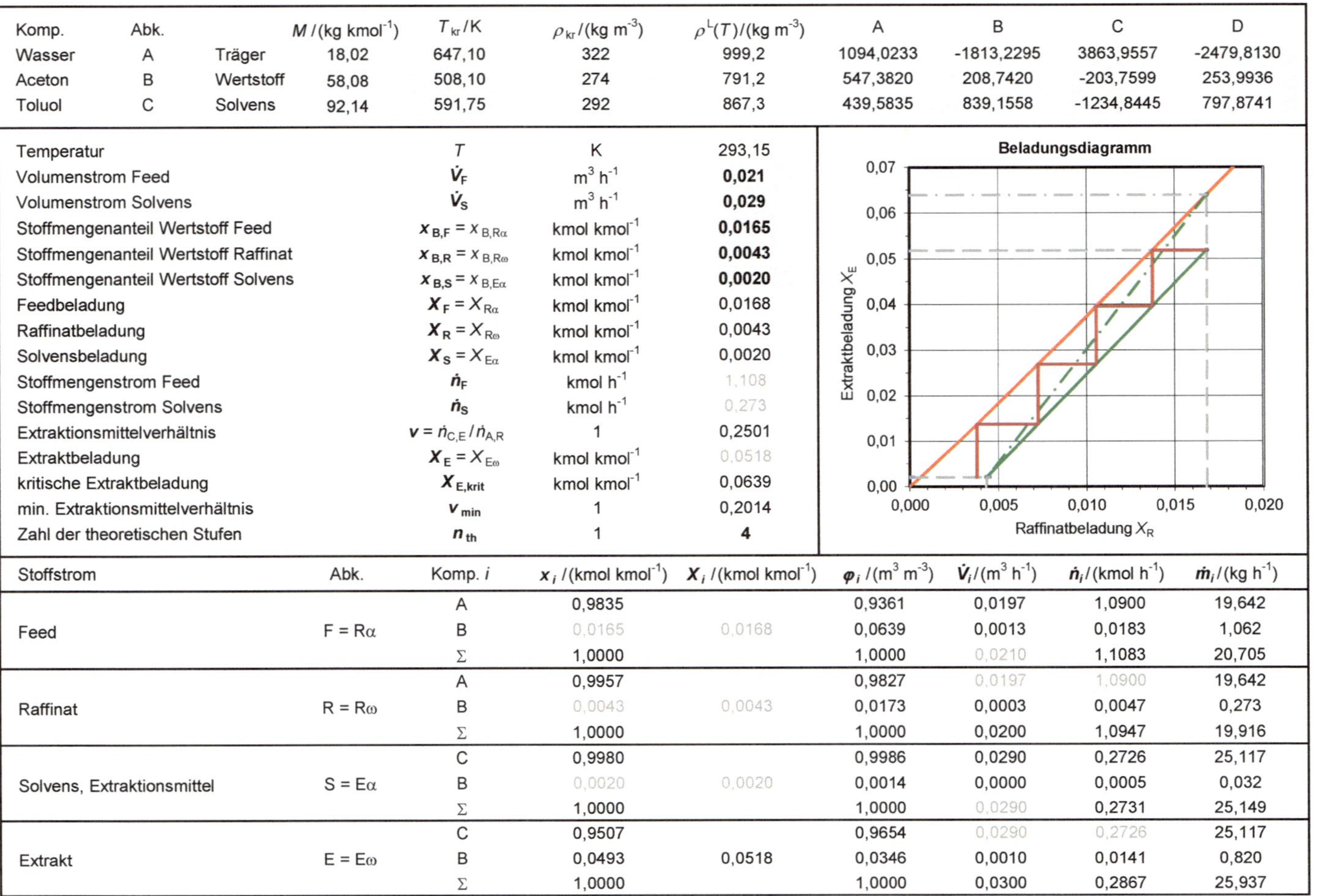

Komp.	Abk.		$M\,/(\mathrm{kg\ kmol^{-1}})$	T_{kr}/K	$\rho_{kr}/(\mathrm{kg\ m^{-3}})$	$\rho^L(T)/(\mathrm{kg\ m^{-3}})$	A	B	C	D
Wasser	A	Träger	18,02	647,10	322	999,2	1094,0233	-1813,2295	3863,9557	-2479,8130
Aceton	B	Wertstoff	58,08	508,10	274	791,2	547,3820	208,7420	-203,7599	253,9936
Toluol	C	Solvens	92,14	591,75	292	867,3	439,5835	839,1558	-1234,8445	797,8741

Temperatur	T	K	293,15
Volumenstrom Feed	$\dot{V}_F$	$\mathrm{m^3\ h^{-1}}$	0,021
Volumenstrom Solvens	$\dot{V}_S$	$\mathrm{m^3\ h^{-1}}$	0,029
Stoffmengenanteil Wertstoff Feed	$x_{B,F}=x_{B,R\alpha}$	$\mathrm{kmol\ kmol^{-1}}$	0,0165
Stoffmengenanteil Wertstoff Raffinat	$x_{B,R}=x_{B,R\omega}$	$\mathrm{kmol\ kmol^{-1}}$	0,0043
Stoffmengenanteil Wertstoff Solvens	$x_{B,S}=x_{B,E\alpha}$	$\mathrm{kmol\ kmol^{-1}}$	0,0020
Feedbeladung	$X_F=X_{R\alpha}$	$\mathrm{kmol\ kmol^{-1}}$	0,0168
Raffinatbeladung	$X_R=X_{R\omega}$	$\mathrm{kmol\ kmol^{-1}}$	0,0043
Solvensbeladung	$X_S=X_{E\alpha}$	$\mathrm{kmol\ kmol^{-1}}$	0,0020
Stoffmengenstrom Feed	$\dot{n}_F$	$\mathrm{kmol\ h^{-1}}$	1,108
Stoffmengenstrom Solvens	$\dot{n}_S$	$\mathrm{kmol\ h^{-1}}$	0,273
Extraktionsmittelverhältnis	$v=\dot{n}_{C,E}/\dot{n}_{A,R}$	1	0,2501
Extraktbeladung	$X_E=X_{E\omega}$	$\mathrm{kmol\ kmol^{-1}}$	0,0518
kritische Extraktbeladung	$X_{E,krit}$	$\mathrm{kmol\ kmol^{-1}}$	0,0639
min. Extraktionsmittelverhältnis	v_{min}	1	0,2014
Zahl der theoretischen Stufen	n_{th}	1	4

Stoffstrom	Abk.	Komp. i	$x_i/(\mathrm{kmol\ kmol^{-1}})$	$X_i/(\mathrm{kmol\ kmol^{-1}})$	$\varphi_i/(\mathrm{m^3\ m^{-3}})$	$\dot{V}_i/(\mathrm{m^3\ h^{-1}})$	$\dot{n}_i/(\mathrm{kmol\ h^{-1}})$	$\dot{m}_i/(\mathrm{kg\ h^{-1}})$
Feed	F = Rα	A	0,9835		0,9361	0,0197	1,0900	19,642
		B	0,0165	0,0168	0,0639	0,0013	0,0183	1,062
		Σ	1,0000		1,0000	0,0210	1,1083	20,705
Raffinat	R = Rω	A	0,9957		0,9827	0,0197	1,0900	19,642
		B	0,0043	0,0043	0,0173	0,0003	0,0047	0,273
		Σ	1,0000		1,0000	0,0200	1,0947	19,916
Solvens, Extraktionsmittel	S = Eα	C	0,9980		0,9986	0,0290	0,2726	25,117
		B	0,0020	0,0020	0,0014	0,0000	0,0005	0,032
		Σ	1,0000		1,0000	0,0290	0,2731	25,149
Extrakt	E = Eω	C	0,9507		0,9654	0,0290	0,2726	25,117
		B	0,0493	0,0518	0,0346	0,0010	0,0141	0,820
		Σ	1,0000		1,0000	0,0300	0,2867	25,937

Abbildung 5.8: Excel-Berechnungsblatt für die Extraktion von Aceton aus Wasser mit Toluol

der Volumenströme von Feed und Solvens $\dot{V}_\mathrm{F}$ bzw. $\dot{V}_\mathrm{S}$ werden von oben in die Tabelle übernommen und daraus mit den Volumenanteilen die Teilvolumenströme im Feed

$$\dot{V}_\mathrm{A,F} = \varphi_\mathrm{A,F}\,\dot{V}_\mathrm{F} \quad \text{und} \tag{5.24}$$

$$\dot{V}_\mathrm{B,F} = \varphi_\mathrm{B,F}\,\dot{V}_\mathrm{F} \tag{5.25}$$

nach Gleichung (4.26) berechnet. Da der Teilstrom des reinen Trägers A in der Raffinatphase konstant bleibt, gilt entsprechend Gleichung (5.11) $\dot{V}_\mathrm{A,R} = \dot{V}_\mathrm{A,F}$. Gemäß Gleichung (4.26) folgen für den Raffinatstrom

$$\dot{V}_\mathrm{R} = \frac{\dot{V}_\mathrm{A,R}}{\varphi_\mathrm{A,R}} \quad \text{und} \tag{5.26}$$

$$\dot{V}_\mathrm{B,R} = \dot{V}_\mathrm{R} - \dot{V}_\mathrm{A,R} \tag{5.27}$$

sowie für den Strom des Solvens oder Extraktionsmittels

$$\dot{V}_\mathrm{C,S} = \varphi_\mathrm{C,S}\,\dot{V}_\mathrm{S} \quad \text{und} \tag{5.28}$$

$$\dot{V}_\mathrm{B,S} = \varphi_\mathrm{B,S}\,\dot{V}_\mathrm{S} \ . \tag{5.29}$$

Die vorstehenden Berechnungen erfolgen unter der Annahme einer idealen Flüssigphase, also unter Vernachlässigung von Mischungs- oder Exzessvolumina.

9. Die Berechnungsgleichungen für die Stoffmengenströme im Feed lauten

$$\dot{n}_\mathrm{A,F} = \frac{\varrho_\mathrm{A}^\mathrm{L}\,\dot{V}_\mathrm{A,F}}{M_\mathrm{A}} \ , \tag{5.30}$$

$$\dot{n}_\mathrm{B,F} = X_\mathrm{F}\,\dot{n}_\mathrm{A,F} \quad \text{und} \tag{5.31}$$

$$\dot{n}_\mathrm{F} = \dot{n}_\mathrm{A,F} + \dot{n}_\mathrm{B,F} \ . \tag{5.32}$$

Die Stoffmengenströme im Raffinat folgen entsprechend Gleichung (5.11) mit $\dot{n}_\mathrm{A,R} = \dot{n}_\mathrm{A,F}$ sowie

$$\dot{n}_\mathrm{B,R} = X_\mathrm{R}\,\dot{n}_\mathrm{A,R} \quad \text{und} \tag{5.33}$$

$$\dot{n}_\mathrm{R} = \dot{n}_\mathrm{A,R} + \dot{n}_\mathrm{B,R} \ . \tag{5.34}$$

Für das Solvens gelten

$$\dot{n}_\mathrm{C,S} = \frac{\varrho_\mathrm{C}^\mathrm{L}\,\dot{V}_\mathrm{C,S}}{M_\mathrm{C}} \ , \tag{5.35}$$

$$\dot{n}_\mathrm{B,S} = X_\mathrm{S}\,\dot{n}_\mathrm{C,S} \quad \text{und} \tag{5.36}$$

$$\dot{n}_\mathrm{S} = \dot{n}_\mathrm{C,S} + \dot{n}_\mathrm{B,S} \ . \tag{5.37}$$

Für das Extrakt gelten mit $\dot{n}_{C,E} = \dot{n}_{C,S}$

$$\dot{n}_{B,E} = \dot{n}_{B,F} - \dot{n}_{B,R} + \dot{n}_{B,S} \quad \text{und} \tag{5.38}$$

$$\dot{n}_E = \dot{n}_{C,E} + \dot{n}_{B,E} \; . \tag{5.39}$$

10. Damit können die noch fehlende Extraktbeladung X_E mit Gleichung (5.3) und daraus unter Verwendung von Gleichung (5.9) die Stoffmengenanteile $x_{C,E}$ und $x_{B,E}$ im Extrakt berechnet werden. Die Volumenanteile φ_i im Extrakt folgen mit Gleichung (4.26) und der Teilvolumenstrom $\dot{V}_{C,E} = \dot{V}_{C,S}$ entsprechend Gleichung (5.11). Weiterhin gelten

$$\dot{V}_{B,E} = \frac{\dot{n}_{B,E} M_B}{\varrho_B^L} \quad \text{und} \tag{5.40}$$

$$\dot{V}_E = \dot{V}_{C,E} + \dot{V}_{B,E} \; . \tag{5.41}$$

Die Teilmassenströme $\dot{m}_i$ und die Massenströme von Feed, Raffinat, Solvens und Extrakt lassen sich unter Verwendung der molaren Massen mit Gleichung (3.67) berechnen.

11. Nun können die Stoffmengenströme von Feed und Solvens $\dot{n}_F$ bzw. $\dot{n}_S$ und die Extraktbeladung X_E in den oberen Teil des Excel-Berechnungsblattes übertragen werden. Das Extraktionsmittelverhältnis v folgt aus Gleichung (5.18) und das minimale Extraktionsmittelverhältnis aus Gleichung (5.21) (mit Gleichung (5.22)).

12. Für die Darstellung der Gleichgewichtskurve im Beladungsdiagramm werden die Daten aus der Tabelle in Abb. 5.7 verwendet. Auf Basis einer weiteren – hier nicht dargestellten – Tabelle können die Hilfslinien zum besseren Ablesen der Beladungen der beiden Phasen erstellt werden. Eine zweite Wertetabelle ermöglicht die Darstellung der Bilanzgeraden und der Bilanzgeraden für den minimalen Waschflüssigkeitsmengenstrom. Endpunkte dieser beiden Geraden sind die berechneten Beladungen X_F, X_R, X_S und X_E bzw. $X_{E,kr}$.

13. Die Stufenkonstruktion erfolgt gemäß der Beschreibungen auf Seite 147. Dazu wird ebenfalls eine kleine Tabelle im Arbeitsblatt erstellt, siehe Abb. 5.9. Für den Datensatz der ersten Stufe gilt (unter Verwendung von Pseudocode):

- X_E-Wert erste Zeile: `=X_E`

- X_R-Wert erste Zeile: `=X_F`

- X_E-Wert zweite Zeile: `=X_E-Wert Zeile darüber`

- X_R-Wert zweite Zeile: `=(X_E / K) ^ (1 / n)`, also mit der nach X_R umgeformten Gleichung (5.23) der Gleichgewichtskurve.

Für den Datensatz ab der zweiten Stufe gilt:

- X_E-Wert erste Zeile: `=WENN(X_R-Wert rechts >= X_R_omega; X_E aus Gleichung Bilanzgerade; X_S)`, also mit der Bilanzgeraden nach Gleichung (5.16).

- X_R-Wert erste Zeile: `=X_R-Wert Zeile darüber`

Stufenkonstruktion			Anzahl der theoretischen Trennstufen
	Bilanzgerade		
	Gleichgewichtskurve		**4**
Stufe Nr.	**Stufenzug**		**theoretische**
	X_E	X_R	**Stufe**
1	0,0518	0,0168	1
	0,0518	*0,0137*	
2	0,0395	0,0137	1
	0,0395	*0,0105*	
3	0,0269	0,0105	1
	0,0269	*0,0072*	
4	0,0137	0,0072	1
	0,0137	*0,0038*	
5	0,0020	0,0038	0
	0,0020	*0,0038*	

Abbildung 5.9: Datentabelle für die Stufenkonstruktion

- X_E-Wert zweite Zeile: `=X_E-Wert Zeile darüber`

- X_R-Wert zweite Zeile: `=WENN(X_R-Wert Zeile darüber < X_R_omega;`
  `X_R-Wert Zeile darüber; X_R = (X_E / K) ^ (1 / n))`,
  also mit der nach X_R umgeformten Gleichung (5.23) der Gleichgewichtskurve.

Hinweis: Damit die Zeilen ab der zweiten Stufen kopiert werden können, sind im
Arbeitsblatt absolute Zellbezüge (oder die Definition von Namen für die Zellen)
erforderlich. Die Darstellung der Stufenkonstruktion erfolgt als Polygonzug aus
den Daten der in Abb. 5.9 erstellten Tabelle.

14. Für die Ermittlung der Anzahl der theoretischen Stufen für die Trennaufgabe
    wird in der rechten Spalte in Abb. 5.9 für jede Stufe abgefragt

    `=WENN(X_R-Wert erste Zeile > X_R-Wert zweite Zeile; 1; 0)`

    und die Summe der Werte in dieser Spalte als Zahl der theoretischen Stufen n_th
    in das Berechnungsblatt übertragen. Durch diese Vorgehensweise werden auch
    angefangene Stufen mitgezählt.

In Kapitel 6 wird in einem Berechnungsbeispiel auch die Höhe einer Bodenkolonne
bei vorgegebenem Austauschgrad E und vorgegebenem Bodenabstand ΔH_B nach
Gleichung (5.20) berechnet.

6 Absorption

Zielsetzung

Kenntnis der Grundlagen für die Berechnung von Phasengleichgewichten bei der physikalischen Absorption und ihrer Darstellung im Beladungsdiagramm. Aufstellung von Mengenbilanzen für Absorptions- und Desorptionsprozesse. Erstellung der Stufenkonstruktion im Gleichgewichtsdiagramm zur Ermittlung der theoretischen Stufenzahl als Basis der Auslegung von Trennkolonnen.

Empfohlene Literatur

Thermische Verfahrenstechnik von MERSMANN u. a. [58], *Destillation, Absorption, Extraktion* von SCHLÜNDER u. a. [76], *Einführung in die thermischen Trennverfahren* von LOHRENGEL [51].

Berechnungsbeispiele in Excel

- Berechnungen auf Basis des Beladungsdiagramms

    - Berechnung der Stoffmengenbilanz, der theoretischen Stufenzahl und der Kolonnenhöhe für die Absorption von Ethanol in Wasser (Abb. 6.6).

    - Berechnung der Stoffmengenbilanz und der theoretischen Stufenzahlen für die Absorption von Benzol mit Waschöl und die anschließende Strippung des Waschöls mit Wasserdampf (Abb. 6.13).

6.1 Einführung, Grundbegriffe

Bei der Absorption oder Gaswäsche werden eine oder mehrere in der Gasphase vorhandene Komponenten selektiv von einer Waschflüssigkeit aufgenommen. Die Umkehrung dieses Vorgangs ist die Desorption. In Abb. 6.1 ist das Grundfließschema einer Absorption mit nachgeschalteter Regeneration der Waschflüssigkeit durch eine Desorption dargestellt. Die Waschflüssigkeit wird im Kreislauf geführt. Aus der Desorptionsstufe tritt die aus der Gasphase abgetrennte Komponente, das Absorptiv, aus. Je nach Art des Lösungsvorgangs in der Waschflüssigkeit kann die folgende Unterscheidung vorgenommen werden, wobei in diesem Kapitel ausschließlich die physikalische Absorption betrachtet wird.

Physikalische Absorption, Physisorption

Die aufzunehmende Komponente wird *physikalisch* in der Waschflüssigkeit gelöst. Anwendungen: Teilweise hohe Rohgaskonzentrationen der zu absorbierenden Komponente bei geringer Reinheitsanforderung an das Reingas. Anwendungen dafür sind

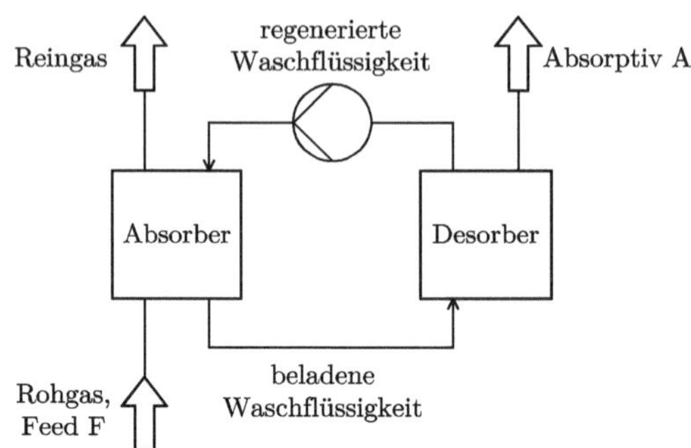

Abbildung 6.1: Grundfließschema der kontinuierlichen Absorption mit nachgeschalteter Regeneration der Waschflüssigkeit

die Absorption organischer Komponenten (wie z. B. Aceton oder Ethanol) aus Abluftströmen (mit anschließender destillativer Regenerierung des Waschmittels) oder die physikalische Abtrennung von Kohlenstoffdioxid aus Gasen mit Wasser.

Chemische Absorption, Chemisorption

Die aufzunehmende Komponente wird *chemisch* in der Waschflüssigkeit gebunden. Dazu ist in der Waschflüssigkeit in der Regel ein Additiv vorhanden, das mit der aus der Gasphase zu entfernenden Komponente chemisch reagiert. Anwendungen: Geringe Rohgaskonzentrationen der zu absorbierenden Komponente bei hoher Reinheitsanforderung an das Reingas, z. B. Rauchgaswäschen zur Entfernung von Schwefeldioxid sowie die Abtrennung von Schwefelwasserstoff oder auch von Kohlenstoffdioxid aus Gasströmen mit Aminlösungen als Waschmittel.

Begriffe

- Das *Rohgas* oder *Feed* F enthält das *Absorptiv* A (die abzutrennende Komponente) und die Inertkomponente I.

- Die *Waschflüssigkeit* W – auch Absorbens, Absorptions- oder Lösungsmittel – nimmt das Absorptiv – also die aus dem Rohgas abzutrennende Komponente – gegebenenfalls selektiv auf.

- Das *Reingas* ist die gereinigte Gasphase.

- Die Absorption findet im *Absorber* statt.

- Im *Desorber* oder Regenerator wird die Waschflüssigkeit regeneriert, also das abgetrennte Absorptiv abgeschieden.

Desorption der Waschflüssigkeit

Für die Desorption oder Regeneration der Waschflüssigkeit kommen die folgenden Verfahren in Betracht:

- Die destillative Abtrennung des Absorptivs unter Energiezufuhr in einer *Rektifikation*. Bedingung dafür ist u. a., dass das Absorptiv die leichtersiedende Komponente bildet.

- Das *Strippen*, also das Austreiben des Absorptivs aus der Waschflüssigkeit mit einem Inertgas oder Dampf (siehe Abschnitt 6.4).

- Weiterhin ist bei einer physikalisch absorbierten Komponente die *Druckentspannung* möglich, was ein höheres Druckniveau im Absorber voraussetzt.

Anforderungen an die Waschflüssigkeit

Die Waschflüssigkeit soll ein für die abzutrennende Komponente möglichst hohes selektives Aufnahmevermögen aufweisen und der Aufwand bei der Regeneration möglichst niedrig sein. Gewünscht sind weiterhin ein möglichst niedriger Dampfdruck – um geringe Verluste aus dem Prozess zu haben – und eine möglichst niedrige Viskosität. Weitere Anforderungen sind ein geringer Preis, eine geringe Korrosivität und Toxizität sowie eine hohe Anlagensicherheit hinsichtlich z. B. Brennbarkeit und Explosionsschutz.

Ausführungsbeispiel für eine Absorptionsanlage

In Abb. 6.2 ist das vereinfachte Verfahrensfließschema einer Absorptionsanlage dargestellt. Das Rohgas tritt unten in den Absorber ein und die Waschflüssigkeit wird mit der Pumpe P2 oben in die Trennkolonne eingeleitet, also im *Gegenstrom* zum Rohgas geführt. Die Pumpe P1 fördert die beladene Waschflüssigkeit in den Desorber zur Abtrennung des Absorptivs mit einem der vorgenannten Regenerationsverfahren. In der Regel bietet es sich an, die Ab- und die Desorption auf unterschiedlichen Temperaturniveaus durchzuführen – bei der Druckentspannung auch auf unterschiedlichen Druckniveaus. Die Absorption ist durch niedrige Temperaturen und hohe Drücke begünstigt (siehe Abschnitt 6.2). Der untere Wärmeübertrager W1 wärmt die beladene Waschflüssigkeit vor der Desorption unter gleichzeitiger Kühlung der frischen Waschflüssigkeit vor. Anschließend wird die aus dem Desorber kommende Waschflüssigkeit im Wärmeübertrager W2 nachgekühlt. Die Nachführung von frischer Waschflüssigkeit ist nur in sehr kleinen Mengen erforderlich, wenn diese anteilig infolge Verdunstung mit dem Reingas ausgetragen wird.

6.2 Gleichgewichte von Gas-Flüssig-Systemen

Für die Auswahl von Waschflüssigkeiten und die Auslegung von Ab- und Desorptionsprozessen ist die Kenntnis der Gaslöslichkeiten als Funktion von Temperatur und Druck erforderlich. Formal handelt es sich bei der physikalischen Absorption um ein Gas-Flüssig-Gleichgewicht (GLE, gas liquid equilibrium) für eine *nicht*siedende flüssige Phase. Für die hier nicht betrachtete chemische Absorption muss zusätzlich zum Gas-Flüssig-Gleichgewicht auch das chemische Gleichgewicht berücksichtigt werden.

Gas-Flüssig-Gleichgewichte können grundsätzlich aus den beiden Ansätzen A und B in den Gleichungen (3.12) und (3.13) berechnet werden. Für den Ansatz B ergibt sich

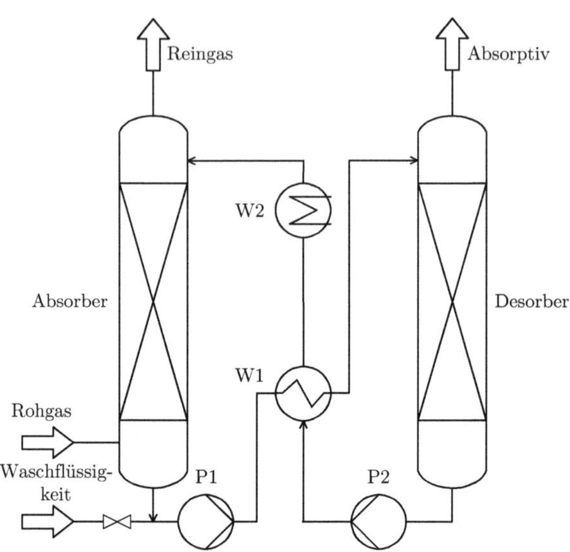

Abbildung 6.2: Verfahrensfließschema für eine Absorption mit nachgeschalteter Desorption der Waschflüssigkeit

das Problem, dass die reine Flüssigkeit nicht im überkritischen Zustand existiert, weshalb die Standardfugazität der reinen Flüssigkeit f_{01}^{L} durch den HENRY-Koeffizienten H_{12} ersetzt wird (1 Absorptiv, 2 Waschflüssigkeit) [32, 85]

$$x_1^{\mathrm{G}}\varphi_1^{\mathrm{G}}p = x_1^{\mathrm{L}}\gamma_1^* H_{12} \ . \tag{6.1}$$

Darin ist $\gamma_1^* = \gamma_1/\gamma_{1\infty}$ der rationelle Aktivitätskoeffizient (mit dem Grenzaktivitätskoeffizienten $\gamma_{1\infty}$, siehe Abschnitt 3.8.1) und φ_1^{G} der Fugazitätskoeffizient der Gasphase (siehe Gleichung (3.9)). Der HENRY-Koeffizient ist definiert zu [32, 85]

$$H_{12} = \lim_{x_1^{\mathrm{L}} \to 0} \frac{f_1^{\mathrm{L}}}{x_1^{\mathrm{L}}} \ . \tag{6.2}$$

Für $x_1^{\mathrm{L}} \to 0$ gilt $\gamma_1^* = 1$ [85]. Damit kann die vereinfachte Beziehung

$$x_1^{\mathrm{G}}\varphi_1^{\mathrm{G}}p = x_1^{\mathrm{L}} H_{12} \tag{6.3}$$

verwendet werden, aus der für kleine Drücke p die HENRYsche Gleichung (auch HENRYsches „Gesetz")

$$x_1^{\mathrm{G}} = \frac{x_1^{\mathrm{L}} H_{12}}{p} \quad \text{oder} \quad y_1 = \frac{x_1 H_{12}}{p} \tag{6.4}$$

folgt (mit den Abkürzungen $y_1 = x_1^{\mathrm{G}}$ und $x_1 = x_1^{\mathrm{L}}$). Gleichung (6.4) sagt aus, dass die Gaslöslichkeit oder der Stoffmengenanteil des Absorptivs (Komponente 1) in der Flüssigphase $x_1 = x_1^{\mathrm{L}}$

- proportional zum Partialdruck $p_1 = x_1^{\mathrm{G}} p$ des Absorptivs in der Gasphase,

- proportional zum Druck und

- umgekehrt proportional zum HENRY-Koeffizienten ist [32].

Allgemein hängt der HENRY-Koeffizient $H_{12}(p, T)$ von der Temperatur und nur schwach vom Druck ab. Bei binären Systemen und mäßigen Drücken bis etwa 5 bar kann die Druckabhängigkeit vernachlässigt werden [85].

Die HENRYsche Gleichung (6.4) gilt streng nur für unendlich verdünnte Lösungen, ist aber für praktische Berechnungen für $x_1^{\mathrm{L}} < 0{,}3$ (und bei mäßigen Drücken bis etwa 5 bar) anwendbar [32]. Sie liefert die Tangente an die Kurve $p_1(x_1^{\mathrm{L}})$ für $x_1^{\mathrm{L}} \to 0$; die RAOULTsche Gleichung (3.24) dagegen liefert die Asymptote für $p_1(x_1^{\mathrm{L}})$ für $x_1^{\mathrm{L}} \to 1$.

Der Vergleich von Gleichung (6.4) mit den Gleichungen (3.20) und (3.24) im unterkritischen Bereich zeigt, dass der HENRY-Koeffizient dem Produkt aus dem Aktivitätskoeffizienten bei unendlicher Verdünnung $x_1^{\mathrm{L}} \to 0$ (Grenzaktivitätskoeffizient) und dem Sättigungspartialdruck entspricht

$$H_{12} \approx \gamma_{1\infty} p_{\mathrm{S}1} \; . \tag{6.5}$$

Auf dieser Basis können Gaslöslichkeiten mit γ_i-Modellen vorausberechnet werden, wenn keine Messungen zur Verfügung stehen, siehe Abschnitt 3.8 [32, 85]. Alternativ bietet sich die Berechnung von Gaslöslichkeiten auf Basis von Zustandsgleichungen

$$H_{12} = \frac{f_1^{\mathrm{G}}}{x_1^{\mathrm{L}}} = \frac{x_1^{\mathrm{G}} \varphi_1^{\mathrm{G}} p}{x_1^{\mathrm{L}}} \quad \text{oder} \quad H_{12} = \frac{f_1^{\mathrm{L}}}{x_1^{\mathrm{L}}} = \frac{x_1^{\mathrm{L}} \varphi_1^{\mathrm{L}} p}{x_1^{\mathrm{L}}} = \varphi_1^{\mathrm{L}} p \tag{6.6}$$

entsprechend Gleichung (3.12) an [32], siehe Abschnitt 3.7.

Eine umfassende Übersicht zu HENRY-Koeffizienten von Gasen in Wasser für mehr als 4600 Komponenten ist in [72] enthalten. HENRY-Koeffizienten sind auch in der Dortmunder Datenbank der DDBST GmbH oder im NIST Chemistry WebBook zu finden, siehe Abschnitt 3.9.

Die VAN-'T-HOFFsche Gleichung

$$\frac{\mathrm{d} \ln H_{12}}{\mathrm{d}\,(1/T)} = \frac{-\Delta_{\mathrm{solv}} \bar{H}(T)}{R} \tag{6.7}$$

beschreibt die Temperaturabhängigkeit des HENRY-Koeffizienten. Darin ist $\Delta_{\mathrm{solv}} \bar{H}(T)$ die temperaturabhängige molare Sorptionsenthalpie. Unter der Annahme, dass die molare Sorptionsenthalpie im betrachteten Temperaturbereich konstant ist, kann der HENRY-Koeffizient von einer Referenztemperatur $T_\circ$ auf die Temperatur T mit der aus Gleichung (6.7) folgenden Beziehung

$$H_{12}(T) = H_{12}(T_\circ) \exp\left(\frac{-\Delta_{\mathrm{solv}} \bar{H}}{R} \left(\frac{1}{T} - \frac{1}{T_\circ} \right) \right) \tag{6.8}$$

umgerechnet werden. Werte für den Quotienten $-\Delta_{\mathrm{solv}}\bar{H}/R$ sind teilweise in den vorgenannten Quellen aufgeführt, insbesondere in [72].

6.3 Absorption im Beladungsdiagramm

Einführung von Beladungen

Wie schon bei der Flüssig-Flüssig-Extraktion, siehe Abschnitt 5.2, bietet es sich auch bei der stationären Absorption oder Desorption an, mit Stoffmengenbeladungen zu arbeiten. Dies ist möglich, weil die Teilströme der reinen Waschflüssigkeit und des an der Absorption nicht beteiligten Gasstroms – letzterer nachfolgend Inertstrom genannt – über die Höhe einer Trennkolonne praktisch konstant sind. Deshalb wird für die Berechnung der Beladung der Gasphase

$$Y = \frac{n_{\mathrm{A}}^{\mathrm{G}}}{n_{\mathrm{I}}^{\mathrm{G}}} = \frac{\dot{n}_{\mathrm{A}}^{\mathrm{G}}}{\dot{n}_{\mathrm{I}}^{\mathrm{G}}} \tag{6.9}$$

(mit $Y = X^{\mathrm{G}}$) die Stoffmenge des Absorptivs n_{A} auf die Stoffmenge des Inerten n_{I} und für die Beladung der Flüssigphase

$$X = \frac{n_{\mathrm{A}}^{\mathrm{L}}}{n_{\mathrm{W}}^{\mathrm{L}}} = \frac{\dot{n}_{\mathrm{A}}^{\mathrm{L}}}{\dot{n}_{\mathrm{W}}^{\mathrm{L}}} \tag{6.10}$$

(mit $X = X^{\mathrm{L}}$) die Stoffmenge des Absorptivs n_{A} auf die Stoffmenge der Waschflüssigkeit n_{W} bezogen. Für die kontinuierliche und stationäre Absorption gelten die Definitionen der Beladungen wie in diesen beiden Gleichungen geschrieben auch mit den entsprechenden Stoffmengenströmen. Analoge Definitionen lassen sich für Massenbeladungen erstellen, siehe dazu Tabelle A im Anhang.

Gleichgewichtskurve im Beladungsdiagramm

Aus der HENRYschen Gleichung (6.4) folgt mit den Beziehungen zwischen den Stoffmengenanteilen und den Stoffmengenbeladungen

$$x_i = \frac{X_i}{1 + X_i} \quad \text{und} \quad y_i = \frac{Y_i}{1 + Y_i} \tag{6.11}$$

die Gleichgewichtskurve

$$Y = \frac{X H_{12}}{p\,(1 + X) - X H_{12}} \tag{6.12}$$

für $T = \mathrm{konst}$ in einem Beladungsdiagramm.

Ableitung der Bilanzgeraden für die Stufenkonstruktion im Beladungsdiagramm

Nachfolgend werden die Grundlagen geschaffen, um über eine einfache grafische Konstruktion im Beladungsdiagramm – analog zur Vorgehensweise bei der Flüssig-

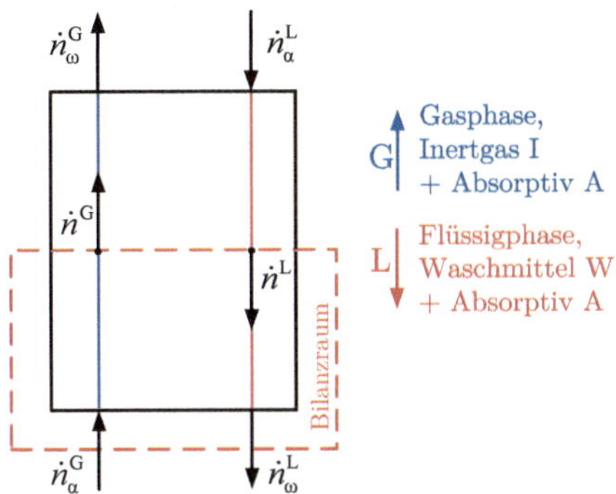

Abbildung 6.3: Stoffmengenbilanz für die Gegenstromabsorption

Flüssig-Extraktion in Abschnitt 5.2 – die Höhe von Trennkolonnen für die stationäre Absorption und für die stationäre Desorption berechnen zu können. Dazu werden zunächst die Stoffmengenbilanzen für die Gegenstromabsorption auf Basis von Abb. 6.3 aufgestellt.

Die Teilströme des reinen Inerten in der Gasphase $\dot{n}_I^G$ und der reinen Waschflüssigkeit in der Flüssigphase $\dot{n}_W^L$ bleiben über die Höhe einer Kolonne konstant

$$\dot{n}_I^G = \dot{n}_{I,\alpha}^G = \dot{n}_{I,\omega}^G = \text{konst} \quad \text{und} \quad \dot{n}_W^L = \dot{n}_{W,\alpha}^L = \dot{n}_{W,\omega}^L = \text{konst} . \tag{6.13}$$

Zwischen den beiden Phasen wird das Absorptiv infolge des Stoffdurchgangs von der Gasphase in die Flüssigphase übertragen. Die Stoffmengenbilanz für das Absorptiv A in dem in Abb. 6.3 eingezeichneten Bilanzraum, der z. B. dem unteren Teil einer Trennkolonne entspricht, lautet

$$\dot{n}_{A,\alpha}^G + \dot{n}_A^L = \dot{n}_{A,\omega}^L + \dot{n}_A^G \tag{6.14}$$

mit

$$\dot{n}_A^G = \dot{n}^G - \dot{n}_I^G \quad \text{und} \quad \dot{n}_A^L = \dot{n}^L - \dot{n}_W^L . \tag{6.15}$$

Auf die Aufstellung der Energiebilanz kann für den Fall der physikalischen Absorption zumeist verzichtet werden, wenn der Waschmittelstrom verhältnismäßig groß ist.

Die einzelnen Terme in Gleichung (6.14) werden erweitert

$$\frac{\dot{n}_{A,\alpha}^G \dot{n}_I^G}{\dot{n}_I^G} + \frac{\dot{n}_A^L \dot{n}_W^L}{\dot{n}_W^L} = \frac{\dot{n}_{A,\omega}^L \dot{n}_W^L}{\dot{n}_W^L} + \frac{\dot{n}_A^G \dot{n}_I^G}{\dot{n}_I^G} \tag{6.16}$$

und Teile daraus zu Beladungen zusammengefasst

$$Y_\alpha \dot{n}_I^G + X \dot{n}_W^L = X_\omega \dot{n}_W^L + Y \dot{n}_I^G . \tag{6.17}$$

Nach Y aufgelöst folgt die *Geradengleichung für die Bilanzgerade*

$$Y = \frac{\dot{n}_{\mathrm{W}}^{\mathrm{L}}}{\dot{n}_{\mathrm{I}}^{\mathrm{G}}} X + Y_\alpha - \frac{X_\omega \dot{n}_{\mathrm{W}}^{\mathrm{L}}}{\dot{n}_{\mathrm{I}}^{\mathrm{G}}} \ . \tag{6.18}$$

Die *Steigung der Bilanzgeraden* im Beladungsdiagramm hängt vom Verhältnis des Stoffmengenstroms des reinen Waschmittels zum Stoffmengenstrom des reinen Inertgases ab

$$\tan \alpha = \frac{\dot{n}_{\mathrm{W}}^{\mathrm{L}}}{\dot{n}_{\mathrm{I}}^{\mathrm{G}}} = \frac{Y_\alpha - Y_\omega}{X_\omega - X_\alpha} \ . \tag{6.19}$$

Stufenkonstruktion für die Absorption im Beladungsdiagramm

Gesucht ist die theoretische Stufenzahl n_{th} für die kontinuierliche Gegenstromabsorption in einer Trennkolonne. Dafür müssen die Beladungen des Rohgases oder Feeds Y_α, des Reingases Y_ω, des frischen und des beladenen Waschmittels X_α bzw. X_ω sowie das Phasengleichgewicht, dass in Form einer Gleichgewichtskurve auf Basis von Gleichung (6.12) in das Beladungsdiagramm in Abb. 6.4 eingetragen ist, bekannt sein.

Zur Lösung der Aufgabe wird im Beladungsdiagramm in Abb. 6.4 eine Konstruktion zur einfachen grafischen Ermittlung der Anzahl der erforderlichen theoretischen Trennstufen nach McCabe und Thiele erstellt [56]:

1. An den Diagrammachsen werden die Beladungen des Rohgases Y_α, des Reingases Y_ω, der Waschflüssigkeit X_α und der beladenen Waschflüssigkeit X_ω gekennzeichnet und die Bilanzgerade in das Diagramm eingetragen. Die den Querschnitten der Trennkolonne entsprechenden Zustandspunkte gemäß dem Grundfließschema mit den theoretischen Stufen in Abb. 6.4 (dort als gestrichelte Linien dargestellt) liegen auf der Bilanzgeraden. Grundsätzlich müssen die Beladungen der Gasphase – gegeben durch Zustandspunkte auf der Bilanzgeraden – größer sein als die Gleichgewichtsbeladungen. Die aus einer theoretischen Gleichgewichtsstufe austretenden Stoffströme stehen im Phasengleichgewicht und liegen damit auf der Gleichgewichtskurve.

2. Wir starten im Beladungsdiagramm mit dem in die erste theoretische Stufe eintretenden Rohgasstrom $\mathrm{G}_\alpha = \mathrm{G}_1$ gemäß Abb. 6.4 im Punkt 1 auf der Bilanzgeraden $(X_\omega = X_1; Y_\alpha = Y_1)$. Der aus der ersten Stufe austretende Waschflüssigkeitsstrom $\mathrm{L}_\omega = \mathrm{L}_1$ (mit der Beladung X_ω) steht im Phasengleichgewicht mit dem Gasstrom G_2 (mit der Beladung Y_2), siehe Punkt I auf der Gleichgewichtskurve $(X_1; Y_2)$. Der Gasstrom G_2 liegt im selben Querschnitt wie der Flüssigkeitsstrom L_2 entsprechend Punkt 2 $(X_2; Y_2)$ und bildet den Endpunkt der ersten Stufe.

3. Ein Geradenzug von einem Zustandspunkt auf der Bilanzgeraden über einen Zustandspunkt auf der Gleichgewichtskurve zurück zur Bilanzgeraden bildet eine theoretische Stufe. Die weiteren Stufen werden erstellt, bis die geforderte Beladung des Reingases Y_ω gerade erreicht (wie in Abb. 6.4) oder unterschritten wird. Die Anzahl der Stufen wird zur theoretischen Stufenzahl n_{th} summiert.

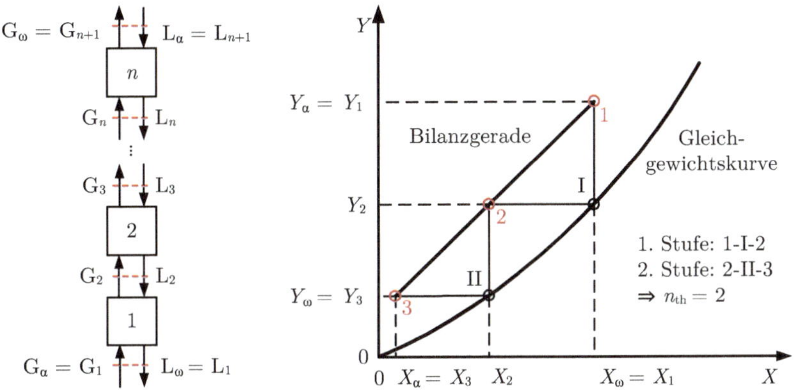

Abbildung 6.4: Grundfließschema mit theoretischen Trennstufen und Stufenkonstruktion für die Absorption im Beladungsdiagramm

Praktische Stufenzahl und Höhe von Bodenkolonnen

Wie schon in Abschnitt 5.2 muss auch bei der Auslegung von Absorptionsanlagen die praktische Stufenzahl n_{prakt} in der Regel größer gewählt werden, als die theoretische Stufenzahl n_{th}, siehe Gleichung (5.19). Für die Absorption in Kolonnen in stufenweisem oder kontinuierlichem Kontakt sind Stufenwirkungsgrade E von 50 % bis 90 % typisch. Die Höhe einer Bodenkolonne ergibt sich aus der praktischen Stufenzahl und dem Bodenabstand ΔH_{B} nach Gleichung (5.20). Zur Höhe einer Packungskolonne siehe Abschnitt 7.4.

Minimaler Waschflüssigkeitsmengenstrom, minimales Waschflüssigkeitsverhältnis

Auch bei der Absorption ist der minimale Waschflüssigkeitsmengenstrom von besonderer Bedeutung, insbesondere für die Auslegung von Trennkolonnen. Wird der Waschflüssigkeitsstrom verkleinert, nähert sich die Bilanzgerade der Gleichgewichtskurve und die Anzahl der erforderlichen Trennstufen nimmt zu, weil die Konzentrationsdifferenz – die sogenannte treibende Kraft für die Stoffübertragung – zwischen den beiden Phasen abnimmt. Wird der Waschflüssigkeitsstrom minimiert, schneidet oder tangiert die Bilanzgerade die Gleichgewichtskurve. Die treibende Kraft für die Stoffübertragung wird null und die theoretische Trennstufenzahl unendlich, siehe Abb. 6.5.

Gemäß Gleichung (6.19) folgt für den *minimalen Waschflüssigkeitsmengenstrom*

$$\dot{n}_{\mathrm{W,min}}^{\mathrm{L}} = \dot{n}_{\mathrm{I}}^{\mathrm{G}} \frac{Y_\alpha - Y_\omega}{X_{\omega,\mathrm{kr}} - X_\alpha} \,. \tag{6.20}$$

Entsprechend der Betrachtungen bei der Flüssig-Flüssig-Extraktion und bei der Rektifikation kann auch für die Absorption ein *Waschflüssigkeitsverhältnis*

$$v_{\mathrm{W}} = \frac{\dot{n}_{\mathrm{W}}^{\mathrm{L}}}{\dot{n}_{\mathrm{I}}^{\mathrm{G}}} = \tan \alpha \tag{6.21}$$

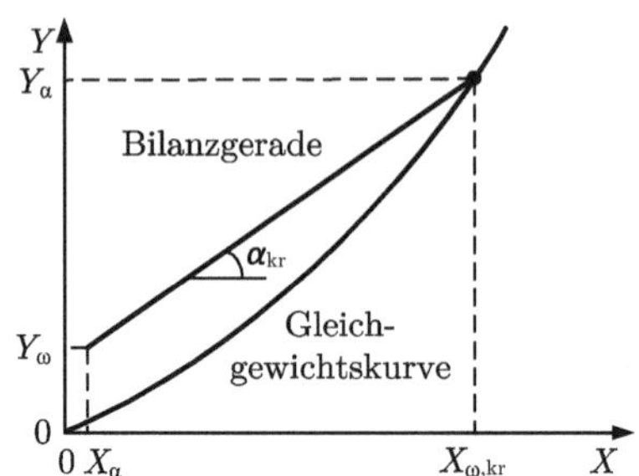

Abbildung 6.5: Minimaler Waschflüssigkeitsstrom im Beladungsdiagramm für eine konvexe Gleichgewichtskurve

eingeführt werden. Für das minimale Waschflüssigkeitsverhältnis folgt

$$v_{\mathrm{W,min}} = \frac{\dot{n}^{\mathrm{L}}_{\mathrm{W,min}}}{\dot{n}^{\mathrm{G}}_{\mathrm{I}}} = \tan \alpha_{\mathrm{kr}} \ . \tag{6.22}$$

Aus der Praxis wird für das Waschflüssigkeitsverhältnis als Erfahrungswert für die erste Auslegung oft das 1,3- bis 1,6-fache des minimalen Waschflüssigkeitsverhältnisses genannt [51, 58].

Erstellung eines Berechnungsblattes für die Absorption im Beladungsdiagramm

Beispiel 6.1

Bei der Produktion von Glasfaserdämmstoffen fällt ein ethanolhaltiger Abluftstrom an. Für die Reinigung der Abluft mit Wasser als Absorbens soll die theoretische Trennstufenzahl und daraus die Höhe einer Bodenkolonne ermittelt werden. Die Temperatur in der Kolonne beträgt 35 °C, der Druck 1013 hPa, der Volumenstrom des Rohgases $\dot{V}^{\mathrm{G}} = 70\,000\,\mathrm{m^3\,h^{-1}}$, der Volumenstrom der Waschflüssigkeit $\dot{V}^{\mathrm{L}} = 70{,}0\,\mathrm{m^3\,h^{-1}}$, die Massenkonzentration des Ethanols im Rohgas $\beta^{\mathrm{G}}_{\mathrm{A},\alpha} = 2000\,\mathrm{mg\,m^{-3}}$ und die Massenkonzentration des Absorptivs in der eintretenden Waschflüssigkeit $\beta^{\mathrm{L}}_{\mathrm{A},\alpha} = 0{,}05\,\mathrm{kg\,m^{-3}}$. In der Abluft der Anlage ist laut dem auf der TA Luft [7] basierenden Genehmigungsbescheid eine Massenkonzentration von $50\,\mathrm{mg\,m^{-3}}$ für organische Stoffe im Abluftstrom – angegeben als Gesamtkohlenstoff im Normzustand und nach Abzug des Gehalts an Wasserdampf – einzuhalten. Daten für die Berechnung des HENRY-Koeffizienten: $H'_{\mathrm{AW}}(25\,°\mathrm{C}) = 1{,}9\,\mathrm{mol\,m^{-3}\,Pa^{-1}}$ und $\mathrm{d}\ln H'_{\mathrm{AW}}/\mathrm{d}\,(1/T) = 6400\,\mathrm{K}$ [72]. Für den Austauschgrad sollen $E = 0{,}7$ und für den Bodenabstand $\Delta H_{\mathrm{B}} = 0{,}9\,\mathrm{m}$ angenommen werden. (Ergebnisse im Excel-Berechnungsblatt in Abb. 6.6.)

Zur Lösung der Aufgabenstellung in Beispiel 6.1 wird ein Excel-Berechnungsblatt gemäß Abb. 6.6 erstellt:

1. Zunächst werden die Informationen über die beteiligten Komponenten sowie die

Komponenten	Abk.		M / (kg kmol^{-1})	H'_{AW}(25°C) mol m^{-3} Pa^{-1}	ρ^L_W(25°C) kg m^{-3}	H_{AW}(25°C) bar	d ln H'_{AW} / d (1/T) K	$H'_{AW}(\vartheta)$ mol m^{-3} Pa^{-1}	$\rho^L_W(\vartheta)$ kg m^{-3}	$H_{AW}(\vartheta)$ bar
Ethanol	Absorptiv A	C_2H_5OH	46,07							
Wasser	Waschflüssigkeit W	H_2O	18,02	**1,9**	997,1	0,29	**6400**	0,95	**994,4**	**0,58**
Luft	Inertkomponente I	N_2/O_2	28,96							

HENRY-Koffizient nach SANDER in Atmospheric Chemistry and Physics Discussions 15.8 (2015), S. 4399-4981.

Betriebstemperatur	ϑ	°C	**35**
Betriebsdruck	p	bar	**1,013**
Volumenstrom Rohgas (= Feed)	$\dot V_F$	m^3 h^{-1}	**70000**
Volumenstrom Flüssigkeit	$\dot V^L$	m^3 h^{-1}	**70,0**
Massenkonzentration Absorptiv i. Rohgas i. Betriebszustand	$\beta^G_{A,\alpha}(T,p)$	mg m^{-3}	**2000**
Massenkonzentration C-Gesamt i. Reingas i. Normzustand	$\beta_C(T_n,p_n)$	mg m^{-3}	**50,0**
Massenkonzentration Absorptiv i. Reingas i. Normzustand	$\beta^G_{A,\omega}(T_n,p_n)$	mg m^{-3}	95,9
Massenkonzentration Absorptiv i. Reingas i. Betriebszustand	$\beta^G_{A,\omega}(T,p)$	mg m^{-3}	**85,0**
Massenkonzentration Absorptiv i. Waschflüssigk. Eintritt	$\beta^L_{A,\alpha}(T,p)$	kg m^{-3}	**0,05**
Beladung Rohgas	$Y_\alpha = Y_{A,\alpha}$	kmol kmol^{-1}	1,10E-03
Beladung Reingas	$Y_\omega = Y_{A,\omega}$	kmol kmol^{-1}	4,67E-05
Beladung Waschflüssigkeit Eintritt	X_α	kmol kmol^{-1}	1,97E-05
Beladung Waschflüssigkeit Austritt	X_ω	kmol kmol^{-1}	7,73E-04
Beladung Waschflüssigkeit kritisch ($n_{th} = \infty$)	$X_{\omega,kr}$	kmol kmol^{-1}	1,91E-03
Waschflüssigkeitsverhältnis	$v_W = \tan\alpha$	1	1,40
minimales Waschflüssigkeitsverhältnis	$v_{W,min} = \tan\alpha_{kr}$	1	0,556
minimaler Waschflüssigkeitsmengenstrom	$\dot n^L_{W,min}$	kmol h^{-1}	1537,79
minimaler Waschflüssigkeitsvolumenstrom	$\dot V^L_{min}$	m^3 h^{-1}	27,9
Zahl der theoretischen Stufen (aufgerundet)	n_{th}	1	**4**
Austauschgrad, Bodenwirkungsgrad	E	1	**0,70**
Bodenabstand	ΔH_B	m	**0,90**
Höhe der Bodenkolonne	H	m	**5,4**

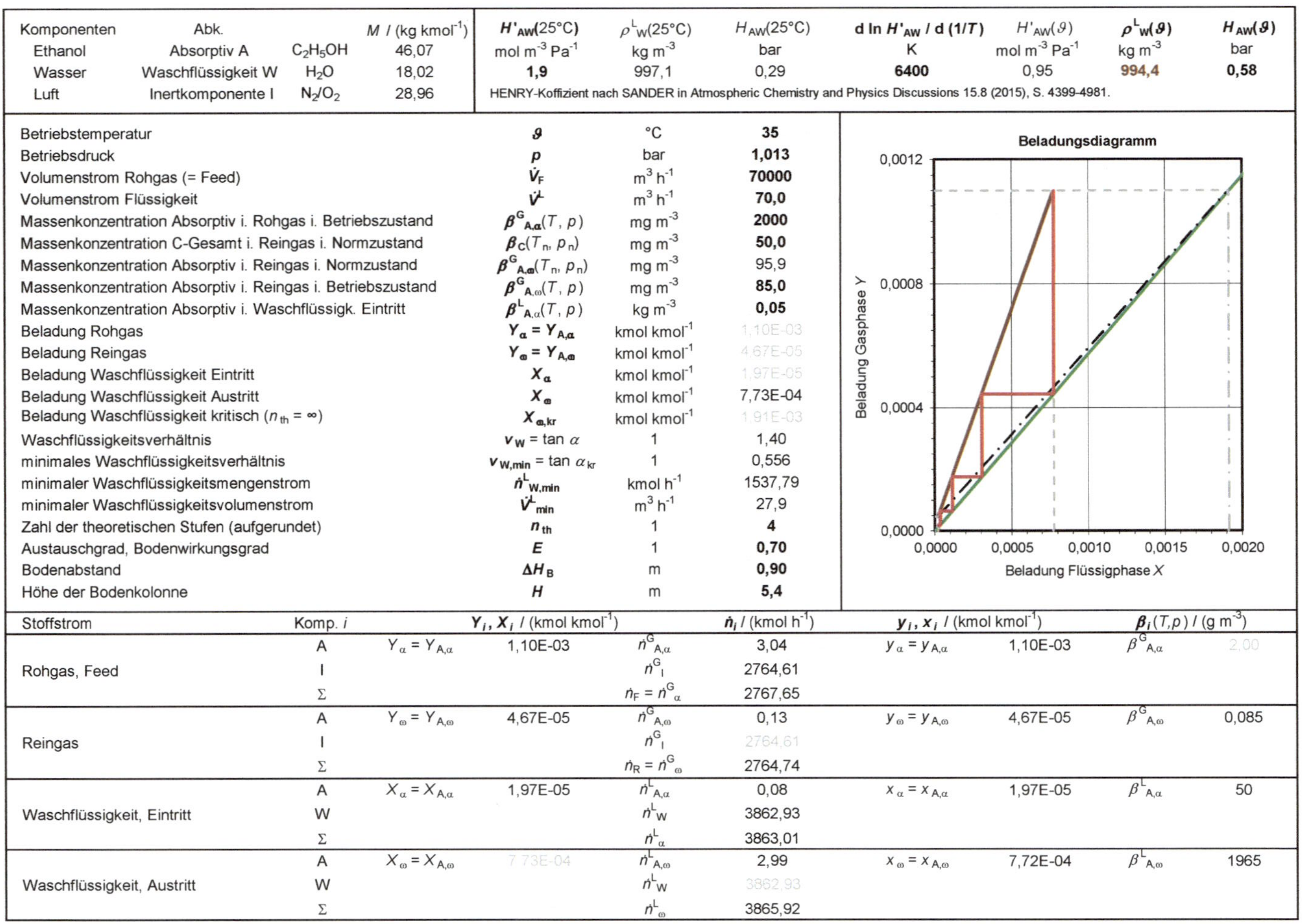

Stoffstrom	Komp. i	Y_i, X_i / (kmol kmol^{-1})		$\dot n_i$ / (kmol h^{-1})		y_i, x_i / (kmol kmol^{-1})		$\beta_i(T,p)$ / (g m^{-3})	
Rohgas, Feed	A	$Y_\alpha = Y_{A,\alpha}$	1,10E-03	$\dot n^G_{A,\alpha}$	3,04	$y_\alpha = y_{A,\alpha}$	1,10E-03	$\beta^G_{A,\alpha}$	2,00
	I			$\dot n^G_I$	2764,61				
	Σ			$\dot n_F = \dot n^G_\alpha$	2767,65				
Reingas	A	$Y_\omega = Y_{A,\omega}$	4,67E-05	$\dot n^G_{A,\omega}$	0,13	$y_\omega = y_{A,\omega}$	4,67E-05	$\beta^G_{A,\omega}$	0,085
	I			$\dot n^G_I$	2764,61				
	Σ			$\dot n_R = \dot n^G_\omega$	2764,74				
Waschflüssigkeit, Eintritt	A	$X_\alpha = X_{A,\alpha}$	1,97E-05	$\dot n^L_{A,\alpha}$	0,08	$x_\alpha = x_{A,\alpha}$	1,97E-05	$\beta^L_{A,\alpha}$	50
	W			$\dot n^L_W$	3862,93				
	Σ			$\dot n^L_\alpha$	3863,01				
Waschflüssigkeit, Austritt	A	$X_\omega = X_{A,\omega}$	7,73E-04	$\dot n^L_{A,\omega}$	2,99	$x_\omega = x_{A,\omega}$	7,72E-04	$\beta^L_{A,\omega}$	1965
	W			$\dot n^L_W$	3862,93				
	Σ			$\dot n^L_\omega$	3865,92				

Abbildung 6.6: Excel-Berechnungsblatt für die Absorption von Ethanol mit Wasser aus einem Abluftstrom

Betriebsdaten aufgenommen.

2. Der in Beispiel 6.1 gegebene HENRY-Koeffizient H'_{AW} für 25 °C (in der Dimension $\mathrm{mol\,m^{-3}\,Pa^{-1}}$) wird in den HENRY-Koeffizienten H_{AW} (in der Dimension bar) umgerechnet mit

$$H_{\mathrm{AW}} = \frac{\varrho_{\mathrm{W}}^{\mathrm{L}}}{H'_{\mathrm{AW}} M_{\mathrm{W}}} \cdot \qquad (6.23)$$

Dafür ist die Dichte der Flüssigphase $\varrho_{\mathrm{W}}^{\mathrm{L}}$ – also hier der Komponente Wasser – erforderlich, die unter Verwendung des in [32] gegebenen Polynoms[1]

$$\frac{\varrho_{\mathrm{W}}^{\mathrm{L}}}{\mathrm{kg\,m^{-3}}} = 18{,}015 \sum_{i=0}^{5} A_i \left(\frac{T}{\mathrm{K}}\right)^i \qquad (6.24)$$

in Abb. 6.6 für 25 °C berechnet wird ($A_0 = -13{,}418\,392$, $A_1 = 0{,}688\,410\,3$, $A_2 = -2{,}449\,701\,15 \cdot 10^{-3}$, $A_3 = 3{,}706\,066\,7 \cdot 10^{-6}$, $A_4 = -2{,}110\,629\,95 \cdot 10^{-9}$ und $A_5 = -1{,}122\,738\,95 \cdot 10^{-13}$). Da in [72] der Quotient $\mathrm{d}\ln H'_{\mathrm{AW}}/\mathrm{d}\,(1/T)$ für das hier betrachtete Stoffsystem aufgeführt ist, kann mit der VAN-'T-HOFFschen Gleichung (6.7) und der daraus folgenden Gleichung (6.8) sowie unter der Annahme, dass die molare Sorptionsenthalpie im betrachteten Temperaturbereich konstant ist, der HENRY-Koeffizient H'_{AW} auf die Betriebstemperatur umgerechnet werden. Mit Gleichung (6.23) und der Dichte der Flüssigphase bei Betriebstemperatur folgt der gesuchte HENRY-Koeffizient $H_{\mathrm{AW}}(\vartheta)$ bei Betriebstemperatur, siehe Abb. 6.6.

3. Nach der TA Luft [7] dürfen „organische Stoffe im Abgas die Massenkonzentration 50 mg m^{-3}, angegeben als Gesamtkohlenstoff, nicht überschreiten". Außerdem: „Angaben des Abgasvolumens und des Abgasvolumenstroms sind in dieser Verwaltungsvorschrift auf den Normzustand (273,15 K; 101,3 kPa) nach Abzug des Gehalts an Wasserdampf bezogen, soweit nicht ausdrücklich etwas anderes angegeben wird". Die Konzentrationsangaben erfolgen damit für den Normzustand nach DIN 1343 [14] (bei $T_{\mathrm{n}}, p_{\mathrm{n}}$) und ohne Berücksichtigung von in der Gasphase vorhandenem Wasserdampf. Die nach TA Luft zu unterschreitende Massenkonzentration oder Partialdichte an Gesamtkohlenstoff ($\beta_{\mathrm{C}}(T_{\mathrm{n}}, p_{\mathrm{n}}) = 50\,\mathrm{mg\,m^{-3}}$) ist in die Massenkonzentration des Absorptivs im Reingas

$$\beta_{\mathrm{A},\omega}^{\mathrm{G}}(T_{\mathrm{n}}, p_{\mathrm{n}}) = \frac{\beta_{\mathrm{C}}(T_{\mathrm{n}}, p_{\mathrm{n}}) M_{\mathrm{A}}}{N_{\mathrm{C}} M_{\mathrm{C}}} \qquad (6.25)$$

umzurechnen. Darin ist M_{A} die molare Masse des Absorptivs, hier Ethanol, N_{C} die Anzahl der C-Atome im Ethanol-Molekül, hier $N_{\mathrm{C}} = 2$, und $M_{\mathrm{C}} = 12{,}011\,\mathrm{kg\,kmol^{-1}}$ die molare Masse von Kohlenstoff [10]. Unter Annahme der Gültigkeit der Zustandsgleichung idealer Gase erfolgt die Berechnung für den

---

[1] Dieser Ansatz hat den Vorteil, dass er insbesondere in der Nähe der Tripeltemperatur wesentlich genauer als die im *VDI-Wärmeatlas* [91, 92] verwendete PPDS-Gleichung ist.

Betriebszustand mit

$$\beta_i(T,p) = \beta_i(T_n,p_n)\frac{T_n}{T}\frac{p}{p_n} \ .$$ (6.26)

4. Nachfolgend wird die in Abb. 6.6 dargestellte Tabelle mit den Daten der Stoffströme erstellt, wobei die Roh- und Reingasströme vereinfachend als „trocken"
angenommen werden. Ziel ist die Berechnung der Beladungen (wobei grundsätzlich auch die vereinfachte Berechnung der Beladungen gemäß Beispiel 7.3
möglich ist). Wir beginnen mit dem Rohgas bzw. Feed. Mit der Beziehung

$$\dot{n}_i = \frac{\beta_i \dot{V}}{M_i} = \frac{\varrho_i \dot{V}}{M_i}$$ (6.27)

wird der Teilstrom des Absorptivs A im Rohgas

$$\dot{n}^{G}_{A,\alpha} = \frac{\beta^{G}_{A,\alpha}\dot{V}_F}{M_A}$$ (6.28)

berechnet. Für den Stoffmengenstrom des Rohgases oder Feeds folgt mit der
Zustandsgleichung idealer Gase

$$\dot{n}_F = \dot{n}^{G}_{\alpha} = \frac{p\dot{V}_F}{RT}$$ (6.29)

und damit für den Teilstrom des Inerten I im Rohgas

$$\dot{n}^{G}_{I} = \dot{n}^{G}_{\alpha} - \dot{n}^{G}_{A,\alpha} \ .$$ (6.30)

Mit Gleichung (6.9) folgt die Stoffmengenbeladung des Rohgases

$$Y_\alpha = \frac{\dot{n}^{G}_{A,\alpha}}{\dot{n}^{G}_{I}}$$ (6.31)

und der Stoffmengenanteil mit

$$y_{A,\alpha} = \frac{\dot{n}^{G}_{A,\alpha}}{\dot{n}^{G}_{\alpha}} \ .$$ (6.32)

Die Massenkonzentration des Absorptivs im Rohgas im Betriebszustand wird
zur Vervollständigung der Tabelle aus den Eingabedaten übernommen und in
die Dimension $\mathrm{g\,m^{-3}}$ umgerechnet. Für das Reingas werden die Daten analog
ermittelt.

5. Für den Teilstrom des Absorptivs A im eintretenden Waschflüssigkeitsstrom gilt
mit Gleichung (6.27)

$$\dot{n}^{L}_{A,\alpha} = \frac{\beta^{L}_{A,\alpha}\dot{V}^{L}}{M_A}$$ (6.33)

und für den Teilstrom der Waschflüssigkeit W

$$\dot{n}_{\mathrm{W}}^{\mathrm{L}} = \frac{\varrho_{\mathrm{W}}^{\mathrm{L}} \dot{V}^{\mathrm{L}}}{M_{\mathrm{W}}} \tag{6.34}$$

mit $\beta_{\mathrm{W}}^{\mathrm{L}} \approx \rho_{\mathrm{W}}^{\mathrm{L}}$. Daraus folgt der eintretende Waschflüssigkeitsstrom

$$\dot{n}_{\alpha}^{\mathrm{L}} = \dot{n}_{\mathrm{A},\alpha}^{\mathrm{L}} + \dot{n}_{\mathrm{W}}^{\mathrm{L}} \ . \tag{6.35}$$

Mit Gleichung (6.9) folgt die Stoffmengenbeladung der eintretenden Waschflüssigkeit

$$X_{\alpha} = \frac{\dot{n}_{\mathrm{A},\alpha}^{\mathrm{L}}}{\dot{n}_{\mathrm{W}}^{\mathrm{L}}} \tag{6.36}$$

und der Stoffmengenanteil mit

$$x_{\mathrm{A},\alpha} = \frac{\dot{n}_{\mathrm{A},\alpha}^{\mathrm{L}}}{\dot{n}_{\alpha}^{\mathrm{L}}} \ . \tag{6.37}$$

Die Massenkonzentration des Absorptivs in der eintretenden Waschflüssigkeit wird zur Vervollständigung der Tabelle aus den Eingabedaten übernommen und in die Dimension $\mathrm{g\,m^{-3}}$ umgerechnet.

6. Da die Stoffmengenbeladungen Y_{α}, Y_{ω} und X_{α} bekannt sind, kann die Stoffmengenbeladung der austretenden Waschflüssigkeit aus der umgeformten Gleichung (6.18) der Bilanzgeraden

$$X_{\omega} = X_{\alpha} + \frac{\dot{n}_{\mathrm{I}}^{\mathrm{G}}}{\dot{n}_{\mathrm{W}}^{\mathrm{L}}} (Y_{\alpha} - Y_{\omega}) \tag{6.38}$$

ermittelt werden. Der Teilstrom des Absorptivs A im austretenden Waschflüssigkeitsstrom folgt mit

$$\dot{n}_{\mathrm{A},\omega}^{\mathrm{L}} = X_{\omega} \dot{n}_{\mathrm{W}}^{\mathrm{L}} \ . \tag{6.39}$$

Daraus folgt der austretende Waschflüssigkeitsstrom

$$\dot{n}_{\omega}^{\mathrm{L}} = \dot{n}_{\mathrm{A},\omega}^{\mathrm{L}} + \dot{n}_{\mathrm{W}}^{\mathrm{L}} \tag{6.40}$$

und der Stoffmengenanteil mit

$$x_{\mathrm{A},\omega} = \frac{\dot{n}_{\mathrm{A},\omega}^{\mathrm{L}}}{\dot{n}_{\omega}^{\mathrm{L}}} \ . \tag{6.41}$$

Die Massenkonzentration des Absorptivs in der austretenden Waschflüssigkeit folgt zur Vervollständigung der Tabelle aus

$$\beta^{\mathrm{L}}_{\mathrm{A},\omega} = \frac{\dot{n}^{\mathrm{L}}_{\mathrm{A},\omega} M_{\mathrm{A}}}{\dot{V}^{\mathrm{L}}} \; . \tag{6.42}$$

7. Für die Ermittlung des minimalen Waschflüssigkeitsstroms erfolgt die Berechnung der kritischen Beladung der austretenden Waschflüssigkeit mit der umgeformten Gleichung (6.12) der Gleichgewichtskurve

$$X_{\omega,\mathrm{kr}} = \frac{Y_\alpha p}{H_{\mathrm{AW}}\,(Y_\alpha + 1) - Y_\alpha p} \; . \tag{6.43}$$

8. Es folgen die Berechnungen des Waschflüssigkeitsverhältnisses mit Gleichung (6.21) und des minimalen Waschflüssigkeitsverhältnisses mit Gleichung (6.22). Der minimale Stoffmengenstrom der Waschflüssigkeit lässt sich mit

$$\dot{n}^{\mathrm{L}}_{\mathrm{W,min}} = v_{\mathrm{W,min}} \dot{n}^{\mathrm{G}}_{\mathrm{I}} \tag{6.44}$$

und daraus der minimale Volumenstrom der Waschflüssigkeit mit

$$\dot{V}^{\mathrm{L}}_{\mathrm{min}} = \frac{\dot{n}^{\mathrm{L}}_{\mathrm{W,min}} M_{\mathrm{W}}}{\varrho^{\mathrm{L}}_{\mathrm{W}}} \tag{6.45}$$

berechnen.

9. Für die Darstellung der Gleichgewichtskurve im Beladungsdiagramm wird mit Gleichung (6.12) eine Wertetabelle berechnet. Die Tabelle selbst ist in Abb. 6.6 nicht dargestellt. Auf Basis einer weiteren – ebenfalls nicht gezeigten – Tabelle können die Hilfslinien zum besseren Ablesen der Beladungen der Gas- und der Flüssigphase erstellt werden. Eine dritte Wertetabelle ermöglicht die Darstellung der Bilanzgeraden und der Bilanzgeraden für den minimalen Waschflüssigkeitsmengenstrom. Endpunkte dieser beiden Geraden sind die berechneten Beladungen $Y_\alpha, Y_\omega, X_\alpha$ und X_ω bzw. $X_{\omega,\mathrm{kr}}$.

10. Die Stufenkonstruktion erfolgt gemäß der Beschreibungen auf Seite 162. Dazu wird ebenfalls eine kleine Tabelle im Arbeitsblatt erstellt, siehe Abb. 6.7. Für den Datensatz der ersten Stufe gilt (unter Verwendung von Pseudocode):

- Y-Wert erste Zeile: `=Y_alpha`

- X-Wert erste Zeile: `=X_omega`

- Y-Wert zweite Zeile: `=WENN(Y-Wert Zeile darüber < Y_omega;`
  `Y-Wert Zeile darüber; Y aus Gleichung Gleichgewichtskurve)`

- X-Wert zweite Zeile: `=X-Wert Zeile darüber`

Für den Datensatz ab der zweiten Stufe gilt:

- Y-Wert erste Zeile: `=Y-Wert Zeile darüber`

- X-Wert erste Zeile: `=WENN(Y-Wert links >= Y_omega;`
  `X aus Gleichung Bilanzgerade; X_alpha)`

Stufenkonstruktion			Anzahl der theoretischen Trennstufen
	Bilanzgerade		
	Gleichgewichtskurve		**4**
Stufe Nr.	Stufenzug Y	X	theoretische Stufe
1	0,0010992	0,0007729	1
	0,0004446	*0,0007729*	
2	0,0004446	0,0003044	1
	0,0001751	*0,0003044*	
3	0,0001751	0,0001116	1
	0,0000642	*0,0001116*	
4	0,0000642	0,0000322	1
	0,0000185	*0,0000322*	
5	0,0000185	0,0000197	0
	0,0000185	*0,0000197*	

Abbildung 6.7: Datentabelle für die Stufenkonstruktion

- X- und Y-Werte zweite Zeile: siehe Werte der zweiten Zeile in der ersten Stufe.

Die Gleichgewichtskurve ist in Gleichung (6.12) gegeben und die nach X aufgelöste Bilanzgerade folgt aus Gleichung (6.18) mit

$$X = X_\omega + \frac{\dot{n}_{\mathrm{I}}^{\mathrm{G}}}{\dot{n}_{\mathrm{W}}^{\mathrm{L}}}(Y - Y_\alpha) \; . \tag{6.46}$$

Hinweis: Damit die Zeilen ab der zweiten Stufen kopiert werden können, sind im Arbeitsblatt absolute Zellbezüge (oder die Definition von Namen für die Zellen) erforderlich. Die Darstellung der Stufenkonstruktion erfolgt als Polygonzug aus den Daten der in Abb. 6.7 erstellten Tabelle.

11. Für die Ermittlung der Anzahl der theoretischen Stufen für die Trennaufgabe wird in der rechten Spalte in Abb. 6.7 für jede Stufe abgefragt

    ```
    =WENN(Y-Wert erste Zeile > Y-Wert zweite Zeile; 1; 0)
    ```

    und die Summe der Werte in dieser Spalte als Zahl der theoretischen Stufen n_{th} in das Berechnungsblatt übertragen. Durch diese Vorgehensweise werden auch angefangene Stufen mitgezählt.

12. Die Höhe einer Bodenkolonne ergibt sich aus der auf eine ganze Zahl aufgerundeten praktischen Bodenzahl $n_{\mathrm{prakt}} = \lceil n_{\mathrm{th}}/E \rceil$ nach Gleichung (5.19) mit dem Austauschgrad E und dem Bodenabstand ΔH_{B} nach Gleichung (5.20) (unter Verwendung der Aufrundungsfunktion[2]) zu

    $$H = \left\lceil \frac{n_{\mathrm{th}}}{E} \right\rceil \Delta H_{\mathrm{B}} \; . \tag{6.47}$$

    Damit wird die Höhe H wie folgt berechnet:

    ```
    =AUFRUNDEN(n_th / E; 0) * Delta_H_B
    ```

---

[2]Die Aufrundungsfunktion oder obere Gaußklammer $\lceil x \rceil$ (für eine reelle Zahl x) liefert die kleinste ganze Zahl, die größer oder gleich x ist.

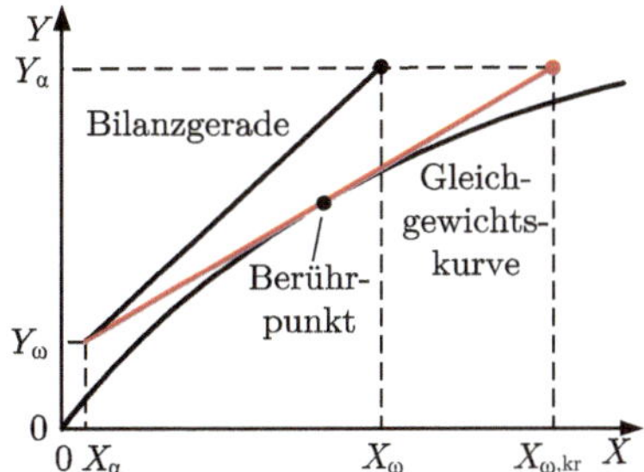

Abbildung 6.8: Minimaler Waschflüssigkeitsstrom im Beladungsdiagramm für eine konkave Gleichgewichtskurve

Konstruktion der Bilanzgeraden		Y	X
Bilanzgerade		4,67E-05	1,97E-05
		1,10E-03	7,73E-04
Bilanzgerade für minimalen Waschflüssigkeitsmengenstrom		4,67E-05	1,97E-05
		1,10E-03	1,91E-03
Startpunkt Bilanzgerade SP		4,67E-05	1,97E-05
Koordinaten Berührungspunkt BP (*X*-Wert = variable Zelle Solver)		6,94E-03	1,21E-02
Endpunkt Bilanzgerade EP		6,94E-03	1,21E-02
Steigung Bilanzgerade BG	5,70E-01		
Steigung Gleichgewichtskurve im Berührungspunkt	5,70E-01		
Solver Zielzelle	4,83E-08		

Abbildung 6.9: Wertetabelle für die Konstruktion der Bilanzgeraden

In den Beispielen 7.2 und 7.3 wird die Aufgabenstellung gemäß Beispiel 6.1 erweitert und eine Packungskolonne ausgelegt.

Hinweise zur Konstruktion der Bilanzgeraden für den minimalen Waschflüssigkeitsmengenstrom

In Abb. 6.5 ist der Fall einer konvexen Gleichgewichtskurve dargestellt. Für den Fall einer konkaven Gleichgewichtskurve (für $p > H_{\mathrm{AW}}$, siehe Gleichung (6.12)) – wie in diesem Berechnungsbeispiel – kann es vorkommen, dass die Bilanzgerade die Gleichgewichtskurve nicht schneidet, sondern tangiert, siehe Abb. 6.8. Nachfolgend wird gezeigt, wie sich die Koordinaten des Berührungspunktes der Tangente unter Verwendung des Solvers ermitteln lassen und die korrekten Koordinaten der Bilanzgeraden für den minimalen Waschflüssigkeitsmengenstrom – insbesondere die kritische Beladung $X_{\omega,\mathrm{kr}}$ – aus dieser Berechnung übernommen werden. Dazu wird im ausgeblendeten Teil des Arbeitsblattes eine weitere Wertetabelle erstellt oder besser die bereits oben erstellte Tabelle, die die Daten zur Darstellung der Bilanzgeraden für den minimalen Waschflüssigkeitsmengenstrom enthält, erweitert, siehe Abb. 6.9.

1. Für die Berechnung der Koordinaten des Berührungspunktes werden zunächst die Koordinaten des Startpunktes (SP) der Bilanzgeraden in die Tabelle übernommen ($X_\alpha; Y_\omega$), siehe die entsprechende Zeile in Abb. 6.9.

2. Für die Koordinaten des Berührungspunktes (BP) wird als X-Wert ein Startwert für den Solver vorgegeben, z. B. 1, und der Y-Wert in dieser Zeile mit

Gleichung (6.12) berechnet.

3. Der Y-Wert des Endpunktes der Bilanzgeraden (EP) folgt aus

```
=WENN(Y_alpha < Y-Wert BP; Y-Wert BP; Y_alpha)
```

Für die Berechnung des X-Wertes des Endpunktes der Bilanzgeraden (EP) wird zunächst eine Zeile tiefer die Steigung der Bilanzgeraden $m = \Delta Y/\Delta X$ für den minimalen Waschflüssigkeitsstrom aus den Koordinaten des Startpunkts und des Berührungspunkts ermittelt. Aus der Steigung folgt $\Delta X = \Delta Y/m$ und damit $X_{\omega,\mathrm{kr}} = X_\alpha + \Delta Y/m$. Die WENN-Abfrage gewährleistet, dass X nicht kleiner als der X-Wert des Berührungspunktes wird:

```
=WENN(X_alpha + (Y-Wert EP - Y_omega)/Steigung BG < X-Wert BP;
X-Wert BP; X_alpha + (Y-Wert EP - Y_omega)/Steigung BG)
```

4. Die Steigung der Gleichgewichtskurve im Berührungspunkt (Steigung GK) folgt aus Gleichung (6.12) zu

$$\frac{\mathrm{d}Y}{\mathrm{d}X} = \frac{H_{12}}{p(1 + X_{\mathrm{BP}}) - X_{\mathrm{BP}}H_{12}} - \frac{X_{\mathrm{BP}}(p - H_{12})H_{12}}{(p(1 + X_{\mathrm{BP}}) - X_{\mathrm{BP}}H_{12})^2} \cdot \qquad (6.48)$$

Kriterium für die Berechnung des Berührungspunkts der Tangente ist, dass die Steigung der Bilanzgeraden und der Gleichgewichtskurve im Berührungspunkt identisch sein müssen. Dementsprechend wird der Wert in der variablen Zelle des Solvers angepasst, damit die Differenz zwischen diesen beiden Steigungen minimal wird (Zielwert 0). Weichen die beiden Steigungen voneinander ab, gibt es keinen Berührungspunkt, sondern einen Schnittpunkt.

5. Die Koordinaten des Endpunkts der Bilanzgeraden für den minimalen Waschflüssigkeitsmengenstrom (in der zweiten Zeile der Werte der Bilanzgeraden für den minimalen Waschflüssigkeitsmengenstrom) folgen mit $Y = Y_\alpha$ und dem Wert für $X_{\omega,\mathrm{kr}}$ aus

```
=WENN(X-Wert EP > X-Wert auf GG-Kurve; X-Wert auf GG-Kurve;
X-Wert EP)
```

Darin folgt der X-Wert auf der Gleichgewichtskurve (GG-Kurve) aus Gleichung (6.43). Durch diese Abfrage wird gewährleistet, dass die Gerade bei Y_α endet. Mit den Daten in diesem Tabellenbereich wird die Bilanzgerade für den minimalen Waschflüssigkeitsstrom im Diagramm dargestellt.

Für Beispiel 6.1 ist die Bedingung $p > H_{\mathrm{AW}}$ erfüllt. Es existiert eine konkave Gleichgewichtskurve, die von der Bilanzgeraden für den minimalen Waschflüssigkeitsstrom tangiert wird, und damit auch ein Berührungspunkt. Dieser liegt jedoch weit außerhalb des für die Aufgabenstellung relevanten Bereichs, siehe die Daten in Abb. 6.9 und das Beladungsdiagramm in Abb. 6.6.

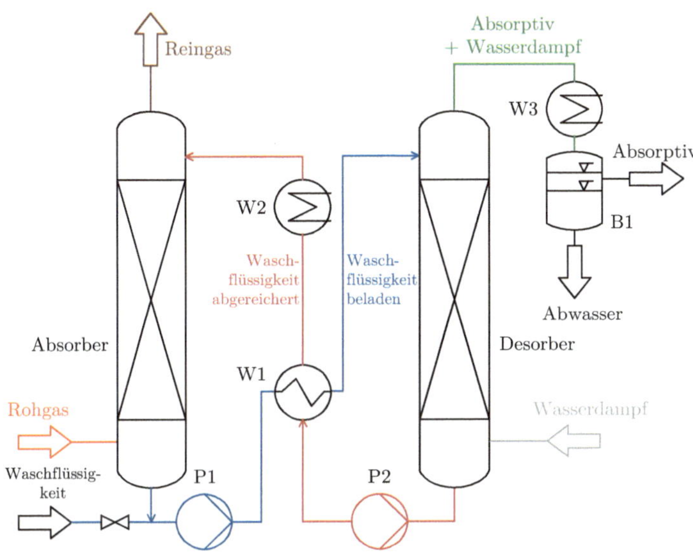

Abbildung 6.10: Verfahrensfließschema für eine Absorption mit nachgeschalteter Desorption durch Strippen mit Wasserdampf

6.4 Regeneration der Waschflüssigkeit durch Strippen, Desorption

Abbildung 6.10 zeigt das vereinfachte Verfahrensfließschema einer Absorption mit nachgeschalteter Regeneration der Waschflüssigkeit durch Strippen. Als Strippgas kann ein Inertgas oder Wasserdampf verwendet werden. Möglicherweise bietet es sich an, das Gasgemisch nach dem Strippen durch den Kondensator W3 zu führen und – bei Ausbildung von zwei flüssigen Phasen – diese im Behälter B3 zu trennen. Die Nachführung von frischer Waschflüssigkeit ist nur in sehr kleinen Mengen erforderlich, wenn diese anteilig infolge Verdunstung mit dem Reingas ausgetragen wird.

Bei der Desorption mit einem Strippgas gelten grundsätzlich die in Abschnitt 6.3 eingeführten Betrachtungen und Gleichungen, mit dem Unterschied, das hier das Strippgas das Absorptiv aus der Waschflüssigkeit aufnehmen soll, also die Waschflüssigkeit zugunsten des Strippgases abgereichert wird. Aus diesem Grund muss die Bilanzgerade im Beladungsdiagramm *unterhalb* der Gleichgewichtskurve liegen, wie in Abb. 6.11 dargestellt. Im Unterschied zu Gleichung (6.9) wird in der Beladung der Gasphase

$$Y = \frac{n_{\mathrm{A}}^{\mathrm{G}}}{n_{\mathrm{S}}^{\mathrm{G}}} = \frac{\dot{n}_{\mathrm{A}}^{\mathrm{G}}}{\dot{n}_{\mathrm{S}}^{\mathrm{G}}} \tag{6.49}$$

(mit $Y = X^{\mathrm{G}}$) die Stoffmenge der abzutrennenden Komponente oder des Absorptivs n_{A} auf die Stoffmenge des Strippgases n_{S} bezogen. Die Gleichung der Beladung der Flüssigphase bleibt unverändert.

Formal kann die Stoffmengenbilanz für das Absorptiv A in Gleichung (6.14) für den Bilanzraum in Abb. 6.3 für die Desorption übernommen werden, woraus entsprechend der Betrachtungen in Abschnitt 6.3 die *Geradengleichung für die Bilanzgerade bei der Desorption*

$$Y = \frac{\dot{n}_{\mathrm{W}}^{\mathrm{L}}}{\dot{n}_{\mathrm{S}}^{\mathrm{G}}} X + Y_\alpha - \frac{X_\omega \dot{n}_{\mathrm{W}}^{\mathrm{L}}}{\dot{n}_{\mathrm{S}}^{\mathrm{G}}} \tag{6.50}$$

folgt. Die *Steigung der Bilanzgeraden bei der Desorption*

$$\tan\beta = \frac{\dot{n}_{\mathrm{W}}^{\mathrm{L}}}{\dot{n}_{\mathrm{S}}^{\mathrm{G}}} = \frac{Y_\omega - Y_\alpha}{X_\alpha - X_\omega} \tag{6.51}$$

hängt vom Verhältnis des Stoffmengenstroms des reinen Waschmittels zum Stoffmengenstrom des reinen Strippgases ab.

Stufenkonstruktion für die Desorption im Beladungsdiagramm

Die Stufenkonstruktion für die kontinuierliche Gegenstromdesorption im Beladungsdiagramm wird analog zur Stufenkonstruktion bei der Absorption erstellt, siehe dazu Abb. 6.11.

1. Auch hier werden die Beladungen des ein- und des austretenden Strippgases Y_α bzw. Y_ω sowie der ein- und der austretenden Waschflüssigkeit X_α bzw. X_ω in das Diagramm eingetragen, womit die Lage der Bilanzgeraden festliegt.

2. Den Stufenzug beginnen wir mit dem eintretenden Strippgas $G_\alpha = G_1$ in Punkt 1 in Abb. 6.11. Der aus der ersten theoretischen Stufe austretende Waschflüssigkeitsstrom $L_\omega = L_1$ – siehe dazu auch Abb. 6.4 – steht im Phasengleichgewicht mit dem aus dieser Stufe austretenden Gasstrom G_2 mit der Beladung Y_2 entsprechend Punkt I auf der Gleichgewichtskurve $(X_\omega = X_4; Y_2)$. Der Gasstrom G_2 liegt im selben Querschnitt wie der Flüssigkeitsstrom L_2 entsprechend Punkt 2 $(X_3; Y_2)$ und bildet den Endpunkt der ersten Stufe.

3. Ein Geradenzug von einem Zustandspunkt auf der Bilanzgeraden über einen Zustandspunkt auf der Gleichgewichtskurve zurück zur Bilanzgeraden bildet eine theoretische Stufe. Die weiteren Stufen werden erstellt, bis die gegebene Beladung der Waschflüssigkeit X_α gerade erreicht (wie in Abb. 6.11) oder überschritten wird. Die theoretische Stufenzahl n_{th} ist die Summe der erforderlichen Stufen.

Minimaler Strippgasmengenstrom, minimales Strippgasverhältnis

Für die Auslegung ist hier – ebenso wie bei der Absorption der minimale Waschflüssigkeitsmengenstrom – der minimale Strippgasmengenstrom von besonderer Bedeutung. Wird der Strippgasmengenstrom verkleinert, nähert sich die Bilanzgerade der Gleichgewichtskurve und die Anzahl der erforderlichen Trennstufen nimmt zu, weil die Konzentrationsdifferenz zwischen den beiden Phasen abnimmt. Wird der Strippgasmengenstrom minimiert, schneidet oder tangiert die Bilanzgerade die Gleichgewichts-

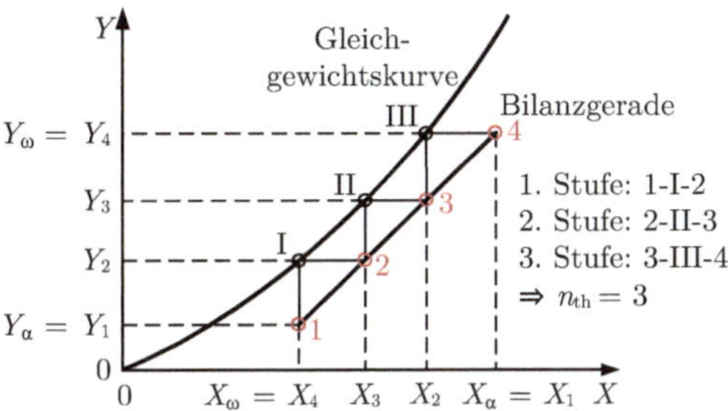

Abbildung 6.11: Stufenkonstruktion für die Desorption im Beladungsdiagramm

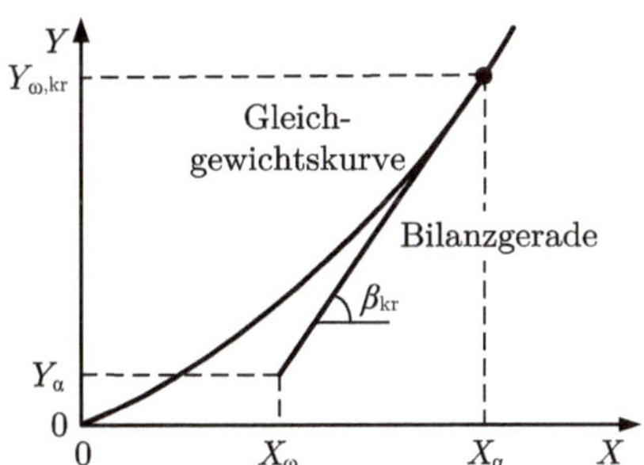

Abbildung 6.12: Minimaler Strippgasstrom im Beladungsdiagramm

kurve. Die treibende Kraft für die Stoffübertragung wird null und die theoretische Trennstufenzahl unendlich, siehe Abb. 6.12.

Gemäß Gleichung (6.20) folgt für den *minimalen Strippgasmengenstrom*

$$\dot{n}_{S,min}^{G} = \dot{n}_{W}^{L} \frac{X_\alpha - X_\omega}{Y_{\omega,kr} - Y_\alpha} \; . \tag{6.52}$$

Entsprechend dem Waschflüssigkeitsverhältnis v_W bei der Absorption wird das *Strippgasverhältnis*

$$v_{S} = \frac{\dot{n}_{S}^{G}}{\dot{n}_{W}^{L}} = \cot \beta \tag{6.53}$$

eingeführt. Für das minimale Strippgasverhältnis folgt

$$v_{S,min} = \frac{\dot{n}_{S,min}^{G}}{\dot{n}_{W}^{L}} = \cot \beta_{kr} \; . \tag{6.54}$$

Erstellung eines Berechnungsblattes für eine Absorption mit nachgeschalteter Desorption

---

Beispiel 6.2

Aus Kohlegas sollen die Leichtölbestandteile mit Waschöl bei einer Temperatur von 25 °C und einem Druck von 1,066 bar zu 90 % entfernt werden (Aufgabenstellung aus [76] übernommen). Dabei darf vereinfachend angenommen werden, dass das Leichtöl nur aus Benzol besteht. Der Rohgasvolumenstrom beträgt $\dot{V}_F = 850\,\mathrm{m^3\,h^{-1}}$, der Stoffmengenanteil des Absorptivs im Rohgas $y_F = y_\alpha = 0{,}015$ und der Stoffmengenanteil der Leichtölbestandteile in der Waschflüssigkeit $x_\alpha = 0{,}005$. Es ist ein Verhältnis $\dot{n}_W^L = 1{,}5\,\dot{n}_{W,min}^L$ einzuhalten. Anschließend soll aus dem Waschöl das Benzol durch Strippen mit Wasserdampf entfernt werden. Dafür wird das Waschöl vor dem Eintritt in den Desorber auf eine Temperatur von 125 °C erwärmt. Der Betriebsdruck beträgt 1,000 bar. Der Wasserdampf wird beim Betriebsdruck im überhitzten Zustand bei 125 °C zugeführt. Dabei ist das Verhältnis $\dot{n}_S^G = 1{,}5\,\dot{n}_{S,min}^G$ einzuhalten. Für beide Prozessschritte sind die erforderlichen theoretischen Trennstufenzahlen zu ermitteln. Die HENRY-Koeffizienten von Benzol dürfen – unter der Annahme einer idealen Gasphase – über den Sättigungsdampfdruck (unter Verwendung von Gleichung (2.4)) berechnet werden mit $H_{AW}(T) = p_S(T)$. (Ergebnisse im Excel-Berechnungsblatt in Abb. 6.13.)

    Zur Lösung der Aufgabenstellung siehe das Verfahrensfließschema in Abb. 6.10 und das Excel-Berechnungsblatt in Abb. 6.13. Für die *Absorption* kann das in Abschnitt 6.3 erstellte Blatt als Vorlage verwendet werden:

1. Der Stoffmengenstrom des Rohgases bzw. Feeds $\dot{n}_F$ folgt aus dem gegebenen Volumenstrom $\dot{V}_F$ mit Gleichung (6.29) und die Umrechnung der in der Aufgabenstellung gegebenen Stoffmengenanteile in Beladungen mit Gleichung (6.11). Die Beladung des Reingases Y_ω kann über die Vorgabe, dass die Leichtölbestandteile aus dem Gas „zu 90 % entfernt" werden sollen, berechnet werden.

2. Zur Berechnung der kritischen Beladung $X_{\omega,kr}$ siehe die Hinweise zur Konstruktion der Bilanzgeraden für den minimalen Waschflüssigkeitsmengenstrom auf Seite 171, da die Bilanzgerade für diesen Fall die Gleichgewichtskurve tangiert, siehe das Beladungsdiagramm in Abb. 6.13 (mit dem dort eingetragenen Berührungspunkt).

3. Es folgen die Berechnungen des minimalen Waschflüssigkeitsverhältnisses $v_{W,min}$ mit den Gleichungen (6.20) und (6.22), des minimalen Stoffmengenstroms der Waschflüssigkeit $\dot{n}_{W,min}^L$ mit Gleichung (6.44), des Stoffmengenstroms der Waschflüssigkeit $\dot{n}_W^L$ mit dem in der Aufgabenstellung gegebenen Verhältnis $\dot{n}_W^L/\dot{n}_{W,min}^L$ und des Waschflüssigkeitsverhältnisses v_W mit Gleichung (6.21). Dafür muss parallel die Tabelle mit den Stoffströmen erstellt werden, siehe die entsprechenden Anleitungen zu Beispiel 6.1. Die Stoffmengenbeladung der austretenden Waschflüssigkeit X_ω folgt aus Gleichung (6.38).

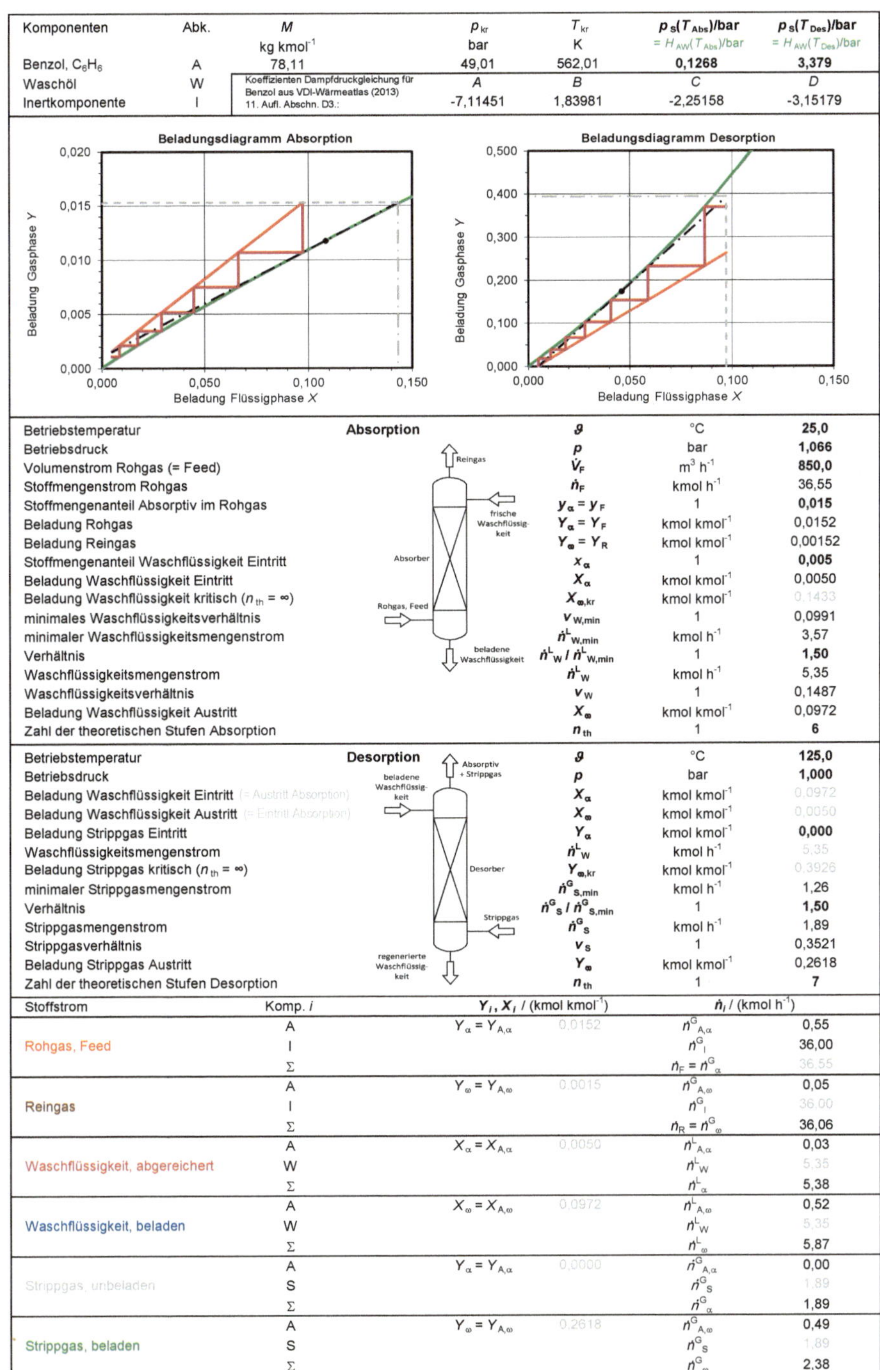

Komponenten	Abk.	M kg kmol^{-1}	p_{kr} bar	T_{kr} K	$p_s(T_{Abs})$/bar $= H_{AW}(T_{Abs})$/bar	$p_s(T_{Des})$/bar $= H_{AW}(T_{Des})$/bar
Benzol, C_6H_6	A	78,11	49,01	562,01	**0,1268**	**3,379**
Waschöl	W	Koeffizienten Dampfdruckgleichung für Benzol aus VDI-Wärmeatlas (2013) 11. Aufl. Abschn. D3.:	A	B	C	D
Inertkomponente	I		-7,11451	1,83981	-2,25158	-3,15179

	Absorption				
Betriebstemperatur		ϑ	°C	**25,0**	
Betriebsdruck		p	bar	**1,066**	
Volumenstrom Rohgas (= Feed)		$\dot{V}_F$	m^3 h^{-1}	**850,0**	
Stoffmengenstrom Rohgas		$\dot{n}_F$	kmol h^{-1}	36,55	
Stoffmengenanteil Absorptiv im Rohgas		$y_\alpha = y_F$	1	**0,015**	
Beladung Rohgas		$Y_\alpha = Y_F$	kmol kmol^{-1}	0,0152	
Beladung Reingas		$Y_\omega = Y_R$	kmol kmol^{-1}	0,00152	
Stoffmengenanteil Waschflüssigkeit Eintritt		x_α	1	**0,005**	
Beladung Waschflüssigkeit Eintritt		X_α	kmol kmol^{-1}	0,0050	
Beladung Waschflüssigkeit kritisch ($n_{th} = \infty$)		$X_{\omega,kr}$	kmol kmol^{-1}	0,1433	
minimales Waschflüssigkeitsverhältnis		$v_{W,min}$	1	0,0991	
minimaler Waschflüssigkeitsmengenstrom		$\dot{n}^L_{W,min}$	kmol h^{-1}	3,57	
Verhältnis		$\dot{n}^L_W / \dot{n}^L_{W,min}$	1	**1,50**	
Waschflüssigkeitsmengenstrom		$\dot{n}^L_W$	kmol h^{-1}	5,35	
Waschflüssigkeitsverhältnis		v_W	1	0,1487	
Beladung Waschflüssigkeit Austritt		X_ω	kmol kmol^{-1}	0,0972	
Zahl der theoretischen Stufen Absorption		n_{th}	1	6	

	Desorption				
Betriebstemperatur		ϑ	°C	**125,0**	
Betriebsdruck		p	bar	**1,000**	
Beladung Waschflüssigkeit Eintritt (= Austritt Absorption)		X_α	kmol kmol^{-1}	0,0972	
Beladung Waschflüssigkeit Austritt (= Eintritt Absorption)		X_ω	kmol kmol^{-1}	0,0050	
Beladung Strippgas Eintritt		Y_α	kmol kmol^{-1}	**0,000**	
Waschflüssigkeitsmengenstrom		$\dot{n}^L_W$	kmol h^{-1}	5,35	
Beladung Strippgas kritisch ($n_{th} = \infty$)		$Y_{\omega,kr}$	kmol kmol^{-1}	0,3926	
minimaler Strippgasmengenstrom		$\dot{n}^G_{S,min}$	kmol h^{-1}	1,26	
Verhältnis		$\dot{n}^G_S / \dot{n}^G_{S,min}$	1	**1,50**	
Strippgasmengenstrom		$\dot{n}^G_S$	kmol h^{-1}	1,89	
Strippgasverhältnis		v_S	1	0,3521	
Beladung Strippgas Austritt		Y_ω	kmol kmol^{-1}	0,2618	
Zahl der theoretischen Stufen Desorption		n_{th}	1	7	

Stoffstrom	Komp. i	Y_i, X_i / (kmol kmol^{-1})		$\dot{n}_i$ / (kmol h^{-1})	
Rohgas, Feed	A	$Y_\alpha = Y_{A,\alpha}$	0,0152	$\dot{n}^G_{A,\alpha}$	0,55
	I			$\dot{n}^G_I$	36,00
	Σ			$\dot{n}_F = \dot{n}^G_\alpha$	36,55
Reingas	A	$Y_\omega = Y_{A,\omega}$	0,0015	$\dot{n}^G_{A,\omega}$	0,05
	I			$\dot{n}^G_I$	36,00
	Σ			$\dot{n}_R = \dot{n}^G_\omega$	36,06
Waschflüssigkeit, abgereichert	A	$X_\alpha = X_{A,\alpha}$	0,0050	$\dot{n}^L_{A,\alpha}$	0,03
	W			$\dot{n}^L_W$	5,35
	Σ			$\dot{n}^L_\alpha$	5,38
Waschflüssigkeit, beladen	A	$X_\omega = X_{A,\omega}$	0,0972	$\dot{n}^L_{A,\omega}$	0,52
	W			$\dot{n}^L_W$	5,35
	Σ			$\dot{n}^L_\omega$	5,87
Strippgas, unbeladen	A	$Y_\alpha = Y_{A,\alpha}$	0,0000	$\dot{n}^G_{A,\alpha}$	0,00
	S			$\dot{n}^G_S$	1,89
	Σ			$\dot{n}^G_\alpha$	1,89
Strippgas, beladen	A	$Y_\omega = Y_{A,\omega}$	0,2618	$\dot{n}^G_{A,\omega}$	0,49
	S			$\dot{n}^G_S$	1,89
	Σ			$\dot{n}^G_\omega$	2,38

Abbildung 6.13: Excel-Berechnungsblatt für die Absorption von Benzol mit Waschöl und Strippen des Waschöls mit Wasserdampf (nach [76])

4. Die Stufenkonstruktion erfolgt entsprechend der Anleitungen zu Beispiel 6.1, ebenso die Ermittlung der Anzahl der theoretischen Stufen. Die Gleichgewichtskurve im Beladungsdiagramm ergibt sich aus der in der Aufgabenstellung gegebenen Annahme $H_{\mathrm{AW}}(T) = p_{\mathrm{S}}(T)$, wobei der Sättigungsdampfdruck von Benzol mit der WAGNER-Gleichung (2.4) berechnet wird, siehe dazu die entsprechenden Koeffizienten in Abb. 6.13 und den im Kopf des Excel-Berechnungsblattes berechneten Sättigungsdampfdruck.

Die Vorgehensweise für die Berechnung der *Desorption* entspricht grundsätzlich der für die Berechnung der Absorption:

1. In den Tabellenbereich für die Desorption werden die Daten für die Beladungen der Waschflüssigkeit X_α und X_ω aus dem oberen Teil des Arbeitsblattes übernommen und die Beladung des Strippgases Y_α zu null gesetzt. Da die Waschflüssigkeit in einem weitgehend geschlossenen Kreislauf gefahren wird, ist der Wert für den Waschflüssigkeitsstrom $\dot{n}_{\mathrm{W}}^{\mathrm{L}}$ mit dem entsprechenden Wert aus dem oberen Teil des Arbeitsblattes identisch.

2. Zur Berechnung der kritischen Beladung $Y_{\omega,\mathrm{kr}}$ siehe auch hier die Hinweise zur Konstruktion der Bilanzgeraden für den minimalen Waschflüssigkeitsmengenstrom auf Seite 171, da die Bilanzgerade für den minimalen Strippgasmengenstrom die Gleichgewichtskurve tangiert, siehe das Beladungsdiagramm in Abb. 6.13 (mit dem dort eingetragenen Berührungspunkt). Die Berechnungen können hier entsprechend angewendet werden.

3. Der minimale Strippgasmengenstrom $\dot{n}_{\mathrm{S,min}}^{\mathrm{G}}$ folgt aus Gleichung (6.52), der Strippgasmengenstrom $\dot{n}_{\mathrm{S}}^{\mathrm{G}}$ über das in der Aufgabenstellung gegebene Verhältnis $\dot{n}_{\mathrm{S}}^{\mathrm{G}}/\dot{n}_{\mathrm{S,min}}^{\mathrm{G}}$ und das Strippgasverhältnis v_{S} aus Gleichung (6.53).

4. Die Tabelle mit den Stoffströmen kann um den eintretenden und um den austretenden, beladenen Strippgasstrom erweitert werden. Analog zu Gleichung (6.9) folgen die Stoffmengenbeladungen

$$Y_\alpha = \frac{\dot{n}_{\mathrm{A},\alpha}^{\mathrm{G}}}{\dot{n}_{\mathrm{S}}^{\mathrm{G}}} \quad \text{und} \quad Y_\omega = \frac{\dot{n}_{\mathrm{A},\omega}^{\mathrm{G}}}{\dot{n}_{\mathrm{S}}^{\mathrm{G}}} \tag{6.55}$$

und daraus die Stoffmengenströme des Absorptivs im Strippgas $\dot{n}_{\mathrm{A},\alpha}^{\mathrm{G}}$ bzw. $\dot{n}_{\mathrm{A},\omega}^{\mathrm{G}}$. Der Strippgasmengenstrom $\dot{n}_{\mathrm{S}}^{\mathrm{G}}$ wurde bereits oben berechnet. Die ein- und austretenden Ströme folgen mit

$$\dot{n}_\alpha^{\mathrm{G}} = \dot{n}_{\mathrm{A},\alpha}^{\mathrm{G}} + \dot{n}_{\mathrm{S}}^{\mathrm{G}} \quad \text{und} \quad \dot{n}_\omega^{\mathrm{G}} = \dot{n}_{\mathrm{A},\alpha}^{\mathrm{G}} + \dot{n}_{\mathrm{S}}^{\mathrm{G}} \ . \tag{6.56}$$

5. Die Stufenkonstruktion erfolgt analog der Anleitungen zu Beispiel 6.1, ebenso die Ermittlung der Anzahl der theoretischen Stufen. Die Gleichgewichtskurve im Beladungsdiagramm ergibt sich auch hier aus der Annahme $H_{\mathrm{AW}}(T) = p_{\mathrm{S}}(T)$, siehe dazu den berechneten Sättigungsdampfdruck von Benzol im Kopf des Excel-Berechnungsblattes.

7 Auslegung von Packungskolonnen

Zielsetzung

Kenntnis der Grundprinzipien für die Auslegung von Packungskolonnen zur Stoffübertragung und der wichtigsten Einflussgrößen für den Betrieb und die Optimierung. Kenntnisse über die fluiddynamische Auslegung von Packungskolonnen u. a. hinsichtlich der Zweiphasenströmung, der Gas- und Flüssigkeitsbelastung, des Flüssigkeitsinhaltes, des Druckverlustes sowie der Flut- und der Staugrenze. Verständnis der physikalischen Grundlagen des Stoffdurchgangs am Beispiel der Absorption unter Anwendung der Zweifilmtheorie. Anwendung des HTU-NTU-Konzepts für die Ermittlung der Höhe von Packungskolonnen bei der Absorption einschließlich Berechnung der Diffusionskoeffizienten in Gas- und Flüssigphase, der effektiven Stoffübertragungsfläche, der gas- und flüssigkeitsseitigen Stoffübergangskoeffizienten, des gasseitigen Stoffdurchgangskoeffizienten und daraus der NTU- und HTU-Werte sowie der erforderlichen Packungshöhe.

Empfohlene Literatur

Thermische Verfahrenstechnik von MERSMANN u. a. [58], *Einführung in die thermischen Trennverfahren* von LOHRENGEL [51], *VDI-Wärmeatlas* [91, 92].

Berechnungsbeispiele in Excel

- Fluiddynamische Auslegung von Packungskolonnen

  - Berechnung von Druckverlust sowie Stau- und Flutgrenze nach dem *VDI-Wärmeatlas* (Abb. 7.4).

  - Fluiddynamische Auslegung einer Füllkörperkolonne für die Absorption (Abb. 7.6).

- Ermittlung der Höhe von Packungskolonnen

  - Berechnung der Höhe einer Füllkörperkolonne mit dem HTU-NTU-Verfahren einschließlich der Berechnung weiterer für die Auslegung erforderlicher Größen (Abb. 7.10 und 7.11).

7.1 Einführung

Die treibende Kraft bei thermischen Trennverfahren ist die Konzentrationsdifferenz der entsprechenden Komponenten zwischen den beteiligten Phasen. Um hohe Reinheiten in den Produktströmen zu erhalten, ist eine besondere technische Gestaltung des Prozesses (Prozessführung) erforderlich.

Ziel der Auslegung thermischer Trennverfahren ist ein möglichst hoher selektiver Stofftransport der gewünschten Komponente zwischen den Phasen. Eine Erhöhung der Durchmischung und dadurch verursachte Turbulenzen verbessern den Stoffdurchgang, weil die Austauschfläche ständig erneuert wird. Die Konzentrationsdifferenz kann durch die Prozessführung beeinflusst werden und ist bei Führung der Phasen im Gegenstrom am größten. Sinnvolle technische Ausführungen von Apparaten für die Stoffübertragung sind Bodenkolonnen und Packungskolonnen. Die Auslegung von Kolonnen wird in diesem Kapitel schwerpunktmäßig am Beispiel von Packungskolonnen für die physikalische Absorption behandelt.

7.2 Fluiddynamik von Packungskolonnen

Alternativ zu Böden kann der Kontakt zwischen den Phasen an der Oberfläche lose eingefüllter Füllkörper oder strukturierter Packungen erfolgen. Für Kolonnendurchmesser unterhalb ca. 1 m werden diese ausschließlich eingesetzt. Die Oberflächen der Strukturen sollen vollständig benetzt werden, um eine möglichst große Phasengrenzfläche zu erzielen. Auf der anderen Seite soll der Druckverlust (und damit die Betriebskosten) für die Gasströmung möglichst gering sein.

Füllkörper sind lose in Stoffaustauschapparate eingefüllte Formkörper mit möglichst hoher volumenbezogener Oberfläche, basierend auf den Grundformen Kugel, Zylinder und Sattel. Sie können aus unterschiedlichen Werkstoffen bestehen, z. B. aus Metall, Keramik oder Kunststoff. Der erstmals eingesetzte Füllkörper ist der sogenannte RASCHIG-Ring, ein geschlossener zylindrischer Ring.

Aufbauend auf den geometrischen Grundformen sind im Verlauf der letzten Jahrzehnte Weiterentwicklungen durch Aufbrechen der Mantelflächen entstanden. Infolge der verbesserten Fertigungsmöglichkeiten können die heute oft verwendeten Gitterfüllkörper hergestellt werden, in denen die Körperumrisse der Grundformen auf gitterartigen Strukturen beruhen. Die Lagerung der Füllkörper in der Kolonne erfolgt auf Tragrosten. Typische Abmessungen von Füllkörpern liegen im Bereich von etwa 15 mm bis 90 mm.

Geordnete oder strukturierte Packungen bestehen aus zu Paketen zusammengesetzten Elementen, die in die Kolonnen eingebaut werden. In der ersten Generation bestanden sie aus gewellten, dünnen Blechen. Heute enthalten sie zusätzlich Lochungen, Stanzungen oder Prägungen und bestehen auch aus nichtmetallischen Werkstoffen oder aus Geweben.

Vorteile von Füllkörpern und strukturierten Packungen sind der im Vergleich zu Bodenkolonnen niedrige Druckverlust und geringe Flüssigkeitsinhalt. Nachteile sind die Anfälligkeit für Verschmutzungen und eine ungleiche Flüssigkeitsverteilung über den Kolonnenquerschnitt. So muss in Füllkörper- oder Packungskolonnen die Flüssigkeit sehr gleichmäßig verteilt und nach wenigen Metern wieder gesammelt und neu verteilt werden. Der Begriff „Packung" wird in diesem Kapitel als Oberbegriff für Füllkörper und strukturierte Packungen verwendet.

7.2.1 Zweiphasenströmung in Packungskolonnen

Die nachfolgenden Betrachtungen gelten ausschließlich für eine von unten nach oben strömende Gasphase und eine von oben nach unten strömende Flüssigkeitsphase. Wichtige Parameter beim Betrieb von Packungskolonnen [58]:

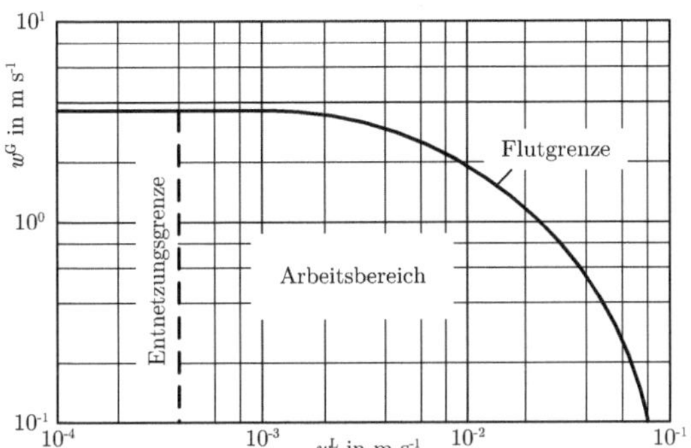

Abbildung 7.1: Arbeitsbereich von Packungskolonnen nach [58]

- Der herablaufende Flüssigkeitsstrom in der Kolonne. Die Kolonne flutet, wenn der Flüssigkeitsstrom zu groß wird.

- Der Betrieb von Packungskolonnen erfordert im Unterschied zu Bodenkolonnen einen minimalen Flüssigkeitsstrom, weil sonst die Oberflächen nicht mehr benetzt werden.

- Der Druckverlust des Gases bei der Durchströmung hängt vom Gasstrom selbst und vom Flüssigkeitsstrom ab. Ab einer bestimmten Gasgeschwindigkeit wird Flüssigkeit in der Kolonne aufgestaut und es kommt bei weiterer Erhöhung der Gasgeschwindigkeit zum Fluten der Kolonne.

Die Gas- und Flüssigkeitsdurchsätze in Packungskolonnen werden damit im Wesentlichen durch das Fluten und das Entnetzen begrenzt, siehe Abb. 7.1. In dieser Abbildung ist die Gasgeschwindigkeit oder Gasbelastung

$$w^{\mathrm{G}} = \dot{V}^{\mathrm{G}}/A_{\mathrm{K}} \tag{7.1}$$

über der Flüssigkeitsgeschwindigkeit oder Flüssigkeitsbelastung

$$w^{\mathrm{L}} = \dot{V}^{\mathrm{L}}/A_{\mathrm{K}} \tag{7.2}$$

mit der freien Querschnittsfläche der Kolonne A_{K} aufgetragen. In der Mitte des Diagramms ergibt sich der für den Betrieb von Packungskolonnen einzuhaltende Arbeitsbereich. Alternativ zur Gasbelastung wird auch der sogenannte F-Faktor

$$F = w^{\mathrm{G}}\sqrt{\varrho^{\mathrm{G}}} \tag{7.3}$$

verwendet.

Für die minimale Gasbelastung in Packungskolonnen gibt es keine scharfe untere Grenze. Nach [58] werden folgende Richtwerte für die minimale Flüssigkeitsbelastung von Füllkörperschüttungen empfohlen:

- $w^{\mathrm{L}}_{\mathrm{min}} \geq 10\,\mathrm{m}^3\,\mathrm{m}^{-2}\,\mathrm{h}^{-1}$ für wässrige Stoffsysteme und

- $w^{\mathrm{L}}_{\min} \geq 5\,\mathrm{m}^3\,\mathrm{m}^{-2}\,\mathrm{h}^{-1}$ für organische Stoffsysteme.

Für strukturierte Packungen wird ein Richtwert von

- $w^{\mathrm{L}}_{\min} \geq 0{,}2\,\mathrm{m}^3\,\mathrm{m}^{-2}\,\mathrm{h}^{-1}$

angegeben [58].

Die in die Dimensionen $\mathrm{m}^3\,\mathrm{m}^{-2}\,\mathrm{h}^{-1}$ oder $\mathrm{m}^3\,\mathrm{m}^{-2}\,\mathrm{s}^{-1}$ umgerechnete Flüssigkeitsgeschwindigkeit w^{L} wird in der Literatur als Berieselungsdichte B bezeichnet. Alternativ dazu kann auch die dimensionslose Berieselungsdichte

$$B^* = \left(\frac{\eta^{\mathrm{L}}}{\varrho^{\mathrm{L}} g^2} \right)^{1/3} \frac{1-\varepsilon}{\varepsilon d_{\mathrm{P}}} w^{\mathrm{L}} \tag{7.4}$$

verwendet werden [91, 92]. Darin sind ε die Porosität oder besser der Leervolumenanteil der Packung

$$\varepsilon = \frac{V_{\mathrm{S}} - V_{\mathrm{P}}}{V_{\mathrm{S}}} = 1 - \frac{V_{\mathrm{P}}}{V_{\mathrm{S}}} \tag{7.5}$$

(mit dem Volumen der Füllkörper V_{P} und dem Volumen der Schüttung V_{S}) und d_{P} der Partikeldurchmesser des einzelnen Füllkörpers gemäß

$$d_{\mathrm{P}} = 6\frac{V_{\mathrm{P}}}{A_{\mathrm{P}}} = 6\frac{1-\varepsilon}{a_V} \tag{7.6}$$

(mit der Oberfläche der Füllkörper A_{P}). Die linke Seite von Gleichung (7.6) gilt exakt nur für kugelförmige Partikel, wird aber hier vereinbarungsgemäß verwendet. Für nicht kugelförmige Partikel stellt d_{P} damit einen „Ersatz"-Partikeldurchmesser dar, der nicht den tatsächlichen geometrischen Abmessungen oder dem Nenndurchmesser d_{N} entspricht. Werte von ε und der volumenbezogenen Oberfläche

$$a_V = \frac{A_{\mathrm{P}}}{V_{\mathrm{S}}} = 6\frac{1-\varepsilon}{d_{\mathrm{P}}} \tag{7.7}$$

für Füllkörper und Packungen werden von den Herstellern genannt oder sind u. a. in [91, 92] tabelliert. Für die Auslegung von Füllkörperkolonnen wird – abhängig von der Partikelform – die Einhaltung eines Durchmesserverhältnisses $d_{\mathrm{N}}\!:\!d_{\mathrm{K}} \leq 1\!:\!10 \ldots 1\!:\!30$ (mit d_{K} als Kolonnendurchmesser) empfohlen [58, 91, 92].

7.2.2 Druckverlust sowie Stau- und Flutgrenze in Packungskolonnen

Berechnungsmodelle zur Fluiddynamik in Packungskolonnen ermöglichen die Ermittlung insbesondere von Flüssigkeitsinhalt, Druckverlust sowie Stau- und Flutgrenze, siehe hierzu beispielsweise die umfassende Darstellung von MAĆKOWIAK [54]. Nachfolgend wird schwerpunktmäßig das Modell von ENGEL verwendet [26], das auf den Arbeiten von STICHLMAIR u. a. [86] basiert. Damit lässt sich der Druckverlust einer berieselten Packung als Vielfaches des trockenen Druckverlustes der Packung darstellen (siehe Gleichung (7.17)).

Trockener Druckverlust in Packungskolonnen

Nach STICHLMAIR u. a. [86] folgt für den auf die Höhe der durchströmten Schicht bezogenen *trockenen Druckverlust*

$$\frac{\Delta p_{\text{tr}}}{H} = \frac{3}{4} \zeta_{\text{E}} \frac{1-\varepsilon}{\varepsilon^{4,65}} \frac{\varrho^{\text{G}}(w^{\text{G}})^2}{d_{\text{P}}} \tag{7.8}$$

mit ζ_{E} als Widerstandsbeiwert des Einzelfüllkörpers, H als durchströmter Länge der Füllkörperschüttung und w^{G} als auf den Leerrohrquerschnitt bezogener Geschwindigkeit. Durch Einsetzen von Gleichung (7.6) folgt

$$\frac{\Delta p_{\text{tr}}}{H} = \frac{1}{8} \zeta_{\text{E}} a_V \frac{\varrho^{\text{G}}(w^{\text{G}})^2}{\varepsilon^{4,65}} \tag{7.9}$$

und daraus der *dimensionslose trockene Druckverlust*

$$\Delta p_{\text{tr}}^* = \frac{\Delta p_{\text{tr}}}{\varrho^{\text{L}} g H} \ . \tag{7.10}$$

Der Nenner in dieser Gleichung entspricht dem hydrostatischen Druck einer Flüssigkeitssäule mit der Höhe H.

In [58] sind für eine Auswahl von Füllkörpern u. a. der Leervolumenanteil, die volumenbezogene Oberfläche und insbesondere die Koeffizienten b und c für einen einfachen Potenzansatz zur Berechnung des Widerstandsbeiwertes von Einzelfüllkörpern

$$\zeta_{\text{E}} = b \, (Re_{\text{E}}^{\text{G}})^c \tag{7.11}$$

in Abhängigkeit von der REYNOLDS-Zahl des Einzelfüllkörpers Re_{E}^{G} angegeben.

Flüssigkeitsinhalt von Packungskolonnen nach dem Modell von Engel

Der Druckverlust in Packungskolonnen wird maßgeblich durch ihren Flüssigkeitsinhalt beeinflusst. Nach ENGEL [26] setzt sich der volumenbezogene Gesamtflüssigkeitsinhalt oder Hold-up einer Packung unterhalb der Staugrenze

$$h_0 = h_{\text{haft}} + h_{\text{dyn},0} \tag{7.12}$$

aus dem Anteil der Haftflüssigkeit

$$h_{\text{haft}} = 0{,}033 \exp\left(-0{,}22 \frac{\varrho^{\text{L}} g}{\sigma a_V^2}\right) \tag{7.13}$$

und dem dynamischen Anteil unterhalb der Staugrenze

$$h_{\mathrm{dyn},0} = 3{,}6 \left(\frac{w^{\mathrm{L}} a_V^{0,5}}{g^{0,5}}\right)^{0,66} \left(\frac{\eta^{\mathrm{L}} a_V^{1,5}}{\varrho^{\mathrm{L}} g^{0,5}}\right)^{0,25} \left(\frac{\sigma a_V^2}{\varrho^{\mathrm{L}} g}\right)^{0,1} \tag{7.14}$$

zusammen (mit der Oberflächenspannung σ der Flüssigphase). Für den volumenbezogenen dynamischen Flüssigkeitsinhalt unterhalb und oberhalb der Staugrenze *mit Gasgegenstrom* gilt nach [26]

$$h_{\mathrm{dyn}} = h_{\mathrm{dyn},0} \left(1 + 36 \left(\frac{\Delta p_{\mathrm{ges}}/H}{\varrho^{\mathrm{L}} g}\right)^2\right) . \tag{7.15}$$

Ist die gesamte Höhe der Packung bekannt, kann daraus der Flüssigkeitsinhalt im Betriebspunkt berechnet werden.

Druckverlust von berieselten Packungskolonnen nach dem Modell von Engel

Der Einfluss des Gesamtflüssigkeitsinhalts in der Druckverlustgleichung wird von ENGEL [26] über die volumenbezogene Flüssigkeitsoberfläche a^{L} und die volumenbezogene Oberfläche der (trockenen) Packung a_V

$$\frac{\Delta p_{\mathrm{ges}}}{H} = \frac{1}{8} \zeta \left(a^{\mathrm{L}} + a_V\right) \frac{\varrho^{\mathrm{G}} (w^{\mathrm{G}})^2}{(\varepsilon - h_{\mathrm{dyn}})^{4,65}} \tag{7.16}$$

berücksichtigt. Wird diese Gleichung auf den trockenen Druckverlust bezogen, ergibt sich die Berechnungsgleichung für den längenbezogenen *Druckverlust einer berieselten Packung* (nasser Druckverlust)

$$\frac{\Delta p_{\mathrm{ges}}/H}{\Delta p_{\mathrm{tr}}/H} = \frac{a^{\mathrm{L}} + a_V}{a_V} \left(\frac{\varepsilon}{\varepsilon - h_{\mathrm{dyn}}}\right)^{4,65} . \tag{7.17}$$

h_{dyn} ist der dynamische Flüssigkeitsinhalt nach Gleichung (7.15), der wiederum – wie auch die volumenbezogene Flüssigkeitsoberfläche a^{L} in Gleichung (7.18) – vom längenbezogenen Druckverlust abhängt, was eine iterative Vorgehensweise bei der Berechnung des Druckverlustes erfordert.

Die volumenbezogene Flüssigkeitsoberfläche a^{L} ergibt sich aus

$$a^{\mathrm{L}} = \frac{6 h_{\mathrm{dyn}}}{d_{\mathrm{L}}} \tag{7.18}$$

mit dem Äquivalentdurchmesser der Fluidpartikel

$$d_{\mathrm{L}} = C_{\mathrm{L}} \left(\frac{6\sigma}{(\varrho^{\mathrm{L}} - \varrho^{\mathrm{G}})g}\right)^{0,5} \tag{7.19}$$

und einem Koeffizienten $C_{\mathrm{L}} = 0{,}4$ für Füllkörper oder $C_{\mathrm{L}} = 0{,}8$ für strukturierte Packungen [26].

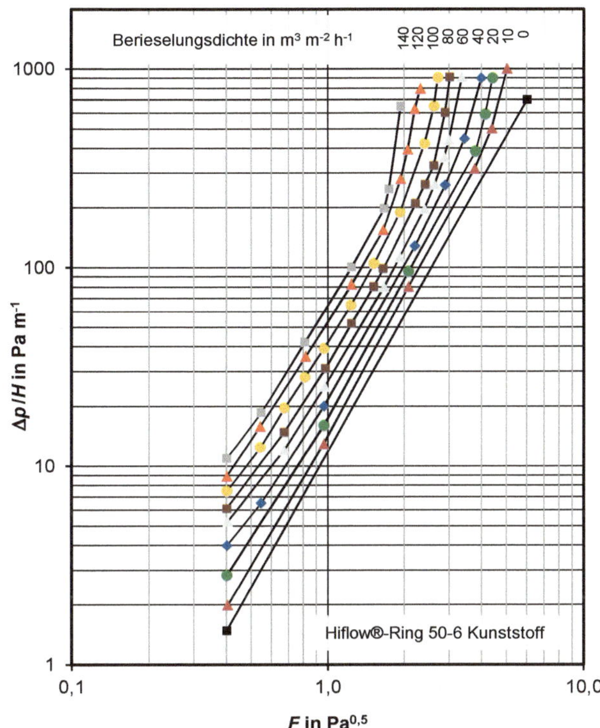

Abbildung 7.2: Längenbezogener Druckverlust einer Füllkörperschicht in Abhängigkeit vom F-Faktor bei unterschiedlichen Berieselungsdichten (Hiflow®-Ring 50-6 Kunststoff für Luft-Wasser bei 20 °C, 1 bar) nach [71]

Druckverlustmessungen berieselter Packungskolonnen

Abbildung 7.2 zeigt den längenbezogenen Druckverlust einer Füllkörperschicht in Abhängigkeit vom F-Faktor bei unterschiedlichen Berieselungsdichten für den Füllkörpertyp Hiflow®-Ring 50-6 aus Kunststoff. Die Abbildung basiert auf Messungen des Herstellers für das System Luft-Wasser bei 20 °C und 1 bar [71].

Wie aus der Abbildung zu erkennen ist, steigt der Druckverlust mit zunehmender Berieselungsdichte an. Ursache dafür ist der mit zunehmender Berieselungsdichte steigende Flüssigkeitsinhalt und die damit abnehmende freie Querschnittsfläche für den Gasstrom. Die Staugrenze liegt im Bereich der Knickpunkte der Verbindungslinien. Mit zunehmendem Gasstrom steigt der Flüssigkeitsinhalt oberhalb der Staugrenze stärker an. Oberhalb der oberen Messpunkte wird die Flutgrenze erreicht.

Im Bereich zwischen Stau- und Flutgrenze ist die Turbulenz und damit der Stoffdurchgang zwischen den Phasen besonders günstig und somit für den Betrieb einer Kolonne interessant. Eine höhere Betriebssicherheit wird jedoch unterhalb der Staugrenze gewährleistet.

Der längenbezogene trockene Druckverlust in Abhängigkeit vom F-Faktor lässt sich über eine einfache Korrelation mit zwei Parametern a und b

$$\frac{\Delta p_{\mathrm{tr}}}{H} = 10^a F^b \tag{7.20}$$

approximieren, siehe dazu die Gerade für die Berieselungsdichte $B = 0\,\mathrm{m}^3\,\mathrm{m}^{-2}\,\mathrm{h}^{-1}$ in Abb. 7.2. Die Parameter a und b können aus den Druckverlustdiagrammen der Hersteller der Packungen mit

$$b = \frac{\log\left(\frac{\Delta p_{\mathrm{tr},1}/H}{\Delta p_{\mathrm{tr},2}/H}\right)}{\log\left(\frac{F_1}{F_2}\right)} \tag{7.21}$$

und

$$a = \log(\Delta p_{\mathrm{tr},1}/H) - b\,\log(F_1) \tag{7.22}$$

ermittelt werden.

Druckverlust, Stau- und Flutgrenze von Packungskolonnen nach VDI-Wärmeatlas

Beispiel 7.1

Eine Füllkörperschüttung mit dem Füllkörpertyp Hiflow®-Ring 50-6 Kunststoff [71] und der Höhe $H = 2\,\mathrm{m}$ wird mit Luft bei einer Gasbelastung von $w^{\mathrm{G}} = 2{,}36\,\mathrm{m\,s^{-1}}$ und Wasser bei einer Flüssigkeitsbelastung von $w^{\mathrm{L}} = 5{,}55 \cdot 10^{-3}\,\mathrm{m\,s^{-1}}$ durchströmt. Die Temperatur in der Kolonne beträgt $25\,^\circ\mathrm{C}$ und der Druck $1000\,\mathrm{hPa}$. Zu berechnen sind u. a. die dimensionslose Berieselungsdichte, der F-Faktor, der trockene Druckverlust, der Druckverlust der berieselten Packung, der Druckverlust am Staupunkt und der Druckverlust am Flutpunkt. Weitere Daten für die Berechnung der Stoffwerte und die Daten der Füllkörper (Leervolumenanteil, volumenbezogene Oberfläche, Widerstandsbeiwert) sind dem Excel-Berechnungsblatt in Abb. 7.4 zu entnehmen (vgl. Berechnungsbeispiel im *VDI-Wärmeatlas* [91, 92]).

Zusammenfassung der bisherigen Betrachtungen: Der Druckverlust der berieselten Packung ist stets größer als der der trockenen Packung und hängt von ihrem Flüssigkeitsinhalt ab. Mit zunehmender Berieselungsdichte steigt der Flüssigkeitsinhalt – bei gleichzeitiger Abnahme des Leervolumenanteils – und der Druckverlust nimmt zu:

- Unterhalb der *Staugrenze* ist der Flüssigkeitsinhalt unabhängig von der Gasgeschwindigkeit und nur von der Berieselungsdichte abhängig.

- Oberhalb der Staugrenze nimmt der Flüssigkeitsinhalt mit zunehmender Gasgeschwindigkeit zu.

- An der *Flutgrenze* wird die Flüssigkeit durch das entgegenströmende Gas aufgestaut und der Flüssigkeitsinhalt nimmt erheblich zu.

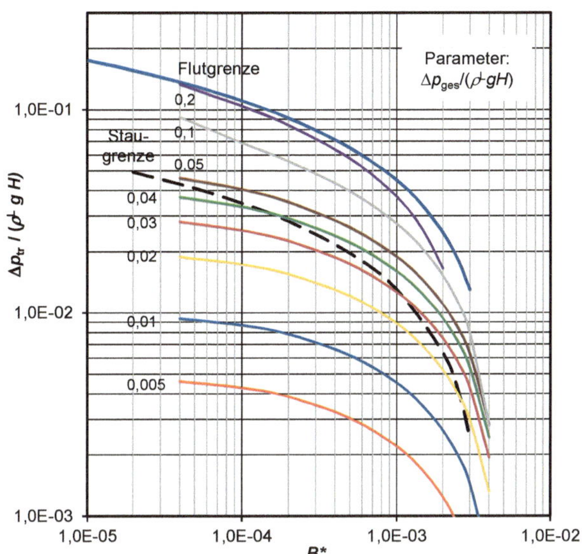

Abbildung 7.3: Dimensionsloser Druckverlust, Stau- und Flutgrenze von Packungen in Abhängigkeit von der Berieselungsdichte (berechnet mit den Gleichungen (7.25) und (7.26), vgl. [91, 92])

Mit dem Flutpunkt-Diagramm in Abb. 7.3, das auf den nachfolgenden Gleichungen basiert, lassen sich die Flut- und die Staugrenze für Füllkörper- und strukturierte Packungen sowie auch Betriebspunkte (siehe die Isolinien in Abb. 7.3) darstellen (vgl. [58, 91, 92]).

Nach *VDI-Wärmeatlas* [91, 92] gilt für den auf die Höhe der durchströmten Füllkörperschicht bezogenen *trockenen Druckverlust* einer Packung (im Unterschied zu Gleichung (7.8))

$$\frac{\Delta p_{tr}}{H} = \frac{\zeta}{2} \frac{1-\varepsilon}{\varepsilon^3} \frac{\varrho^G (w^G)^2}{d_P} \,. \tag{7.23}$$

Der Widerstandsbeiwert ζ der Packung (der nicht mit dem Widerstandsbeiwert des Einzelfüllkörpers ζ_E in den Gleichungen (7.8) bis (7.11) verwechselt werden darf) hängt von der REYNOLDS-Zahl der Gasströmung

$$Re^G = \frac{w^G d_P \varrho^G}{(1-\varepsilon)\eta^G} \tag{7.24}$$

ab. Werte für $\zeta(Re^G)$ sind gegebenenfalls den Informationen der Hersteller oder entsprechenden Diagrammen zu entnehmen, siehe z. B. im *VDI-Wärmeatlas* [57, 91, 92]. Liegen Ergebnisse zu Messungen des trockenen Druckverlustes von Packungen vor, kann der Widerstandsbeiwert daraus mit Gleichung (7.23) berechnet werden.

Nach *VDI-Wärmeatlas* [91, 92] erfolgt die analytische Berechnung der *Flutgrenze* als dimensionsloser „trockener" Druckverlust näherungsweise mit

$$\Delta p^*_{\mathrm{tr,fl}} = \frac{\Delta p_{\mathrm{tr,fl}}}{\varrho^{\mathrm{L}} g H} = C_{1,\mathrm{fl}} + C_{2,\mathrm{fl}} \, (B^*)^{C_{3,\mathrm{fl}}} \tag{7.25}$$

mit $C_{1,\mathrm{fl}} = 2{,}92$, $C_{2,\mathrm{fl}} = -3{,}0809$ und $C_{3,\mathrm{fl}} = 0{,}01$ (unabhängig von der Art der Packung). Ebenfalls nach *VDI-Wärmeatlas* gilt näherungsweise für die *Staugrenze*

$$\Delta p^*_{\mathrm{tr,st}} = \frac{\Delta p_{\mathrm{tr,st}}}{\varrho^{\mathrm{L}} g H} = C_{1,\mathrm{st}} + C_{2,\mathrm{st}} \, (B^*)^{C_{3,\mathrm{st}}} \tag{7.26}$$

mit $C_{1,\mathrm{st}} = 0{,}575\,76$, $C_{2,\mathrm{st}} = -0{,}632\,88$ und $C_{3,\mathrm{st}} = 0{,}017$. Die Bezeichnung als „trockene" Druckverluste wird im Zusammenhang mit der Diagrammdarstellung in Abb. 7.3 verständlich, worin der dimensionslose trockene Druckverlust Δp^*_{tr} an der Ordinate aufgetragen ist. Die Berechnung der Kurven für die Flut- und die Staugrenze im Diagramm kann unmittelbar aus den Gleichungen (7.25) und (7.26) erfolgen. Für die Flutgrenze wird im *VDI-Wärmeatlas* eine Toleranz von $\pm 25\,\%$ aufgeführt, die aus der Unsicherheit bei der Bestimmung des Widerstandsbeiwerts resultiert.

Im Zusammenhang mit den vorstehenden Gleichungen gibt der *VDI-Wärmeatlas* [27, 91, 92] auch eine Berechnungsmethode für den dimensionslosen Druckverlust der berieselten Packung $\Delta p^*_{\mathrm{ges}}$ im Betriebspunkt (nasser Druckverlust) mit der impliziten Gleichung

$$\Delta p^*_{\mathrm{tr}} = \frac{\Delta p_{\mathrm{tr}}}{\varrho^{\mathrm{L}} g H} = C_1(\Delta p^*_{\mathrm{ges}}) + C_2(\Delta p^*_{\mathrm{ges}}) \left(C_3(\Delta p^*_{\mathrm{ges}}) + B^* \right)^{0,04} \tag{7.27}$$

an. Darin berechnen sich die Koeffizienten C_i zu

$$\begin{aligned}
C_1(\Delta p^*_{\mathrm{ges}}) &= -4{,}3513 \cdot 10^{-6} + 8{,}6424 \Delta p^*_{\mathrm{ges}} \\
&\quad - 58{,}1789 (\Delta p^*_{\mathrm{ges}})^2 + 170{,}255 (\Delta p^*_{\mathrm{ges}})^3 \, , \\
C_2(\Delta p^*_{\mathrm{ges}}) &= -2{,}8884 \cdot 10^{-4} - 10{,}6464 \Delta p^*_{\mathrm{ges}} \\
&\quad + 71{,}4375 (\Delta p^*_{\mathrm{ges}})^2 - 210{,}7186 (\Delta p^*_{\mathrm{ges}})^3 \quad \text{und} \\
C_3(\Delta p^*_{\mathrm{ges}}) &= +2{,}4758 \cdot 10^{-4} - 5{,}517 \cdot 10^{-3} \Delta p^*_{\mathrm{ges}} \\
&\quad + 0{,}035\,03 (\Delta p^*_{\mathrm{ges}})^2 - 0{,}069\,512 (\Delta p^*_{\mathrm{ges}})^3 \, .
\end{aligned}$$

Mit Gleichung (7.27) kann unmittelbar die Erstellung der Isolinien wie in Abb. 7.3 erfolgen. Die Berechnung von $\Delta p^*_{\mathrm{ges}}$ erfordert dagegen eine iterative Vorgehensweise.

Anmerkungen: Leider sind im *VDI-Wärmeatlas* [92] und auch im *VDI Heat Atlas* [91] die Vorzeichen in der Berechnungsgleichung für den Koeffizienten C_3 teilweise nicht korrekt aufgeführt. Vorstehend ist die von ENGEL korrigierte Korrelation angegeben [27]. Das im *VDI-Wärmeatlas* beschriebene Berechnungsmodell wird in den kommerziellen Computerprogrammen „Rapsody" (RVT Process Equipment GmbH) und „TrayHeart" (WelChem GmbH) verwendet [27].

Nachfolgend wird ein Excel-Berechnungsblatt zur Lösung der in Beispiel 7.1 gegebenen Aufgabenstellung erstellt, siehe Abb. 7.4.

1. Zunächst werden die mit der Aufgabenstellung gegebenen Daten eingetragen.

2. Die für die weiteren Berechnungen erforderlichen Stoffdaten werden in das Excel-Berechnungsblatt aufgenommen oder dort berechnet. Da die Flüssigphase nur aus Wasser und die Gasphase nur aus (trockener) Luft besteht, können für die molaren Massen der beiden Phasen die molaren Massen der Reinstoffe z. B. aus dem *VDI-Wärmeatlas* übernommen werden.[1] Ebenso ist die Berechnung der temperaturabhängigen Daten von Dichte und dynamischer Viskosität z. B. auf Basis der im *VDI-Wärmeatlas* gegebenen Stoffwertekorrelationen für die Reinstoffe möglich [91, 92]. Die Gasdichte kann mit der Zustandsgleichung idealer Gase (2.7) berechnet werden, die Dichte von flüssigem Wasser mit Gleichung (2.31). Die dynamischen Viskositäten können mit den Korrelationsgleichungen im *VDI-Wärmeatlas* für die Gasphase mit

$$\frac{\eta^{\mathrm{G}}}{\mathrm{Pa\,s}} = A + B\left(\frac{T}{\mathrm{K}}\right) + C\left(\frac{T}{\mathrm{K}}\right)^2 + D\left(\frac{T}{\mathrm{K}}\right)^3 + E\left(\frac{T}{\mathrm{K}}\right)^4 \qquad (7.28)$$

und für die Flüssigphase mit

$$\frac{\eta^{\mathrm{L}}}{\mathrm{Pa\,s}} = E\,\exp\left\{A\left[\frac{C-(T/\mathrm{K})}{(T/\mathrm{K})-D}\right]^{1/3} + B\left[\frac{C-(T/\mathrm{K})}{(T/\mathrm{K})-D}\right]^{4/3}\right\} \qquad (7.29)$$

berechnet werden. Abbildung 7.4 zeigt die Ergebnisse der Berechnung der Stoffwerte einschließlich der dafür erforderlichen Parameter.

3. Die Berechnung des Partikeldurchmessers d_{P} erfolgt mit Gleichung (7.6), der dimensionslosen Berieselungsdichte B^* mit Gleichung (7.4) (mit der Fallbeschleunigung $g = 9{,}806\,65\,\mathrm{m\,s^{-2}}$) und des F-Faktors F mit Gleichung (7.3).

4. In diesem Berechnungsbeispiel ist der Widerstandsbeiwert der Packung ζ gegeben. Die REYNOLDS-Zahl der Gasströmung Re^{G} gemäß Gleichung (7.24) wird zusätzlich berechnet. Zur grundsätzlichen Ermittlung der Werte für $\zeta(Re^{\mathrm{G}})$ siehe Anmerkungen oben.

5. Die Berechnungen des trockenen Druckverlustes, des längenbezogenen trockenen Druckverlustes und des dimensionslosen trockenen Druckverlustes erfolgt auf Basis der Gleichung (7.23) aus dem *VDI-Wärmeatlas* (also hier *nicht* mit Gleichung (7.8)).

6. Die Berechnung des dimensionslosen Druckverlustes der berieselten Packung $\Delta p^*_{\mathrm{ges}}$ im Betriebspunkt (nasser Druckverlust) erfolgt iterativ unter Anwendung des Solvers. Als Zielzelle für den Solver dient die (zu minimierende) quadratische Differenz zwischen dem im vorhergehenden Punkt berechneten dimensionslosen trockenen Druckverlust Δp^*_{tr} und dem mit der impliziten Gleichung (7.27) berechneten Wert für Δp^*_{tr}. Als Startwert für $\Delta p^*_{\mathrm{ges}}$ kann in der veränderbaren Zelle der vorher ermittelte Wert für den dimensionslosen trockenen Druckverlust einge-

---

[1] Trockene Luft kann als Gemisch unveränderlicher Zusammensetzung und damit als „Reinstoff" angesehen werden.

setzt werden. Aus dem dimensionslosen Druckverlust folgen der längenbezogene Druckverlust und der Druckverlust selbst.

7. Aus Gleichung (7.26) folgt der dimensionslose trockene Druckverlust am Staupunkt und daraus der längenbezogene trockene sowie der trockene Druckverlust am Staupunkt.

8. Aus Gleichung (7.25) folgt der dimensionslose trockene Druckverlust am Flutpunkt und daraus der längenbezogene trockene sowie der trockene Druckverlust am Flutpunkt.

9. Abschließend kann mit Gleichung (7.35) (siehe nachfolgend) der sogenannte Flutfaktor F_fl als Maß für die fluiddynamische Belastung der Packung berechnet werden.

10. Sofern ein Flutpunktdiagramm entsprechend Abb. 7.3 erstellt wurde, können der Betriebspunkt der Packung (Druckverlust berieselt) sowie der Stau- und der Flutpunkt (Druckverlust Stau- und Flutgrenze) dargestellt werden.

Anmerkung: Zu der im *VDI-Wärmeatlas* aufgeführten Berechnung, auf der die Aufgabenstellung in Beispiel 7.1 basiert, wird ein aus Messungen ermittelter längenbezogener Druckverlust der berieselten Packung von $\Delta p_\mathrm{ges}/H = 190\,\mathrm{Pa\,m^{-1}}$ angegeben.

Berechnung der Flutgrenze von Packungskolonnen nach dem Modell von Engel

Für eine genauere Berechnung der Flutgrenze ist die nachfolgende Methode vorzuziehen. Nach [58, 86] wird die Flutgrenze erreicht, wenn der längenbezogene Druckverlust mit zunehmendem F-Faktor entsprechend einer zunehmenden Gasbelastung unendlich ansteigt

$$\frac{\Delta p_\mathrm{ges}/H}{\Delta p_\mathrm{tr}/H} = \infty \quad \text{oder} \quad \frac{\Delta p_\mathrm{tr}/H}{\Delta p_\mathrm{ges}/H} = 0 \; . \tag{7.30}$$

Daraus leitet ENGEL die nachfolgende Gleichung zur Berechnung des dimensionslosen Druckverlustes am Flutpunkt ab [26]

$$\frac{\Delta p_\mathrm{ges,fl}}{\varrho^\mathrm{L} g H} = \frac{1}{2988\, h_\mathrm{dyn,0}} \left(249\, h_\mathrm{dyn,0} \left(X^{0,5} - 60\,\varepsilon - 558\, h_\mathrm{dyn,0} - 103\, d_\mathrm{L} a_V\right)\right)^{0,5} \tag{7.31}$$

mit

$$X = 3600\,\varepsilon + 186\,480\, h_\mathrm{dyn,0}\,\varepsilon + 32\,280\, d_\mathrm{L}\, a_V\, \varepsilon$$
$$+ 191\,844\, (h_\mathrm{dyn,0})^2 + 95\,028\, d_\mathrm{L}\, a_V\, h_\mathrm{dyn,0} + 10\,609\, d_\mathrm{L}^2\, a_V^2 \; . \tag{7.32}$$

Fluiddynamische Bewertung: Ist der mit Gleichung (7.31) berechnete Wert größer als der entsprechende Wert für die berieselte Packung, so liegt der Arbeitspunkt unterhalb der Flutgrenze.

Analog zu Gleichung (7.15) folgen der volumenbezogene dynamische Flüssigkeitsin-

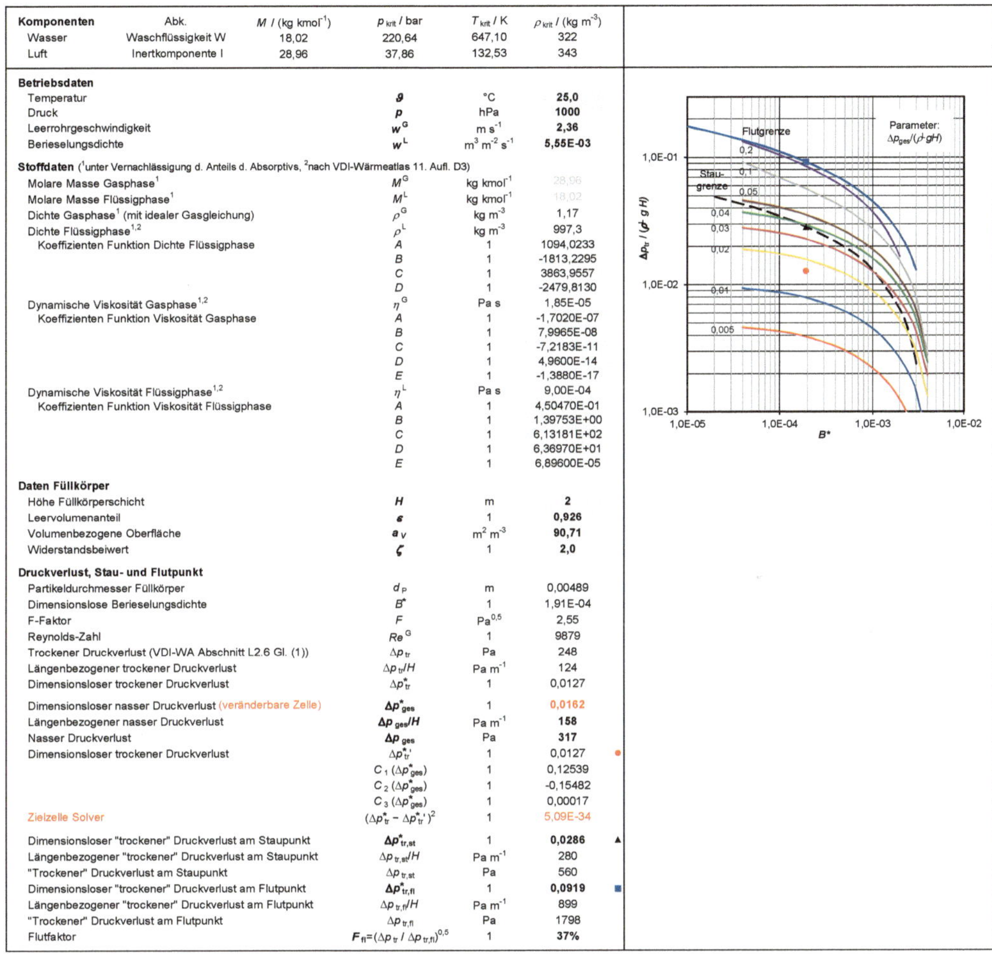

Komponenten	Abk.	M / (kg kmol^{-1})	p_{krit} / bar	T_{krit} / K	ρ_{krit} / (kg m^{-3})
Wasser	Waschflüssigkeit W	18,02	220,64	647,10	322
Luft	Inertkomponente I	28,96	37,86	132,53	343

Betriebsdaten

Temperatur		ϑ	°C	25,0
Druck		p	hPa	1000
Leerrohrgeschwindigkeit		w^G	m s^{-1}	2,36
Berieselungsdichte		w^L	m^3 m^{-2} s^{-1}	5,55E-03

Stoffdaten ([1]unter Vernachlässigung d. Anteils d. Absorptivs, [2]nach VDI-Wärmeatlas 11. Aufl. D3)

Molare Masse Gasphase[1]		M^G	kg kmol^{-1}	28,96
Molare Masse Flüssigphase[1]		M^L	kg kmol^{-1}	18,02
Dichte Gasphase[1] (mit idealer Gasgleichung)		ρ^G	kg m^{-3}	1,17
Dichte Flüssigphase[1,2]		ρ^L	kg m^{-3}	997,3
Koeffizienten Funktion Dichte Flüssigphase		A	1	1094,0233
		B	1	-1813,2295
		C	1	3863,9557
		D	1	-2479,8130
Dynamische Viskosität Gasphase[1,2]		η^G	Pa s	1,85E-05
Koeffizienten Funktion Viskosität Gasphase		A	1	-1,7020E-07
		B	1	7,9965E-08
		C	1	-7,2183E-11
		D	1	4,9600E-14
		E	1	-1,3880E-17
Dynamische Viskosität Flüssigphase[1,2]		η^L	Pa s	9,00E-04
Koeffizienten Funktion Viskosität Flüssigphase		A	1	4,50470E-01
		B	1	1,39753E+00
		C	1	6,13181E+02
		D	1	6,36970E+01
		E	1	6,89600E-05

Daten Füllkörper

Höhe Füllkörperschicht		H	m	2
Leervolumenanteil		ε	1	0,926
Volumenbezogene Oberfläche		a_v	m^2 m^{-3}	90,71
Widerstandsbeiwert		ζ	1	2,0

Druckverlust, Stau- und Flutpunkt

Partikeldurchmesser Füllkörper		d_P	m	0,00489
Dimensionslose Berieselungsdichte		B^*	1	1,91E-04
F-Faktor		F	Pa^{0,5}	2,55
Reynolds-Zahl		Re^G	1	9879
Trockener Druckverlust (VDI-WA Abschnitt L2.6 Gl. (1))		Δp_{tr}	Pa	248
Längenbezogener trockener Druckverlust		$\Delta p_{tr}/H$	Pa m^{-1}	124
Dimensionsloser trockener Druckverlust		Δp_{tr}^*	1	0,0127
Dimensionsloser nasser Druckverlust (veränderbare Zelle)		Δp_{ges}^*	1	0,0162
Längenbezogener nasser Druckverlust		$\Delta p_{ges}/H$	Pa m^{-1}	158
Nasser Druckverlust		Δp_{ges}	Pa	317
Dimensionsloser trockener Druckverlust		$\Delta p_{tr}^{*'}$	1	0,0127
		$C_1\,(\Delta p_{ges}^*)$	1	0,12539
		$C_2\,(\Delta p_{ges}^*)$	1	-0,15482
		$C_3\,(\Delta p_{ges}^*)$	1	0,00017
Zielzelle Solver		$(\Delta p_{tr}^* - \Delta p_{tr}^{*'})^2$	1	5,09E-34
Dimensionsloser "trockener" Druckverlust am Staupunkt		$\Delta p_{tr,st}^*$	1	0,0286
Längenbezogener "trockener" Druckverlust am Staupunkt		$\Delta p_{tr,st}/H$	Pa m^{-1}	280
"Trockener" Druckverlust am Staupunkt		$\Delta p_{tr,st}$	Pa	560
Dimensionsloser "trockener" Druckverlust am Flutpunkt		$\Delta p_{tr,fl}^*$	1	0,0919
Längenbezogener "trockener" Druckverlust am Flutpunkt		$\Delta p_{tr,fl}/H$	Pa m^{-1}	899
"Trockener" Druckverlust am Flutpunkt		$\Delta p_{tr,fl}$	Pa	1798
Flutfaktor		$F_{fl}=(\Delta p_{tr}\,/\,\Delta p_{tr,fl})^{0,5}$	1	37%

Abbildung 7.4: Excel-Berechnungsblatt für die Berechnung von Druckverlust, Stau- und Flutpunkt in berieselten Packungen (vgl. Berechnungsbeispiel im *VDI-Wärmeatlas* [91, 92])

halt am Flutpunkt [26]

$$h_{\text{dyn,fl}} = h_{\text{dyn,0}} \left(1 + \left(6\frac{\Delta p_{\text{ges,fl}}}{\varrho^L g H} \right)^2 \right) \tag{7.33}$$

und der längenbezogene „trockene" Druckverlust am Flutpunkt aus Gleichung (7.17)

$$\frac{\Delta p_{\text{tr,fl}}}{H} = \frac{\Delta p_{\text{ges,fl}}}{H} \frac{a_V}{\frac{6 h_{\text{dyn,fl}}}{d_L} + a_V} \left(1 - \frac{h_{\text{dyn,fl}}}{\varepsilon} \right)^{4,65} . \tag{7.34}$$

Damit kann abschließend der sogenannte Flutfaktor

$$F_{\text{fl}} = \left(\frac{\Delta p_{\text{tr}}}{\Delta p_{\text{tr,fl}}} \right)^{0,5} \tag{7.35}$$

als Maß für die fluiddynamische Belastung der Packung berechnet werden [26, 91, 92].

Ein u. a. auf dem Modell von ENGEL basierendes Auslegungsbeispiel wird im folgenden Abschnitt erstellt.

7.2.3 Fluiddynamische Auslegung einer Füllkörperkolonne für die Absorption

Beispiel 7.2

Bei der Produktion von Glasfaserdämmstoffen fällt ein ethanolhaltiger Abluftstrom an. Für die Reinigung der Abluft mit Wasser als Absorbens soll eine Füllkörperkolonne fluiddynamisch ausgelegt werden. Die Temperatur in der Kolonne beträgt 35 °C, der Druck 1013 hPa, der Volumenstrom des Rohgases $\dot{V}^G = 70\,000\,\text{m}^3\,\text{h}^{-1}$ und der Volumenstrom der Waschflüssigkeit $\dot{V}^L = 70{,}0\,\text{m}^3\,\text{h}^{-1}$. Zu verwendender Füllkörpertyp: VSP®-50-PP Kunststoff (PE) [93]. Für die erste Berechnung soll ein F-Faktor von $F = 2{,}8\,\text{Pa}^{0{,}5}$ angenommen werden. Zu berechnen sind u. a. der Durchmesser der Kolonne d_K, der längenbezogene Druckverlust der berieselten Kolonne $\Delta p_{\text{ges}}/H$ und der Flutfaktor F_{fl}. (Weitere Daten und Ergebnisse im Excel-Berechnungsblatt in Abb. 7.6 und zur erweiterten Aufgabenstellung in Abb. 7.10 und 7.11.)

Für die Auslegung der Füllkörperkolonne nach vorstehendem Beispiel soll die von ENGEL vorgeschlagene Vorgehensweise zur Auslegung von Packungskolonnen Anwendung finden, siehe dazu Abb. 7.5 [26]. Die Berechnung der Packungshöhe erfolgt in Abschnitt 7.4.3 nach dem HTU-NTU-Konzept, siehe dazu Beispiel 7.3. Für die Erstellung des Excel-Berechnungsblattes in Abb. 7.6 wird wie folgt vorgegangen:

1. Die in der Aufgabenstellung in Beispiel 7.2 gegebenen Daten und die erforderlichen Stoffdaten werden in das Excel-Berechnungsblatt aufgenommen oder dort berechnet. Der Stoffmengenanteil des Absorptivs soll aufgrund der geringen Beladungen in der Gas- und in der Flüssigphase vernachlässigt werden. Ebenso wird

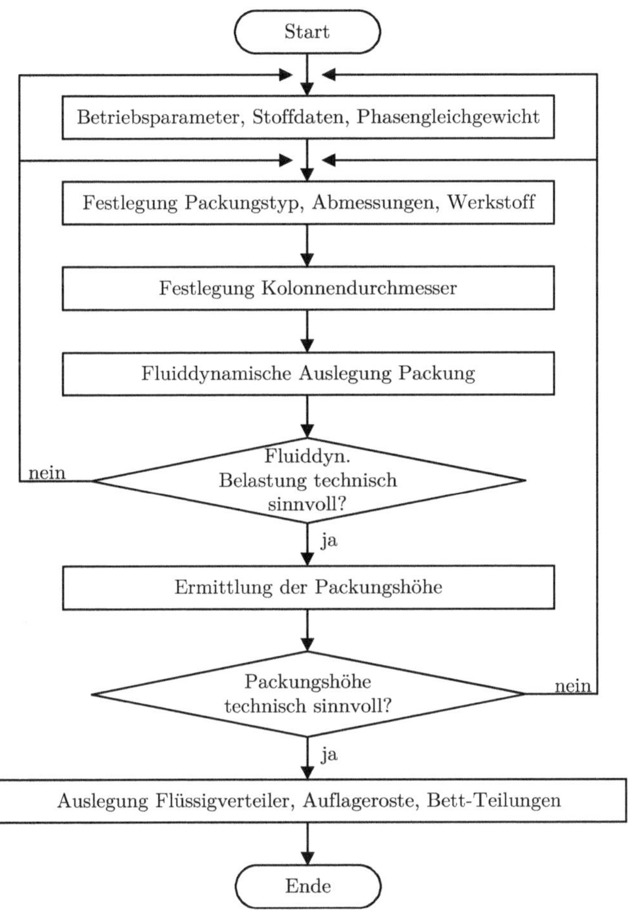

Abbildung 7.5: Vorgehensweise bei der Auslegung einer Packungskolonne (nach ENGEL [26])

Komponenten	Summenformel	Abk.	M / (kg kmol^{-1})	p_{krit} / bar	T_{krit} / K	ρ_{krit} / (kg m^{-3})	$\vartheta_s(p_n)$ / °C
Ethanol	C_2H_6O	Absorptiv A	46,07	61,48	513,90	276	78,2
Wasser		Waschflüssigkeit W	18,02	220,64	647,10	322	100,0
Luft (trocken)		Inertkomponente I	28,96	37,86	132,53	343	-194,2

Betriebsdaten

Temperatur	ϑ	°C	**35,0**
Druck	p	hPa	**1013**
Volumenstrom Rohgas	$\dot{V}^G$	m³ h^{-1}	**70000**
Volumenstrom Waschflüssigkeit	$\dot{V}^L$	m³ h^{-1}	**70,0**

Stoffdaten ([1]unter Vernachlässigung d. Anteils d. Absorptivs, [2]nach VDI-Wärmeatlas 11. Aufl.)

Molare Masse Gasphase[1]	M^G	kg kmol^{-1}	28,96
Molare Masse Flüssigphase[1]	M^L	kg kmol^{-1}	18,02
Dichte Gasphase[1] (mit idealer Gasgleichung)	ρ^G	kg m^{-3}	1,15
Dichte Flüssigphase[1,2]	ρ^L	kg m^{-3}	993,1
Koeffizienten Funktion Dichte Flüssigphase	A	1	1094,0233
	B	1	-1813,2295
	C	1	3863,9557
	D	1	-2479,8130
Dynamische Viskosität Gasphase[1,2]	η^G	Pa s	1,89E-05
Koeffizienten Funktion Viskosität Gasphase	A	1	-1,7020E-07
	B	1	7,9965E-08
	C	1	-7,2183E-11
	D	1	4,9600E-14
	E	1	-1,3880E-17
Dynamische Viskosität Flüssigphase[1,2]	η^L	Pa s	7,32E-04
Koeffizienten Funktion Viskosität Flüssigphase	A	1	4,50470E-01
	B	1	1,39753E+00
	C	1	6,13181E+02
	D	1	6,36970E+01
	E	1	6,89600E-05
Oberflächenspannung[1,2]	σ	N m^{-1}	0,0709
Koeffizienten Funktion Oberflächenspannung	A	1	0,15488
	B	1	1,64129
	C	1	-0,75986
	D	1	-0,85291
	E	1	1,14113

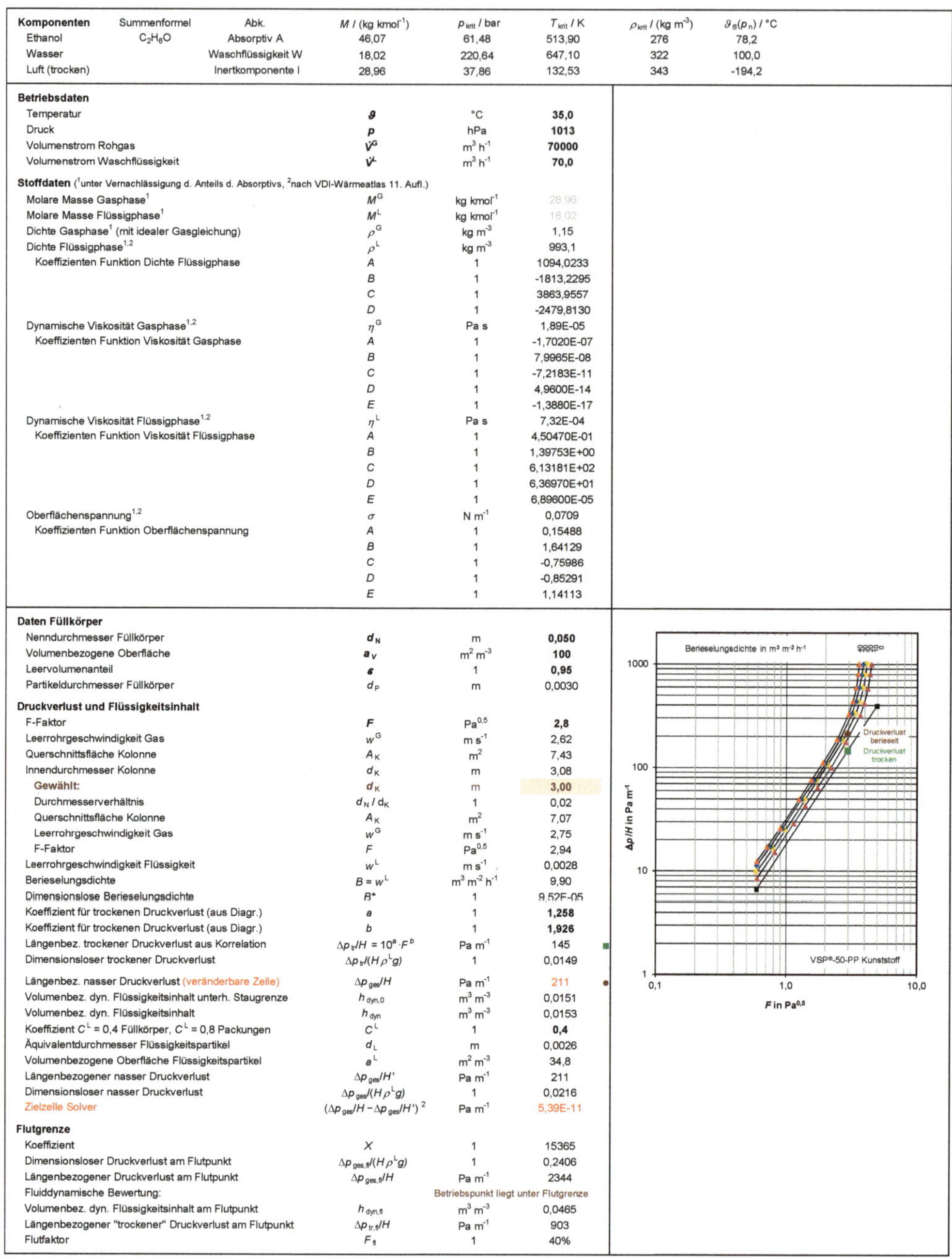

Daten Füllkörper

Nenndurchmesser Füllkörper	d_N	m	**0,050**
Volumenbezogene Oberfläche	a_V	m² m^{-3}	**100**
Leervolumenanteil	ε	1	**0,95**
Partikeldurchmesser Füllkörper	d_P	m	0,0030

Druckverlust und Flüssigkeitsinhalt

F-Faktor	F	Pa^{0,5}	**2,8**
Leerrohrgeschwindigkeit Gas	w^G	m s^{-1}	2,62
Querschnittsfläche Kolonne	A_K	m²	7,43
Innendurchmesser Kolonne	d_K	m	3,08
Gewählt:	d_K	m	**3,00**
Durchmesserverhältnis	d_N / d_K	1	0,02
Querschnittsfläche Kolonne	A_K	m²	7,07
Leerrohrgeschwindigkeit Gas	w^G	m s^{-1}	2,75
F-Faktor	F	Pa^{0,5}	2,94
Leerrohrgeschwindigkeit Flüssigkeit	w^L	m s^{-1}	0,0028
Berieselungsdichte	$B = w^L$	m³ m^{-2} h^{-1}	9,90
Dimensionslose Berieselungsdichte	B^*	1	9,52E-05
Koeffizient für trockenen Druckverlust (aus Diagr.)	a	1	**1,258**
Koeffizient für trockenen Druckverlust (aus Diagr.)	b	1	**1,926**
Längenbez. trockener Druckverlust aus Korrelation	$\Delta p_{tr}/H = 10^a \cdot F^b$	Pa m^{-1}	145
Dimensionsloser trockener Druckverlust	$\Delta p_{tr}/(H\rho^L g)$	1	0,0149
Längenbez. nasser Druckverlust (veränderbare Zelle)	$\Delta p_{ges}/H$	Pa m^{-1}	211
Volumenbez. dyn. Flüssigkeitsinhalt unterh. Staugrenze	$h_{dyn,0}$	m³ m^{-3}	0,0151
Volumenbez. dyn. Flüssigkeitsinhalt	h_{dyn}	m³ m^{-3}	0,0153
Koeffizient C^L = 0,4 Füllkörper, C^L = 0,8 Packungen	C^L	1	**0,4**
Äquivalentdurchmesser Flüssigkeitspartikel	d_L	m	0,0026
Volumenbezogene Oberfläche Flüssigkeitspartikel	a^L	m² m^{-3}	34,8
Längenbezogener nasser Druckverlust	$\Delta p_{ges}/H'$	Pa m^{-1}	211
Dimensionsloser nasser Druckverlust	$\Delta p_{ges}/(H\rho^L g)$	1	0,0216
Zielzelle Solver	$(\Delta p_{ges}/H - \Delta p_{ges}/H')^2$	Pa m^{-1}	5,39E-11

Flutgrenze

Koeffizient	X	1	15365
Dimensionsloser Druckverlust am Flutpunkt	$\Delta p_{ges,fl}/(H\rho^L g)$	1	0,2406
Längenbezogener Druckverlust am Flutpunkt	$\Delta p_{ges,fl}/H$	Pa m^{-1}	2344
Fluiddynamische Bewertung:			Betriebspunkt liegt unter Flutgrenze
Volumenbez. dyn. Flüssigkeitsinhalt am Flutpunkt	$h_{dyn,fl}$	m³ m^{-3}	0,0465
Längenbezogener "trockener" Druckverlust am Flutpunkt	$\Delta p_{tr,fl}/H$	Pa m^{-1}	903
Flutfaktor	F_{fl}	1	40%

Abbildung 7.6: Excel-Berechnungsblatt für die fluiddynamische Auslegung einer Füllkörperkolonne für die Absorption von Ethanol aus Luft mit Wasser (Druckverlustdiagramm VSP®-50-PP Kunststoff für Luft-Wasser bei 290 K und 1 bar nach [93])

der Anteil des Wasserdampfs in der Luft zur Vereinfachung der Berechnungen vernachlässigt. Damit können die molaren Massen der beiden Phasen anhand der molaren Massen der „Reinstoffe" „trockene Luft" und „Wasser" z. B. aus dem *VDI-Wärmeatlas* ermittelt werden. Die Gasdichte wird mit der Zustandsgleichung idealer Gase (2.7) berechnet, die Dichte von flüssigem Wasser mit Gleichung (2.31), die dynamische Viskosität der Gasphase mit Gleichung (7.28) und die dynamische Viskosität der Flüssigphase mit Gleichung (7.29). Entsprechend erfolgt die Oberflächenspannung der Flüssigphase

$$\frac{\sigma}{\mathrm{N/m}} = A \left(1 - \frac{T}{T_{\mathrm{kr}}} \right)^{B + C\frac{T}{T_{\mathrm{kr}}} + D\left(\frac{T}{T_{\mathrm{kr}}}\right)^2 + E\left(\frac{T}{T_{\mathrm{kr}}}\right)^3} \tag{7.36}$$

nach der im *VDI-Wärmeatlas* gegebenen Korrelation [91, 92]. Die für die Stoffwertekorrelationen erforderlichen Koeffizienten sind in Abb. 7.6 aufgeführt. Anmerkung: Die dynamische Viskosität der Gasphase und die Oberflächenspannung der Flüssigphase sind erst für die Auslegung der Kolonnenhöhe mit dem HTU-NTU-Konzept erforderlich.

2. Es erfolgt die Festlegung bezüglich Art der Packung (Füllkörper oder strukturierte Packung) und des speziellen Typs. In Beispiel 7.2 ist der zu verwendende Füllkörpertyp vorgegeben. Anhand des Datenblatts des Herstellers sind Nenndurchmesser d_{N}, volumenbezogene Oberfläche a_V und Leervolumenanteil ε zu ermitteln. Diese Daten sind bereits in Abb. 7.6 aufgeführt, wodurch die Berechnung des „Ersatz"-Partikeldurchmessers mit Gleichung (7.6) möglich ist.

3. Die Berechnung der Leerrohrgeschwindigkeit des Gases w^{G} erfolgt anhand des gegebenen F-Faktors mit Gleichung (7.3) und die der Querschnittsfläche der Kolonne A_{K} mit Gleichung (7.1). Daraus ergibt sich der Innendurchmesser der Kolonne d_{K}. Entsprechend Abschnitt 7.2.1 wird die Einhaltung des Durchmesserverhältnisses $d_{\mathrm{N}} : d_{\mathrm{K}} \leq 1 : 10 \dots 1 : 30$ über eine bedingte Formatierung (zu finden unter $\boxed{\mathsf{Start} \gg \mathsf{Bedingte\ Formatierung}}$) geprüft.

4. Mit dem gewählten Kolonnendurchmesser erfolgt die erneute Berechnung von A_{K} und w^{G} mit Gleichung (7.1) sowie des resultierenden F-Faktors mit Gleichung (7.3), weiterhin der Leerrohrgeschwindigkeit der Flüssigkeit w^{L} mit Gleichung (7.2), der Berieselungsdichte B als der in die Dimension $\mathrm{m^3\,m^{-2}\,h^{-1}}$ umgerechnete Flüssigkeitsgeschwindigkeit w^{L} und der dimensionslosen Berieselungsdichte B^* mit Gleichung (7.4).

5. Der längenbezogene trockene Druckverlust und daraus der dimensionslose trockene Druckverlust werden mit Gleichung (7.20) und den im Excel-Berechnungsblatt in Abb. 7.6 gegebenen Parametern a und b berechnet. Die Ermittlung dieser Parameter erfolgte unter Verwendung der Gleichungen (7.21) und (7.22) anhand von aus dem Druckverlustdiagramm des Herstellers ausgelesenen Daten für den trockenen Druckverlust (für $B = 0$).

6. Die Berechnung des längenbezogenen Druckverlustes der berieselten Packung $\Delta p_{\mathrm{ges}}/H$ im Betriebspunkt (nasser Druckverlust) erfolgt iterativ unter Anwendung des Solvers. Als Startwert für $\Delta p_{\mathrm{ges}}^*$ kann in der veränderbaren Zelle

der vorher ermittelte Wert für den dimensionslosen trockenen Druckverlust
manuell eingegeben werden. Damit werden der volumenbezogene dynamische
Flüssigkeitsanteil unterhalb der Staugrenze $h_{\mathrm{dyn},0}$ mit Gleichung (7.14) und der
volumenbezogene dynamische Flüssigkeitsinhalt h_{dyn} oberhalb der Staugrenze
mit Gleichung (7.15) ermittelt. Für die Berechnung des Äquivalentdurchmessers
der Fluidpartikel d_{L} mit Gleichung (7.19) ist die Eingabe des Koeffizienten C_{L}
erforderlich. Der volumenbezogene Anteil der Flüssigkeitsoberfläche a^{L} ergibt
sich aus Gleichung (7.18). Damit ist auch die Berechnung des längenbezogenen
Druckverlustes der berieselten Packung $\Delta p_{\mathrm{ges}}/H$ mit Gleichung (7.17) und des
dimensionslosen Druckverlustes möglich. Als Zielzelle für den Solver dient die
(zu minimierende) quadratische Differenz zwischen dem berechneten längenbezo-
genen nassen Druckverlust $\Delta p_{\mathrm{ges}}/H'$ und dem entsprechenden Wert $\Delta p_{\mathrm{ges}}/H$ in
der veränderbaren Zelle.

7. Für die Berechnung der Flutgrenze werden zunächst der Koeffizient X mit
   Gleichung (7.32) und daraus der dimensionslose sowie der längenbezogene Druckverlust am Flutpunkt mit Gleichung (7.31) bestimmt. Die fluiddynamische
   Bewertung kann mit einer WENN-Abfrage erfolgen: Ist der berechnete Wert für
   den längenbezogenen Druckverlust am Flutpunkt größer als der entsprechende Wert für die berieselte Packung, so liegt der Arbeitspunkt unterhalb der
   Flutgrenze.

8. Der volumenbezogene dynamische Flüssigkeitsinhalt am Flutpunkt $h_{\mathrm{dyn,fl}}$ folgt
   aus Gleichung (7.33) und der längenbezogene trockene Druckverlust am Flutpunkt aus Gleichung (7.34). Abschließend wird mit Gleichung (7.35) der Flutfaktor F_{fl} als Maß für die fluiddynamische Belastung der Packung berechnet.

9. Liegt ein Druckverlustdiagramm vor, werden der längenbezogene trockene Druckverlust und der längenbezogene Druckverlust der berieselten Packung in Abhängigkeit vom F-Faktor dargestellt, siehe das Excel-Berechnungsblatt in Abb. 7.6.

7.3 Stofftransport in Packungskolonnen auf Basis der Zweifilmtheorie

Der Transport von Energie in Form von Wärme erfolgt in Wärmeübertragern in der
Regel infolge eines Wärmedurchgangs vom warmen auf das kalte Fluid durch eine feste
Wand. Beim Stofftransport erfolgt der Stoffdurchgang in der Regel zwischen Phasen, die
in direktem Kontakt zueinander stehen und nur durch die Phasengrenzfläche getrennt
werden, die bei strömenden Fluiden ihre Form ständig verändert. Am Beispiel der
Absorption findet ein – möglicherweise selektiver – Stoffdurchgang der Komponente i
von der Gasphase in die Flüssigphase statt. Dabei beinhaltet der Stoffdurchgang drei
Teilphänomene:

- den Stoffübergang der Komponente i aus der Gasphase an die Phasengrenzfläche,

- den Transport durch die Phasengrenzfläche und

- den Stoffübergang von der Phasengrenzfläche in die Flüssigphase.

Analog zum Wärmeübergang nach dem NEWTONschen Transportansatz

$$\dot{Q} = \alpha A \Delta T \tag{7.37}$$

wird der mittels *Stoffübergang* transportierte Stoffmengenstrom der Komponente i

$$\dot{n}_i = \beta A \Delta c_i \tag{7.38}$$

beschrieben. Diese Ansätze werden üblicherweise betragsmäßig definiert. Vorstehende Gleichung gilt für den Stoffübergang infolge freier oder erzwungener Konvektion von einer Oberfläche oder Phasengrenzfläche in ein strömendes Fluid oder von einem strömenden Fluid an eine Oberfläche oder Phasengrenzfläche. β ist der Stoffübergangskoeffizient (mit der Dimension $\mathrm{m\,s^{-1}}$), A die Fläche und Δc_i die Konzentrationsdifferenz der Komponente i zwischen der Fläche und dem strömenden Fluid. Der Stoffübergangskoeffizient hängt von der Strömungsgeschwindigkeit, den Stoffeigenschaften und der Geometrie des Systems ab.

Die sogenannte *Zweifilmtheorie* von LEWIS und WHITMAN aus dem Jahr 1923 [50, 101] kann zur Beschreibung des *Stoffdurchgangs* verwendet werden und basiert auf den folgenden Annahmen:

1. Der Stoffdurchgang wird auf Transportwiderstände allein in der gas- oder flüssigkeitsseitigen Grenzschicht zurückgeführt.

2. Der Transport über die Phasengrenze läuft sehr schnell ab und kann deshalb vernachlässigt werden, womit an der Phasengrenze Phasengleichgewicht angenommen werden darf. (Diese Annahme ist jedoch nicht mehr gültig, wenn an der Phasengrenze chemische Reaktionen ablaufen oder wenn sehr große Stoffmengenströme übertragen werden.)

3. Im Gas und in der Flüssigkeit liegen jeweils binäre Gemische vor.

Stoffdurchgangs- und Stoffübergangskoeffizienten

Für das hier verwendete Beispiel der Absorption kann das Phasengleichgewicht an der Phasengrenzfläche über die HENRYsche Gleichung (6.4) beschrieben werden

$$x_\mathrm{A}^{\mathrm{G}*} = \frac{x_\mathrm{A}^\mathrm{L} H_\mathrm{AW}}{p} \; . \tag{7.39}$$

Darin sind x_A^G der Stoffmengenanteil des Absorptivs A in der Gasphase, x_A^L der Stoffmengenanteil des Absorptivs in der Flüssigphase, H_AW der HENRY-Koeffizient des Absorptivs in der Waschflüssigkeit W und p der Druck. Der hochgestellte Index $*$ soll verdeutlichen, dass sich die beiden Phasen im Gleichgewicht befinden.

Die Zusammensetzungen an der Phasengrenzfläche lassen sich für die Absorption in einem Gleichgewichtsdiagramm darstellen, siehe Abb. 7.7. Im Unterschied zu den Beladungsdiagrammen in Kapitel 6 werden hier als Konzentrationsmaße Stoffmengenanteile verwendet. Dadurch wird in Abb. 7.7 aus der Bilanzgeraden in Abb. 6.4 die Bilanzkurve und das Gleichgewicht lässt sich gemäß der HENRYschen Gleichung (6.4) in Abb. 7.7 durch eine Gerade darstellen. An der Phasengrenzfläche tritt ein Sprung auf,

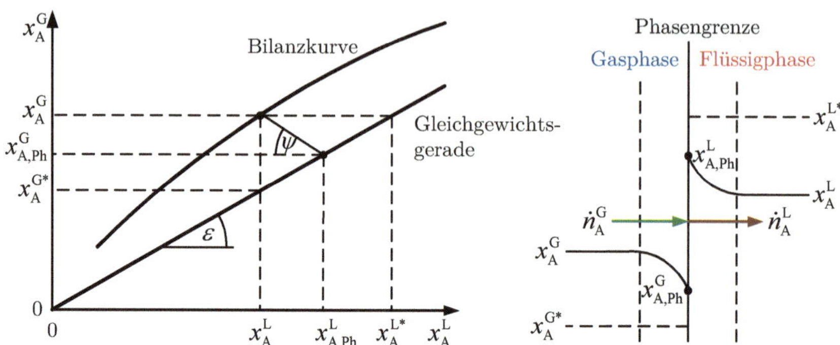

Abbildung 7.7: Darstellung der Verhältnisse an der Phasengrenze für die Absorption

was durch die Verwendung von Stoffmengenanteilen bedingt ist und bei Verwendung von Partialdrücken oder chemischen Potentialen nicht aufträte.

Wie bereits unter Punkt 1 beschrieben, wird der Stoffdurchgang Fluid-Fluid nachfolgend auf Transportwiderstände allein in der gas- oder flüssigkeitsseitigen Grenzschicht zurückgeführt [2, 51, 55], also für die Gasphase auf $x_{\mathrm{A}}^{\mathrm{G}} - x_{\mathrm{A}}^{\mathrm{G*}}$ und für die Flüssigphase auf $x_{\mathrm{A}}^{\mathrm{L*}} - x_{\mathrm{A}}^{\mathrm{L}}$, siehe Abb. 7.7. Diese Vorgehensweise wird in der angelsächsischen Fachliteratur auch als „Overall-Konzept" bezeichnet. Für den von der Gasphase in die Flüssigphase übertragenen Stoffmengenstrom folgt damit

$$\dot{n}_{\mathrm{A}} = \frac{\varrho^{\mathrm{G}}}{M^{\mathrm{G}}} k^{\mathrm{OG}} A \left(x_{\mathrm{A}}^{\mathrm{G}} - x_{\mathrm{A}}^{\mathrm{G*}} \right) = \frac{\varrho^{\mathrm{L}}}{M^{\mathrm{L}}} k^{\mathrm{OL}} A \left(x_{\mathrm{A}}^{\mathrm{L*}} - x_{\mathrm{A}}^{\mathrm{L}} \right) \; . \tag{7.40}$$

k^{OG} sowie k^{OL} sind die gas- bzw. flüssigkeitsseitigen Stoff*durch*gangskoeffizienten für das Absorptiv nach diesem Konzept; ϱ^{G} sowie ϱ^{L} sind die mittleren Dichten und M^{G} sowie M^{L} die mittleren molaren Massen der Phasen. Die Stoffmengenströme für die Stoff*über*gänge in der Gas- oder Flüssigphase ergeben sich zu

$$\dot{n}_{\mathrm{A}}^{\mathrm{G}} = \frac{\varrho^{\mathrm{G}}}{M^{\mathrm{G}}} \beta^{\mathrm{G}} A \left(x_{\mathrm{A}}^{\mathrm{G}} - x_{\mathrm{A,Ph}}^{\mathrm{G}} \right) \quad \text{und} \tag{7.41}$$

$$\dot{n}_{\mathrm{A}}^{\mathrm{L}} = \frac{\varrho^{\mathrm{L}}}{M^{\mathrm{L}}} \beta^{\mathrm{L}} A \left(x_{\mathrm{A,Ph}}^{\mathrm{L}} - x_{\mathrm{A}}^{\mathrm{L}} \right) \; . \tag{7.42}$$

$x_{\mathrm{A,Ph}}^{\mathrm{G}}$ und $x_{\mathrm{A,Ph}}^{\mathrm{L}}$ sind die (unbekannten) Stoffmengenanteile an der Phasengrenzfläche.

Für den stationären Fall gelten

$$\dot{n}_{\mathrm{A}}^{\mathrm{G}} = \dot{n}_{\mathrm{A}}^{\mathrm{L}} \; , \tag{7.43a}$$

$$\dot{n}_{\mathrm{A}} = \dot{n}_{\mathrm{A}}^{\mathrm{G}} \quad \text{und} \tag{7.43b}$$

$$\dot{n}_{\mathrm{A}} = \dot{n}_{\mathrm{A}}^{\mathrm{L}} \; . \tag{7.43c}$$

Aus Gleichung (7.43b) folgt für die Gasphase

$$\frac{\varrho^{\mathrm{G}}}{M^{\mathrm{G}}} k^{\mathrm{OG}} A \left(x_{\mathrm{A}}^{\mathrm{G}} - x_{\mathrm{A}}^{\mathrm{G}*} \right) = \frac{\varrho^{\mathrm{G}}}{M^{\mathrm{G}}} \beta^{\mathrm{G}} A \left(x_{\mathrm{A}}^{\mathrm{G}} - x_{\mathrm{A,Ph}}^{\mathrm{G}} \right) \tag{7.44}$$

und damit für den gasseitigen Stoffdurchgangskoeffizienten

$$\frac{1}{k^{\mathrm{OG}}} = \frac{1}{\beta^{\mathrm{G}}} \frac{x_{\mathrm{A}}^{\mathrm{G}} - x_{\mathrm{A}}^{\mathrm{G}*}}{x_{\mathrm{A}}^{\mathrm{G}} - x_{\mathrm{A,Ph}}^{\mathrm{G}}} \; . \tag{7.45}$$

Gemäß Abb. 7.7 ergibt sich

$$x_{\mathrm{A}}^{\mathrm{G}} - x_{\mathrm{A}}^{\mathrm{G}*} = x_{\mathrm{A}}^{\mathrm{G}} - x_{\mathrm{A,Ph}}^{\mathrm{G}} + x_{\mathrm{A,Ph}}^{\mathrm{G}} - x_{\mathrm{A}}^{\mathrm{G}*} \tag{7.46}$$

und damit

$$\frac{1}{k^{\mathrm{OG}}} = \frac{1}{\beta^{\mathrm{G}}} + \frac{1}{\beta^{\mathrm{G}}} \frac{x_{\mathrm{A,Ph}}^{\mathrm{G}} - x_{\mathrm{A}}^{\mathrm{G}*}}{x_{\mathrm{A}}^{\mathrm{G}} - x_{\mathrm{A,Ph}}^{\mathrm{G}}} \; . \tag{7.47}$$

Aus Gleichung (7.43a) folgt

$$\frac{\varrho^{\mathrm{G}}}{M^{\mathrm{G}}} \beta^{\mathrm{G}} A \left(x_{\mathrm{A}}^{\mathrm{G}} - x_{\mathrm{A,Ph}}^{\mathrm{G}} \right) = \frac{\varrho^{\mathrm{L}}}{M^{\mathrm{L}}} \beta^{\mathrm{L}} A \left(x_{\mathrm{A,Ph}}^{\mathrm{L}} - x_{\mathrm{A}}^{\mathrm{L}} \right) \; , \tag{7.48}$$

daraus für den gasseitigen Stoffübergangskoeffizienten

$$\frac{1}{\beta^{\mathrm{G}}} = \frac{1}{\beta^{\mathrm{L}}} \frac{\varrho^{\mathrm{G}} M^{\mathrm{L}}}{\varrho^{\mathrm{L}} M^{\mathrm{G}}} \frac{x_{\mathrm{A}}^{\mathrm{G}} - x_{\mathrm{A,Ph}}^{\mathrm{G}}}{x_{\mathrm{A,Ph}}^{\mathrm{L}} - x_{\mathrm{A}}^{\mathrm{L}}} \tag{7.49}$$

und mit Gleichung (7.49) eingesetzt in Gleichung (7.47) für den gasseitigen Stoffdurchgangskoeffizienten

$$\frac{1}{k^{\mathrm{OG}}} = \frac{1}{\beta^{\mathrm{G}}} + \frac{1}{\beta^{\mathrm{L}}} \frac{\varrho^{\mathrm{G}} M^{\mathrm{L}}}{\varrho^{\mathrm{L}} M^{\mathrm{G}}} \underbrace{\frac{x_{\mathrm{A,Ph}}^{\mathrm{G}} - x_{\mathrm{A}}^{\mathrm{G}*}}{x_{\mathrm{A,Ph}}^{\mathrm{L}} - x_{\mathrm{A}}^{\mathrm{L}}}}_{m = \tan \varepsilon} \; . \tag{7.50}$$

$m = \tan \varepsilon$ ist die Steigung der Gleichgewichtsgeraden, siehe Abb. 7.7.

Vereinfacht ergibt sich damit für den gasseitigen Stoffdurchgangskoeffizienten

$$\frac{1}{k^{\mathrm{OG}}} = \frac{1}{\beta^{\mathrm{G}}} + \frac{m}{\beta^{\mathrm{L}}} \frac{\varrho^{\mathrm{G}} M^{\mathrm{L}}}{\varrho^{\mathrm{L}} M^{\mathrm{G}}} \tag{7.51}$$

mit

$$m = \frac{H_{\mathrm{AW}}}{p} = \frac{x_{\mathrm{A}}^{\mathrm{G}*}}{x_{\mathrm{A}}^{\mathrm{L}}} \tag{7.52}$$

nach Gleichung (7.39). Analog dazu lässt sich zeigen, dass für den flüssigkeitsseitigen

Stoffdurchgangskoeffizienten

$$\frac{1}{k^{\mathrm{OL}}} = \frac{1}{\beta^{\mathrm{L}}} + \frac{1}{m\beta^{\mathrm{G}}}\frac{\varrho^{\mathrm{L}} M^{\mathrm{G}}}{\varrho^{\mathrm{G}} M^{\mathrm{L}}} \tag{7.53}$$

gilt. Die für die Berechnung der Stoffdurchgangskoeffizienten erforderlichen Stoff-übergangskoeffizienten können grundsätzlich aus sogenannten SHERWOOD-Funktionen ermittelt werden [2]. Dies sind empirische Gleichungen.

Aus den Gleichungen (7.51) und (7.53) ergeben sich folgende Spezialfälle, die zur experimentellen Ermittlung von Stoffübergangskoeffizienten genutzt werden können:

- Für $\beta^{\mathrm{G}} m \gg \beta^{\mathrm{L}}$ gilt $k^{\mathrm{OL}} \approx \beta^{\mathrm{L}}$ und

- für $\beta^{\mathrm{L}}/m \gg \beta^{\mathrm{G}}$ gilt $k^{\mathrm{OG}} \approx \beta^{\mathrm{G}}$.

7.4 Bestimmung der Höhe von Packungskolonnen

Zur Auslegung von Trennkolonnen sind unterschiedliche Konzepte möglich:

- Konzept der theoretischen Trennstufen (HETP-/HETS-Konzept),

- Konzept der Übergangseinheiten (HTU-NTU-Konzept),

- Boden-zu-Boden-Berechnung.

Nachfolgend werden das HETP-/HETS-Konzept und insbesondere das HTU-NTU-Konzept (einschließlich eines Abschnitts zur Auslegung einer Füllkörperkolonne für die Absorption nach dem HTU-NTU-Konzept) näher betrachtet.

7.4.1 Konzept der theoretischen Trennstufen (HETP-Konzept)

Für einfache Aufgabenstellungen bei der Flüssig–Flüssig-Extraktion, der Absorption oder der Rektifikation kann die Zahl der theoretischen Trennstufen n_{th} über eine Stufenkonstruktion ermittelt werden. Auf der Basis dieses Konzepts ist die Berechnung der *Höhe von Bodenkolonnen* mit den Gleichungen (5.19) und (5.20) möglich.

Die *Höhe von Packungskolonnen* wird mit dem sogenannten *HETP*-Wert (Height Equivalent to one Theoretical Plate) einer Packung ermittelt

$$H = n_{\mathrm{th}} \cdot HETP \,. \tag{7.54}$$

Der *HETP*-Wert (auch *HETS*: Height Equivalent to one Theoretical Stage), gibt die Höhe einer Packung an, die in ihrer Wirkung einer theoretischen Trennstufe entspricht. *HETP*-Werte können nur experimentell ermittelt werden und hängen von der Struktur und dem Material der Füllkörper oder Packungen, dem zu trennenden Stoffgemisch und den Betriebsbedingungen in der Kolonne ab. Teilweise sind diese Daten von den Herstellern zu erhalten.

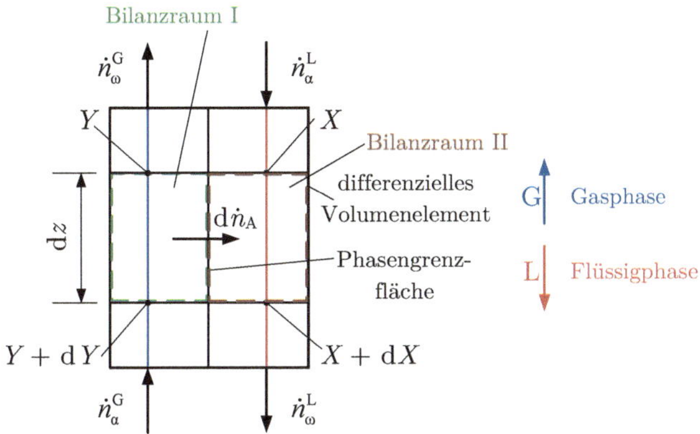

Abbildung 7.8: Bilanzraum für die Absorption

7.4.2 Konzept der Übergangseinheiten (HTU-NTU-Konzept)

Das von COLBURN [11] entwickelte Konzept der Übergangseinheiten oder HTU-NTU-Konzept ist für Packungskolonnen gebräuchlicher. Hierzu müssen die sogenannten *HTU*- und *NTU*-Werte berechnet werden (*HTU*: Height of one Transfer Unit, Höhe einer Übertragungseinheit; *NTU*: Number of Transfer Units, Anzahl der Übertragungseinheiten). Daraus ergibt sich die Höhe der Packung H mit

$$H = HTU \cdot NTU \ . \tag{7.55}$$

Grundsätzlich kann bei den thermischen Trennverfahren zwischen äquimolarer (Destillation, Rektifikation) und einseitiger Stoffübertragung (Absorption, Flüssig-Flüssig-Extraktion) unterschieden werden. Bei äquimolarer Stoffübertragung verändern sich die Stoffmengenströme der beiden Phasen nicht, weshalb sich hierfür die Verwendung von Stoffmengenanteilen als Konzentrationsmaße anbietet. Bei einseitiger Stoffübertragung wird nur eine Komponente von der einen in die andere Phase übertragen, wodurch sich die Stoffmengenströme der beiden Phasen ändern, aber die Trägerströme konstant bleiben. Für solche Prozesse werden Beladungen als sinnvolle Konzentrationsmaße gewählt. Nachfolgend wird das HTU-NTU-Konzept für die einseitige Stoffübertragung am Beispiel der Absorption betrachtet [11, 34, 51].

In Abb. 7.8 geht im differenziellen Volumenelement durch die differenzielle Phasengrenzfläche ein Stoffstrom des Absorptivs $\mathrm{d}\dot{n}_{\mathrm{A}}$ von der Gasphase G in die Flüssigphase L über. In der Mitte der Abbildung liegt die Phasengrenzfläche, die die beiden Bilanzräume I und II trennt.

Von unten nach oben strömt durch die Kolonne der über die Höhe konstante Teilstrom des Inertgases $\dot{n}_{\mathrm{I}}^{\mathrm{G}}$ und von oben nach unten der ebenfalls konstante Teilstrom der Waschflüssigkeit $\dot{n}_{\mathrm{W}}^{\mathrm{L}}$. Die Beladung der Gasphase nimmt nach dem Eintritt in das differenzielle Volumenelement von $Y + \mathrm{d}Y$ auf Y ab, weil der Stoffmengenstrom des Absorptivs $\mathrm{d}\dot{n}_{\mathrm{A}}$ in die Flüssigphase geht, wobei die Beladung der Flüssigphase von X auf $X + \mathrm{d}X$ zunimmt (siehe dazu die Gleichungen (6.9) und (6.10)).

Für den Bilanzraum I lässt sich die Stoffmengenbilanz für das Absorptiv (Komponente A) zu

$$\dot{n}_{\mathrm{I}}^{\mathrm{G}}(Y + \mathrm{d}Y) = \dot{n}_{\mathrm{I}}^{\mathrm{G}}Y + \mathrm{d}\dot{n}_{\mathrm{A}} \tag{7.56}$$

aufstellen, woraus vereinfacht

$$\mathrm{d}\dot{n}_{\mathrm{A}} = \dot{n}_{\mathrm{I}}^{\mathrm{G}}\,\mathrm{d}Y \tag{7.57}$$

folgt. Für den übertragenen Stoffstrom folgt mit der Gleichgewichtsbeladung Y^* (Gleichgewichtsbeladung zur Beladung X des Flüssigkeitsstroms)

$$\mathrm{d}\dot{n}_{\mathrm{A}} = \frac{\varrho^{\mathrm{G}}}{M^{\mathrm{G}}}k^{\mathrm{OG}}(Y - Y^*)\,\mathrm{d}A \;, \tag{7.58}$$

mit der Dichte der Gasphase ϱ^{G} und ihrer molaren Masse M^{G}. Der Stoffdurchgangskoeffizient k^{OG} ist wegen der Differenz $Y - Y^*$ auf die Gasseite bezogen und entsprechend indiziert. $\mathrm{d}A$ ist das differenzielle Flächenelement, das für die Stoffübertragung zur Verfügung steht

$$\mathrm{d}A = a_{\mathrm{eff}}A_{\mathrm{K}}\,\mathrm{d}z \;, \tag{7.59}$$

worin a_{eff} die effektive Stoffübertragungsfläche (in der Dimension $\mathrm{m}^2\,\mathrm{m}^{-3}$) und A_{K} die Querschnittsfläche der Kolonne sind.

Dies führt zu der Differenzialgleichung

$$\dot{n}_{\mathrm{I}}^{\mathrm{G}}\,\mathrm{d}Y = \frac{\varrho^{\mathrm{G}}}{M^{\mathrm{G}}}k^{\mathrm{OG}}(Y - Y^*)a_{\mathrm{eff}}A_{\mathrm{K}}\,\mathrm{d}z \tag{7.60}$$

und nach deren Integration über die Höhe der Kolonne H zur Gleichung [34, 51]

$$H = \underbrace{\frac{\dot{n}_{\mathrm{I}}^{\mathrm{G}}M^{\mathrm{G}}}{k^{\mathrm{OG}}a_{\mathrm{eff}}A_{\mathrm{K}}\varrho^{\mathrm{G}}}}_{HTU^{\mathrm{OG}}} \cdot \underbrace{\int_{Y_\alpha}^{Y_\omega}\frac{\mathrm{d}Y}{Y - Y^*}}_{NTU^{\mathrm{OG}}} \;. \tag{7.61}$$

Die Ermittlung der Kolonnenhöhe erfordert die Berechnung der Terme HTU^{OG} und NTU^{OG}.

Für HTU^{OG} gilt unter Verwendung der Gleichungen (3.67) und (7.1)

$$HTU^{\mathrm{OG}} = \frac{w^{\mathrm{G}}}{k^{\mathrm{OG}}a_{\mathrm{eff}}} \;, \tag{7.62}$$

wenn der Stoffmengenanteil des Absorptivs in der Gasphase aufgrund der geringen Beladung vernachlässigt werden darf. Für die Berechnung der effektiven Stoffübertragungsfläche a_{eff} und der Stoffübergangskoeffizienten β^{G} und β^{L}, die für die Berechnung des gasseitigen Stoffdurchgangskoeffizient k^{OG} nach Gleichung (7.51) erforderlich sind, stehen in der Regel empirische Gleichungen zur Verfügung, siehe dazu den nachfolgenden Abschnitt.

Der NTU^{OG}-Wert kann grundsätzlich numerisch ermittelt werden, z. B. unter

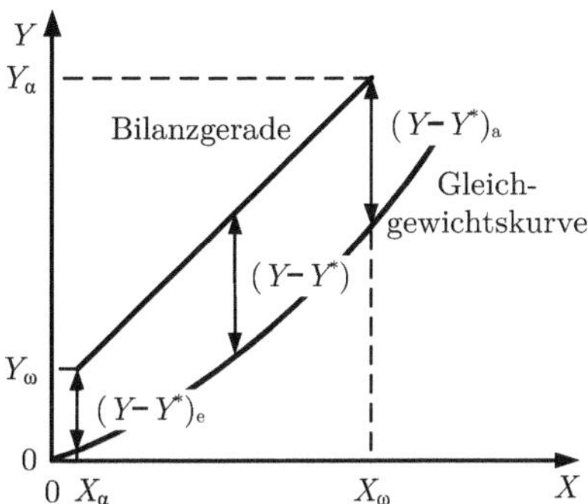

Abbildung 7.9: Ermittlung des NTU^{OG}-Werts

Anwendung der Trapezregel, siehe dazu auch Abb. 7.9. Verlaufen Gleichgewichtskurve und Bilanzgerade im Beladungsdiagramm linear oder näherungsweise linear, ist eine analytische Berechnung möglich [34]

$$NTU^{\mathrm{OG}} \approx \frac{Y_\alpha - Y_\omega}{\Delta Y_{\mathrm{m}}} \tag{7.63}$$

mit der mittleren logarithmischen Beladungsdifferenz

$$\Delta Y_{\mathrm{m}} = \frac{(Y - Y^*)_{\mathrm{e}} - (Y - Y^*)_{\mathrm{a}}}{\ln \frac{(Y-Y^*)_{\mathrm{e}}}{(Y-Y^*)_{\mathrm{a}}}} . \tag{7.64}$$

Darin stehen die Indizes e und a für den Eintritts- bzw. den Austrittsquerschnitt der Kolonne, siehe Abb. 7.9. Wegen dieser einfachen Möglichkeit der Berechnung lässt sich das HTU-NTU-Konzept besonders bei der Absorption oder Desorption sinnvoll einsetzen.

Effektive Stoffübertragungsfläche und Stoffübergangskoeffizienten nach Onda u. a.

Für die Berechnung der effektiven Stoffübertragungsfläche a_{eff} in Gleichung (7.61) bietet sich die empirische Gleichung nach ONDA u. a. an [58, 61]

$$\frac{a_{\mathrm{eff}}}{a_V} = 1 - \exp\left(-1{,}45 \left(\frac{\sigma_{\mathrm{kr}}}{\sigma}\right)^{0{,}75} \left(\frac{w^{\mathrm{L}} \varrho^{\mathrm{L}}}{a_V \eta^{\mathrm{L}}}\right)^{0{,}1} \left(\frac{(w^{\mathrm{L}})^2 a_V}{g}\right)^{-0{,}05} \left(\frac{(w^{\mathrm{L}})^2 \varrho^{\mathrm{L}}}{\sigma a_V}\right)^{0{,}2}\right) .$$

$$\tag{7.65}$$

Bei Erreichen der kritischen Oberflächenspannung σ_{kr} reißt der Flüssigkeitsfilm auf. Werte für σ_{kr} in Abhängigkeit vom Packungsmaterial sind in Tabelle 7.1 aufgeführt.

Für die Berechnung des gasseitigen Stoffdurchgangskoeffizienten k^{OG} in Gleichung (7.61) unter Verwendung von Gleichung (7.51) sind die Werte für die Stoffübergangskoeffizienten erforderlich. ONDA u. a. geben für die gas- und flüssigkeitsseitigen Stoffübergangskoeffizienten die beiden nachfolgenden Gleichungen an [61]:

$$\beta^{\mathrm{G}} = C \left(\frac{w^{\mathrm{G}} \varrho^{\mathrm{G}}}{a_V \eta^{\mathrm{G}}} \right)^{0,7} \left(\frac{\eta^{\mathrm{G}}}{\varrho^{\mathrm{G}} D^{\mathrm{G}}} \right)^{1/3} (a_V d_{\mathrm{N}})^{-2} \left(a_V D^{\mathrm{G}} \right) \tag{7.66}$$

und

$$\beta^{\mathrm{L}} = 0{,}0051 \left(\frac{\varrho^{\mathrm{L}}}{\eta^{\mathrm{L}} g} \right)^{-1/3} \left(\frac{w^{\mathrm{L}} \varrho^{\mathrm{L}}}{a_{\mathrm{eff}} \eta^{\mathrm{L}}} \right)^{2/3} \left(\frac{\eta^{\mathrm{L}}}{\varrho^{\mathrm{L}} D^{\mathrm{L}}} \right)^{-1/2} (a_V d_{\mathrm{N}})^{2/5} \ . \tag{7.67}$$

Darin sind D^{G} und D^{L} die binären Diffusionskoeffizienten in der Gas- und in der Flüssigphase, siehe dazu die nachfolgend vorgestellten Berechnungsmethoden. In Gleichung (7.66) beträgt der Wert der von der Größe der Füllkörper abhängigen Konstanten $C = 2{,}0$ für Nenndurchmesser $d_{\mathrm{N}} < 15\,\mathrm{mm}$ und $C = 5{,}23$ für $d_{\mathrm{N}} \geq 15\,\mathrm{mm}$. Streng genommen gelten die Gleichungen von ONDA u. a. nur für z. B. RASCHIG-Ringe, BERL-Sättel und Kugeln, also Füllkörpertypen der ersten Generation. Der Einsatz dieser Gleichungen wird jedoch weiterhin in der Literatur empfohlen, da er einen „Sicherheitszuschlag" beinhaltet. Alternative Berechnungsansätze sind in [58] dargestellt.

Berechnung des Diffusionskoeffizienten in der Gasphase nach Fuller u. a.

Der binäre Diffusionskoeffizient in der Gasphase lässt sich für niedrige Drücke z. B. mit dem empirischen Ansatz nach FULLER u. a. [30, 64, 91, 92] aus der Zahlenwertgleichung

$$\frac{D_{12}}{\mathrm{m^2/s}} = \frac{1{,}43 \cdot 10^{-7} \left(\frac{T}{\mathrm{K}} \right)^{1,75} \left(\left(\frac{M_1}{\mathrm{kg/kmol}} \right)^{-1} + \left(\frac{M_2}{\mathrm{kg/kmol}} \right)^{-1} \right)^{1/2}}{\sqrt{2} \left(\frac{p}{\mathrm{bar}} \right) \left(\left(\sum \Delta_{v_1} \right)^{1/3} + \left(\sum \Delta_{v_2} \right)^{1/3} \right)^2} \tag{7.68}$$

berechnen. Die Terme $\sum \Delta_{v_i}$ sind aus den sogenannten Diffusionsvolumina Δ_{v_i} gemäß Tabelle 7.2 zu bilden. Die Autoren dieses Ansatzes geben einen mittleren Fehler von nur 4 % für diese Methode an.

Tabelle 7.1: Werte der kritischen Oberflächenspannung in Abhängigkeit vom Packungsmaterial (nach ONDA u. a. [61])

Material	σ_{kr} $\mathrm{mN\,m^{-1}}$
Polyethylen	33
Polyvinylchlorid	40
Keramik	61
Glas	73
Stahl	75

Berechnung des Diffusionskoeffizienten in der Flüssigphase nach Tyn und Calus

Binäre Diffusionskoeffizienten in flüssigen Gemischen sind auch von der Konzentration abhängig. Für die Anwendung in diesem Kapitel reichen Methoden aus, die voraussetzen, dass Komponente A im Lösungsmittel B in unendlicher Verdünnung vorliegt. Für technische Berechnungen sind solche Ansätze verwendbar für Stoffmengenanteile $x_A = 5 \ldots 10\,\%$ [64].

Im *VDI-Wärmeatlas* wird für die Berechnung des binären Diffusionskoeffizienten in flüssigen Gemischen die Methode nach Tyn und Calus mit der Zahlenwertgleichung

$$\frac{D_{AB}^{\infty}}{m^2/s} = 8{,}93 \cdot 10^{-12} \frac{\left[\bar{V}_{0A}^{L}/(cm^3/mol)\right]^{1/6}}{\left[\bar{V}_{0B}^{L}/(cm^3/mol)\right]^{1/3}} \left(\frac{P_B}{P_A}\right)^{0{,}6} \frac{T/K}{\eta_B/mPa\,s} \tag{7.69}$$

empfohlen [64, 90–92] (der Index ∞ soll verdeutlichen, dass Komponente A im Lösungsmittel in unendlicher Verdünnung vorliegt). Darin sind $\bar{V}_{0i}^{L}$ die molaren Volumina der reinen flüssigen Komponenten, die aus den Gleichungen (2.31) und (3.17) folgen. P_i sind die Parachore, die mit der Zahlenwertgleichung

$$P_i = \frac{\bar{V}_{0i}^{L}}{cm^3/mol} \left(\frac{\sigma_i}{mN\,m^{-1}}\right)^{0{,}25} \tag{7.70}$$

abgeschätzt werden. In diese Gleichungen sind die molaren Volumina bei der Siedetemperatur (bei Normdruck) und die Oberflächenspannungen σ_i bei der Temperatur T einzusetzen. Nach [64, 90–92] sind dabei folgende Einschränkungen und Hinweise zu beachten:

- Die Viskosität des Lösungsmittels B sollte unterhalb $\eta_B = 20 \ldots 30\,mPa\,s$ liegen.
- Für Wasser als Komponente A (aber nicht als Lösungsmittel B) sind folgende Werte einzusetzen: $\bar{V}_{0A}^{L} = 37{,}4\,cm\,mol^{-3}$ und $P_A = 105{,}2$.
- Für organische Säuren und andere Lösungsmittel als Wasser, Methanol oder Butanol sollten die Werte für $\bar{V}_{0B}^{L}$ und P_B verdoppelt werden.
- Für Alkohole als Lösungsmittel sollten die Werte für $\bar{V}_{0B}^{L}$ und P_B mit einem Faktor entsprechend $8\eta_B/mPa\,s$ multipliziert werden, wenn die Komponente A unpolar ist.

Die in der Literatur aufgeführten Berechnungsmethoden für Diffusionskoeffizienten in Flüssigkeiten sind im Allgemeinen nicht sehr zuverlässig. Die Autoren dieses Ansatzes geben einen mittleren Fehler von $10\,\%$ für ihre Methode an.

Der Vollständigkeit halber sei angemerkt, dass binäre Diffusionskoeffizienten für *beliebige Konzentrationen* mit der Korrelation nach Vignes [94]

$$D_{AB} = (D_{AB}^{\infty})^{x_B} (D_{BA}^{\infty})^{x_A} \left(\frac{\partial \ln(x_A \gamma_A)}{\partial \ln x_A}\right)_{T,p} \tag{7.71}$$

ermittelt werden können. Darin ist γ_A der Aktivitätskoeffizient der Komponente A. Der Differenzialquotient kann – unter Anwendung der Gibbs-Duhem-Beziehung – auch mit der Komponente B gebildet werden [64, 91, 92].

7.4.3 Auslegung einer Füllkörperkolonne für die Absorption nach dem HTU-NTU-Konzept

Beispiel 7.3

Basierend auf Beispiel 7.2 soll die Höhe der Füllkörperkolonne für die Absorption von Ethanol aus Luft mit Wasser als Waschflüssigkeit nach dem HTU-NTU-Konzept ausgelegt werden. Die Massenkonzentration des Ethanols im Rohgas beträgt $\beta^{\mathrm{G}}_{\mathrm{A},\alpha} = 2000\,\mathrm{mg\,m}^{-3}$ und die Massenkonzentration des Absorptivs in der eintretenden Waschflüssigkeit $\beta^{\mathrm{L}}_{\mathrm{A},\alpha} = 0{,}05\,\mathrm{kg\,m}^{-3}$. In der Abluft der Anlage ist laut dem auf der TA Luft [7] basierenden Genehmigungsbescheid eine Massenkonzentration von $50\,\mathrm{mg\,m}^{-3}$ für organische Stoffe im Abluftstrom – angegeben als Gesamtkohlenstoff im Normzustand und nach Abzug des Gehalts an Wasserdampf – einzuhalten. Daten für die Berechnung des HENRY-Koeffizienten [72]: $H'_{\mathrm{AW}}(25\,^{\circ}\mathrm{C}) = 1{,}9\,\mathrm{mol\,m}^{-3}\mathrm{Pa}^{-1}$, $\mathrm{d}\ln H'_{\mathrm{AW}}/\mathrm{d}(1/T) = 6400\,\mathrm{K}$. (Ergebnisse im Excel-Berechnungsblatt in den Abb. 7.10 und 7.11.)

Nachfolgend wird die Höhe einer Füllkörperkolonne für die Absorption nach dem HTU-NTU-Konzept ermittelt. Dazu wird das in Abb. 7.6 erstellte Berechnungsblatt erweitert und aus Platzgründen in die Abb. 7.10 und 7.11 aufgeteilt. In Zusammenhang mit dieser Berechnung ist auch Abb. 6.6 zu beachten, in dem die theoretische Stufenzahl für eine vergleichbare Aufgabenstellung nach Beispiel 6.1 ermittelt wurde.

Zunächst soll der HTU^{OG}-Wert berechnet werden. Dafür sind die Werte der binären Diffusionskoeffizienten in der Gas- und in der Flüssigphase erforderlich:

1. Die Berechnung des Diffusionskoeffizienten in der Gasphase $D^{\mathrm{G}} = D_{12}$ erfolgt mit Gleichung (7.68). Für das Absorptiv (Komponente 1) wird der Term $\sum \Delta_{v_1}$ aus den Diffusionsvolumina Δ_{v_i} der Strukturgruppen gemäß Tabelle 7.2 gebildet. Für Luft (Komponente 2) kann der Wert $\sum \Delta_{v_2}$ direkt aus der Tabelle entnommen werden, siehe die in Abb. 7.10 aufgeführten Daten.

2. Die Berechnung des Diffusionskoeffizienten in der Flüssigphase $D^{\mathrm{L}} = D^{\infty}_{\mathrm{AB}}$ erfolgt mit den Gleichungen (7.69) und (7.70), wobei das Absorptiv die Komponente A und das Lösungsmittel die Komponente B bildet. In Abhängigkeit der im Kopf der Tabelle in Abb. 7.10 aufgeführten Siedetemperaturen der reinen Komponenten bei Normdruck $\vartheta_{\mathrm{S}}(p_{\mathrm{n}})$ werden zunächst die Dichten der Waschflüssigkeit und des flüssigen Absorptivs mit Gleichung (2.31) berechnet. Die dafür erforderlichen Koeffizienten der Waschflüssigkeit wurden bereits in die Tabelle aufgenommen; die Koeffizienten für die Berechnung der Dichte des flüssigen Absorptivs sind in Abb. 7.10 enthalten. Die molaren Volumina der Waschflüssigkeit $\bar{V}^{\mathrm{L}}_{0\mathrm{W}}$ und des Absorptivs $\bar{V}^{\mathrm{L}}_{0\mathrm{A}}$ (bei Siedetemperatur) werden mit Gleichung (3.17) berechnet. Die Oberflächenspannung des Absorptivs bei Betriebstemperatur σ_{A} lässt sich unter Verwendung von Gleichung (7.36) ermitteln; die Koeffizienten sind in Abb. 7.10 aufgeführt. Mit den Parachoren P_i gemäß Gleichung (7.70) wird der Diffusionskoeffizient der Flüssigphase berechnet.

3. Für die Berechnung der effektiven Stoffübertragungsfläche in Abb. 7.11 ist zunächst die Ermittlung der kritischen Oberflächenspannung σ_{kr} in Abhängigkeit

Komponenten	Summenformel	Abk.	$M\,/\,(\mathrm{kg\ kmol^{-1}})$	$p_{krit}\,/\,\mathrm{bar}$	$T_{krit}\,/\,\mathrm{K}$	$\rho_{krit}\,/\,(\mathrm{kg\ m^{-3}})$	$\vartheta_{S}(p_{n})\,/\,\mathrm{°C}$
Ethanol	C_2H_6O	Absorptiv A	46,07	61,48	513,90	276	78,2
Wasser		Waschflüssigkeit W	18,02	220,64	647,10	322	100,0
Luft (trocken)		Inertkomponente I	28,96	37,86	132,53	343	-194,2

Betriebsdaten

Temperatur	ϑ	°C	**35,0**
Druck	p	hPa	**1013**
Volumenstrom Rohgas	$\dot{V}^{G}$	$\mathrm{m^3\ h^{-1}}$	**70000**
Volumenstrom Waschflüssigkeit	$\dot{V}^{L}$	$\mathrm{m^3\ h^{-1}}$	**70,0**
Massenkonzentration Absorptiv i. Rohgas i. Betriebszustand	$\beta^{G}_{A\alpha}(T,p)$	$\mathrm{mg\ m^{-3}}$	**2000**
Massenkonzentration C-Gesamt i. Reingas i. Normzustand	$\beta_{C}(T_n,p_n)$	$\mathrm{mg\ m^{-3}}$	**50,0**
Massenkonzentration Absorptiv i. Reingas i. Normzustand	$\beta^{G}_{A,\omega}(T_n,p_n)$	$\mathrm{mg\ m^{-3}}$	95,9
Massenkonzentration Absorptiv i. Reingas i. Betriebszustand	$\beta^{G}_{A,\omega}(T,p)$	$\mathrm{mg\ m^{-3}}$	85,0
Beladung Rohgas	$Y_{\alpha}=Y_{F}$	$\mathrm{kmol\ kmol^{-1}}$	1,10E-03
Beladung Reingas	$Y_{\omega}=Y_{R}$	$\mathrm{kmol\ kmol^{-1}}$	4,67E-05
Massenkonzentration Absorptiv i. Waschflüssigk. Eintritt	$\beta^{L}_{A,\alpha}(T,p)$	$\mathrm{kg\ m^{-3}}$	**0,05**
Beladung Waschflüssigkeit Eintritt	X_{α}	$\mathrm{kmol\ kmol^{-1}}$	1,97E-05

Stoffdaten ([1]unter Vernachlässigung d. Anteils d. Absorptivs, [2]nach VDI-Wärmeatlas 11. Aufl.)

Molare Masse Gasphase[1]	M^{G}	$\mathrm{kg\ kmol^{-1}}$	28,96
Molare Masse Flüssigphase[1]	M^{L}	$\mathrm{kg\ kmol^{-1}}$	18,02
Dichte Gasphase[1] (mit idealer Gasgleichung)	ρ^{G}	$\mathrm{kg\ m^{-3}}$	1,15
Dichte Flüssigphase[1,2]	ρ^{L}	$\mathrm{kg\ m^{-3}}$	993,1
Koeffizienten Funktion Dichte Flüssigphase	A	1	1094,0233
	B	1	-1813,2295
	C	1	3863,9557
	D	1	-2479,8130
Dynamische Viskosität Gasphase[1,2]	η^{G}	Pa s	1,89E-05
Koeffizienten Funktion Viskosität Gasphase	A	1	-1,7020E-07
	B	1	7,9965E-08
	C	1	-7,2183E-11
	D	1	4,9600E-14
	E	1	-1,3880E-17
Dynamische Viskosität Flüssigphase[1,2]	η^{L}	Pa s	7,32E-04
Koeffizienten Funktion Viskosität Flüssigphase	A	1	4,50470E-01
	B	1	1,39753E+00
	C	1	6,13181E+02
	D	1	6,36970E+01
	E	1	6,89600E-05
Oberflächenspannung[1,2]	σ	$\mathrm{N\ m^{-1}}$	0,0709
Koeffizienten Funktion Oberflächenspannung	A	1	0,15488
	B	1	1,64129
	C	1	-0,75986
	D	1	-0,85291
	E	1	1,14113
Diffusionskoeffizient Gas[2]	D^{G}	$\mathrm{m^2\ s^{-1}}$	1,30E-05
Diffusionsvolumen Komponente 1	$\Sigma\Delta_{v1}$	1	51,77
Diffusionsvolumen Komponente 2	$\Sigma\Delta_{v2}$	1	19,70
Diffusionskoeffizient Flüssigkeit[2]	D^{L}	$\mathrm{m^2\ s^{-1}}$	1,64E-09
Dichte Waschflüssigkeit bei Siedetemperatur[2]	$\rho^{L}(\vartheta_S)$	$\mathrm{kg\ m^{-3}}$	957
Dichte Absorptiv bei Siedetemperatur[2]	$\rho_{A}^{L}(\vartheta_S)$	$\mathrm{kg\ m^{-3}}$	736
Koeffizienten Funktion Dichte Flüssigphase	A	1	748,619
	B	1	-412,3645
	C	1	776,4385
	D	1	-436,6754
molares Volumen Waschflüssigkeit b. Siedetemp.	∇_{0W}^{L}	$\mathrm{m^3\ kmol^{-1}}$	0,0188
molares Volumen Absorptiv b. Siedetemperatur	∇_{0A}^{L}	$\mathrm{m^3\ kmol^{-1}}$	0,0626
Oberflächenspannung Absorptiv bei Betriebstemp.[2]	σ_{A}	$\mathrm{N\ m^{-1}}$	0,0212
Koeffizienten Funktion Oberflächenspannung	A	1	0,06374
	B	1	2,46625
	C	1	-3,21891
	D	1	1,91445
	E	1	-0,10017
Parachor Waschflüssigkeit	P_{W}	$\mathrm{cm^3\ mol^{-1}\ mN^{0,25}\ m^{-0,25}}$	54,6
Parachor Absorptiv	P_{A}	$\mathrm{cm^3\ mol^{-1}\ mN^{0,25}\ m^{-0,25}}$	134,2

Abbildung 7.10: Excel-Berechnungsblatt für die Auslegung einer Füllkörperkolonne für die Absorption von Ethanol aus Luft mit Wasser – Teil 1

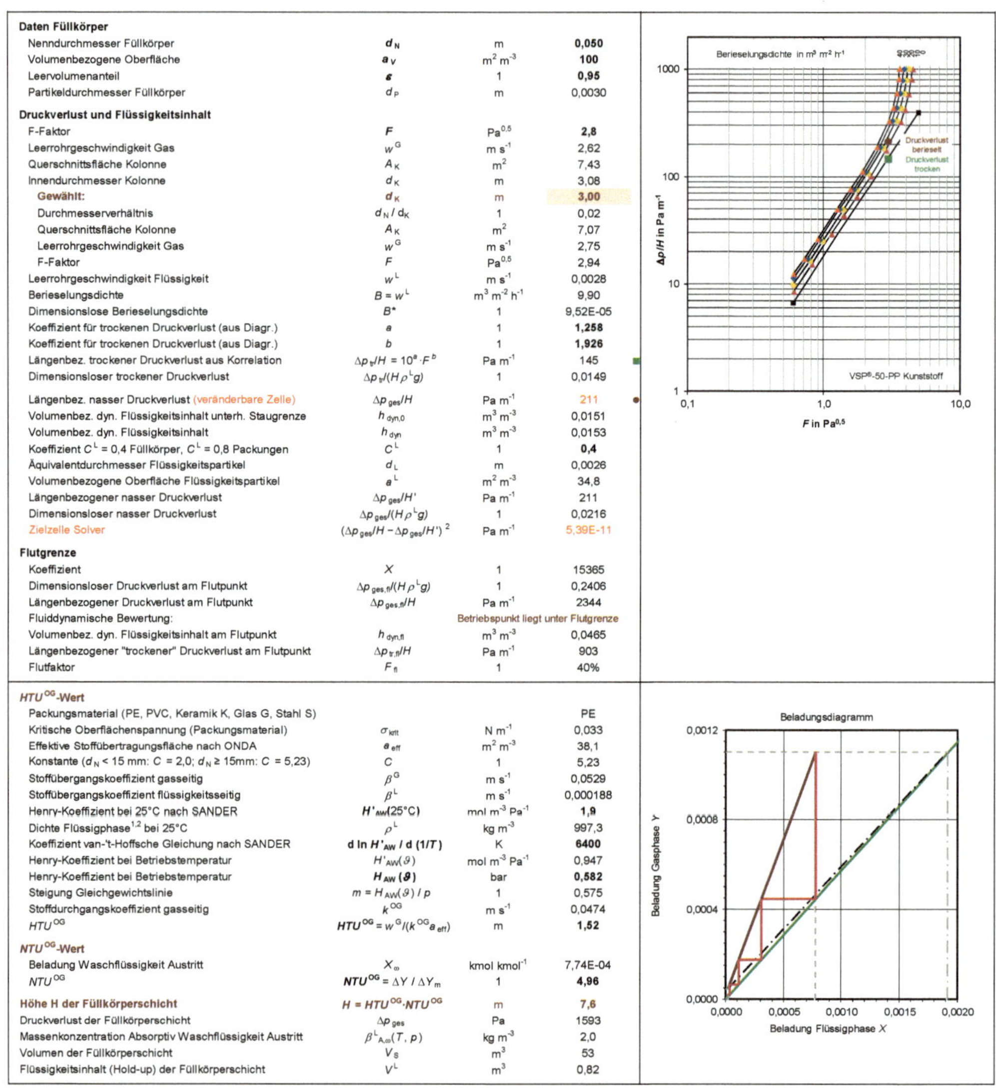

Abbildung 7.11: Excel-Berechnungsblatt für die Auslegung einer Füllkörperkolonne für die Absorption von Ethanol aus Luft mit Wasser – Teil 2 (Fortsetzung von Abb. 7.10, Druckverlustdiagramm VSP®-50-PP Kunststoff für Luft-Wasser bei 290 K und 1 bar nach [93])

vom Packungsmaterial auf Basis der Daten in Tabelle 7.1 erforderlich. Damit können die effektive Stoffübertragungsfläche a_{eff} mit Gleichung (7.65), der gasseitige Stoffübergangskoeffizient β^{G} mit Gleichung (7.66) und der flüssigkeitsseitige Stoffübergangskoeffizient β^{L} mit Gleichung (7.67) berechnet werden. Es ist der anhand des gewählten Kolonnendurchmessers neu berechnete Wert für w^{G} zu verwenden.

4. Der in Abb. 7.11 aufgeführte HENRY-Koeffizient H'_{AW} für $25\,^{\circ}\mathrm{C}$ (in der Dimension $\mathrm{mol\,m^{-3}\,Pa^{-1}}$) wurde [72] entnommen. Da der Quotient $\mathrm{d}\ln H'_{\mathrm{AW}}/\mathrm{d}(1/T)$ für das hier betrachtete Stoffsystem in [72] gegeben ist, kann mit der VAN-'T-HOFFschen Gleichung (6.7) und der daraus folgenden Gleichung (6.8) sowie unter der Annahme, dass die molare Sorptionsenthalpie im betrachteten Temperaturbereich konstant ist, der HENRY-Koeffizient H'_{AW} auf die Betriebstemperatur umgerechnet werden. Mit Gleichung (6.23) und der Dichte der Flüssigphase bei Betriebstemperatur folgt der HENRY-Koeffizient $H_{\mathrm{AW}}(\vartheta)$ bei Betriebstemperatur, siehe Abb. 7.11. Weiterhin folgen die Steigung m der Gleichgewichtslinie mit Gleichung (7.52), der gasseitige Stoffdurchgangskoeffizient k^{OG} mit Gleichung (7.51) und der HTU^{OG}-Wert mit Gleichung (7.62).

Für die Berechnung des NTU^{OG}-Werts in Abb. 7.11 sind zunächst die in der Aufgabenstellung in Beispiel 7.3 gegebenen Konzentrationsangaben zu verwerten:

5. Nach der TA Luft [7] dürfen „organische Stoffe im Abgas die Massenkonzentration $50\,\mathrm{mg\,m^{-3}}$, angegeben als Gesamtkohlenstoff, nicht überschreiten". Außerdem: „Angaben des Abgasvolumens und des Abgasvolumenstroms sind in dieser Verwaltungsvorschrift auf den Normzustand $(273{,}15\,\mathrm{K};\ 101{,}3\,\mathrm{kPa})$ nach Abzug des Gehalts an Wasserdampf bezogen, soweit nicht ausdrücklich etwas anderes angegeben wird". Die Konzentrationsangaben erfolgen damit für den Normzustand nach DIN 1343 [14] (bei $T_{\mathrm{n}}, p_{\mathrm{n}}$) und ohne Berücksichtigung von in der Gasphase vorhandenem Wasserdampf. Aus der nach TA Luft zu unterschreitenden Massenkonzentration oder Partialdichte an Gesamtkohlenstoff $(\beta_{\mathrm{C}}(T_{\mathrm{n}}, p_{\mathrm{n}}) = 50\,\mathrm{mg\,m^{-3}})$ ist die Massenkonzentration des Absorptivs A im Reingas mit Gleichung (6.25) zu ermitteln. Unter Annahme der Gültigkeit der Zustandsgleichung idealer Gase folgt die Massenkonzentration im Betriebszustand mit Gleichung (6.26). Für die Umrechnung von Massenkonzentrationen in Stoffmengenbeladungen gilt allgemein mit der Bezugskomponente B

$$X_i = \frac{\beta_i/M_i}{\varrho_{\mathrm{B}}/M_{\mathrm{B}}}\ . \tag{7.72}$$

Daraus folgen für die Stoffmengenbeladungen des Roh- und des Reingases

$$Y_\alpha \approx \frac{\beta^{\mathrm{G}}_{\mathrm{A},\alpha}/M_{\mathrm{A}}}{\varrho^{\mathrm{G}}/M_{\mathrm{I}}} \quad \text{bzw.} \quad Y_\omega \approx \frac{\beta^{\mathrm{G}}_{\mathrm{A},\omega}/M_{\mathrm{A}}}{\varrho^{\mathrm{G}}/M_{\mathrm{I}}}\ , \tag{7.73}$$

wenn auf den reinen Inertstrom bezogen wird. Zusätzlich wird die Massenkonzentration der Waschflüssigkeit am Eintritt $\beta^{\mathrm{L}}_{\mathrm{A},\alpha}$ in die Kolonne vorgegeben. Für die Stoffmengenbeladung der eintretenden Waschflüssigkeit folgt entsprechend

$$X_\alpha \approx \frac{\beta^L_{A,\alpha}/M_A}{\varrho^L/M_W} \,, \tag{7.74}$$

wenn auf einen reinen Waschflüssigkeitsstrom bezogen wird. In diese Gleichungen werden die bereits berechneten Dichten ϱ^G und ϱ^L eingesetzt.

6. Für die Berechnung des NTU^{OG}-Werts ist außerdem die Beladung X_ω der Waschflüssigkeit am Austritt erforderlich. Diese folgt aus Gleichung (6.19) und den Annahmen, dass der Stoffmengenstrom der Gasphase als reiner Inertstrom und der Stoffmengenstrom der Flüssigphase als reiner Waschflüssigkeitsstrom vorliegen, also $\dot{n}^G \approx \dot{n}^G_I$ bzw. $\dot{n}^L \approx \dot{n}^L_W$. Mit der Gleichung (6.27) ergibt sich (mit den bereits berechneten Dichten ϱ^G und ϱ^L) die Beladung der Waschflüssigkeit am Austritt zu

$$X_\omega = X_\alpha + \frac{\varrho^G \dot{V}^G M^L}{\varrho^L \dot{V}^L M^G}(Y_\alpha - Y_\omega) \,. \tag{7.75}$$

Die Berechnung des NTU^{OG}-Werts ist mit Gleichung (7.63) unter Verwendung der mittleren logarithmischen Beladungsdifferenz ΔY_m gemäß Gleichung (7.64) möglich, da die Gleichgewichtskurve im Beladungsdiagramm praktisch linear verläuft. Für ΔY_m gelten $Y_e(X_\alpha) = Y_\omega$ und $Y_a(X_\omega) = Y_\alpha$, siehe Abb. 7.9; die Werte für $Y_e^*(X_\alpha)$ und $Y_a^*(X_\omega)$ werden mit Gleichung (6.12) berechnet (Index e Eintrittsquerschnitt, a Austrittsquerschnitt). Die Höhe H der Füllkörperschicht folgt mit Gleichung (7.61) aus der Multiplikation von HTU^{OG}- und NTU^{OG}-Wert.

Für die Auslegung der Füllkörperkolonne können auch relevant sein:

7. Der gesamte Druckverlust der Kolonne ist mit dem bereits berechneten längenbezogenen nassen Druckverlust $\Delta p_{ges}/H$ und der Höhe H bestimmbar

$$\Delta p_{ges} = \frac{\Delta p_{ges}}{H} H \,. \tag{7.76}$$

8. Die Massenkonzentration des Absorptivs in der beladenen Waschflüssigkeit lässt sich entsprechend Gleichung (7.74) aus X_ω berechnen

$$\beta^L_{A,\omega} = M_A X_\omega \frac{\varrho^L}{M_W} \,. \tag{7.77}$$

9. Das Volumen der Füllkörperschicht V_S folgt aus dem gewählten Innendurchmesser der Kolonne d_K sowie der Höhe H der Füllkörperschicht. Daraus ergibt sich der Flüssigkeitsinhalt (Hold-up) der Füllkörperschicht

$$V^L = h_{dyn} V_S \tag{7.78}$$

mit dem bereits berechneten volumenbezogenen dynamischen Flüssigkeitsinhalt h_{dyn}. Das in Abb. 7.11 aufgenommene Beladungsdiagramm wurde auf Basis der Beschreibungen in Kapitel 6 erstellt.

Abschließend sei darauf hingewiesen – siehe dazu [58] –, dass bei der Auslegung von Packungskolonnen mit erheblichen Ungenauigkeiten infolge u. a. der Bestimmung der Phasengrenzfläche a_{eff}, der gas- und flüssigkeitsseitigen Stoffübergangskoeffizienten β^{G} bzw. β^{L} sowie insbesondere der Ausbildung ungleichmäßiger Gas- und Flüssigkeitsströmungen als Abweichung von der idealen Kolbenströmung (sog. Maldistribution) zu rechnen ist. Dies kann durch einen (Un-)Sicherheitszuschlag bei der Höhe der Füllkörperschüttung berücksichtigt werden.

7.4.4 Boden-zu-Boden-Berechnung

Für die Berechnung komplexer Aufgabenstellungen – z. B. der kontinuierlichen Rektifikation von Mehrstoffgemischen – werden sogenannte Boden-zu-Boden-Berechnungen durchgeführt. Auf dieser Methode basieren die Berechnungen mit Prozess-Simulationsprogrammen wie AspenPlus® oder CHEMCAD®. Als Ergebnis der Berechnungen werden u. a. die Profile für die Temperatur, die Konzentrationen und die Mengenströme von Flüssigkeit und Dampf über die Kolonnenhöhe berechnet. Je nach Anzahl der Böden und der zu berücksichtigenden Komponenten ist die Lösung eines nichtlinearen Gleichungssystems mit – abhängig u. a. von der Bodenzahl und der Zahl der für die Trennung des Mehrstoffgemisches zu berücksichtigenden Komponenten – hunderten oder tausenden von Gleichungen erforderlich, was entsprechende numerische Lösungsmethoden erfordert.

Tabelle 7.2: Diffusionsvolumina für die Methode nach FULLER u. a. (nach *VDI-Wärmeatlas* [30, 64, 91, 92])

Atom- und Strukturbeiträge			
C	15,9	Br	21,9
H	2,31	I	29,8
O	6,11	S	22,9
N	4,54	aromatischer Ring	$-18,3$
F	14,7	heterocyclischer Ring	$-18,3$
Cl	21,0		

Einfache Moleküle			
He	2,67	CO	18,0
Ne	5,98	CO_2	26,9
Ar	16,2	N_2O	35,9
Kr	24,5	NH_3	20,7
Xe	32,7	H_2O	13,1
H_2	6,12	SF_6	71,3
D_2	6,84	Cl_2	38,4
N_2	18,5	Br_2	69,0
O_2	16,3	SO_2	41,8
Luft	19,7		

8 Rektifikation

Zielsetzung

Kenntnisse über die Auslegung von Prozessen für die stationäre Rektifikation idealer und realer binärer Gemische. Aufstellung der Mengen- und Energiebilanzen für Rektifikationsprozesse. Aufstellung der Bilanzgeraden, Erstellung der Stufenkonstruktion im Gleichgewichtsdiagramm und Ermittlung der theoretischen Stufenzahlen von Verstärkungs- und Abtriebskolonne sowie der Zulaufstufe. Berechnung der am Sumpf der Kolonne zuzuführenden und am Kopf der Kolonne abzuführenden Wärmeströme für unterschiedliche thermische Zustände des Feeds. Ermittlung der Temperatur- und Konzentrationsprofile in der Kolonne.

Empfohlene Literatur

Thermische Verfahrenstechnik von MERSMANN u. a. [58], *Distillation* von STICHLMAIR u. a. [87], *Unit Operations of Chemical Engineering* von McCABE u. a. [55], *Destillier- und Rektifiziertechnik* von KIRSCHBAUM [42], *Distillation Design* von KISTER [43].

Berechnungsbeispiele in Excel

- Berechnungen zur Rektifikation von idealen Zweistoffgemischen (System Benzol-Toluol)

    - Berechnung des Enthalpiestroms für einen Feedstrom (Abb. 8.2).

    - Berechnung der Stufenzahl und des Zulaufbodens (Abb. 8.11).

    - Berechnung der Stufenzahl, des Zulaufbodens, der ab- und zuzuführenden Wärmeströme sowie der Temperatur- und Konzentrationsprofile (Abb. 8.16).

- Berechnungen zur Rektifikation von realen Zweistoffgemischen (System Methanol-Wasser)

    - Berechnung des Gleichgewichtsdiagramms, der Stufenzahl, des Zulaufbodens, der ab- und zuzuführenden Wärmeströme sowie der Temperatur- und Konzentrationsprofile (Abb. 8.22).

8.1 Einführung, Grundbegriffe

Der wesentliche Unterschied der Rektifikation zur Destillation ist, siehe dazu Kapitel 4, dass bei der Rektifikation ein *Teilstrom* des kondensierten Kopfprodukts, in dem sich die leichtersiedende Komponente angereichert hat, *im Gegenstrom* in die Kolonne zurückgeführt wird. Der besondere Vorteil der Rektifikation liegt darin, dass bei diesem thermischen Trennverfahren ein Flüssigkeitsgemisch praktisch in die reinen Komponenten zerlegt werden kann. Der relativ hohe Energieaufwand kann nachteilig sein, muss es aber nicht, wenn eine Integration in einen Prozessverbund erfolgt.

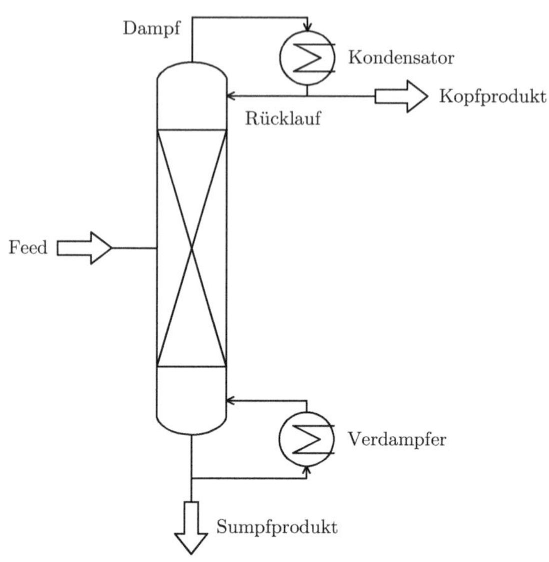

Abbildung 8.1: Fließschema einer Rektifikationskolonne

Prinzip der kontinuierlichen Rektifikation

- Das zu rektifizierende Gemisch, auch Zulauf oder *Feed* genannt, wird kontinuierlich und zumeist im mittleren Bereich der Kolonne zugeführt, siehe Abb. 8.1.

- Die Energiezufuhr zur Verdampfung erfolgt am *Sumpf* der Kolonne, die Energieabfuhr zur Kondensation am *Kopf* der Kolonne.

- Der oben aus der Kolonne kontinuierlich austretende Dampfstrom wird nach der Kondensation in den flüssigen *Rücklauf*, der in die Kolonne zurückgeführt wird, und das flüssige *Kopfprodukt*, oder *Destillat* aufgeteilt.

- Dadurch bilden sich eine aufströmende Dampfphase und eine abströmende Flüssigphase innerhalb der Kolonne, was die Wärme- und Stoffübertragung begünstigt.

- Das *Sumpfprodukt*, auch Ablauf oder Schlempe genannt, wird ebenfalls kontinuierlich flüssig abgezogen.

Vorteile der kontinuierlichen Betriebsweise sind ein kontinuierlicher Zu- und Abstrom bei zeitlich konstanten Bedingungen, d. h. eine stationäre Arbeitsweise mit gleichbleibender Produktion und Produktqualitäten sowie hohem Automatisierungsgrad, aber hohen Investitionskosten.

Wärme- und Stoffübertragung bei der Rektifikation

- Die auf- bzw. abströmenden Phasen in der Kolonne befinden sich nicht im thermischen oder stofflichen Gleichgewicht. Daraus resultiert ein intensiver Wärme- und Stofftransport.

- Die erforderliche Phasengrenzfläche zwischen gasförmiger und flüssiger Phase entsteht durch Einbauten in der Kolonne (Böden, Füllkörper, strukturierte Packungen).

- Die Wärme- und Stoffübertragung zwischen den Phasen erfolgt entweder in stufenweisem Kontakt in Bodenkolonnen oder in stetigem Kontakt in Füllkörper- oder Packungskolonnen.

8.2 Grundlagen für die Aufstellung der Energiebilanzen

Ein im Dampf-Flüssig-Gleichgewicht stehendes Zweistoffgemisch kann die in Abschnitt 3.4.5 beschriebenen Zustände A bis E annehmen, siehe Abb. 3.7. Ziel ist die Berechnung der am Sumpf der Kolonne zuzuführenden und am Kopf der Kolonne abzuführenden Wärmeströme aus den Energiebilanzen. Dafür sind die spezifischen Enthalpien und die Enthalpieströme für diese Zustände erforderlich.

> **Beispiel 8.1**
>
> Für einen Feedstrom mit idealer Gas- und idealer Flüssigphase – bestehend aus den Komponenten Benzol und Toluol – ist in einer übersichtlichen Tabelle der Enthalpiestrom $\dot{H}_\mathrm{F}$ für folgende Randbedingungen zu berechnen: Massenstrom $\dot{m}_\mathrm{F} = 10\,000\,\mathrm{kg\,h^{-1}}$, Stoffmengenanteil $x_\mathrm{F1} = 0{,}390$, Temperatur $\vartheta_\mathrm{F} = 98{,}4\,°\mathrm{C}$, Betriebsdruck $p = 1{,}013\,\mathrm{bar}$ (vgl. Beispiel 3.3). (Ergebnisse im Excel-Berechnungsblatt in Abb. 8.2.)

Wie bereits in Abschnitt 3.5.3 wird als Referenzzustand (Index $_\circ$) der Normzustand ($T_\mathrm{n} = 273{,}15\,\mathrm{K}$ oder $\vartheta_\mathrm{n} = 0\,°\mathrm{C}$ entsprechend DIN 1343 [14]) gewählt und die spezifischen Enthalpien der reinen flüssigen Komponenten für diesen Wert zu null gesetzt. Daraus folgt für die spezifische Enthalpie einer reinen Komponente bei der Temperatur T

$$h = \overline{c_p}\,(T - T_\circ) \tag{8.1}$$

oder vereinfacht wegen $T - T_\circ = \vartheta$

$$h = \overline{c_p}\,\vartheta\,, \tag{8.2}$$

wobei ϑ hier eigentlich eine Temperaturdifferenz mit der Dimension K ist. Die mittlere spezifische Wärmekapazität $\overline{c_p}$ im Temperaturintervall wird nach Gleichung (3.64) mit der Bezugstemperatur T_Bezug nach Gleichung (3.65) berechnet. Entsprechend gilt dies auch für eine siedende flüssige Komponente, sodass für die spezifische Enthalpie einer reinen Flüssigkeit bei Siedetemperatur T_S (Index $'$)

$$h' = \overline{c_p^\mathrm{L}}\,(T_\mathrm{S} - T_\circ) = \overline{c_p^\mathrm{L}}\,\vartheta_\mathrm{S} \tag{8.3}$$

folgt und für den Enthalpiestrom

$$\dot{H}' = \dot{m}\,h' = \dot{m}\,\overline{c_p^{\mathrm{L}}}\,\vartheta_{\mathrm{S}} \ . \tag{8.4}$$

Die spezifische Enthalpie des reinen gesättigten Dampfes bei Siedetemperatur T_{S} (Index $''$) berechnet sich zu

$$h'' = \overline{c_p^{\mathrm{L}}}\,(T_{\mathrm{S}} - T_{\circ}) + \Delta_{\mathrm{vap}}h(T_{\mathrm{S}}) = \overline{c_p^{\mathrm{L}}}\,\vartheta_{\mathrm{S}} + \Delta_{\mathrm{vap}}h(T_{\mathrm{S}}) \tag{8.5}$$

und der Enthalpiestrom zu

$$\dot{H}'' = \dot{m}\,h'' = \dot{m}\left(\overline{c_p^{\mathrm{L}}}\,\vartheta_{\mathrm{S}} + \Delta_{\mathrm{vap}}h(T_{\mathrm{S}})\right) \ . \tag{8.6}$$

Angemerkt sei, dass – im Unterschied zu den nachfolgend betrachteten Zweistoffgemischen – für Reinstoffe gilt $T_{\mathrm{S}} = T_{\mathrm{Tau}}$.

Die nachfolgenden Betrachtungen erfolgen unter der Annahme idealer Gas- und Flüssigphasen. Mischungsenthalpien in der flüssigen Phase werden vernachlässigt. Für das *unterkühlte ideale Flüssigkeitsgemisch* des Feeds im Zustand A ($T_{\mathrm{F}} < T_{\mathrm{S}}$) mit den Massenanteilen w_i^{L} gilt für die spezifische Enthalpie (vgl. Gleichung (3.60))

$$h_{\mathrm{F}} = \sum_i w_i^{\mathrm{L}}\overline{c_{pi}^{\mathrm{L}}}\,(T_{\mathrm{F}} - T_{\circ}) = (w_1^{\mathrm{L}}\overline{c_{p1}^{\mathrm{L}}} + w_2^{\mathrm{L}}\overline{c_{p2}^{\mathrm{L}}})\,\vartheta_{\mathrm{F}} \tag{8.7}$$

(mit $T_{\mathrm{F}} - T_{\circ} = \vartheta_{\mathrm{F}}$) und für den Enthalpiestrom

$$\dot{H}_{\mathrm{F}} = \dot{m}_{\mathrm{F}} h_{\mathrm{F}} \ . \tag{8.8}$$

Die spezifische Enthalpie des *siedenden idealen Flüssigkeitsgemisches* im Zustand B ergibt sich aus den Gleichungen (8.7) und (8.8) mit $T_{\mathrm{F}} = T_{\mathrm{S}}$ (vgl. Gleichung (3.61))

$$h_{\mathrm{F}}' = \sum_i w_i^{\mathrm{L}}\overline{c_{pi}^{\mathrm{L}}}\,(T_{\mathrm{S}} - T_{\circ}) = (w_1^{\mathrm{L}}\overline{c_{p1}^{\mathrm{L}}} + w_2^{\mathrm{L}}\overline{c_{p2}^{\mathrm{L}}})\,\vartheta_{\mathrm{S}} \tag{8.9}$$

und daraus der Enthalpiestrom

$$\dot{H}_{\mathrm{F}}' = \dot{m}_{\mathrm{F}} h_{\mathrm{F}}' \ . \tag{8.10}$$

Für das *gesättigte ideale Dampfgemisch* im Zustand D mit $T_{\mathrm{F}} = T_{\mathrm{Tau}}$ gilt

$$h_{\mathrm{F}}'' = \sum_i w_i^{\mathrm{V}}\left(\overline{c_{pi}^{\mathrm{L}}}\,(T_{\mathrm{S}i} - T_{\circ}) + \Delta_{\mathrm{vap}}h(T_{\mathrm{S}i}) + \overline{c_{pi}^{\mathrm{V}}}\,(T_{\mathrm{Tau}} - T_{\mathrm{S}i})\right)$$

$$= \sum_i w_i^{\mathrm{V}}\left(\overline{c_{pi}^{\mathrm{L}}}\,\vartheta_{\mathrm{S}i} + \Delta_{\mathrm{vap}}h(T_{\mathrm{S}i}) + \overline{c_{pi}^{\mathrm{V}}}\,(\vartheta_{\mathrm{Tau}} - \vartheta_{\mathrm{S}i})\right) \tag{8.11}$$

und für den Enthalpiestrom

$$\dot{H}_{\mathrm{F}}'' = \dot{m}_{\mathrm{F}} h_{\mathrm{F}}'' \ , \tag{8.12}$$

wobei T_{Si} für die Siedetemperatur der reinen Komponente i und T_{Tau} für die Tau-temperatur des Gemisches steht. Da z. B. im VDI-Wärmeatlas [92] explizit Daten für spezifische Verdampfungsenthalpien $\Delta_{vap}h(T_S)$ bei Normdruck ($p_n = 1{,}013\,\mathrm{bar}$) und Stoffwertefunktionen für die spezifischen Wärmekapazitäten von Flüssigkeiten und Gasen zu finden sind, ist eine Berechnung relativ einfach durchführbar. Anmerkung: Für den Zustand D ist die Berechnung der spezifischen Enthalpie mit Gleichung (3.62) möglich und gleichwertig. Die Verwendung von Gleichung (8.11) hat den Nachteil, dass der Druck für die Berechnung nur verändert werden kann, wenn die Siedetemperaturen und die davon abhängigen spezifischen Verdampfungsenthalpien ermittelt werden. Das *überhitzte ideale Dampfgemisch* im Zustand E mit $T_F > T_{Tau}$ wird entsprechend Gleichung (8.11) berechnet.

Der Stoffmengenstrom des Feeds setzt sich aus Flüssigkeit und Dampf zusammen

$$\dot{n}_F = \dot{n}^V + \dot{n}^L \ . \tag{8.13}$$

Entsprechend Gleichung (3.40) folgt die Bilanz für die Komponente 1 mit

$$\dot{n}_F x_{F1} = \dot{n}^V x_1^V + \dot{n}^L x_1^L \tag{8.14}$$

und daraus der Stoffmengenstrom der Flüssigphase

$$\dot{n}^L = \dot{n}_F \frac{x_{F1} - x_1^V}{x_1^L - x_1^V} \tag{8.15}$$

sowie der Stoffmengenstrom der Dampfphase mit Gleichung (8.13), womit sich auch die Stoffmengenanteile der Dampf- und Flüssigphasen

$$x^L = \frac{\dot{n}^L}{\dot{n}_F} \quad \text{und} \quad x^V = \frac{\dot{n}^V}{\dot{n}_F} \tag{8.16}$$

bestimmen lassen. Außerdem gelten für die Phasen die Summationsbedingungen nach den Gleichungen (3.43) und (3.44).

Damit ergibt sich die spezifische Enthalpie des *idealen Gemisches im Zweiphasenge-biet* im Zustand C bei der Temperatur T_F mit $T_S < T_F < T_{Tau}$

$$h_F = w^L h_F'(T_F) + w^V h_F''(T_F) \ , \tag{8.17}$$

wobei die spezifischen Enthalpien $h_F'(T_F)$ wie für Zustand B mit Gleichung (8.9) und $h_F''(T_F)$ wie für Zustand D mit Gleichung (8.11) berechnet werden. Der Enthalpiestrom folgt mit

$$\dot{H}_F = \left(\dot{m}^L + \dot{m}^V\right) h_F \ . \tag{8.18}$$

Gemäß Tabelle A im Anhang erfolgt die Umrechnung der Stoffmengenanteile x_i in Massenanteile

$$w_i = \frac{m_i}{m} = \frac{\dot{m}_i}{\dot{m}} \tag{8.19}$$

Stoffdaten — $p_n = 1{,}013$ bar — Koeffizienten WAGNER-Gleichung

Komp.	i		$M/(\mathrm{kg\ kmol^{-1}})$	$\vartheta_S/°C$	$\Delta_{vap}h/(\mathrm{kJ\ kg^{-1}})$	T_{kr}/K	p_{kr}/bar	A	B	C	D
Benzol	1	C_6H_6	78,11	80,1	393,7	562,01	49,01	-7,11451	1,83981	-2,25158	-3,15179
Toluol	2	C_7H_8	92,14	110,6	360,8	591,75	41,26	-7,50051	2,08939	-2,56368	-2,85042

Koeff. spez. Wärmekapazitäten c_{pi}^{L} der Flüssigkeiten

i	A	B	C	D	E	F	
1	0,4928	22,5398	-16,8877	10,0243	-39,3837	49,538	Stoffdaten: VDI-Wärmeatlas (2013),
2	0,4806	28,5306	-27,4267	39,8253	-98,5476	85,5686	11. Aufl. Berlin: Springer. Abschnitt D3.

Koeff. spez. Wärmekapazitäten c_{pi}^{G} der idealen Gase

i	A	B	C	D	E	F	G
1	809,7723	3,7727	-3,6189	-9,0633	149,9616	-223,5093	99,7303
2	841,2618	5,3563	-8,1268	-8,4229	132,4066	-258,0367	181,8666

Prozessdaten

Massenstrom Feed	$\dot{m}_F$	kg h^{-1}	**10000**
Stoffmengenanteil Komp. 1 im Feed	x_{F1}	1	**0,39**
Feedtemperatur	ϑ_F	°C	**98,4**
Betriebsdruck	$p_{Betrieb}$	bar	**1,013**
Tautemperatur Feed (bei x_{F1})	ϑ_{Tau}	°C	**101,7**
Siedetemperatur Feed (bei x_{F1})	ϑ_S	°C	**95,4**

Komp. i	x_i	w_i	$\dot{m}_i$	$\dot{n}_i$	T_{Bezug}	$\bar{c}_{pi}^{L}(T_{Bezug})$	$\Delta_{vap}h_i(T_{Si})$	T_{Bezug}	$\bar{c}_{pi}^{V}(T_{Bezug})$	h_i	$\dot{H}_F$
	1	1	kg h^{-1}	kmol h^{-1}	K	kJ kg^{-1} K^{-1}	kJ kg^{-1}	K	kJ kg^{-1} K^{-1}	kJ kg^{-1}	kW
1	0,390	0,351	3515	45,00							
2	0,610	0,649	6485	70,38							
1L	0,301	0,267	1569	20,09	322,4	1,799				177,0	
2L	0,699	0,733	4300	46,67	322,4	1,780				175,2	
1V	0,512	0,471	1946	24,91	313,2	1,770	393,7	362,4	1,307	559,4	
2V	0,488	0,529	2185	23,71	328,5	1,802	360,8	377,7	1,434	542,6	
L	0,579	0,587	5869	66,76						175,7	
V	0,421	0,413	4131	48,62						550,5	
Σ	1,000	1,000	10000	115,4						330,5	918

Abbildung 8.2: Tabelle zur Berechnung des Enthalpiestroms des Feeds für beliebige Feedzustände A bis E

mit $\dot{m} = \dot{m}_1 + \dot{m}_2$ für das ideale Zweistoffgemisch über die Beziehung

$$w_i = \frac{x_i M_i}{x_1 M_1 + x_2 M_2} \tag{8.20}$$

und die Umrechnung von Massenströmen $\dot{m}_i$ in Stoffmengenströme $\dot{n}_i$ über

$$\dot{n}_i = \frac{\dot{m}_i}{M_i} \; . \tag{8.21}$$

Für die Berechnung der Stoffmengenströme der Komponenten in den Phasen gelten

$$\dot{n}_i^{L} = x_i^{L} \dot{n}^{L} \quad \text{sowie} \quad \dot{n}_i^{V} = x_i^{V} \dot{n}^{V} \tag{8.22}$$

und der Massenanteile in den Phasen

$$w^{L} = \frac{\dot{m}^{L}}{\dot{m}_F} \quad \text{sowie} \quad w^{V} = \frac{\dot{m}^{V}}{\dot{m}_F} \; . \tag{8.23}$$

Die vorstehenden Betrachtungen können wir nutzen, um die Berechnung des Enthalpiestroms für einen beliebigen Feedzustand A bis E durchzuführen. Voraussetzung dafür ist, dass der Feedmassenstrom, seine Zusammensetzung, seine Temperatur und der Betriebsdruck wie in Beispiel 8.1 vorgegeben sind, siehe dazu das Excel-Berechnungsblatt in Abb. 8.2:

1. Zunächst werden aus dem *VDI-Wärmeatlas* für die beteiligten Komponenten jeweils die molare Masse M, die Siedetemperatur ϑ_S sowie die spezifische Verdampfungsenthalpie $\Delta_{\text{vap}} h(T_S)$ bei Normdruck, die kritische Temperatur T_{kr} und der kritische Druck p_{kr} übernommen. Hinzu kommen die Koeffizienten für die Berechnung der Sättigungsdampfdrücke p_S und der spezifischen Wärmekapazitäten von Flüssigkeit und Dampf oder Gas c_{pi}^L bzw. c_{pi}^G.

2. Für den Massenstrom des Feeds $\dot{m}_F$, den Stoffmengenanteil der Komponente 1 im Feed x_{F1}, die Feedtemperatur ϑ_F und den Betriebsdruck p werden Eingabefelder erstellt. Der Betriebsdruck kann in dieser Berechnung nicht variiert werden, siehe Anmerkungen oben zur Verwendung von Gleichung (8.11). Die Berechnung der Tau- und der Siedetemperatur ϑ_{Tau} bzw. ϑ_S erfolgt mit den Ausgleichsfunktionen (3.36) und (3.37).

3. In die Tabelle im unteren Teil von Abb. 8.2 wird zunächst der Stoffmengenanteil des Feeds übernommen und $x_{F2} = 1 - x_{F1}$ berechnet. Die Stoffmengenanteile x_i^L und x_i^V von Flüssig- bzw. Dampfphase hängen von der Feedtemperatur und damit davon ab, welcher Zustand A bis E – abhängig von dieser Temperatur, dem Druck und der Zusammensetzung des Feeds – vorliegt. Die Berechnungen erfolgen über WENN-Abfragen mit den nachfolgenden Pseudocodes:

   - x_1^L `=WENN(T_F > T_Tau; 0; WENN(T_F >= T_S;`
     `x_L1 aus Gl. Siedelinie; x_F1))` mit dem Wert für x_1^L auf der Siedelinie aus Gleichung (3.32)

   - x_2^L `=WENN(T_F > T_Tau; 0; 1 - x_L1)`

   - x_1^V `=WENN(T_F < T_S; 0; WENN(T_F <= T_Tau;`
     `x_V1 aus Gl. Tauline; x_F1))` mit dem Wert für x_1^V auf der Taulinie aus Gleichung (3.33)

   - x_2^V `=WENN(T_F < T_S; 0; 1 - x_V1)`

   Die Stoffmengenanteile x^L und x^V werden später aus Gleichung (8.16) ermittelt.

4. Die Berechnung der Massenanteile w_1 und w_2 im Feed erfolgt mit Gleichung (8.20). Für die Berechnung der Massenanteile in Flüssig- und Dampfphase w_i^L bzw. w_i^V müssen wir wegen $x_i^L = 0$ für $T_F > T_{\text{Tau}}$ und $x_i^V = 0$ für $T_F < T_S$ die Division durch null vermeiden:

   - w_1^L `=WENN(T_F > T_Tau; 0; w_L1 aus x_L1)` mit w_1^L aus Gl. (8.20)
   - w_2^L `=WENN(T_F > T_Tau; 0; w_L2 aus x_L2)` mit w_2^L aus Gl. (8.20)
   - w_1^V `=WENN(T_F < T_S; 0; w_V1 aus x_V1)` mit w_1^V aus Gl. (8.20)
   - w_2^V `=WENN(T_F < T_S; 0; w_V2 aus x_V2)` mit w_2^V aus Gl. (8.20)

5. Die Teilmassenströme $\dot{m}_i$ folgen mit Gleichung (8.19), daraus die Teilmengenströme $\dot{n}_i$ mit Gleichung (8.21) und die gesamten Stoffmengen- und Massenströme in der untersten Zeile der Tabelle durch Summation. Mit den Gleichungen (8.15) und (8.13) werden die Stoffmengenströme $\dot{n}^L$ und $\dot{n}^V$ ermittelt, woraus sich mit Gleichung (8.16) x^L und x^V ergeben. Anschließend werden die Stoffmengenströme der Komponenten in den Phasen $\dot{n}_i^L$ sowie $\dot{n}_i^V$ mit Gleichung (8.22),

die entsprechenden Massenströme $\dot{m}_i^\mathrm{L}$ sowie $\dot{m}_i^\mathrm{V}$ mit Gleichung (8.21) und die Massenströme $\dot{m}^\mathrm{L}$ sowie $\dot{m}^\mathrm{V}$ durch Summation aus diesen Teilmassenströmen berechnet. Die Massenanteile w_i^L und w_i^V folgen mit Gleichung (8.23).

6. Zur Berechnung der mittleren spezifischen Wärmekapazitäten der Flüssigkeiten und Gase oder Dämpfe sind die Bezugstemperaturen T_Bezug der relevanten Temperaturintervalle gemäß Gleichung (3.65) erforderlich. In den Zeilen für die Ermittlung der spezifischen Enthalpien h_1^L sowie h_2^L ist die Bezugstemperatur mit der Feedtemperatur zu berechnen, $T_\mathrm{Bezug} = (T_\mathrm{o} + T_\mathrm{F})/2$, und in den Zeilen für die Ermittlung der spezifischen Enthalpien h_1^V sowie h_2^V mit den Siedetemperaturen der reinen Komponenten, $T_\mathrm{Bezug} = (T_\mathrm{o} + T_{\mathrm{S}i})/2$, siehe dazu die Gleichungen (8.7), (8.9) und (8.11). Die spezifischen isobaren Wärmekapazitäten der Flüssigkeiten werden unter Verwendung der Bezugstemperaturen mit der Korrelationsgleichung (3.70) aus dem *VDI-Wärmeatlas* berechnet. Die spezifischen Verdampfungsenthalpien sind bereits oben in Abb. 8.2 aufgeführt und werden zur besseren Übersicht in die untere Tabelle übernommen. Zur Ermittlung der mittleren spezifischen Wärmekapazitäten der Gase in den Zeilen zur Ermittlung der spezifischen Enthalpien h_1^V sowie h_2^V sind die Feedtemperatur und die Siedetemperaturen der reinen Komponenten für die Berechnung der Bezugstemperatur $T_\mathrm{Bezug} = (T_{\mathrm{S}i} + T_\mathrm{F})/2$ zu verwenden. Die spezifischen isobaren Wärmekapazitäten der Gase folgen anhand der Korrelationsgleichung

$$c_p^\mathrm{G} = \frac{R}{M}\left\{ B + (C - B)\,\gamma^2 \left[1 + (\gamma - 1)(D + E\gamma + F\gamma^2 + G\gamma^3)\right]\right\} \qquad (8.24)$$

mit

$$\gamma = \frac{T/\mathrm{K}}{A + (T/\mathrm{K})} \qquad (8.25)$$

(für $c_p^\mathrm{G} = c_p^\mathrm{V}$) aus dem *VDI-Wärmeatlas* [91, 92]. Wird diese Gleichung mit einer benutzerdefinierten Funktion entsprechend Listing 2.7 umgesetzt, gibt es möglicherweise eine Fehlermeldung, weil die Gleichung zu „komplex" ist, siehe Excel-Hilfe zu „Ausdruck zu komplex (Fehler 16)". Das liegt daran, dass zu viele ineinander verschachtelte Unterausdrücke verwendet wurden. Abhilfe liefert der VBA-Code in Listing 8.1, der (ebenfalls) die in Listing 2.7 aufgeführte Funktion `ExtractNumericVector` benötigt.[1,2]

---

[1] Wie im Listing beschrieben, benötigt diese Version zusätzlich das Modul „modArraySupport", welches unter `http://www.cpearson.com/excel/VBAArrays.htm` heruntergeladen werden kann.

[2] Ein umfassender VBA-Code, der die Korrelationsgleichungen für die Stoffwerte nach dem Abschnitt D3.1 aus dem *VDI-Wärmeatlas* einschließlich der Kurzbeschreibungen gemäß Abschnitt 2.5.5 enthält, steht unter `http://www.unit-operations.de` zum Download bereit.

Listing 8.1: VBA-Code für die Berechnung der spezifischen Wärmekapazität idealer Gase bei konstantem Druck nach *VDI-Wärmeatlas* (Parameter *A* bis *D* als Array anzugeben)

```vba
Option Explicit

'=================================================================
'benötigt das 'modArraySupport'-Modul von Pearson Software Consulting Services
'<http://www.cpearson.com/excel/VBAArrays.htm>
'=================================================================

'VDI-Wärmeatlas 11. Auflage Abschnitt D3.1
'Gl. (10)  Spezifische Wärmekapazität idealer Gase bei konstantem Druck
'[c_p_G] = kJ kg^-1 K^-1, [T] = K
Function c_p_G_VDI_11_arr( _
    T As Double, _
    M As Double, _
    a As Variant _
        ) As Double

    Dim TA As Double
    Dim b() As Double

    '=================================================================
    'Anzahl Parameter 'a'
    Const N As Integer = 7
    '=================================================================

    'Falls 'a' ein Range-Object ist, konvertiere es zu einem Array
    a = a

    'Extrahiere den Vektor 'b' aus 'a', wenn 'a' "richtig" gegeben ist
    If Not ExtractNumericVector(a, b, N) Then Exit Function

    TA = T / (b(1) + T)

    c_p_G_VDI_11_arr = (((b(4) + b(5) * TA + b(6) * TA ^ 2 + b(7) * TA ^ 3) * _
        (TA - 1) + 1) * (b(3) - b(2)) * TA ^ 2 + b(2)) * (R / M)

End Function
```

7. Die spezifischen Enthalpien h_1^{L} sowie h_2^{L} werden unter Verwendung von Gleichung (8.3) mit der Feedtemperatur ϑ_{F} berechnet. Die spezifischen Enthalpien h_1^{V} sowie h_2^{V} ergeben sich aus Gleichung (8.11) mit $\vartheta_{\mathrm{Tau}} = \vartheta_{\mathrm{F}}$ (für die reine Komponente 1 oder 2). Daraus folgen die spezifischen Enthalpien der beiden Phasen mit

$$h^{\mathrm{L}} = \sum_i w_i^{\mathrm{L}} h_i^{\mathrm{L}} \quad \text{und} \quad h^{\mathrm{V}} = \sum_i w_i^{\mathrm{V}} h_i^{\mathrm{V}} \,, \tag{8.26}$$

die spezifische Enthalpie des Feeds h_{F} mit Gleichung (8.17) und der Enthalpiestrom $\dot{H}_{\mathrm{F}}$ mit Gleichung (8.18).

Es sei angemerkt, dass in Abschnitt 8.4.2 der Enthalpiestrom des Feeds nicht auf Basis der vorgegebenen Feedtemperatur berechnet wird, sondern ausgehend vom Feedzustand und eingeschränkt auf das Zweiphasengebiet C einschließlich der Zustände B und D, was für die Rektifikation die Mehrzahl der Anwendungen in der Praxis abdeckt.

8.3 Kontinuierliche Rektifikation, Aufstellung der Bilanzgleichungen

In diesem Abschnitt werden die Stoffmengen- und Energiebilanzen für den kontinuierlichen Betrieb einer Rektifikationskolonne aufgestellt, um nachfolgend u. a. die Anzahl der erforderliche Trennstufen, die Zusammensetzungen von Flüssigkeit und Dampf in den unterschiedlichen Querschnitten einer Kolonne und die erforderlichen Wärmeströme – abhängig vom Zustand des zugeführten Feeds – berechnen zu können.

8.3.1 Stoffmengen- und Energiebilanzen bei der Rektifikation

Wie in Abb. 8.1 und 8.3 dargestellt, wird der Feedstrom F der Kolonne kontinuierlich zugeführt. Der aus dem oberen Teil der Kolonne austretende Dampfstrom D wird in den Kondensator geleitet und dort durch Abführung eines Wärmestroms $\dot{Q}_{\text{kond}}$ kondensiert. Dabei ist es nicht erforderlich, das flüssige Kondensat zu unterkühlen. Nachfolgend wird der Kondensatstrom in einem bestimmten Verhältnis aufgeteilt. Ein Teil davon wird kontinuierlich als siedend flüssiges Kopfprodukt oder Destillat K gewonnen und der Rest als Rücklaufstrom R in die Kolonne zurückgeführt.

In der Kolonne strömt die Dampfphase nach oben und die Flüssigphase nach unten. Beide Phasen stehen in direktem Kontakt. Wie in Abschnitt 8.4.1 gezeigt wird, stehen der Dampf und die Flüssigkeit in denselben Querschnitten der Kolonnen nicht im Phasengleichgewicht. Deshalb kommt es zu der erwünschten Wärme- und Stoffübertragung zwischen den Phasen, was durch konstruktive Maßnahmen – wie den Einbau von Böden oder die Verwendung von speziellen Packungen oder Füllkörpern – verstärkt werden kann. Aus dem unteren Teil der Kolonne wird das flüssige Sumpfprodukt S kontinuierlich abgeführt. Die Beheizung der Kolonne erfolgt über den Verdampfer mit dem dort zugeführten Wärmestrom $\dot{Q}_{\text{verd}}$.

Um beispielsweise bei gegebenem Stoffstrom des Feeds $\dot{n}_{\text{F}}$ und gegebener Zusammensetzung $x_{\text{F}i}$ die Stoffmengenströme des Kopf- und des Sumpfprodukts $\dot{n}_{\text{K}}$ bzw. $\dot{n}_{\text{S}}$ sowie ihre Zusammensetzungen $x_{\text{K}i}$ und $x_{\text{S}i}$ berechnen zu können, werden die Stoffmengenbilanzen für die Kolonne aufgestellt. Für die in Abb. 8.3 schematisch dargestellte Kolonne lautet die Gesamtbilanz

$$\dot{n}_{\text{F}} = \dot{n}_{\text{K}} + \dot{n}_{\text{S}} \tag{8.27}$$

und die Stoffmengenbilanz für die Komponente i

$$\dot{n}_{\text{F}} x_{\text{F}i} = \dot{n}_{\text{K}} x_{\text{K}i} + \dot{n}_{\text{S}} x_{\text{S}i} \; . \tag{8.28}$$

Bei den nachfolgenden Betrachtungen wird davon ausgegangen, dass der aus dem

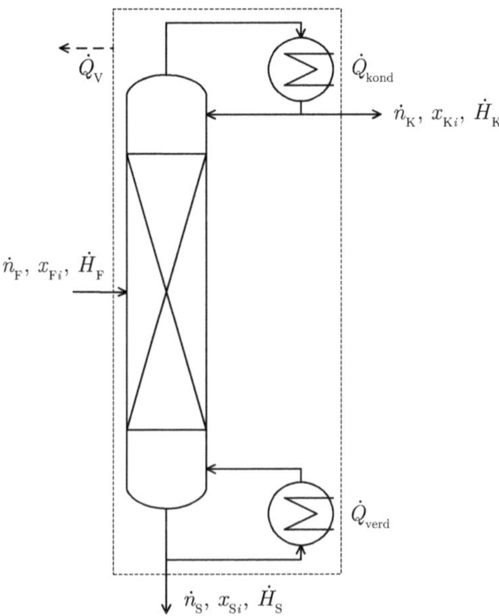

Abbildung 8.3: Bilanzierungsschema der Rektifikationskolonne

Kondensator austretende Stoffstrom mit dem sogenannten *Rücklaufverhältnis*

$$v = \frac{\dot{n}_\mathrm{R}}{\dot{n}_\mathrm{K}} \tag{8.29}$$

in das Kopfprodukt oder Destillat K und den Rücklaufstrom R aufgeteilt wird. Dieses Verhältnis stellt eine wichtige Betriebsgröße für die Rektifikation dar. Aus Gleichung (8.28) folgt für die Komponente 1 des Gemisches

$$\dot{n}_\mathrm{F} x_\mathrm{F1} = \dot{n}_\mathrm{K} x_\mathrm{K1} + \dot{n}_\mathrm{S} x_\mathrm{S1} \tag{8.30}$$

und mit der Gesamtbilanz in Gleichung (8.27) ergibt sich daraus die Beziehung

$$\dot{n}_\mathrm{K} = \dot{n}_\mathrm{F} \frac{x_\mathrm{F1} - x_\mathrm{S1}}{x_\mathrm{K1} - x_\mathrm{S1}} \,, \tag{8.31}$$

womit die Stoffmengenströme des Kopfprodukts $\dot{n}_\mathrm{K}$ und des Sumpfprodukts $\dot{n}_\mathrm{S}$ berechnet werden können.

Nun stellen wir die *Energiebilanzen* um die Bilanzräume I und II in Abb. 8.4

$$\dot{H}_\mathrm{F} + \dot{Q}_\mathrm{verd} + \dot{H}_\mathrm{R} = \dot{H}_\mathrm{D} + \dot{H}_\mathrm{S} + \dot{Q}_\mathrm{V,I} \quad \text{und} \tag{8.32}$$

$$\dot{H}_\mathrm{D} = \dot{Q}_\mathrm{kond} + \dot{H}_\mathrm{K} + \dot{H}_\mathrm{R} + \dot{Q}_\mathrm{V,II} \tag{8.33}$$

mit den Wärmeverlustströmen $\dot{Q}_\mathrm{V,I}$ und $\dot{Q}_\mathrm{V,II}$ an den beiden Bilanzräumen auf. Somit sind die Bestimmungsgleichungen für die Wärmeströme $\dot{Q}_\mathrm{verd}$, der dem Verdampfer am

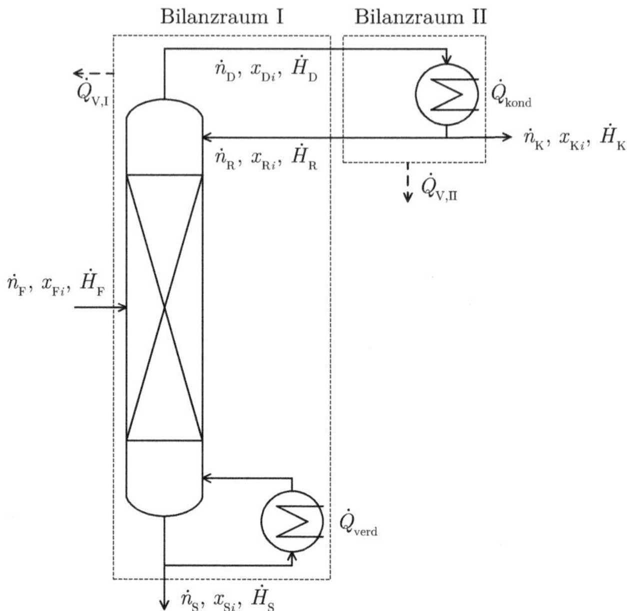

Abbildung 8.4: Bilanzierungsschema der Kolonne mit zwei Bilanzräumen

Sumpf der Kolonne zuzuführen und $\dot{Q}_{\mathrm{kond}}$, der vom Kondensator am Kopf der Kolonne abzuführen sind, bekannt. In diese Gleichungen können die gemäß Abschnitt 8.2 ermittelten Enthalpieströme in ihren jeweiligen Zuständen eingesetzt werden:

- Feed F: entweder als unterkühlte Flüssigkeit, siedend flüssig, als Zweiphasengemisch, als gesättigter oder als überhitzter Dampf (Zustände A bis E)
- Kopfprodukt K: siedendes Flüssigkeitsgemisch (Zustand B)
- Sumpfprodukt S: siedendes Flüssigkeitsgemisch (Zustand B)
- Rücklauf R: siedendes Flüssigkeitsgemisch (Zustand B)
- Dampf D: gesättigtes Dampfgemisch (Zustand D)

8.3.2 Ermittlung der Bilanzgeraden

In den Querschnitten der Trennkolonne strömt ein Dampfstrom $\dot{n}^{\mathrm{V}}$ nach oben und ein Flüssigkeitsstrom $\dot{n}^{\mathrm{L}}$ nach unten. Da Dampf und Flüssigkeit in denselben Querschnitten der Kolonne nicht im Phasengleichgewicht stehen, kann davon ausgegangen werden, dass aus der Flüssigkeit Dampf gebildet wird und aus dem Dampf Flüssigkeit kondensiert. Weiterhin wird vorausgesetzt, dass diese Mengen gleich sind. Diese Annahme ist aufgrund der sogenannten TROUTONschen Regel – die besagt, dass die molaren Verdampfungsenthalpien der Komponenten nahezu gleich sind, wenn die Differenzen zwischen den Siedetemperaturen der Komponenten gering sind – gerechtfertigt. Sind Wärmeverluste und Änderungen der Enthalpien der beiden Phasen vernachlässigbar,

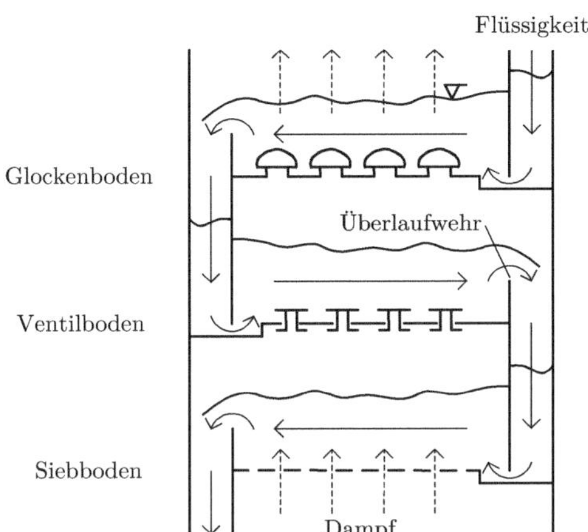

Abbildung 8.5: Bodenkolonne mit schematischer Darstellung jeweils eines Glocken-, Ventil- und Siebbodens

ergeben sich über die Höhe der Kolonne praktisch konstante Stoffmengenströme des Dampfes und der Flüssigkeit [42, 55].

Vorausgesetzt, dass im Sumpfprodukt und im Destillat jeweils hohe Reinheiten erwünscht sind, wird das Feed grundsätzlich eher im mittleren Bereich der Kolonne zugeführt. Wir gehen davon aus, dass sich in der Kolonne sogenannte Böden befinden, auf denen der erwünschte intensive Wärme- und Stoffaustausch zwischen den beiden Phasen erfolgen kann. Die Aufgabe dieser z. B. mit Öffnungen versehenen Böden ist, Flüssigkeit aufzustauen und Dampfblasen durch die Flüssigkeit hindurch perlen zu lassen.

In Abb. 8.5 ist eine Bodenkolonne mit jeweils einem Glocken-, Ventil- und Siebboden schematisch dargestellt. Der Ablauf der Flüssigkeit von einem Boden erfolgt über Überlaufwehre in den Ablaufschacht zum unteren Boden. Die Flüssigkeitshöhe – die üblicherweise im Bereich von einigen Zentimetern liegt – kann durch die Überlaufwehre an den Böden und durch die Geometrie der Öffnungen (Sieb- oder Schlitzböden) oder durch Rückschlagventile (Glocken- oder Ventilböden) beeinflusst werden. Ziel ist dabei die Annäherung an das thermodynamische Gleichgewicht zwischen dem aus dem Boden aufsteigenden Gas und der vom selben Boden herablaufenden Flüssigkeit (sog. theoretische Trenn- oder Gleichgewichtsstufe). Vorteile von Bodenkolonnen sind die Unanfälligkeit gegenüber Verschmutzungen und die Unempfindlichkeit bei geringen Flüssigkeitsströmen. Nachteilig ist der im Vergleich zu Packungskolonnen höhere Druckverlust.

Alternativ zu Böden kann der Austausch zwischen den Phasen auch an der Oberfläche lose eingefüllter Füllkörper oder geordneter Packungsstrukturen erfolgen, siehe dazu Kapitel 7. Für die nachfolgenden Betrachtungen ergibt sich dadurch kein Unterschied, wenn angenommen wird, dass eine bestimmte Höhe einer (Füllkörper-)Packung erforderlich ist, um ebenfalls thermodynamisches Gleichgewicht des aus diesem Bereich aufsteigenden Dampfes und der ablaufenden Flüssigkeit zu erhalten.

Der Bereich oberhalb der Feedzufuhr wird als *Verstärkungskolonne,* der Bereich

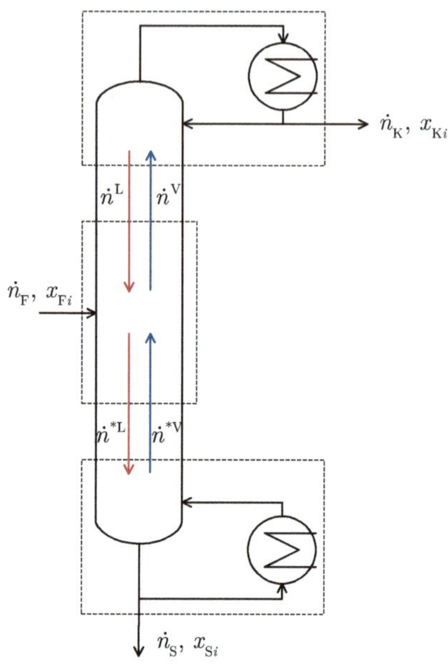

Abbildung 8.6: Bilanzräume für Verstärkungs-, Zulauf- und Abtriebsteil
einer Kolonne

unterhalb davon als *Abtriebskolonne* bezeichnet. Diese beiden Bereiche werden nacheinander gemäß Abb. 8.6 bilanziert, um die Zusammensetzungen der Stoffmengenströme des aufsteigenden Dampfgemisches und des ablaufenden Flüssigkeitsgemisches in den Querschnitten der Kolonne zu erhalten.

Für den oberen Bilanzraum in der Abbildung folgt als Stoffmengenbilanz

$$\dot{n}^{\mathrm{V}} = \dot{n}^{\mathrm{L}} + \dot{n}_{\mathrm{K}} \qquad (8.34)$$

und als Bilanz für die Komponente 1

$$\dot{n}^{\mathrm{V}} x_1^{\mathrm{V}} = \dot{n}^{\mathrm{L}} x_1^{\mathrm{L}} + \dot{n}_{\mathrm{K}} x_{\mathrm{K}1} \ . \qquad (8.35)$$

Mit den bereits in Abschnitt 3.4 verwendeten Abkürzungen $y = x_1^{\mathrm{V}}$ und $x = x_1^{\mathrm{L}}$ und Ersetzen von $\dot{n}^{\mathrm{V}}$ in Gleichung (8.35) durch Gleichung (8.34) folgt

$$y = \frac{\dot{n}^{\mathrm{L}}}{\dot{n}^{\mathrm{L}} + \dot{n}_{\mathrm{K}}} x + \frac{\dot{n}_{\mathrm{K}}}{\dot{n}^{\mathrm{L}} + \dot{n}_{\mathrm{K}}} x_{\mathrm{K}1} \ . \qquad (8.36)$$

Die Erweiterung der beiden rechten Terme mit $\dot{n}_{\mathrm{K}}$ ergibt

$$y = \frac{\dot{n}^{\mathrm{L}}/\dot{n}_{\mathrm{K}}}{\dot{n}^{\mathrm{L}}/\dot{n}_{\mathrm{K}} + 1} x + \frac{1}{\dot{n}^{\mathrm{L}}/\dot{n}_{\mathrm{K}} + 1} x_{\mathrm{K}1} \ , \qquad (8.37)$$

worin mit dem Rücklaufverhältnis aus Gleichung (8.29) $v = \dot{n}_{\mathrm{R}}/\dot{n}_{\mathrm{K}} = \dot{n}^{\mathrm{L}}/\dot{n}_{\mathrm{K}}$ die

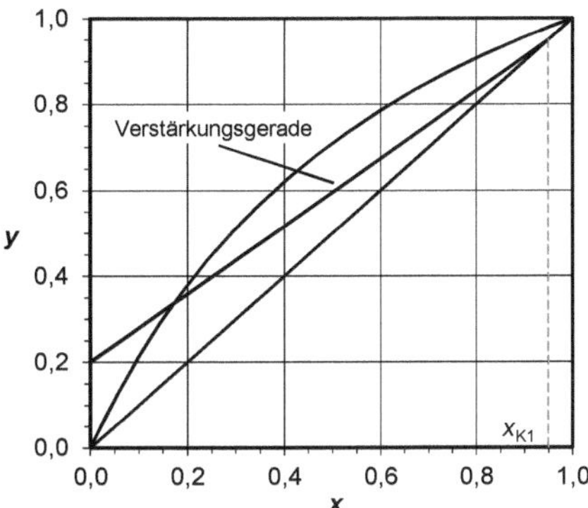

Abbildung 8.7: Verstärkungsgerade im Gleichgewichtsdiagramm

Gleichung der Verstärkungsgeraden folgt

$$y = \frac{v}{v+1}x + \frac{x_{K1}}{v+1} \; . \tag{8.38}$$

Im Gleichgewichtsdiagramm in Abb. 8.7 schneidet die Verstärkungsgerade die Diagonale im Punkt $y = x_{K1}$ und hat die vom Rücklaufverhältnis v bestimmte Steigung $v/(v+1)$ sowie den Ordinatenabschnitt $x_{K1}/(v+1)$. Zustände auf der Geraden geben den Zusammenhang zwischen den Stoffmengenanteilen von Dampf und Flüssigkeit in den waagerechten Querschnitten der Kolonne an. Wird kein Kopfprodukt abgeführt, so ist das Rücklaufverhältnis $v = \infty$ und die Verstärkungsgerade fällt mit der Diagonalen im Diagramm zusammen.

Eine entsprechende *Gleichung der Abtriebsgeraden* erhalten wir durch analoges Vorgehen mit

$$y' = \frac{\dot{n}^{*L}}{\dot{n}^{*L} - \dot{n}_S}x^* - \frac{\dot{n}_S}{\dot{n}^{*L} - \dot{n}_S}x_{S1} \; , \tag{8.39}$$

wobei in diesem Abschnitt Zustände unterhalb des Feedzulaufs – also im Abtriebsteil der Kolonne – durch den Index * gekennzeichnet werden. In Abb. 8.8 ist diese Gerade nur bis zum Schnittpunkt mit der Verstärkungsgeraden dargestellt. Zu den Besonderheiten dieses Schnittpunkts siehe die nachfolgenden Betrachtungen. Die Verstärkungs- und die Abtriebsgerade dürfen die Gleichgewichtslinie nicht berühren (davon ausgeschlossen ist der verlängerte Ast der Verstärkungsgeraden vom Schnittpunkt bis zur Ordinate, der zur Darstellung des Ordinatenabschnitts in das Diagramm eingezeichnet wird).

Zumeist erfolgt die Zuführung des Feedstroms in die Kolonne in den Zuständen B bis D. Dazu kann der Feedstrom in einem Wärmeübertrager vorgewärmt werden. Abhängig vom Zustand des Feeds verändern sich die Verhältnisse in der Kolonne. Wird das Feed als siedendes Flüssigkeitsgemisch, Zustand B, zugeführt, so ist der im Abtriebsteil der Kolonne ablaufende Flüssigkeitsstrom gleich der Summe des aus dem Verstärkungsteil kommenden Flüssigkeitsstroms und des Feedstroms (siehe Gleichung (8.42)). Wird dagegen das Feed als unterkühltes Flüssigkeitsgemisch, Zustand A, zugeführt, so

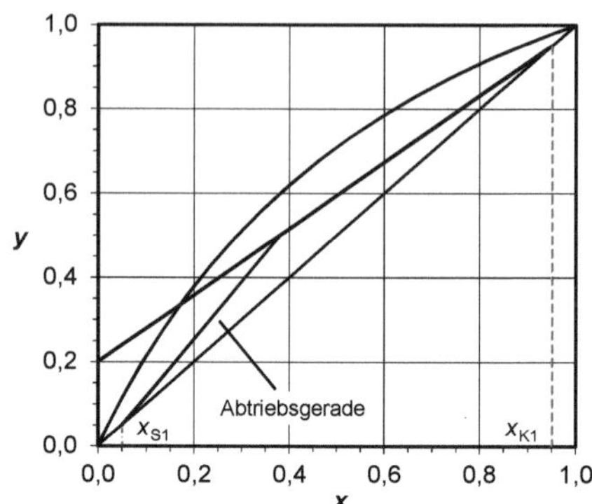

Abbildung 8.8: Abtriebsgerade im Gleichgewichtsdiagramm

wird diese Summe dadurch vergrößert, dass an diesem unterkühlten Gemisch Dampf kondensiert, was gleichzeitig zu einer Verminderung des aufsteigenden Dampfstroms führt. Ähnliche Betrachtungen gelten für die möglichen Feedzustände C bis E [55].

Es folgt die Ermittlung der Gleichung der *Schnittpunktsgeraden*, deren Endpunkt durch den Schnittpunkt der beiden Bilanzgeraden gebildet wird. Für den in der Abb. 8.6 mittleren Bilanzraum um den Feedzulauf folgt als Stoffmengenbilanz

$$\dot{n}_\mathrm{F} + \dot{n}^\mathrm{L} + \dot{n}^{*\mathrm{V}} = \dot{n}^\mathrm{V} + \dot{n}^{*\mathrm{L}} \tag{8.40}$$

und als Bilanz für die Komponente 1

$$\dot{n}_\mathrm{F} x_\mathrm{F1} + \dot{n}^\mathrm{L} x_1^\mathrm{L} + \dot{n}^{*\mathrm{V}} x_1^{*\mathrm{V}} = \dot{n}^\mathrm{V} x_1^\mathrm{V} + \dot{n}^{*\mathrm{L}} x_1^{*\mathrm{L}} \ . \tag{8.41}$$

Der unterhalb der Feedzugabe ablaufende flüssige Stoffmengenstrom ergibt sich für das mit Siedetemperatur T_S, also im siedend flüssigen Zustand, zulaufende Feed zu

$$\dot{n}^{*\mathrm{L}} = \dot{n}^\mathrm{L} + \dot{n}_\mathrm{F} \tag{8.42}$$

und für das mit einer Temperatur $T_\mathrm{F} \neq T_\mathrm{S}$ zulaufende Feed zu

$$\dot{n}^{*\mathrm{L}} = \dot{n}^\mathrm{L} + \varphi \dot{n}_\mathrm{F} \ . \tag{8.43}$$

Aus dieser Gleichung folgt

$$\varphi = \frac{\dot{n}^{*\mathrm{L}} - \dot{n}^\mathrm{L}}{\dot{n}_\mathrm{F}} \ . \tag{8.44}$$

φ entspricht also dem Anteil der Flüssigkeit im Feed [42, 43, 55]. Das Verhältnis φ kann – abhängig vom Feedzustand – die folgenden Werte annehmen:

A unterkühltes Flüssigkeitsgemisch, $\varphi > 1$

B siedendes Flüssigkeitsgemisch, $\varphi = 1$

C Zweiphasensystem mit Flüssigkeit und Dampf, $0 < \varphi < 1$

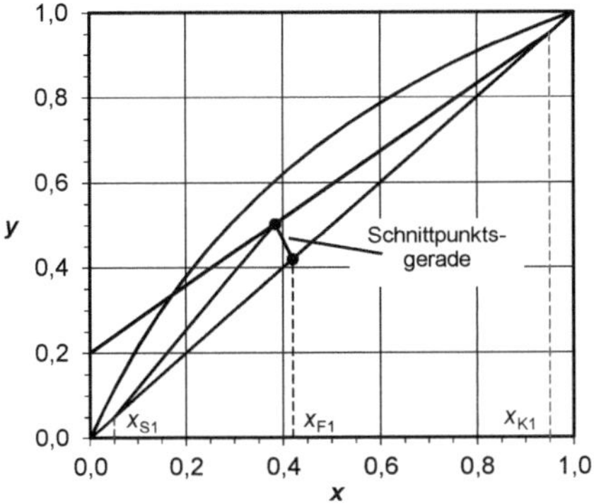

Abbildung 8.9: Schnittpunktsgerade im Gleichgewichtsdiagramm

D gesättigtes Dampfgemisch, $\varphi = 0$

E überhitztes Dampfgemisch, $\varphi < 0$

Um die Gleichung der Schnittpunktsgeraden zu entwickeln, setzen wir $\dot{n}^{*\mathrm{L}}$ aus Gleichung (8.43) in Gleichung (8.40) ein und erhalten

$$\dot{n}^{*\mathrm{V}} - \dot{n}^{\mathrm{V}} = \dot{n}_{\mathrm{F}}\,(\varphi - 1)\;. \tag{8.45}$$

Für die Schnittpunkte der Verstärkungs- und Abtriebsgeraden gelten $x_1^{\mathrm{L}} = x_1^{*\mathrm{L}} = x$ und $x_1^{\mathrm{V}} = x_1^{*\mathrm{V}} = y$, womit aus Gleichung (8.41)

$$\dot{n}_{\mathrm{F}} x_{\mathrm{F}1} + (\dot{n}^{\mathrm{L}} - \dot{n}^{*\mathrm{L}})x + (\dot{n}^{*\mathrm{V}} - \dot{n}^{\mathrm{V}})y = 0 \tag{8.46}$$

folgt und daraus mit den Gleichungen (8.43) und (8.45) die *Gleichung der Schnittpunktsgeraden*

$$y = \frac{\varphi}{\varphi - 1}x - \frac{x_{\mathrm{F}1}}{\varphi - 1} \tag{8.47}$$

erhalten wird, siehe dazu Abb. 8.9.

Zur grafischen Darstellung dieser Geraden im Gleichgewichtsdiagramm sind ihre Schnittpunkte mit der Diagonalen und der Verstärkungsgeraden erforderlich. Für den Schnittpunkt mit der Diagonalen gilt $y = x_{\mathrm{F}1}$. Für den Schnittpunkt mit der Verstärkungsgeraden setzen wir die Schnittpunktsgerade (8.47) und die Verstärkungsgerade (8.38) gleich und erhalten

$$x = \frac{x_{\mathrm{K}1}\,(\varphi - 1) + x_{\mathrm{F}1}\,(v + 1)}{\varphi + v}\;. \tag{8.48}$$

Den dazu gehörenden y-Wert erhalten wir aus der Gleichung (8.38). In Abb. 8.10 sind Schnittpunktsgeraden für die unterschiedlichen Feedzustände A bis E im Gleichgewichtsdiagramm dargestellt.

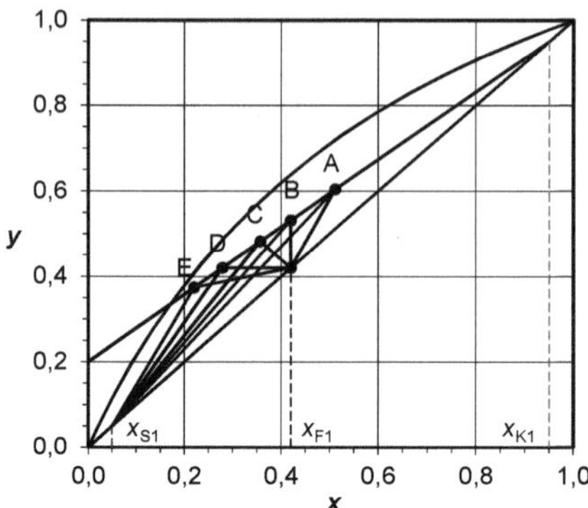

Abbildung 8.10: Schnittpunktsgeraden für unterschiedliche Feedzustände
im Gleichgewichtsdiagramm

Die Berechnung von φ kann auch mit Enthalpien erfolgen

$$\varphi = 1 + \frac{h_F'(T_S) - h_F(T_F)}{\Delta_{vap} h_F} \; . \tag{8.49}$$

φ wird damit als das Verhältnis der zur Erzeugung von gesättigtem Dampf erforderlichen spezifischen Enthalpie zur spezifischen Verdampfungsenthalpie des Feedstroms

$$\Delta_{vap} h_F = h_F''(T_{Tau}) - h_F'(T_S) \tag{8.50}$$

interpretiert. Die spezifischen Enthalpien des Feedstroms ergeben sich – abhängig vom Feedzustand – mit den entsprechenden Gleichungen aus Abschnitt 8.2. Alternativ folgt die spezifische Verdampfungsenthalpie des Feeds auch aus der Gleichung

$$\Delta_{vap} h_F = w_1 \Delta_{vap} h_1(T_{S1}) + w_2 \Delta_{vap} h_2(T_{S2}) \; , \tag{8.51}$$

wodurch sich zumindest die Berechnung von $h_F''(T_{Tau})$ erübrigt.

8.4 Stufenkonstruktion, Wärmeströme, Kolonnenprofile

Beispiel 8.2

Ein Feedstrom von $\dot{m}_F = 30\,000\,\mathrm{kg}\,\mathrm{h}^{-1}$ mit den Komponenten Benzol und Toluol ist kontinuierlich zu rektifizieren. Dabei sollen eine ideale Gasphase und eine ideale Flüssigphase angenommen werden. Die Zusammensetzung des siedend flüssig in die Kolonne geführten Feeds beträgt $x_{F1} = 0{,}282$, die geforderte Reinheit des siedend flüssig abgeführten Kopfprodukts oder Destillats $x_{K1} = 0{,}987$ und die des siedend flüssigen Sumpfprodukts $x_{S1} = 0{,}014$. Der Druck in der Kolonne liegt konstant bei $p = 1{,}013\,\mathrm{bar}$. Der Trennfaktor des Gemisches beträgt

$\alpha = 2{,}450$ (siehe Berechnung in Abb. 3.6) und das Rücklaufverhältnis $v = 3{,}0$. Zu ermitteln sind die für die Trennung erforderliche theoretische Stufenzahl n_{th} und die Nummer der Stufe, auf die das Feed zugeführt wird. (Ergebnisse im Excel-Berechnungsblatt in Abb. 8.11.)

8.4.1 Stufenkonstruktion und theoretische Stufenzahl

Gemäß der Aufgabenstellung in Beispiel 8.2 wird die Erstellung eines Excel-Berechnungsblattes für die Ermittlung der theoretischen Stufenzahl einschließlich der Aufstellung der Mengen- und Energiebilanzen in zwei aufeinander aufbauenden Versionen verfolgt:

I. Wir erstellen zuerst eine einfachere Version des Berechnungsblattes mit den Massen- und Stoffmengenströmen und ihren Zusammensetzungen (Stoffmengen- und Massenanteile), aber ohne Energiebilanzen, die die Feedzustände $\varphi = 1$ oder $\varphi = 0$ zulässt. Das Ergebnis ist in Abb. 8.11 dargestellt.

II. Eine ausführlichere Version, die Feedzustände $0 \leq \varphi \leq 1$ erlaubt, wird um die Energiebilanzen zur Berechnung der erforderlichen Wärmeströme für die Beheizung im Sumpf und für die Kühlung im Kondensator erweitert. Dazu gehören die Berechnung und die Darstellung der Temperatur- und Konzentrationsprofile der Kolonne, siehe die Abschnitte 8.4.2 und 8.4.3. Das gemäß der Aufgabenstellung in Beispiel 8.3 berechnete Ergebnis ist in Abb. 8.16 enthalten.

Beginnen wir mit der einfacheren Version I gemäß Beispiel 8.2 und erstellen das Excel-Berechnungsblatt wie in Abb. 8.11:

1. Die molaren Massen der Komponenten M_i hatten wir bereits in das in Abb. 8.2 dargestellte Berechnungsblatt eingegeben. Eingabedaten sind der Massenstrom des Feeds $\dot{m}_{\text{F}}$, die Stoffmengenanteile der Komponente 1 im Feed x_{F1}, im Kopfprodukt oder Destillat x_{K1} sowie im Sumpfprodukt x_{S1}, das Verhältnis φ ($\varphi = 0$ oder $\varphi = 1$) und das Rücklaufverhältnis v. Für das Eingabefeld von φ empfiehlt sich eine Datenüberprüfung (siehe dazu die Abschnitte 2.1 und 2.5.1).

2. Zur Darstellung der Stufenkonstruktion im Gleichgewichtsdiagramm gehören Diagonale und Gleichgewichtskurve sowie Verstärkungs-, Abtriebs- und Schnittpunktsgerade, die nachfolgend ermittelt werden. Die Diagonale im Gleichgewichtsdiagramm hat die Datenpunkte (0;0) und (1;1). Die Datenpunkte für die Darstellung der Gleichgewichtskurve können wir dem Berechnungsblatt entsprechend Abb. 3.6 entnehmen oder mit Gleichung (3.34) unter Verwendung des in Beispiel 8.2 gegebenen Werts für den Trennfaktor α in einer separaten Tabelle berechnen.

3. Für die Darstellung der Verstärkungs-, der Abtriebs- und der Schnittpunktsgerade im Gleichgewichtsdiagramm im Excel-Berechnungsblatt in Abb. 8.11 erstellen wir im unteren, in Abb. 8.11 nicht dargestellten Teil des Arbeitsblattes eine separate Tabelle wie in Abb. 8.12 (siehe dazu auch die Ausführungen in Abschnitt 8.3.2):

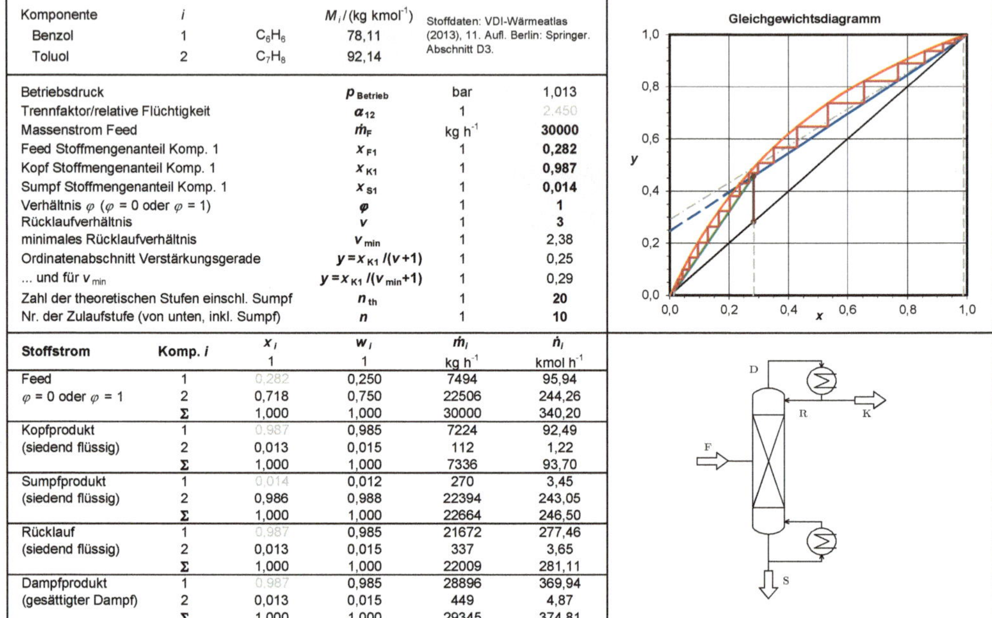

Komponente	i		$M_i / (\mathrm{kg\ kmol^{-1}})$		
Benzol	1	C_6H_6	78,11	Stoffdaten: VDI-Wärmeatlas (2013), 11. Aufl. Berlin: Springer. Abschnitt D3.	
Toluol	2	C_7H_8	92,14		

Betriebsdruck	$p_{Betrieb}$	bar	1	1,013
Trennfaktor/relative Flüchtigkeit	α_{12}		1	2,450
Massenstrom Feed	$\dot{m}_F$	kg h^{-1}	1	30000
Feed Stoffmengenanteil Komp. 1	x_{F1}		1	0,282
Kopf Stoffmengenanteil Komp. 1	x_{K1}		1	0,987
Sumpf Stoffmengenanteil Komp. 1	x_{S1}		1	0,014
Verhältnis φ ($\varphi = 0$ oder $\varphi = 1$)	φ		1	1
Rücklaufverhältnis	v		1	3
minimales Rücklaufverhältnis	v_{min}		1	2,38
Ordinatenabschnitt Verstärkungsgerade	$y = x_{K1}/(v+1)$		1	0,25
... und für v_{min}	$y = x_{K1}/(v_{min}+1)$		1	0,29
Zahl der theoretischen Stufen einschl. Sumpf	n_{th}		1	20
Nr. der Zulaufstufe (von unten, inkl. Sumpf)	n		1	10

Stoffstrom	Komp. i	x_i / 1	w_i / 1	$\dot{m}_i$ / kg h^{-1}	$\dot{n}_i$ / kmol h^{-1}
Feed	1	0,282	0,250	7494	95,94
$\varphi = 0$ oder $\varphi = 1$	2	0,718	0,750	22506	244,26
	Σ	1,000	1,000	30000	340,20
Kopfprodukt	1	0,987	0,985	7224	92,49
(siedend flüssig)	2	0,013	0,015	112	1,22
	Σ	1,000	1,000	7336	93,70
Sumpfprodukt	1	0,014	0,012	270	3,45
(siedend flüssig)	2	0,986	0,988	22394	243,05
	Σ	1,000	1,000	22664	246,50
Rücklauf	1	0,987	0,985	21672	277,46
(siedend flüssig)	2	0,013	0,015	337	3,65
	Σ	1,000	1,000	22009	281,11
Dampfprodukt	1	0,987	0,985	28896	369,94
(gesättigter Dampf)	2	0,013	0,015	449	4,87
	Σ	1,000	1,000	29345	374,81

Abbildung 8.11: Excel-Berechnungsblatt für die Rektifikation Benzol-Toluol, Stufenkonstruktion

Konstruktion der Bilanzgeraden	$y = x_i^V$	$x = x_i^L$
Verstärkungsgerade		
Schnittpunkt mit Diagonale	0,987	0,987
Schnittpunkt mit Schnittpunktsgerade	0,458	0,282
Schnittpunkt mit Ordinate $\quad y = x_{K1}/(v+1)$	0,247	0,000
Schnittpunktsgerade		
Schnittpunkt mit Diagonale	0,282	0,282
Schnittpunkt mit Verstärkungsgerade	0,458	0,282
Abtriebsgerade		
Schnittpunkt mit Diagonale	0,014	0,014
Schnittpunkt mit Verstärkungsgerade	0,458	0,282
Verstärkungsgerade für v_{min} (optional)		
Schnittpunkt mit Diagonale	0,987	0,987
Schnittpunkt mit Gleichgewichtskurve	0,490	0,282
Schnittpunkt mit Ordinate $\quad y = x_{K1}/(v_{min}+1)$	0,292	0,000

Abbildung 8.12: Tabelle mit den Daten der Geraden im Gleichgewichtsdiagramm (zu Abb. 8.11)

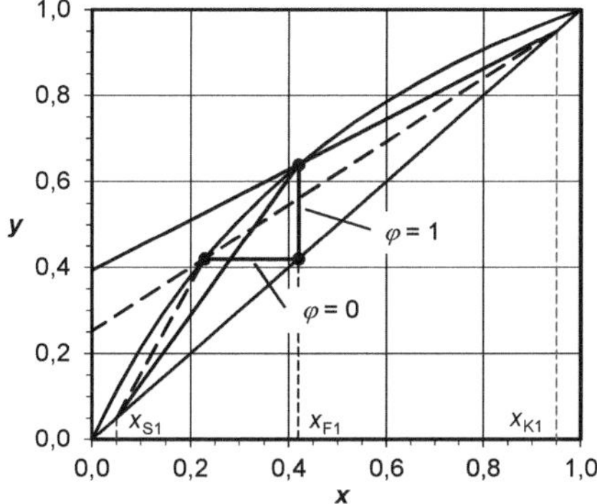

Abbildung 8.13: Schnittpunkts- und Verstärkungsgeraden im Gleichgewichtsdiagramm bei minimalem Rücklaufverhältnis und für die Feedzustände
$\varphi = 1$ und $\varphi = 0$

- Die Verstärkungsgerade gemäß Gleichung (8.38) schneidet die Diagonale im Punkt $y = x = x_{K1}$ und hat den Ordinatenabschnitt $y = x_{K1}/(v + 1)$. Ihren Schnittpunkt mit der Schnittpunktsgerade berechnen wir nachfolgend, womit wir das zusätzliche Geradenstück bis zur Ordinate optional z. B. als Strichpunktlinie darstellen können.

- Die Schnittpunktsgerade beginnt auf der Diagonalen im Punkt $y = x = x_{F1}$. Der x-Wert des Schnittpunkts mit der Verstärkungsgeraden folgt allgemein – also für beliebige Werte von φ – aus Gleichung (8.48) und der y-Wert aus Gleichung (8.38). Nur wenig einfacher ist die Berechnung, wenn wir uns auf die beiden Fälle $\varphi = 1$ oder $\varphi = 0$ einschränken: Für $\varphi = 1$ verläuft die Schnittpunktsgerade senkrecht und der y-Wert folgt aus Gleichung (8.38). Für $\varphi = 0$ verläuft die Gerade waagerecht. Es gilt $y = x_{F1}$ und der x-Wert für den Schnittpunkt ergibt sich aus der nach x aufgelösten Gleichung (8.38).

- Die Abtriebsgerade schneidet die Diagonale im Punkt $y = x = x_{S1}$ und endet im bereits zuvor berechneten gemeinsamen Schnittpunkt von Verstärkungs- und Schnittpunktsgeraden.

Bei abnehmendem Rücklaufverhältnis v nimmt die Steigung der Verstärkungsgeraden ab. Um eine Trennung in der Kolonne zu ermöglichen, muss der Schnittpunkt von Verstärkungs- und Abtriebsgeraden unterhalb der Gleichgewichtskurve liegen. Nähert sich dieser Schnittpunkt der Gleichgewichtskurve, geht die theoretische Stufenzahl gegen unendlich. Im Grenzfall, wenn der Schnittpunkt auf der Gleichgewichtskurve liegt, wird das *minimale Rücklaufverhältnis* $v_{\min}$ erreicht. Die Verstärkungsgerade für das minimale Rücklaufverhältnis beginnt auf der Diagonalen, entsprechend der „normalen" Verstärkungsgeraden, und führt weiter durch den Schnittpunkt von Gleichgewichtskurve und Schnittpunktsgerade bis zur Ordinate.

4. Für Version I berechnen wir für diesen Grenzfall $v = v_{\min}$ die Schnittpunkte der Verstärkungsgeraden mit der Gleichgewichtskurve für die beiden Fälle $\varphi = 1$

und $\varphi = 0$ sowie daraus jeweils das minimale Rücklaufverhältnis

$$v_{\min} = \frac{x_{K1} - y}{y - x} \qquad (8.52)$$

aus der Gleichung der Verstärkungsgeraden (8.38), siehe dazu Abb. 8.13:

- $\varphi = 1$: Für den Schnittpunkt gilt $x = x_{F1}$ und der y-Wert folgt aus der Gleichgewichtskurve aus Gleichung (3.34).

- $\varphi = 0$: Hier gilt $y = x_{F1}$ und x folgt aus Gleichung (3.34) mit

$$x = \frac{y}{\alpha + y(1 - \alpha)} \ . \qquad (8.53)$$

Die Verstärkungsgerade schneidet die Diagonale im Punkt $y = x = x_{K1}$. Für die Koordinaten des Schnittpunkts mit der Gleichgewichtskurve gilt der nachfolgende Pseudocode:

- x-Wert `=WENN(phi=1; x_F1; x_F1 / (alpha + x_F1 * (1 - alpha)))`, also mit Gleichung (8.53).

- y-Wert `=WENN(phi=1; alpha * x_F1 / (1 + x_F1 * (alpha - 1)); x_F1)`, also mit Gleichung (3.34).

Für die Berechnung der Verstärkungsgeraden für $v_{\min}$ muss zuerst das minimale Rücklaufverhältnis mit Hilfe des folgenden Pseudocodes berechnet werden:

```
=WENN(phi=1; (x_K1 - (alpha * x_F1 / (1 + x_F1
* (alpha - 1)))) / ((alpha * x_F1 / (1 + x_F1
* (alpha - 1))) - x_F1); (x_K1 - x_F1) / (x_F1 - (x_F1
/ (alpha + x_F1 * (1 - alpha)))))
```

Erläuterung: Wie bereits beschrieben, gilt $x = x_{F1}$ für den Fall $\varphi = 1$ und in Gleichung (8.52) wird Gleichung (3.34) eingesetzt (siehe dazu Abb. 8.13). Für den Fall $\varphi = 0$ gilt $y = x_{F1}$ und in Gleichung (8.52) wird Gleichung (8.53) eingesetzt. Der Ordinatenabschnitt der Verstärkungsgeraden für $v_{\min}$ folgt aus Gleichung (8.38) mit $y = x_{K1}/(v_{\min} + 1)$. Damit kann auch diese Gerade im Gleichgewichtsdiagramm dargestellt werden.

5. Für die Version I wird nachfolgend im Excel-Berechnungsblatt eine übersichtliche Tabelle mit den Stoffmengen- und Massenanteilen sowie den Massen- und Stoffmengenströmen sämtlicher an der Kolonne ein- und austretender Ströme erstellt, siehe Abb. 8.11:

   - Da die Stoffmengenanteile von Feed, Kopf- und Sumpfprodukt x_{F1}, x_{K1} bzw. x_{S1} gegeben sind und das Dampfprodukt am Kolonnenkopf und der Rücklauf dieselbe Zusammensetzung wie das Kopfprodukt haben, $x_{D1} = x_{R1} = x_{K1}$, werden diese Werte in die Tabelle übernommen. Über die Summationsbedingungen (3.43) und (3.44) können die noch fehlenden Stoffmengenanteile ermittelt und die Umrechnungen in die Massenanteile w_i mit Gleichung (8.20) durchgeführt werden.

- Die Teilmassenströme des Feeds $\dot{m}_{\mathrm{F}i}$ folgen aus dem gegebenen Massenstrom des Feeds $\dot{m}_{\mathrm{F}}$ über Gleichung (8.19) und die Teilmengenströme $\dot{n}_{\mathrm{F}i}$ über Gleichung (8.21).

- Der Massenstrom des Kopfprodukts lässt sich aus den entsprechend der Gleichungen (8.27) und (8.28) formulierten Massenbilanzen mit

$$\dot{m}_{\mathrm{K}} = \dot{m}_{\mathrm{F}} \frac{w_{\mathrm{F}1} - w_{\mathrm{S}1}}{w_{\mathrm{K}1} - w_{\mathrm{S}1}} \tag{8.54}$$

berechnen, vgl. Gleichung (8.31), woraus die Teilmassen- und Teilmengenströme des Kopfprodukts $\dot{m}_{\mathrm{K}i}$ bzw. $\dot{n}_{\mathrm{K}i}$ folgen.

- Der Massenstrom des Sumpfprodukts ergibt sich aus der Gesamtbilanz

$$\dot{m}_{\mathrm{S}} = \dot{m}_{\mathrm{F}} - \dot{m}_{\mathrm{K}} \tag{8.55}$$

und daraus die Teilmassenströme und Teilmengenströme des Sumpfprodukts $\dot{m}_{\mathrm{S}i}$ bzw. $\dot{n}_{\mathrm{S}i}$.

- Für den Rücklauf werden der Stoffmengenstrom $\dot{n}_{\mathrm{R}}$ mit Gleichung (8.29) über das Rücklaufverhältnis v, daraus die Teilmengenströme $\dot{n}_{\mathrm{R}i}$ und aus diesen die Teilmassenströme $\dot{m}_{\mathrm{R}i}$ und der Massenstrom $\dot{m}_{\mathrm{R}}$ berechnet.

- Der Stoffmengenstrom des Dampfprodukts folgt aus der Bilanzgleichung

$$\dot{n}_{\mathrm{D}} = \dot{n}_{\mathrm{K}} + \dot{n}_{\mathrm{R}} \tag{8.56}$$

und der Massenstrom des Dampfprodukts $\dot{m}_{\mathrm{D}}$ aus der entsprechend formulierten Massenbilanz, woraus die Teilmassen- und Teilmengenströme des Dampfprodukts $\dot{m}_{\mathrm{D}i}$ bzw. $\dot{n}_{\mathrm{D}i}$ folgen und diese Tabelle fertiggestellt ist.

Die *Stufenkonstruktion* zur Ermittlung der theoretischen Stufenzahl und der Nummer der Stufe, auf der das Feed zugeführt wird, erfolgt über ein einfaches grafisches Verfahren im Gleichgewichtsdiagramm nach McCabe und Thiele [56], siehe Abb. 8.14. Grundsätzlich können wir mit der Stufenkonstruktion beim Sumpf oder beim Kopf der Kolonne beginnen. Wir wählen die erste Variante:

- Die Zustandspunkte $y = f(x)$ in den Querschnitten der Kolonne (im Grundfließschema als gestrichelte Linien dargestellt) liegen auf den Bilanzgeraden. Die Stoffmengenanteile der Dampfphase $y = x^{\mathrm{V}}_{1,j}$ – gegeben durch Zustandspunkte auf den Bilanzgeraden – müssen kleiner sein als die Stoffmengenanteile im Gleichgewicht. Die aus den theoretischen Trennstufen oder Gleichgewichtsstufen austretenden Stoffströme stehen im Phasengleichgewicht und liegen damit auf der Gleichgewichtskurve.

- Die erste Stufe beginnt auf der Abtriebsgeraden im gemeinsamen Schnittpunkt 1 mit der Diagonalen mit den Koordinaten $(x = x_{\mathrm{S}1}; y = x_{\mathrm{S}1})$. Der Dampf, der aus dem Sumpf der Kolonne aufsteigt, steht mit der dort siedenden Flüssigkeit im Phasengleichgewicht, womit der Sumpf die erste theoretische Trennstufe der

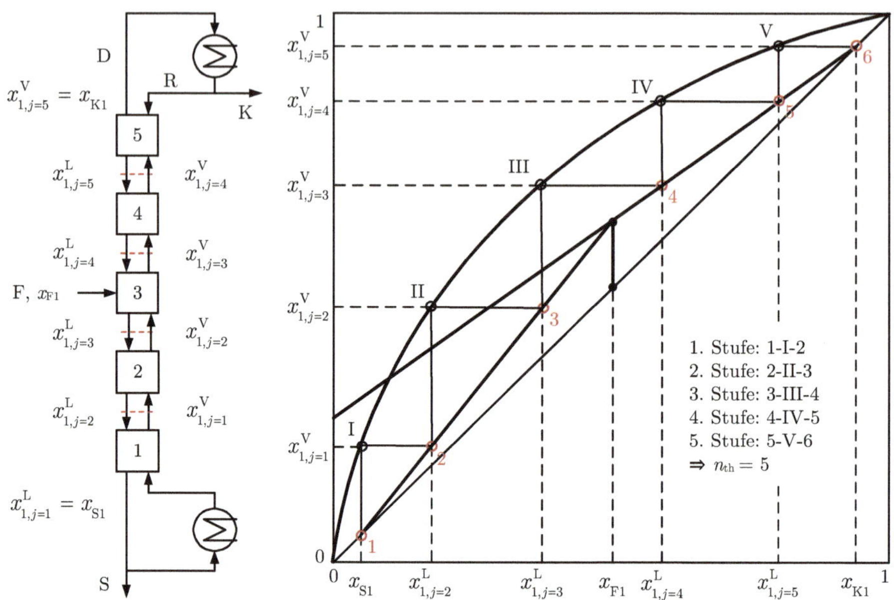

Abbildung 8.14: Grundfließschema mit theoretischen Trennstufen und Stufenkonstruktion für die Rektifikation im Gleichgewichtsdiagramm

Kolonne bildet. Der erste senkrechte Linienzug endet deshalb auf der Gleichgewichtskurve, siehe Punkt I auf der Abtriebsgeraden. Für seinen Endpunkt gilt $x = x_{\mathrm{S1}}$; der y-Wert ist mit Gleichung (3.34) berechenbar.

- Mit dem Endpunkt 2 des abszissenparallelen Linienzugs wird die erste Stufe grafisch vollendet. Dieser Punkt liegt wieder auf der Abtriebsgeraden und bildet den ersten Punkt der zweiten theoretischen Stufe, womit er denselben y-Wert wie der Endpunkt des senkrechten Linienzugs hat. Die x-Werte dieses und der weiteren auf den Bilanzgeraden liegenden Punkte werden aus den Bilanzgeraden ermittelt; für den Abtriebsteil der Kolonne mit der Abtriebsgeraden, für den Verstärkungsteil der Kolonne mit der Verstärkungsgeraden. Die Stufen werden erstellt, bis die geforderte Reinheit des Kopfprodukts gerade erreicht (wie in Abb. 8.14) oder überschritten wird. Die Summe der Stufen ergibt die theoretische Stufenzahl n_{th}.

Nachfolgend erstellen wir die Stufenkonstruktion in einer separaten Tabelle wie in Abb. 8.15:

6. Für den Datensatz der ersten Stufe gilt:

   - y-Wert erste Zeile: `=x_S1`

   - x-Wert erste Zeile: `=x_S1`

   - y-Wert zweite Zeile: `=(alpha * x) / (1 + x * (alpha - 1))`,
     also unter Verwendung von Gleichung (3.34).

Stufenkonstruktion			Anzahl der theoretischen Trennstufen **20**	Nr. der Zulaufstufe **10**
	Bilanzgerade *Gleichgewichtskurve*			
Stufe Nr.	**Stufenzug** y	x	**theoretische Stufe**	**Zulaufstufe**
1	0,014 *0,034*	0,014 *0,014*	1	
2	0,034 *0,061*	0,026 *0,026*	1	
3	0,061 *0,098*	0,042 *0,042*	1	
4	0,098 *0,145*	0,065 *0,065*	1	
5	0,145 *0,200*	0,093 *0,093*	1	
6	0,200 *0,262*	0,126 *0,126*	1	
7	0,262 *0,324*	0,163 *0,163*	1	
8	0,324 *0,381*	0,201 *0,201*	1	
9	0,381 *0,430*	0,235 *0,235*	1	
10	0,430 *0,469*	0,265 *0,265*	1	10
11	0,469 *0,508*	0,296 *0,296*	1	
12	0,508 *0,567*	0,348 *0,348*	1	
13	0,567 *0,646*	0,427 *0,427*	1	
14	0,646 *0,736*	0,532 *0,532*	1	
15	0,736 *0,821*	0,652 *0,652*	1	
16	0,821 *0,889*	0,766 *0,766*	1	
17	0,889 *0,936*	0,857 *0,857*	1	
18	0,936 *0,965*	0,919 *0,919*	1	
19	0,965 *0,982*	0,958 *0,958*	1	
20	0,982 *0,992*	0,981 *0,981*	1	
21	0,992 *0,992*	0,987 *0,987*	0	

Abbildung 8.15: Datentabelle für die Stufenkonstruktion (zu Abb. 8.11)

- x-Wert zweite Zeile: `x-Wert Zeile darüber`

7. Anstatt Gleichung (8.39) für die Abtriebsgerade zu verwenden, erstellen wir eine Geradengleichung $y = mx + b$, in der wir die Steigung $m = \Delta y/\Delta x = (y_2 - y_1)/(x_2 - x_1)$ über die Koordinaten der – bereits in der Tabelle in Abb. 8.12 ermittelten – Schnittpunkte dieser Geraden mit der Diagonalen und der Verstärkungsgeraden bestimmen. Es folgt daraus $x = (y - b)/m$ und $b = y_1 - mx_1$. Als Punkt $(x_1;y_1)$ wählen wir den Schnittpunkt der Abtriebsgeraden mit der Diagonalen $(x_{S1};x_{S1})$ und als Punkt $(x_2;y_2)$ den Schnittpunkt dieser Geraden mit der Verstärkungsgeraden $(x_{\text{Schnittpunkt}};y_{\text{Schnittpunkt}})$. Daraus folgt

$$x = \frac{y - x_{S1}}{\frac{y_{\text{Schnittpunkt}} - x_{S1}}{x_{\text{Schnittpunkt}} - x_{S1}}} + x_{S1} \ . \tag{8.57}$$

Für den x-Wert auf der Verstärkungsgeraden verwenden wir die nach x umgeformte Gleichung (8.38)

$$x = \frac{v + 1}{v}y - \frac{x_{K1}}{v} \ . \tag{8.58}$$

Somit folgt für den Datensatz ab der zweiten Stufe:

- y-Wert erste Zeile: `=y-Wert Zeile darüber`
- x-Wert erste Zeile: `=WENN(y-Wert Zeile darüber <= x_K1;`
  `WENN(y-Wert Zeile darüber < y-Wert Schnittpunkt;`
  `((y-Wert - x_S1) / ((y-Wert Schnittpunkt - x_S1)`
  `/ (x-Wert Schnittpunkt - x_S1)) + x_S1);`
  `((y-Wert * (v + 1) / v) - (x_K1 / v))); x_K1) ,`
  also unter Verwendung der Gleichungen (8.57) und (8.58).
- y-Wert zweite Zeile: `=WENN(x = x_K1; y-Wert Zeile darüber;`
  `((alpha * x) / (1 + x * (alpha - 1)))),`
  also mit Gleichung (3.34). Damit endet der letzte abszissenparallele Linienzug entweder auf der Diagonalen oder bei $x = x_{K1}$.
- x-Wert zweite Zeile: `=x-Wert Zeile darüber`

8. Für die Ermittlung der Anzahl der theoretischen Stufen wird in der vierten Spalte der Tabelle in Abb. 8.15 zuerst mit

  - `=WENN(y-Wert erste Zeile < y-Wert zweite Zeile; 1; 0)`

abgefragt, ob die jeweilige Stufe „vollendet" ist (Wert 1). Durch Summation der Werte der Spalte im Kopf der Tabelle steht damit die Anzahl der theoretischen Stufen fest.

9. Das Feed sollte auf die Stufe geführt werden, auf der die Zusammensetzung der Flüssigkeit kleiner oder gleich der Zusammensetzung des Feeds ist [56]. Damit wird die Nummer der Zulaufstufe in der fünften Spalte der Tabelle über die Abfrage

  - `=WENN(UND(y-Wert erste Zeile <= y-Wert Schnittpunkt;`
    `y-Wert Schnittpunkt < y-Wert zweite Zeile); Nr. Stufe; " ")`

ermittelt, wobei `Nr. Stufe` der entsprechende Wert aus der ersten Spalte ist. Die Nummer lässt sich durch Summation der Werte in der Spalte in den Kopf dieser Tabelle übertragen. Abschließend lassen sich die auf dem Excel-Berechnungsblatt erstellten Berechnungszeilen ab der zweiten Stufe paarweise kopieren, wenn absolute Bezüge an den richtigen Stellen gesetzt wurden, so dass eine Tabelle entsprechend Abb. 8.15 entsteht. Der Stufenzug kann im Gleichgewichtsdiagramm dargestellt werden.

8.4.2 Berechnung des Feedzustands und der Wärmeströme

Beispiel 8.3

Ein Feedstrom von $\dot{m}_\mathrm{F} = 30\,000\,\mathrm{kg\,h^{-1}}$ mit den Komponenten Benzol und Toluol ist kontinuierlich zu rektifizieren. Dabei sollen eine ideale Gasphase und eine ideale Flüssigphase angenommen werden. Die Zusammensetzung des mit einem Verhältnis $\varphi = 0{,}58$ in die Kolonne geführten Feeds beträgt $x_\mathrm{F1} = 0{,}39$, die geforderte Reinheit des siedend flüssig abgeführten Kopfprodukts oder Destillats $x_\mathrm{K1} = 0{,}98$ und die des siedend flüssigen Sumpfprodukts $x_\mathrm{S1} = 0{,}02$. Der Druck in der Kolonne liegt konstant bei $p = 1{,}013\,\mathrm{bar}$. Der Trennfaktor des Gemisches beträgt $\alpha = 2{,}450$ (siehe Berechnung in Abb. 3.6) und das Rücklaufverhältnis $v = 2{,}9$. Zu ermitteln sind die für die Trennung erforderliche theoretische Stufenzahl n_th und die Nummer der Stufe, auf die das Feed zugeführt wird. Außerdem sind die Enthalpieströme $\dot{H}$ des Feeds, des Kopfprodukts, des Sumpfprodukts, des Rücklaufs und des Dampfprodukts und daraus der am Kopf der Kolonne abzuführende Wärmestrom $\dot{Q}_\mathrm{kond}$ und der am Sumpf der Kolonne zuzuführende Wärmestrom $\dot{Q}_\mathrm{verd}$ zu berechnen. Dazu sind die Temperatur- und Konzentrationsprofile in Abhängigkeit von der Kolonnenhöhe zu ermitteln und darzustellen. (Ergebnisse im Excel-Berechnungsblatt in Abb. 8.16.)

Die Erstellung des in Abb. 8.16 dargestellten Excel-Berechnungsblattes erfolgt für Feedzustände $0 \leq \varphi \leq 1$ gemäß Version II und damit aufbauend auf der Version I in Abb. 8.11, wofür die nachfolgend aufgeführten Ergänzungen oder Erweiterungen erforderlich sind:

1. Zunächst werden im oberen Teil des Arbeitsblattes die Daten der Komponenten für die Siedetemperatur ϑ_S, die spezifische Verdampfungsenthalpie $\Delta_\mathrm{vap}h(T_\mathrm{S})$ bei Normdruck, die kritische Temperatur T_kr und die Koeffizienten für die Berechnung der spezifischen Wärmekapazitäten der flüssigen und gasförmigen Komponenten c_{pi}^L bzw. c_{pi}^G aus dem *VDI-Wärmeatlas* ergänzt. Diese Daten sind bereits in Abb. 8.2 aufgeführt. Die Prozessdaten gemäß Beispiel 8.3 werden in das Arbeitsblatt eingetragen und Berechnungszellen für Feed-, Siede- und Tautemperaturen ϑ_F, ϑ_S bzw. ϑ_Tau sowie die Wärmeströme $\dot{Q}_\mathrm{kond}$ und $\dot{Q}_\mathrm{verd}$ eingefügt.

2. Die Tabelle in Abb. 8.17 für die Darstellung der Stufenkonstruktion im Gleichgewichtsdiagramm wird nachfolgend angepasst: Der x-Wert des Schnittpunkts

$p_n = 1013\ \text{hPa}$

Komponente	i		$M\ /\ (\text{kg kmol}^{-1})$	$\vartheta_S\ /\ ^\circ C$	$\Delta_{vap} h\ /\ (\text{kJ kg}^{-1})$	$T_{kr}\ /\ K$
Benzol	1	C_6H_6	78,11	80,1	393,7	562,01
Toluol	2	C_7H_8	92,14	110,6	360,8	591,75

Stoffdaten: VDI-Wärmeatlas (2013), 11. Aufl. Berlin: Springer. Abschnitt D3.

	Koeffizienten spezifische Wärmekapazitäten c_{pi}^{L} der Flüssigkeiten						Koeffizienten spezifische Wärmekapazitäten c_{pi}^{G} der idealen Gase						
i	A	B	C	D	E	F	A	B	C	D	E	F	G
1	0,4928	22,5398	-16,8877	10,0243	-39,3837	49,538	809,7723	3,7727	-3,6189	-9,0633	149,9616	-223,5093	99,7303
2	0,4806	28,5306	-27,4267	39,8253	-98,5476	85,5686	841,2618	5,3563	-8,1268	-8,4229	132,4066	-258,0367	181,8666

Betriebsdruck	$p_{Betrieb}$	bar	1,013
Trennfaktor/relative Flüchtigkeit	α_{12}	1	2,450
Massenstrom Feed	$\dot{m}_F$	kg h⁻¹	**30000**
Feed Stoffmengenanteil Komp. 1	x_{F1}	1	**0,39**
Kopf Stoffmengenanteil Komp. 1	x_{K1}	1	**0,98**
Sumpf Stoffmengenanteil Komp. 1	x_{S1}	1	**0,02**
Verhältnis $\varphi,\ 0 \leq \varphi \leq 1$	φ	1	**0,58**
Rücklaufverhältnis	v	1	**2,90**
berechnete Temperatur Feed	ϑ_F	°C	**98,4**
Siedetemperatur Feed (bei x_{F1})	ϑ_S	°C	95,4
Tautemperatur Feed (bei x_{F1})	ϑ_{Tau}	°C	101,7
minimales Rücklaufverhältnis	v_{min}	1	2,20
Ordinatenabschnitt Verstärkungsgerade	$y = x_{K1}/(v+1)$	1	0,25
... und für v_{min}	$y = x_{K1}/(v_{min}+1)$	1	0,31
Zahl der theoretischen Stufen einschl. Sumpf	n_{th}	1	**17**
Nr. der Zulaufstufe (von unten, inkl. Sumpf)	n	1	**8**
im Kondensator abzuführender Wärmestrom	$\dot{Q}_{kond}$	kW	**-4462**
im Verdampfer zuzuführender Wärmestrom	$\dot{Q}_{verd}$	kW	**3198**

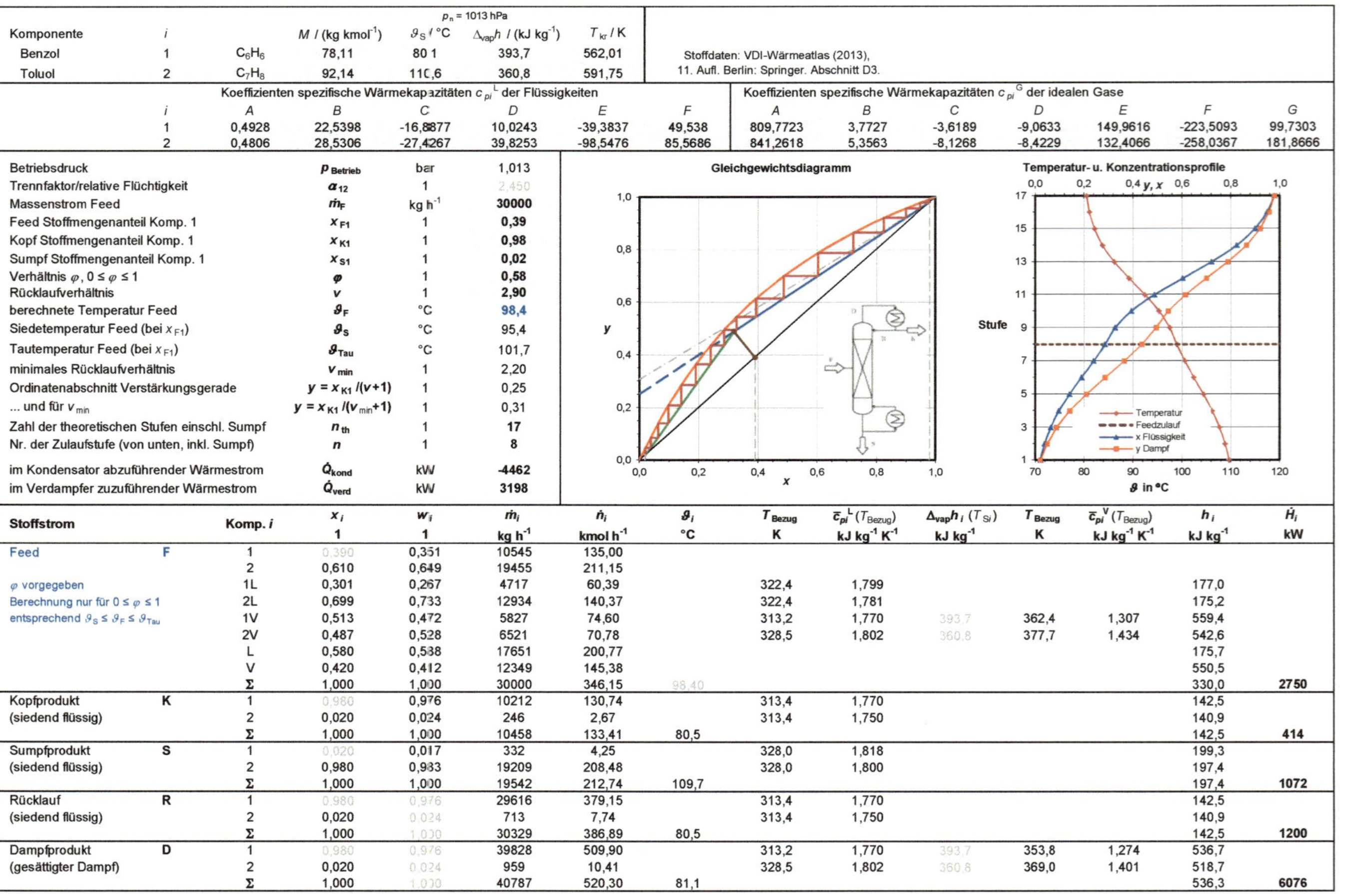

Stoffstrom		Komp. i	x_i (1)	w_i (1)	$\dot{m}_i$ (kg h⁻¹)	$\dot{n}_i$ (kmol h⁻¹)	ϑ_i (°C)	T_{Bezug} (K)	$\bar{c}_{pi}^{L}(T_{Bezug})$ (kJ kg⁻¹ K⁻¹)	$\Delta_{vap} h_i (T_{Si})$ (kJ kg⁻¹)	T_{Bezug} (K)	$\bar{c}_{pi}^{V}(T_{Bezug})$ (kJ kg⁻¹ K⁻¹)	h_i (kJ kg⁻¹)	$\dot{H}_i$ (kW)
Feed	F	1	0,390	0,351	10545	135,00								
		2	0,610	0,649	19455	211,15								
φ vorgegeben		1L	0,301	0,267	4717	60,39		322,4	1,799				177,0	
Berechnung nur für $0 \leq \varphi \leq 1$		2L	0,699	0,733	12934	140,37		322,4	1,781				175,2	
entsprechend $\vartheta_S \leq \vartheta_F \leq \vartheta_{Tau}$		1V	0,513	0,472	5827	74,60		313,2	1,770	393,7	362,4	1,307	559,4	
		2V	0,487	0,528	6521	70,78		328,5	1,802	360,8	377,7	1,434	542,6	
		L	0,580	0,538	17651	200,77							175,7	
		V	0,420	0,412	12349	145,38							550,5	
		Σ	1,000	1,000	30000	346,15	98,40						330,0	**2750**
Kopfprodukt	K	1	0,980	0,976	10212	130,74		313,4	1,770				142,5	
(siedend flüssig)		2	0,020	0,024	246	2,67		313,4	1,750				140,9	
		Σ	1,000	1,000	10458	133,41	80,5						142,5	**414**
Sumpfprodukt	S	1	0,020	0,017	332	4,25		328,0	1,818				199,3	
(siedend flüssig)		2	0,980	0,983	19209	208,48		328,0	1,800				197,4	
		Σ	1,000	1,000	19542	212,74	109,7						197,4	**1072**
Rücklauf	R	1	0,980	0,976	29616	379,15		313,4	1,770				142,5	
(siedend flüssig)		2	0,020	0,024	713	7,74		313,4	1,750				140,9	
		Σ	1,000	1,000	30329	386,89	80,5						142,5	**1200**
Dampfprodukt	D	1	0,980	0,976	39828	509,90		313,2	1,770	393,7	353,8	1,274	536,7	
(gesättigter Dampf)		2	0,020	0,024	959	10,41		328,5	1,802	360,8	369,0	1,401	518,7	
		Σ	1,000	1,000	40787	520,30	81,1						536,3	**6076**

Abbildung 8.16: Excel-Berechnungsblatt für die Rektifikation Benzol-Toluol, Stufenkonstruktion, Wärmeströme, Temperatur- u. Konzentrationsprofile

Konstruktion der Bilanzgeraden		$y = x_i^{\mathrm{V}}$	$x = x_i^{\mathrm{L}}$
Verstärkungsgerade			
Schnittpunkt mit Diagonale		0,980	0,980
Schnittpunkt mit Schnittpunktsgerade		0,488	0,319
Schnittpunkt mit Ordinate	$y = x_{\mathrm{K1}} / (v + 1)$	0,251	0,000
Schnittpunktsgerade			
Schnittpunkt mit Diagonale		0,390	0,390
Schnittpunkt mit Verstärkungsgerade		0,488	0,319
Abtriebsgerade			
Schnittpunkt mit Diagonale		0,020	0,020
Schnittpunkt mit Verstärkungsgerade		0,488	0,319
Verstärkungsgerade für $v_{\min}$			
Schnittpunkt mit Diagonale		0,980	0,980
Schnittpunkt mit Gleichgewichtskurve		0,513	0,301
Schnittpunkt mit Ordinate		0,306	0,000

Abbildung 8.17: Tabelle mit den Daten der Geraden im Gleichgewichtsdiagramm (zu Abb. 8.16)

mit der Verstärkungsgeraden folgt allgemein – also für beliebige Werte von φ – aus Gleichung (8.48) und der y-Wert aus Gleichung (8.38):

- x-Wert `=(x_K1 * (phi - 1) + x_F1 * (v + 1)) / (phi + v)`
- y-Wert `=(v * x-Wert Schnittp.) / (v + 1) + x_K1 / (v + 1)`

3. Für den Grenzfall $v_{\min}$ bestimmen wir den Schnittpunkt der Verstärkungsgeraden mit der Gleichgewichtskurve neu, indem wir die Gleichungen der Gleichgewichtskurve (3.34) und der Verstärkungsgeraden (8.38) gleichsetzen. Als Ergebnis erhalten wir die quadratische Gleichung

$$x^2 + \frac{\alpha - \alpha\varphi + \varphi - \alpha x_{\mathrm{F1}} + x_{\mathrm{F1}}}{\alpha\varphi - \varphi}x - \frac{x_{\mathrm{F1}}}{\alpha\varphi - \varphi} = 0 \ . \tag{8.59}$$

Die Normalform der quadratischen Gleichung

$$x^2 + px + q = 0 \tag{8.60}$$

hat die Lösungen

$$x_{1,2} = -\frac{p}{2} \pm \frac{1}{2}\sqrt{p^2 - 4q} \ , \tag{8.61}$$

wobei Gleichung (8.59) zwei reelle Lösungen hat, von denen uns nur die positive Lösung

$$x_1 = -\frac{p}{2} + \frac{1}{2}\sqrt{p^2 - 4q} \tag{8.62}$$

interessiert. Für $\varphi = 0$ vermeiden wir die Division durch null, indem die nach x umgestellte Gleichung (8.53) der Gleichgewichtskurve (mit $y = x_{\mathrm{F1}}$) verwendet wird. Daraus ergibt sich der nachfolgende Pseudocode für den x-Wert des Schnittpunkts der Verstärkungsgeraden mit der Gleichgewichtskurve für den Grenzfall $v_{\min}$ (in der zweitletzten Zeile in Abb. 8.17) unter Verwendung der Gleichungen (8.62) und (8.59):

- x-Wert `=WENN(phi = 0; x_F1 / (alpha - x_F1 * (alpha - 1));`
  `- ((alpha - alpha * phi + phi - alpha * x_F1 + x_F1)`
  `/ (alpha * phi - phi)) / 2 + 0,5 * WURZEL(((alpha`
  `- alpha * phi + phi - alpha * x_F1 + x_F1)`
  `/ (alpha * phi - phi)) ^ 2 + (4 * x_F1) /(alpha * phi - phi)))`

Den dazugehörenden y-Wert berechnen wir aus der Funktion der Gleichgewichtskurve mit Gleichung (3.34):

- y-Wert `=(alpha * x-Wert) / (1 + x-Wert * (alpha - 1))`

Für die Darstellung dieser Geraden im Gleichgewichtsdiagramm ist zusätzlich der Schnittpunkt mit der Ordinate erforderlich. Den Ordinatenabschnitt $x_{K1}/(v_{min} + 1)$ erhalten wir anhand der Geradengleichung $y = mx + b$. Daraus kann der gesuchte y-Wert des Schnittpunkts mit der Ordinate in der letzten Zeile der Tabelle mit

$$b = y - mx \left(= \frac{x_{K1}}{v_{min} + 1} \right) \tag{8.63}$$

ermittelt werden. Die Steigung $m = \Delta y/\Delta x$ ergibt sich über die Koordinaten des Schnittpunkts der Verstärkungsgeraden mit der Diagonale und des zuvor bestimmten Schnittpunkts der Verstärkungsgeraden mit der Gleichgewichtskurve. Aus Gleichung (8.63) folgt das minimale Rücklaufverhältnis

$$v_{min} = \frac{x_{K1}}{b} - 1 \;, \tag{8.64}$$

das nun im oberen Bereich der Tabelle in Abb. 8.16 berechnet werden kann:

- `=x_K1 / (y-Wert Schnittpunkt_min - 1)`
  mit `y-Wert Schnittpunkt_min` als dem y-Wert des Schnittpunkts der Verstärkungsgerade für v_{min} mit der Ordinate.

Der Vollständigkeit halber wird in Abb. 8.18 die Tabelle mit den berechneten Daten für die Stufenkonstruktion aufgeführt.

Um für die in Abb. 8.16 dargestellte Version II den dem Verdampfer am Sumpf der Kolonne zuzuführenden Wärmestrom $\dot{Q}_{verd}$ und den vom Kondensator am Kopf der Kolonne abzuführenden Wärmestrom $\dot{Q}_{kond}$ berechnen zu können, ist die für die Version I erstellte Tabelle mit den Massen- und Stoffmengenströmen um die Berechnung der Enthalpieströme für Feed, Kopfprodukt, Sumpfprodukt, Rücklauf und Dampfprodukt zu erweitern. Dabei hängt der Enthalpiestrom $\dot{H}_F$ vom Zustand des Feeds ab, weshalb Abb. 8.2 nur modifiziert übernommen werden kann oder besser die Berechnung neu aufgebaut wird, siehe nachfolgend.

Für die Berechnung des Feedzustands bestehen zwei grundsätzliche Möglichkeiten. Entweder wird die Temperatur des Feeds ϑ_F oder das Verhältnis φ vorgegeben und daraus die jeweils andere und weitere Größen ermittelt. Nachfolgend wird – im Unterschied zu Abb. 8.2 – die zweite Möglichkeit gewählt, also die Feedtemperatur aus dem vorgegebenen Verhältnis φ berechnet. Zur Vereinfachung der Berechnungen wird das Feed auf Zustände im Zweiphasengebiet, Zustand C, einschließlich der Zustände B

Stufenkonstruktion			Anzahl der theoretischen Trennstufen 17	Nr. der Zulauf- stufe 8
	Bilanzgerade			
	Gleichgewichtskurve			
Stufe Nr.	**Stufenzug**		**theoretische**	**Zulauf-**
	y	*x*	**Stufe**	**stufe**
1	0,02 *0,048*	0,02 *0,02*	1	
2	0,048 *0,087*	0,038 *0,038*	1	
3	0,087 *0,141*	0,063 *0,063*	1	
4	0,141 *0,209*	0,097 *0,097*	1	
5	0,209 *0,286*	0,141 *0,141*	1	
6	0,286 *0,365*	0,190 *0,190*	1	
7	0,365 *0,436*	0,240 *0,240*	1	
8	0,436 *0,495*	0,286 *0,286*	1	8
9	0,495 *0,544*	0,327 *0,327*	1	
10	0,544 *0,614*	0,394 *0,394*	1	
11	0,614 *0,700*	0,488 *0,488*	1	
12	0,700 *0,788*	0,603 *0,603*	1	
13	0,788 *0,864*	0,722 *0,722*	1	
14	0,864 *0,920*	0,825 *0,825*	1	
15	0,920 *0,956*	0,899 *0,899*	1	
16	0,956 *0,978*	0,948 *0,948*	1	
17	0,978 *0,991*	0,978 *0,978*	1	
18	0,991 *0,991*	0,980 *0,980*	0	

Abbildung 8.18: Datentabelle für die Stufenkonstruktion (zu Abb. 8.16)

und D eingeschränkt, also $0 \leq \varphi \leq 1$ entsprechend $\vartheta_{\mathrm{Tau}} \geq \vartheta_{\mathrm{F}} \geq \vartheta_{\mathrm{S}}$, weil das Feed den Kolonnen in den meisten Fällen nahe am Siedezustand zugeführt wird.

4. In der unteren Tabelle in Abb. 8.16 wird zunächst der Tabellenteil für das Feed erstellt. Die Stoffmengenanteile x_i, die Massenanteile w_i, die Massenströme $\dot{m}_i$ sowie die Stoffmengenströme $\dot{n}_i$ für die Komponenten 1 und 2 werden analog zu den Beschreibungen in Abb. 8.16 ermittelt. Anschließend sind die Teilmengenströme $\dot{n}^{\mathrm{L}}$ und $\dot{n}^{\mathrm{V}}$ im Feed über das gegebene Verhältnis φ mit Gleichung (8.44) zu berechnen, woraus für den Teilstrom der Flüssigkeit

$$\dot{n}^{\mathrm{L}} = \varphi \left(\dot{n}_{\mathrm{F1}} + \dot{n}_{\mathrm{F2}} \right) \tag{8.65}$$

folgt und für den Teilstrom des Dampfes

$$\dot{n}^{\mathrm{V}} = \dot{n}_{\mathrm{F1}} + \dot{n}_{\mathrm{F2}} - \dot{n}^{\mathrm{L}} \ . \tag{8.66}$$

5. Aus dem vorgegebenen Verhältnis φ, dem Massenstrom des Feeds $\dot{m}_{\mathrm{F}}$ und dem Stoffmengenanteil x_{F1} sollen nun in der unteren Tabelle in Abb. 8.16 die Stoffmengenanteile von Flüssigkeit und Dampf im Feed $x = x_1^{\mathrm{L}}$ bzw. $y = x_1^{\mathrm{V}}$ sowie im oberen Teil der Tabelle die Feedtemperatur ϑ_{F} berechnet werden (der Index F wird zur besseren Übersicht nachfolgend teilweise weggelassen). Es gilt die Gesamtmengenbilanz für das Feed entsprechend Gleichung (8.13) und die Teilmengenbilanz für die Komponente 1 entsprechend Gleichung (8.14), woraus

$$\dot{n}_{\mathrm{F1}} = \dot{n}^{\mathrm{L}} x + \dot{n}^{\mathrm{L}} y \ , \tag{8.67}$$

nach Einsetzen von Gleichung (3.34)

$$x = \frac{\dot{n}_{\mathrm{F1}}}{\dot{n}^{\mathrm{L}}} - \frac{\dot{n}^{\mathrm{V}}}{\dot{n}^{\mathrm{L}}} \frac{\alpha x}{1 + x \left(\alpha - 1 \right)} \tag{8.68}$$

und nach weiteren Umformungen die quadratische Gleichung

$$x^2 + \frac{\dot{n}^{\mathrm{L}} - \dot{n}_{\mathrm{F1}} \left(\alpha - 1 \right) + \dot{n}^{\mathrm{V}} \alpha}{\dot{n}^{\mathrm{L}} \left(\alpha - 1 \right)} x - \frac{\dot{n}_{\mathrm{F1}}}{\dot{n}^{\mathrm{L}} \left(\alpha - 1 \right)} = 0 \tag{8.69}$$

erhalten wird. Auch hier können wir über die Normalform der quadratischen Gleichung (8.60) zwei reelle Lösungen entsprechend Gleichung (8.61) mit einer positiven Lösung ermitteln. Nach Einsetzen der Glieder p und q in die Gleichung (8.62) haben wir eine Berechnungsgleichung für den Stoffmengenanteil im Feed $x = x_1^{\mathrm{L}}$. Für die Berechnung von x_1^{L} sind Fallunterscheidungen erforderlich, wobei wir hier die Fälle $\varphi < 0$ und $\varphi > 1$ formal berücksichtigen können:

- Für $\varphi < 0$ ist $x_1^{\mathrm{L}} = 0$.

- Für $\varphi = 0$ gilt $y = x_1^{\mathrm{V}} = x_{\mathrm{F1}}$ und auch hier vermeiden wir die Division durch $\dot{n}^{\mathrm{L}} = 0$, indem die nach x umgestellte Gleichung (8.53) der Gleichgewichtskurve (mit $y = x_{\mathrm{F1}}$) verwendet wird.

- Für Zustände im Zweiphasengebiet $0 < \varphi < 1$ ist die Berechnung mit der Lösung der quadratischen Gleichung (8.69) möglich und

- für $\varphi \geq 1$ ist $x_1^{\mathrm{L}} = x_{\mathrm{F1}}$.

Der entsprechende Pseudocode für die Berechnung der Stoffmengenanteile x_1^{L} und x_2^{L} für das Feed in der Stoffstromtabelle in Abb. 8.16 lautet:

- x_1^{L} =WENN(phi < 0; 0; WENN(phi = 0; x_F1 / (alpha - x_F1
  * (alpha - 1)); WENN(phi < 1; -((n_L + n_F1
  * (1 - alpha) + n_V * alpha) / (n_L * (alpha - 1)) / 2)
  + 0,5 * WURZEL(((n_L + n_F1 * (1 - alpha) + n_V * alpha)
  / (n_L * (alpha - 1))) ^ 2 - 4 * (- n_F1
  / (n_L * (alpha - 1)))); x_F1)))

  unter Verwendung der Gleichungen (8.53) und (8.62).

- x_2^{L} =WENN(phi < 0; 0; 1 - x_1L)

Für die Berechnung von x_1^{V} sind ebenfalls Fallunterscheidungen erforderlich:

- Für $\varphi > 1$ ist $x_1^{\mathrm{V}} = 0$.

- Für $\varphi = 1$ gilt $x = x_1^{\mathrm{L}} = x_{\mathrm{F1}}$ und x_1^{V} folgt aus Gleichung (3.34).

- Für Zustände im Zweiphasengebiet $0 < \varphi < 1$ folgt aus Gleichung (8.14)

$$x_1^{\mathrm{V}} = x_{\mathrm{F1}} + \frac{\dot{n}^{\mathrm{L}}}{\dot{n}^{\mathrm{V}}}(x_{\mathrm{F1}} - x_1^{\mathrm{L}}) \tag{8.70}$$

- und für $\varphi \leq 0$ ist $x_1^{\mathrm{V}} = x_{\mathrm{F1}}$.

Der entsprechende Pseudocode für die Berechnung von x_1^{V} und x_2^{V} lautet:

- x_1^{V} =WENN(phi > 1; 0; WENN(phi = 1; alpha * x_F1
  / (1+ x_F1 * (alpha - 1)); WENN(phi > 0;
  x_F1 + (n_L / n_V) * (x_F1 - x_1L); x_F1)))

- x_2^{V} =WENN(phi > 1; 0; 1 - x_1V)

Die Massenanteile w_i ergeben sich aus Gleichung (8.20):

- w_i^{L} =WENN(phi < 0; 0; (x_iL * M_i) / (x_1L * M_1 + x_2L * M_2))

- w_i^{V} =WENN(phi > 1; 0; (x_iL * M_i) / (x_1L * M_1 + x_2L * M_2))

6. Die Teilmengenströme $\dot{n}_i^{\mathrm{L}}$ sowie $\dot{n}_i^{\mathrm{V}}$ für die beiden Phasen folgen mit Gleichung (8.21), die Stoffmengenanteile x^{L} sowie x^{V} mit Gleichung (8.16), die Massenströme $\dot{m}_i^{\mathrm{L}}$ sowie $\dot{m}_i^{\mathrm{V}}$ mit Gleichung (8.21), die Massenströme $\dot{m}^{\mathrm{L}}$ sowie $\dot{m}^{\mathrm{V}}$ durch Summation aus diesen Teilmassenströmen und die Massenanteile w^{L} sowie w^{V} mit Gleichung (8.23). Die weiteren Berechnungen zum Feedstrom erfolgen analog zu den Berechnungen zu Abb. 8.2.

7. Die Berechnung der Siede- und der Tautemperaturen ϑ_{S} bzw. ϑ_{Tau} der Ströme erfolgen mit den Ausgleichsfunktionen in den Gleichungen (3.36) und (3.37). Die gesuchte *Feedtemperatur* ϑ_{F} folgt über eine Abfrage aus den Siede- oder Taulinien mit

Temperatur- und Konzentrationsprofile			
Stufe Nr.	$y = x_i^V$	$x = x_i^L$	ϑ_S / °C
1	0,020	0,020	109,7
2	0,048	0,038	108,9
3	0,087	0,063	107,7
4	0,141	0,097	106,2
5	0,209	0,141	104,4
6	0,286	0,190	102,5
7	0,365	0,240	100,6
8	0,436	0,286	98,9
9	0,495	0,327	97,5
10	0,544	0,394	95,3
11	0,614	0,488	92,4
12	0,700	0,603	89,2
13	0,788	0,722	86,2
14	0,864	0,825	83,8
15	0,920	0,899	82,2
16	0,956	0,948	81,1
17	0,978	0,978	80,5

Abbildung 8.19: Tabelle mit den Daten der Temperatur- und Konzentrationsprofile (zu Abb. 8.16)

- ϑ_F =WENN(phi = 1; Theta_S; WENN(phi=0; Theta_Tau; 3,1503 * x_1L ^4 - 12,329 * x_1L ^3 + 26,028 * x_1L ^2 - 47,352 * x_1L + 110,6)),

wobei für $\varphi = 1$ die Siedelinie entsprechend Gleichung (3.37) mit $\vartheta_S(x = x_{F1})$, für $\varphi = 0$ die Taulinie entsprechend Gleichung (3.36) mit $\vartheta_{Tau}(y = x_{F1})$ und für $0 < \varphi < 1$ ebenfalls die Siedelinie entsprechend Gleichung (3.37) mit $\vartheta_S(x = x_1^L)$ gewählt wird (mit der hier noch immer geltenden Einschränkung $0 \leq \varphi \leq 1$).

8. Die Berechnung der Enthalpieströme von Feedstrom (in Abhängigkeit von der Feedtemperatur), Kopfprodukt (siedend flüssig), Sumpfprodukt (siedend flüssig), Rücklauf (siedend flüssig) und Dampfprodukt (gesättigter Dampf) erfolgt anhand der Beschreibungen in Abschnitt 8.2. Die noch fehlenden Temperaturen der einzelnen Ströme können in Abb. 8.16 mit Gleichung (3.37) für die Ströme im Siedezustand und mit Gleichung (3.36) für die Ströme im Tauzustand berechnet werden.

9. Nun kann die Berechnung der Wärmeströme $\dot{Q}_{verd}$ und $\dot{Q}_{kond}$ über die Enthalpieströme mit den Gleichungen (8.32) und (8.33) erfolgen, wobei die Verlustwärmeströme zu null gesetzt werden.

8.4.3 Berechnung der Temperatur- und Konzentrationsprofile

Das Excel-Berechnungsblatt in Abb. 8.16 zeigt die Temperatur- und Konzentrationsprofile in Abhängigkeit von der Kolonnenhöhe. Die Profile berechnen wir in einer separaten Tabelle, wie z. B. in Abb. 8.19 dargestellt.

10. In die erste Spalte der Tabelle fügen wir die Nummern der Stufen ein. Für die erste Stufe gilt $y = x = x_{S1}$. Den y-Wert der zweiten und der folgenden Stufen berechnen wir mit der Ausgleichsfunktion (3.34):

- y-Wert `=(alpha * x-Wert Zeile darüber)`
  `/ (1 + x-Wert Zeile darüber * (alpha - 1))`

Der x-Wert der zweiten und der folgenden Stufen ergibt sich anhand einer geschachtelten `WENN`-Abfrage entweder mit der aus der Steigung ermittelten Gleichung der Abtriebsgeraden (8.57) oder aus der nach x aufgelösten Gleichung der Verstärkungsgeraden (8.58):

- x `=WENN(y-Wert <= x_K1; WENN((y-Wert - x_S1)`
  `/ ((y_Schnittp - x_S1) / (x_Schnittp - x_S1)) + x_S1`
  `< x_Schnittp; (y-Wert - x_S1) / ((y_Schnittp - x_S1)`
  `/ (x_Schnittp - x_S1)) + x_S1; (y-Wert * (v + 1) / v)`
  `- (x_K1 / v)); x_K1)`

Die Siedetemperatur in der vierten Spalte der Tabelle ermitteln wir mit der Ausgleichsfunktion der Siedelinie $\vartheta_S(x)$ gemäß Gleichung (3.37).

8.5 Rektifikation eines realen Zweistoffgemisches

Beispiel 8.4

Ein Feedstrom von $\dot{m}_F = 10\,000\,\mathrm{kg\,h^{-1}}$ mit den Komponenten Methanol und Wasser ist kontinuierlich zu rektifizieren. Dabei sollen eine ideale Gasphase und eine reale Flüssigphase angenommen werden. Die Zusammensetzung des mit einem Verhältnis $\varphi = 1{,}0$ in die Kolonne geführten Feeds beträgt $x_{F1} = 0{,}368$, die geforderte Reinheit des siedend flüssig abgeführten Kopfprodukts oder Destillats $x_{K1} = 0{,}995$ und die des siedend flüssigen Sumpfprodukts $x_{S1} = 0{,}002$. Der Druck in der Kolonne liegt konstant bei $p = 1{,}013\,\mathrm{bar}$. Das Rücklaufverhältnis beträgt $v = 0{,}94$. Zu ermitteln sind die für die Trennung erforderliche theoretische Stufenzahl n_{th} und die Nummer der Stufe, auf die das Feed zugeführt wird. Außerdem sind die Enthalpieströme $\dot{H}$ des Feeds, des Kopfprodukts, des Sumpfprodukts, des Rücklaufs und des Dampfprodukts und daraus der am Kopf der Kolonne abzuführende Wärmestrom $\dot{Q}_{kond}$ und der am Sumpf der Kolonne zuzuführende Wärmestrom $\dot{Q}_{verd}$ zu berechnen. Dazu sind die Temperatur- und Konzentrationsprofile in Abhängigkeit von der Kolonnenhöhe zu ermitteln und darzustellen. (Ergebnisse im Excel-Berechnungsblatt in Abb. 8.22.)

Für die Bearbeitung der Aufgabenstellung ist zunächst die Berechnung des isobaren Dampf-Flüssig-Gleichgewichts für das Stoffsystem Methanol-Wasser mit idealer Gasphase und realer Flüssigphase im Excel-Berechnungsblatt in Abb. 8.20 auf Basis der NRTL-Methode unerlässlich. Siehe dazu die Anleitungen in Abschnitt 3.8.1 mit dem in Abb. 3.16 erstellten Berechnungsblatt für das Dampf-Flüssig-Gleichgewicht Ethanol-Wasser. Abweichend davon wurde die Berechnung der Siedetemperatur ϑ_S in der zweiten Spalte in Abb. 8.20 unter Anwendung der in Listing 4.2 aufgeführten benutzerdefinierten Funktion `theta_S_arr` durchgeführt, also ohne Anwendung des Solvers.

Für das Aufstellen der Energiebilanzen sind Ausgleichsfunktionen der Siede- und Taulinien des Systems erforderlich, siehe das Excel-Berechnungsblatt in Abb. 8.21 zur Ermittlung der Koeffizienten a_i der beiden Polynomfunktionen unter Verwendung von Gleichung (2.32). Dafür wurde die in Abschnitt 2.7.2 beschriebene Methode zur Polynomregression auf Basis der benutzerdefinierten Funktion `PolynomReg` in Listing 2.11 angewendet, vgl. Abb. 2.13.

Die Erstellung des in Abb. 8.22 dargestellten Excel-Berechnungsblattes erfolgt aufbauend auf der Version in Abb. 8.16, aber mit der vereinfachenden Einschränkung $\varphi = 1$ und den nachfolgend aufgeführten Ergänzungen oder Erweiterungen:

1. Zunächst werden im oberen Teil des Arbeitsblattes in Abb. 8.22 die Daten der Komponenten aus dem *VDI-Wärmeatlas* eingegeben und die Prozessdaten gemäß Beispiel 8.4 in das Arbeitsblatt eingetragen. Die Berechnungen erfordern auch die Koeffizienten der Korrelationsgleichung für die spezifische Verdampfungsenthalpie.

2. Die Erstellung der Stoffstromtabelle im unteren Teil von Abb. 8.22 erfolgt analog zu den Berechnungen der Tabelle in Abb. 8.11, siehe Abschnitt 8.4.1.

3. Die Berechnung der Temperaturen der Stoffströme erfolgt mit der in Listing 2.11 aufgeführten benutzerdefinierten Funktion `Polynom` unter Verwendung der in Abb. 8.21 bestimmten Koeffizienten a_i der beiden Polynomfunktionen, siehe Abschnitt 2.7.2. Die gesuchte *Feedtemperatur* ϑ_F folgt wegen $\varphi = 1$ (siedend flüssig) aus der Ausgleichsfunktion der Siedetemperatur in Abhängigkeit vom Stoffmengenanteil x_F1. Die Temperaturen des Kopfprodukts, des Sumpfprodukts und des Rücklaufs (jeweils siedend flüssig) folgen aus der Siedetemperatur, die des Dampfprodukts (gesättigter Dampf) aus der Ausgleichsfunktion der Tautemperatur.

4. Die Berechnung der Enthalpieströme $\dot{H}_i$ der aufgezählten Stoffströme erfolgt hier – abweichend zu den bisherigen Berechnungen – mit den Gleichungen (3.61) und (3.62). Diese Vorgehensweise erfordert die Berechnung der temperaturabhängigen spezifischen Verdampfungsenthalpien mit der Gleichung (3.71), hat aber den Vorteil, dass der Systemdruck p grundsätzlich verändert werden kann (soweit geeignete Parameter für die Berechnung des Dampf-Flüssig-Gleichgewichts nach der NRTL-Methode vorhanden sind). Aus den Enthalpieströmen werden die Wärmeströme $\dot{Q}_\mathrm{verd}$ und $\dot{Q}_\mathrm{kond}$ mit den Gleichungen (8.32) und (8.33) berechnet, wobei die Verlustwärmeströme zu null gesetzt werden.

5. Die Gleichgewichtskurve lässt sich unter Verwendung der in Abb. 8.20 ermittelten Daten im Gleichgewichtsdiagramm darstellen. Für die nachfolgende Erstellung der Stufenkonstruktion berechnen wir die Verstärkungs-, Abtriebs- und Schnittpunktsgeraden gemäß der Beschreibungen in Abschnitt 8.4.1 zu Version I und mit der Einschränkung auf $\varphi = 1$. Für den x-Wert des Schnittpunkts der Verstärkungsgeraden für das minimale Rücklaufverhältnis v_min mit der Gleichgewichtskurve gilt $x = x_\mathrm{F1}$. Der y-Wert erfordert die Berechnung mit Gleichung (3.20) (mit $y = x_1^\mathrm{L}$). Dafür wird die in Listing 8.2 aufgeführte benutzerdefinierte Funktion `y_aus_TS_arr` erstellt, die auf die bereits verwendeten

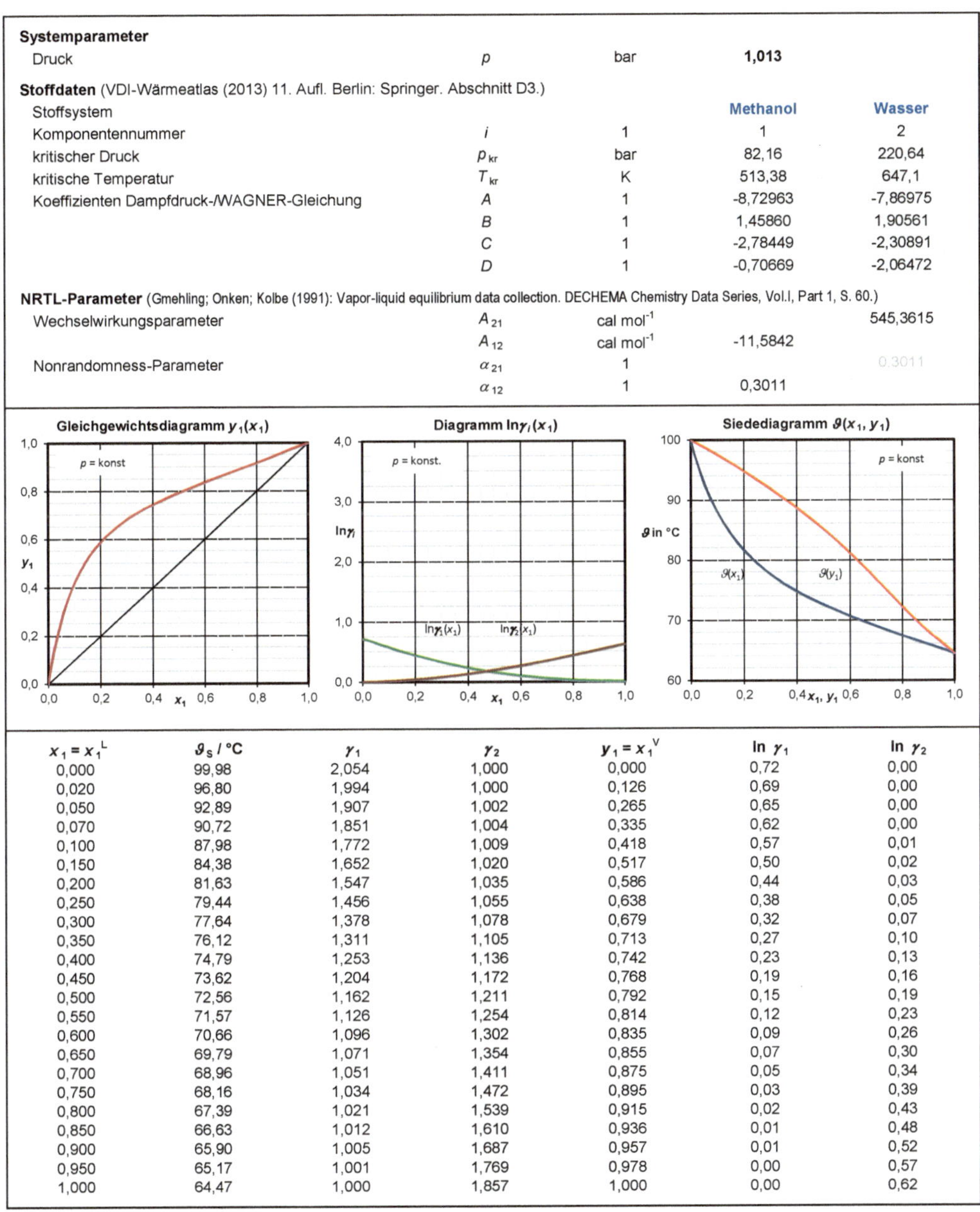

Systemparameter

Druck	p	bar	**1,013**

Stoffdaten (VDI-Wärmeatlas (2013) 11. Aufl. Berlin: Springer. Abschnitt D3.)

			Methanol	Wasser
Stoffsystem				
Komponentennummer	i	1	1	2
kritischer Druck	p_{kr}	bar	82,16	220,64
kritische Temperatur	T_{kr}	K	513,38	647,1
Koeffizienten Dampfdruck-/WAGNER-Gleichung	A	1	-8,72963	-7,86975
	B	1	1,45860	1,90561
	C	1	-2,78449	-2,30891
	D	1	-0,70669	-2,06472

NRTL-Parameter (Gmehling; Onken; Kolbe (1991): Vapor-liquid equilibrium data collection. DECHEMA Chemistry Data Series, Vol.I, Part 1, S. 60.)

			Methanol	Wasser
Wechselwirkungsparameter	A_{21}	cal mol^{-1}		545,3615
	A_{12}	cal mol^{-1}	-11,5842	
Nonrandomness-Parameter	α_{21}	1		0,3011
	α_{12}	1	0,3011	

$x_1 = x_1^L$	ϑ_S / °C	γ_1	γ_2	$y_1 = x_1^V$	ln γ_1	ln γ_2
0,000	99,98	2,054	1,000	0,000	0,72	0,00
0,020	96,80	1,994	1,000	0,126	0,69	0,00
0,050	92,89	1,907	1,002	0,265	0,65	0,00
0,070	90,72	1,851	1,004	0,335	0,62	0,00
0,100	87,98	1,772	1,009	0,418	0,57	0,01
0,150	84,38	1,652	1,020	0,517	0,50	0,02
0,200	81,63	1,547	1,035	0,586	0,44	0,03
0,250	79,44	1,456	1,055	0,638	0,38	0,05
0,300	77,64	1,378	1,078	0,679	0,32	0,07
0,350	76,12	1,311	1,105	0,713	0,27	0,10
0,400	74,79	1,253	1,136	0,742	0,23	0,13
0,450	73,62	1,204	1,172	0,768	0,19	0,16
0,500	72,56	1,162	1,211	0,792	0,15	0,19
0,550	71,57	1,126	1,254	0,814	0,12	0,23
0,600	70,66	1,096	1,302	0,835	0,09	0,26
0,650	69,79	1,071	1,354	0,855	0,07	0,30
0,700	68,96	1,051	1,411	0,875	0,05	0,34
0,750	68,16	1,034	1,472	0,895	0,03	0,39
0,800	67,39	1,021	1,539	0,915	0,02	0,43
0,850	66,63	1,012	1,610	0,936	0,01	0,48
0,900	65,90	1,005	1,687	0,957	0,01	0,52
0,950	65,17	1,001	1,769	0,978	0,00	0,57
1,000	64,47	1,000	1,857	1,000	0,00	0,62

Abbildung 8.20: Berechnung des Dampf-Flüssig-Gleichgewichts Methanol-Wasser nach der NRTL-Methode

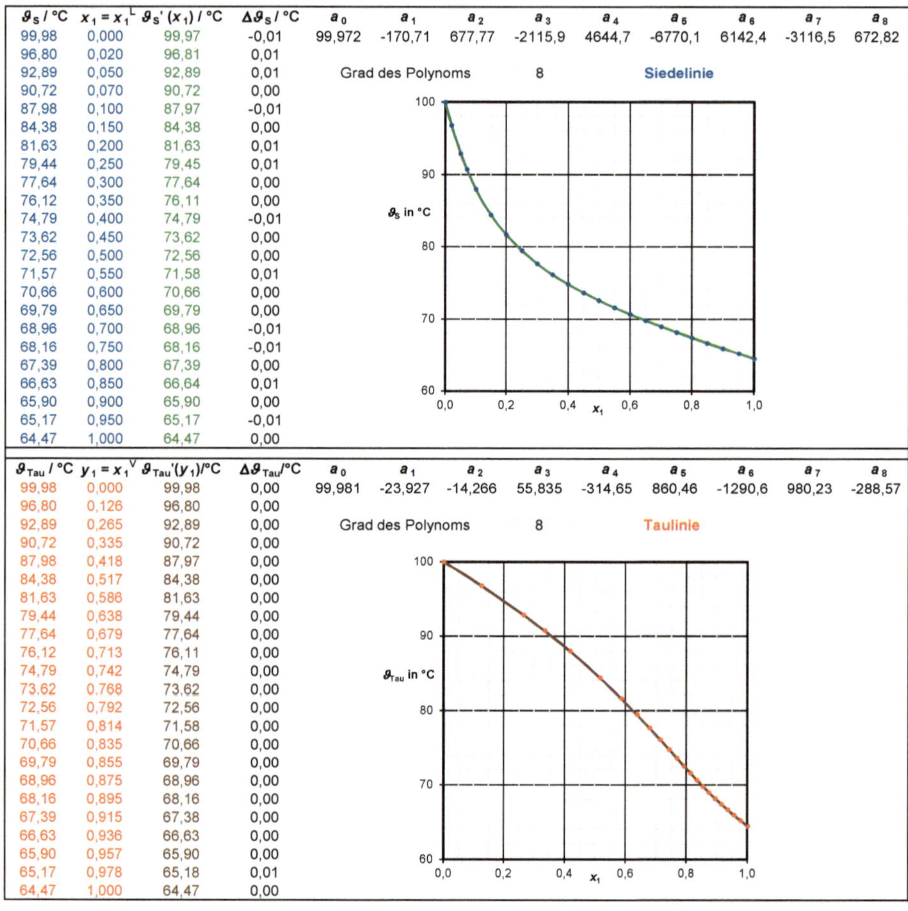

Tabelle oben (Siedelinie):

ϑ_S / °C	$x_1 = x_1^L$	$\vartheta_S'(x_1)$ / °C	$\Delta\vartheta_S$ / °C		
99,98	0,000	99,97	-0,01	a_0	99,972
96,80	0,020	96,81	0,01	a_1	-170,71
92,89	0,050	92,89	0,01	a_2	677,77
90,72	0,070	90,72	0,00	a_3	-2115,9
87,98	0,100	87,97	-0,01	a_4	4644,7
84,38	0,150	84,38	0,00	a_5	-6770,1
81,63	0,200	81,63	0,01	a_6	6142,4
79,44	0,250	79,45	0,01	a_7	-3116,5
77,64	0,300	77,64	0,00	a_8	672,82
76,12	0,350	76,11	0,00		
74,79	0,400	74,79	-0,01		
73,62	0,450	73,62	0,00		
72,56	0,500	72,56	0,00		
71,57	0,550	71,58	0,01		
70,66	0,600	70,66	0,00		
69,79	0,650	69,79	0,00		
68,96	0,700	68,96	-0,01		
68,16	0,750	68,16	-0,01		
67,39	0,800	67,39	0,00		
66,63	0,850	66,64	0,01		
65,90	0,900	65,90	0,00		
65,17	0,950	65,17	-0,01		
64,47	1,000	64,47	0,00		

Grad des Polynoms   8   Siedelinie

Tabelle unten (Taulinie):

ϑ_{Tau} / °C	$y_1 = x_1^V$	$\vartheta_{Tau}'(y_1)$ / °C	$\Delta\vartheta_{Tau}$ / °C		
99,98	0,000	99,98	0,00	a_0	99,981
96,80	0,126	96,80	0,00	a_1	-23,927
92,89	0,265	92,89	0,00	a_2	-14,266
90,72	0,335	90,72	0,00	a_3	55,835
87,98	0,418	87,97	0,00	a_4	-314,65
84,38	0,517	84,38	0,00	a_5	860,46
81,63	0,586	81,63	0,00	a_6	-1290,6
79,44	0,638	79,44	0,00	a_7	980,23
77,64	0,679	77,64	0,00	a_8	-288,57
76,12	0,713	76,11	0,00		
74,79	0,742	74,79	0,00		
73,62	0,768	73,62	0,00		
72,56	0,792	72,56	0,00		
71,57	0,814	71,58	0,00		
70,66	0,835	70,66	0,00		
69,79	0,855	69,79	0,00		
68,96	0,875	68,96	0,00		
68,16	0,895	68,16	0,00		
67,39	0,915	67,38	0,00		
66,63	0,936	66,63	0,00		
65,90	0,957	65,90	0,00		
65,17	0,978	65,18	0,01		
64,47	1,000	64,47	0,00		

Grad des Polynoms   8   Taulinie

Abbildung 8.21: Datentabelle mit den Koeffizienten der Polynomregression (zu Abb. 8.20)

benutzerdefinierten Funktionen `theta_S_arr` (Listing 4.2), `gamma_i` (Listing 3.2) und `p_S_VDI_11_arr` (Listing 2.7) zugreift.

6. Die Erstellung der Stufenkonstruktion erfolgt auf Basis der Beschreibungen in Abschnitt 8.4.1. Für den Datensatz der ersten Stufe wird die Berechnung des y-Werts der zweiten Zeile modifiziert. Die Berechnung des mit der Flüssigkeit mit dem Stoffmengenanteil x im Gleichgewicht stehenden Dampfes erfolgt hier mit der benutzerdefinierten Funktion `y_aus_TS_arr`:

   - y-Wert zweite Zeile: `=y_aus_TS_arr(x)`

   Für den Datensatz ab der zweiten Stufe wird die Berechnung des y-Werts der zweiten Zeile in der `WENN`-Abfrage modifiziert:

   - y-Wert zweite Zeile: `=WENN(x = x_K1; y-Wert Zeile darüber; y_aus_TS_arr(x))`

7. Für die Berechnung der Temperatur- und Konzentrationsprofile in Abhängigkeit von der Kolonnenhöhe passen wir die in Abschnitt 8.4.3 beschriebenen Berechnungen an: Den y-Wert der zweiten und der folgenden Stufen berechnen wir auch hier mit der benutzerdefinierten Funktion `y_aus_TS_arr`. Die Siedetemperatur der Stufen wird mit der benutzerdefinierten Funktion `theta_S_arr` gemäß Listing 4.2 ermittelt. Alternativ ist die Berechnung der Siedetemperatur unter Anwendung der Ausgleichsfunktion der Siedelinie mit der benutzerdefinierten Funktion `Polynom` mit den in Abb. 8.21 gegebenen Koeffizienten a_i der Polynomfunktion möglich. Aus Platzgründen sind die Datentabellen für die Erstellung der Stufenkonstruktion und der Kolonnenprofile nicht aufgeführt.

Listing 8.2: VBA-Code für die Berechnung des Stoffmengenanteils in der Dampfphase in Abhängigkeit von der Sättigungstemperatur

```vba
Function y_aus_TS_arr( _
    Startwert_T As Double, _
    p As Double, _
    x_1 As Double, _
    p_kr_1 As Double, p_kr_2 As Double, _
    T_kr_1 As Double, T_kr_2 As Double, _
    arrPs1 As Variant, arrPs2 As Variant, _
    arrA As Variant, _
    arrAlpha As Variant _
        ) As Variant

    Dim T_S As Double          'Variablendeklaration
    Dim gamma_1 As Variant
    Dim p_S1 As Double

    'Berechnung der Sättigungstemperatur
    T_S = theta_S_arr(Startwert_T, p, x_1, p_kr_1, p_kr_2, T_kr_1, T_kr_2, _
        arrPs1, arrPs2, arrA, arrAlpha)

    gamma_1 = gamma_i(T_S, x_1, arrA, arrAlpha, 0, True)     'Aktivitätskoeffizient
    p_S1 = p_S_VDI_11_arr(T_S, p_kr_1, T_kr_1, arrPs1)       'Sättigungsdampfdruck
    y_aus_TS_arr = x_1 * gamma_1(1) * p_S1 / p               'y-Wert aus Sättigungstemp.

End Function
```

$p_n = 1013$ hPa

Komponente	i		M / (kg kmol⁻¹)	ϑ_S / °C	$\Delta_{vap}h$ / (kJ kg⁻¹)	T_{kr} / K	p_{kr} / bar
Methanol	1	CH$_3$OH	32,04	64,5	1102,0	513,38	82,16
Wasser	2	H$_2$O	18,02	100	2256,6	647,10	220,64

Stoffdaten: VDI-Wärmeatlas (2013), 11. Aufl. Berlin: Springer. Abschnitt D3.

Koeffizienten spezifische Wärmekapazitäten c_{pi}^L der Flüssigkeiten — Koeffizienten spezifische Verdampfungsenthalpien $\Delta_{vap}h_i$

i	A	B	C	D	E	F	A	B	C	D	E
1	0,5687	14,1100	-11,9505	-23,4782	57,5551	-25,6027	5,875130	13,915430	-5,817880	-5,692542	6,867206
2	0,2399	12,8647	-33,6392	104,7686	-155,4709	92,3726	6,853070	7,438040	-2,937595	-3,282093	8,397378

Betriebsdruck	$p_{Betrieb}$	bar		1,013
Massenstrom Feed	$\dot m_F$	kg h⁻¹		**10000**
Feed Stoffmengenanteil Komp. 1	x_{F1}	1		**0,368**
Kopf Stoffmengenanteil Komp. 1	x_{K1}	1		**0,995**
Sumpf Stoffmengenanteil Komp. 1	x_{S1}	1		**0,002**
Verhältnis φ (φ = 1 fest)	φ	1		1,0
Rücklaufverhältnis	v	1		**0,94**
berechnete Temperatur Feed	ϑ_F	°C		75,6
Siedetemperatur Feed (bei x_{F1})	ϑ_S	°C		75,6
Tautemperatur Feed (bei x_{F1})	ϑ_{Tau}	°C		89,7
minimales Rücklaufverhältnis	v_{min}	1		0,76
Ordinatenabschnitt Verstärkungsgerade	$y = x_{K1}/(v+1)$	1		0,51
... und für v_{min}	$y = x_{K1}/(v_{min}+1)$	1		0,57
Zahl der theoretischen Stufen einschl. Sumpf	n_{th}	1		**25**
Nr. der Zulaufstufe (von unten, inkl. Sumpf)	n	1		**6**
im Kondensator abzuführender Wärmestrom	$\dot Q_{kond}$	kW		**-3028**
im Verdampfer zuzuführender Wärmestrom	$\dot Q_{verd}$	kW		**3121**

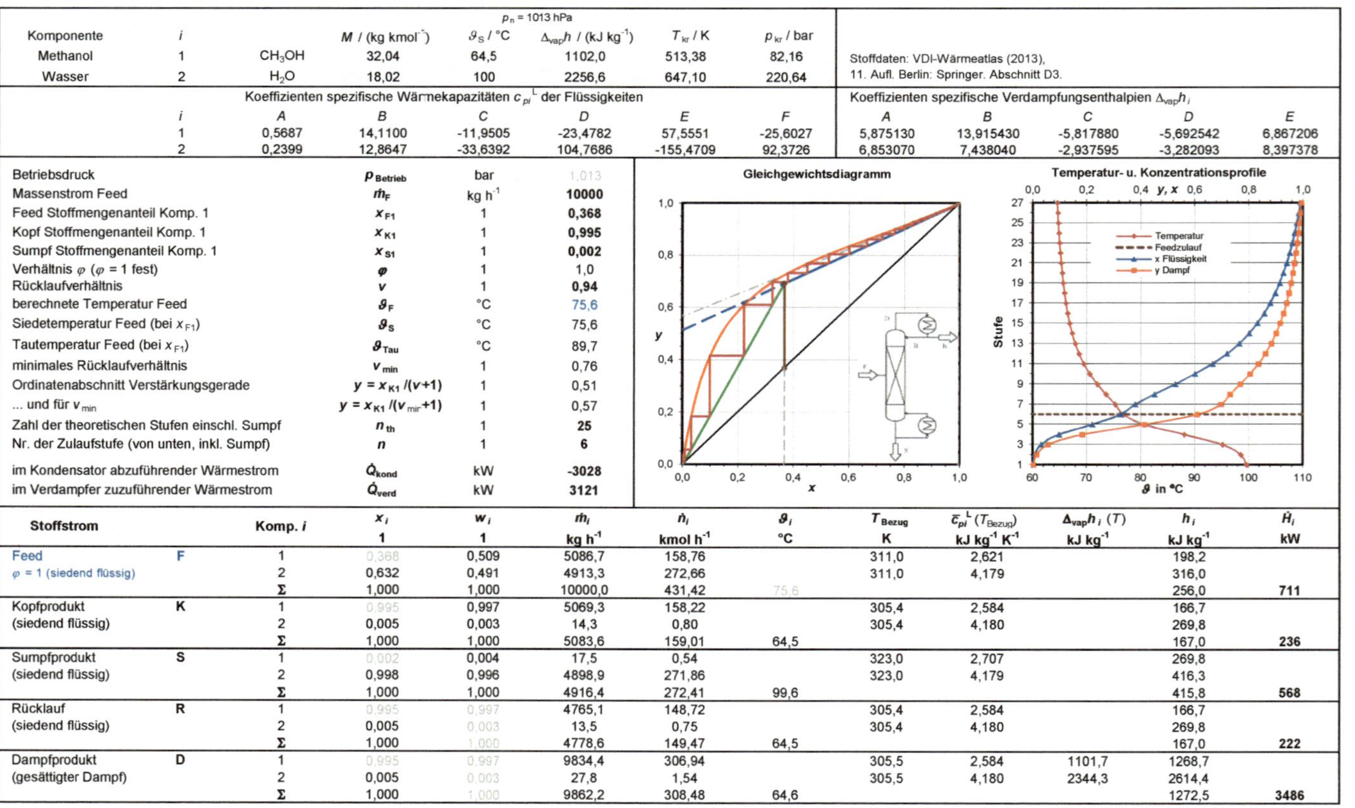

Stoffstrom		Komp. i	x_i	w_i	$\dot m_i$	$\dot n_i$	ϑ_i	T_{Bezug}	$\overline{c}_{pi}^L(T_{Bezug})$	$\Delta_{vap}h_i(T)$	h_i	$\dot H_i$
			1	1	kg h⁻¹	kmol h⁻¹	°C	K	kJ kg⁻¹ K⁻¹	kJ kg⁻¹	kJ kg⁻¹	kW
Feed	F	1	0,368	0,509	5086,7	158,76		311,0	2,621		198,2	
φ = 1 (siedend flüssig)		2	0,632	0,491	4913,3	272,66		311,0	4,179		316,0	
		Σ	1,000	1,000	10000,0	431,42	75,6				256,0	711
Kopfprodukt	K	1	0,995	0,997	5069,3	158,22		305,4	2,584		166,7	
(siedend flüssig)		2	0,005	0,003	14,3	0,80		305,4	4,180		269,8	
		Σ	1,000	1,000	5083,6	159,01	64,5				167,0	236
Sumpfprodukt	S	1	0,002	0,004	17,5	0,54		323,0	2,707		269,8	
(siedend flüssig)		2	0,998	0,996	4898,9	271,86		323,0	4,179		416,3	
		Σ	1,000	1,000	4916,4	272,41	99,6				415,8	568
Rücklauf	R	1	0,995	0,997	4765,1	148,72		305,4	2,584		166,7	
(siedend flüssig)		2	0,005	0,003	13,5	0,75		305,4	4,180		269,8	
		Σ	1,000	1,000	4778,6	149,47	64,5				167,0	222
Dampfprodukt	D	1	0,995	0,997	9834,4	306,94		305,5	2,584	1101,7	1268,7	
(gesättigter Dampf)		2	0,005	0,003	27,8	1,54		305,5	4,180	2344,3	2614,4	
		Σ	1,000	1,000	9862,2	308,48	64,6				1272,5	3486

Abbildung 8.22: Excel-Berechnungsblatt für die Rektifikation Methanol-Wasser, Stufenkonstruktion, Wärmeströme, Temperatur- u. Konzentrationsprofile

9 Zustände feuchter Luft und Trocknungsprozesse im h, X-Diagramm

Mitautor: STEFAN PINNOW

Zielsetzung
Erstellung des Enthalpie-Beladungsdiagramms feuchter Luft (h, X-Diagramm). Berechnung und Darstellung von Zuständen, Zustandsänderungen und einfachen Trocknungsprozessen in diesem Diagramm. Zusätzliche Berechnung von Sättigungsdampfdrücken, Taupunkttemperaturen, spezifischer Volumina und Dichten feuchter Luft, Kühlgrenztemperaturen sowie der Luft- und Energiebedarfe idealer Trocknungsprozesse.

Empfohlene Literatur
Technische Thermodynamik von HERWIG u. a. [38], *Thermodynamik* von BAEHR u. a. [1], *Thermische Verfahrenstechnik* von MERSMANN u. a. [58].

Berechnungsbeispiele in Excel
- Berechnung des p, T-Diagramms für Wasser (Abb. 9.1).
- Berechnung des h, X-Diagramms für $p = 1000\,\mathrm{hPa}$ (Abb. 9.6).
- Berechnung der Zustandsgrößen feuchter Luft
    - Berechnung der Zustandsgrößen ungesättigter feuchter Luft (Abb. 9.7).
    - Berechnung der Zustandsgrößen ungesättigter feuchter Luft auf Basis der psychrometrischen Temperaturdifferenz (Abb. 9.8).
- Anwendungen des h, X-Diagramms
    - Berechnung der Abkühlung feuchter Luft mit Abscheidung des flüssigen Kondensats und anschließender Nachwärmung der Luft (Abb. 9.10).
    - Berechnung der Mischung zweier ungesättigter Luftströme (Abb. 9.12).
    - Berechnung der Befeuchtung ungesättigter feuchter Luft mit reinem Wasser oder Wasserdampf (Abb. 9.14).
- Trocknungsprozesse
    - Berechnung eines einstufigen Konvektionstrockners (Abb. 9.16).
    - Berechnung eines zweistufigen Konvektionstrockners (Abb. 9.18).
    - Berechnung eines Konvektionstrockners mit Umluftführung (Abb. 9.20).

9.1 Thermodynamische Grundbegriffe und Berechnungsgrundlagen

Die Berechnung der Zustände und Zustandsgrößen feuchter Luft bildet die Grundlage für

- die Auslegung von allgemeinen Prozessen der Behandlung von feuchter Luft (z. B. Berechnung des Energiebedarfs bei der Erwärmung oder Abkühlung),

- die Auslegung von Prozessen der Klimatechnik und der Prozesskühlung (z. B. Abkühlung mit Kondensatabscheidung, Befeuchtung von Luftströmen) und

- die Auslegung von Trocknungsprozessen (ein- und mehrstufige Trocknung, Trocknung mit Umluftführung).

Nachfolgend wird eine formale Unterscheidung der Zustandsbereiche feuchter Luft und die Vorstellung von Berechnungsgleichungen für die temperaturabhängigen Dampf-, Sublimations- und Schmelzdrücke von Wasser vorgenommen. Anschließend werden die üblichen Maße zur Kennzeichnung des Gehalts an Wasser in der feuchten Luft einschließlich Umrechnungsgleichungen eingeführt (Abschnitt 9.1.2). In Abschnitt 9.1.3 erfolgt die Einführung des spezifischen Volumens feuchter Luft und in Abschnitt 9.1.4 der spezifischen Enthalpie feuchter Luft für die unterschiedlichen Zustandsbereiche.

9.1.1 Gas-Dampf-Gemische, feuchte Luft, Phasengrenzkurven

Beispiel 9.1

Für reines Wasser sind die Dampf-, Sublimations- und Schmelzdruckkurven unter Verwendung der nachfolgend vorgestellten WAGNER-Gleichungen in einem p, T-Diagramm für einen Druckbereich von $p = 10^{-6}$ MPa bis 10^2 MPa und einen Temperaturbereich von $T = 200$ K bis 700 K zu berechnen und darzustellen. (Ergebnisse im Excel-Berechnungsblatt in Abb. 9.1.)

Gas-Dampf-Gemische können vereinfacht als ideale Gemische betrachtet werden. Die Komponente „Dampf" ist kondensierbar. Zusätzliche Komponente ist ein Gas oder ein Gasgemisch unveränderlicher Zusammensetzung. Das in der Technik am häufigsten vorkommende Gas-Dampf-Gemisch ist feuchte Luft, die aus trockener Luft (Index L) und Wasserdampf (Index W) besteht. Die Zusammensetzung von trockener Luft beträgt (unter Vernachlässigung der Komponenten mit einem Stoffmengenanteil $x_i < 0{,}0005$): $x_{\mathrm{N_2}} = 0{,}7812$, $x_{\mathrm{O_2}} = 0{,}2096$ und $x_{\mathrm{Ar}} = 0{,}0092$ [91, 92].

Innerhalb der feuchten Luft hat der Wasserdampf den Partialdruck p_{W}. Wird die Menge an Wasser erhöht, bis die feuchte Luft mit Wasserdampf gesättigt ist, hat der Wasserdampf den Sättigungspartialdruck p_{WS} erreicht. Da feuchte Luft nur eine von der Temperatur abhängige Höchstmenge an Wasserdampf aufnehmen kann, bildet sich bei weiterer Erhöhung der Menge des Wassers bei einer Temperatur $\vartheta \geq \vartheta_{\mathrm{tr}} = 0{,}01\,°\mathrm{C}$ (Tripeltemperatur von Wasser entsprechend $T_{\mathrm{tr}} = 273{,}16$ K, Tripeldruck $p_{\mathrm{tr}} = 6{,}116\,57$ hPa [99]) flüssiges Wasser oder bei einer Temperatur $\vartheta \leq 0{,}01\,°\mathrm{C}$ Eis.

Der Sättigungspartialdruck p_{WS} kann vereinfacht als vom Druck des Gas-Dampf-Gemisches unabhängig betrachtet werden. Nach [1] liegt der Fehler für $p < 10\,\text{bar}$ unter $1\,\%$. Bei höherem Gesamtdruck steigt der Fehler, aber dann ist auch die Betrachtung des Gas-Dampf-Gemisches als ideales Gasgemisch nicht mehr zulässig. Mit diesem Wissen darf der Sättigungspartialdruck mit dem Dampfdruck des reinen flüssigen Wassers (Dampfdruck) oder des reinen Eises (Sublimationsdruck) gleichgesetzt werden. Die vier Zustandsbereiche feuchter Luft nach [1]:

a) *Ungesättigte feuchte Luft* enthält Wasser als Wasserdampf. Es gilt $p_W \leq p_{WS}(T)$ (Dampfdruck). In der Luft ist selbst für $p_W = p_{WS}(T)$ gerade noch kein Kondensat vorhanden.

b) *Gesättigte feuchte Luft mit flüssigem Kondensat* ($\vartheta > \vartheta_{tr}$) enthält gesättigten Wasserdampf und Wasser in flüssiger Form. Es gilt $p_W = p_{WS}(T)$ (Dampfdruck).

c) *Gesättigte feuchte Luft mit festem Kondensat* ($\vartheta < \vartheta_{tr}$) enthält gesättigten Wasserdampf und Wasser in Form von Eis. Es gilt $p_W = p_{WS}(T)$ (Sublimationsdruck).

d) *Gesättigte feuchte Luft im Tripelpunkt* ($\vartheta = \vartheta_{tr}$) enthält gesättigten Wasserdampf, flüssiges Wasser und Eis.

Aus diesen ersten Betrachtungen ist zu erkennen, dass Berechnungsgleichungen für den Dampfdruck sowie den Sublimationsdruck von Wasser erforderlich sind. Für den Dampfdruck kommen sogenannte ANTOINE-Gleichungen in Betracht, die zwar relativ einfach und recht genau sind, aber nur einen recht eingegrenzten Gültigkeitsbereich haben. ANTOINE-Gleichung für den Dampfdruck von Wasser ($\vartheta \geq \vartheta_{tr}$):

$$\ln \frac{p_{WS}}{p_{tr}} = A - \frac{B}{T/\text{K} - C} \tag{9.1}$$

mit $A = 17{,}2799$, $B = 4102{,}99$ und $C = 35{,}719$ [1]. Für den Dampfdruck am Tripelpunkt ist der Tripeldruck p_{tr} einzusetzen, siehe oben. Diese Gleichung gilt von $0{,}01\,°\text{C}$ bis $60\,°\text{C}$ mit einer relativen Abweichung $<0{,}05\,\%$ [1]. Für die Temperaturabhängigkeit des Sublimationsdrucks von Wasser ($\vartheta \leq \vartheta_{tr}$) kann die Beziehung

$$\ln \frac{p_{WS}}{p_{tr}} = D \left(1 - \frac{T_{tr}}{T}\right) \tag{9.2}$$

mit $D = 22{,}5129$ verwendet werden. Geltungsbereich: $-50\,°\text{C}$ bis $0{,}01\,°\text{C}$ mit einer relativen Abweichung $<0{,}06\,\%$ [1]. Aufgelöst nach der Temperatur wird mit diesen beiden Gleichungen die Siedetemperatur oder die Sublimationstemperatur von Wasser bei einem gegebenen Sättigungsdampfdruck p_{WS} erhalten. Der maximale Fehler liegt unter $0{,}01\,\text{K}$ [1].

Nicht wesentlich aufwendiger ist die Gleichung nach WAGNER u. a. [99] für den Dampfdruck von Wasser vom Tripelpunkt bis zum kritischen Punkt

$$\ln \frac{p_{WS}}{p_{kr}} = \frac{T_{kr}}{T} \sum_{i=1}^{6} a_i \left(1 - \frac{T}{T_{kr}}\right)^{n_i} . \tag{9.3}$$

Für Wasser sind eine kritische Temperatur $T_{kr} = 647{,}096\,\text{K}$ und ein kritischer Druck $p_{kr} = 22{,}064\,\text{MPa}$ sowie die in Tabelle 9.1 aufgeführten Koeffizienten und Exponenten einzusetzen [98, 99].

Einen im Vergleich zu Gleichung (9.2) wesentlich größeren Temperaturbereich vom Tripelpunkt bis 50 K deckt die Gleichung von WAGNER u. a. [100] zur Berechnung des Sublimationsdrucks von Wasser ab:

$$\ln \frac{p_{\mathrm{WS}}}{p_{\mathrm{tr}}} = \frac{T_{\mathrm{tr}}}{T} \sum_{i=1}^{3} a_i \left(\frac{T}{T_{\mathrm{tr}}} \right)^{n_i}. \tag{9.4}$$

Darin sind der Tripeldruck und die Tripeltemperatur von Wasser, siehe oben, und die in Tabelle 9.2 aufgeführten Koeffizienten und Exponenten einzusetzen [100]. Diese Gleichung weist im Temperaturbereich oberhalb 130 K eine relative Abweichung $<0{,}02\,\%$ auf [100].

Der Vollständigkeit halber sei eine Gleichung von WAGNER u. a. für die Berechnung der Schmelzdruckkurve von Wasser vom Tripelpunkt bis 251,165 K genannt:

$$\frac{p_{\mathrm{WS}}}{p_{\mathrm{tr}}} = 1 + \sum_{i=1}^{3} a_i \left(1 - \left(\frac{T}{T_{\mathrm{tr}}} \right)^{n_i} \right). \tag{9.5}$$

Darin sind die in Tabelle 9.3 aufgeführten Koeffizienten und Exponenten einzusetzen [100]. Diese Gleichung weist über den Gültigkeitsbereich eine relative Abweichung $<0{,}002\,\%$ auf [100]. Tabelle 9.4 enthält Datenpunkte zur Überprüfung der Berechnungen mit den Gleichungen (9.3) bis (9.5) [98, 99].

Listing 9.1 enthält benutzerdefinierte Funktionen (UDFs) für die Gleichungen (9.1) bis (9.5). Darin sind zusätzlich die benutzerdefinierten Funktionen der nach der Temperatur aufgelösten ANTOINE-Gleichungen (9.1) und (9.2) aufgeführt. Nachteil der WAGNER-Gleichungen ist, dass sie sich – im Unterschied zu den ANTOINE-Gleichungen – nicht nach der Temperatur auflösen lassen, was die Berechnungen von Siede- oder Sublimationstemperaturen etwas aufwendiger gestaltet, weil diese nur iterativ möglich sind. Siehe dazu in Abschnitt 2.5.2 das in Abb. 2.8 erstellte Berechnungsbeispiel unter Anwendung des Solvers. Unter Verwendung der in Abschnitt 2.8 erstellten Funktion ZDQ_Solver (siehe Listing 2.12) können auch die Temperaturen für vorgegebene Dampf- oder Sublimationsdrücke aus den WAGNER-Gleichungen ermittelt werden. Die entsprechenden benutzerdefinierten Funktionen sind ebenfalls in Listing 9.1 aufgeführt.

Das in Abb. 9.1 enthaltene Excel-Berechnungsblatt enthält die Berechnungen der

Tabelle 9.1: Koeffizienten a_i und Exponenten n_i für die WAGNER-Gleichung (9.3) [98, 99]

$a_1 = -7{,}859\,517\,83$	$n_1 = 1{,}0$
$a_2 = 1{,}844\,082\,59$	$n_2 = 1{,}5$
$a_3 = -11{,}786\,649\,7$	$n_3 = 3{,}0$
$a_4 = 22{,}680\,741\,1$	$n_4 = 3{,}5$
$a_5 = -15{,}961\,871\,9$	$n_5 = 4{,}0$
$a_6 = 1{,}801\,225\,02$	$n_6 = 7{,}5$

Phasengrenzkurven zu Beispiel 9.1 auf Basis der WAGNER-Gleichungen (9.3) bis (9.5) unter Verwendung der entsprechenden benutzerdefinierten Funktionen in Listing 9.1.

Listing 9.1: VBA-Code für die Berechnung der Dampf- und Sublimationsdrücke sowie der Sättigungstemperaturen mit den ANTOINE- und WAGNER-Gleichungen (9.1) bis (9.5)

```vba
Option Explicit
Option Base 1


'=================================================================
'[T_i] = K, [p_i] = bar
'Tripel- und kritische Daten für Wasser
Const T_tr_H20 As Double = 273.16
Const p_tr_H20 As Double = 0.00611657
Const T_kr_H20 As Double = 647.096
Const p_kr_H20 As Double = 220.64
'=================================================================


'ANTOINE-Gleichung für den Dampfdruck von Wasser
'Baehr, H. D.; Kabelac, S. (2012): Thermodynamik. 15. Aufl. Berlin: Springer Vieweg, S. 285
'Gültigkeitsbereich: T_tr <= T <= 333,15 K. [T] = K, [p_S] = bar
Function p_S_Antoine_H20_D(T As Double) As Double

    '=============================================================
    Dim a(3) As Double
        a(1) = 17.2799
        a(2) = 4102.99
        a(3) = 35.719
    '=============================================================

    p_S_Antoine_H20_D = p_tr_H20 * Exp(a(1) - (a(2) / (T - a(3))))

End Function
Function T_S_Antoine_H20_D(p_S As Double) As Double

    '=============================================================
    Dim a(3) As Double
        a(1) = 17.2799
        a(2) = 4102.99
        a(3) = 35.719
    '=============================================================

    T_S_Antoine_H20_D = a(3) + (a(2) / (a(1) - Log(p_S / p_tr_H20)))

End Function
```

Tabelle 9.2: Koeffizienten a_i und Exponenten n_i für die WAGNER-Gleichung (9.4) [100]

$a_1 = -21{,}214\,400\,6$	$n_1 = 0{,}003\,333\,333\,33$
$a_2 = 27{,}320\,381\,9$	$n_2 = 1{,}206\,666\,67$
$a_3 = -6{,}105\,981\,3$	$n_3 = 1{,}703\,333\,33$

Tabelle 9.3: Koeffizienten a_i und Exponenten n_i für die WAGNER-Gleichung (9.5) [99]

$a_1 = 1\,195\,393{,}37$	$n_1 = 3{,}0$
$a_2 = 80\,818{,}3159$	$n_2 = 25{,}75$
$a_3 = 3338{,}2686$	$n_3 = 103{,}75$

Tabelle 9.4: Datenpunkte zur Überprüfung der Berechnungen mit den WAGNER-Gleichungen [98, 99]

Gleichung (9.3)	273,16 K	611,657	Pa
	373,1243 K	0,101 325	MPa
	647,096 K	22,064	MPa
Gleichung (9.4)	230,0 K	8,947 35	Pa
Gleichung (9.5)	260,0 K	138,268	MPa

VDI-Wärmeatlas (2013), D3		WAGNER-Gl. Dampfdruckk.		WAGNER-Gl. Sublimationsdr.		WAGNER-Gl. Schmelzdruckk.	
T	$p_{ws}(T)$	$p_{ws}(T)$	$p_{ws}(T)$	$p_{ws}(T)$	$p_{ws}(T)$	$p_{ws}(T)$	$p_{ws}(T)$
K	bar	bar	MPa	bar	MPa	bar	MPa
50,0				1,935E-45	1,935E-46		
75,0				2,454E-28	2,454E-29		
100,0				1,086E-19	1,086E-20		
125,0				1,862E-14	1,862E-15		
150,0				6,096E-11	6,096E-12		
175,0				2,041E-08	2,041E-09		
200,0				1,626E-06	1,626E-07		
225,0				4,939E-05	4,939E-06		
251,165				8,520E-04	8,520E-05	2085,7	2,086E+02
258,0				0,001630	1,630E-04	1552,1	1,552E+02
268,0				0,003966	3,966E-04	615,99	6,160E+01
272,65				0,005865	5,865E-04	67,707	6,771E+00
273,10				0,006086	6,086E-04	8,0716	8,072E-01
273,150				0,006112	6,112E-04	1,3523	1,352E-01
273,1595				0,006116	6,116E-04	0,073444	7,344E-03
273,16	0,006112	0,006117	0,0006117	0,006117	6,117E-04	0,006117	6,117E-04
283,15	0,012282	0,012281	0,0012281				
293,15	0,023392	0,023392	0,0023392				
303,15	0,042467	0,042409	0,0042469				
313,15	0,073844	0,073851	0,0073851				
323,15	0,12351	0,12352	0,012352				
333,15	0,19946	0,19947	0,019947				
343,15	0,31201	0,31202	0,031202				
353,15	0,47415	0,47416	0,047416				
363,15	0,70182	0,70183	0,070183				
373,15	1,0142	1,0142	0,10142				
393,15	1,9867	1,9867	0,19867				
413,15	3,6150	3,6153	0,36153				
433,15	6,1814	6,1823	0,61823				
453,15	10,026	10,028	1,0028				
473,15	15,547	15,549	1,5549				
493,15	23,193	23,196	2,3196				
513,15	33,467	33,470	3,3470				
533,15	46,921	46,923	4,6923				
553,15	64,165	64,166	6,4166				
573,15	85,877	85,879	8,5879				
593,15	112,84	112,84	11,284				
613,15	146,00	146,01	14,601				
633,15	186,66	186,66	18,666				
647,096	220,64	220,64	22,064				

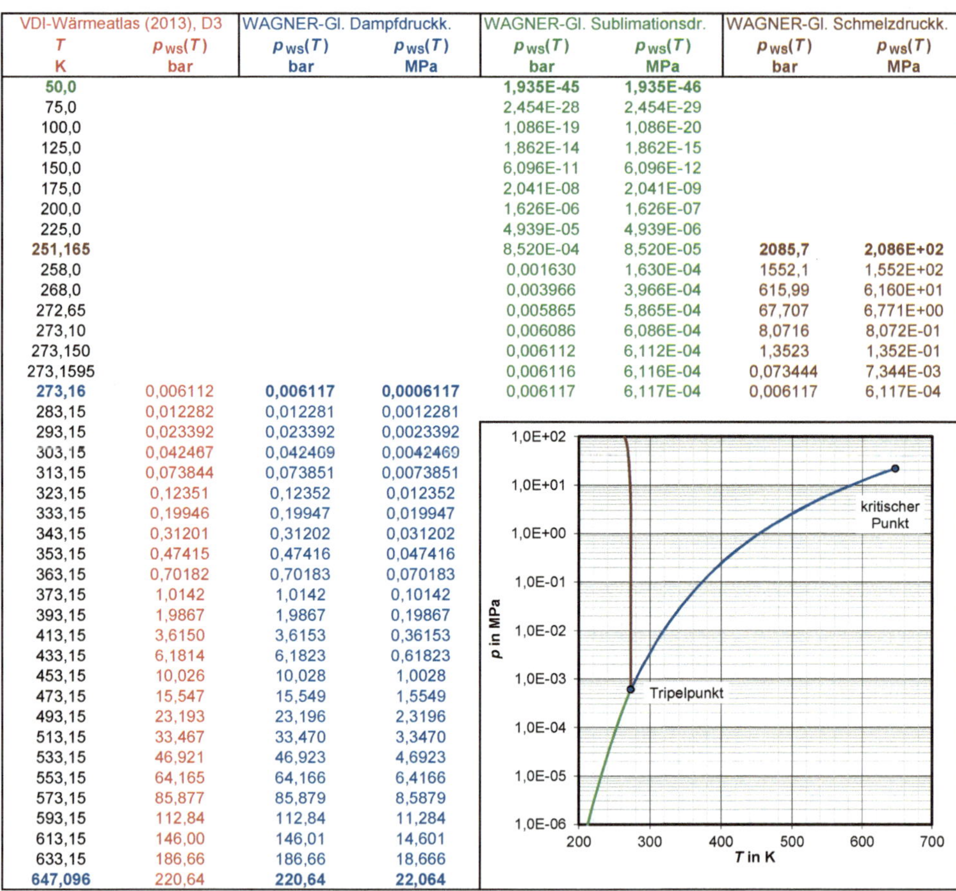

Abbildung 9.1: Excel-Berechnungsblatt für die Berechnung des p, T-Diagramms für Wasser mit den WAGNER-Gleichungen

```vba
'ANTOINE-Gleichung für den Sublimationsdruck von Wasser
'Baehr, H. D.; Kabelac, S. (2012): Thermodynamik. 15. Aufl. Springer Vieweg, S. 285
'Gültigkeitsbereich: 223,15 K <= T <= T_tr. [T] = K, [p_S] = bar
Function p_S_Antoine_H2O_Sub(T As Double) As Double

    '================================================================
    Const D As Double = 22.5129
    '================================================================

    p_S_Antoine_H2O_Sub = p_tr_H2O * Exp(D * (1 - T_tr_H2O / T))

End Function
Function T_S_Antoine_H2O_Sub(p_S As Double) As Double

    '================================================================
    Const D As Double = 22.5129
    '================================================================

    T_S_Antoine_H2O_Sub = T_tr_H2O / (1 - (Log(p_S / p_tr_H2O) / D))

End Function

'WAGNER-Gleichung für den Dampfdruck von Wasser
'Wagner, W.; Pruß, A. J. Phys. Chem. Ref. Data 22 (1993), S. 783 - 787
'Gültigkeitsbereich: T_tr <= T <= T_kr. [T] = K, [p_S] = bar
Function p_S_Wagner_H2O_D(T As Double) As Double

    Dim a As Variant
    Dim N As Variant
    Dim theta As Double
    Dim i As Integer

    '================================================================
    a = Array(-7.85951783, 1.84408259, -11.7866497, 22.6807411, -15.9618719, 1.80122502)
    N = Array(1, 1.5, 3, 3.5, 4, 7.5)
    '================================================================

    theta = 1 - T / T_kr_H2O

    For i = 1 To UBound(a)
        p_S_Wagner_H2O_D = p_S_Wagner_H2O_D + a(i) * theta ^ N(i)
    Next i

    p_S_Wagner_H2O_D = p_kr_H2O * Exp((T_kr_H2O / T) * p_S_Wagner_H2O_D)

End Function
Function T_S_Wagner_D(Startwert_T_S As Double, p_S As Double) As Variant
    T_S_Wagner_D = ZDQ_Solver(Startwert_T_S, p_S, "p_S_Wagner_H2O_D")
End Function

'WAGNER-Gleichung für den Sublimationsdruck von Wasser
'Wagner, W.; Riethmann, T.; Feistel, R.; Harvey, A. H.
'J. Phys. Chem. Ref. Data 40 (2011), S. 1 - 11.
'Gültigkeitsbereich: 50 K <= T <= T_tr. [T] = K, [p_S] = bar
Function p_S_Wagner_H2O_Sub(T As Double) As Double

    Dim gamma As Double
```

```vba
    Dim i As Integer

    '=================================================================
    Dim a(3) As Double
        a(1) = -21.2144006
        a(2) = 27.3203819
        a(3) = -6.1059813
    Dim N(3) As Double
        N(1) = 0.00333333333
        N(2) = 1.20666667
        N(3) = 1.70333333
    '=================================================================

    gamma = T / T_tr_H20

    For i = 1 To UBound(a)
        p_S_Wagner_H20_Sub = p_S_Wagner_H20_Sub + a(i) * gamma ^ N(i)
    Next i

    p_S_Wagner_H20_Sub = p_tr_H20 * Exp(gamma ^ -1 * p_S_Wagner_H20_Sub)

End Function
Function T_S_Wagner_Sub(Startwert_T_S As Double, p_S As Double) As Variant
    T_S_Wagner_Sub = ZDQ_Solver(Startwert_T_S, p_S, "p_S_Wagner_H20_Sub")
End Function

'WAGNER-Gleichung für den Schmelzdruck von Wasser
'Wagner, W.; Riethmann, T.; Feistel, R.; Harvey, A. H.
'J. Phys. Chem. Ref. Data 40 (2011), S. 1 - 11.
'Gültigkeitsbereich: 251,165 K <= T <= T_tr. [T] = K, [p_S] = bar
Function p_S_Wagner_H20_Sch(T As Double) As Double

    Dim gamma As Double
    Dim i As Integer

    '=================================================================
    Dim a(3) As Double
        a(1) = 1195393.37
        a(2) = 80818.3159
        a(3) = 3338.2686
    Dim N(3) As Double
        N(1) = 3
        N(2) = 25.75
        N(3) = 103.75
    '=================================================================

    gamma = T / T_tr_H20

    For i = 1 To UBound(a)
        p_S_Wagner_H20_Sch = p_S_Wagner_H20_Sch + a(i) * (1 - gamma ^ N(i))
    Next i

    p_S_Wagner_H20_Sch = p_tr_H20 * (1 + p_S_Wagner_H20_Sch)

End Function
```

9.1.2 Absolute und relative Feuchte, Wasserbeladung

Zur eindeutigen Beschreibung des Zustands feuchter Luft sind drei unabhängige Zustandsgrößen erforderlich, z. B. der Druck p, die Temperatur T und eine Variable, die den Gehalt an Wasserdampf kennzeichnet, wofür sich die drei nachfolgenden Größen anbieten. Die *absolute Feuchte* oder *Partialdichte* wird mit der Masse des Wasserdampfs m_W und dem Gesamtvolumen der feuchten Luft V gebildet

$$\beta_W = \frac{m_W}{V} \, , \tag{9.6}$$

woraus mit der Zustandsgleichung idealer Gase

$$\beta_W = \frac{p_W}{R_W T} \tag{9.7}$$

folgt. Der temperaturabhängige Maximalwert der absoluten Feuchte wird erreicht, wenn die feuchte Luft gesättigt ist

$$\beta_{WS} = \frac{p_{WS}(T)}{R_W T} \, . \tag{9.8}$$

Die spezifische Gaskonstante für Wasserdampf R_W wird nachfolgend aufgeführt.

Die *relative Feuchte*

$$\varphi = \frac{p_W}{p_{WS}(T)} \tag{9.9}$$

hat den Vorteil, dass sie eine Information über die noch von der Luft aufnehmbare Feuchtigkeit liefert. In der Trocknungstechnik gebräuchlicher ist die auf die Masse der trockenen Luft bezogene *Wasserbeladung der feuchten Luft*

$$X = \frac{m_W}{m_L} \, . \tag{9.10}$$

Vorteile durch Verwendung der Wasserbeladung: Die Masse der trockenen Luft, auf die bezogen wird, ist bei Trocknungsprozessen oft konstant. Die Wasserbeladung X kennzeichnet die Wassermenge in der Luft auch bei Sättigung, d. h. $0 \leq X \leq \infty$ (0: trocken, ∞: Wasser). Bei der Betrachtung von stationären Prozessen können die Massen in Gleichung (9.10) auch durch die Massenströme ersetzt werden.

Der für Umrechnungen erforderliche Zusammenhang zwischen Wasserbeladung und Partialdruck (spezifische Gaskonstanten von Luft $R_L = 287{,}12 \, \text{J kg}^{-1} \, \text{K}^{-1}$ und Wasser $R_W = 461{,}526 \, \text{J kg}^{-1} \, \text{K}^{-1}$ [92] mit $R_L/R_W \approx 0{,}622$)

$$X = \frac{m_W}{m_L} = \frac{R_L}{R_W} \frac{p_W}{p - p_W} \tag{9.11}$$

folgt aus der Definition der Wasserbeladung (unter Verwendung der Zustandsgleichung idealer Gase) und ergibt

$$X = \frac{R_\mathrm{L}}{R_\mathrm{W}} \frac{p_\mathrm{WS}(T)}{p/\varphi - p_\mathrm{WS}(T)} \tag{9.12}$$

oder

$$\varphi = \frac{X}{R_\mathrm{L}/R_\mathrm{W} + X} \frac{p}{p_\mathrm{WS}(T)} \; . \tag{9.13}$$

Für die Wasserbeladung der gesättigten feuchten Luft (maximale Beladung), d. h. für $\varphi = 1$, gilt

$$X_\mathrm{S} = \frac{R_\mathrm{L}}{R_\mathrm{W}} \frac{p_\mathrm{WS}(T)}{p - p_\mathrm{WS}(T)} \; . \tag{9.14}$$

9.1.3 Spezifisches Volumen feuchter Luft

Die gewöhnliche Definition des spezifischen Volumens feuchter Luft

$$v = \frac{V}{m_\mathrm{L} + m_\mathrm{W}} \tag{9.15}$$

wird in der Trocknungstechnik selten verwendet. Stattdessen folgt entsprechend der Definition der Wasserbeladung in Gleichung (9.10) bei Bezug des Volumens der feuchten Luft V auf die Masse der trockenen Luft m_L (und Einsetzen von Gleichung (9.15)) das so definierte *spezifische Volumen feuchter Luft*

$$v_{1+X} = \frac{V}{m_\mathrm{L}} = \frac{V}{m_\mathrm{L} + m_\mathrm{W}} \frac{m_\mathrm{L} + m_\mathrm{W}}{m_\mathrm{L}} = v(1 + X) = \frac{1 + X}{\varrho} \tag{9.16}$$

mit der Dichte der feuchten Luft ϱ. Der Vorteil dieser Definition liegt darin, dass bei den zumeist stationären Trocknungsprozessen die Bezugsgröße der Berechnung – der Massenstrom der trockenen Luft – konstant bleibt.

Für ungesättigte oder gerade gesättigte feuchte Luft ($X \leq X_\mathrm{S}$) ergibt sich mit der Zustandsgleichung idealer Gase

$$v_{1+X} = \frac{V}{m_\mathrm{L}} = \frac{V_\mathrm{L} + V_\mathrm{W}}{m_\mathrm{L}} = v_\mathrm{L} + \frac{v_\mathrm{W} m_\mathrm{W}}{m_\mathrm{L}} = \frac{R_\mathrm{L} T}{p} + X \frac{R_\mathrm{W} T}{p}$$

$$= \frac{R_\mathrm{L} T}{p} \left(1 + X \frac{R_\mathrm{W}}{R_\mathrm{L}} \right) \tag{9.17}$$

oder

$$v_{1+X} = \frac{R_\mathrm{L} T}{p_\mathrm{L}} = \frac{R_\mathrm{L} T}{p - p_\mathrm{W}} = \frac{R_\mathrm{L} T}{p - \varphi p_\mathrm{WS}(T)} \; . \tag{9.18}$$

Als gute Näherung können diese Gleichungen auch für gesättigte feuchte Luft mit flüssigem Wasser oder Eis verwendet werden ($X > X_S$), da das spezifische Volumen der kondensierten Phase verhältnismäßig gering ist [1]. Die Dichte der feuchten Luft kann nun leicht berechnet werden:

$$\varrho = \frac{1 + X}{v_{1+X}} = \frac{p(1 + X)}{R_L T + T X R_W} \; . \tag{9.19}$$

9.1.4 Spezifische Enthalpie feuchter Luft

Mit der Enthalpie der feuchten Luft (bei gleichzeitiger Vernachlässigung von Mischungs- oder Exzessenthalpien)

$$H = m_L h_L + m_W h_W \tag{9.20}$$

folgt die spezifische Enthalpie der feuchten Luft bei Bezug der Enthalpie der feuchten Luft auf die Masse der trockenen Luft m_L

$$h_{1+X} = \frac{H}{m_L} = h_L + \frac{m_W}{m_L} h_W = h_L + X h_W \; . \tag{9.21}$$

Da Enthalpien nicht absolut bestimmt werden können, muss ein sinnvoller Referenzzustand gewählt werden. Üblich ist, die Tripeltemperatur T_{tr} des Wassers als Bezugstemperatur zu wählen und die spezifischen Enthalpien der trockenen Luft und des flüssigen Wassers bei dieser Temperatur zu null zu setzen, also $h_L(T_{tr}) = 0$ und $h_{W,l}(T_{tr}) = 0$. Die spezifische Enthalpie der trockenen Luft ist damit

$$h_L(T) = c_{p,L}^\circ (T - T_{tr}) \; . \tag{9.22}$$

Für technische Berechnungen darf die Lage des Tripelpunkts $\vartheta_{tr} = 0{,}01\,°\mathrm{C} \approx 0\,°\mathrm{C}$ vernachlässigt und bei Temperaturen nicht allzu weit weg von $0\,°\mathrm{C}$ die mittlere spezifische Wärmekapazität $c_{p,L}^\circ$ der trockenen Luft als konstant angenommen werden, siehe den in Tabelle 9.5 aufgeführten Wert. Für genauere Berechnungen ist die Temperaturabhängigkeit der spezifischen Wärmekapazität entsprechend zu berücksichtigen.

Nun steht für die spätere Aufstellung des h, X-Diagramms die Ermittlung der spezifischen Enthalpie der feuchten Luft für die einzelnen Zustandsbereiche feuchter Luft an:

a) *Ungesättigte (oder gerade gesättigte) feuchte Luft mit Wasser als Wasserdampf,* $X \leq X_S$, „trockene Luft + Wasserdampf"

Wenn wir gedanklich im Tripelpunkt das Wasser verdampfen und anschließend den Wasserdampf auf die Temperatur T erwärmen, brauchen wir uns um die Temperaturabhängigkeit der spezifischen Verdampfungsenthalpie $\Delta_{vap}h$ keine Gedanken zu machen. Schließlich kann der Integrationsweg beliebig gewählt werden, da die Enthalpie eine Zustandsgröße ist. Durch diese Vorgehensweise ergibt sich die spezifische Enthalpie des Wasserdampfs (Wasserdampf als ideales

Gas betrachtet) in der feuchten Luft zu

$$h_{\mathrm{W}}(T) = \Delta_{\mathrm{vap}}h(T_{\mathrm{tr}}) + c_{p,\mathrm{W}}^{\circ}(T - T_{\mathrm{tr}}) \ . \tag{9.23}$$

Die für die spezifische Verdampfungsenthalpie $\Delta_{\mathrm{vap}}h(T_{\mathrm{tr}})$ und die spezifische Wärmekapazität des Wasserdampfs $c_{p,\mathrm{W}}^{\circ}$ zu verwendenden Werte sind in Tabelle 9.5 aufgeführt. Daraus folgt nun die *spezifische Enthalpie der ungesättigten (oder gerade gesättigten) feuchten Luft*

$$\begin{aligned} h_{1+X}(T, X) &= h_{\mathrm{L}} + X h_{\mathrm{W}} \\ &= c_{p,\mathrm{L}}^{\circ}(T - T_{\mathrm{tr}}) + X \left[\Delta_{\mathrm{vap}}h(T_{\mathrm{tr}}) + c_{p,\mathrm{W}}^{\circ}(T - T_{\mathrm{tr}})\right] \ . \end{aligned} \tag{9.24}$$

Diese Gleichung beschreibt im h, X-Diagramm den Verlauf der Isothermen im Gebiet der ungesättigten feuchten Luft, da die Wasserbeladung bei konstantem Druck nur noch eine Funktion der Temperatur ist, siehe Gleichung (9.12). Die Steigung der vorstehenden Geradengleichungen lautet

$$\left(\frac{\partial h}{\partial X}\right)_{T} = \Delta_{\mathrm{vap}}h(T_{\mathrm{tr}}) + c_{p,\mathrm{W}}^{\circ}(T - T_{\mathrm{tr}}) \ . \tag{9.25}$$

Um Gleichung (9.24) für die Berechnungen noch etwas weiter zu vereinfachen, verwenden wir die Celsius-Temperatur und erhalten wegen $T - T_{\mathrm{tr}} = \vartheta - \vartheta_{\mathrm{tr}} \approx \vartheta$

$$h_{1+X}(\vartheta, X) = c_{p,\mathrm{L}}^{\circ}\vartheta + X \left[\Delta_{\mathrm{vap}}h(T_{\mathrm{tr}}) + c_{p,\mathrm{W}}^{\circ}\vartheta\right] \ , \tag{9.26}$$

worin ϑ hier eigentlich eine Temperaturdifferenz mit der Dimension K ist. Für die gerade gesättigte feuchte Luft folgt mit $X = X_{\mathrm{S}}$ entsprechend $\varphi = 1$ die Gleichung der Sättigungslinie

$$h_{1+X}(\vartheta, X_{\mathrm{S}}) = c_{p,\mathrm{L}}^{\circ}\vartheta + X_{\mathrm{S}} \left[\Delta_{\mathrm{vap}}h(T_{\mathrm{tr}}) + c_{p,\mathrm{W}}^{\circ}\vartheta\right] \ . \tag{9.27}$$

b) *Gesättigte feuchte Luft mit flüssigem Kondensat* ($\vartheta > \vartheta_{\mathrm{tr}}$), $X > X_{\mathrm{S}}$, „trockene Luft + gesättigter Wasserdampf + flüssiges Wasser"

Die spezifische Enthalpie des flüssigen Wassers ergibt sich aus der Gleichung

$$h_{\mathrm{W,l}}(T) = c_{\mathrm{W,l}}(T - T_{\mathrm{tr}}) \tag{9.28}$$

mit der spezifischen Wärmekapazität des flüssigen Wassers $c_{\mathrm{W,l}}$ in Tabelle 9.5. Die *spezifische Enthalpie der gesättigten feuchten Luft mit flüssigem Kondensat* berechnet sich additiv aus den spezifischen Enthalpien der gesättigten feuchten Luft und des flüssigen Kondensats

$$\begin{aligned} h_{1+X}(T, X) &= h_{\mathrm{L}} + X_{\mathrm{S}} h_{\mathrm{W}} + (X - X_{\mathrm{S}})h_{\mathrm{W,l}} \\ &= c_{p,\mathrm{L}}^{\circ}(T - T_{\mathrm{tr}}) + X_{\mathrm{S}} \left[\Delta_{\mathrm{vap}}h(T_{\mathrm{tr}}) + c_{p,\mathrm{W}}^{\circ}(T - T_{\mathrm{tr}})\right] \\ &\quad + (X - X_{\mathrm{S}})c_{\mathrm{W,l}}(T - T_{\mathrm{tr}}) \ . \end{aligned} \tag{9.29}$$

Diese Gleichung gilt im h, X-Diagramm für den Verlauf der Isothermen im Gebiet der gesättigten feuchten Luft mit flüssigem Kondensat. Die Nebelisothermen haben die Steigung

$$\left(\frac{\partial h}{\partial X}\right)_T = c_{\mathrm{W,l}}(T - T_{\mathrm{tr}}) \; . \tag{9.30}$$

Auch hier ergibt sich als Vereinfachung aus Gleichung (9.29)

$$h_{1+X}(\vartheta, X) = c_{p,\mathrm{L}}^{\circ}\vartheta + X_{\mathrm{S}}\left[\Delta_{\mathrm{vap}}h(T_{\mathrm{tr}}) + c_{p,\mathrm{W}}^{\circ}\vartheta\right] + (X - X_{\mathrm{S}})c_{\mathrm{W,l}}\vartheta \; . \tag{9.31}$$

c) *Gesättigte feuchte Luft mit festem Kondensat* ($\vartheta < \vartheta_{\mathrm{tr}}$), $X > X_{\mathrm{S}}$, „trockene Luft + gesättigter Wasserdampf + Eis"

Die spezifische Enthalpie des Eises ergibt sich – relativ zum Bezugszustand – aus der spezifischen Schmelzenthalpie $\Delta_{\mathrm{fus}}h(T_{\mathrm{tr}})$ und der Enthalpieänderung durch eine weitere Abkühlung:

$$h_{\mathrm{E}}(T) = -\Delta_{\mathrm{fus}}h(T_{\mathrm{tr}}) + c_{\mathrm{E}}(T - T_{\mathrm{tr}}) \; . \tag{9.32}$$

Wir lassen dazu das gemäß Bezugszustand flüssige Wasser im Tripelpunkt gedanklich gefrieren ($-\Delta_{\mathrm{fus}}h$) und kühlen das Eis bis zur Temperatur T ab. Daraus folgt für die *spezifische Enthalpie der gesättigten feuchten Luft mit Eis*

$$\begin{aligned} h_{1+X}(T, X) &= h_{\mathrm{L}} + X_{\mathrm{S}}h_{\mathrm{W}} + (X - X_{\mathrm{S}})h_{\mathrm{E}} \\ &= c_{p,\mathrm{L}}^{\circ}(T - T_{\mathrm{tr}}) + X_{\mathrm{S}}\left[\Delta_{\mathrm{vap}}h(T_{\mathrm{tr}}) + c_{p,\mathrm{W}}^{\circ}(T - T_{\mathrm{tr}})\right] \\ &\quad + (X - X_{\mathrm{S}})\left[-\Delta_{\mathrm{fus}}h(T_{\mathrm{tr}}) + c_{\mathrm{E}}(T - T_{\mathrm{tr}})\right] \; . \end{aligned} \tag{9.33}$$

In die Gleichungen können die in Tabelle 9.5 aufgeführten Werte für die spezifische Schmelzenthalpie $\Delta_{\mathrm{fus}}h(T_{\mathrm{tr}})$ und die spezifische Wärmekapazität von Eis c_{E} eingesetzt werden. Die Eisnebelisothermen haben die Steigung

$$\left(\frac{\partial h}{\partial X}\right)_T = -\Delta_{\mathrm{fus}}h(T_{\mathrm{tr}}) + c_{\mathrm{E}}(T - T_{\mathrm{tr}}) \tag{9.34}$$

und die Eisnebelisotherme bei Tripeltemperatur die Steigung

$$\left(\frac{\partial h}{\partial X}\right)_T = -\Delta_{\mathrm{fus}}h(T_{\mathrm{tr}}) \; , \tag{9.35}$$

wodurch sich für diese Temperatur im h, X-Diagramm ein Gebiet zwischen diesen Isothermen ergibt, in dem gesättigte feuchte Luft, Nebel und Eisnebel vorliegen. Aus Gleichung (9.33) folgt auch hier vereinfacht

$$\begin{aligned} h_{1+X}(\vartheta, X) &= c_{p,\mathrm{L}}^{\circ}\vartheta + X_{\mathrm{S}}\left[\Delta_{\mathrm{vap}}h(T_{\mathrm{tr}}) + c_{p,\mathrm{W}}^{\circ}\vartheta\right] \\ &\quad + (X - X_{\mathrm{S}})\left[-\Delta_{\mathrm{fus}}h(T_{\mathrm{tr}}) + c_{\mathrm{E}}\vartheta\right] \; . \end{aligned} \tag{9.36}$$

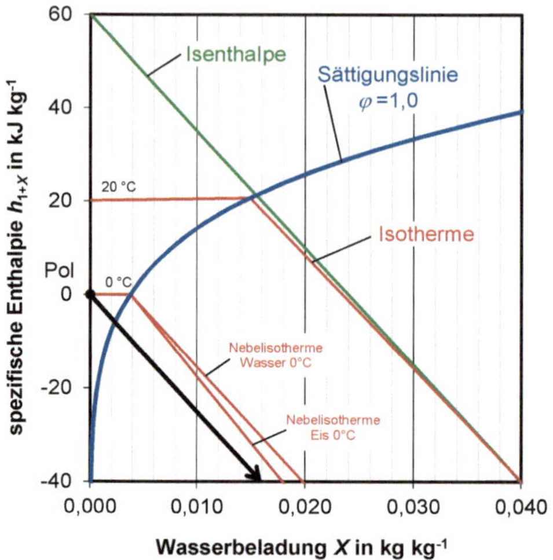

Abbildung 9.2: Konstruktion des h, X-Diagramms für feuchte Luft

Sämtliche in diesem Abschnitt genannte Stoffwerte sind in Tabelle 9.5 zur Übersicht zusammengefasst. Für genauere Rechnungen oder höhere Temperaturen müssen die Temperaturabhängigkeiten der spezifischen Wärmekapazitäten berücksichtigt werden, nicht aber die der spezifischen Umwandlungsenthalpien.

9.2 Konstruktion des h, X-Diagramms für feuchte Luft

Nachfolgend wird die Erstellung des h, X-Diagramms in Excel für die Darstellung von berechneten Zuständen und Zustandsänderungen feuchter Luft erläutert. Außerdem wird eine einfache Methode zur Berechnung der minimalen Temperatur (Kühlgrenztemperatur), auf die feuchte Luft bei der adiabaten Verdunstung von Wasser abkühlen kann, vorgestellt.

Nach MOLLIER (1923) [60] kann mit den vorgenannten Beziehungen für Wasser – aber ebenso auch für beliebige andere sich ideal verhaltende Gas-Dampf-Gemische – das h, X-Diagramm feuchter Luft für einen Druck $p =$ konst konstruiert werden, siehe dazu Abb. 9.2:

Tabelle 9.5: Stoffwerte von Luft, Wasser, Wasserdampf und Eis bei $\vartheta_{\mathrm{tr}} =$ 0,01 °C nach [1, 91, 92]

spezifische Wärmekapazität Luft	$c_{p,\mathrm{L}}^{\circ}$	1,006	kJ kg^{-1} K^{-1}
spezifische Wärmekapazität Wasserdampf	$c_{p,\mathrm{W}}^{\circ}$	1,888	kJ kg^{-1} K^{-1}
spezifische Wärmekapazität Wasser	$c_{\mathrm{W},\mathrm{l}}$	4,220	kJ kg^{-1} K^{-1}
spezifische Wärmekapazität Eis	c_{E}	2,070	kJ kg^{-1} K^{-1}
spezifische Verdampfungsenthalpie	$\Delta_{\mathrm{vap}}h$	2500,9	kJ kg^{-1}
spezifische Schmelzenthalpie	$\Delta_{\mathrm{fus}}h$	333,1	kJ kg^{-1}

- In der Darstellung $h_{1+X} = f(X)$ sind die Isothermen Geraden, die für die Bereiche der ungesättigten und der gesättigten feuchten Luft (Nebelgebiet) unterschiedliche Steigungen haben, also an der Sättigungslinie $\varphi = 1$, die diese beiden Gebiete trennt, abknicken.

- Die Auftragung erfolgt im schiefwinkeligen Koordinatensystem, um das technisch besonders interessante Gebiet der ungesättigten feuchten Luft möglichst groß darzustellen. Die Abszisse oder X-Achse wird soweit im Uhrzeigersinn gedreht, bis die Isotherme $\vartheta = 0\,°\mathrm{C}$ im Gebiet der ungesättigten feuchten Luft waagerecht verläuft. Die Linien $X = $ konst verbleiben dabei senkrecht.

- Für $\vartheta = \vartheta_{\mathrm{tr}} \approx 0\,°\mathrm{C}$ existieren zwei Isothermen für flüssiges Wasser und Eis. Das eingeschlossene Gebiet enthält Zustände mit gesättigter feuchter Luft, Wasser und Eis.

- Für das Gebiet der ungesättigten feuchten Luft lassen sich die Linien konstanter relativer Feuchte $\varphi = $ konst darstellen.

Erstellung des h, X-Diagramms in Excel

Wir wenden uns der systematischen Erstellung des h, X-Diagramms in Excel zu. Das Diagramm lässt sich übersichtlich auf einem Arbeitsblatt berechnen. Dazu schreiben wir die Stoffwerte nach Tabelle 9.5 am besten oben links auf das Arbeitsblatt und versehen die entsprechenden Zellen mit sinnvollen Namen, die für die gesamte Arbeitsmappe gelten (z. B. Zelle `c_pl` für die spezifische Wärmekapazität der Luft $c_{p,\mathrm{L}}^{\circ}$, `c_Wl` für die spezifische Wärmekapazität des Wassers $c_{\mathrm{W},\mathrm{l}}$, `Delta_vap_h` für die spezifische Verdampfungsenthalpie $\Delta_{\mathrm{vap}}h$, `c_pW` für die spezifische Wärmekapazität des Wasserdampfes $c_{p,\mathrm{W}}^{\circ}$). Es bietet sich an, auch die Daten für den Tripelpunkt von Wasser hier einzugeben und ebenfalls mit Namen zu versehen (z. B. `T_tr` und `p_tr`).

Darunter beginnen wir die Berechnungstabelle für das Diagramm. In die erste Spalte nehmen wir die Temperatur ϑ in °C, in die zweite Spalte die in K umgerechnete Temperatur T auf. In der dritten Spalte wird der mit der Temperatur T berechnete Dampfdruck $p_{\mathrm{WS}}(T)$ aufgeführt, wobei der Sublimationsdruck für $\vartheta < 0\,°\mathrm{C}$ mit Gleichung (9.4) und der Dampfdruck für $\vartheta \geq 0\,°\mathrm{C}$ mit Gleichung (9.3) unter Verwendung der in Listing 9.1 aufgeführten benutzerdefinierten Funktionen berechnet werden. Grundsätzlich können anstatt der hier empfohlenen WAGNER-Gleichungen auch die ANTOINE-Gleichungen verwendet werden, allerdings ist ihr Gültigkeitsbereich wesentlich kleiner.

Durch das Abdecken eines Temperaturbereichs von z. B. $-20\,°\mathrm{C}$ bis $120\,°\mathrm{C}$ sind wir für die meisten Fälle in der Praxis gewappnet, halten aber den Fehler durch die Annahme der Konstanz der spezifischen Wärmekapazitäten noch gering. Für die Schrittweite der Temperatur kann $1\,\mathrm{K}$ gewählt werden. Den Druck nehmen wir als konstant an. Wenn wir ein zentrales Eingabefeld für den Druck p erstellen (am besten oben links auf dem Arbeitsblatt oberhalb der Stoffwerte) und den dort vorgegebenen Wert ($p = 1000\,\mathrm{hPa}$) in die davon abhängigen Zellen übernehmen, können wir später auch den Druck variieren. Tabelle 9.6 enthält einen Auszug zur Überprüfung der Berechnungen.

Die *Sättigungslinie* $\varphi = 1$ grenzt die Gebiete der ungesättigten und der gesättigten feuchten Luft voneinander ab. Wir berechnen die Sättigungsbeladung $X_\text{S}(T)$ aus $p_\text{WS}(T)$ mit Gleichung (9.14) und daraus die Sättigungslinie mit der spezifischen Enthalpie im Sättigungszustand $h_{1+X}(\vartheta, X_\text{S})$ mit Gleichung (9.27).

Um die Forderung MOLLIERs nach Schiefwinkeligkeit des Diagramms erfüllen zu können, müssen die erhaltenen spezifischen Enthalpien $h_{1+X}(\vartheta, X_\text{S})$ umgerechnet werden. Wie schon oben beschrieben, soll die eigentlich ansteigende Isotherme für $\vartheta = 0\,^\circ\text{C}$ waagerecht verlaufen. Dementsprechend müssen auch alle anderen Kurven „gedreht" werden. Mit der ursprünglichen Steigung der Isothermen für $\vartheta = 0\,^\circ\text{C}$ nach Gleichung (9.25) folgt für den in das schiefwinkelige Diagramm für $X = X_\text{S}$ einzutragenden Wert[1]

$$h_\text{Diagr} = h_{1+X}(\vartheta, X) - \Delta_\text{vap} h(T_\text{tr}) X(T) \ . \tag{9.37}$$

Die meisten Trocknungsprozesse oder technisch relevante Zustandsänderungen erfolgen im Bereich $0 < X < 0{,}05$. Nur zur Vergleichbarkeit mit eigenen Berechnungen wurden in die Tabellen auch größere Werte für X aufgenommen, siehe Tabelle 9.7.

Es folgen die *Linien konstanter relativer Feuchte* φ. Wir berechnen die Wasserbeladung $X(T)$ für die jeweils vorgegebene relative Feuchte φ mit Gleichung (9.12) und daraus die spezifische Enthalpie $h_{1+X}(\vartheta, X)$ mit Gleichung (9.26). Die Enthalpie wird vor dem Eintragen in das Diagramm – wie schon oben für die Sättigungslinie geschehen – mit Gleichung (9.37) korrigiert und das Eingabefeld für die relative Feuchte im Tabellenkopf platziert. Tabelle 9.8 zeigt berechnete Wertepaare für die Linie $\varphi = 0{,}8$.

Damit das Diagramm übersichtlich bleibt, bieten sich die Linien $\varphi = 0{,}02,\ 0{,}05$, $0{,}1,\ 0{,}2$ bis $1{,}0$ für die Darstellung an. Die Linie $\varphi = 0$ fällt mit der Ordinate des Diagramms zusammen. Mit den Datenreihen h_Diagr auf der Ordinate und X auf der Abszisse kann ein h, X-Diagramm erstellt werden, wie in der Abb. 9.3 dargestellt. Die Beschriftung der Isolinien erfolgt, indem auf einer Isolinie ein einzelner Datenpunkt mit Linksklick markiert und mit Rechtsklick, $\boxed{\text{Datenbeschriftung hinzufügen}}$ der Ordinatenwert im Diagramm angezeigt wird. Nach einem Linksklick in das Beschriftungsfeld kann der gewünschte Text manuell eingegeben werden. Über $\boxed{\text{Datenpunkt formatieren}}$ ist z. B. eine Drehung der Beschriftung möglich.

Beginnen wir mit den *Isothermen für ungesättigte feuchte Luft*, also für das Gebiet

---

[1] Hinter dieser Vorgehensweise steht, dass hier die spezifische Enthalpie des Wasserdampfs zu null gesetzt wird, nicht aber die spezifische Enthalpie des Wassers.

Tabelle 9.6: Beispielhafte Berechnungen, Sättigungsdampfdrücke $p_\text{WS}(T)$

ϑ	T	$p_\text{WS}(T)$
$^\circ$C	K	hPa
$-20{,}0$	$253{,}15$	$1{,}033$
$\vdots$	$\vdots$	$\vdots$
$0{,}01$	$273{,}16$	$6{,}116\,57$
$\vdots$	$\vdots$	$\vdots$
$80{,}0$	$353{,}15$	$474{,}158$

oberhalb der Sättigungslinie. Da sämtliche Isothermen im h, X-Diagramm Geraden sind, benötigen wir für ihre Darstellung jeweils sinnvolle Endpunkte. Dabei ist zu beachten, dass die Sättigungslinie sich der vom Druck abhängigen Isotherme bei Siedetemperatur asymptotisch annähert. Als festen Endwert für die Isothermen oberhalb der Siedetemperatur wählen wir einen genügend großen festen Wert, beispielsweise $X = 0{,}1$. Alle Isothermen unterhalb der Siedetemperatur verlaufen von der Ordinate ($X = 0$) bis zur Sättigungslinie ($X = X_\mathrm{S}$). Für z. B. $\vartheta = 20\,^\circ\mathrm{C}$ beträgt die Sättigungsbeladung $X_\mathrm{S} = 0{,}0149$. Für diese beiden Beladungen ($X = 0$ und X_S) berechnen wir mit den Gleichungen (9.26) und (9.27) die spezifischen Enthalpien und korrigieren die Werte zu h_Diagr mit der Gleichung (9.37). Es bietet sich an, die Isothermen in Schritten von $10\,\mathrm{K}$ oder $20\,\mathrm{K}$ zu berechnen. Der Auszug in Tabelle 9.9 zeigt die Wertepaare der Isotherme für $\vartheta = 20\,^\circ\mathrm{C}$.

Die *Isothermen für das Gebiet der gesättigten feuchten Luft* mit flüssigem Kondensat ($\vartheta > 0\,^\circ\mathrm{C}$) berechnen wir mit Gleichung (9.31). Die zusätzliche Spalte $X(T)$ liefert die X-Werte für die Diagrammdarstellung $h_\mathrm{Diagr}(X)$. In der ersten Zeile wird für X einfach der Wert der Sättigungsbeladung X_S übernommen, in der zweiten Zeile für X ein genügend großer fester Wert gewählt, beispielsweise $X = 0{,}1$, da die Isothermen an der Sättigungslinie bei X_S beginnen und bei einem bestimmten Wert X enden müssen. Damit erhalten wir den Datensatz entsprechend Tabelle 9.10.

Für $\vartheta = 0\,^\circ\mathrm{C}$ berechnen wir zusätzlich die *Isotherme für gesättigte feuchte Luft mit Eisnebel* nach Gleichung (9.36), da – wie schon beschrieben – für diese Temperatur zwei Isothermen unterhalb der Sättigungslinie existieren (siehe Tabelle 9.11). Gleichung (9.36) wird in gleicher Weise für die Berechnung der Isothermen für $\vartheta < 0\,^\circ\mathrm{C}$ angewendet. Die erstellten Tabellen für die Isothermen lassen sich auf dem Excel-Berechnungsblatt untereinander anordnen – spaltenweise für ungesättigte feuchte Luft, gesättigte feuchte Luft mit flüssigem Kondensat und gesättigte feuchte Luft mit festem Kondensat.

Die Erstellung der Isenthalpen ist vergleichsweise einfach, da die spezifische Enthalpie an der Ordinate des Diagramms aufgetragen wird. Wegen der Drehung der X-Achse ist auch hier die Ermittlung von $h_\mathrm{Diagr}(X)$ für die Diagrammdarstellung erforderlich, siehe dazu die beispielhafte Berechnung der spezifischen Enthalpie in Tabelle 9.12. Die Darstellung der Isenthalpen in Schritten von $20\,\mathrm{kJ\,kg^{-1}}$ ist ausreichend.

Tabelle 9.7: Beispielhafte Berechnungen, Sättigungslinie $\varphi = 1$

			Sättigungslinie $\varphi = 1$		
ϑ $^\circ\mathrm{C}$	T K	$p_\mathrm{WS}(T)$ hPa	$X_\mathrm{S}(T)$ 1	$h_{1+X}(\vartheta, X_\mathrm{S})$ $\mathrm{kJ\,kg^{-1}}$	h_Diagr $\mathrm{kJ\,kg^{-1}}$
$-20{,}0$	253,15	1,033	0,0006	$-18{,}5$	$-20{,}1$
⋮	⋮	⋮	⋮	⋮	⋮
0,01	273,16	6,116 57	0,0038	9,6	0,0
⋮	⋮	⋮	⋮	⋮	⋮
80,0	353,15	474,158	0,5610	1568,1	165,2

Tabelle 9.8: Beispielhafte Berechnungen, Linie konstanter relativer Feuchte ($\varphi = 0{,}8$)

				Linie $\varphi = 0{,}80$	
ϑ	T	$p_{\mathrm{WS}}(T)$	$X(T,\varphi)$	$h_{1+X}(\vartheta, X)$	h_{Diagr}
°C	K	hPa	1	kJ kg^{-1}	kJ kg^{-1}
$-20{,}0$	253,15	1,033	0,0005	$-18{,}9$	$-2{,}1$
$\vdots$	$\vdots$	$\vdots$	$\vdots$	$\vdots$	$\vdots$
0,01	273,16	6,116 57	0,0031	7,7	0,0
$\vdots$	$\vdots$	$\vdots$	$\vdots$	$\vdots$	$\vdots$
80,0	353,15	474,158	0,3802	1088,8	137,9

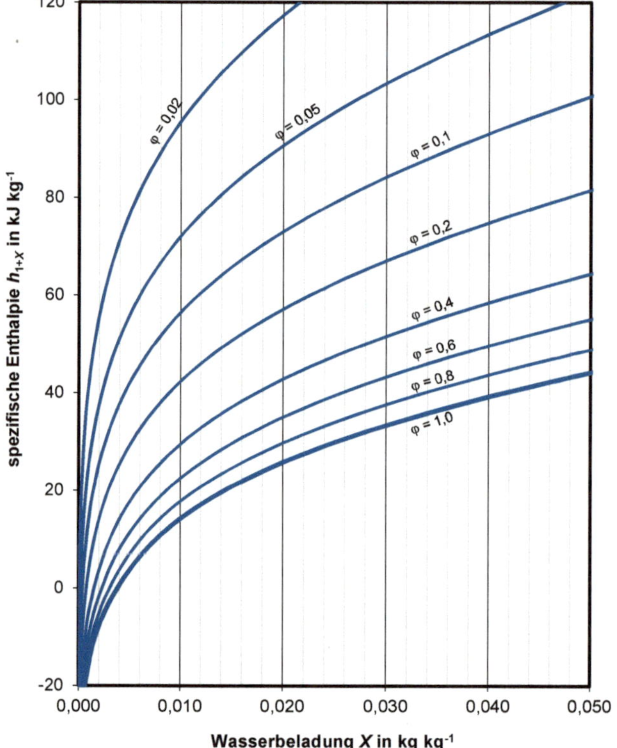

Abbildung 9.3: h, X-Diagramm für feuchte Luft mit Linien konstanter relativer Feuchte für $p = 1000\,\mathrm{hPa}$

Tabelle 9.9: Beispielhafte Berechnungen, Isotherme für ungesättigte feuchte Luft ($\vartheta = 20\,$°C)

	$\vartheta/$°C $=$	20,0	ungesättigte feuchte Luft		
ϑ	T	$p_{\mathrm{S}}(T)$	$X(T), X_{\mathrm{S}}(T)$	$h_{1+X}(\vartheta, X)$	h_{Diagr}
°C	K	hPa	1	kJ kg^{-1}	kJ kg^{-1}
20,0	293,15		0,0000	20,1	20,1
20,0	293,15	23,4	0,0149	57,9	20,7

Kühlgrenztemperatur, Feuchtkugeltemperatur, Kühlgrenzisothermen

Die *Kühlgrenztemperatur* (auch *adiabatische Sättigungstemperatur*) ist die tiefste erreichbare Temperatur, auf die Luft – abhängig von ihrem Anfangszustand – bei der Verdunstung von Wasser adiabat – also ohne Energiezu- oder -abfuhr von außen – in einem Gleichgewichtsprozess abgekühlt werden kann. Beispiele:

- Die Trocknung eines Guts, bei dem die Verdunstung von der feuchten Gutsoberfläche aus stattfindet und

- wenn flüssiges Wasser beim Quenchen oder in einem Verdunstungskühlturm in einen feuchten Luftstrom eingespritzt wird.

In beiden Fällen ist die Luft – an der Oberfläche des Guts oder der Tropfen – gesättigt und kühlt sich ab, weil der Luft die zur Verdunstung des Wassers erforderliche Energie entzogen wird.

Streng betrachtet müssen zwei Grenztemperaturen unterschieden werden, die Kühlgrenztemperatur und die *Feuchtkugeltemperatur* [38, 58]. Die Feuchtkugeltemperatur[2] wird als Grenztemperatur erreicht, wenn die überströmende Luft aufgrund mangelnder Kontaktzeit *nicht* vollständig gesättigt wird. Praktisch betrachtet unterscheiden sich diese beiden Grenztemperaturen für feuchte Luft als Gas-Dampf-Gemisch kaum. Deshalb ist die Bestimmung der Kühlgrenztemperatur z. B. über die Messung der Feuchtkugeltemperatur möglich, siehe dazu die Versuchsanordnung in Abb. 9.4. Die Differenz zwischen der Lufttemperatur (= Trockenkugeltemperatur) und der Feuchtkugeltemperatur wird auch als psychrometrische Temperaturdifferenz bezeichnet, siehe dazu Abschnitt 9.4. Das h, X-Diagramm soll auf Basis der nachfolgenden Betrachtungen um die *Kühlgrenzisothermen* vervollständigt werden. Zusätzlich wollen wir auch für einen gegebenen Zustand feuchter Luft die Kühlgrenztemperatur berechnen können.

In den in Abb. 9.5 dargestellten Bilanzraum tritt Luft im Zustand α ein. Das Wasser verdunstet adiabat, wobei sich Luft und Wasser abkühlen. Die abströmende Luft (Zustand β) ist gesättigt, $X = X_\mathrm{S}$, und erreicht die Kühlgrenztemperatur T_KG.

Die Massenbilanz für den als stationär angenommenen Prozess lautet für die Komponente Luft ($\dot{m}_\mathrm{L}$ steht für den Massenstrom der trockenen Luft, $\dot{m}_\mathrm{W,l}$ für den

---

[2] Die Bezeichnung „Feuchtkugeltemperatur" entstammt dem apparativen Aufbau für ihre Messung, siehe Abb. 9.4: Ein Temperaturfühler mit saugfähigem Überzug wird befeuchtet und einem Luftstrom ausgesetzt. Bei gleichzeitiger Messung der „Trockenkugeltemperatur" dient der Messaufbau (Psychrometer) zur Bestimmung der relativen Feuchte der Luft.

Tabelle 9.10: Beispielhafte Berechnungen, Isotherme für gesättigte feuchte Luft ($\vartheta = 20\,°\mathrm{C}$)

$\vartheta/°\mathrm{C} =$		$20{,}0$		gesättigte feuchte Luft		
ϑ	T	$p_\mathrm{S}(T)$	$X_\mathrm{S}(T)$	$X(T)$	$h_{1+X}(\vartheta, X)$	h_Diagr
$°\mathrm{C}$	K	hPa	1	1	$\mathrm{kJ\,kg^{-1}}$	$\mathrm{kJ\,kg^{-1}}$
$20{,}0$	$293{,}15$	$23{,}4$	$0{,}0149$	$0{,}0149$	$57{,}9$	$20{,}7$
$20{,}0$	$293{,}15$	$23{,}4$	$0{,}0149$	$0{,}1000$	$65{,}1$	$-185{,}0$

Tabelle 9.11: Beispielhafte Berechnungen, Isotherme für gesättigte feuchte Luft mit Eisnebel ($\vartheta = 0\,°\mathrm{C}$)

$\vartheta/°\mathrm{C} =$		0,0		gesättigte feuchte Luft mit Eisnebel		
ϑ	T	$p_\mathrm{S}(T)$	$X_\mathrm{S}(T)$	$X(T)$	$h_{1+X}(\vartheta, X)$	h_Diagr
$°\mathrm{C}$	K	hPa	1	1	$\mathrm{kJ\,kg^{-1}}$	$\mathrm{kJ\,kg^{-1}}$
0,0	273,15	6,1	0,0038	0,0038	9,6	0,0
0,0	273,15	6,1	0,0038	0,1000	$-22,5$	$-272,6$

Tabelle 9.12: Beispielhafte Berechnungen, Isenthalpe ($h_{1+X} = 40\,\mathrm{kJ\,kg^{-1}}$)

$X(T)$	$h_{1+X}(\vartheta, X)$	h_Diagr
1	$\mathrm{kJ\,kg^{-1}}$	$\mathrm{kJ\,kg^{-1}}$
0,00	40,0	40,0
0,10	40,0	$-210,1$

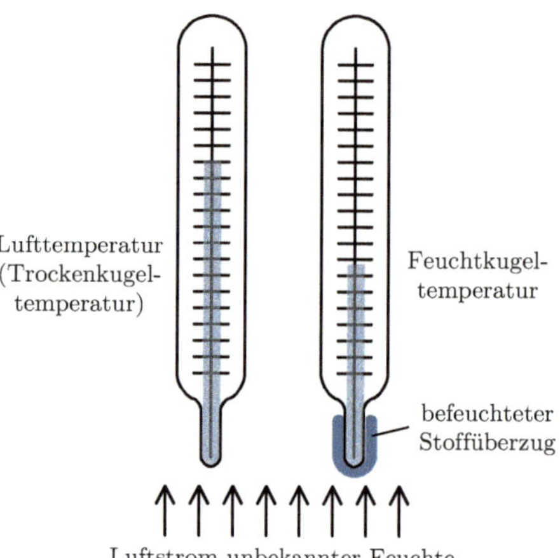

Abbildung 9.4: Anordnung zur Messung der psychrometrischen Temperaturdifferenz

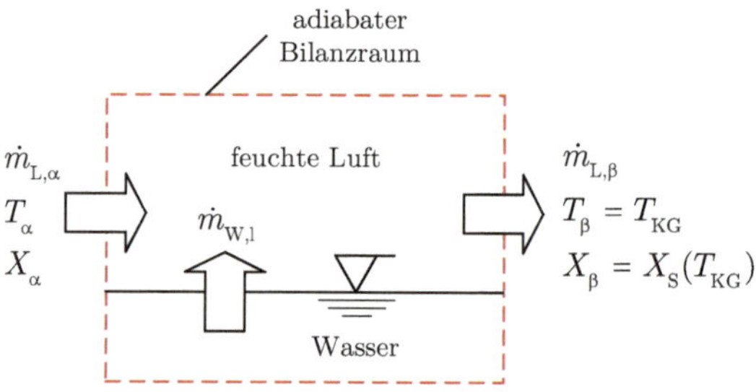

Abbildung 9.5: Bilanzraum bei der adiabaten Verdunstung von Wasser

Massenstrom des verdunstenden, flüssigen Wassers)

$$\dot{m}_{L,\alpha} = \dot{m}_{L,\beta} = \dot{m}_L = \text{konst} \tag{9.38}$$

und für die Komponente Wasser

$$\dot{m}_L X_\alpha + \dot{m}_{W,l} = \dot{m}_L X_S(T_{KG}) \ , \tag{9.39}$$

woraus folgt

$$\dot{m}_{W,l} = \dot{m}_L \left(X_S - X_\alpha \right) \ . \tag{9.40}$$

Die Energiebilanz lautet

$$\dot{m}_L h_{1+X,\alpha} + \dot{m}_{W,l} h_{W,l} = \dot{m}_L h_{1+X,\beta} \ , \tag{9.41}$$

woraus nach Einsetzen der Gleichungen (9.28) und (9.40) die spezifische Enthalpie im Eintrittszustand α umgeformt werden kann [1, 52]

$$h_{1+X,\alpha} = (X_\alpha - X_S) h_{W,l} + h_{1+X,\beta} \ . \tag{9.42}$$

Gleichung (9.42) verknüpft den Zustand der eintretenden Luft mit dem Zustand der austretenden Luft im Sättigungszustand. Im h, X-Diagramm bedeutet dies, dass alle Luftzustände α, die dieselbe Kühlgrenztemperatur T_{KG} haben, auf einer Geraden mit der Steigung

$$\left(\frac{\partial h}{\partial X} \right)_T = c_{W,l}(T_{KG} - T_{tr}) \tag{9.43}$$

liegen, die durch den Zustandspunkt β der austretenden gesättigten Luft (Zustandspunkt auf der Sättigungslinie) führt und der Steigung der Nassdampfisothermen im Gebiet der gesättigten feuchten Luft mit Nebel entspricht, siehe Gleichung (9.30). Wenn wir die Isothermen aus dem Gebiet der gesättigten feuchten Luft mit Nebel in das Gebiet der ungesättigten feuchten Luft verlängern, erhalten wir somit auf sehr einfache Art die *Kühlgrenzisothermen*. Einschränkende Bedingung für die vorstehenden Gleichungen ist, dass für das betrachtete Gas-Dampf-Gemisch die LEWIS-Zahl $Le = a/D$ (a Temperaturleitfähigkeit, D Diffusionskoeffizient) die Größenordnung 1 haben soll, was für feuchte Luft ausreichend erfüllt ist [1, 2].

Auf der Basis von Gleichung (9.42) kann die Kühlgrenztemperatur für einen beliebigen Luftzustand iterativ berechnet werden, siehe dazu die Berechnungen zu Beispiel 9.2 im nachfolgenden Abschnitt 9.3. Die drei Terme in Gleichung (9.42) lauten entsprechend der Gleichungen (9.26) bis (9.28)

$$h_{1+X,\alpha} = c_{p,L}^\circ \vartheta_\alpha + X_\alpha \left[\Delta_{vap} h(T_{tr}) + c_{p,W}^\circ \vartheta_\alpha \right] \ , \tag{9.44}$$

$$h_{1+X,\beta} = c_{p,L}^\circ \vartheta_{KG} + X_S \left[\Delta_{vap} h(T_{tr}) + c_{p,W}^\circ \vartheta_{KG} \right] \tag{9.45}$$

und

$$(X_\alpha - X_S)h_{W,l} = (X_\alpha - X_S)c_{W,l}\vartheta_{KG} \ . \tag{9.46}$$

Somit können wir die spezifische Enthalpie für den Eintrittszustand α, die wir für die Darstellung der Kühlgrenzisothermen benötigen, ausformulieren zu

$$h_{1+X,\alpha}(\vartheta_\alpha, X_\alpha) = (X_\alpha - X_S)c_{W,l}\vartheta_{KG} + c^\circ_{p,L}\vartheta_{KG}$$
$$+ X_S \left[\Delta_{vap}h(T_{tr}) + c^\circ_{p,W}\vartheta_{KG}\right] \ . \tag{9.47}$$

Die Kühlgrenzisothermen verlaufen von der Ordinate ($X = 0$) bis zur Sättigungslinie ($X = X_S$). Für diese beiden Beladungen berechnen wir z. B. in 10 K-Schritten die spezifischen Enthalpien mit der Gleichung (9.47), rechnen die Werte zu h_{Diagr} mit Gleichung (9.37) um, siehe das Beispiel für die Berechnung der Kühlgrenzisotherme für $\vartheta_{KG} = 20\,°C$ in Tabelle 9.13, und verbinden die Endpunkte in der Diagrammdarstellung. Das fertige h, X-Diagramm sollte nun so, wie in Abb. 9.6 dargestellt, aussehen.

Vorteilhaft für die Berechnung ist, dass die Kühlgrenztemperatur unabhängig von der Anfangstemperatur des Wassers ist, da sich die Wassertemperatur im Prozess der Kühlgrenztemperatur nähert [38, 52]. Die vorstehenden Betrachtungen gelten grundsätzlich ebenso bei der Verdunstung anderer Komponenten als Wasser, dann aber können Kühlgrenztemperatur und Feuchtkugeltemperatur sehr unterschiedliche Werte annehmen [2, 58].

9.3 Berechnung der Zustandsgrößen feuchter Luft

Beispiel 9.2

Für die Temperatur $\vartheta = 20\,°C$ und die relative Feuchte $\varphi = 0{,}6$ sollen u. a. berechnet werden: der Sättigungsdampfdruck p_{WS} des Wasserdampfs, der Partialdruck p_W, die Partialdichte β_W, die Wasserbeladung X, die Taupunkttemperatur ϑ_{Tau}, die spezifische Enthalpie h_{1+X}, das spezifische Volumen v_{1+X}, die Dichte der feuchten Luft ϱ und die Kühlgrenztemperatur ϑ_{KG}. Außerdem soll der Zustandspunkt der feuchten Luft im h, X-Diagramm dargestellt werden. (Ergebnisse im Excel-Berechnungsblatt in Abb. 9.7.)

Ausgehend von der Lufttemperatur ϑ und der relativen Feuchte der Luft φ werden nachfolgend bei einem konstanten Druck p die sich daraus ergebenden Zustandsgrößen

Tabelle 9.13: Beispielhafte Berechnungen, Kühlgrenzisotherme

Isotherme	$\vartheta_{KG}/°C =$	20,0	Kühlgrenzisotherme			
ϑ	T	$p_S(T)$	$X_S(T)$	$X(T)$	$h_{1+X}(\vartheta, X)$	h_{Diagr}
°C	K	hPa	1	1	kJ kg^{-1}	kJ kg^{-1}
20,0	293,15	23,4	0,0149	0,0000	56,7	56,7
20,0	293,15	23,4	0,0149	0,0149	57,9	20,7

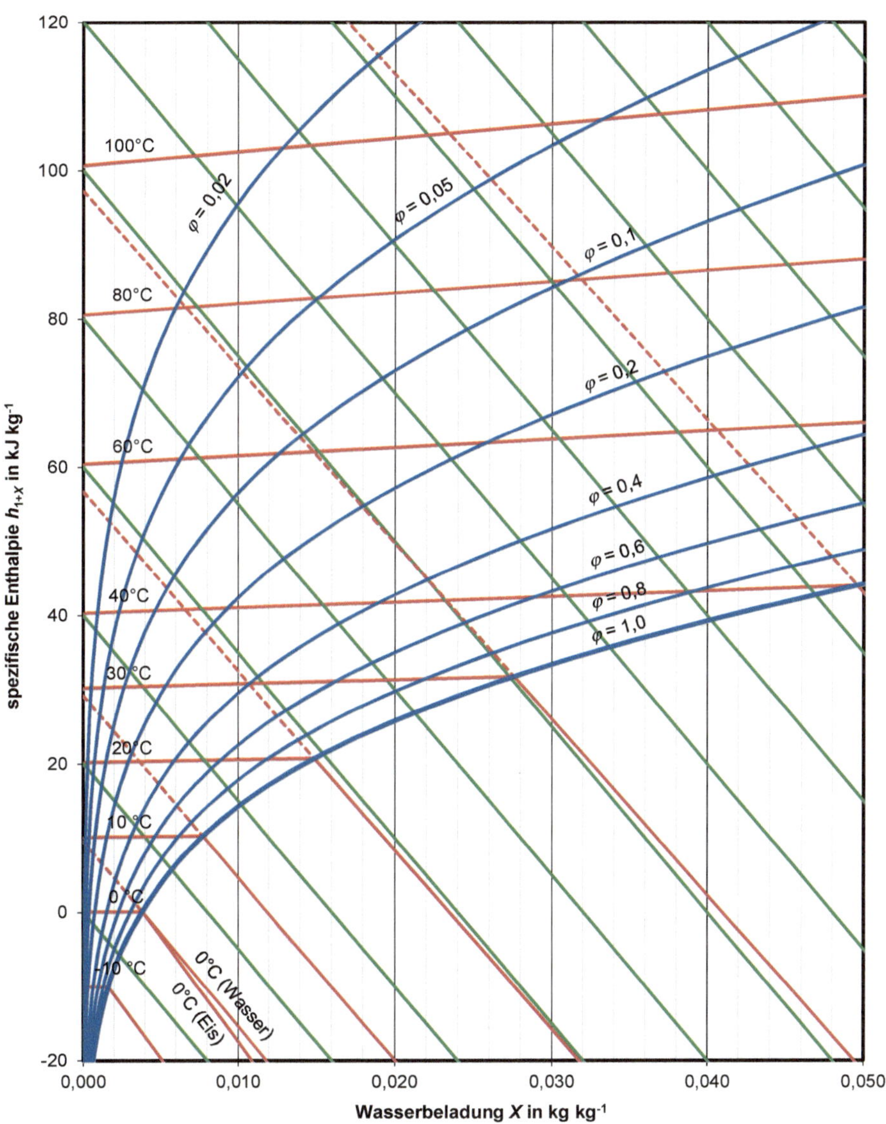

Abbildung 9.6: h, X-Diagramm für feuchte Luft für $p = 1000\,\text{hPa}$

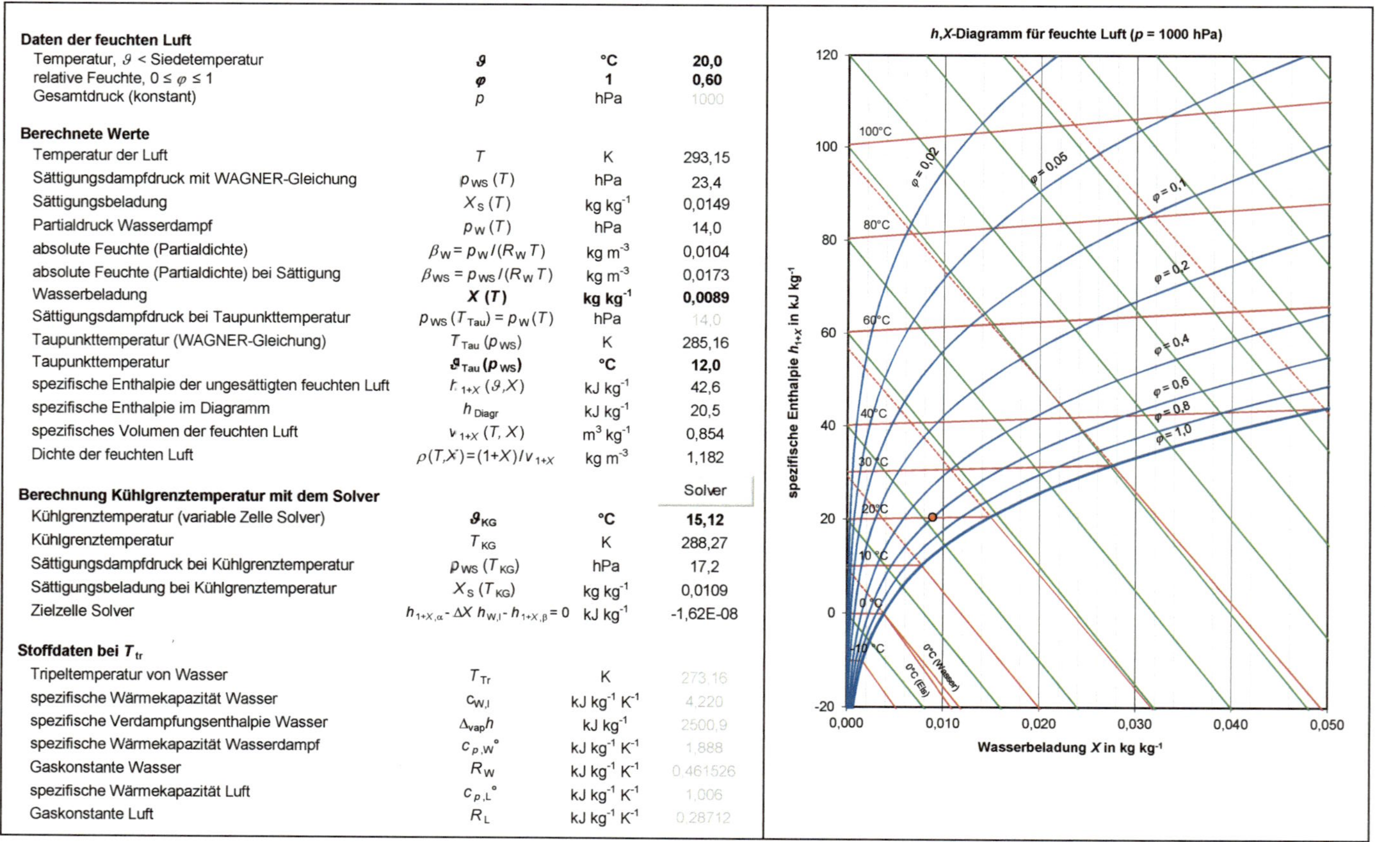

Daten der feuchten Luft			
Temperatur, ϑ < Siedetemperatur	ϑ	°C	**20,0**
relative Feuchte, $0 \le \varphi \le 1$	φ	1	**0,60**
Gesamtdruck (konstant)	p	hPa	1000
Berechnete Werte			
Temperatur der Luft	T	K	293,15
Sättigungsdampfdruck mit WAGNER-Gleichung	$p_{WS}(T)$	hPa	23,4
Sättigungsbeladung	$X_S(T)$	kg kg⁻¹	0,0149
Partialdruck Wasserdampf	$p_W(T)$	hPa	14,0
absolute Feuchte (Partialdichte)	$\beta_W = p_W/(R_W T)$	kg m⁻³	0,0104
absolute Feuchte (Partialdichte) bei Sättigung	$\beta_{WS} = p_{WS}/(R_W T)$	kg m⁻³	0,0173
Wasserbeladung	$X(T)$	**kg kg⁻¹**	**0,0089**
Sättigungsdampfdruck bei Taupunkttemperatur	$p_{WS}(T_{Tau}) = p_W(T)$	hPa	14,0
Taupunkttemperatur (WAGNER-Gleichung)	$T_{Tau}(p_{WS})$	K	285,16
Taupunkttemperatur	$\vartheta_{Tau}(p_{WS})$	°C	**12,0**
spezifische Enthalpie der ungesättigten feuchten Luft	$h_{1+X}(\vartheta,X)$	kJ kg⁻¹	42,6
spezifische Enthalpie im Diagramm	h_{Diagr}	kJ kg⁻¹	20,5
spezifisches Volumen der feuchten Luft	$v_{1+X}(T,X)$	m³ kg⁻¹	0,854
Dichte der feuchten Luft	$\rho(T,X)=(1+X)/v_{1+X}$	kg m⁻³	1,182
Berechnung Kühlgrenztemperatur mit dem Solver			Solver
Kühlgrenztemperatur (variable Zelle Solver)	ϑ_{KG}	°C	**15,12**
Kühlgrenztemperatur	T_{KG}	K	288,27
Sättigungsdampfdruck bei Kühlgrenztemperatur	$p_{WS}(T_{KG})$	hPa	17,2
Sättigungsbeladung bei Kühlgrenztemperatur	$X_S(T_{KG})$	kg kg⁻¹	0,0109
Zielzelle Solver	$h_{1+X,\alpha} - \Delta X\, h_{W,l} - h_{1+X,\beta} = 0$	kJ kg⁻¹	-1,62E-08
Stoffdaten bei T_{tr}			
Tripeltemperatur von Wasser	T_{Tr}	K	273,16
spezifische Wärmekapazität Wasser	$c_{W,l}$	kJ kg⁻¹ K⁻¹	4,220
spezifische Verdampfungsenthalpie Wasser	$\Delta_{vap}h$	kJ kg⁻¹	2500,9
spezifische Wärmekapazität Wasserdampf	$c_{p,W}^{\circ}$	kJ kg⁻¹ K⁻¹	1,888
Gaskonstante Wasser	R_W	kJ kg⁻¹ K⁻¹	0,461526
spezifische Wärmekapazität Luft	$c_{p,L}^{\circ}$	kJ kg⁻¹ K⁻¹	1,006
Gaskonstante Luft	R_L	kJ kg⁻¹ K⁻¹	0,28712

Abbildung 9.7: Excel-Berechnungsblatt für die Zustandsgrößen ungesättigter feuchter Luft

berechnet. Dazu erstellen wir – am besten in derselben Arbeitsmappe, die das h,X-Diagramm enthält – ein neues Berechnungsblatt entsprechend Abb. 9.7. Für dieses Berechnungsblatt verwenden wir die benutzerdefinierten Funktionen auf Basis der WAGNER-Gleichungen (9.3) und (9.4) in dem Listing 9.1:

1. Die Temperatur und die relative Feuchte der Luft werden in die beiden Eingabefelder eingetragen. Der Druck muss mit dem für die Berechnung des h,X-Diagramms verwendeten Druck (z. B. $p = 1000\,\mathrm{hPa}$) identisch sein und wird deshalb von diesem Arbeitsblatt übernommen. Zunächst wird der Eingabewert für die Celsius-Temperatur in die absolute Temperatur umgerechnet. Mit diesem Wert wird mit den vorgenannten benutzerdefinierten Funktionen auf Basis der WAGNER-Gleichungen über eine WENN-Funktion für Temperaturen $\vartheta < \vartheta_{\mathrm{tr}}$ der Sättigungsdampfdruck $p_{\mathrm{WS}}(T)$ mit Gleichung (9.4) und für darüber liegende Temperaturen mit Gleichung (9.3) erhalten, wenn die Celsius-Temperatur in der Zelle theta, die Tripeltemperatur in der Zelle theta_tr und die absolute Temperatur in der Zelle T stehen:

> p_{WS} =WENN(theta < theta_tr; 1000 * p_S_Wagner_H2O_Sub(T);
> 1000 * p_S_Wagner_H2O_D(T))

Aus dem Sättigungsdampfdruck folgt die Sättigungsbeladung $X_{\mathrm{S}}(T)$ mit Gleichung (9.14) und der Partialdruck des Wasserdampfs p_{W} mit Gleichung (9.9). Die absolute Feuchte β_{W} und die absolute Feuchte bei Sättigung β_{WS} berechnen sich mit den Gleichungen (9.7) und (9.8), die Wasserbeladung X mit Gleichung (9.11).

2. Für den Taupunkt gilt die Bedingung

$$p_{\mathrm{WS}}(T_{\mathrm{Tau}}) = p_{\mathrm{W}}(T) \,, \tag{9.48}$$

da für diesen Fall die feuchte Luft isobar bis zur Temperatur T_{Tau}, bei der das in ihr enthaltene Wasser zu kondensieren beginnt, abgekühlt werden muss. Die Taupunkttemperatur $T_{\mathrm{Tau}}(p_{\mathrm{WS}})$ erhalten wir mit den in Listing 9.1 aufgeführten benutzerdefinierten Funktionen T_S_Wagner_D und T_S_Wagner_Sub. Für Drücke $p < p_{\mathrm{tr}}$ ist über eine WENN-Funktion mit Gleichung (9.4) und für darüber liegende Drücke mit Gleichung (9.3) zu rechnen. Zusätzlich bietet es sich an, mit einer weiteren WENN-Funktion für den Fall $\varphi = 0$ die Taupunkttemperatur zu null zu setzen ($T_{\mathrm{Tau}} = 0\,\mathrm{K}$). Daraus ergibt sich der nachfolgende Code für die Berechnung der Taupunkttemperatur $T_{\mathrm{Tau}}(p_{\mathrm{WS}})$, wenn die relative Feuchte in der Zelle phi, der Sättigungsdampfdruck bei Taupunkttemperatur $p_{\mathrm{WS}}(T_{\mathrm{Tau}})$ in der Zelle p_WS, der Tripeldruck in der Zelle p_tr und die absolute Temperatur (als Startwert für das ZDQ-Verfahren) in der Zelle T stehen:

> T_{Tau} =WENN(phi = 0; 0; WENN(p_WS < (1000 * p_tr);
> T_S_Wagner_Sub(T; p_WS / 1000); T_S_Wagner_D(T; p_WS / 1000)))

3. Für die Darstellung des Zustandspunkts der feuchten Luft im h,X-Diagramm wird die spezifische Enthalpie der ungesättigten feuchten Luft $h_{1+X}(\vartheta, X)$ mit Gleichung (9.26) und daraus die spezifische Enthalpie h_{Diagr} mit Gleichung (9.37) berechnet. Zusätzlich können noch das spezifische Volumen der feuchten Luft

$v_{1+X}(T, X)$ mit Gleichung (9.17) und die Dichte der feuchten Luft $\varrho(T, X)$ mit der nach dieser Größe aufgelösten Gleichung (9.16) ermittelt werden.

4. Die Kühlgrenztemperatur ist nur iterativ durch Anwendung des Solvers oder der in Listing 9.2 aufgeführten benutzerdefinierte Funktion `T_KG_WL_einfach` zugänglich. Für die Anwendung des Solvers, siehe die Berechnung in Abb. 9.7, wird ein Startwert vorgegeben, aus dem wie oben der Sättigungsdampfdruck bei Kühlgrenztemperatur $p_{\mathrm{WS}}(T_{\mathrm{KG}})$ mit der WAGNER-Gleichung (9.3) und daraus die Sättigungsbeladung $X_{\mathrm{S}}(T_{\mathrm{KG}})$ mit Gleichung (9.14) berechnet werden. Die Energiebilanz aus Gleichung (9.42) formen wir für die anschließende iterative Berechnung um zu

$$h_{1+X,\alpha} + (X_{\mathrm{S}} - X_\alpha)h_{\mathrm{W,l}} - h_{1+X,\beta} = 0 \, , \tag{9.49}$$

wobei wir $h_{1+X,\alpha}$ aus Gleichung (9.44), $h_{1+X,\beta}$ aus Gleichung (9.45) und $(X_{\mathrm{S}} - X_\alpha)h_{\mathrm{W,l}}$ aus Gleichung (9.46) erhalten. In der Zielzelle berechnen wir die Summe der linken Seite von Gleichung (9.49), die null sein muss. Die Berechnung erfolgt unter Anwendung des Solvers wie in Abschnitt 2.4 beschrieben. Veränderbare Zelle ist der Startwert der Kühlgrenztemperatur und als Randbedingung bietet sich an, dass die Kühlgrenztemperatur zwischen der Anfangstemperatur der Luft und der Taupunkttemperatur liegt, $\vartheta_{\mathrm{Tau}} < \vartheta_{\mathrm{KG}} \leq \vartheta_\alpha$, wobei im Ergebnis die Kühlgrenztemperatur $0\,°\mathrm{C}$ nicht unterschreiten darf. Bei der Ermittlung der Kühlgrenztemperatur mit der in Listing 9.2 aufgeführten benutzerdefinierten Funktion `T_KG_WL_einfach` wird zunächst $h_{1+X,\alpha}$ mit Gleichung (9.44) und anschließend mit der Funktion `ZDQ_Solver` gemäß Listing 2.12 die Kühlgrenztemperatur T_{KG} berechnet und zunächst der Variablen `TT_KG_WL` zugewiesen. Wenn die berechnete Kühlgrenztemperatur größer gleich der Tripeltemperatur ist, wird das Ergebnis ausgegeben. Dafür ist die benutzerdefinierte Funktion `h__W_beta_WL_einfach` erforderlich, die $h_{1+X,\alpha}$ mit den Gleichungen (9.11), (9.42) und (9.45) berechnet.

Listing 9.2: VBA-Code für die Berechnung der Kühlgrenztemperatur

```vba
'Berechnung der Kühlgrenztemperatur für das Stoffsystem Wasser-Luft
'für Kühlgrenztemperaturen >= 'T_tr_W' (Tripeltemperatur Wasser).
'[T] = K, [p] = bar, [X] = kg kg^-1
Function T_KG_WL_einfach( _
    T As Double, _
    p As Double, _
    X As Double _
        ) As Variant

    Dim TT_KG_WL As Variant          'Zwischenwert
    Dim theta As Double              'Celsius-Temperatur
    Dim h_alpha As Double            'Term h_1+X,alpha
    Dim arr(8) As Variant            'ParameterArray Stoffwerte

    '=================================================================
    '[T_i] = K, [M_i] = kg kmol^-1, [c_pi] = kJ kg^-1 K^-1, [Delta_j_h] = kJ kg^-1
    'Stoffdaten für Wasser
```

```vb
    Const T_tr_W As Double = 273.16          'Tripeltemperatur
    Const T_kr_W As Double = 647.096         'kritische Temperatur
    Const M_W As Double = 18.02              'Molmasse
    Const c_pl_W As Double = 4.22            'spez. Wärmekapazität flüssiges Wasser
    Const Delta_vap_h_W As Double = 2500.9   'spez. Verdampfungsenthalpie
    Const c_pg_W As Double = 1.888           'spez. Wärmekapazität Wasserdampf
    Const c_ps_W As Double = 2.07            'spez. Wärmekapazität Eis
    Const Delta_fus_h_W As Double = 333.1    'spez. Schmelzenthalpie
    'Stoffdaten für Luft
    Const M_L As Double = 28.96              'Molmasse
    Const c_p_L As Double = 1.006           'spez. Wärmekapazität
    '=========================================================================

    'Umrechnung Temperatur von Kelvin in °C
    theta = T - 273.15

    'Zusammenfassung (zusätzlicher) Parameter im 'ParameterArray'
    arr(1) = p
    arr(2) = X
    arr(3) = M_W
    arr(4) = c_pl_W
    arr(5) = Delta_vap_h_W
    arr(6) = c_pg_W
    arr(7) = M_L
    arr(8) = c_p_L

    'Berechnung der spez. Enthalpie im Zustand alpha (Gleichung (9.44))
    h_alpha = c_p_L * theta + X * (Delta_vap_h_W + c_pg_W * theta)

    'Berechnung der Kühlgrenztemperatur (unter Verwendung von 'T' als Startwert)
    TT_KG_WL = ZDQ_Solver(T, h_alpha, "h__W_beta_WL_einfach", arr)
    'Wenn 'TT_KG_WL' nicht schon ein Fehler ist (weil das ZDQ-Verfahren nicht
    'konvergiert), prüfe, ob die berechnete Temperatur größer als die
    'Tripeltemperatur ist und gebe sie aus, andernfalls, gebe einen Fehler aus
    If Not IsError(TT_KG_WL) Then
        If TT_KG_WL >= T_tr_W Then
            T_KG_WL_einfach = TT_KG_WL
        Else
            T_KG_WL_einfach = CVErr(xlErrNum)
        End If
    Else
        T_KG_WL_einfach = TT_KG_WL
    End If

End Function
'Funktion für Berechnung der Kühlgrenztemperatur mit dem ZDQ-Verfahren
'in der Funktion 'T_KG_WL_einfach'.
Function h__W_beta_WL_einfach(T_KG As Double, arr As Variant) As Double

    Dim theta_KG As Double
    Dim p_WS_T_KG As Double
    Dim X_S_T_KG As Double
    Dim h_beta As Double


    'Umrechnung Temperatur von Kelvin in °C
    theta_KG = T_KG - 273.15
```

```
75    'Gleichung (9.11)
      '(mit 'R_i = R / M_i' folgt, dass 'R_L / R_W = M_W / M_L')
      X_S_T_KG = (arr(3) / arr(7)) * (p_WS_T_KG / (arr(1) - p_WS_T_KG))

80    'Gleichung (9.45)
      h_beta = arr(8) * theta_KG + X_S_T_KG * (arr(5) + arr(6) * theta_KG)

      'Gleichung (9.42)
      h__W_beta_WL_einfach = (arr(2) - X_S_T_KG) * arr(4) * theta_KG + h_beta

85
    End Function
```

Es bietet sich an, im Berechnungsblatt in Abb. 9.7 die Eingabedaten ϑ und φ über | Daten $\rangle$ Datentools $\rangle$ Datenüberprüfung $\rangle$ Datenüberprüfung... | auf ihre Gültigkeit hin zu überprüfen. Sinnvoll ist die Einschränkung auf Dezimalwerte und des Definitionsbereichs der relativen Feuchte ($0 \leq \varphi \leq 1$). Außerdem kann das h, X-Diagramm in das Berechnungsblatt aufgenommen und der Datenpunkt (X; h_{Diagr}) in das Diagramm eingetragen werden.

9.4 Berechnungen auf Basis der psychrometrischen Temperaturdifferenz

Beispiel 9.3

In einer Produktionsstraße für die Herstellung von Papier sollen auf Basis der Messung der psychrometrischen Temperaturdifferenz (Differenz zwischen Feuchtkugel- und Trockenkugeltemperatur ϑ_{FK} bzw. ϑ_{TK}), des Drucks p und der Strömungsgeschwindigkeit w die Zustandsgrößen des feuchten Luftstroms sowie die sich daraus ergebenden Massen-, Volumen- und Enthalpieströme $\dot{m}_{\mathrm{L}}$, $\dot{V}$ bzw. $\dot{H}$ bestimmt werden. Am Trockenthermometer wird eine Temperatur von $\vartheta_{\mathrm{TK}} = 65\,°\mathrm{C}$ und am Feuchtthermometer eine Temperatur von $\vartheta_{\mathrm{FK}} = 55\,°\mathrm{C}$ gemessen. Der Druck am Messort beträgt $p = 1000\,\mathrm{hPa}$. Die Querschnittsfläche des Kanals wurde mit $A = 3{,}0\,\mathrm{m}^2$ und die mittlere Strömungsgeschwindigkeit mit $w = 10\,\mathrm{m\,s}^{-1}$ bestimmt. (Ergebnisse im Excel-Berechnungsblatt in Abb. 9.8.)

Wie in Abschnitt 9.2 beschrieben, unterscheiden sich für feuchte Luft als Gas-Dampf-Gemisch die Kühlgrenztemperatur und die Feuchtkugeltemperatur (gemessen mit dem sog. Feuchtthermometer eines Psychrometers) für technische Berechnungen kaum, $T_{\mathrm{KG}} \approx T_{\mathrm{FK}}$. Deshalb verwenden wir auch hier die Berechnungsgleichungen für die Kühlgrenztemperatur. Die Trockenkugeltemperatur ist die mit dem nicht befeuchteten Temperaturfühler gemessene Lufttemperatur, siehe dazu die Anordnung zur Messung der relativen Feuchte aus der psychrometrischen Temperaturdifferenz in Abb. 9.4. Die nachfolgenden Berechnungen schränken wir auf das Zustandsgebiet der ungesättigten feuchten Luft oberhalb des Tripelpunkts ein.

Das in Abb. 9.8 dargestellte Berechnungsblatt lässt sich auf Basis des Berechnungsblattes in Abb. 9.7 erstellen. Ausgehend von den Temperaturen des Luftthermometers

Messdaten der feuchten Luft

Temperatur am Trockenthermometer	ϑ_{TK}	°C	65,0
Temperatur am Feuchtthermometer	$\vartheta_{FK} = \vartheta_{KG}$	°C	55,0
Druck	p	hPa	1000

Berechnete Daten der feuchten Luft

Temperatur am Trockenthermometer	T_{TK}	K	338,15
Sättigungsdampfdruck bei Trockenkugeltemperatur	$p_{WS}(T_{TK})$	hPa	250,4
Temperatur am Feuchthermometer	T_{FK}	K	328,15
Sättigungsdampfdruck bei Feuchtkugeltemperatur	$p_{WS}(T_{FK})$	hPa	157,6
Sättigungsbeladung aus Feuchtkugeltemperatur	$X_S(T_{FK})$	kg kg^{-1}	0,1164
Wasserbeladung	$X(T_{TK})$	kg kg^{-1}	**0,1113**
Partialdruck Wasserdampf	$p_W(T_{TK})$	hPa	151,7
relative Feuchte	φ	1	0,61
absolute Feuchte (Partialdichte)	$\beta_W = p_W / (R_W\, T_{TK})$	kg m^{-3}	0,0972
absolute Feuchte (Partialdichte) bei Sättigung	$\beta_{WS} = p_{WS} / (R_W\, T_{TK})$	kg m^{-3}	0,1605
Sättigungsdampfdruck bei Taupunkttemperatur	$p_{WS}(T_{Tau}) = p_W(T_{TK})$	hPa	151,7
Taupunkttemperatur	$T_{Tau}(p_{WS})$	K	327,36
Taupunkttemperatur	ϑ_{Tau}	°C	**54,2**
spezifische Enthalpie der ungesättigten feuchten Luft	$h_{1+X}(\vartheta_{TK}, X)$	kJ kg^{-1}	357,4
spezifisches Volumen der feuchten Luft	$v_{1+X}(T_{TK}, X)$	m^3 kg^{-1}	1,145
Dichte der feuchten Luft	$\rho(T_{TK}, X) = (1+X)/v_{1+X}$	kg m^{-3}	0,971

Daten der strömenden feuchten Luft

mittlere Strömungsgeschwindigkeit (bei ϑ_{TK}, p)	w	m s^{-1}	10,0
Querschnitt Strömungskanal	A	m^2	3,00
Volumenstrom der feuchten Luft	$\dot{V} = w\,A$	m^3 h^{-1}	108000
Massenstrom der feuchten Luft	$\dot{m}_L = \dot{V} / v_{1+X}$	kg h^{-1}	94358
Enthalpiestrom ($\vartheta_{Bezug} = 0\,°C$)	$\dot{H} = \dot{m}_L\, h_{1+X}$	kW	9367

Stoffdaten bei T_{tr}

Tripeltemperatur von Wasser	T_{Tr}	K	273,16
spezifische Wärmekapazität Wasser	$c_{W,l}$	kJ kg^{-1} K^{-1}	4,220
spezifische Verdampfungsenthalpie	$\Delta_{vap}h$	kJ kg^{-1}	2500,9
spezifische Wärmekapazität Wasserdampf	$c_{p,W}°$	kJ kg^{-1} K^{-1}	1,888
Gaskonstante Wasser	R_W	kJ kg^{-1} K^{-1}	0,461526
spezifische Wärmekapazität Luft	$c_{p,L}°$	kJ kg^{-1} K^{-1}	1,006
Gaskonstante Luft	R_L	kJ kg^{-1} K^{-1}	0,28712

Abbildung 9.8: Excel-Berechnungsblatt für die Zustandsgrößen ungesättigter feuchter Luft auf Basis der psychrometrischen Temperaturdifferenz

ϑ_{TK} und des Feuchtthermometers ϑ_{FK} berechnen wir für den konstanten Druck p die sich daraus ergebenden Zustandsgrößen:

1. Zunächst werden die absoluten Temperaturen T_{TK} und T_{FK} berechnet und die Sättigungsdampfdrücke $p_{\text{WS}}(T_{\text{TK}})$ und $p_{\text{WS}}(T_{\text{FK}})$ mit der in Listing 9.1 aufgeführten benutzerdefinierten Funktion zu Gleichung (9.3) erhalten. Aus dem Sättigungsdampfdruck folgt die Sättigungsbeladung $X_{\text{S}}(T_{\text{FK}})$ mit Gleichung (9.14).

2. Die Wasserbeladung der feuchten Luft bei der Temperatur des Trockenthermometers $X_\alpha(T_{\text{TK}})$ wird durch Umformung aus Gleichung (9.42) mit den Gleichungen (9.44) bis (9.46) erhalten

$$X_\alpha = \frac{c^\circ_{p,\text{L}}\left(\vartheta_{\text{KG}} - \vartheta_\alpha\right) + X_{\text{S}}(T_{\text{KG}})\left[\Delta_{\text{vap}}h(T_{\text{tr}}) + \vartheta_{\text{KG}}(c^\circ_{p,\text{W}} - c_{\text{W,l}})\right]}{\Delta_{\text{vap}}h(T_{\text{tr}}) + c^\circ_{p,\text{W}}\vartheta_\alpha - c_{\text{W,l}}\vartheta_{\text{KG}}} \ , \quad (9.50)$$

worin die Sättigungsbeladung $X_{\text{S}}(T_{\text{KG}})$ von der Kühlgrenztemperatur abhängt. Der Index α steht für den Eintrittszustand der Luft. $X_\alpha(T_{\text{TK}})$ entspricht somit der Wasserbeladung $X(T_{\text{TK}})$ der feuchten Luft in unserem Berechnungsbeispiel (bei der Temperatur des Trockenthermometers $\vartheta_{\text{TK}} = \vartheta_\alpha$).

3. Den Partialdruck des Wasserdampfs $p_{\text{W}}(T_{\text{TK}})$ erhalten wir aus der umgestellten Gleichung (9.11) mit

$$p_{\text{W}}(T_{\text{TK}}) = \frac{Xp}{R_{\text{L}}/R_{\text{W}} + X} \ . \quad (9.51)$$

Daraus lässt sich die relative Feuchte gemäß Gleichung (9.9) mit

$$\varphi = \frac{p_{\text{W}}(T_{\text{TK}})}{p_{\text{WS}}(T_{\text{TK}})} \quad (9.52)$$

aus den Werten für $p_{\text{W}}(T_{\text{TK}})$ und $p_{\text{WS}}(T_{\text{TK}})$ bei der Trockenkugeltemperatur T_{TK} bestimmen. Die absolute Feuchte β_{W} und die absolute Feuchte bei Sättigung β_{WS} folgen aus den Gleichungen (9.7) und (9.8).

4. Für den Taupunkt gilt auch hier die Bedingung nach Gleichung (9.48). Daraus erhalten wir die Taupunkttemperatur $T_{\text{Tau}}(p_{\text{WS}})$ mit der in Listing 9.1 aufgeführten benutzerdefinierten Funktion `T_S_Wagner_D` (auf Basis von Gleichung (9.3)). Beim Aufruf dieser Funktion ist ein geeigneter Startwert einzugeben, z. B. 300 (K), und auf den Sättigungsdampfdruck bei Taupunkttemperatur $p_{\text{WS}}(T_{\text{Tau}})$ (in bar) Bezug zu nehmen.

5. Die spezifische Enthalpie der ungesättigten feuchten Luft $h_{1+X}(\vartheta_{\text{TK}}, X)$ lässt sich mit Gleichung (9.26) bestimmen. Das spezifische Volumen der feuchten Luft $v_{1+X}(T_{\text{TK}}, X)$ wird mit Gleichung (9.17) und die Dichte der feuchten Luft ϱ mit der nach dieser Größe aufgelösten Gleichung (9.16) ermittelt.

6. Aus der mittleren Strömungsgeschwindigkeit w (gemessen bei der Temperatur ϑ_{TK} und dem Druck p) sowie der Querschnittsfläche des Strömungskanals A

folgen der Volumenstrom der feuchten Luft

$$\dot{V} = wA \ , \tag{9.53}$$

der Massenstrom

$$\dot{m}_\mathrm{L} = \frac{\dot{V}}{v_{1+X}} \tag{9.54}$$

und der Enthalpiestrom

$$\dot{H} = \dot{m}_\mathrm{L} h_{1+X} \ . \tag{9.55}$$

Zur Kontrolle der Berechnungen kann abschließend in das fertige Berechnungsblatt für die Trocken- und für die Feuchtkugeltemperatur z. B. jeweils eine Temperatur von 20 °C eingegeben werden, woraus für die Taupunkttemperatur ebenfalls dieser Wert folgen sollte. Die Taupunkttemperatur sinkt mit kleiner werdender Feuchtkugeltemperatur. Ein im h, X-Diagramm dargestellter Zustandspunkt wandert mit abnehmender Kühlgrenztemperatur (Feuchtkugeltemperatur) auf der Isothermen nach links.

9.5 Abkühlung feuchter Luft mit Kondensatabscheidung

Beispiel 9.4

Ein Luftstrom ($X_1 = 0{,}025$, $\vartheta_1 = 60\,°C$, $p = 1000\,\mathrm{hPa}$, $\dot{m}_\mathrm{L} = 1000\,\mathrm{kg\,h^{-1}}$) soll in einem Kondensator zur Entfeuchtung auf 20 °C abgekühlt und anschließend auf eine Temperatur $\vartheta_5 = 45\,°C$ nachgewärmt werden. Bei welcher Temperatur ϑ_2 beginnt die Kondensation? Wie groß ist der abzuführende Wärmestrom $\dot{Q}_\mathrm{A}$? Welcher Kondensatmassenstrom $\dot{m}_{\mathrm{kond}}$ fällt dabei an und wie groß ist der Wärmestrom $\dot{Q}_\mathrm{N}$ für die Nachwärmung? Der Prozess ist im h, X-Diagramm darzustellen. (Ergebnisse im Excel-Berechnungsblatt in Abb. 9.10.)

Ungesättigte feuchte Luft im Zustand 1 (ϑ_1, X_1) wird bei konstantem Druck abgekühlt, wie im Grundfließschema in Abb. 9.9 dargestellt. Beim Erreichen des Taupunktes (Zustand 2) auf der Sättigungslinie beginnt die Abscheidung von flüssigem Kondensat, siehe dazu den Prozess im h, X-Diagramm in Abb. 9.10. Bei weiterer Abkühlung wird Zustand 3 erreicht. Das Gemisch besteht nun aus gesättigter feuchter Luft und flüssigem Wasser. Nach Abscheidung des Wassers und Nachwärmung der Luft auf eine Temperatur ϑ_5 ist der Prozess, der ein einfaches Verfahren zur *Entfeuchtung von Luft* darstellt, abgeschlossen.

Nachfolgend werden für diesen Prozess für die Zustände 1 bis 5 die relevanten Zustandsgrößen und mit dem vorgegebenen Massenstrom $\dot{m}_\mathrm{L}$ der für die Abkühlung abzuführende Wärmestrom $\dot{Q}_\mathrm{A}$, der für die Nachwärmung zuzuführende Wärmestrom $\dot{Q}_\mathrm{N}$ sowie der anfallende Kondensatmassenstrom $\dot{m}_{\mathrm{kond}}$ berechnet und der Prozess im h, X-Diagramm dargestellt, siehe dazu das Excel-Berechnungsblatt in Abb. 9.10:

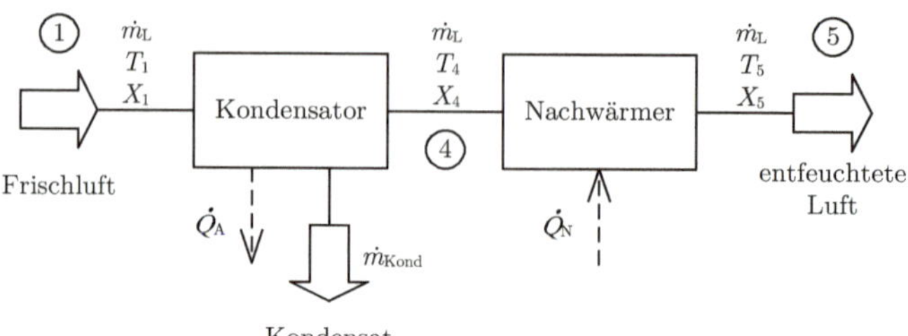

Abbildung 9.9: Grundfließschema der Abkühlung feuchter Luft mit Kondensatabscheidung

1. Eingabedaten für den Zustand 1 sind die Wasserbeladung X_1 und die Temperatur ϑ_1. Daraus werden – wie schon in Abschnitt 9.3 – der Sättigungsdampfdruck $p_\mathrm{WS}(T)$ mit Gleichung (9.3), die Sättigungsbeladung $X_\mathrm{S}(T)$ mit Gleichung (9.14), die relative Feuchte φ mit Gleichung (9.13), die spezifische Enthalpie der ungesättigten feuchten Luft $h_{1+X}(\vartheta, X)$ mit Gleichung (9.26) und die spezifische Enthalpie h_Diagr mit Gleichung (9.37) berechnet.

2. Bei der isobaren Abkühlung der feuchten Luft auf den Zustand 2 bleibt die Wasserbeladung konstant, $X_2 = X_1$, da Wasser weder zu- noch abgeführt wird. Der Sättigungsdampfdruck $p_\mathrm{WS,2}$ folgt gemäß der Bedingung in Gleichung (9.48) nach Gleichung (9.9) mit $p_\mathrm{WS,2}(T_\mathrm{Tau,2}) = p_\mathrm{W}(T_1) = \varphi_1\, p_\mathrm{WS,1}$. Die Berechnung der Taupunkttemperatur $T_\mathrm{Tau,2}(p_\mathrm{WS,2})$ für den Zustand 2 auf der Sättigungslinie erfolgt wie bereits in Abschnitt 9.3 beschrieben mit der WENN-Funktion auf Seite 277. Die äußere WENN-Funktion mit der Abfrage der relativen Feuchte φ kann hier entfallen. Die Berechnung der weiteren Größen für den Zustand 2 erfolgt wie vorher beschrieben. Für die Luftzustände 2, 3 und 4 ist die Luft gesättigt, also $\varphi = 1$.

3. Die Wasserbeladung bleibt auch für den Zustand 3 konstant, $X_1 = X_2 = X_3$. Die Lufttemperatur ϑ_3 wird vorgegeben – siehe Aufgabenstellung – und muss für eine Entfeuchtung die Taupunkttemperatur unterschreiten, gleichzeitig aber oberhalb der Tripeltemperatur liegen, wenn das Kondensat in flüssiger Form anfallen soll. Deshalb ist auch hier eine Datenüberprüfung bei der Eingabe sinnvoll, die nur Werte $\vartheta_\mathrm{tr} \leq \vartheta_3 < \vartheta_2 = \vartheta_\mathrm{Tau,1}$ zulässt. Die Berechnung der weiteren Größen für den Zustand 3 erfolgt wie vorher beschrieben, wobei die spezifische Enthalpie der hier gesättigten feuchten Luft $h_{1+X}(\vartheta, X)$ mit Gleichung (9.31) ermittelt wird, da dieser Zustand im Nebelgebiet liegt.

4. Für den Zustand 4 folgt die Beladung aus $X_4 = X_\mathrm{S,3}$, weil die Beladung im Zustand 4 (gesättigte feuchte Luft) identisch mit der Sättigungsbeladung nur der Luft im Zustand 3 (gesättigte feuchte Luft + Kondensat) ist (Zustand 4 liegt auf derselben Nebelisothermen wie Zustand 3, $\vartheta_4 = \vartheta_3$). Zustand 5 folgt aus dem Eingabewert für die Temperatur ϑ_5 und aus der Bedingung $X_4 = X_5$. Die spezifische Enthalpie der für Zustand 4 gerade gesättigten und für Zustand 5 ungesättigten feuchten Luft $h_{1+X}(\vartheta, X)$ folgt mit Gleichung (9.26). Die Berechnung der weiteren Zustandsgrößen erfolgt analog zu den bisherigen

Abkühlung feuchter Luft mit Abscheidung des flüssigen Kondensats und anschließender Nachwärmung der Luft

Nr.	Wasserbeladung $X(T)$	Temperatur ϑ	Temperatur T	Sätt.-Dampfdruck $p_{ws}(T)$	Sätt.-Beladung $X_s(T)$	relative Feuchte φ	spez. Enthalpie $h_{1+X}(\vartheta,X)$	spez. Enthalpie h_{Diagr}
	1	°C	K	hPa	kg kg^{-1}	1	kJ kg^{-1}	kJ kg^{-1}
1	**0,0250**	**60,0**	333,15	199,5	0,1550	0,19	125,7	63,2
2	0,0250	28,4	301,51	38,6	0,0250	1,00	92,4	29,9
3	0,0250	**20,0**	293,15	23,4	0,0149	1,00	58,8	-3,7
4	0,0149	20,0	293,15	23,4	0,0149	1,00	57,9	20,7
5	0,0149	**45,0**	318,15	96,0	0,0660	0,24	83,8	46,5

Massenstrom der trockenen Luft	$\dot{m}_L$	kg h^{-1}	**1000**
spezifisches Volumen (Zustand 1)	$v_{1+X}(T,X)$	m³ kg^{-1}	0,995
Volumenstrom der feuchten Luft (Zustand 1)	$\dot{V}$	m³ h^{-1}	995
für die Abkühlung abzuführende spezifische Wärme (je kg trockene Zuluft)	$q_A = h_3 - h_1$	kJ kg^{-1}	-66,9
abzuführender Wärmestrom für die Abkühlung	$\dot{Q}_A$	kW	**-18,6**
für die Nachwärmung zuzuführende spezifische Wärme (je kg trockene Zuluft)	$q_N = h_5 - h_4$	kJ kg^{-1}	25,9
zuzuführender Wärmestrom für die Nachwärmung	$\dot{Q}_N$	kW	**7,2**
Kondensatmassenstrom	$\dot{m}_{kond}$	kg h^{-1}	**10,1**

Gesamtdruck	p	hPa	1000
Stoffdaten bei T_{tr}			
Tripeltemperatur von Wasser	T_{Tr}	K	273,16
spezifische Wärmekapazität Wasser	$c_{W,l}$	kJ kg^{-1} K^{-1}	4,220
spezifische Verdampfungsenthalpie	$\Delta_{vap}h$	kJ kg^{-1}	2500,9
spezifische Wärmekapazität Wasserdampf	$c_{p,W}°$	kJ kg^{-1} K^{-1}	1,888
Gaskonstante Wasser	R_W	kJ kg^{-1} K^{-1}	0,461526
spezifische Wärmekapazität Luft	$c_{p,L}°$	kJ kg^{-1} K^{-1}	1,006
Gaskonstante Luft	R_L	kJ kg^{-1} K^{-1}	0,28712

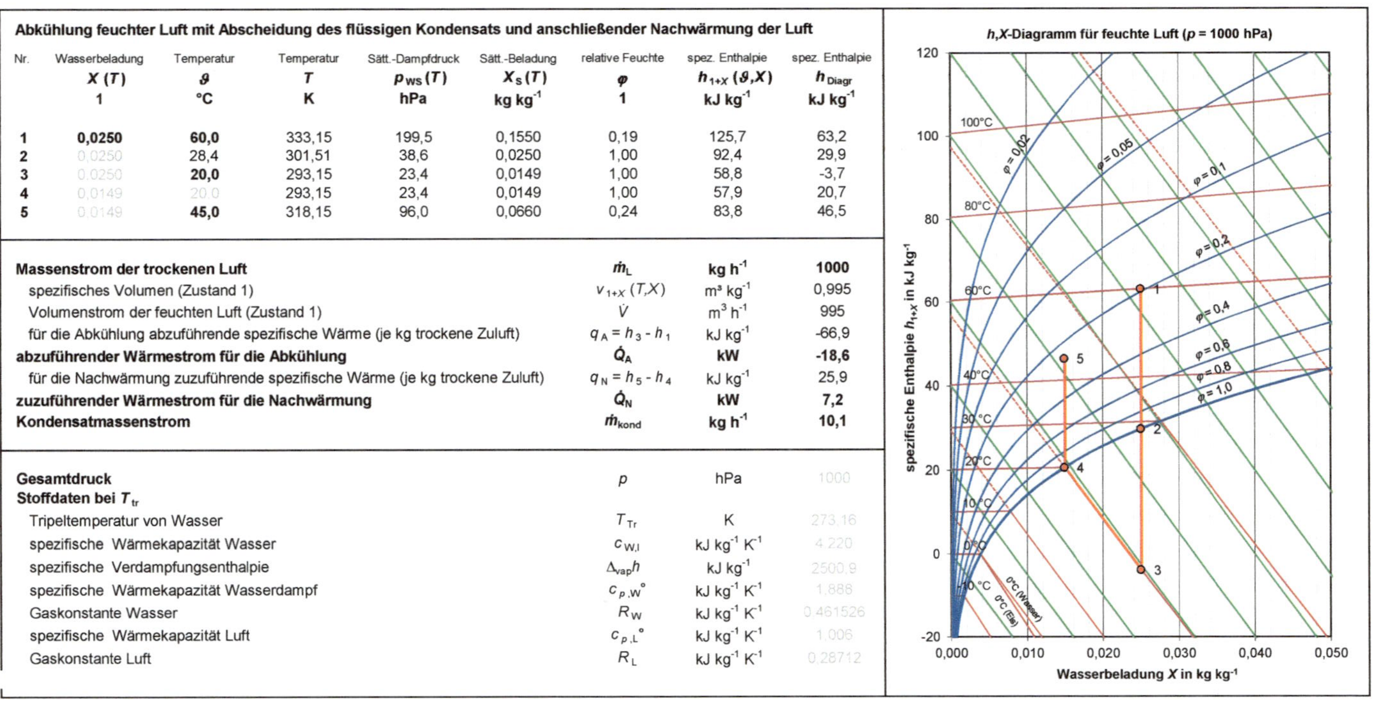

Abbildung 9.10: Excel-Berechnungsblatt für die Abkühlung feuchter Luft mit Kondensatabscheidung

Berechnungen.

5. Ausgehend vom Massenstrom der trockenen Luft $\dot{m}_\mathrm{L}$ werden für den Zustand 1 das spezifische Volumen $v_{1+X}(T, X)$ mit Gleichung (9.17) und daraus der Volumenstrom der feuchten Luft

$$\dot{V} = \dot{m}_\mathrm{L} v_{1+X} \tag{9.56}$$

berechnet. Die für die Abkühlung vom Zustand 1 auf den Zustand 3 abzuführende spezifische Wärme (je kg trockene Luft) folgt aus der Differenz der spezifischen Enthalpien

$$q_\mathrm{A} = h_{1+X,1} - h_{1+X,3} \tag{9.57}$$

und daraus der abzuführende Wärmestrom für die Abkühlung

$$\dot{Q}_\mathrm{A} = \dot{m}_\mathrm{L} q_\mathrm{A} \ . \tag{9.58}$$

6. Analog dazu ergibt sich die für die Nachwärmung vom Zustand 4 auf den Zustand 5 zuzuführende spezifische Wärme aus

$$q_\mathrm{N} = h_{1+X,5} - h_{1+X,4} \tag{9.59}$$

und der zuzuführende Wärmestrom aus

$$\dot{Q}_\mathrm{N} = \dot{m}_\mathrm{L} q_\mathrm{N} \ . \tag{9.60}$$

Abschließend kann der bei der Abkühlung anfallende Kondensatmassenstrom aus

$$\dot{m}_\mathrm{kond} = \dot{m}_\mathrm{L}(X_1 - X_4) \tag{9.61}$$

bestimmt werden.

Die Zustände 1 bis 5 für diesen Prozess können im h, X-Diagramm in Abb. 9.10 durch einen Linienzug dargestellt werden. Als „Sicherheitsabfrage" für das Berechnungsblatt bietet sich z. B. an, dass die Temperatur ϑ_1 wegen $p_\mathrm{WS} \leq p$ kleiner gleich der Siedetemperatur sein muss. Die durchgeführten Berechnungen gelten nur für die Abscheidung von flüssigem Kondensat, können aber auf den Bereich mit festem Kondensat erweitert werden.

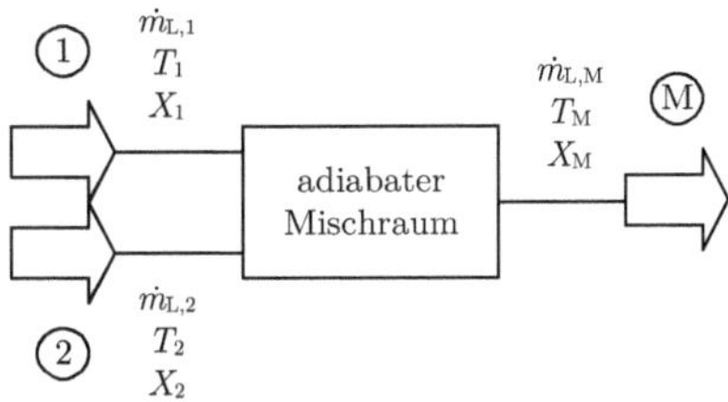

Abbildung 9.11: Grundfließschema der Mischung zweier ungesättigter feuchter Luftströme

9.6 Mischung zweier ungesättigter feuchter Luftströme

Beispiel 9.5

Zwei Luftströme 1 und 2 ($X_1 = 0{,}004$, $\vartheta_1 = 5\,°\mathrm{C}$, $X_2 = 0{,}036$, $\vartheta_2 = 38\,°\mathrm{C}$, $p = 1000\,\mathrm{hPa}$) werden im Verhältnis (der trockenen Teilströme) $\dot{m}_{L,2}/\dot{m}_{L,1} = 0{,}60$ gemischt. Der Zustand nach der Mischung M ist zu berechnen und zu ermitteln, ob Kondensation auftritt. Außerdem ist der Prozess im h, X-Diagramm darzustellen. (Ergebnisse im Excel-Berechnungsblatt in Abb. 9.12.)

Für den als stationär angenommenen Prozess der adiabaten, isobaren Mischung zweier ungesättigter oder gerade gesättigter feuchter Luftströme – dargestellt im Grundfließschema in Abb. 9.11 und im h, X-Diagramm in Abb. 9.12 – lauten die Massenbilanzen für die Komponente Luft

$$\dot{m}_{L,1} + \dot{m}_{L,2} = \dot{m}_{L,M} \tag{9.62}$$

und für die Komponente Wasser

$$X_1 \dot{m}_{L,1} + X_2 \dot{m}_{L,2} = X_M \dot{m}_{L,M} \,, \tag{9.63}$$

woraus die Wasserbeladung des Mischungspunktes

$$X_M = \frac{X_1 \dot{m}_{L,1} + X_2 \dot{m}_{L,2}}{\dot{m}_{L,1} + \dot{m}_{L,2}} \tag{9.64}$$

folgt. Aus Gleichung (9.64) ergibt sich nach Erweitern mit $\dot{m}_{L,1}$ und Umformen

$$X_M = \frac{X_1 + (\dot{m}_{L,2}/\dot{m}_{L,1})X_2}{1 + \dot{m}_{L,2}/\dot{m}_{L,1}} \,. \tag{9.65}$$

Der Mischungspunkt M liegt im h, X-Diagramm auf einer Verbindungsgeraden der Punkte 1 und 2. Seine Lage hängt u. a. vom Verhältnis der trockenen Luftströme

Mischung zweier ungesättigter feuchter Luftströme

Nr.	Wasserbeladung $X\,(T)$ 1	Temperatur ϑ °C	Temperatur T K	Sätt.-Dampfdruck $p_{ws}\,(T)$ hPa	Sätt.-Beladung $X_S\,(T)$ kg kg^{-1}	relative Feuchte φ 1	spez. Enthalpie $h_{1+x}\,(\vartheta,X)$ kJ kg^{-1}	spez. Enthalpie h_{Diagr} kJ kg^{-1}
1	**0,004**	**5,0**	278,15	8,7	0,0055	0,73	15,1	5,1
2	**0,036**	**38,0**	311,15	66,3	0,0442	0,82	130,8	40,8
M	0,0160	20,1	293,28	23,6	0,0150	1,00	58,5	18,5

(Temperatur ϑ: Solver)

Verhältnis Luftstrom 2 / Luftstrom 1
(als Verhältnis der trockenen Luftströme) $\dot{m}_{L,2} / \dot{m}_{L,1}$ 1 **0,60**

Mischungszustand M

spezifische Enthalpie im Mischungszustand (für Zielzelle Solver)	$h_{1+x}\,(T,X)$	kJ kg^{-1}	58,5
spezifisches Volumen	$v_{1+x}\,(T,X)$	m³ kg^{-1}	0,864
Dichte der feuchten Luft	$\rho\,(T,X)=1+X/v_{1+x}$	kg m^{-3}	1,176

Gesamtdruck
Stoffdaten bei T_{tr}

	p	hPa	1000
Tripeltemperatur von Wasser	T_{Tr}	K	273,16
spez. Wärmekapazität Wasser	$c_{W,l}$	kJ kg^{-1} K^{-1}	4,220
spez. Verdampfungsenthalpie	$\Delta_{vap}h$	kJ kg^{-1}	2500,9
spez. Wärmekapazität Wasserdampf	$c_{p,W}^{\,\circ}$	kJ kg^{-1} K^{-1}	1,888
Gaskonstante Wasser	R_W	kJ kg^{-1} K^{-1}	0,461526
spez. Wärmekapazität Luft	$c_{p,L}^{\,\circ}$	kJ kg^{-1} K^{-1}	1,006
Gaskonstante Luft	R_L	kJ kg^{-1} K^{-1}	0,28712

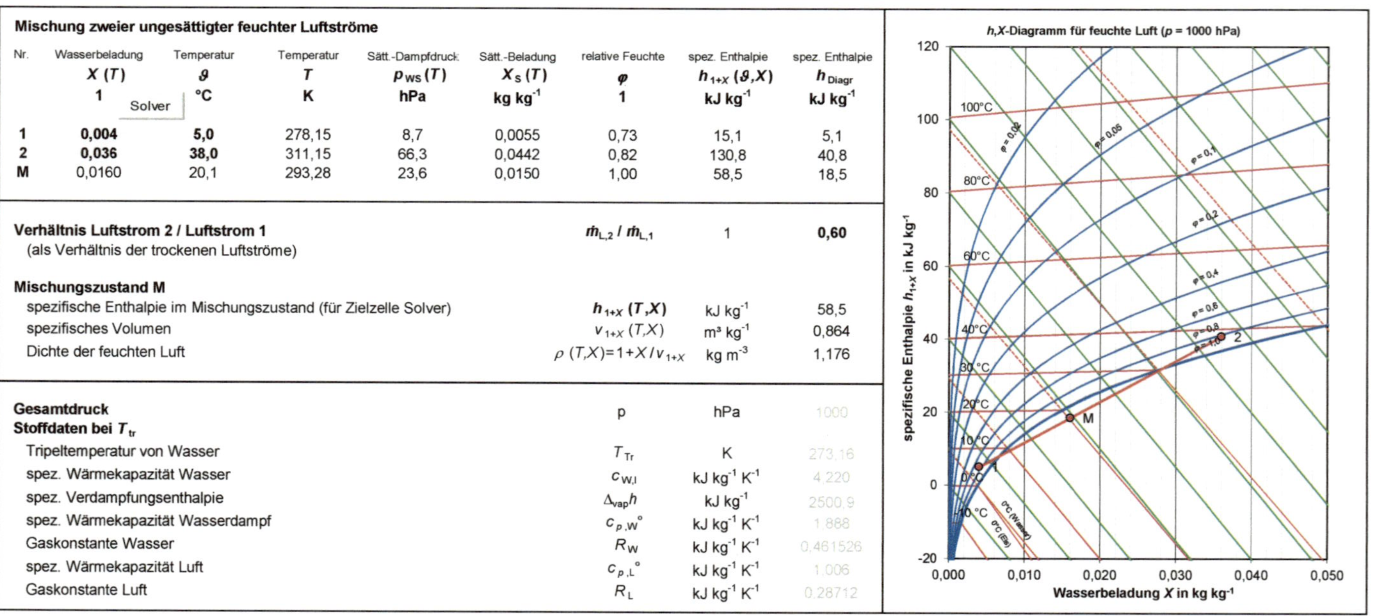

Abbildung 9.12: Excel-Berechnungsblatt für die Mischung zweier ungesättigter feuchter Luftströme

(sogenanntes „Hebelgesetz" mit den Strecken oder „Hebelarmen" $\overline{1M}$ und $\overline{M2}$)

$$\frac{\dot{m}_{L,2}}{\dot{m}_{L,1}} = \frac{\overline{1M}}{\overline{M2}} \tag{9.66}$$

ab. Die Temperatur des Mischungspunktes ϑ_M lässt sich nur iterativ berechnen.

Aus der Energiebilanz um den Mischungsraum in Abb. 9.11 folgt

$$\dot{m}_{L,1}h_{1+X,1} + \dot{m}_{L,2}h_{1+X,2} = \dot{m}_{L,M}h_{1+X,M} \tag{9.67}$$

und daraus für die spezifischen Enthalpie des sich ergebenden feuchten Luftstroms im Mischungspunkt

$$h_{1+X,M} = \frac{\dot{m}_{L,1}h_{1+X,1} + \dot{m}_{L,2}h_{1+X,2}}{\dot{m}_{L,1} + \dot{m}_{L,2}} = \frac{h_{1+X,1} + (\dot{m}_{L,2}/\dot{m}_{L,1})h_{1+X,2}}{1 + \dot{m}_{L,2}/\dot{m}_{L,1}} \ . \tag{9.68}$$

Anhand dieser Gleichung ist die iterative Berechnung der Temperatur des Mischungspunktes ϑ_M möglich.

Nachfolgend werden für diesen Prozess für die Zustände 1, 2 und M die relevanten Zustandsgrößen und – mit dem vorgegebenen Verhältnis der trockenen Teilströme $\dot{m}_{L,2}/\dot{m}_{L,1}$ – die Zustandsgrößen des Mischungszustandes M berechnet und der Prozess im h, X-Diagramm dargestellt, siehe dazu das Berechnungsblatt in Abb. 9.12:

1. Die Temperaturen und Wasserbeladungen der beiden Luftströme 1 und 2 werden in das Berechnungsblatt eingegeben. Daraus werden der Sättigungsdampfdruck $p_{WS}(T)$, die Sättigungsbeladung $X_S(T)$, die relative Feuchte φ, die spezifische Enthalpie der ungesättigten feuchten Luft $h_{1+X}(\vartheta, X)$ sowie die spezifische Enthalpie für die Darstellung im h, X-Diagramm h_{Diagr} berechnet.

2. Die Berechnung der Wasserbeladung des Mischungspunktes X_M erfolgt mit Gleichung (9.65), die Berechnung der Temperatur ϑ_M unter Anwendung des Solvers, siehe Abschnitt 2.4. Dafür wird in die Zelle mit der Temperatur ϑ_M ein geeigneter Startwert eingetragen. Diese Zelle bildet gleichzeitig die Variablenzelle. In Abhängigkeit von dieser Temperatur werden zunächst die restlichen Zustandsgrößen in der Zeile für den Mischungspunkt berechnet. Für die relative Feuchte φ_M und die spezifische Enthalpie $h_{1+X,M}$ ist zu beachten, dass der Mischungspunkt wegen der Krümmung der Sättigungslinie im Nebelgebiet liegen kann, auch wenn die Luftzustände 1 und 2 oberhalb dieser Linie liegen, siehe das h, X-Diagramm in Abb. 9.12. Die relative Feuchte φ_M wird über eine `WENN`-Abfrage unter Verwendung von Gleichung (9.13) berechnet, wobei in der Zelle `X_M` die Wasserbeladung X_M, in der Zelle `X_S` die entsprechende Sättigungsbeladung X_S, in den Zellen `R_L` und `R_W` die spezifischen Gaskonstanten von Luft und Wasser R_L bzw. R_W, in der Zelle `p` der Druck p und in der Zelle `p_WS` der Sättigungsdampfdruck $p_{WS}(T)$ stehen:

```
φ_M =WENN(X_M >= X_S; 1;
     (X_M / ((R_L / R_W) + X_M)) * (p / p_WS))
```

3. Die spezifische Enthalpie $h_{1+X,M}$ folgt über eine `WENN`-Abfrage für die Lage

des Mischungspunktes im Gebiet der ungesättigten oder gerade gesättigten feuchten Luft ($X \leq X_\mathrm{S}$) mit Gleichung (9.26) und für die Lage im Nebelgebiet ($X > X_\mathrm{S}$) mit Gleichung (9.31). Daraus ergibt sich der nachfolgende Code für die Berechnung der spezifischen Enthalpie $h_{1+X,\mathrm{M}}$, wenn in der Zelle `X_M` die Wasserbeladung im Mischungspunkt X_M, in der Zelle `X_S` die entsprechende Sättigungsbeladung X_S, in der Zelle `c_pl` die spezifische Wärmekapazität der Luft $c_{p,\mathrm{L}}^\circ$, in der Zelle `theta_M` die Temperatur ϑ_M, in der Zelle `Delta_vap_h` die spezifische Verdampfungsenthalpie $\Delta_\mathrm{vap}h$, in der Zelle `c_pW` die spezifische Wärmekapazität des Wasserdampfes $c_{p,\mathrm{W}}^\circ$ und in der Zelle `c_Wl` die spezifische Wärmekapazität des Wassers $c_{\mathrm{W},\mathrm{l}}$ stehen:

```
h_{1+X,M} =WENN(X_M <= X_S;  c_pL * theta_M
+ X_M * (Delta_vap_h + c_pW * theta_M);
c_pL * theta_M + X_S *(Delta_vap_h + c_pW * theta_M)
+ (X_M - X_S) * c_Wl * theta_M)
```

4. Weiter unten im Arbeitsblatt wird die spezifische Enthalpie für den Mischungspunkt $h_{1+X,\mathrm{M}}$ zusätzlich mit Gleichung (9.68) berechnet. Nun wird in der Zielzelle für den Solver, die im Excel-Berechnungsblatt in Abb. 9.12 ausgeblendet ist, die Differenz dieser und der weiter oben berechneten spezifischen Enthalpie für den Mischungspunkt M gebildet und daraus mit dem Solver die Temperatur des Mischungspunktes ϑ_M ermittelt. Abschließend bieten sich für den Mischungszustand die Berechnungen des spezifischen Volumens v_{1+X} mit Gleichung (9.17) und der Dichte mit Gleichung (9.19) an. In einem h, X-Diagramm können die Zustandspunkte 1, 2 und M dargestellt werden, siehe Abb. 9.12.

Wie anhand der Lage des Mischungspunktes M im h, X-Diagramm zu sehen ist, liegt dieser Zustandspunkt im Gebiet der gesättigten feuchten Luft mit flüssigem Kondensat. Dies ist auch anhand der für den Punkt M berechneten Wasserbeladung X_M zu erkennen, da diese größer als die entsprechende Sättigungsbeladung X_S ist.

9.7 Befeuchtung ungesättigter feuchter Luft

Beispiel 9.6

Ein Luftstrom ($X_1 = 0{,}010$, $\vartheta_1 = 42\,°\mathrm{C}$, $\dot{m}_{\mathrm{L},1} = 1000\,\mathrm{kg\,h^{-1}}$, $p = 1000\,\mathrm{hPa}$) wird mit flüssigem Wasser befeuchtet ($\dot{m}_{\mathrm{W},\mathrm{l}} = 5{,}0\,\mathrm{kg\,h^{-1}}$, $\vartheta_\mathrm{W} = 25\,°\mathrm{C}$). Der Zustand nach der Befeuchtung ist zu berechnen und zu ermitteln, ob Kondensation auftritt. Außerdem ist der Prozess im h, X-Diagramm darzustellen. (Ergebnisse im Excel-Berechnungsblatt in Abb. 9.14.)

Die Befeuchtung oder adiabate, isobare Mischung ungesättigter feuchter Luft mit reinem Wasser oder Wasserdampf – dargestellt im Grundfließschema in Abb. 9.13 und im h, X-Diagramm in Abb. 9.14 – unterscheidet sich von der Aufgabenstellung der Mischung zweier feuchter Luftströme, weil der Zustandspunkt von reinem flüssigen Wasser oder Wasserdampf im h, X-Diagramm im Unendlichen ($X = \infty$) liegt.

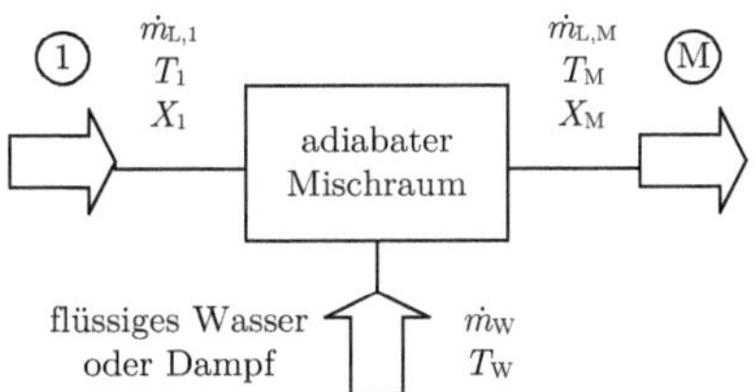

Abbildung 9.13: Grundfließschema der Befeuchtung ungesättigter feuchter Luft

Die Massenbilanz für den als stationär angenommenen Prozess lautet für die Komponente Luft

$$\dot{m}_{L,1} = \dot{m}_{L,M} \tag{9.69}$$

und für die Komponente Wasser

$$X_1 \dot{m}_{L,1} + \dot{m}_W = X_M \dot{m}_{L,M} = X_M \dot{m}_{L,1} , \tag{9.70}$$

woraus die Beziehung

$$\dot{m}_W = (X_M - X_1)\, \dot{m}_{L,1} \tag{9.71}$$

und die Wasserbeladung des Mischungspunktes

$$X_M = \frac{X_1 \dot{m}_{L,1} + \dot{m}_W}{\dot{m}_{L,1}} = X_1 + \frac{\dot{m}_W}{\dot{m}_{L,1}} \tag{9.72}$$

folgt. Aus der Energiebilanz

$$\dot{m}_{L,1} h_{1+X,1} + \dot{m}_W h_W = \dot{m}_{L,M} h_{1+X,M} = \dot{m}_{L,1} h_{1+X,M} \tag{9.73}$$

folgt die spezifische Enthalpie des Mischungspunktes M

$$h_{1+X,M} = \frac{\dot{m}_{L,1} h_{1+X,1} + \dot{m}_W h_W}{\dot{m}_{L,1}} = h_{1+X,1} + \frac{\dot{m}_W}{\dot{m}_{L,1}} h_W , \tag{9.74}$$

wobei die spezifische Enthalpie des Wassers davon abhängt, ob das Wasser flüssig oder als Dampf zugeführt wird.

Für die Lösung der Aufgabenstellung gemäß Beispiel 9.6 wird ein Excel-Berechnungsblatt wie in Abb. 9.14 erstellt:

1. Eingabedaten für die Berechnungen sind die Wasserbeladung X_1 und die Temperatur ϑ_1 des zu befeuchtenden Luftstroms 1. Aus diesen Daten werden auch hier der Sättigungsdampfdruck $p_{WS}(T)$, die Sättigungsbeladung $X_S(T)$, die relative Feuchte φ, die spezifische Enthalpie der ungesättigten feuchten Luft $h_{1+X}(\vartheta, X)$ sowie die spezifische Enthalpie h_{Diagr} berechnet, siehe Abb. 9.14.

Befeuchtung ungesättigter feuchter Luft mit Wasser oder Wasserdampf

Nr.	Wasserbeladung $X(T)$ 1	Temperatur ϑ °C	Temperatur T K	Sätt.-Dampfdruck $p_{WS}(T)$ hPa	Sätt.-Beladung $X_S(T)$ kg kg^{-1}	relative Feuchte φ 1	spez. Enthalpie $h_{1+X}(\vartheta,X)$ kJ kg^{-1}	spez. Enthalpie h_{Diagr} kJ kg^{-1}
1	**0,0100**	**42,0**	315,15	82,1	0,0556	0,19	68,1	43,0
M	0,0150	30,0	303,19	42,6	0,027654	0,55	68,6	31,1

(Solver)

Massenstrom der trockenen Luft im Zustand 1	$\dot{m}_{L,1}$	kg h^{-1}	**1000**
spezifisches Volumen der feuchten Luft (Zustand 1)	$v_{1+X}(T,X)$	m³ kg^{-1}	0,919
Volumenstrom der feuchten Luft (Zustand 1)	$\dot{V}$	m³ h^{-1}	919

Massenstrom des zugemischten Wassers	$\dot{m}_W$	kg h^{-1}	**5,0**
Temperatur des zugemischen Wasser	ϑ_W	°C	**25,0**
Wasser als flüssiges Wasser oder als Dampf zugeführt			
"0" für flüssiges Wasser oder "1" für Dampf eingeben:			**0**
spezifische Enthalpie des Wassers (flüssiges Wasser oder Dampf)	$h_W(T)$	kJ kg^{-1}	105,5
spezifische Enthalpie im Mischungszustand (für Zielzelle Solver)	$h_{1+X}(T,X)$	kJ kg^{-1}	68,6

Gesamtdruck	p	hPa	1000
Stoffdaten bei T_{tr}			
Tripeltemperatur von Wasser	T_{Tr}	K	273,16
spez. Wärmekapazität Wasser	$c_{W,l}$	kJ kg^{-1} K^{-1}	4,220
spez. Verdampfungsenthalpie	$\Delta_{vap}h$	kJ kg^{-1}	2500,9
spez. Wärmekapazität Wasserdampf	$c_{p,W}^{\,\circ}$	kJ kg^{-1} K^{-1}	1,888
Gaskonstante Wasser	R_W	kJ kg^{-1} K^{-1}	0,461526
spez. Wärmekapazität Luft	$c_{p,L}^{\,\circ}$	kJ kg^{-1} K^{-1}	1,006
Gaskonstante Luft	R_L	kJ kg^{-1} K^{-1}	0,28712

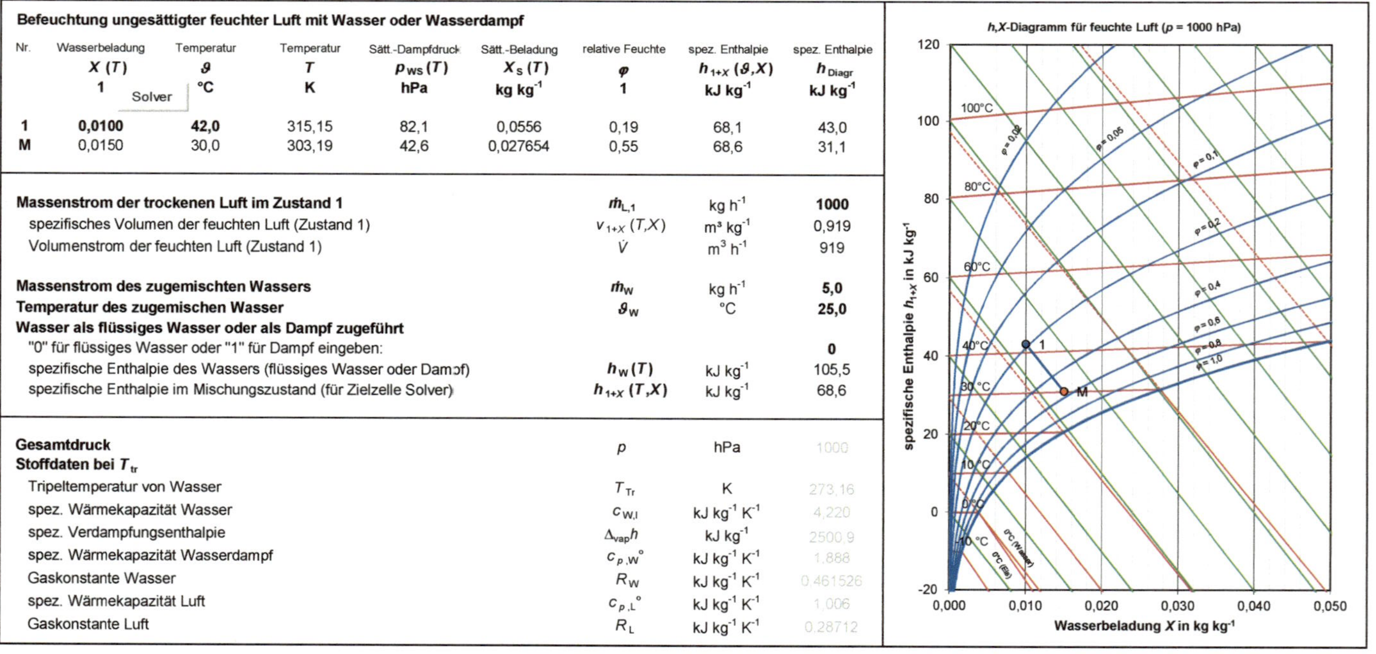

Abbildung 9.14: Excel-Berechnungsblatt für die Befeuchtung ungesättigter feuchter Luft mit reinem Wasser oder Wasserdampf

2. Weiter unten im Arbeitsblatt werden Eingabefelder für den Massenstrom der trockenen Luft im Zustand 1 $\dot{m}_{\mathrm{L},1}$, den Massenstrom des zugemischten Wassers $\dot{m}_{\mathrm{W}}$, seine Temperatur ϑ_{W} und eine Zelle, die die Information darüber enthält, ob das Wasser in flüssiger Form oder als Dampf zugeführt wird, erstellt. Daraus lässt sich mit Gleichung (9.72) oben im Arbeitsblatt die Wasserbeladung X_{M} für den Mischungspunkt berechnen.

3. Für die Temperatur ϑ_{M}, die nachfolgend unter Verwendung des Solvers ermittelt wird, geben wir zunächst einen geeigneten Startwert ein und berechnen daraus die restlichen Zustandsgrößen in der Zeile für den Mischungspunkt. Wie bereits in Abschnitt 9.6 – siehe dazu den dort aufgeführten Pseudocode – wird die spezifische Enthalpie $h_{1+X,\mathrm{M}}$ über eine WENN-Abfrage für die Lage des Mischungspunktes im Gebiet der ungesättigten oder gerade gesättigten feuchten Luft ($X \leq X_{\mathrm{S}}$) mit Gleichung (9.26) und für die Lage im Nebelgebiet ($X > X_{\mathrm{S}}$) mit Gleichung (9.31) berechnet.

4. Aus dem Massenstrom der trockenen Luft im Zustand 1 $\dot{m}_{\mathrm{L},1}$ werden mit Gleichung (9.17) das spezifische Volumen v_{1+X} sowie mit Gleichung (9.16) der Volumenstrom $\dot{V} = v_{1+X}\,\dot{m}_{\mathrm{L},1}$ der feuchten Luft berechnet.

5. Mit dem Massenstrom $\dot{m}_{\mathrm{W}}$ und der Temperatur ϑ_{W} des zugemischten Wassers oder Dampfes sowie aus der Information, ob das Wasser in flüssiger Form (Eingabe 0) oder als Dampf (Eingabe 1) zugeführt wird, folgt die Berechnung der spezifischen Enthalpie h_{W} entsprechend der Vereinfachungen in Abschnitt 9.1.4 über die WAHL-Funktion für flüssiges Wasser mit

$$h_{\mathrm{W},\mathrm{l}} = c_{\mathrm{W},\mathrm{l}}\vartheta_{\mathrm{W}} \tag{9.75}$$

und für Dampf mit

$$h_{\mathrm{W},\mathrm{v}} = \Delta_{\mathrm{vap}}h(T_{\mathrm{tr}}) + c_{p,\mathrm{W}}^{\circ}\vartheta_{\mathrm{W}} \; . \tag{9.76}$$

Daraus ergibt sich der nachfolgende Code für die Berechnung der spezifischen Enthalpie des flüssigen oder dampfförmigen Wassers h_{W}, wenn in der Zelle `Zustand_Wasser` 0 oder 1, in der Zelle `c_Wl` die spezifische Wärmekapazität des Wassers $c_{\mathrm{W},\mathrm{l}}$, in der Zelle `theta_W` die Temperatur ϑ_{W}, in der Zelle `Delta_vap_h` die spezifische Verdampfungsenthalpie $\Delta_{\mathrm{vap}}h$ und in der Zelle `c_pW` die spezifische Wärmekapazität des Wasserdampfes $c_{p,\mathrm{W}}^{\circ}$ stehen:

```
h_W =WAHL(Zustand_Wasser + 1; c_Wl * theta_W;
Delta_vap_h + c_pW * theta_W)
```

Mit Gleichung (9.74) folgt daraus die spezifische Enthalpie der Mischung $h_{1+X,\mathrm{M}}$.

6. Die Mischungstemperatur ϑ_{M} wird iterativ mit dem Solver in einer veränderbaren Zelle bestimmt, indem in der (in Abb. 9.14 ausgeblendeten) Zielzelle die Differenz zwischen den zweimal berechneten spezifischen Enthalpien des Mischungspunktes $h_{1+X,\mathrm{M}}$ null werden soll. Auch hier bietet es sich an, die berechneten Zustandspunkte 1 und M in das h,X-Diagramm in Abb. 9.14 einzutragen.

Anhand der Lage des Mischungspunktes M im h, X-Diagramm ist erkennbar, dass dieser Zustandspunkt im Gebiet der ungesättigten feuchten Luft liegt. Außerdem ist die für den Punkt M berechnete Wasserbeladung X_M kleiner als die Sättigungsbeladung X_S.

9.8 Einstufiger Trocknungsprozess

Nachfolgend erfolgt die vereinfachte Betrachtung von Prozessen der stationären, kontinuierlichen Konvektionstrocknung im h, X-Diagramm, wobei die drei klassischen Schaltungsvarianten behandelt werden.

> **Beispiel 9.7**
>
> Ein feuchtes Gut ist in einem einstufigen Trocknungsprozess – bestehend aus einem Luftvorwärmer und der Trocknungsstufe – zu behandeln ($p = 1000\,\mathrm{hPa}$). Der Zustand der Luft vor der Vorwärmung ($X_1 = 0{,}007$, $\vartheta_1 = 30\,^\circ\mathrm{C}$) und der Abluftzustand sind vorgegeben ($X_3 = 0{,}040$, $\vartheta_3 = 50\,^\circ\mathrm{C}$). Zu ermitteln sind die erforderliche Temperatur der Luft nach der Vorwärmung ϑ_2 sowie der spezifische Luftbedarf und der spezifische Energiebedarf für den Prozess, der im h, X-Diagramm darzustellen ist. (Ergebnisse im Excel-Berechnungsblatt in Abb. 9.16.)

Unter der Trocknung verstehen wir im Folgenden die Entfernung oder Verminderung von Flüssigkeit (z. B. Wasser, Lösungsmittel) aus einem Gut (Feststoff) durch Verdunsten oder Verdampfen[3], also die thermische Trocknung, speziell die Konvektionstrocknung. Das Trocknungsgas (z. B. vorgewärmte Luft) liefert die Energie für die Verdunstung und führt den Dampf aus der Gutsfeuchte ab.

Für die nachfolgenden Betrachtungen sollen die folgenden Annahmen und Vereinfachungen gelten:

- Betrachtung ausschließlich der kontinuierlichen und stationären Trocknung,

- Vernachlässigung der Druckverluste im Trockner, $p = $ konst,

- Aufheizung der Luft ausschließlich im Vorwärmer und Vernachlässigung von Verlustwärmeströmen am Trockner und

- Vernachlässigung der Änderungen der thermischen Energien des feuchten Guts und der apparativen Ausstattungen infolge von Temperaturänderungen.

Im Grundfließschema in Abb. 9.15 ist ein kontinuierlich und stationär betriebener einstufiger Konvektionstrockner dargestellt. Abbildung 9.16 zeigt die Zustandsänderungen der feuchten Luft für den Prozess beispielhaft im h, X-Diagramm. Die Frischluft strömt im Zustand 1 in den Trockner und tritt im Zustand 2 aus dem Luftvorwärmer aus, nachdem dort der Wärmestrom $\dot{Q}_\mathrm{vor}$ zugeführt wurde. Das feuchte Gut tritt im Zustand A in den Trockner ein und im Zustand B getrocknet aus. Die Abluft verlässt

---

[3]Bei Temperaturen unterhalb der Sättigungstemperatur wird oft von Verdunstung anstatt von Verdampfung gesprochen.

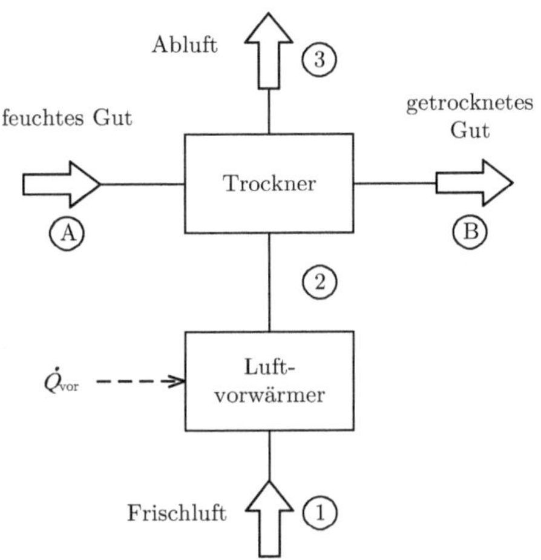

Abbildung 9.15: Grundfließschema des einstufigen Konvektionstrockners

den Trockner im Zustand 3. Da dem Trockner selbst kein Wärmestrom zugeführt wird und auch keine Wärmeverluste auftreten, liegen die Luftzustände 2 und 3 auf der Isenthalpen $h_{1+X,2} = h_{1+X,3} = \text{konst.}$

In der Massenbilanz für den stationären einstufigen Trocknungsprozess

$$\dot{m}_1 + \dot{m}_A = \dot{m}_3 + \dot{m}_B \tag{9.77}$$

lassen sich die einzelnen (feuchten) Massenströme für Frischluft, Abluft, feuchtes Gut und getrocknetes Gut mit dem konstanten Massenstrom des trockenen Guts $\dot{m}_G$ wie folgt formulieren:

$$\dot{m}_1 = \dot{m}_L + \dot{m}_L X_1 = \dot{m}_L \left(1 + X_1\right) \,, \tag{9.78}$$

$$\dot{m}_3 = \dot{m}_L + \dot{m}_L X_3 = \dot{m}_L \left(1 + X_3\right) \,, \tag{9.79}$$

$$\dot{m}_A = \dot{m}_G + \dot{m}_{W,A} \tag{9.80}$$

und

$$\dot{m}_B = \dot{m}_G + \dot{m}_{W,B} \,. \tag{9.81}$$

Daraus folgt

$$\underbrace{\dot{m}_L(1 + X_1)}_{1} + \underbrace{\dot{m}_G + \dot{m}_{W,A}}_{A} = \underbrace{\dot{m}_L(1 + X_3)}_{3} + \underbrace{\dot{m}_G + \dot{m}_{W,B}}_{B} \,. \tag{9.82}$$

Die Energiebilanz lautet

$$\dot{H}_1 + \dot{H}_A + \dot{Q}_{vor} = \dot{H}_3 + \dot{H}_B \tag{9.83}$$

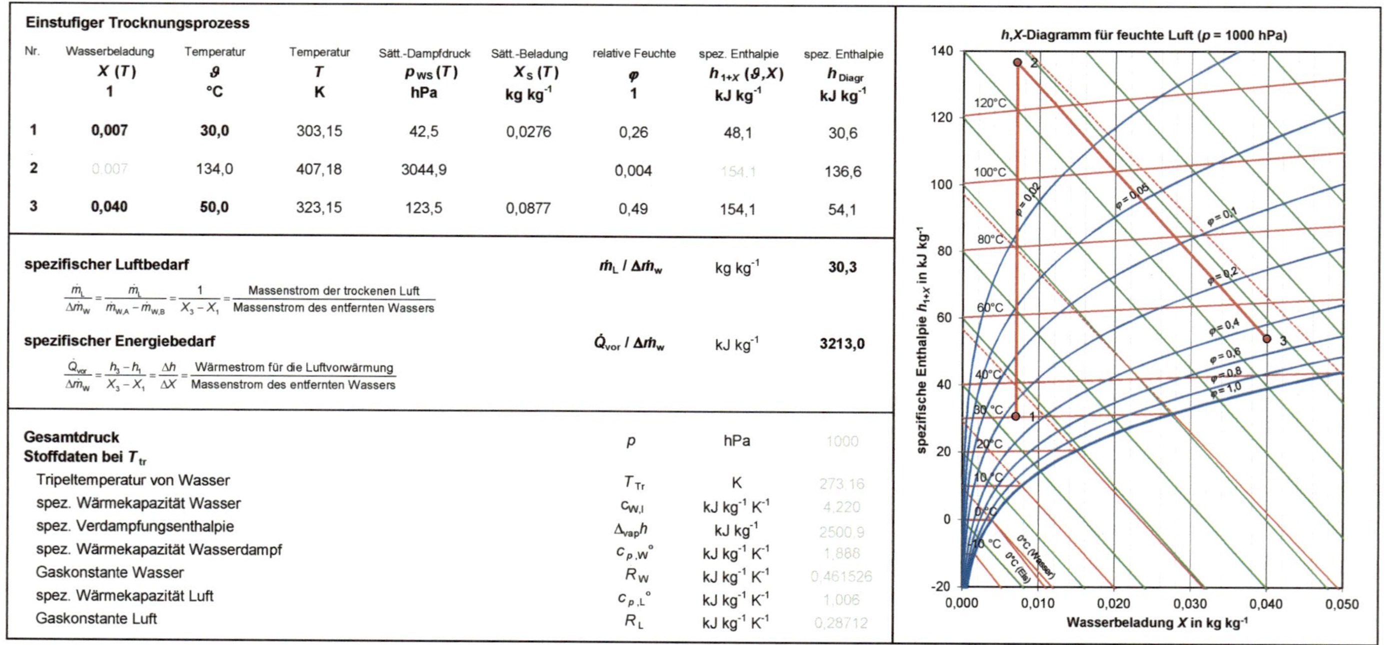

Einstufiger Trocknungsprozess

Nr.	Wasserbeladung $X(T)$ 1	Temperatur ϑ °C	Temperatur T K	Sätt.-Dampfdruck $p_{WS}(T)$ hPa	Sätt.-Beladung $X_S(T)$ kg kg⁻¹	relative Feuchte φ 1	spez. Enthalpie $h_{1+x}(\vartheta,X)$ kJ kg⁻¹	spez. Enthalpie h_{Diagr} kJ kg⁻¹
1	**0,007**	**30,0**	303,15	42,5	0,0276	0,26	48,1	30,6
2	0,007	134,0	407,18	3044,9		0,004	154,1	136,6
3	**0,040**	**50,0**	323,15	123,5	0,0877	0,49	154,1	54,1

spezifischer Luftbedarf $\dot{m}_L / \Delta\dot{m}_w$ kg kg⁻¹   **30,3**

$$\frac{\dot{m}_L}{\Delta\dot{m}_w} = \frac{\dot{m}_L}{\dot{m}_{W,A} - \dot{m}_{W,B}} = \frac{1}{X_3 - X_1} = \frac{\text{Massenstrom der trockenen Luft}}{\text{Massenstrom des entfernten Wassers}}$$

spezifischer Energiebedarf $\dot{Q}_{vor} / \Delta\dot{m}_w$ kJ kg⁻¹   **3213,0**

$$\frac{\dot{Q}_{vor}}{\Delta\dot{m}_w} = \frac{h_3 - h_1}{X_3 - X_1} = \frac{\Delta h}{\Delta X} = \frac{\text{Wärmestrom für die Luftvorwärmung}}{\text{Massenstrom des entfernten Wassers}}$$

Gesamtdruck p hPa   1000
Stoffdaten bei T_{tr}

Tripeltemperatur von Wasser	T_{Tr}	K	273,16
spez. Wärmekapazität Wasser	$c_{W,l}$	kJ kg⁻¹ K⁻¹	4,220
spez. Verdampfungsenthalpie	$\Delta_{vap}h$	kJ kg⁻¹	2500,9
spez. Wärmekapazität Wasserdampf	$c_{p,W}°$	kJ kg⁻¹ K⁻¹	1,888
Gaskonstante Wasser	R_W	kJ kg⁻¹ K⁻¹	0,461526
spez. Wärmekapazität Luft	$c_{p,L}°$	kJ kg⁻¹ K⁻¹	1,006
Gaskonstante Luft	R_L	kJ kg⁻¹ K⁻¹	0,28712

Abbildung 9.16: Excel-Berechnungsblatt für den einstufigen Konvektionstrockner

und ausformuliert

$$\underbrace{\dot{m}_\mathrm{L} h_{1+X,1}}_{1} + \underbrace{\dot{m}_\mathrm{G} h_\mathrm{G,A} + \dot{m}_\mathrm{W,A} h_\mathrm{W,A}}_{A} + \dot{Q}_\mathrm{vor} = \underbrace{\dot{m}_\mathrm{L} h_{1+X,3}}_{3} + \underbrace{\dot{m}_\mathrm{G} h_\mathrm{G,B} + \dot{m}_\mathrm{W,B} h_\mathrm{W,B}}_{B} \ ,$$

$$(9.84)$$

worin die Terme A und B wegen der eingangs getroffenen Vereinbarungen (Vernachlässigung der thermischen Energieänderungen des feuchten Guts) wegfallen können und vereinfacht folgt

$$\dot{m}_\mathrm{L} h_{1+X,1} + \dot{Q}_\mathrm{vor} = \dot{m}_\mathrm{L} h_{1+X,3} \ . \tag{9.85}$$

Die Massenbilanz für die Komponente Wasser lautet

$$\dot{m}_\mathrm{L} X_1 + \dot{m}_\mathrm{W,A} = \dot{m}_\mathrm{L} X_3 + \dot{m}_\mathrm{W,B} \ , \tag{9.86}$$

woraus der sogenannte *spezifische Luftbedarf* des Trockners – der auf den Massenstrom des entfernten Wassers $\Delta\dot{m}_\mathrm{W}$ bezogene Massenstrom der trockenen Luft –

$$\frac{\dot{m}_\mathrm{L}}{\Delta\dot{m}_\mathrm{W}} = \frac{\dot{m}_\mathrm{L}}{\dot{m}_\mathrm{W,A} - \dot{m}_\mathrm{W,B}} = \frac{1}{X_3 - X_1} \tag{9.87}$$

folgt. Aus der vereinfachten Energiebilanz in Gleichung (9.85) ergibt sich nach Einsetzen von Gleichung (9.87) der sogenannte *spezifische Energiebedarf* des Trockners

$$\frac{\dot{Q}_\mathrm{vor}}{\Delta\dot{m}_\mathrm{W}} = \frac{h_{1+X,3} - h_{1+X,1}}{X_3 - X_1} \ . \tag{9.88}$$

Unter der Voraussetzung der Gültigkeit der Vereinfachungen sind für den kontinuierlich und stationär betriebenen einstufigen Konvektionstrockner die spezifischen Luft- und Energiebedarfe nur von den Anfangs- und Endzuständen des Prozesses abhängig. Zum Erreichen eines Abluftzustands mit einer höheren Wasserbeladung ist eine höhere Vorwärmtemperatur erforderlich, siehe das h,X-Diagramm in Abb. 9.16.

Für die Lösung der Aufgabenstellung gemäß Beispiel 9.7 wird das Excel-Berechnungsblatt in Abb. 9.16 erstellt:

1. Eingabefelder für die Berechnung des Prozesses sind die Temperaturen und die Wasserbeladungen für die Frischluft im Zustand 1 und die Abluft im Zustand 3. Daraus werden – wie in den vorangegangenen Abschnitten – der Sättigungsdampfdruck $p_\mathrm{WS}(T)$, die Sättigungsbeladung $X_\mathrm{S}(T)$, die relative Feuchte φ, die spezifische Enthalpie der ungesättigten feuchten Luft $h_{1+X}(\vartheta, X)$ sowie die spezifische Enthalpie h_Diagr berechnet.

2. Für die Wasserbeladung im Zustand 2 gilt $X_2 = X_1$. Die spezifische Enthalpie im Zustand 2 folgt aus der Beziehung $h_{1+X,2} = h_{1+X,3}$, da die Trocknung adiabat

erfolgt. Die Temperatur ϑ_2 lässt sich aus der umgeformten Gleichung (9.26)

$$\vartheta_2 = \frac{h_{1+X,2} - X_2 \Delta_{\mathrm{vap}} h(T_{\mathrm{tr}})}{c_{p,\mathrm{L}}^\circ + X_2 c_{p,\mathrm{W}}^\circ} \tag{9.89}$$

ermitteln. Damit sind auch die weiteren Zustandsgrößen in der Zeile 2 berechenbar.

3. Es folgt die Berechnung des spezifischen Luftbedarfs $\dot{m}_\mathrm{L}/\Delta\dot{m}_\mathrm{W}$ und des spezifischen Energiebedarfs $\dot{Q}_{\mathrm{vor}}/\Delta\dot{m}_\mathrm{W}$ mit den Gleichungen (9.87) und (9.88).

Für die Ermittlung des Luftbedarfs $\dot{m}_\mathrm{L}$ und des Energiebedarfs $\dot{Q}_{\mathrm{vor}}$ ist die Kenntnis des während der Trocknung zu entfernenden Massenstroms des Wassers $\Delta\dot{m}_\mathrm{W}$ erforderlich. Dieser kann durch entsprechende Bilanzierung des feuchten Guts vor und nach der Trocknung ermittelt werden, siehe dazu Abschnitt 9.11.

9.9 Zweistufiger Trocknungsprozess

Beispiel 9.8

In einem zweistufigen Trocknungsprozess wird feuchtes Gut behandelt, wobei die Zustände der Frischluft vor der Vorwärmung ($X_1 = 0{,}007$, $\vartheta_1 = 30\,^\circ\mathrm{C}$) und der Abluftzustand ($X_5 = 0{,}040$, $\vartheta_5 = 50\,^\circ\mathrm{C}$) vorgegeben und mit den entsprechenden Daten im Berechnungsbeispiel für den einstufigen Trockner in Abschnitt 9.8 identisch sind ($p = 1000\,\mathrm{hPa}$). Zusätzlich ist an den Austritten der beiden Luftvorwärmer eine Höchsttemperatur $\vartheta = 100\,^\circ\mathrm{C}$ einzuhalten. Auch hier sind der spezifische Luftbedarf und der spezifische Energiebedarf für den im h, X-Diagramm darzustellenden Prozess zu berechnen. (Ergebnisse im Excel-Berechnungsblatt in Abb. 9.18.)

Vorteile des kontinuierlich und stationär betriebenen zweistufigen Konvektionstrockners, dargestellt im Grundfließschema in Abb. 9.17, sind die möglicherweise erheblich niedrigeren Temperaturen ϑ_2 und ϑ_4 im Vergleich zur maximalen Temperatur nach der Vorwärmung beim einstufigen Trockner, was sich positiv auf die Auswahl der Energiequelle für die Vorwärmung in den beiden Luftvorwärmern oder die Behandlung temperaturempfindlicher Güter – z. B. Lebensmittel oder Pharmazeutika – auswirken kann. In Abb. 9.18 ist dieser Prozess im h, X-Diagramm dargestellt.

Aus der Massenbilanz für den stationären zweistufigen Trocknungsprozess

$$\dot{m}_1 + \dot{m}_\mathrm{A} = \dot{m}_5 + \dot{m}_\mathrm{C} \tag{9.90}$$

und der Bilanz für die Komponente Wasser

$$\dot{m}_\mathrm{L} X_1 + \dot{m}_{\mathrm{W,A}} = \dot{m}_\mathrm{L} X_5 + \dot{m}_{\mathrm{W,C}} \tag{9.91}$$

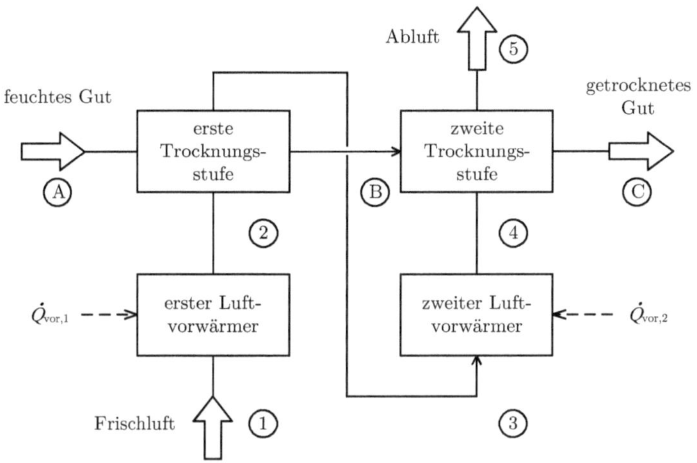

Abbildung 9.17: Grundfließschema des zweistufigen Konvektionstrockners

folgt der spezifische Luftbedarf des zweistufigen Trockners zu

$$\frac{\dot{m}_{\text{L}}}{\Delta \dot{m}_{\text{W}}} = \frac{\dot{m}_{\text{L}}}{\dot{m}_{\text{W,A}} - \dot{m}_{\text{W,C}}} = \frac{1}{X_5 - X_1} \; . \tag{9.92}$$

Die Energiebilanz

$$\dot{H}_1 + \dot{H}_{\text{A}} + \dot{Q}_{\text{vor},1} + \dot{Q}_{\text{vor},2} = \dot{H}_5 + \dot{H}_{\text{C}} \tag{9.93}$$

vereinfacht sich (bei Vernachlässigung der thermischen Energieänderungen des feuchten Guts) wie in Abschnitt 9.8 zu

$$\dot{m}_{\text{L}} h_{1+X,1} + \dot{Q}_{\text{vor},1} + \dot{Q}_{\text{vor},2} = \dot{m}_{\text{L}} h_{1+X,5} \; , \tag{9.94}$$

woraus für den spezifischen Energiebedarf des zweistufigen Trockners

$$\frac{\dot{Q}_{\text{vor}}}{\Delta \dot{m}_{\text{W}}} = \frac{h_{1+X,5} - h_{1+X,1}}{X_5 - X_1} \tag{9.95}$$

mit $\dot{Q}_{\text{vor}} = \dot{Q}_{\text{vor},1} + \dot{Q}_{\text{vor},2}$ folgt.

Die Lösung der in Beispiel 9.8 gegebenen Aufgabenstellung erfolgt im Excel-Berechnungsblatt in Abb. 9.18:

1. Im Vergleich zum einstufigen Trockner werden in Abb. 9.16 – zusätzlich zu den Wasserbeladungen und Temperaturen für die Frischluft- bzw. Abluftzustände 1 und 5 – auch die maximalen Temperaturen für die Zustände 2 und 4 am Austritt der beiden Luftvorwärmer gemäß Aufgabenstellung vorgegeben. Soweit möglich erfolgt die Berechnung der davon abhängigen Zustandsgrößen analog zum einstufigen Prozess.

Zweistufiger Trocknungsprozess

Nr.	Wasserbeladung $X(T)$ [1]	Temperatur ϑ [°C]	Temperatur T [K]	Sätt.-Dampfdruck $p_{WS}(T)$ [hPa]	Sätt.-Beladung $X_S(T)$ [kg kg^{-1}]	relative Feuchte φ [1]	spez. Enthalpie $h_{1+X}(\vartheta,X)$ [kJ kg^{-1}]	spez. Enthalpie h_{Diagr} [kJ kg^{-1}]
1	**0,007**	**30,0**	303,15	42,5	0,0276	0,26	48,1	30,6
2	0,007	**100,0**	373,15	1014,2		0,011	119,4	101,9
3	0,020	66,8	339,91	270,9	0,2311	0,11	119,4	69,7
4	0,020	**100,0**	373,15	1014,2		0,03	154,1	104,4
5	**0,040**	**50,0**	323,15	123,5	0,0877	0,49	154,1	54,1

spezifischer Luftbedarf

$$\frac{\dot{m}_L}{\Delta\dot{m}_w} = \frac{\dot{m}_L}{\dot{m}_{w,A}-\dot{m}_{w,B}} = \frac{1}{X_5-X_1} = \frac{\text{Massenstrom der trockenen Luft}}{\text{Massenstrom des entfernten Wassers}}$$

$\dot{m}_L / \Delta\dot{m}_w$	kg kg^{-1}	**30,3**	

spezifischer Energiebedarf

$$\frac{\dot{Q}_{vor}}{\Delta\dot{m}_w} = \frac{h_5-h_1}{X_5-X_1} = \frac{\Delta h}{\Delta X} = \frac{\text{Wärmestrom für die Luftvorwärmung}}{\text{Massenstrom des entfernten Wassers}}$$

$\dot{Q}_{vor} / \Delta\dot{m}_w$	kJ kg^{-1}	**3213,0**	

Gesamtdruck	p	hPa	1000
Stoffdaten bei T_{tr}			
Tripeltemperatur von Wasser	T_{Tr}	K	273,16
spez. Wärmekapazität Wasser	$c_{W,l}$	kJ kg^{-1} K^{-1}	4,220
spez. Verdampfungsenthalpie	$\Delta_{vap}h$	kJ kg^{-1}	2500,9
spez. Wärmekapazität Wasserdampf	$c_{p,W}^{\circ}$	kJ kg^{-1} K^{-1}	1,888
Gaskonstante Wasser	R_W	kJ kg^{-1} K^{-1}	0,461526
spez. Wärmekapazität Luft	$c_{p,L}^{\circ}$	kJ kg^{-1} K^{-1}	1,006
Gaskonstante Luft	R_L	kJ kg^{-1} K^{-1}	0,28712

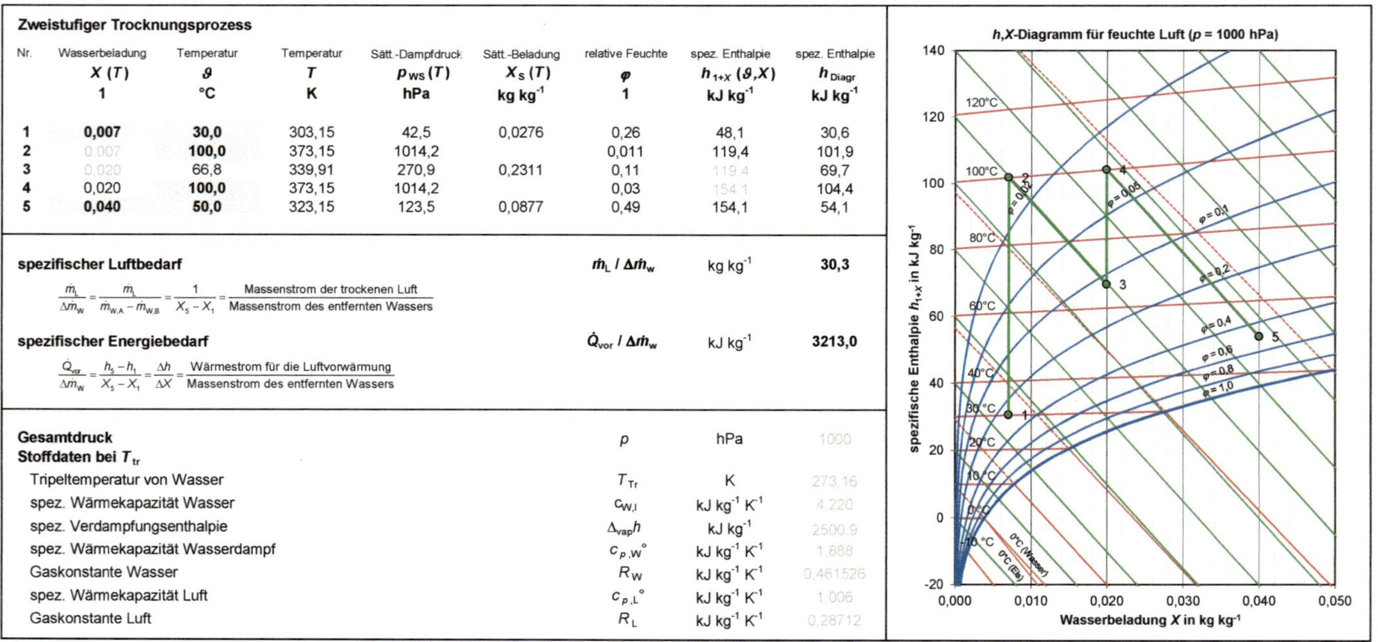

Abbildung 9.18: Excel-Berechnungsblatt für den zweistufigen Konvektionstrockner

2. Die spezifische Enthalpie im Zustand 4 folgt aus der Beziehung $h_{1+X,4} = h_{1+X,5}$. Die Wasserbeladung X_4 erhalten wir aus Gleichung (9.26) mit

$$X_4 = \frac{h_{1+X,4} - c^\circ_{p,\mathrm{L}}\vartheta_4}{\Delta_{\mathrm{vap}}h(T_{\mathrm{tr}}) + c^\circ_{p,\mathrm{W}}\vartheta_4} \ . \tag{9.96}$$

Für die Wasserbeladungen in den Zuständen 2 und 3 gelten die Beziehungen $X_2 = X_1$ und $X_3 = X_4$. Die davon abhängigen Zustandsgrößen werden analog zum einstufigen Prozess und die Temperatur ϑ_3 analog Gleichung (9.89) berechnet. Die spezifische Enthalpie im Zustand 3 folgt aus der Beziehung $h_{1+X,3} = h_{1+X,2}$, da der Teilprozess der Trocknung adiabat erfolgt.

3. Es folgt die Berechnung des spezifischen Luftbedarfs $\dot{m}_{\mathrm{L}}/\Delta\dot{m}_{\mathrm{W}}$ und des spezifischen Energiebedarfs $\dot{Q}_{\mathrm{vor}}/\Delta\dot{m}_{\mathrm{W}}$ mit den Gleichungen (9.92) bzw. (9.95).

Die am Ende von Abschnitt 9.8 aufgeführten Anmerkungen zu den Luft- und Energiebedarfen des Prozesses sind auch hier gültig.

9.10 Trocknungsprozess mit Umluftführung

Beispiel 9.9

Ein Umlufttrockner mit im Vergleich zu den Aufgabenstellungen in den Abschnitten 9.8 und 9.9 unveränderten Zuständen von Frischluft ($X_1 = 0{,}007$, $\vartheta_1 = 30\,^\circ\mathrm{C}$) und Abluft ($X_4 = 0{,}040$, $\vartheta_4 = 50\,^\circ\mathrm{C}$) wird mit einem Verhältnis von Umluft zu Frischluft von $\dot{m}_{\mathrm{L,um}}/\dot{m}_{\mathrm{L,frisch}} = 2$ betrieben ($p = 1000\,\mathrm{hPa}$). Zu ermitteln ist u. a. der Zustand der Mischung 2 vor Eintritt in den Luftvorwärmer. Neben der Berechnung des spezifischen Luftbedarfs und des spezifischen Energiebedarfs ist der Prozess im h, X-Diagramm darzustellen. (Ergebnisse im Excel-Berechnungsblatt in Abb. 9.20.)

Vorteile des kontinuierlich und stationär betriebenen Umlufttrockner sind die gleichmäßigeren Bedingungen während der Trocknung. Besonders im einstufigen Prozess nimmt die Temperatur während der Trocknung stark ab und die Wasserbeladung in erheblichem Maße zu. Beim Umluftverfahren können die Trocknungsbedingungen freier gewählt werden und hängen z. B. bei Verwendung von Umgebungsluft weniger von den Wetterbedingungen ab.

Bei dem im Grundfließschema in Abb. 9.19 und im h, X-Diagramm in Abb. 9.20 dargestellten Prozess wird die Frischluft vom Zustand 1 mit Umluft vom Zustand 4, die aus der aus dem Trockner geführten Abluft entnommen wird, im Verhältnis

$$\frac{\dot{m}_{\mathrm{L,um}}}{\dot{m}_{\mathrm{L,frisch}}} \tag{9.97}$$

gemischt (als Verhältnis der trockenen Massenströme in den beiden Zuständen). Der Mischungszustand 2 liegt auf einer Verbindungsgeraden der Punkte 1 und 4, siehe

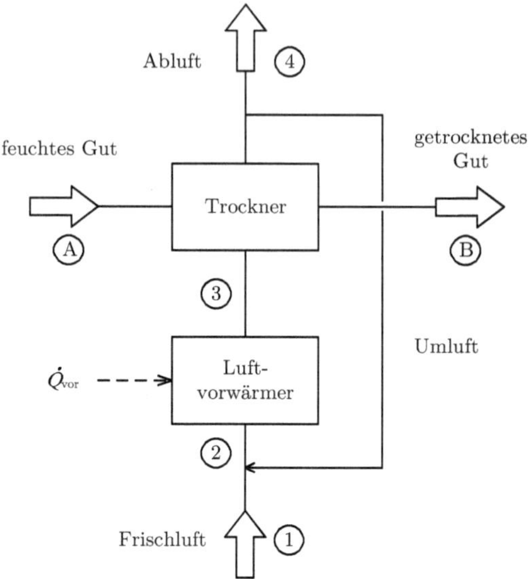

Abbildung 9.19: Grundfließschema des Konvektionstrockners mit Umluftführung

dazu Abschnitt 9.6. Er nähert sich dem Frischluftzustand umso mehr an, je kleiner
das in Gleichung (9.97) genannte Verhältnis wird.

Die Massen- und Energiebilanzen des stationär betriebenen Umlufttrockners werden
analog zu den Bilanzen des einstufigen Trockners aufgestellt, woraus der spezifische
Luftbedarf mit

$$\frac{\dot{m}_{\mathrm{L}}}{\Delta \dot{m}_{\mathrm{W}}} = \frac{\dot{m}_{\mathrm{L}}}{\dot{m}_{\mathrm{W,A}} - \dot{m}_{\mathrm{W,B}}} = \frac{1}{X_4 - X_1} \tag{9.98}$$

und der spezifische Energiebedarf mit

$$\frac{\dot{Q}_{\mathrm{vor}}}{\Delta \dot{m}_{\mathrm{W}}} = \frac{h_{1+X,4} - h_{1+X,1}}{X_4 - X_1} \tag{9.99}$$

folgen.

Die Lösung der in Beispiel 9.9 gegebenen Aufgabenstellung erfolgt im Excel-Berechnungsblatt in Abb. 9.20:

1. Zunächst werden die Wasserbeladungen und Temperaturen für die Frischluft- bzw.
   Abluftzustände 1 und 4 sowie das Verhältnis von Umluftstrom zu Frischluftstrom
   gemäß Gleichung (9.97) (mit den trockenen Massenströmen) im Berechnungsblatt
   vorgegeben.

2. Für den Mischungszustand $2 = M$ wird die Wasserbeladung X_{M} analog zu
   Gleichung (9.65) berechnet. Die spezifische Enthalpie im Mischungszustand

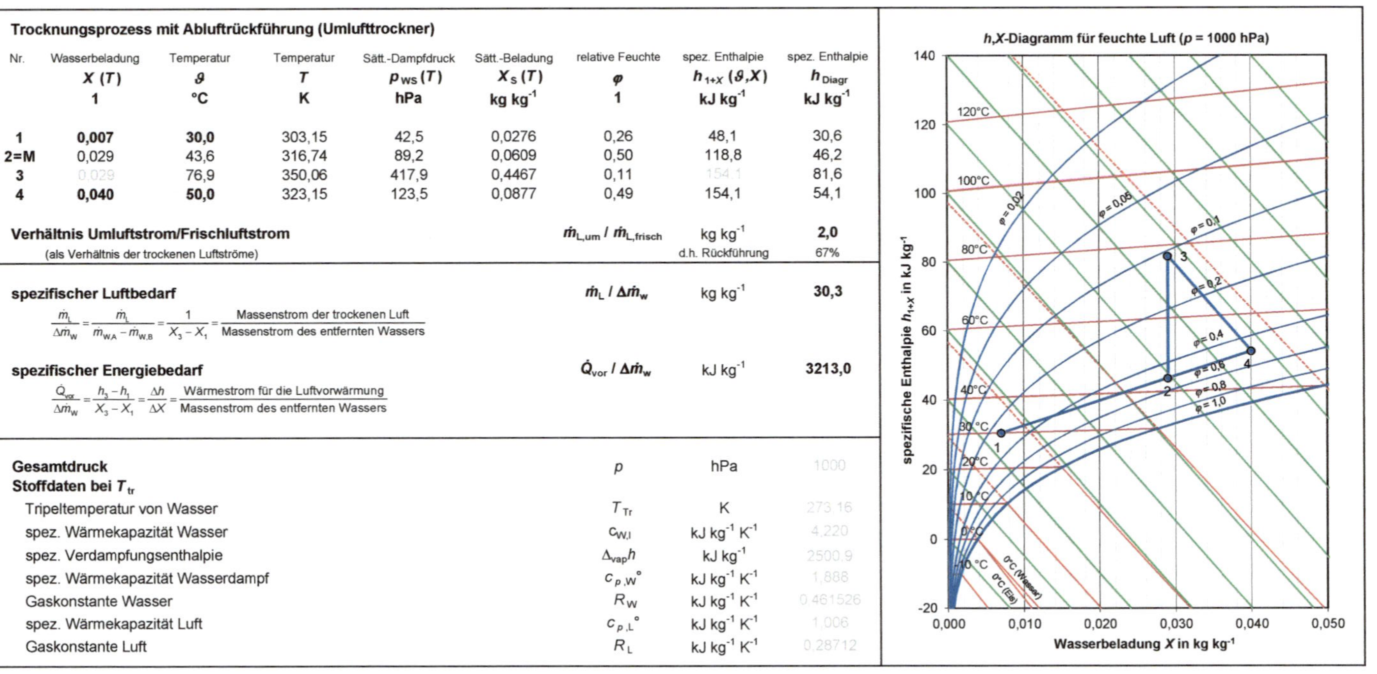

Nr.	Wasserbeladung $X\,(T)$ 1	Temperatur ϑ °C	Temperatur T K	Sätt.-Dampfdruck $p_{WS}\,(T)$ hPa	Sätt.-Beladung $X_S\,(T)$ kg kg^{-1}	relative Feuchte φ 1	spez. Enthalpie $h_{1+X}\,(\vartheta,X)$ kJ kg^{-1}	spez. Enthalpie h_{Diagr} kJ kg^{-1}
1	**0,007**	**30,0**	303,15	42,5	0,0276	0,26	48,1	30,6
2=M	0,029	43,6	316,74	89,2	0,0609	0,50	118,8	46,2
3	0,029	76,9	350,06	417,9	0,4467	0,11	154,1	81,6
4	**0,040**	**50,0**	323,15	123,5	0,0877	0,49	154,1	54,1

Verhältnis Umluftstrom/Frischluftstrom

(als Verhältnis der trockenen Luftströme)

$\dot{m}_{L,um}\,/\,\dot{m}_{L,frisch}$ kg kg^{-1} **2,0**

d.h. Rückführung 67%

spezifischer Luftbedarf

$$\frac{\dot{m}_L}{\Delta\dot{m}_w}=\frac{\dot{m}_L}{\dot{m}_{WA}-\dot{m}_{W,B}}=\frac{1}{X_3-X_1}=\frac{\text{Massenstrom der trockenen Luft}}{\text{Massenstrom des entfernten Wassers}}$$

$\dot{m}_L\,/\,\Delta\dot{m}_w$ kg kg^{-1} **30,3**

spezifischer Energiebedarf

$$\frac{\dot{Q}_{vor}}{\Delta\dot{m}_w}=\frac{h_3-h_1}{X_3-X_1}=\frac{\Delta h}{\Delta X}=\frac{\text{Wärmestrom für die Luftvorwärmung}}{\text{Massenstrom des entfernten Wassers}}$$

$\dot{Q}_{vor}\,/\,\Delta\dot{m}_w$ kJ kg^{-1} **3213,0**

Gesamtdruck
Stoffdaten bei T_{tr}

	p	hPa	1000
Tripeltemperatur von Wasser	T_{Tr}	K	273.16
spez. Wärmekapazität Wasser	$c_{W,l}$	kJ kg^{-1} K^{-1}	4,220
spez. Verdampfungsenthalpie	$\Delta_{vap}h$	kJ kg^{-1}	2500.9
spez. Wärmekapazität Wasserdampf	$c_{p,W}°$	kJ kg^{-1} K^{-1}	1,888
Gaskonstante Wasser	R_W	kJ kg^{-1} K^{-1}	0.461526
spez. Wärmekapazität Luft	$c_{p,L}°$	kJ kg^{-1} K^{-1}	1,006
Gaskonstante Luft	R_L	kJ kg^{-1} K^{-1}	0.28712

Abbildung 9.20: Excel-Berechnungsblatt für den Konvektionstrockner mit Umluftführung

$h_{1+X,\mathrm{M}}$ folgt aus der (linearen) Beziehung

$$h_{1+X,\mathrm{M}} = h_{1+X,1} + \frac{h_{1+X,4} - h_{1+X,1}}{X_4 - X_1}\left(X_\mathrm{M} - X_1\right) . \tag{9.100}$$

Die Temperatur ϑ_M lässt sich analog zu Gleichung (9.89) berechnen. Anschließend folgen die sich daraus ergebenden Zustandsgrößen. Für den Zustand 3 gelten $X_3 = X_2$ und $h_{1+X,3} = h_{1+X,4}$. ϑ_3 folgt aus Gleichung (9.89) und daraus die restlichen Zustandsgrößen.

3. Die Berechnung des spezifischen Luftbedarfs $\dot{m}_\mathrm{L}/\Delta\dot{m}_\mathrm{W}$ wird mit Gleichung (9.98) und des spezifischen Energiebedarfs $\dot{Q}_\mathrm{vor}/\Delta\dot{m}_\mathrm{W}$ mit Gleichung (9.99) durchgeführt.

Bei Vergleich mit den entsprechenden Luft- und Energiebedarfen der ein- und zweistufigen Trocknungsprozesse ist ersichtlich, dass die Bedarfe für alle drei vorgestellten Schaltungsvarianten – bei Gültigkeit der in Abschnitt 9.8 genannten Annahmen – nur von den Anfangs- und Endzuständen der Prozesse abhängen und deshalb bei gleichen Anfangs- und Endzuständen identisch sind. Grundsätzlich gilt für die drei Varianten, dass der spezifische Luft- und der spezifische Energiebedarf umso geringer sind, je weiter der Zustandspunkt der austretenden Luft im Diagramm nach rechts rückt.

9.11 Luft- und Energiebedarfe für den einstufigen Trocknungsprozess

In den Abschnitten 9.8 bis 9.10 wurden für die drei Schaltungsarten die spezifischen, d. h. die auf den Massenstrom des während der Trocknung aus dem Gut zu entfernenden Wassers $\Delta\dot{m}_\mathrm{W}$ bezogenen Luft- und Energiebedarfe $\dot{m}_\mathrm{L}/\Delta\dot{m}_\mathrm{W}$ bzw. $\dot{Q}_\mathrm{vor}/\Delta\dot{m}_\mathrm{W}$ ermittelt. Nachfolgend wird beispielhaft gezeigt, wie der Massenstrom $\Delta\dot{m}_\mathrm{W}$ und daraus die Luft- und Energiebedarfe $\dot{m}_\mathrm{L}$ bzw. $\dot{Q}_\mathrm{vor}$ berechnet werden können.

Beispiel 9.10

Ein feuchtes Gut ist in einem einstufigen Trocknungsprozess – bestehend aus einem Luftvorwärmer und der Trocknungsstufe – zu behandeln ($p = 1000\,\mathrm{hPa}$). Der Zustand der Luft vor der Vorwärmung ($X_1 = 0{,}0098$, $\vartheta_1 = 25\,°\mathrm{C}$) und der Abluftzustand sind vorgegeben ($X_3 = 0{,}042$, $\vartheta_3 = 48\,°\mathrm{C}$). Weiterhin sind der Massenstrom des zu trocknenden Guts im Zustand A $\dot{m}_\mathrm{G,A} = 0{,}32\,\mathrm{kg\,s^{-1}}$, der Massenanteil des Wassers im zu trocknenden Gut im Zustand A $w_\mathrm{W,A} = 48\,\%$ und der zu erreichende Massenanteil des getrockneten Guts im Zustand B $w_\mathrm{W,B} = 5\,\%$ gegeben. Zu ermitteln sind der Massenstrom des während der Trocknung zu entfernenden Wassers $\Delta\dot{m}_\mathrm{W}$, die erforderliche Temperatur der Luft nach der Vorwärmung ϑ_2 sowie der Luftbedarf $\dot{m}_\mathrm{L}$ und der Energiebedarf $\dot{Q}_\mathrm{vor}$ für den Prozess, der im h, X-Diagramm darzustellen ist. Optional kann der Volumenstrom der feuchten Luft $\dot{V}_1$ im Zustand 1 berechnet werden. (Ergebnisse im Excel-Berechnungsblatt in Abb. 9.21.)

Für den im Grundfließschema in Abb. 9.15 dargestellten Prozess gelten die in Abschnitt 9.8 bereits aufgestellten Massen- und Energiebilanzen. Nachfolgend wird aus der Bilanzierung des Guts in den Zuständen A (vor der Trocknung) und B (getrocknetes Gut) eine Berechnungsgleichung für den Massenstrom $\Delta \dot{m}_W$ hergeleitet.

Der Massenstrom des feuchten Guts im Zustand A $\dot{m}_{G,A}$ setzt sich aus den Teilmassenströmen des trockenen Guts $\dot{m}_G$ und des im Zustand A enthaltenen Wassers $\dot{m}_{W,A}$ additiv zusammen

$$\dot{m}_{G,A} = \dot{m}_G + \dot{m}_{W,A} = \dot{m}_G + w_{W,A}\dot{m}_{G,A} \ . \tag{9.101}$$

Entsprechend kann diese Gleichung für den Zustand B aufgestellt werden. Daraus ergibt sich die Beziehung

$$\dot{m}_G = \dot{m}_{G,A} - w_{W,A}\,\dot{m}_{G,A} = \dot{m}_{G,B} - w_{W,B}\,\dot{m}_{G,B}$$
$$= \dot{m}_{G,A}(1 - w_{W,A}) = \dot{m}_{G,B}(1 - w_{W,B}) \ , \tag{9.102}$$

aus der eine Berechnungsgleichung für den Massenstrom des feuchten Guts im Zustand B folgt

$$\dot{m}_{G,B} = \dot{m}_{G,A}\frac{1 - w_{W,A}}{1 - w_{W,B}} \ . \tag{9.103}$$

Damit kann der gesuchte Massenstrom des während der Trocknung zu entfernenden Wassers

$$\Delta \dot{m}_W = w_{W,A}\,\dot{m}_{G,A} - w_{W,B}\,\dot{m}_{G,B} = \dot{m}_{G,A}\left(w_{W,A} - w_{W,B}\frac{1 - w_{W,A}}{1 - w_{W,B}}\right)$$
$$= \dot{m}_{G,A}\frac{w_{W,A} - w_{W,B}}{1 - w_{W,B}} \tag{9.104}$$

aus den in Beispiel 9.10 gegebenen Zustandsgrößen des Guts berechnet werden.

Die Lösung der Aufgabenstellung gemäß Beispiel 9.10 erfolgt im Excel-Berechnungsblatt in Abb. 9.21 (durch Erweiterung des Berechnungsblattes in Abb. 9.16):

1. Im Berechnungsblatt werden die Eingabefelder für den Massenstrom des feuchten Guts im Zustand A $\dot{m}_{G,A}$, den Massenanteil des Wassers im zu trocknenden Gut im Zustand A $w_{W,A}$ und den zu erreichenden Massenanteil des getrockneten Guts im Zustand B $w_{W,B}$ ergänzt und daraus der Massenstrom des während der Trocknung zu entfernenden Wassers $\Delta \dot{m}_W$ mit Gleichung (9.104) berechnet.

2. Es folgen der spezifische Luftbedarf $\dot{m}_L/\Delta \dot{m}_W$ und daraus der Luftbedarf $\dot{m}_L$ mit Gleichung (9.87) sowie der spezifische Energiebedarf $\dot{Q}_{vor}/\Delta \dot{m}_W$ und daraus der Energiebedarf $\dot{Q}_{vor}$ mit Gleichung (9.88).

3. Abschließend können für den erforderlichen Luftstrom das spezifische Volumen feuchter Luft v_{1+X} mit Gleichung (9.17) und – unter Verwendung des berechneten Luftbedarfs oder Teilmassenstroms der trockenen Luft $\dot{m}_L$ – der Volumenstrom der feuchten Luft $\dot{V}_1$ im Zustand 1 mit Gleichung (9.56) berechnet werden.

Einstufiger Trocknungsprozess

Nr.	Wasserbeladung $X(T)$ 1	Temperatur ϑ °C	Temperatur T K	Sätt.-Dampfdruck $p_{ws}(T)$ hPa	Sätt.-Beladung $X_s(T)$ kg kg⁻¹	relative Feuchte φ 1	spez. Enthalpie $h_{1+X}(\vartheta,X)$ kJ kg⁻¹	spez. Enthalpie h_{Diagr} kJ kg⁻¹
1	**0,0098**	**25,0**	298,15	31,7	0,0204	0,49	50,1	25,6
2	0,0098	129,5	402,60	2658,7		0,006	157,1	132,6
3	**0,0420**	**48,0**	321,15	111,8	0,0783	0,57	157,1	52,1

A	Massenstrom des feuchten Guts (Zustand A)	$\dot m_{G,A}$	kg s⁻¹	**0,32**
A	Massenanteil des Wassers W (Zustand A)	$w_{W,A}$	1	**0,48**
B	Massenanteil des Wassers W (Zustand B)	$w_{W,B}$	1	**0,05**
	Massenstrom des zu verdunstenden Wassers	$\Delta\dot m_w$	kg s⁻¹	**0,145**
	spezifischer Luftbedarf	$\dot m_L / \Delta\dot m_w$	kg kg⁻¹	**31,1**
	Luftbedarf	$\dot m_L$	kg s⁻¹	**4,50**
	spezifisches Volumen der feuchten Luft (Zustand 1)	$v_{1+X}(T,X)$	m³ kg⁻¹	0,870
	Volumenstrom der feuchten Luft (Zustand 1)	$\dot V$	m³ h⁻¹	14081
	spezifischer Energiebedarf	$\dot Q_{vor} / \Delta\dot m_w$	kJ kg⁻¹	**3323**
	Energiebedarf	$\dot Q_{vor}$	kW	**481**

	Gesamtdruck	p	hPa	1000
	Stoffdaten bei T_{tr}			
	Tripeltemperatur von Wasser	T_{Tr}	K	273,16
	spez. Wärmekapazität Wasser	$c_{W,l}$	kJ kg⁻¹ K⁻¹	4,220
	spez. Verdampfungsenthalpie	$\Delta_{vap}h$	kJ kg⁻¹	2500,9
	spez. Wärmekapazität Wasserdampf	$c_{p,W}^{\,\circ}$	kJ kg⁻¹ K⁻¹	1,888
	Gaskonstante Wasser	R_W	kJ kg⁻¹ K⁻¹	0,461526
	spez. Wärmekapazität Luft	$c_{p,L}^{\,\circ}$	kJ kg⁻¹ K⁻¹	1,006
	Gaskonstante Luft	R_L	kJ kg⁻¹ K⁻¹	0,28712

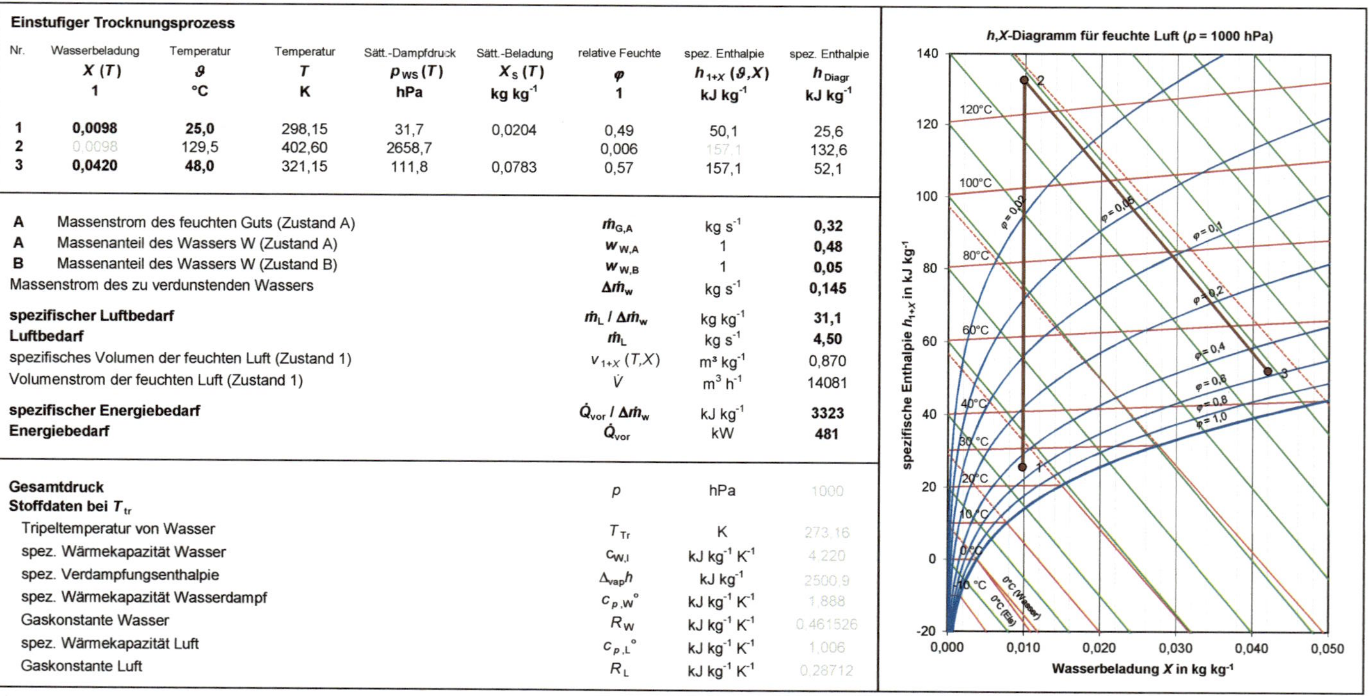

Abbildung 9.21: Excel-Berechnungsblatt für den einstufigen Konvektionstrockner mit Bilanzierung des an das feuchte Gut gebundenen Wassers

10 Förderung inkompressibler Fluide

Mitautor: ANDREJ MATTHES

Zielsetzung

Kenntnis der Kontinuitätsgleichung sowie der BERNOULLI-Gleichung und ihrer unterschiedlichen Formen für die reibungsbehaftete, stationäre Strömung inkompressibler Medien. Kenntnis der Definitionen der Wirkungsgrade und der Förderleistung von Pumpen einschließlich Berechnung der Förderleistung. Berechnung von Druckverlusten in Rohrleitungssystemen bestehend aus Rohren und Einbauten. Iterative Berechnung des Druckverlustes für innendurchströmte Rohre. Berechnung der Förderhöhe einer Anlage und der Anlagenkennlinie. Kenntnis der Betriebsarten von Kreiselpumpenanlagen, der Förderhöhe von Pumpen und der Pumpenkennlinie. Berechnung des *NPSHA*-Wertes zur Vermeidung der Kavitation. Ermittlung des Betriebspunktes von Kreiselpumpen. Berechnung von Betriebspunkten bei Serien- und Parallelbetrieb von Kreiselpumpen.

Empfohlene Literatur

Strömungsmechanik von HERWIG u. a. [39], *Fluidmechanik* von VON BÖCKH u. a. [95], *VDI-Wärmeatlas* [91, 92], *Auslegung von Kreiselpumpen* von KSB AKTIENGESELLSCHAFT [47].

Berechnungsbeispiele in Excel

- Berechnung des Druckverlustes für ein innendurchströmtes Rohr (Abb. 10.3).

- Berechnung einer Anlagenkennlinie und des Betriebspunktes (Abb. 10.15).

10.1 Einführung

Viele Aufgabenstellungen aus dem Bereich technischer Strömungen – wie beispielsweise die Ermittlung des Druckverlustes bei der Durchströmung von Rohren – lassen sich ausreichend genau mit eindimensionalen Modellen beschreiben. Aussagen dazu macht die *Stromfadentheorie* [39]. Dabei werden die Strömungsgrößen wie Druck und Geschwindigkeit ausschließlich längs einer Stromröhre (mit der Querschnittsfläche A) als variabel angenommen; über den Querschnitt einer Stromröhre seien die Strömungsgrößen hingegen konstant, siehe dazu Abb. 10.1. Damit lassen sich die Grundgleichungen für die Erhaltung von Masse und Energie in integraler Form angeben.

Zwischen den beiden Querschnitten 1 und 2 einer stationär betriebenen Stromröhre gilt die *Kontinuitätsgleichung* (Massenbilanz)

$$\dot{m} = \varrho w A = \varrho_1 w_1 A_1 = \varrho_2 w_2 A_2 \ . \tag{10.1}$$

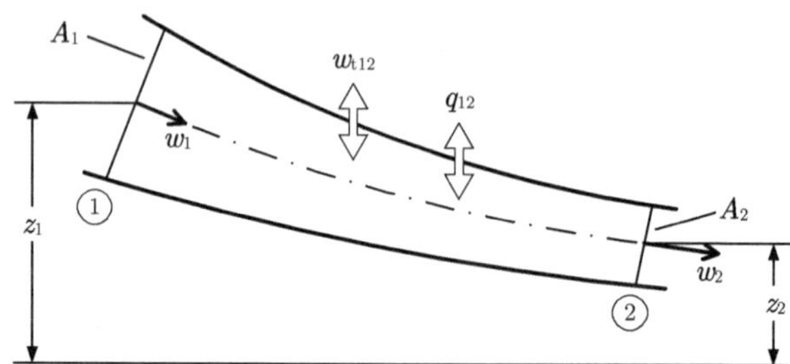

Abbildung 10.1: Stromröhre zwischen zwei Querschnitten 1 und 2

Darin stehen ϱ für die Dichte des strömenden Fluids, w für die über die Querschnitts-fläche gemittelte Strömungsgeschwindigkeit und A für die Querschnittsfläche. Bei einer inkompressiblen Strömung ($\varrho = $ konst) gilt zusätzlich, dass zwischen Ein- und Austrittsquerschnitt der Volumenstrom $\dot{V}$ konstant ist

$$\dot{V} = wA = w_1 A_1 = w_2 A_2 \,. \tag{10.2}$$

Aus dieser Gleichung folgt, dass eine Änderung der Querschnittsfläche zu einer Ände-rung der Strömungsgeschwindigkeit führt.

10.2 Erweiterte Bernoulli-Gleichung

Für das in Abb. 10.1 dargestellte stationäre offene System mit einer kompressiblen Strömung wird die Übertragung mechanischer Energie und Wärme über die System-grenze zugelassen. Es gilt die *Gesamtenergiebilanz* gemäß dem ersten Hauptsatz der Thermodynamik

$$u_1 + \frac{p_1}{\varrho_1} + \frac{w_1^2}{2} + gz_1 = u_2 + \frac{p_2}{\varrho_2} + \frac{w_2^2}{2} + gz_2 - w_{t12} - q_{12} \tag{10.3}$$

oder nach Einführung der spezifischen Enthalpie $h = u + p/\varrho$

$$h_1 + \frac{w_1^2}{2} + gz_1 = h_2 + \frac{w_2^2}{2} + gz_2 - w_{t12} - q_{12} \,. \tag{10.4}$$

Darin stehen u für die spezifische innere Energie, p/ϱ für die spezifische Verschiebear-beit, $w^2/2$ für die spezifische kinetische Energie und gz für die spezifische potentielle Energie. Die spezifische technische Arbeit w_{t12} repräsentiert den mechanischen En-ergietransport über die Systemgrenze durch z. B. eine Pumpe ($w_{t12} > 0$) oder eine Turbine ($w_{t12} < 0$). Über die Systemgrenze kann außerdem die spezifische Wärme q_{12} zugeführt ($q_{12} > 0$) oder abgeführt ($q_{12} < 0$) werden.

Für eine inkompressible Strömung mit $\varrho_1 = \varrho_2 = \varrho$ kann Gleichung (10.3) in eine mechanische und eine thermische Teilenergiebilanz aufgespalten werden, siehe dazu [38, 39]. Wird dabei vorausgesetzt, dass das Fluid zwischen den Querschnitten nicht reibungsfrei strömt, dissipiert ein Teil der mechanischen Energie und wird irreversibel in innere Energie umgewandelt und in Form von Wärme über die Systemgrenze übertragen. Für die spezifische dissipierte Energie gilt nach dem zweiten Hauptsatz der Thermodynamik $\varphi_{12} \geq 0$ (Entropieproduktion). Daraus folgt die erweiterte BERNOULLI-Gleichung als *mechanische Teilenergiebilanz* (also mit ausschließlich spezifischen mechanischen Energien) zwischen den Querschnitten 1 und 2

$$\frac{p_1}{\varrho} + \frac{w_1^2}{2} + gz_1 = \frac{p_2}{\varrho} + \frac{w_2^2}{2} + gz_2 - w_{t12} + \varphi_{12} \,. \tag{10.5}$$

Zusätzlich lässt sich auch die *thermische Teilenergiebilanz*

$$u_1 = u_2 - \varphi_{12} - q_{12} \tag{10.6}$$

formulieren, wenn Energie in Form von Wärme über die Systemgrenze übertragen wird. Die unterschiedlichen Vorzeichen für den Dissipationsterm in den beiden Gleichungen resultieren daraus, dass die innere Energie zunimmt, wenn die mechanische Energie abnimmt. Findet kein Energietransport in Form von Wärme über die Systemgrenze statt oder ist er nicht von Interesse, kann die thermische Teilenergiegleichung vernachlässigt werden. Anzumerken ist, dass die Aufteilung in die beiden Teilenergiegleichungen auch für kompressible Strömungen möglich ist. Wegen der Kopplung der beiden Gleichungen über die temperaturabhängige Dichte ist jedoch die direkte Verwendung von Gleichung (10.4) zu bevorzugen [38, 39].

Mit der Kontinuitätsgleichung (10.2) (vier Variablen) und der mechanischen Teilenergiegleichung (10.5) (sechs Variablen) stehen für ein inkompressibles Strömungsproblem zwei Gleichungen zur Verfügung, um zwei der zehn Variablen zu bestimmen. Acht Variablen müssen demnach für das Problem bekannt sein. Dies sind üblicherweise die Querschnittsflächen A_1, A_2 und die geodätischen Höhen z_1, z_2 sowie weitere vier der Größen $w_1, w_2, p_1, p_2, w_{t12}, \varphi_{12}$ [39]. Zur Berechnung der spezifischen dissipierten Energie φ_{12} siehe Abschnitt 10.3.

Nach Multiplikation von Gleichung (10.5) mit der Dichte wird die erweiterte BERNOULLI-Gleichung in der *Druckform* erhalten

$$p_1 + \frac{\varrho}{2}w_1^2 + \varrho gz_1 = p_2 + \frac{\varrho}{2}w_2^2 + \varrho gz_2 - \varrho w_{t12} + \varrho \varphi_{12} \,. \tag{10.7}$$

Der Term $\varrho w^2/2$ kann als dynamischer Druck und der Term ϱgz als geodätischer Druck interpretiert werden; die Summe der Druckterme in den beiden Querschnitten ergibt jeweils den Gesamtdruck. Der Term $\varrho \varphi_{12}$ ist als Druckverlust infolge Dissipation und der Term ϱw_{t12} als Druckänderung in der Pumpe oder der Turbine zu verstehen [38, 39].

Für die praktische Auslegung von Anlagen zur Flüssigkeitsförderung ist die erweiterte

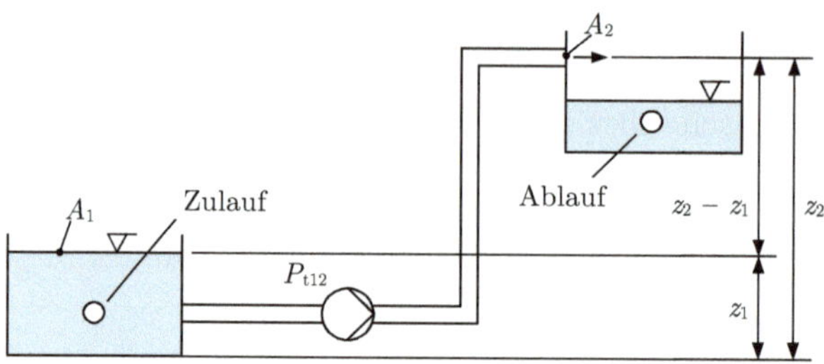

Abbildung 10.2: Förderung eines Flüssigkeits-Massenstroms $\dot{m} = \varrho w A =$ konst mit einer Pumpe ($P_{t12} > 0$), $A_2 < A_1$, $\varrho =$ konst

BERNOULLI-Gleichung in der *Höhenform*

$$\frac{p_1}{\varrho g} + \frac{w_1^2}{2g} + z_1 = \frac{p_2}{\varrho g} + \frac{w_2^2}{2g} + z_2 - \frac{w_{t12}}{g} + \frac{\varphi_{12}}{g}$$

$$= \frac{p_2}{\varrho g} + \frac{w_2^2}{2g} + z_2 - H_A + H_V \tag{10.8}$$

besonders interessant, die aus Gleichung (10.5) nach Division durch die Erdbeschleunigung g erhalten wird. In dieser Gleichung können die Terme $w^2/(2g)$ als Geschwindigkeitshöhe, $p/(\varrho g)$ als Druckhöhe und z als geodätische Höhe interpretiert werden; die Summe der Terme in den beiden Querschnitten ergibt jeweils die Gesamthöhe. Die Terme $H_A = w_{t12}/g$ stehen für die sogenannte (Anlagen-)Förderhöhe, die durch eine Pumpe aufzubringen ist, und $H_V = \varphi_{12}/g$ für die Verlusthöhe zur Berücksichtigung der Dissipation in den Bauteilen der Anlage (exklusive der Pumpe oder der Turbine).

Die Leistung, die mit einer Pumpe zugeführt oder mit einer Turbine abgeführt wird, ist die sogenannte Wellenleistung P_W, die auch eine elektrische Leistung sein kann, siehe dazu Abb. 10.2. Für den Wirkungsgrad einer Pumpe folgt [39]

$$\eta_P = \frac{\dot{m} w_{t12}}{P_W} = \frac{P_{t12}}{P_W} \tag{10.9}$$

und für den Wirkungsgrad einer Turbine

$$\eta_T = \frac{P_W}{-\dot{m} w_{t12}} = \frac{P_W}{-P_{t12}} \, . \tag{10.10}$$

Mit diesen Wirkungsgraden wird die Dissipation in einer Pumpe oder einer Turbine berücksichtigt.

Für die von einer Pumpe auf den Flüssigkeitsstrom einer Förderanlage zu übertragende technische Leistung P_{t12} oder auch Förderleistung P_P folgt mit dem Druckanstieg Δp_P über die Pumpe und dem Volumenstrom $\dot{V}$

$$P_{t12} = P_P = \Delta p_P \dot{V} = \varrho g H_P \dot{V} = \varrho g H_A \dot{V} \tag{10.11}$$

wegen $H_A = H_P$, siehe dazu Gleichung (10.50).

10.3 Druckverlust in Rohrleitungssystemen

Die spezifische dissipierte Energie φ_{12} lässt sich mit Hilfe der eindimensionalen Stromfadentheorie nicht rechnerisch ermitteln. Experimentelle Untersuchungen zeigen einen proportionalen Zusammenhang zwischen der irreversiblen Umwandlung von mechanischer Energie in innere Energie und der spezifischen kinetischen Energie. Mit einer Proportionalitätskonstante, dem sogenannten *Widerstandsbeiwert* ζ, lässt sich der Ansatz

$$\varphi_{12} = \zeta \frac{w^2}{2} \tag{10.12}$$

für die Berücksichtigung der spezifischen dissipierten Energie angeben. Der Wert von ζ hängt von der Strömungsgeschwindigkeit im Bezugsquerschnitt ab. Nach Multiplikation mit der Dichte ϱ und Einführung des Formfaktors a folgt daraus die bekannte Gleichung zur Berechnung von Druckverlusten

$$\Delta p_V = \varrho \varphi_{12} = \zeta a \frac{\varrho w^2}{2} \ , \tag{10.13}$$

siehe auch *VDI-Wärmeatlas* [39, 91, 92]. Diese Gleichung gilt für beliebige einphasige laminare und turbulente Strömungen, also auch für kompressible Fluide. Die Dichte ist ggf. über den Strömungsweg zu mitteln.

Für den Formfaktor a gilt für die Durchströmung von Rohren

$$a = \frac{l}{d_i} \tag{10.14}$$

mit l als der Rohrleitungslänge und d_i als dem Innendurchmesser der Rohrleitung. Für Strömungen durch Einbauten in Rohrleitungen wie Armaturen und Formstücke gilt

$$a = 1 \ . \tag{10.15}$$

Der gesamte Druckverlust in einem Rohrleitungssystem bestehend aus k geraden Rohrleitungsabschnitten (Index R) und n Einbauten (Index E) lässt sich grundsätzlich summarisch ermitteln [95]

$$\begin{aligned}
\Delta p_{V,\mathrm{ges}} &= \Delta p_{V,\mathrm{R}} + \Delta p_{V,\mathrm{E}} \\
&= \frac{\varrho}{2} \left(\sum_{j=1}^{k} \zeta_{\mathrm{R},j} \frac{l_j}{d_{i,j}} w_{\mathrm{R},j}^2 + \sum_{i=1}^{n} \zeta_{\mathrm{E},i} w_{\mathrm{E},i}^2 \right) \ .
\end{aligned} \tag{10.16}$$

Für die Berechnung des Druckverlustes in der Rohrleitung wird der Widerstandsbeiwert der Rohrleitung ζ_{R}[1] auf die mittlere Geschwindigkeit in der Rohrleitung w_{R} bezogen, siehe dazu auch Abschnitt 10.4. Analog dazu wird bei der Berechnung der Druckverluste in den Rohrleitungseinbauten vorgegangen. Zur Ermittlung der Wider-

---

[1] Wie auch in den aktuellen Auflagen des *VDI-Wärmeatlas* wird hier als Symbol für den Widerstandsbeiwert in Rohrleitungen ζ verwendet, nicht λ.

standsbeiwerte der Einbauten siehe *VDI-Wärmeatlas*. Dort sind u. a. entsprechende Werte für Rohrleitungen mit Querschnittsänderungen (Verengungen und Erweiterungen), Normblenden, Normdüsen, recht- und schiefwinkelige T-Stücke, Rohrbögen, Winkel, Kniestücke, Ventile, Schieber, Hähne und Drosselklappen zu finden.

Bezüglich der Berechnung mit Gleichung (10.16) ist zu beachten, dass Dissipationseffekte bei Einbauten nicht nur im Bauteil selbst, sondern auch im Vor- und Nachlauf des Bauteils entstehen [39]. In der Praxis werden diese Bauteile aber oft dicht hintereinander verbaut, sodass eine Berechnung des gesamten Druckverlustes gemäß der rechten Seite von Gleichung (10.16) eigentlich nicht zulässig ist, aber formal angewendet wird. Zudem ist anzumerken, dass die in der Literatur zu findenden Widerstandsbeiwerte für bestimmte Einbauten teilweise erheblich variieren [39].

10.4 Berechnung des Druckverlustes für innendurchströmte Rohre

Die wesentlichen Größen für die Auslegung von Rohrleitungssystemen sind u. a. der Mengenstrom, der Betriebsdruck und die Betriebstemperatur, außerdem die Wirtschaftlichkeit. Mengenstrom, Druck und Temperatur sind in der Regel vorgegeben. Die Wirtschaftlichkeit wird durch die Druckverluste bestimmt, wobei nachfolgend die Dimensionierung der Nennweite von Rohrleitungen im Hinblick auf die Druckverluste betrachtet wird.

Beispiel 10.1

Durch eine gerade Rohrleitung mit kreisförmigem Querschnitt und einer Länge von $l = 200\,\mathrm{m}$, einer Nennweite DN 100 nach EN 10255 [20] (Gewinderohr, mittelschwer, Stahl) entsprechend einem Innendurchmesser von $d_\mathrm{i} = 0{,}1053\,\mathrm{m}$ sowie mit einer Rohrrauigkeit $K = 0{,}0002\,\mathrm{m}$ soll Wasser mit einem Volumenstrom von $\dot{V} = 50{,}0\,\mathrm{m}^3\,\mathrm{h}^{-1}$ bei einer mittleren Temperatur von $42\,^\circ\mathrm{C}$ gefördert werden. Zu berechnen sind die Strömungsgeschwindigkeit w, die REYNOLDS-Zahl Re, der Widerstandsbeiwert ζ und der Druckverlust Δp_V in der Rohrleitung. (Ergebnisse im Excel-Berechnungsblatt in Abb. 10.3.)

Mit den Gleichungen (10.13) und (10.14) folgt für den Druckverlust bei der Durchströmung eines Rohres

$$\Delta p_\mathrm{V} = \zeta \frac{l}{d_\mathrm{i}} \frac{\varrho w^2}{2}\ . \tag{10.17}$$

Dabei ist der Widerstandsbeiwert ζ von der REYNOLDS-Zahl für die Rohrdurchströmung

$$Re = \frac{w d_\mathrm{i} \varrho}{\eta} \tag{10.18}$$

abhängig. Die dynamische Viskosität η, die Dichte ϱ und die über den Querschnitt

Daten Rohrleitung

Länge Rohrleitung	l	m	**200,0**
Innendurchmesser Rohrleitung	d_i	m	**0,10530**
Rohrrauigkeit	K	m	**0,00020**
relative Rauigkeit	$\varepsilon = K/d_i$	1	0,00190

Stoffwerte aus VDI-Wärmeatlas, 11. Aufl., Abschnitt D3.1

Flüssigkeit			**Wasser**
Temperatur	ϑ	°C	**42,0**
	T	K	315,15
kritische Temperatur	T_{kr}	K	647,10
kritische Dichte	ρ_{kr}	kg m^{-3}	322
Dichte Flüssigkeit	ρ	kg m^{-3}	989,95
Koeffizienten Flüssigkeitsdichte	A	1	1094,0233
	B	1	-1813,2295
	C	1	3863,9557
	D	1	-2479,813
dynamische Viskosität Flüssigkeit	η	Pa s	6,411E-04
Koeffizienten dynamische Viskosität	A	1	0,45047
	B	1	1,39753
	C	1	613,181
	D	1	63,697
	E	1	6,896E-05

Druckverlustberechnung

$$\frac{1}{\sqrt{\zeta}} = -2\lg\left(\frac{2,51}{Re\sqrt{\zeta}}+\frac{\varepsilon}{3,71}\right)$$

Volumenstrom	$\dot{V}$	m^3 h^{-1}	**50,0**
Strömungsgeschwindigkeit	$w = \dot{V}/A$	m s^{-1}	1,595
REYNOLDS-Zahl	$Re = (w\,d_i\,\rho)\,/\,\eta$	1	259318
Widerstandsbeiwert COLEBROOK-Gleichung	$\zeta\,(Re)$	1	0,02381
Druckverlust	$\Delta p_v = \zeta\,(l/d_i)(\rho\,w_i^2/2)$	Pa	**56928**

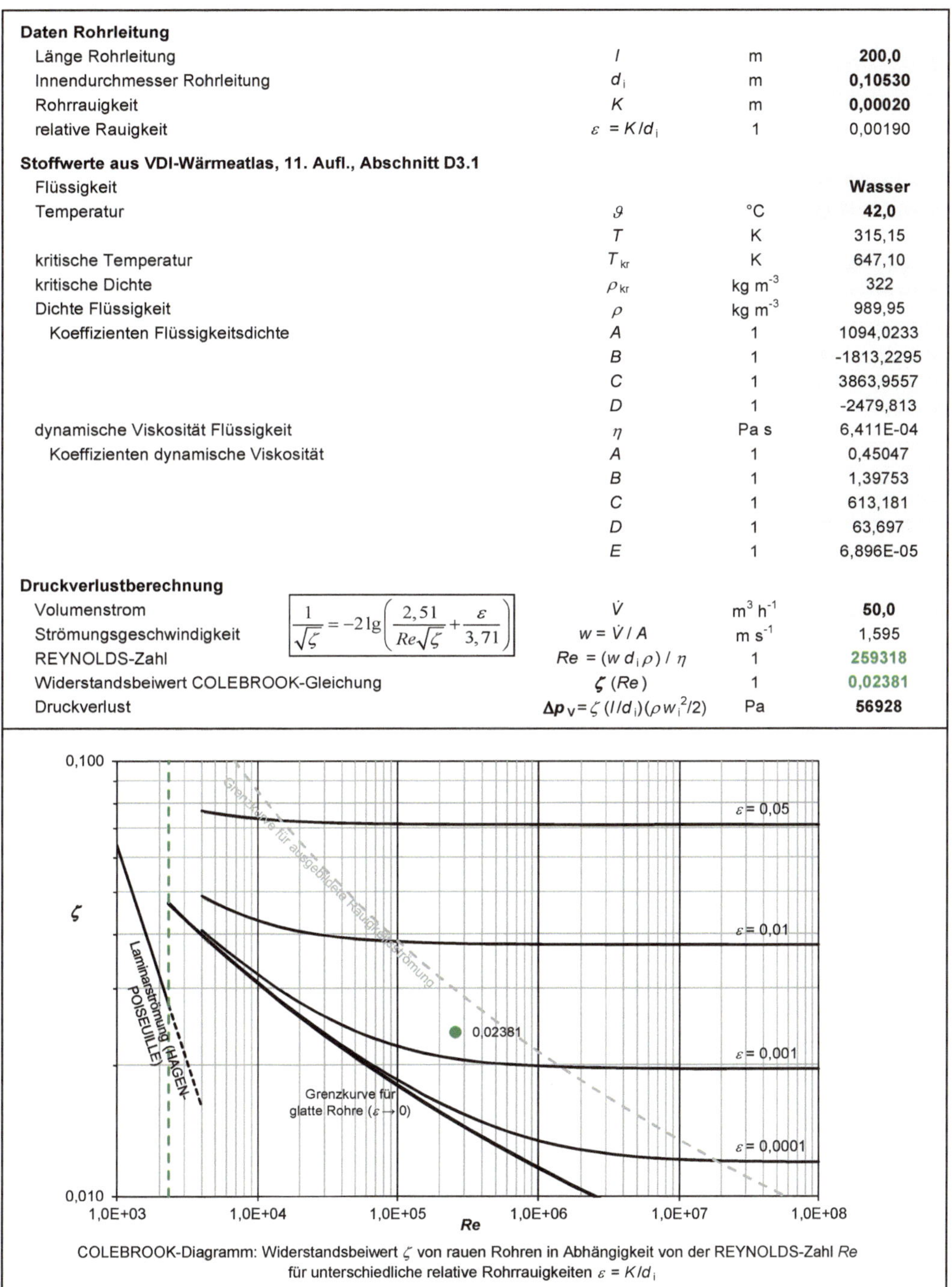

COLEBROOK-Diagramm: Widerstandsbeiwert ζ von rauen Rohren in Abhängigkeit von der REYNOLDS-Zahl Re für unterschiedliche relative Rohrrauigkeiten $\varepsilon = K/d_i$

Abbildung 10.3: Berechnung des Druckverlustes für ein flüssigkeitsdurchströmtes, gerades Rohr

gemittelte Geschwindigkeit w werden auf den mittleren Zustand im Rohr, also auf die arithmetisch gemittelte Temperatur $(T_\alpha - T_\omega)/2$ und den arithmetisch gemittelten Druck $(p_\alpha - p_\omega)/2$ bezogen (α Eintritt und ω Austritt). Bei großer Änderung dieser Werte ist die segmentweise Berechnung anzuwenden [91, 92].

Für die Durchströmung von Rohren gilt eine kritische REYNOLDS-Zahl $Re_{kr} = 2320$. Für kleinere Werte ist mit einer laminaren Strömung zu rechnen, für größere Werte mit einer turbulenten Strömung. In einem Übergangsbereich $2320 < Re < 4000$ ist die Vorhersage der Strömungsform schwierig. Nach *VDI-Wärmeatlas* ist auch bis $Re = 8000$ bei einer beruhigten Zuströmung und der Verwendung von glatten Rohren mit laminarer Strömung zu rechnen. Eine solche Strömung ist jedoch instabil und schlägt bei der kleinsten Störung in die turbulente Strömung um. Dieser Umschlagsbereich verschiebt sich mit zunehmender Wandrauigkeit wieder in Richtung der kritischen REYNOLDS-Zahl Re_{kr} [91, 92].

Für die *laminare Strömung* gilt für technisch glatte Rohre nach HAGEN-POISEUILLE

$$\Delta p_V = \frac{32\eta wl}{d_i^2} \tag{10.19}$$

mit

$$\zeta = \frac{64}{Re} \, . \tag{10.20}$$

Für die *turbulente Strömung* gilt für technisch glatte Rohre im Bereich $3000 < Re < 10^5$ die Gleichung nach BLASIUS

$$\zeta = \frac{0{,}3164}{\sqrt[4]{Re}} \tag{10.21}$$

und für $10^4 \leq Re \leq 10^6$ die Gleichung nach KONAKOV

$$\zeta = (1{,}8 \lg Re - 1{,}5)^{-2} \, . \tag{2.2}$$

Für noch größere REYNOLDS-Zahlen gilt die implizite Gleichung nach PRANDTL und KÁRMÁN [91, 92]

$$\frac{1}{\sqrt{\zeta}} = 2 \lg \left(Re \sqrt{\zeta} \right) - 0{,}8 \, . \tag{10.22}$$

Zur Berücksichtigung des Einflusses der Wandrauigkeit wird die relative Rauigkeit

$$\varepsilon = \frac{K}{d_i} \tag{10.23}$$

als Quotient aus der absoluten Rauigkeit K und dem Innendurchmesser d_i der Rohrleitung gebildet. Typische Werte für K in Abhängigkeit vom Material und vom Herstellungsverfahren der Rohrleitung sind in der Literatur zu finden (*Energietechnische Arbeitsmappe*, *VDI-Wärmeatlas* [25, 91, 92]).

Für die *turbulente Strömung im gesamten Bereich glatter und rauer Oberflächen* gilt nach NIKURADSE, PRANDTL, KÁRMÁN, MOODY und COLEBROOK die implizite Gleichung

$$\frac{1}{\sqrt{\zeta}} = -2\lg\left(\frac{2{,}51}{Re\sqrt{\zeta}} + \frac{\varepsilon}{3{,}71}\right) , \tag{10.24}$$

die für $\varepsilon \to 0$ in Gleichung (10.22) übergeht [91, 92]. Für technisch raue Rohre steigt der Widerstandsbeiwert erheblich an und ist bei hohen REYNOLDS-Zahlen nur noch von der relativen Rauigkeit ε abhängig, nicht aber von der REYNOLDS-Zahl. Für diesen Bereich gilt nach PRANDTL und KÁRMÁN [91, 92]

$$\frac{1}{\sqrt{\zeta}} = 2\lg\left(\frac{1}{\varepsilon}\right) + 1{,}14 . \tag{10.25}$$

Die Grenzkurve für den Übergang zur sogenannten vollständig ausgebildeten Rauigkeitsströmung ist nach [89] durch die Beziehung

$$\frac{1}{\sqrt{\zeta}} = 2\lg\left(Re\sqrt{\zeta}\right) - 3{,}5 \tag{10.26}$$

bestimmt. Die Verläufe der vorstehenden Gleichungen sind im sogenannten COLEBROOK-Diagramm in Abb. 10.3 dargestellt. Zur Erstellung des Diagramms siehe die nachfolgenden Beschreibungen.

Zur Lösung der Aufgabenstellung in Beispiel 10.1 wird ein Excel-Berechnungsblatt gemäß Abb. 10.3 erstellt:

1. Zunächst werden die Informationen über die Daten der Rohrleitung in das Berechnungsblatt aufgenommen und daraus die relative Rauigkeit ε mit Gleichung (10.23) berechnet.

2. Die Stoffdaten der Flüssigkeit werden anhand der im *VDI-Wärmeatlas* gegebenen Korrelationsgleichungen in benutzerdefinierten Funktionen berechnet (siehe Abschnitt 2.5); die Dichte der Flüssigkeit mit Gleichung (2.31) und die dynamische Viskosität der Flüssigkeit mit Gleichung (7.29). Die dafür erforderlichen Daten und Koeffizienten sind in Abb. 10.3 aufgeführt.

3. Für die Berechnung des Druckverlustes ist zunächst ein Eingabefeld für den Volumenstrom erforderlich. Daraus wird die mittlere Strömungsgeschwindigkeit im Rohr mit der Beziehung $w = \dot{V}/A$ entsprechend Gleichung (10.2) ermittelt. Die REYNOLDS-Zahl für die Rohrdurchströmung folgt aus Gleichung (10.18).

4. Für die iterative Berechnung des Widerstandsbeiwerts ζ wird Gleichung (10.24) umgeformt zu

$$\zeta = \left(-2\lg\left(\frac{2{,}51}{Re\sqrt{\zeta}} + \frac{\varepsilon}{3{,}71}\right)\right)^{-2} \tag{10.27}$$

und zwei Zeilen für die Berechnung des Widerstandsbeiwerts angelegt. In der ersten Zeile wird für ζ ein Startwert vorgegeben, z. B. 1. In der zweiten Zeile wird mit diesem Startwert wiederum ζ mit Gleichung (10.27) berechnet. Anschließend wird der Widerstandsbeiwert in der ersten Zeile mit dem Widerstandsbeiwert in der zweiten Zeile verknüpft, wodurch ein Zirkelbezug entsteht. Wie bereits in Abschnitt 2.9 beschrieben, ist zur Ermöglichung der iterativen Berechnung unter der Registerkarte | Datei 》 Optionen 》 Formeln | die Option „Iterative Berechnung aktivieren" in den | Berechnungsoptionen | zu aktivieren. Anschließend kann die erste der beiden Zeilen ausgeblendet werden.

5. Die abschließende Berechnung des Druckverlustes erfolgt mit Gleichung (10.17).

Nachfolgend wenden wir uns der Erstellung des in Abb. 10.3 dargestellten COLE-BROOK-Diagramms zu:

6. Die Berechnung der Linien im Diagramm erfolgt in einer separaten Tabelle in einem in Abb. 10.3 nicht dargestellten Bereich in Abhängigkeit von der REYNOLDS-Zahl, siehe dazu den beispielhaften Tabellenauszug in Abb. 10.4. Dafür wird zunächst eine Spalte mit Werten für Re im Bereich von 10^3 bis 10^8 erstellt. Diese Werte sollten „logarithmisch äquidistant" gewählt werden.

7. In einer zweiten Spalte wird der Widerstandsbeiwert ζ nach HAGEN-POISEUILLE für die laminare Strömung mit Gleichung (10.20) berechnet.

8. In der dritten und vierten Spalte erfolgt die Berechnung der Grenzkurve für technisch glatte Rohre ($\varepsilon \to 0$) mit der impliziten Gleichung (10.22). Dafür werden in Abb. 10.4 zwei Spalten angelegt und – wie bereits oben beschrieben – der Widerstandsbeiwert $\zeta(Re)$ iterativ berechnet.

9. Ab der fünften Spalte erfolgt die Berechnung der Isolinien für ausgewählte Werte der relativen Rauigkeit ε mit der umgeformten impliziten COLEBROOK-Gleichung (10.27). Dafür werden in Abb. 10.4 für einen festen Wert von ε jeweils zwei Spalten angelegt und der Widerstandsbeiwert $\zeta(Re)$ iterativ berechnet. Anmerkung: Die Verwendung von Gleichung (10.25) ist *nicht* erforderlich, da – wie oben beschrieben – die Gleichungen (10.24) oder (10.27) für turbulente Strömungen im gesamten Bereich glatter und rauer Oberflächen gelten.

10. Das COLEBROOK-Diagramm kann um die Grenzkurve für den Übergang zur vollständig ausgebildeten Rauigkeitsströmung gemäß der ebenfalls impliziten Gleichung (10.26) erweitert werden. Auch dafür werden zwei Spalten angelegt und der Widerstandsbeiwert iterativ berechnet.

11. Im Diagramm werden zusätzlich eine senkrechte Linie für $Re_{\mathrm{kr}} = 2320$ und der berechnete „Betriebspunkt" $\zeta(Re)$ eingetragen.

Wirtschaftliche Nennweite von Rohrleitungen

Investitionskosten Die Investitionskosten einer Rohrleitung werden vorwiegend durch den Materialaufwand bestimmt. Das Volumen des verwendeten Materials entspricht dem Volumen eines Hohlzylinders

$$V = \frac{\pi l}{4}(d_{\mathrm{a}}^2 - d_{\mathrm{i}}^2) \, . \tag{10.28}$$

Re	HAGEN-POISEUILLE $\zeta = 64/Re$	$\varepsilon \to 0$ $\zeta_1\,(Re)$	PRANDTL-KÀRMÀN $\zeta_2\,(Re)$	$\varepsilon =$ 0,0001 $\zeta_1\,(Re)$	0,0001 $\zeta_2\,(Re)$	$\varepsilon =$ 0,001 $\zeta_1\,(Re)$	0,001 $\zeta_2\,(Re)$
1000	0,0640						
2320	0,0276	0,0472	0,0472				
3000	0,0213	0,0435	0,0435				
4000	0,0160	0,0399	0,0399	0,0400	0,0400	0,0409	0,0409
5000		0,0374	0,0374	0,0375	0,0375	0,0385	0,0385
7000		0,0340	0,0340	0,0341	0,0341	0,0353	0,0353
10000		0,0309	0,0309	0,0310	0,0310	0,0324	0,0324
15000		0,0278	0,0278	0,0280	0,0280	0,0296	0,0296
20000		0,0259	0,0259	0,0261	0,0261	0,0279	0,0279
30000		0,0235	0,0235	0,0238	0,0238	0,0260	0,0260
50000		0,0209	0,0209	0,0212	0,0212	0,0240	0,0240
70000		0,0194	0,0194	0,0198	0,0198	0,0230	0,0230
100000		0,0180	0,0180	0,0185	0,0185	0,0222	0,0222

Abbildung 10.4: Beispielhafter Tabellenauszug für die Berechnung der Linien im COLEBROOK-Diagramm

Damit sind die Investitionskosten K_I proportional zum Quadrat des Durchmessers [44]

$$K_\mathrm{I} \propto d^2 \; . \tag{10.29}$$

Betriebskosten Die Betriebskosten werden maßgeblich durch die Energiekosten bestimmt, die zur Überwindung der Druckverluste aufgebracht werden müssen. Mit dem Druckverlust durchströmter Rohre gemäß Gleichung (10.17) folgt nach Einsetzen der Strömungsgeschwindigkeit $w = \dot{V}/A$ entsprechend Gleichung (10.2) und der Querschnittsfläche $A = (\pi d_\mathrm{i}^2)/4$ [44]

$$K_\mathrm{B} \propto d^{-5} \; . \tag{10.30}$$

Werden diese beiden vereinfacht betrachteten Kostenarten summiert, folgt für die Nennweite ein ausgeprägtes wirtschaftliches Optimum.

Typische Richtwerte wirtschaftlich optimaler Strömungsgeschwindigkeiten in Rohrleitungen sind [44, 91, 92]

- für Wasser ca. $1\,\mathrm{m\,s^{-1}}$ bis $3\,\mathrm{m\,s^{-1}}$, für höherviskose Flüssigkeiten niedriger,

- für Gase im Niederdruckbereich ca. $5\,\mathrm{m\,s^{-1}}$ bis $30\,\mathrm{m\,s^{-1}}$, im Mitteldruckbereich ca. $5\,\mathrm{m\,s^{-1}}$ bis $20\,\mathrm{m\,s^{-1}}$ sowie im Hochdruckbereich ca. $3\,\mathrm{m\,s^{-1}}$ bis $6\,\mathrm{m\,s^{-1}}$ und

- für Dampf ca. $15\,\mathrm{m\,s^{-1}}$ bis $60\,\mathrm{m\,s^{-1}}$ (je nach Druckbereich).

Für den Einzelfall empfiehlt sich eine Wirtschaftlichkeitsrechnung.

10.5 Förderhöhe einer Anlage

Entsprechend Gleichung (10.8) folgt für die Förderhöhe einer Anlage (z. B. gemäß Abb. 10.2), in der mit einer Pumpe ein inkompressibles Fluid gefördert wird,

$$
\begin{aligned}
H_\mathrm{A} &= z_2 - z_1 + \frac{p_2 - p_1}{\varrho g} + \frac{w_2^2 - w_1^2}{2g} + H_\mathrm{V} \\
&= \underbrace{H_\mathrm{geo} + H_\mathrm{Druck}}_{H_\mathrm{stat}} + \underbrace{H_\mathrm{Geschw} + H_\mathrm{V}}_{H_\mathrm{dyn}} \; .
\end{aligned}
\tag{10.31}
$$

Darin bilden die beiden Terme mit der geodätischen Höhendifferenz sowie der Differenz der Druckhöhen zusammen den statischen Anteil der Förderhöhe H_stat. Die beiden Terme mit der Differenz der Geschwindigkeitshöhen und der Verlusthöhe bilden den dynamischen, also volumenstromabhängigen Teil H_dyn der gesamten Förderhöhe der Anlage H_A.

Der Term mit der Differenz der Geschwindigkeitshöhen kann durch Einsetzen der Beziehung $w = \dot{V}/A$ entsprechend Gleichung (10.2) zu

$$
\frac{w_2^2 - w_1^2}{2g} = \frac{\dot{V}^2}{2g} \left(\frac{1}{A_2^2} - \frac{1}{A_1^2} \right)
\tag{10.32}
$$

umgeformt werden. Damit und mit der Verlusthöhe

$$
H_\mathrm{V} = \frac{\Delta p_\mathrm{V,ges}}{\varrho g}
\tag{10.33}
$$

folgt für die Anlagenförderhöhe

$$
H_\mathrm{A} = z_2 - z_1 + \frac{p_2 - p_1}{\varrho g} + \frac{\dot{V}^2}{2g} \left(\frac{1}{A_2^2} - \frac{1}{A_1^2} \right) + \frac{\Delta p_\mathrm{V,ges}}{\varrho g}
\tag{10.34}
$$

oder zusammengefasst

$$
H_\mathrm{A}(\dot{V}) = H_\mathrm{stat} + k\dot{V}^2
\tag{10.35}
$$

mit der volumenstromabhängigen Anlagenkonstante k. Die Anlagenkennlinie $H_\mathrm{A}(\dot{V})$ hat damit die Funktion einer Parabel, siehe Abb. 10.5. Durch Drosselung z. B. infolge Ventil- oder Schieberverstellung wächst der Widerstandsbeiwert des betreffenden Bauteils und damit auch der dynamische Anteil der Anlagenförderhöhe. Die Anlagenkennlinie bestimmt den Betriebszustand der Anlage.

Kreiselpumpenanlagen im Saug- und im Zulaufbetrieb

Die Abb. 10.6 und 10.7 zeigen Kreiselpumpenanlagen mit unterschiedlich ausgeführten Behältern im Saug- und im Zulaufbetrieb [47]. Aufgrund des kontinuierlichen Zu- und Ablaufs können die Füllstände in den Behältern als konstant angenommen werden:

A offener Saug- oder Zulaufbehälter (atmosphärisch belüftet)

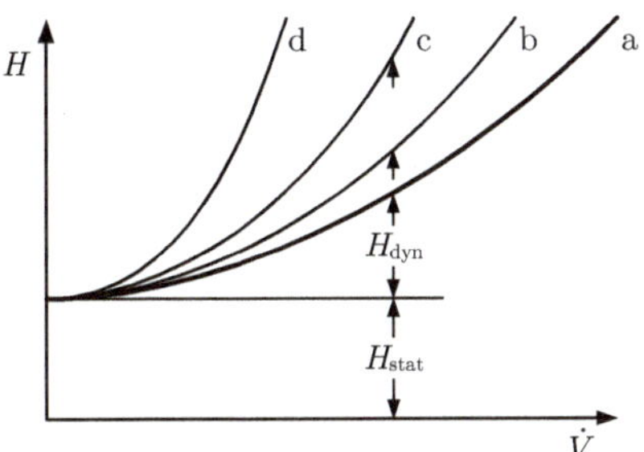

Abbildung 10.5: Anlagenkennlinie $H_A(\dot{V})$ (Kurve a) mit zunehmender Drosselung durch Ventil- oder Schieberverstellung (Kurven b, c, d)

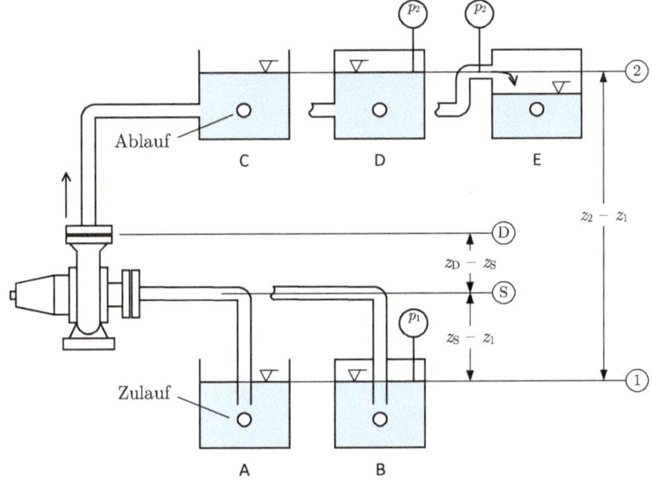

Abbildung 10.6: Kreiselpumpenanlage mit unterschiedlich ausgeführten Behältern im Saugbetrieb (nach [47])

B geschlossener Saug- oder Zulaufbehälter

C offener Behälter mit Rohrmündung unter dem Flüssigkeitsspiegel (atmosphärisch belüftet)

D geschlossener Druckbehälter mit Rohrmündung unter dem Flüssigkeitsspiegel

E geschlossener Druckbehälter mit freiem Auslauf aus dem Rohr

Besonders zu beachten ist der Fall E mit freiem Auslauf, bei dem – im Unterschied zu den weiteren Varianten – der Austrittsquerschnitt wesentlich kleiner als der Eintrittsquerschnitt ist $A_2 \ll A_1$ (vergleiche dazu auch Abb. 10.2).

Vereinfachungen der Anlagenkennlinie

In der Praxis bieten sich möglicherweise die nachfolgenden Vereinfachungen der in Gleichung (10.34) aufgeführten Anlagenkennlinie an:

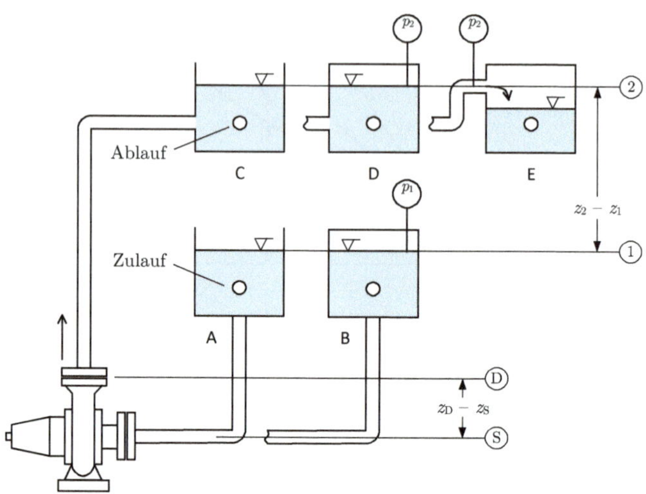

Abbildung 10.7: Kreiselpumpenanlage mit unterschiedlich ausgeführten
Behältern im Zulaufbetrieb (nach [47])

- Vernachlässigung der Differenz der Geschwindigkeitshöhen (Querschnittsflächen
  $A_1 \approx A_2$, gilt also nicht für den Fall **E**):

$$H_{\mathrm{A}} = z_2 - z_1 + \frac{p_2 - p_1}{\varrho g} + \frac{\Delta p_{\mathrm{V,ges}}}{\varrho g} \ . \tag{10.36}$$

- *Außerdem* offene Eintritts- und Austrittsbehälter ($p_1 = p_2 = p_{\mathrm{Umgebung}}$) oder
  Druckbehälter mit identischen Drücken ($p_1 = p_2$):

$$H_{\mathrm{A}} = z_2 - z_1 + \frac{\Delta p_{\mathrm{V,ges}}}{\varrho g} \ . \tag{10.37}$$

- Umwälzanlage:

$$H_{\mathrm{A}} = \frac{\Delta p_{\mathrm{V,ges}}}{\varrho g} \ . \tag{10.38}$$

10.6 Förderhöhe einer Kreiselpumpe, Pumpenkennlinie

Die Förderhöhe H_{P} einer Pumpe folgt analog zur Höhenform der BERNOULLI-Gleichung

$$H_{\mathrm{P}} = z_{\mathrm{D}} - z_{\mathrm{S}} + \frac{p_{\mathrm{D}} - p_{\mathrm{S}}}{\varrho g} + \frac{w_{\mathrm{D}}^2 - w_{\mathrm{S}}^2}{2g} \ , \tag{10.39}$$

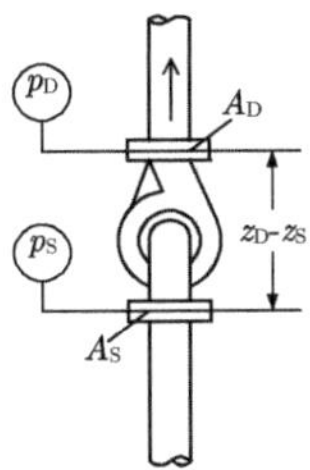

Abbildung 10.8: Kreiselpumpe mit Querschnittsflächen, Druckdifferenz und Höhendifferenz

siehe dazu Abb. 10.8. Die Indices D und S stehen für die Druck- bzw. die Saugseite der Pumpe.

Durch Einsetzen der Beziehung $w = \dot{V}/A$ entsprechend Gleichung (10.2) ergibt sich die *Pumpenkennlinie*

$$H_\mathrm{P} = z_\mathrm{D} - z_\mathrm{S} + \frac{p_\mathrm{D} - p_\mathrm{S}}{\varrho g} + \frac{\dot{V}^2}{2g}\left(\frac{1}{A_\mathrm{D}^2} - \frac{1}{A_\mathrm{S}^2}\right). \tag{10.40}$$

Die Ermittlung der aktuellen Förderhöhe H_P einer Pumpe erfolgt aus der Messung der Drücke p_D und p_S (zu messen an den Druck- und Saugstutzen) für die bekannten geometrischen Bedingungen (Höhen von Druck- und Saugstutzen z_D und z_S sowie Querschnittsflächen A_D und A_S) in Abhängigkeit vom Volumenstrom $\dot{V}$. Die Veränderung des Volumenstroms wird durch eine Drosselung infolge einer Ventil- oder Schieberverstellung in der Förderanlage (auf der Druckseite der Pumpe) erreicht, daher auch die Bezeichnung der Pumpenkennlinie als „Drosselkurve" (siehe hierzu auch Abschnitt 10.8 mit Abb. 10.12). Falls eine Positionierung der Druckmessstellen nicht direkt an den Flanschen der Druck- und der Saugseite möglich ist, müssen Korrekturen der Höhendifferenz und ggf. des Druckverlustes erfolgen. In der Praxis kann die Messung der Druckdifferenz auch zur Überwachung der Pumpe dienen.

10.7 Betriebsverhalten von Kreiselpumpen

In einer Kreiselpumpe wird die kinetische Energie des rotierenden Laufrads auf die Flüssigkeit übertragen. Diese erfährt eine Zentrifugalbeschleunigung in den Schaufelkanälen des Laufrads, was zu einer Drehimpulszunahme und damit zu einer Erhöhung des Förderdrucks oder der Förderhöhe zwischen den Saug- und Druckstutzen der Pumpe führt.

Typisches Betriebsverhalten einer Kreiselpumpe: Mit zunehmendem Gesamtdruck und damit steigender Förderhöhe H_P wird der Förderstrom $\dot{V}$ kleiner; dieses Verhalten wird durch die Pumpenkennlinie in Gleichung (10.40) beschrieben, siehe Abb. 10.9.

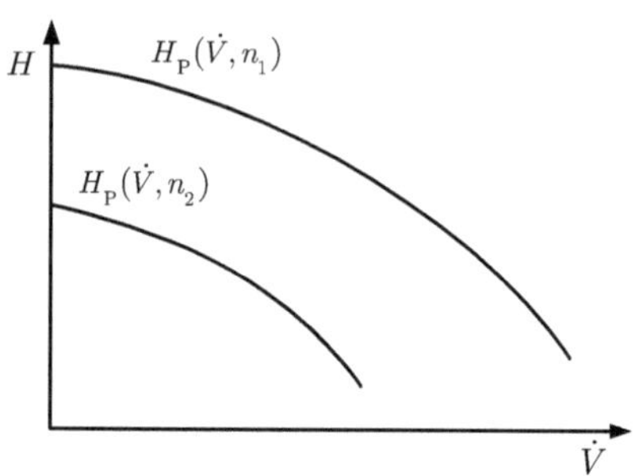

Abbildung 10.9: Kennlinien einer Kreiselpumpe für unterschiedliche Drehzahlen n_1 und $n_2 < n_1$

Saugverhalten von Kreiselpumpen

Häufiger Betriebsfall ist die Förderung aus einem tiefer liegendem Behälter, der sogenannte Saugbetrieb, siehe dazu Abb. 10.6. Dieser Betriebsfall erfordert in der Regel den Einbau eines Rückschlagventils, damit die Pumpe nach dem Abschalten nicht leerläuft, da leergelaufene Pumpen in der Regel nicht flüssigkeitsansaugend sind. Alternativ kann ein Zulaufbehälter oberhalb der Pumpe oder eine Tauchpumpe mit überflutetem Laufrad eingesetzt werden.

Bei Saugbetrieb einer Kreiselpumpe ist die maximal mögliche Länge der Saugleitung wichtig, d. h. der Maximalwert der geodätischen Saughöhe $H_{\mathrm{geo,S}} = z_{\mathrm{S}} - z_1$, siehe Abb. 10.10. Die Begrenzung der maximalen Saughöhe liegt an den Reibungsverlusten im Saugrohr und am Sättigungsdampfdruck der zu fördernden Flüssigkeit. Zur Berechnung dieses Maximalwertes siehe unten Gleichung (10.48).

Sicherheit gegenüber dem Auftreten von Kavitation, *NPSH*-Werte

Die sogenannte hydrodynamische Kavitation entsteht durch einen Druckabfall am Schaufelkanaleingang einer Kreiselpumpe durch Erhöhung der Strömungsgeschwindigkeit. Sinkt der Druck bis auf den Sättigungsdampfdruck der zu fördernden Flüssigkeit ab, so verdampft Flüssigkeit zu Dampfblasen, die an Stellen höheren Drucks kollabieren. Dabei können lokal extreme Temperaturen, Drücke und Druckstöße entstehen. Dies kann einen Abfall der Förderhöhe und des Wirkungsgrades der Pumpe sowie schlimmstenfalls Kavitationserosion hervorrufen.

Zur Vermeidung der Kavitation ist die Forderung $p > p_{\mathrm{S}}(T)$ am Laufradeingang der Pumpe einzuhalten. Dabei werden nachfolgend die beiden Betriebsfälle des Saug- und des Zulaufbetriebs unterschieden. Die Abschätzung erfolgt über die sogenannten *NPSH*-Werte (Net Positive Suction Head, A available, R required).

Für den in Abb. 10.10 dargestellten Saugbetrieb wenden wir die Höhenform der BERNOULLI-Gleichung (10.8) zwischen den Querschnitten 1 und 2 = S an. Da in diesem Bereich keine Förderarbeit zugeführt wird, entfällt der Term H_{A} und es ergibt sich die Gleichung

$$\frac{p_1}{\varrho g} + \frac{w_1^2}{2g} + z_1 = \frac{p_2}{\varrho g} + \frac{w_2^2}{2g} + z_2 + H_V \ . \tag{10.41}$$

Der *NPSHA*-Wert ist über die Differenz der gesamten Druckhöhe in der Mitte des Einlaufstutzens der Pumpe und der mit dem Sättigungsdampfdruck gebildeten Druckhöhe definiert. Für den Saugbetrieb folgt damit

$$NPSHA_{\mathrm{S}} = \frac{p_2 - p_{\mathrm{S}}(T)}{\varrho g} + \frac{w_2^2}{2g} + H_{\mathrm{geo,S'}} \tag{10.42}$$

und nach Ersetzen der beiden ersten Terme auf der rechten Seite dieser Gleichung mit Gleichung (10.41) sowie Verwendung der Beziehung $H_{\mathrm{geo,S}} = z_2 - z_1 = z_{\mathrm{S}} - z_1$

$$NPSHA_{\mathrm{S}} = \frac{p_1 - p_{\mathrm{S}}(T)}{\varrho g} + \frac{w_1^2}{2g} - H_{\mathrm{V,S}} - H_{\mathrm{geo,S}} + H_{\mathrm{geo,S'}} \tag{10.43}$$

$$\approx \frac{p_1 - p_{\mathrm{S}}(T)}{\varrho g} - H_{\mathrm{V,S}} - H_{\mathrm{geo,S}} \ . \tag{10.44}$$

Die vereinfachte Gleichung (10.44) folgt mit der Annahme $w_1 = 0$ wegen der relativ großen Oberfläche A_1 sowie $H_{\mathrm{geo,S'}} = 0$ für eine horizontal angeordnete Pumpe entsprechend Abb. 10.10 oder vernachlässigbar kleine Werte von $H_{\mathrm{geo,S'}}$ [25, 47].

In diese Gleichungen ist der Druck p_1 an der Flüssigkeitsoberfläche des offenen oder des geschlossenen Behälters als Absolutdruck einzusetzen; $H_{\mathrm{V,S}}$ steht für die Verlusthöhe der Saugleitung. Zur Berechnung des Sättigungsdampfdrucks $p_{\mathrm{S}}(T)$ von Flüssigkeiten siehe die Gleichungen (2.3) und (2.4).

Für den in Abb. 10.11 dargestellten Zulaufbetrieb folgt analog zu den Gleichungen (10.43) und (10.44)

$$NPSHA_{\mathrm{Z}} = \frac{p_1 - p_{\mathrm{S}}(T)}{\varrho g} + \frac{w_1^2}{2g} - H_{\mathrm{V,Z}} + H_{\mathrm{geo,Z}} + H_{\mathrm{geo,Z'}} \tag{10.45}$$

$$\approx \frac{p_1 - p_{\mathrm{S}}(T)}{\varrho g} - H_{\mathrm{V,Z}} + H_{\mathrm{geo,Z}} \ . \tag{10.46}$$

Für den kavitationsfreien Betrieb einer Kreiselpumpe muss die Forderung

$$NPSHA > NPSHR \tag{10.47}$$

erfüllt sein. *NPSHR*-Werte hängen vom Pumpentyp sowie vom Förderstrom ab und werden in der Regel vom Hersteller als Kennlinie angegeben.

Der Eingangs dieses Abschnittes angesprochene Maximalwert der geodätischen Saughöhe $H_{\mathrm{geo,S}} = z_{\mathrm{S}} - z_1$ folgt durch die Bedingung $NPSHA = NPSHR$ und Einsetzen von Gleichung (10.44) zu

$$H_{\mathrm{geo,S}} = \frac{p_1 - p_{\mathrm{S}}(T)}{\varrho g} - H_{\mathrm{V,S}} - NPSHR \ . \tag{10.48}$$

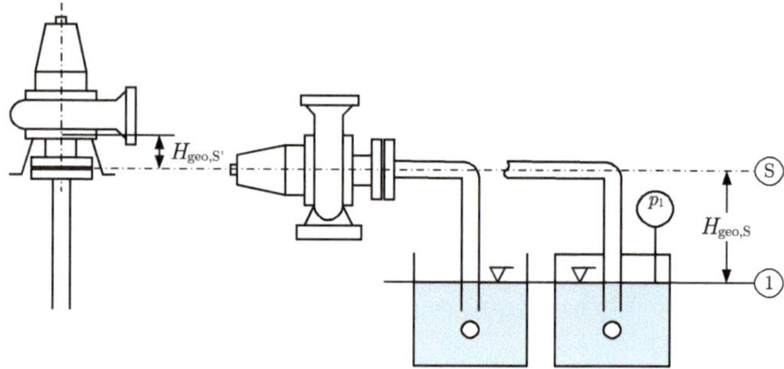

Abbildung 10.10: Höhendifferenzen einer Kreiselpumpe im Saugbetrieb zur Ermittlung des *NPSHA*-Werts (nach [47])

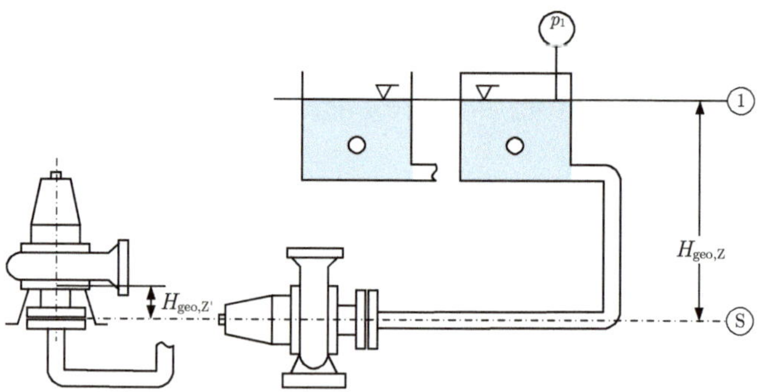

Abbildung 10.11: Höhendifferenzen einer Kreiselpumpe im Zulaufbetrieb zur Ermittlung des *NPSHA*-Werts (nach [47])

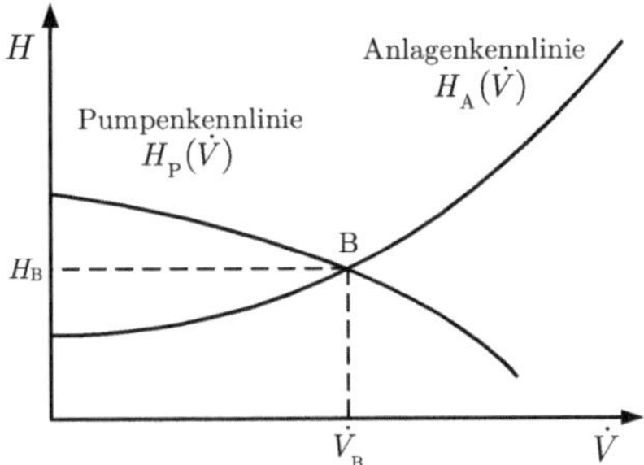

Abbildung 10.12: Betriebspunkt als Schnittpunkt von Anlagen- und Pumpenkennlinie

10.8 Betriebspunkt einer Kreiselpumpe

Der Betriebspunkt B einer Kreiselpumpe in einem Rohrleitungssystem ergibt sich als Schnittpunkt der Anlagenkennlinie mit der Pumpenkennlinie. Abbildung 10.12 zeigt die typischen Kennlinien einer Kreiselpumpe und einer Förderanlage. Im stationären Zustand gelten damit für den Betriebspunkt die Bedingungen

$$\dot{V}_\mathrm{A} = \dot{V}_\mathrm{P} \quad \text{und} \tag{10.49}$$

$$H_\mathrm{A} = H_\mathrm{P} \; . \tag{10.50}$$

Der Betriebspunkt verschiebt sich durch Veränderung der Pumpen- oder der Anlagenkennlinie:

- Die Pumpenkennlinie kann z. B. durch eine Drehzahlverstellung über die Antriebseinheit (durch Drehzahländerung mittels Getriebe oder Frequenzumrichter) oder eine Veränderung des Laufrads verändert werden. Dabei bewegt sich der Betriebspunkt auf der unveränderten Anlagenkennlinie, siehe Abb. 10.13. Grundsätzlich kann die Veränderung der Pumpenkennlinie auch durch Zuschalten einer Pumpe im Serien- oder Parallelbetrieb erfolgen, siehe Abschnitt 10.10.

- Die Anlagenkennlinie kann z. B. durch eine Drosselung infolge einer Ventil- oder Schieberverstellung in der Anlage verändert werden. Der Betriebspunkt bewegt sich auf der unveränderten Pumpenkennlinie, siehe Abb. 10.14.

Auswahl einer Pumpe, Kennlinienfeld, Kennlinien

Die Vorauswahl einer Kreiselpumpe erfolgt anhand des zu fördernden Mediums unter Berücksichtigung von möglicherweise auftretender Korrosion oder Verschleiß, der Betriebstemperatur und des maximalen Drucks. Daneben spielt die Abdichtung der Welle ein wichtige Rolle, ebenso die auftretenden Schwingungen und die Geräuschentwicklung.

Die spezielle Auswahl einer Baugröße und des Laufraddurchmessers erfolgt anhand des Kennlinienfeldes der Hersteller, siehe dazu beispielhaft die Kennlinien in Abb. 10.15.

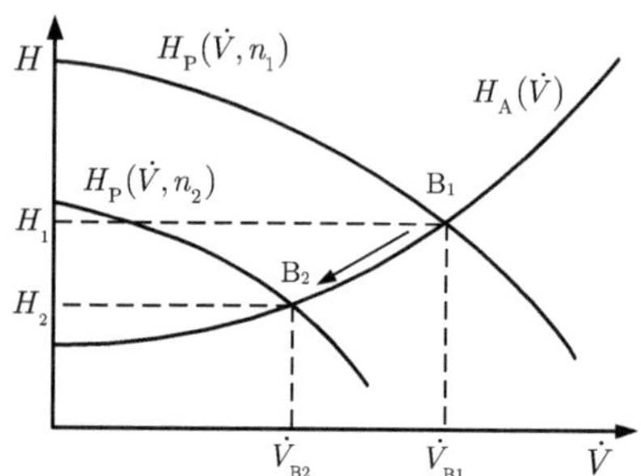

Abbildung 10.13: Verschiebung des Betriebspunkts bei Verkleinerung der Pumpendrehzahl ($n_2 < n_1$)

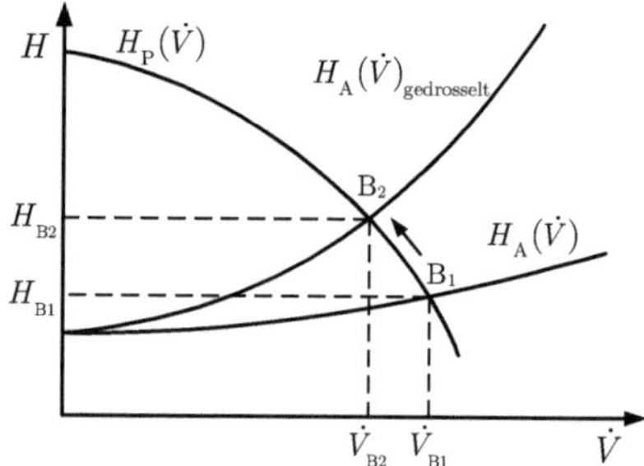

Abbildung 10.14: Verschiebung des Betriebspunkts bei Drosselung der Anlage

Für die Auslegung einer Pumpenanlage sind neben der Kennlinie $H_\mathrm{P}(\dot{V})$ der Verlauf des Leistungsbedarfs der Pumpe $P(\dot{V})$ und Informationen über *NPSHR*-Werte – am besten in der Form $NPSHR(\dot{V})$ – erforderlich. Der Wirkungsgradverlauf weist bei allen Kreiselpumpen ein Maximum auf, dem der Betriebspunkt möglichst nahekommen sollte.

Anlagenkennlinien werden von vornherein mit den Stoffwerten der aktuellen Flüssigkeit berechnet. Pumpenkennlinien werden dagegen experimentell und in der Regel mit Wasser als Fördermedium ermittelt. Bei Verwendung anderer NEWTONscher Flüssigkeiten muss ggf. eine Umrechnung der Pumpenkennlinien erfolgen [25, 47]. Nach [47] ist dies bei einer kinematischen Viskosität $\nu > 20 \cdot 10^{-6}\,\mathrm{m}^2\,\mathrm{s}^{-1}$ unter Verwendung empirisch ermittelter Umrechnungsfaktoren erforderlich. Bei Verwendung nicht-NEWTONscher Flüssigkeiten ist eine Umrechnung der Kennlinien nicht möglich [47].

Für die Auswahl einer Kreiselpumpe bietet sich die nachfolgende grundsätzliche Vorgehensweise an:

1. Festlegung des Fördermediums, der Betriebstemperatur und des Betriebsvolumenstroms (oder auch des Bereiches, in dem der Betriebsvolumenstrom im Betrieb verändert wird).

2. Berechnung der Anlagenförderhöhe anhand der Informationen über das Rohrleitungssystem.

3. Auswahl einer geeigneten Pumpenbauart und -baugröße.

Alternativ dazu kann auch – siehe das nachfolgende Auslegungsbeispiel – die Baugröße einer Pumpe vorgegeben sein, weil z. B. im Betrieb auf eine bereits vorhandene Pumpe zurückgegriffen wird. Abschließend sei der wichtige Hinweis gegeben, dass Pumpen in der Regel nicht anhand eines einzigen Betriebspunktes ausgewählt werden sollten, da im Betrieb kaum von konstanten Parametern ausgegangen werden kann.

10.9 Auslegung einer Anlage zur Flüssigkeitsförderung

Beispiel 10.2

Für eine Förderanlage – bestehend aus Rohrleitungen, Rohrleitungseinbauten und einer Kreiselpumpe im Saugbetrieb – ist die Anlagenkennlinie für den Förderstrom im Bereich von $0\,\mathrm{m}^3\,\mathrm{h}^{-1}$ bis $70\,\mathrm{m}^3\,\mathrm{h}^{-1}$ zu berechnen, der Laufraddurchmesser aus der vorgegebenen Baugröße auszuwählen und der sich daraus ergebende Betriebspunkt zu ermitteln. Das Fördermedium ist Wasser bei einer mittleren Temperatur von $42\,^\circ\mathrm{C}$. Weitere Daten:

1. Die Flüssigkeitsoberfläche des Saugbehälters ($p_1 = 0{,}1\,\mathrm{MPa}$) liegt $10{,}0\,\mathrm{m}$ und die Flüssigkeitsoberfläche des Druckbehälters ($p_2 = 0{,}3\,\mathrm{MPa}$) $32{,}0\,\mathrm{m}$ über der Bodenplatte der Anlage. Die Höhendifferenz zwischen Flüssigkeitsoberfläche Saugbehälter und Pumpenmittelachse beträgt $4{,}0\,\mathrm{m}$.

2. Die Höhen der Flüssigkeitsoberflächen der stationär betriebenen Anlage dürfen als konstant angenommen werden. Die Querschnittsflächen beider

Behälter seien groß und es gilt $A_1 \approx A_2$.

3. Daten der Rohrleitungen: Länge Saugleitung $l_S = 10{,}0\,\mathrm{m}$, Länge Druckleitung $l_D = 200{,}0\,\mathrm{m}$. Beide Rohrleitungen haben eine Nennweite DN 100 nach EN 10255 [20] (Gewinderohr, mittelschwer, Stahl) entsprechend einem Innendurchmesser von $d_i = 0{,}1053\,\mathrm{m}$ sowie mit einer Rohrrauigkeit $K = 0{,}0002\,\mathrm{m}$.

4. Daten der Einbauten in die Saugleitung: ein Rückschlagventil mit $\zeta_E = 4{,}6$ und acht 90°-Rohrbögen mit jeweils $\zeta_E = 0{,}1$.

5. Daten der Einbauten in die Druckleitung: ein Parallelschieber mit $\zeta_E = 0{,}4$ (im geöffneten Zustand) und mehrere Rohrbögen mit insgesamt $\zeta_E = 3{,}8$.

6. Vorgegebene Kreiselpumpe: KSB Wassernormpumpe Etanorm, Baugröße 065-040-200, 50 Hz, $n = 2900\,\mathrm{min}^{-1}$. Kennlinien siehe Kennlinienheft [48].

Hinweis: Die Widerstandsbeiwerte der Einbauten sind mit den mittleren Strömungsgeschwindigkeiten in den Rohrleitungen zu berechnen. (Ergebnisse im Excel-Berechnungsblatt in Abb. 10.15.)

Für die Erstellung des Excel-Berechnungsblattes bietet sich der folgende Ablauf an:

1. Eingabe der Betriebstemperatur und Berechnung der Flüssigkeitsdichte mit Gleichung (2.31) (Koeffizienten siehe Abb. 10.3), der dynamischen Viskosität der Flüssigkeit mit Gleichung (7.29) (Koeffizienten siehe Abb. 10.3) und des Sättigungsdampfdrucks mit Gleichung (2.4) (Koeffizienten siehe Abb. 3.16).

2. Eingabe der Daten des Rohrleitungssystems, also der Längen der Rohrleitung auf Saug- und Druckseite l_S bzw. l_D, des Innendurchmessers d_i, der absoluten Rauigkeit K, der Summe der Widerstandsbeiwerte der Einbauten auf der Saug- und auf der Druckseite ζ_E (siehe dazu Gleichung (10.16)), der geodätischen Höhen z_1 bzw. z_2, der (absoluten) Drücke p_1 bzw. p_2 und der Strömungsgeschwindigkeiten in den Ein- und Austrittsquerschnitten w_1 bzw. w_2. Die Berechnung der relativen Rauigkeit ε erfolgt mit Gleichung (10.23).

3. Für die weiteren Berechnungen wird die im unteren Bereich von Abb. 10.15 dargestellte Tabelle angelegt – einschließlich einer Zeile für den Betriebspunkt (in der Abbildung blau formatiert). In Abhängigkeit der vorgegebenen Werte für den Volumenstrom werden die Strömungsgeschwindigkeiten w für den Innendurchmesser d_i und die REYNOLDS-Zahlen Re berechnet. Die Berechnung des Widerstandsbeiwertes in den geraden Rohrleitungen erfolgt in zwei Spalten (eine davon hier ausgeblendet) und daraus die Berechnung der Druckverluste in den Rohrleitungen auf Saug- und Druckseite $\Delta p_{V,S}$ bzw. $\Delta p_{V,D}$ entsprechend der Erläuterungen in Abschnitt 10.4 zu Beispiel 10.1. In einer weiteren Spalte kann der summarische Druckverlust der Rohrleitungen von Saug- und Druckseite Δp_V aufgeführt werden.

4. In den weiteren Spalten der Tabelle erfolgt die Berechnung der einzelnen Terme der Förderhöhe der Anlage H_{geo}, H_{Druck}, H_{Geschw} und H_V sowie daraus der

Stoffwerte aus VDI-Wärmeatlas, 11. Aufl., Abschnitt D3.1 — Wasser

Temperatur	ϑ	°C	**42,0**
Dichte Flüssigkeit	ρ	kg m^{-3}	989,9
dynamische Viskosität Flüssigkeit	η	Pa s	6,411E-04
Sättigungsdampfdruck	p_S	MPa	0,00821

Daten Rohrleitungssystem

Länge Rohrleitung Saugseite	l_S	m	**10,0**
Länge Rohrleitung Druckseite	l_D	m	**200,0**
Innendurchmesser Rohrleitungen	d_i	m	**0,10530**
absolute Rauigkeit	K	m	**0,00020**
relative Rauigkeit	$\varepsilon = K/d_i$	1	0,00190
Summe Widerstandsbeiwerte Einbauten Saugseite	$\Sigma\zeta_{E,S}$	1	**5,40**
Summe Widerstandsbeiwerte Einbauten Druckseite	$\Sigma\zeta_{E,D}$	1	**4,20**
geodätische Höhe Querschnitt 1	z_1	m	**10,0**
geodätische Höhe Querschnitt 2	z_2	m	**32,0**
Druck Oberfläche Querschnitt 1 (Absolutdruck)	p_1	MPa	**0,10**
Druck Oberfläche Querschnitt 2 (Absolutdruck)	p_2	MPa	**0,30**
Strömungsgeschwindigkeit Querschnitt 1	w_1	m s^{-1}	**0,00**
Strömungsgeschwindigkeit Querschnitt 2	w_2	m s^{-1}	**0,00**

Berechnung Betriebspunkt

Volumenstrom im Betriebspunkt (variable Zelle Solver)	$\dot{V}_B$	m^3 h^{-1}	51,21
Förderhöhe im Betriebspunkt	$H_B = H_P$	m	50,36
Differenz (Zielzelle Solver)	$H_A - H_P$	m	3,76E-07
Förderleistung	$P_P = \rho g H_P \dot{V}$	kW	6,95
Wellenleistung aus Herstellerangaben (Korrelation)	P_W	kW	10,47
Wirkungsgrad (berechnet)	η_P	1	66,4%

Berechnung NPSH-Werte

geodätische Höhe ($H_{geo,S} > 0$, $H_{geo,Z} < 0$)	$H_{geo} = z_S - z_1$	m	**4,0**
NPSHA-Wert (berechnet)	NPSHA	m	4,4
NPSHR-Wert aus Herstellerangaben (Korrelation)	NPSHR	m	3,2

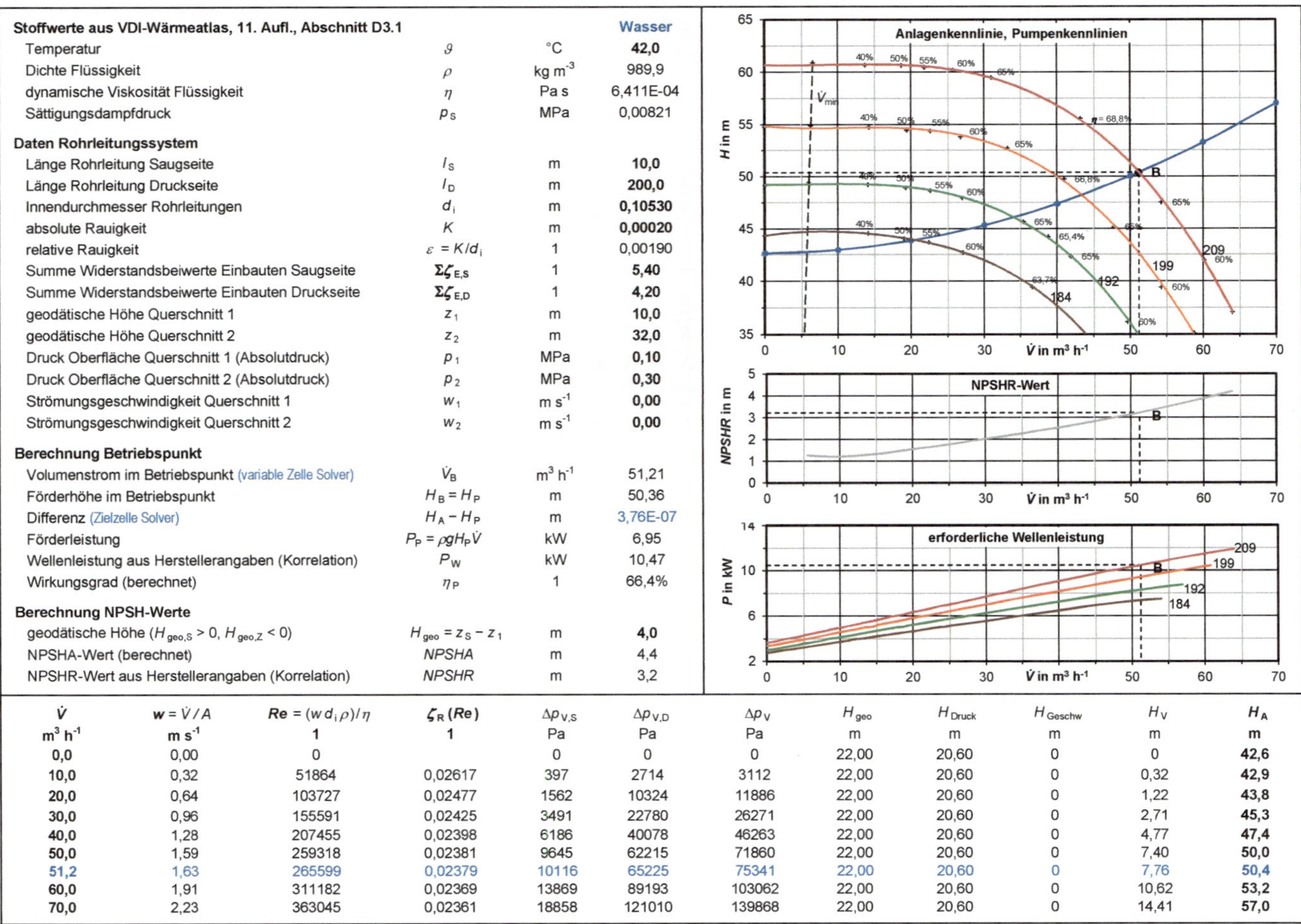

$\dot{V}$	$w = \dot{V}/A$	$Re = (w\,d_i\,\rho)/\eta$	$\zeta_R\,(Re)$	$\Delta p_{V,S}$	$\Delta p_{V,D}$	Δp_V	H_{geo}	H_{Druck}	H_{Geschw}	H_V	H_A
m^3 h^{-1}	m s^{-1}	1	1	Pa	Pa	Pa	m	m	m	m	m
0,0	0,00	0		0	0	0	22,00	20,60	0	0	**42,6**
10,0	0,32	51864	0,02617	397	2714	3112	22,00	20,60	0	0,32	**42,9**
20,0	0,64	103727	0,02477	1562	10324	11886	22,00	20,60	0	1,22	**43,8**
30,0	0,96	155591	0,02425	3491	22780	26271	22,00	20,60	0	2,71	**45,3**
40,0	1,28	207455	0,02398	6186	40078	46263	22,00	20,60	0	4,77	**47,4**
50,0	1,59	259318	0,02381	9645	62215	71860	22,00	20,60	0	7,40	**50,0**
51,2	1,63	265599	0,02379	10116	65225	75341	22,00	20,60	0	7,76	**50,4**
60,0	1,91	311182	0,02369	13869	89193	103062	22,00	20,60	0	10,62	**53,2**
70,0	2,23	363045	0,02361	18858	121010	139868	22,00	20,60	0	14,41	**57,0**

Abbildung 10.15: Berechnung einer Anlagenkennlinie und des sich ergebenden Betriebspunkts; Kennlinien der Pumpenbaugröße KSB Etanorm 065-040-200 (50 Hz, $n = 2900\,\mathrm{min}^{-1}$) für verschiedene Laufraddurchmesser (entnommen aus [48])

gesamten Förderhöhe der Anlage H_A gemäß Gleichung (10.31). Die Verlusthöhe H_V folgt aus Gleichung (10.33).

5. Für die Berechnung des Betriebspunktes im mittleren Bereich des Arbeitsblattes wird zunächst ein Startwert für $\dot{V}_B$ vorgegeben, da diese Zelle als variable Zelle für den Solver dient. Der Volumenstrom für den Betriebspunkt in der entsprechenden Zeile der vorher angelegten Tabelle wird mit dieser Zelle verknüpft.

6. Für die Förderhöhe im Betriebspunkt gilt $H_B = H_P$ gemäß Gleichung (10.49), weshalb dieser Wert mit der Pumpenkennlinie $H_P(\dot{V})$ berechnet werden kann. Für die Darstellung in Abb. 10.15 wurden mehrere Kennlinien der vorgegebenen Baugröße aus dem Kennlinienheft [48] des Herstellers KSB digital „extrahiert".[2] Für die Kennlinie mit dem Laufraddurchmesser $D = 209\,\mathrm{mm}$ ergibt sich unter Verwendung der Trendlinienfunktion aus den extrahierten Daten die Gleichung

$$H_P = -1{,}9926 \cdot 10^{-7}\dot{V}^4 - 1{,}2553 \cdot 10^{-4}\dot{V}^3 + 3{,}3620 \cdot 10^{-3}\dot{V}^2$$
$$- 1{,}7425 \cdot 10^{-2}\dot{V} + 60{,}667 \tag{10.51}$$

(mit H_P in m und $\dot{V}$ in $\mathrm{m^3\,h^{-1}}$). Damit wird in der Zielzelle für den Solver die Differenz $H_A - H_P$ berechnet. Für H_A wird der Wert aus der (blau formatierten) Zeile für den Betriebspunkt aus der Tabelle verwendet, für H_P der mit Gleichung (10.51) berechnete Wert und anschließend der Solver zur Minimierung der Differenz aufgerufen.

7. Zur Sortierung der Daten in der Tabelle siehe Abschnitt 2.3.2. Dazu ist zu beachten, dass infolge der Sortierung der Daten die Bezüge zu der blau formatierten Zeile nicht mehr gültig sind, selbst wenn den entsprechenden Zellen Namen gegeben oder absolute Bezüge verwendet werden. Abhilfe ist nur mit einem in VBA zu erstellenden Makro zur Sortierung möglich.

8. Die Berechnung der Förderleistung der Pumpe P_P erfolgt mit Gleichung (10.11). Für die Berechnung der Wellenleistung P_W ergibt sich aus dem Kennlinienheft [48] die Gleichung

$$P_W = -2{,}4277 \cdot 10^{-8}\dot{V}^4 - 4{,}0315 \cdot 10^{-6}\dot{V}^3 + 3{,}4476 \cdot 10^{-4}\dot{V}^2$$
$$+ 1{,}2962 \cdot 10^{-1}\dot{V} + 3{,}6388 \tag{10.52}$$

(mit P_W in kW und $\dot{V}$ in $\mathrm{m^3\,h^{-1}}$). Der Wirkungsgrad der Pumpe η_P folgt aus Gleichung (10.9) (und nicht aus einer Kennlinie).

9. Die Berechnung des *NPSHA*-Wertes erfolgt aus Gleichung (10.43) mit $H_{\mathrm{geo,S'}} = 0$. Zur Ermittlung des *NPSHR*-Werts folgt aus dem Kennlinienheft [48] die Gleichung

$$NPSHR = -1{,}6962 \cdot 10^{-8}\dot{V}^5 + 3{,}4002 \cdot 10^{-6}\dot{V}^4 - 2{,}5389 \cdot 10^{-4}\dot{V}^3$$
$$+ 9{,}1086 \cdot 10^{-3}\dot{V}^2 - 1{,}0942 \cdot 10^{-1}\dot{V} + 1{,}6173 \tag{10.53}$$

---

[2]Es gibt Programme, mit denen Datenpunkte oder Grafen aus unterschiedlichen Grafikformaten entnommen werden können, z. B. Engauge Digitizer `http://digitizer.sourceforge.net/`.

(mit *NPSHR* in m und $\dot{V}$ in $m^3\,h^{-1}$). Abschließend ist zu klären, ob Gleichung (10.47) erfüllt ist. Da dies der Fall ist, kann Kavitation ausgeschlossen werden.

Gemäß der Aufgabenstellung in Beispiel 10.2 war der Laufraddurchmesser der vorgegebenen Baugröße der Kreiselpumpe auszuwählen. Wie aus den in Abb. 10.15 zusätzlich aufgeführten Daten zu den Wirkungsgraden η_P, die aus dem Kennlinienheft [48] des Herstellers manuell übernommen wurden, zu erkennen ist, liefert der Schnittpunkt der Anlagenkennlinie mit der Pumpenkennlinie für den Laufraddurchmesser $D = 209\,mm$ die höchsten Werte für den Volumenstrom und für den Wirkungsgrad. Falls jedoch der (in der Aufgabenstellung geöffnete) Schieber im Betrieb in teilgeöffneter Schieberstellung gefahren wird, kann evtl. eine kleinere Laufradgröße sinnvoller sein, ebenso, wenn andere Parameter verändert werden.

10.10 Serien- und Parallelbetrieb von Kreiselpumpen

Im Vergleich zu einer einstufigen Kreiselpumpe ist grundsätzlich die Erhöhung der Förderleistung durch Serienschaltung oder durch Parallelschaltung mehrerer Kreiselpumpen möglich:

- Serienbetrieb: Die neue Pumpenkennlinie $H_{P,ges}(\dot{V})$ ergibt sich durch Addition der Förderhöhen von zwei einzelnen Pumpen

$$H_{P,ges}(\dot{V}) = H_{P1}(\dot{V}) + H_{P2}(\dot{V}) \tag{10.54}$$

  und damit durch Addition der Einzelkennlinien. Der Betriebspunkt hängt von der Anlagenkennlinie ab, siehe Abb. 10.16. In dieser Abbildung sind die Kennlinien für zwei bauartgleiche Pumpen dargestellt. Anmerkung: Alternativ zum Serienbetrieb bietet sich der Einsatz einer mehrstufigen Pumpe an.

- Parallelbetrieb: Die neue Pumpenkennlinie ergibt sich durch Addition der Förderströme von zwei einzelnen Pumpen

$$\dot{V}_{ges} = \dot{V}_1 + \dot{V}_2 \, . \tag{10.55}$$

  Der Betriebspunkt hängt ebenfalls von der Anlagenkennlinie ab, siehe Abb. 10.17. In dieser Abbildung sind die Kennlinien für zwei bauartgleiche Pumpen dargestellt. Anmerkung: In den Druckleitungen ist der Einbau von Rückschlagventilen erforderlich.

Die vorstehenden Betrachtungen gelten analog für den Serien- oder Parallelbetrieb von n Pumpen.

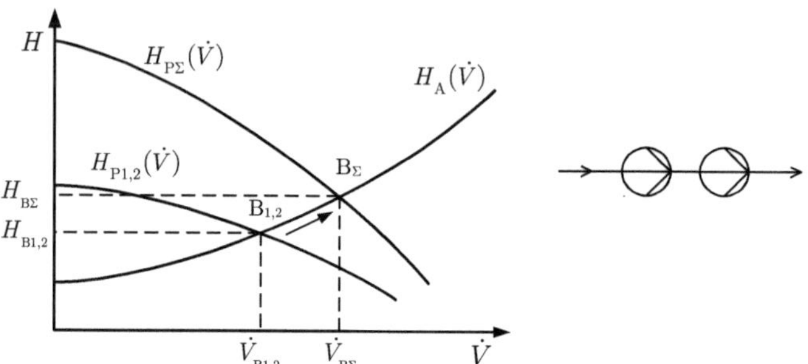

Abbildung 10.16: Betriebspunkt bei Serienschaltung von zwei gleichen Kreiselpumpen

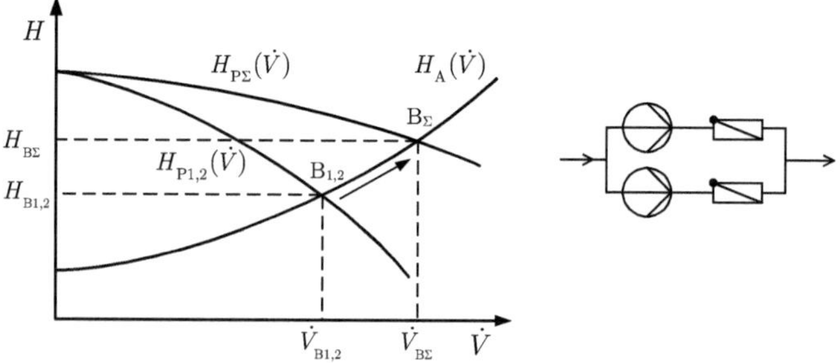

Abbildung 10.17: Betriebspunkt bei Parallelschaltung von zwei gleichen Kreiselpumpen

11 Partikelsysteme

Zielsetzung
Kenntnis der Grundbegriffe für die Behandlung disperser Systeme und der Kennzeichnung von Partikeln. Berechnung der Sinkgeschwindigkeit kugelförmiger Einzelpartikel anhand des Kräftegleichgewichts und geeigneter empirischer Ansätze für Widerstandsbeiwerte. Kenntnis der Grundbegriffe der Partikelgrößenverteilungen und ihrer Darstellung in Verteilungssummenkurven, Verteilungsdichtekurven sowie Histogrammen. Kenntnis der wichtigsten Partikel-Verteilungsfunktionen. Auswertung einer Partikelgrößenverteilung anhand der Daten einer Siebanalyse und Berechnung der Verteilungsfunktion sowie der volumenbezogenen Oberfläche.

Empfohlene Literatur
Mechanische Verfahrenstechnik – Partikeltechnologie 1 von STIESS [88], *Darstellung der Ergebnisse von Partikelgrößenanalysen – Teil 1: Grafische Darstellung* [21].

Berechnungsbeispiele in Excel
- Berechnung der stationären Sinkgeschwindigkeit eines kugelförmigen Einzelpartikels (Abb. 11.2).

- Berechnung des zeitlichen Verlaufs der Sinkgeschwindigkeit eines kugelförmigen Einzelpartikels (Abb. 11.3).

- Auswertung einer Siebanalyse einschließlich Ermittlung der Partikelgrößenverteilung und einer geeigneten Verteilungsfunktion (Abb. 11.8).

11.1 Einführung, disperse Systeme

„Gegenstand der Mechanischen Verfahrenstechnik [oder Feststoffverfahrenstechnik] sind alle diejenigen Einwirkungen auf Stoffe, die deren Eigenschaften und Verhalten mit mechanischen Mitteln beeinflussen und verändern" (STIESS [88]). Zu den Grundoperationen der mechanischen Verfahrenstechnik gehören:

- Das *Zerkleinern* (Brechen, Mahlen) und das *Agglomerieren* (Pelletieren, Granulieren, Brikettieren) mit Änderung der Partikelgröße,

- das *Trennen* (Klassieren, Sieben, Sichten, Sortieren, Abscheiden, Sedimentieren, Filtrieren, Zentrifugieren, Entstauben) und das *Mischen* (Homogenisieren, Rühren, Feststoffmischen, Kneten, Dispergieren, Emulgieren, Begasen, Zerstäuben) ohne Änderung der Partikelgröße sowie

- das Lagern, Fördern und Dosieren.

Die für die mechanische Verfahrenstechnik relevanten – zumeist festen – Partikel haben Abmessungen, die bei 10^{-7} m beginnen und bei beliebig großen Partikel enden,

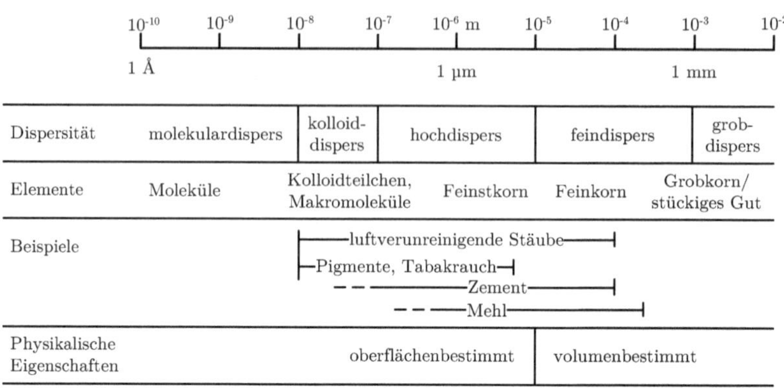

Dispersität	molekulardispers	kolloid-dispers	hochdispers	feindispers	grob-dispers
Elemente	Moleküle	Kolloidteilchen, Makromoleküle	Feinstkorn	Feinkorn	Grobkorn/ stückiges Gut
Beispiele					
Physikalische Eigenschaften		oberflächenbestimmt		volumenbestimmt	

Abbildung 11.1: Größenbereiche disperser Systeme

siehe dazu Abb. 11.1. In der unteren Zeile der Tabelle wird angedeutet, dass die
physikalischen Eigenschaften von Partikeln von der Partikelgröße abhängen. Oberhalb
von ca. 10^{-5} m sind viele Eigenschaften durch die Schwerkraft oder Trägheitskräfte
volumenbestimmt, unterhalb durch Haft- oder Widerstandskräfte oberflächenbestimmt.

Disperse Systeme sind Partikelkollektive, für deren Charakterisierung die Eigenschaften der Einzelpartikel (sog. Partikelmerkmale) und die Ermittlung der sie beschrei-
benden Mittelwerte und Verteilungen erforderlich sind. Sie bestehen aus gasförmigen,
flüssigen oder festen Partikeln (disperse Phase) in einer gasförmigen, flüssigen oder
festen Phase (kontinuierliche Phase):

- Aerosole wie Nebel, Staub oder Rauch mit flüssiger oder fester disperser Phase
  und gasförmiger kontinuierlicher Phase,

- Dispersionen wie Blasenschwärme, Emulsionen oder Suspensionen mit gasförmiger, flüssiger oder fester disperser Phase und flüssiger kontinuierlicher Phase
  sowie

- Schaumstoffe, Gele und Legierungen oder Mineralien mit gasförmiger, flüssiger
  oder fester disperser Phase und fester kontinuierlicher Phase.

11.2 Kennzeichnung von Partikeln, Partikelmerkmale

Nur regelmäßig geformte Partikel lassen sich durch Angabe des Formtyps und einer
(Kugel, Würfel, Tetraeder) oder mehrerer Hauptabmessungen (Quader) eindeutig
beschreiben. Zur Kennzeichnung der in der Praxis fast ausnahmslos vorliegenden
unregelmäßig geformten Partikel werden deshalb möglichst eindeutige größenabhängige
physikalische Eigenschaften verwendet, sogenannte *Partikelmerkmale*:

- Geometrische Merkmale wie charakteristische Länge, Oberfläche, Projektionsfläche, Volumen und lichte Öffnungsweite von Sieben,

- Masse,

- Sinkgeschwindigkeit oder

- Feldstörungen (beim Durchgang durch ein elektrisches, magnetisches oder optisches Feld).

Für diese Partikelmerkmale wird von der Kugelform ausgegangen, auch wenn die betrachteten Partikel in der Regel eine davon abweichende Gestalt haben. Die nachfolgend beispielhaft vorgestellten Partikelgrößen werden als äquivalente Partikeldurchmesser oder Äquivalentdurchmesser bezeichnet (mit dem Symbol x gemäß ISO 9276 [21–24, 40, 41]):

- Äquivalentdurchmesser der projektionsflächengleichen Kugel

$$x_{\mathrm{Proj}} = \sqrt{\frac{4A_{\mathrm{P,Proj}}}{\pi}} \qquad (11.1)$$

mit der Projektionsfläche des Einzelpartikels $A_{\mathrm{P,Proj}}$.

- Äquivalentdurchmesser der volumengleichen Kugel

$$x_V = \sqrt[3]{\frac{6V_{\mathrm{P}}}{\pi}} \qquad (11.2)$$

mit dem Volumen des Einzelpartikels V_{P}.

- Äquivalentdurchmesser der sinkgeschwindigkeitsgleichen Kugel

$$x_{\mathrm{St}} = \sqrt{\frac{18\eta_{\mathrm{F}}w_{\mathrm{g}}}{(\varrho_{\mathrm{P}} - \varrho_{\mathrm{F}})g}} \qquad (11.3)$$

(im laminaren oder STOKES-Bereich) mit der dynamischen Viskosität des Fluids η_{F}, der stationären Sinkgeschwindigkeit w_{g} (unter Einfluss der Fallbeschleunigung g), der Dichte des Einzelpartikels ϱ_{P} und der Dichte des Fluids ϱ_{F}, siehe dazu den nachfolgenden Abschnitt 11.3.

11.3 Stationäre Sinkgeschwindigkeit kugelförmiger Einzelpartikel

Sogenannte dispergierte Mehrphasenströmungen treten in verschiedenen Bereichen der Verfahrenstechnik auf, wenn Gasbläschen, Flüssigkeitströpfchen oder feste Partikel in einer kontinuierlichen Phase verteilt sind. Beispiele dafür:

- Gasbläschen bei der Absorption oder der Verdampfung,

- Flüssigkeitströpfchen bei der Flüssig-Flüssig-Extraktion und

- Feststoffpartikel bei der Filtration oder der Entstaubung.

Beispiel 11.1

Ein kugelförmiges Einzelpartikel mit einem Durchmesser $d_\mathrm{P} = 0{,}001\,\mathrm{m}$ und der Dichte $\varrho_\mathrm{P} = 1910\,\mathrm{kg\,m^{-3}}$ sedimentiert in einem unendlich ausgedehnten, ruhenden Fluid (Luft oder Wasser bei jeweils $\vartheta = 20\,^\circ\mathrm{C}$ und $p = 1\,\mathrm{bar}$) unter Einfluss der Schwerkraft. Zu berechnen sind die Masse des Einzelpartikels m_P, die stationäre Sinkgeschwindigkeit w_g, die REYNOLDS-Zahl bei der Umströmung des Partikels Re_P, der Widerstandsbeiwert c_W sowie die auf das Partikel wirkenden Gewichts-, Auftriebs- und Widerstandskräfte F_g, F_A und F_W. (Ergebnisse im Excel-Berechnungsblatt in Abb. 11.2.) Zusätzlich soll die Zeit bis zum Erreichen der stationären Geschwindigkeit ermittelt werden. (Ergebnisse im Excel-Berechnungsblatt in Abb. 11.3.)

Allgemein wirken auf ein unter Einfluss der Schwerkraft bewegtes Einzelpartikel in einem unendlich ausgedehnten, ruhenden oder bewegten Fluid die Gewichtskraft $\vec{F}_\mathrm{g}$, die statische Auftriebskraft $\vec{F}_\mathrm{A}$, die Widerstandskraft $\vec{F}_\mathrm{W}$ und die Trägheitskraft $\vec{F}_\mathrm{T}$. Daraus folgt die Vektorgleichung der Partikelbewegung

$$\vec{F}_\mathrm{g} + \vec{F}_\mathrm{A} + \vec{F}_\mathrm{W} + \vec{F}_\mathrm{T} = 0 \,. \tag{11.4}$$

Für die beteiligten Kräfte gelten

$$\vec{F}_\mathrm{g} = \varrho_\mathrm{P} V_\mathrm{P} \vec{g} \,, \tag{11.5}$$

$$\vec{F}_\mathrm{A} = -\varrho_\mathrm{F} V_\mathrm{P} \vec{g} \,, \tag{11.6}$$

$$\vec{F}_\mathrm{W} = -\frac{\varrho_\mathrm{F}}{2} A_\mathrm{P,Proj}\, c_\mathrm{W}(Re_\mathrm{P})\, |\vec{w}_\mathrm{rel}|\, \vec{w}_\mathrm{rel} \quad \text{und} \tag{11.7}$$

$$\vec{F}_\mathrm{T} = -V_\mathrm{P}(\varrho_\mathrm{P} + \alpha\varrho_\mathrm{F})\frac{\mathrm{d}\vec{w}_\mathrm{rel}}{\mathrm{d}t} \,. \tag{11.8}$$

Darin ist $c_\mathrm{W}(Re_\mathrm{P})$ der Widerstandsbeiwert des Partikels und $\vec{w}_\mathrm{rel}$ die Relativgeschwindigkeit zwischen Partikel und Fluid. In der Trägheitskraft wird die Masse des in Partikelnähe mitbewegten Fluids mit dem Volumenanteil α berücksichtigt. Für Flüssigkeiten kann ein Wert $\alpha = 0{,}5$ verwendet und für Gase das Produkt $\alpha\varrho_\mathrm{F}$ aufgrund der hohen Dichtedifferenz vernachlässigt werden [36, 88].

Aus Gleichung (11.4) ergibt sich die Vektor-Differenzialgleichung der Partikelbewegung [88]

$$(\varrho_\mathrm{P} - \varrho_\mathrm{F})V_\mathrm{P}\vec{g} - \frac{\varrho_\mathrm{F}}{2} A_\mathrm{P,Proj}\, c_\mathrm{W}(Re_\mathrm{P})\, |\vec{w}_\mathrm{rel}|\, \vec{w}_\mathrm{rel} - V_\mathrm{P}(\varrho_\mathrm{P} + \alpha\varrho_\mathrm{F})\frac{\mathrm{d}\vec{w}_\mathrm{rel}}{\mathrm{d}t} = 0 \,. \tag{11.9}$$

Umgestellt zu

$$\frac{\mathrm{d}\vec{w}_\mathrm{rel}}{\mathrm{d}t} = \frac{(\varrho_\mathrm{P} - \varrho_\mathrm{F})\vec{g}}{\varrho_\mathrm{P} + \alpha\varrho_\mathrm{F}} - \frac{\varrho_\mathrm{F} A_\mathrm{P,Proj}\, c_\mathrm{W}(Re_\mathrm{P})\, |\vec{w}_\mathrm{rel}|}{2(\varrho_\mathrm{P} + \alpha\varrho_\mathrm{F})V_\mathrm{P}}\, \vec{w}_\mathrm{rel} \tag{11.10}$$

folgt daraus für ein *kugelförmiges Partikel* (mit $A_\mathrm{P,Proj} = (\pi/4)d_\mathrm{P}^2$ und $V_\mathrm{P} = (\pi/6)d_\mathrm{P}^3$)

$$\frac{\mathrm{d}\vec{w}_{\mathrm{rel}}}{\mathrm{d}t} = \frac{(\varrho_{\mathrm{P}} - \varrho_{\mathrm{F}})\vec{g}}{\varrho_{\mathrm{P}} + \alpha\varrho_{\mathrm{F}}} - \frac{3\varrho_{\mathrm{F}}\, c_{\mathrm{W}}(Re_{\mathrm{P}})\,|\vec{w}_{\mathrm{rel}}|}{4(\varrho_{\mathrm{P}} + \alpha\varrho_{\mathrm{F}})d_{\mathrm{P}}}\,\vec{w}_{\mathrm{rel}}\ . \tag{11.11}$$

Wird die *Sedimentation* eines Partikels in einem ruhenden Fluid betrachtet (mit $\varrho_{\mathrm{P}} > \varrho_{\mathrm{F}}$), brauchen nur die Kräfte in vertikaler Richtung berücksichtigt zu werden. Aus Gleichung (11.4) folgt die skalare Formulierung des Kräftegleichgewichts

$$F_{\mathrm{g}} - F_{\mathrm{A}} - F_{\mathrm{W}} - F_{\mathrm{T}} = 0 \tag{11.12}$$

und daraus mit der Sinkgeschwindigkeit w_{g}

$$\frac{\mathrm{d}w_{\mathrm{g}}}{\mathrm{d}t} = \frac{(\varrho_{\mathrm{P}} - \varrho_{\mathrm{F}})g}{\varrho_{\mathrm{P}} + \alpha\varrho_{\mathrm{F}}} - \frac{3\varrho_{\mathrm{F}}\, c_{\mathrm{W}}(Re_{\mathrm{P}})}{4(\varrho_{\mathrm{P}} + \alpha\varrho_{\mathrm{F}})d_{\mathrm{P}}}\,w_{\mathrm{g}}^2\ . \tag{11.13}$$

Aus dieser Gleichung kann der zeitliche Verlauf der Sinkgeschwindigkeit $w_{\mathrm{g}}(t)$ für ein kugelförmiges Partikel ermittelt werden, wenn geeignete Korrelationen für den Widerstandsbeiwert $c_{\mathrm{W}}(Re_{\mathrm{P}})$ vorliegen, siehe dazu die nachfolgenden Betrachtungen.

Für die Berechnung der *stationären* Sinkgeschwindigkeit eines unter Einfluss der Schwerkraft in einem unendlich ausgedehnten, ruhenden Fluid sedimentierenden starren Einzelpartikels entfällt die Trägheitskraft F_{T}. Daraus vereinfacht sich das Kräftegleichgewicht nach Gleichung (11.12) weiter zu

$$F_{\mathrm{g}} - F_{\mathrm{A}} - F_{\mathrm{W}} = 0 \ , \tag{11.14}$$

woraus nach dem Ausschreiben der einzelnen Kräfte

$$(\varrho_{\mathrm{P}} - \varrho_{\mathrm{F}})V_{\mathrm{P}}g - \frac{\varrho_{\mathrm{F}}}{2}A_{\mathrm{P,Proj}}\,c_{\mathrm{W}}(Re_{\mathrm{P}})w_{\mathrm{g}}^2 = 0 \tag{11.15}$$

folgt. Für das stationäre Aufsteigen von Partikeln (z. B. eines als kugelförmig und starr angenommenen Gasbläschens in einer Flüssigkeit mit $\varrho_{\mathrm{P}} < \varrho_{\mathrm{F}}$) ist diese Beziehung analog anzuwenden.

Zur Abhängigkeit des Widerstandsbeiwerts von der REYNOLDS-Zahl des Partikels

$$Re_{\mathrm{P}} = \frac{w_{\mathrm{g}}d_{\mathrm{P}}\varrho_{\mathrm{F}}}{\eta_{\mathrm{F}}} \tag{11.16}$$

siehe das Diagramm in Abb. 11.2 mit den aus [75] entnommenen Messdaten für kugelförmige Partikel. Dabei kann in die folgenden Bereiche unterschieden werden:

- Im laminaren oder STOKES-Bereich gilt für $Re_{\mathrm{P}} < 0{,}5$ ein Widerstandsbeiwert [91, 92]

$$c_{\mathrm{W}} = \frac{24}{Re_{\mathrm{P}}} \ , \tag{11.17}$$

siehe dazu die entsprechende Gerade im Diagramm in Abb. 11.2. Daraus folgen mit Gleichung (11.15) für diesen Bereich die stationäre Sinkgeschwindigkeit

$$w_{\mathrm{g}} = \frac{(\varrho_{\mathrm{P}} - \varrho_{\mathrm{F}})d_{\mathrm{P}}^2 g}{18\eta_{\mathrm{F}}} \tag{11.18}$$

und der Äquivalentdurchmesser der sinkgeschwindigkeitsgleichen Kugel in Gleichung (11.3).

- Im Übergangsbereich $0{,}5 < Re_{\mathrm{P}} < 1000$ nimmt der Widerstandswert weiter ab. Für diesen Bereich sind in der Literatur empirische Ansätze zu finden, wie z. B. der Ansatz nach SCHILLER und NAUMANN [74]

$$c_{\mathrm{W}} = \frac{24}{Re_{\mathrm{P}}} \left(1 + 0{,}15 Re_{\mathrm{P}}^{0,687} \right) , \tag{11.19}$$

dessen Verlauf ebenfalls in einer Linie im Diagramm eingetragen ist.

- Im Trägheits- oder NEWTON-Bereich $1000 < Re_{\mathrm{P}} < Re_{\mathrm{P,kr}}$ gilt mit guter Näherung ein konstanter Widerstandsbeiwert $c_{\mathrm{W}} \approx 0{,}44$, siehe dazu die entsprechende horizontale Linie im Diagramm. Daraus folgt mit Gleichung (11.15) die stationäre Sinkgeschwindigkeit für diesen Bereich

$$w_{\mathrm{g}} = \sqrt{\frac{(\varrho_{\mathrm{P}} - \varrho_{\mathrm{F}})d_{\mathrm{P}}g}{0{,}33\varrho_{\mathrm{F}}}} . \tag{11.20}$$

- Bei der kritischen REYNOLDS-Zahl $Re_{\mathrm{P,kr}} \approx 2{,}5 \cdot 10^5$ schlägt die Grenzschicht von laminar in turbulent um, was eine erhebliche Abnahme des Widerstandsbeiwerts verursacht. Der Bereich oberhalb der kritischen REYNOLDS-Zahl ist für verfahrenstechnische Anwendungen selten relevant.

Für den Fall, dass das Fluid nicht ruht, sondern strömt, beeinflusst der Turbulenzgrad der Strömung den Widerstandsbeiwert. Aber auch weitere Effekte wie die Oberflächenrauigkeit oder die Form der Partikel können sich auswirken [91, 92].

Es existieren empirische Korrelationen, die die Abhängigkeit des Widerstandsbeiwerts über einen großen Bereich der REYNOLDS-Zahl (in der Regel $Re_{\mathrm{P}} < 2{,}5 \cdot 10^5$) mit guter Genauigkeit beschreiben. Dazu gehört die Korrelation nach KASKAS [6]

$$c_{\mathrm{W}} = \frac{24}{Re_{\mathrm{P}}} + \frac{4}{\sqrt{Re_{\mathrm{P}}}} + 0{,}4 . \tag{11.21}$$

Das Diagramm in Abb. 11.2 enthält eine mit dieser Korrelation berechnete Linie. Die Korrelation nach HAIDER und LEVENSPIEL [37]

$$c_{\mathrm{W}} = \frac{24}{Re_{\mathrm{P}}} \left(1 + A Re_{\mathrm{P}}^B \right) + \frac{C}{1 + D/Re_{\mathrm{P}}} \tag{11.22}$$

gilt nicht nur für sphärische – also kugelförmige –, sondern auch allgemein für nichtsphärische Partikel. Darin folgen die Koeffizienten mit

$$A = \exp\left(2{,}3288 - 6{,}4581\phi + 2{,}4486\phi^2\right) \ ,$$

$$B = 0{,}0964 + 0{,}5565\phi \ ,$$

$$C = \exp\left(4{,}905 - 13{,}8944\phi + 18{,}4222\phi^2 - 10{,}2599\phi^3\right) \quad \text{und}$$

$$D = \exp\left(1{,}4681 + 12{,}2584\phi - 20{,}7322\phi^2 + 15{,}8855\phi^3\right) \ ,$$

worin die Sphärizität (nach WADELL [96, 97])

$$\phi = \frac{A_{\text{Kugel}}}{A_{\text{P}}} \tag{11.23}$$

aus dem Verhältnis der Oberfläche einer volumengleichen Kugel zur Oberfläche des nichtsphärischen Partikels gebildet wird. Speziell für kugelförmige Partikel ($\phi = 1$) ist in [37]

$$c_{\text{W}} = \frac{24}{Re_{\text{P}}}\left(1 + 0{,}1806\,Re_{\text{P}}^{0{,}6459}\right) + \frac{0{,}4251}{1 + 6880{,}95/Re_{\text{P}}} \tag{11.24}$$

gegeben, siehe dazu die entsprechende Linie im Diagramm in Abb. 11.2. Diese Korrelation weist eine etwas höhere Genauigkeit für kugelförmige Partikel auf, als Gleichung (11.22).

Zur Lösung der Aufgabenstellung in Beispiel 11.1 wird ein Excel-Berechnungsblatt gemäß Abb. 11.2 erstellt:

1. Zunächst werden die Informationen über die Daten des kugelförmigen Einzelpartikels (Durchmesser d_{P} und Dichte ϱ_{P}) in das Berechnungsblatt aufgenommen. Daraus kann die Masse des Partikels m_{P} berechnet werden.

2. Die Stoffdaten werden in Abhängigkeit des vorgegebenen Fluids in benutzerdefinierten Funktionen gemäß Abschnitt 2.5.2 berechnet. Dazu soll in einer Zelle eingegeben werden, ob es sich beim Fluid um „Luft" oder „Wasser" handelt:

   - Für „Luft" als Fluid erfolgt die Berechnung der Dichte mit der Zustandsgleichung idealer Gase (2.7). Dafür ist zusätzlich die molare Masse der Luft erforderlich. Für „Wasser" als Fluid wird die Dichte anhand der Polynomfunktion in Gleichung (6.24) mit den zu dieser Gleichung gegebenen Koeffizienten berechnet.

   - Die dynamischen Viskositäten von Luft und Wasser werden anhand der im *VDI-Wärmeatlas* aufgeführten Korrelationsgleichungen für Gase und Flüssigkeiten berechnet, siehe dazu die Gleichungen (7.28) und (7.29). Die für diese Gleichungen erforderlichen Koeffizienten für Luft und Wasser sind in Abb. 7.4 aufgeführt.

3. Für die Berechnung der REYNOLDS-Zahl ist ein Startwert für w_{g} erforderlich. Dieser kann – in einer in Abb. 11.2 ausgeblendeten Zeile – vorgegeben und daraus Re_{P} mit Gleichung (11.16) ermittelt werden. Auf dieser Basis ist die Berechnung des Widerstandsbeiwerts c_{W} – unter Berücksichtigung der angegebenen Gültigkeitsbereiche – mit Gleichung (11.17) nach STOKES oder den oben

Daten Partikel

Durchmesser	d_P	m	**0,001**
Dichte	ρ_P	kg m^{-3}	**1910**
Masse	m_P	kg	1,00E-06

Daten Fluid, Stoffwertekorrelationen (VDI-Wärmeatlas (2013) 11. Aufl. Berlin: Springer. Abschnitt D3.)

Fluid ("Luft" oder "Wasser")			**Luft**
Druck Fluid (für Luft als Fluid)	p	bar	**1,0**
Temperatur Fluid	ϑ_F	°C	**20,0**
Molare Masse Luft	M_{Luft}	kg kmol^{-1}	28,96
Dichte Luft (mit idealer Gasgleichung)	ρ_{Luft}	kg m^{-3}	1,188
Dichte Wasser (mit Korrelationsgleichung aus GMEHLING)	ρ_{Wasser}	kg m^{-3}	998,1
Dynamische Viskosität Luft	η_{Luft}	Pa s	1,822E-05
Dynamische Viskosität Wasser	η_{Wasser}	Pa s	1,007E-03

Berechnung Sinkgeschwindigkeit

REYNOLDS-Zahl		$Re_P = (w_g\, d_P \rho_F)/\eta_F$	1	**3,82E+02**
Widerstandsbeiwert (STOKES-Bereich)	$Re_P < 0,5$	$c_w\,(Re_P)$	1	
Widerstandsbeiwert (KASKAS/BRAUER 1971)	$Re_P < 2\cdot10^5$	$c_w\,(Re_P)$	1	0,668
Widerstandsbeiwert (HAIDER/LEVENSPIEL 1989)	$Re_P < 2\cdot10^5$	$c_w\,(Re_P)$	1	0,613
Widerstandsbeiwert (SCHILLER/NAUMANN 1933)	$Re_P < 10^3$	$c_w\,(Re_P)$	1	0,623
Gewichtskraft		$\lvert F_g\rvert = \rho_P\, V_P\, g$	N	9,81E-06
Auftriebskraft		$\lvert F_A\rvert = \rho_F\, V_P\, g$	N	6,10E-09
Widerstandskraft	$\lvert F_W\rvert = \rho_F/2\,(\pi\, d^2_P/4)\, c_W\, w^2_g$		N	9,80E-06
Sinkgeschwindigkeit, stationär		w_g	m s^{-1}	**5,85E+00**

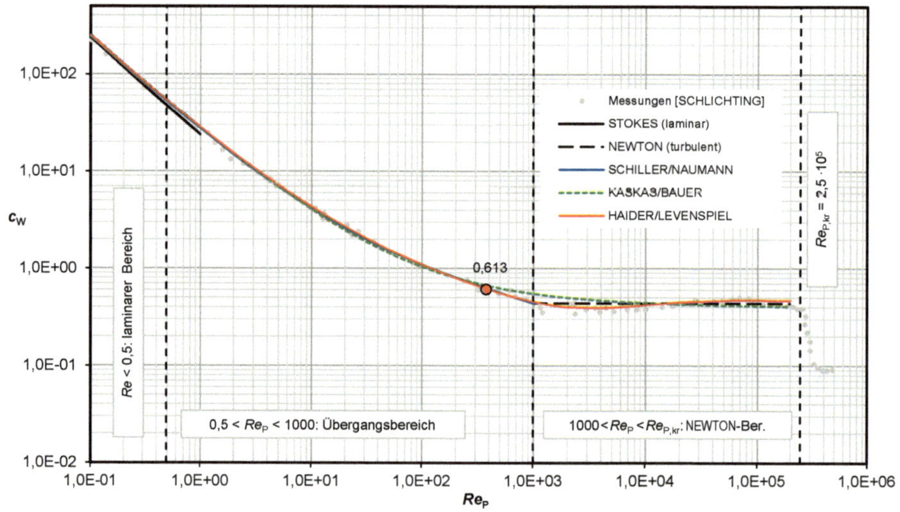

c_W-**Diagramm**: Widerstandsbeiwert von kugelförmigen Einzelpartikeln in Abhängigkeit von der REYNOLDS-Zahl Re_P. Vergleich von Messwerten mit unterschiedlichen Korrelationen.

Abbildung 11.2: Berechnung der stationären Sinkgeschwindigkeit eines kugelförmigen Einzelpartikels

aufgeführten empirischen Gleichungen nach SCHILLER und NAUMANN (11.19), KASKAS (11.21) sowie HAIDER und LEVENSPIEL (11.24) möglich.

4. Optional kann die Berechnung der auf das sedimentierende Partikel wirkenden Kräfte gemäß der Gleichungen (11.14) und (11.15) erfolgen.

5. Die stationäre Sinkgeschwindigkeit folgt aus Gleichung (11.15) mit der impliziten Gleichung

$$w_{\mathrm{g}} = \sqrt{\frac{4(\varrho_{\mathrm{P}} - \varrho_{\mathrm{F}})d_{\mathrm{P}}g}{3\varrho_{\mathrm{F}}c_{\mathrm{W}}(Re_{\mathrm{P}})}} \tag{11.25}$$

durch Anwendung eines Zirkelbezugs (von der Zelle mit dem Startwert für w_{g} zu dem mit Gleichung (11.25) berechneten Wert), siehe dazu Abschnitt 2.9. Darin wird der c_{W}-Wert mit Gleichung (11.24) ermittelt.

6. Optional ist die Erstellung eines Diagramms $c_{\mathrm{W}}(Re_{\mathrm{P}})$ möglich, in das der berechnete c_{W}-Wert eingetragen werden kann, siehe Abb. 11.2. Die Berechnung der einzelnen Linien erfolgt in einer in der Abbildung nicht dargestellten Tabelle unter Verwendung der oben aufgeführten Gleichungen für den Widerstandsbeiwert c_{W}. Die im Diagramm dargestellten Messdaten wurden [75] entnommen.

Für Wasser als kontinuierliche Phase ergeben sich gemäß Beispiel 11.1 folgende Daten: $Re_{\mathrm{P}} = 105$, $c_{\mathrm{W}} = 1{,}07$ und $w_{\mathrm{g}} = 0{,}106\,\mathrm{m\,s^{-1}}$.

Berechnung des zeitlichen Verlaufs der Sinkgeschwindigkeit

Zur Berechnung des zeitlichen Verlaufs der Sinkgeschwindigkeit wird ein Excel-Berechnungsblatt gemäß Abb. 11.3 erstellt, anhand dessen die gemäß der Aufgabenstellung in Beispiel 11.1 gesuchte Zeit bis zum Erreichen der stationären Geschwindigkeit ermittelt wird. Als Vorlage für die Erstellung des Blattes kann Abb. 11.2 bis einschließlich der Berechnung der stationären Sinkgeschwindigkeit dienen:

- In das Arbeitsblatt werden jeweils eine Zeile für die Vorgabe des Volumenanteils α (für die Berechnung des aus der Trägheitskraft resultierenden Terms im Kräftegleichgewicht) und für die Vorgabe des Zeitintervalls Δt eingefügt. α folgt aus einer WENN-Abfrage mit $\alpha = 0{,}5$ für Flüssigkeiten und $\alpha = 0$ für Gase, siehe Abschnitt 11.3.

- Für die Berechnung der zeitabhängigen Sinkgeschwindigkeit wird eine Tabelle angelegt. Darin werden zunächst die Spalten für den Index j, für die aus den Zeitintervallen aufsummierte Zeit t und für die Sinkgeschwindigkeit angelegt. In die Spalte mit der Sinkgeschwindigkeit werden geeignete Startwerte $w_{\mathrm{g},j}$ (im Bereich des bereits berechneten Werts der stationären Sinkgeschwindigkeit) eingetragen. Diese Spalte ist in Abb. 11.3 aus Platzgründen ausgeblendet.

- Mit den eingegebenen Startwerten von $w_{\mathrm{g},j}$ werden zeilenweise in den nächsten Spalten die REYNOLDS-Zahl Re_{P}, der Widerstandsbeiwert $c_{\mathrm{W}}(Re_{\mathrm{P}})$ und der Wert des Differenzials $(\mathrm{d}w_{\mathrm{g}}/\mathrm{d}t)_j$ mit Gleichung (11.13) berechnet. Die Sinkgeschwindigkeit in der Zeile j wird anhand des bereits in Abschnitt 4.4 angewendeten

Daten Partikel

Durchmesser	d_P	m	**0,001**
Dichte	ρ_P	kg m^{-3}	**1910**
Masse	m_P	kg	1,00E-06

Daten Fluid, Stoffwertekorrelationen (VDI-Wärmeatlas (2013) 11. Aufl. Berlin: Springer. Abschnitt D3.)

Fluid ("Luft" oder "Wasser")			**Luft**
Druck Fluid (für Luft als Fluid)	p	bar	**1,0**
Temperatur Fluid	ϑ_F	°C	**20,0**
Dichte Fluid	ρ_F	kg m^{-3}	1,188E+00
Dynamische Viskosität Fluid	η_F	Pa s	1,822E-05
Volumenanteil (Berücksichtigung der Masse des mitbewegten Fluids)	α	1	0,0
Zeitintervall (für Integration nach dem Finite-Differenzen-Verfahren)	Δt	s	0,200

Berechnung Sinkgeschwindigkeit

Sinkgeschwindigkeit, stationär	$\boldsymbol{w_g}$	m s^{-1}	5,852

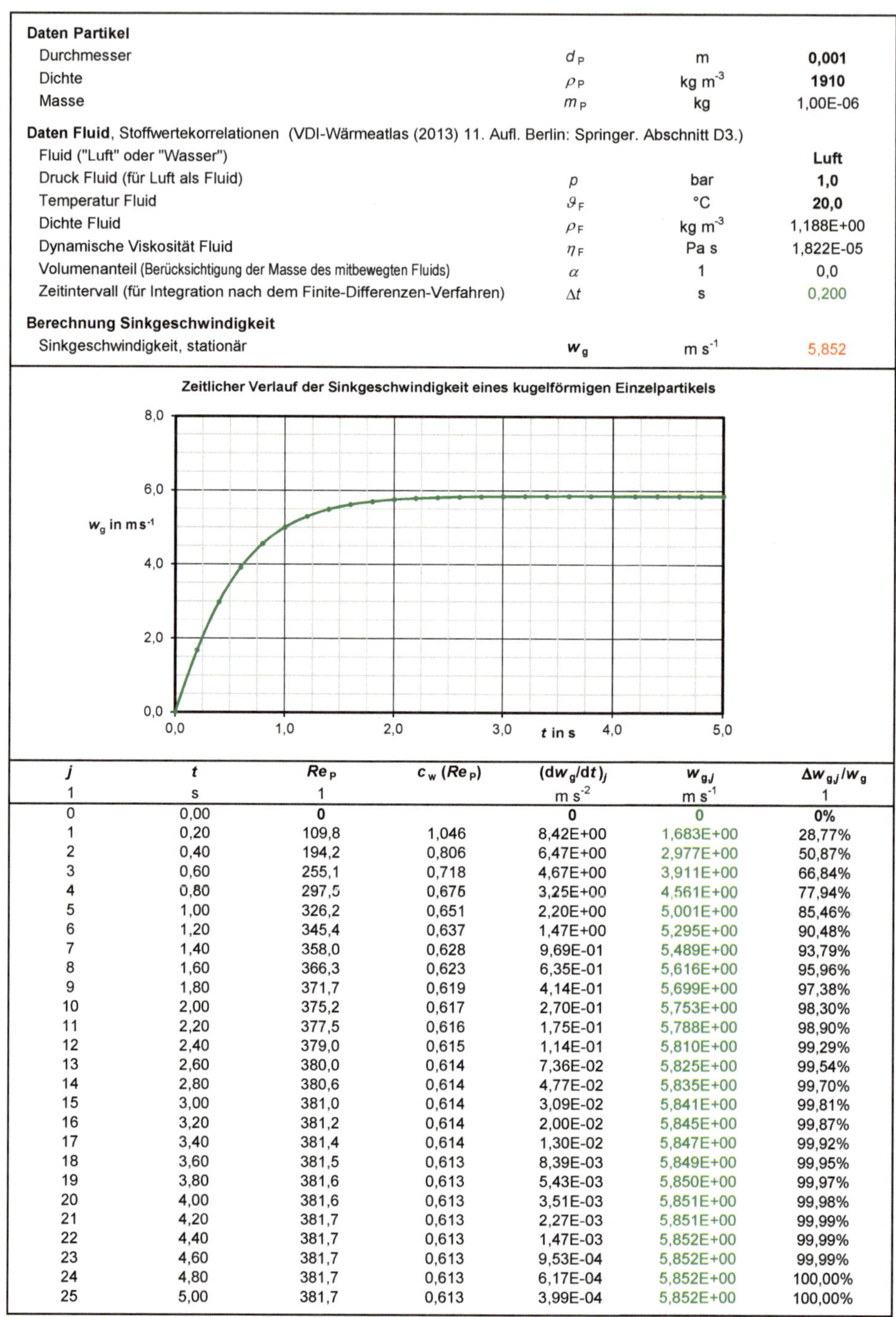

j	t	Re_P	$c_w\,(Re_P)$	$(dw_g/dt)_j$	$w_{g,j}$	$\Delta w_{g,j}/w_g$
1	s	1		m s^{-2}	m s^{-1}	1
0	0,00	0		0	0	0%
1	0,20	109,8	1,046	8,42E+00	1,683E+00	28,77%
2	0,40	194,2	0,806	6,47E+00	2,977E+00	50,87%
3	0,60	255,1	0,718	4,67E+00	3,911E+00	66,84%
4	0,80	297,5	0,675	3,25E+00	4,561E+00	77,94%
5	1,00	326,2	0,651	2,20E+00	5,001E+00	85,46%
6	1,20	345,4	0,637	1,47E+00	5,295E+00	90,48%
7	1,40	358,0	0,628	9,69E-01	5,489E+00	93,79%
8	1,60	366,3	0,623	6,35E-01	5,616E+00	95,96%
9	1,80	371,7	0,619	4,14E-01	5,699E+00	97,38%
10	2,00	375,2	0,617	2,70E-01	5,753E+00	98,30%
11	2,20	377,5	0,616	1,75E-01	5,788E+00	98,90%
12	2,40	379,0	0,615	1,14E-01	5,810E+00	99,29%
13	2,60	380,0	0,614	7,36E-02	5,825E+00	99,54%
14	2,80	380,6	0,614	4,77E-02	5,835E+00	99,70%
15	3,00	381,0	0,614	3,09E-02	5,841E+00	99,81%
16	3,20	381,2	0,614	2,00E-02	5,845E+00	99,87%
17	3,40	381,4	0,614	1,30E-02	5,847E+00	99,92%
18	3,60	381,5	0,613	8,39E-03	5,849E+00	99,95%
19	3,80	381,6	0,613	5,43E-03	5,850E+00	99,97%
20	4,00	381,6	0,613	3,51E-03	5,851E+00	99,98%
21	4,20	381,7	0,613	2,27E-03	5,851E+00	99,99%
22	4,40	381,7	0,613	1,47E-03	5,852E+00	99,99%
23	4,60	381,7	0,613	9,53E-04	5,852E+00	99,99%
24	4,80	381,7	0,613	6,17E-04	5,852E+00	100,00%
25	5,00	381,7	0,613	3,99E-04	5,852E+00	100,00%

Abbildung 11.3: Berechnung des zeitlichen Verlaufs der Sinkgeschwindigkeit eines kugelförmigen Einzelpartikels

Finite-Differenzen-Verfahrens mit

$$w_{\mathrm{g},j} = w_{\mathrm{g},j-1} + \Delta t \left(\frac{\mathrm{d}w_{\mathrm{g}}}{\mathrm{d}t} \right)_j \tag{11.26}$$

erhalten (beginnend mit $j = 1$). In einer weiteren Spalte kann der erreichte Anteil des Werts der stationären Sinkgeschwindigkeit ermittelt werden.

- Die Berechnung der Sinkgeschwindigkeiten erfolgt zeilenweise über Zirkelbezüge, indem die Zellen mit den Startwerten für die Sinkgeschwindigkeiten mit den zuletzt nach Gleichung (11.26) berechneten Zellen verknüpft werden, siehe dazu Abschnitt 2.9.

Der berechnete zeitliche Verlauf der Sinkgeschwindigkeit $w_{\mathrm{g}}(t)$ in Luft als kontinuierliche Phase ist in Abb. 11.3 dargestellt. Der Kurvenverlauf strebt asymptotisch gegen die stationäre Sinkgeschwindigkeit. In Luft ist der stationäre Wert $w_{\mathrm{g}} = 5{,}852\,\mathrm{m\,s^{-1}}$ ab ca. $t = 3{,}4\,\mathrm{s}$ praktisch erreicht ($>99{,}9\,\%$ des stationären Endwerts), in Wasser dagegen $w_{\mathrm{g}} = 0{,}1056\,\mathrm{m\,s^{-1}}$ bereits ab ca. $t = 0{,}16\,\mathrm{s}$ (diese Berechnung ist hier aus Platzgründen nicht dargestellt).

11.4 Partikelgrößenverteilungen

Die Darstellung der Ergebnisse von Partikelgrößenanalysen zur Beschreibung des Zustands von Partikelkollektiven erfolgt mit den aus der Wahrscheinlichkeitsrechnung für Verteilungen gebräuchlichen Darstellungsweisen, siehe dazu DIN ISO 9276-1 [21]. Im Unterschied zur Wahrscheinlichkeitsrechnung werden die Mengen, die bestimmten Äquivalentdurchmessern zugeordnet werden, in der Regel gravimetrisch bestimmt, und nicht nur gezählt.

Bei der grafischen Darstellung von Partikelgrößenverteilungen wird das disperse System nach dem Partikelmerkmal geordnet. Im Allgemeinen wird das Partikelmerkmal durch den Äquivalentdurchmesser x auf der Abszisse dargestellt, das Mengenmaß mit der Mengenart auf der Ordinate. Mengenmaße sind

- die Verteilungssumme Q_r (Abb. 11.4) und

- die Verteilungsdichte q_r (Abb. 11.5).

Die Mengenart wird entsprechend DIN ISO 9276-1 durch den Index r gekennzeichnet:

- Anzahl $r = 0$,

- Länge $r = 1$,

- Fläche $r = 2$,

- Volumen oder Masse $r = 3$.

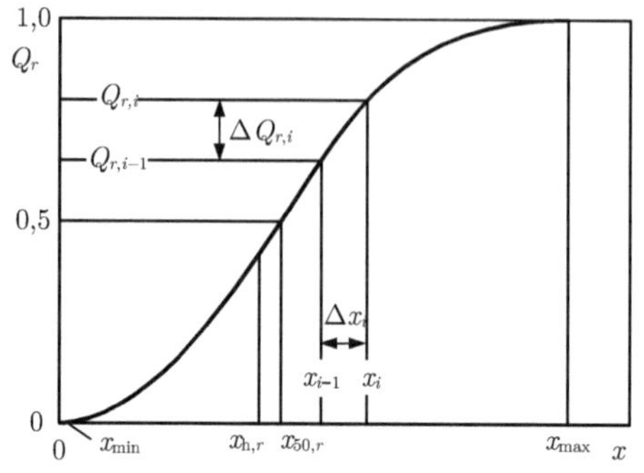

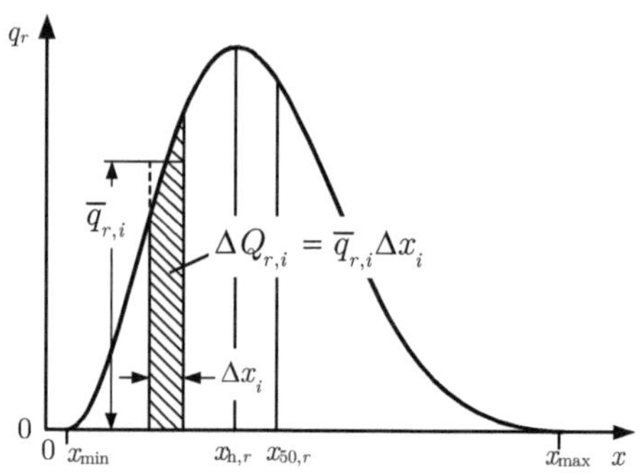

Abbildung 11.4: Verteilungssummenkurve $Q_r(x)$

Abbildung 11.5: Verteilungsdichtekurve $q_r(x)$

Verteilungssummenkurve $Q_r(x)$

Die *Verteilungssumme* Q_r gibt die auf die Gesamtmenge bezogene, normierte Menge aller Partikel mit einem Äquivalentdurchmesser kleiner gleich x an. Es gelten

- $Q_r(x = 0) = Q_r(x = x_{\min}) = 0$ und
- $Q_r(x = \infty) = Q_r(x = x_{\max}) = 1$.

Darin sind $x_{\min}$ der Äquivalentdurchmesser des kleinsten und $x_{\max}$ der des größten Partikels. Q_r hat die Dimension 1. Abbildung 11.4 zeigt eine typische *Verteilungssummenkurve* $Q_r(x)$. Im Diagramm sind zusätzlich der Medianwert $x_{50,r}$ und der Modalwert $x_{\mathrm{h},r}$ der Verteilung eingetragen. Der Medianwert teilt die Verteilung in zwei gleichgroße Hälften, der Modalwert ist der häufigste Wert der Verteilung.

Verteilungsdichtekurve $q_r(x)$

Die *Verteilungsdichte* q_r gibt den Anteil aller Partikel in einem Partikelgrößenintervall oder in einer *Größenklasse* $\Delta x_i = x_i - x_{i-1}$ an (mit der oberen und der unteren Intervallgrenze x_i bzw. x_{i-1}). Die Differenz der Mengenverteilungssummen oder auch *relativen Mengen* [21] ist

$$\Delta Q_{r,i} = \Delta Q_r(x_{i-1}, x_i) = Q_r(x_i) - Q_r(x_{i-1}) \tag{11.27}$$

mit i als Index oder Nummer der Größenklasse, siehe Abb. 11.4. Daraus folgt für die Verteilungsdichte

$$q_{r,i} = q_r(x_{i-1}, x_i) = \frac{\Delta Q_r(x_{i-1}, x_i)}{\Delta x_i} = \frac{Q_r(x_i) - Q_r(x_{i-1})}{x_i - x_{i-1}} \, , \tag{11.28}$$

siehe Abb. 11.5. Ist $Q_r(x)$ differenzierbar, gilt

$$q_r(x) = \frac{\mathrm{d}Q_r(x)}{\mathrm{d}x} \tag{11.29}$$

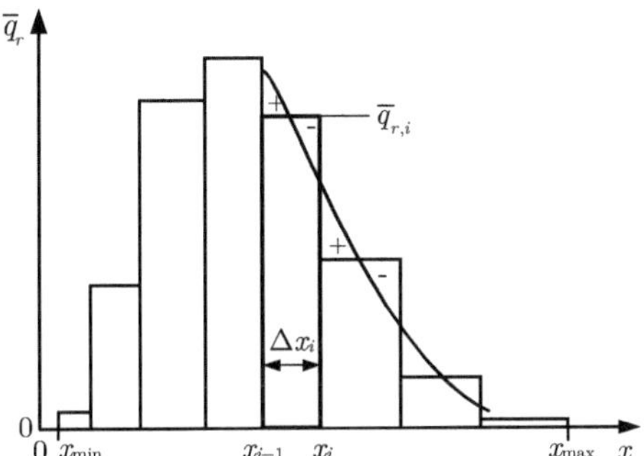

Abbildung 11.6: Histogramm einer Verteilungsdichtekurve

und damit auch die Umrechnung der Verteilungssummenkurve aus der Verteilungs-dichtekurve

$$Q_r(x_i) = \int_{x_{\min}}^{x_i} q_r(x)\,\mathrm{d}x \ .$$ (11.30)

$q_r(x)$ hat die Dimension Länge^{-1}. Die Fläche unterhalb der Verteilungsdichtekurve ist für alle Mengenarten eins:

$$\int_{x_{\min}}^{x_{\max}} q_r(x)\,\mathrm{d}x = \underbrace{Q_r(x_{\max})}_{=1} - \underbrace{Q_r(x_{\min})}_{=0} = 1 \ .$$ (11.31)

Abbildung 11.5 zeigt eine typische *Verteilungsdichtekurve* $q_r(x)$. Auch hier sind der Medianwert $x_{50,r}$ und der Modalwert $x_{\mathrm{h},r}$ der Verteilung eingetragen.

Histogramm $\overline{q}_r(x)$

Die Darstellung von Verteilungsdichtekurven erfolgt in der Regel als *Histogramm*, siehe Abb. 11.6. Die Verteilungsdichtekurve wird dabei im Intervall Δx_i als horizontale Linie übernommen und die relativen Mengen

$$\Delta Q_{r,i} = \Delta Q_r(x_{i-1}, x_i) = \overline{q}_{r,i}\Delta x_i = \overline{q}_r(x_{i-1}, x_i)\Delta x_i$$ (11.32)

entsprechend

$$\overline{q}_{r,i} = \overline{q}_r(x_{i-1}, x_i) = \frac{\Delta Q_{r,i}}{\Delta x_i} = \frac{\Delta Q_r(x_{i-1}, x_i)}{\Delta x_i}$$ (11.33)

als Rechteck in das Diagramm eingetragen, siehe Abb. 11.6 [21]. Für die Summe aller relativen Mengen gilt [21]

$$\sum_{i=1}^{n} \Delta Q_{r,i} = \sum_{i=1}^{n} \overline{q}_{r,i}\Delta x_i = 1$$ (11.34)

mit n als der Anzahl der Größenklassen und $\bar{q}_{r,i}$ als der *mittleren Verteilungsdichte* in der Größenklasse Δx_i.

Verteilungsdichtekurve mit logarithmischer Abszisse

Für die Darstellung der Verteilungsdichtekurve bietet sich alternativ zu Abb. 11.6 eine logarithmisch skalierte Abszisse an, damit die Größenklassen im Bereich der kleineren Äquivalentdurchmesser besser dargestellt werden (siehe Abb. 11.8). Nach DIN ISO 9276-1 ist eine Umrechnung der Werte der Verteilungsdichte erforderlich, damit die Gesamtfläche gleich eins bleibt. Für die Transformation gilt nach [21][1]

$$\bar{q}_r^*(\lg x_{i-1}, \lg x_i) = \frac{\bar{q}_r(x_{i-1}, x_i)\Delta x_i}{\lg x_i - \lg x_{i-1}} = \frac{\bar{q}_{r,i}\Delta x_i}{\lg(x_i/x_{i-1})} = \frac{\Delta Q_{r,i}}{\lg(x_i/x_{i-1})} \; . \tag{11.35}$$

11.5 Partikel-Verteilungsfunktionen

Zur näherungsweisen, *analytischen* Beschreibung von experimentell ermittelten Verteilungen – also zur Approximation durch stetige Funktionen – sind geeignete Ausgleichsfunktionen erforderlich. Diese sind zumindest in Teilbereichen in der Lage, experimentell ermittelte Daten wiederzugeben, siehe Tabelle 11.1 [49, 70]. Bei den nachfolgenden Betrachtungen wird in der Regel von der Masse als Mengenart ausgegangen ($r = 3$).

Potenzverteilung

Die Potenzverteilung (auch GGS-Verteilung) nach GATES, GAUDIN, SCHUHMANN [31, 77] lautet im Bereich $0 \leq x \leq x_{\max}$

$$Q_3 = \left(\frac{x}{x_{\max}}\right)^m , \tag{11.36}$$

siehe dazu DIN 66143 [17]. Darin sind $x_{\max}$ der Lageparameter und m der Streuungsparameter der Verteilung. Durch Logarithmieren wird

$$\lg Q_3(x) = m \lg x - m \lg x_{\max} \tag{11.37}$$

erhalten. Folgt die Partikelgrößenverteilung der Potenzfunktion, wird die Verteilungssummenkurve in einem doppeltlogarithmischen Diagramm zu einer Geraden. Vorteile dieser Verteilung sind die relativ einfache grafische Behandlung. Nachteilig kann sein, dass Verteilungen mit dieser Funktion oft nur abschnittsweise approximierbar sind.

---

[1]Gleichung (11.35) gilt nach DIN ISO 9276-1 [21] mit dem natürlichen Logarithmus $\ln x$ oder wie hier mit dem dekadischen Logarithmus $\lg x$.

Logarithmische Normalverteilung

Normalverteilungen werden mit linearer oder – bevorzugt für die Behandlung von Partikelsystemen – mit logarithmischer Abszisseneinteilung dargestellt. Aus der (linearen) Verteilungsfunktion (hier Verwendung von Q_r wegen des möglichen Wechsels der Mengenart) [70]

$$Q_r(t) = \frac{1}{\sqrt{2\pi}} \int_{-\infty}^{x} \exp\left(-\frac{t^2}{2}\right) \mathrm{d}t \tag{11.38}$$

entsteht durch Substitution mit

$$t = \frac{1}{s} \ln\left(\frac{x}{x_{50,r}}\right) \tag{11.39}$$

die logarithmische Normalverteilungsfunktion, siehe DIN 66144 [18]: „Der natürliche Logarithmus des auf den Medianwert $x_{50,r}$ bezogenen Teilchendurchmessers x ist normalverteilt mit der Standardabweichung s". Für die Verteilungsdichtefunktion gilt

$$q_r(t) = \frac{1}{\sqrt{2\pi}} \exp\left(-\frac{t^2}{2}\right) \, . \tag{11.40}$$

Vorteile der Normalverteilung sind die relativ einfache grafische Behandlung und ein einfacher Wechsel der Mengenarten durch Parallelverschiebung der Geraden in der Diagrammdarstellung.

RRSB-Verteilung

Die RRSB-Verteilung nach ROSIN, RAMMLER, SPERLING und BENNETT [3, 66, 69] lautet

$$1 - Q_3(x) = \exp\left[-\left(\frac{x}{x'}\right)^n\right] \, , \tag{11.41}$$

Tabelle 11.1: Häufig verwendete Partikel-Verteilungsfunktionen (nach [49])

Bezeichnung	Funktion	Lageparameter	Streuungsparameter
Potenzverteilung	$Q_3(x) = \left(\frac{x}{x_{\max}}\right)^m$	$x_{\max}$	m
Normalverteilung	$Q_r(t) = \frac{1}{\sqrt{2\pi}} \int_{-\infty}^{x} \exp\left(-\frac{t^2}{2}\right) \mathrm{d}t$		
mit logarithmischer Abszisse	$t = \frac{1}{s} \ln\left(\frac{x}{x_{50,r}}\right)$	$x_{50,r}$	s
RRSB-Verteilung	$1 - Q_3(x) = \exp\left[-\left(\frac{x}{x'}\right)^n\right]$	x'	n

siehe dazu DIN 66145 [19]. Durch Umformen und zweimaliges Logarithmieren erhält man

$$\lg\lg\frac{1}{1-Q_3(x)} = n\lg x - n\lg x' + \lg\lg e = n\lg x + \text{konst} \ . \tag{11.42}$$

In einem Netz mit einer nach $\lg\lg 1/(1-Q_3)$ geteilten Ordinatenachse und einer nach $\lg x$ geteilten Abszissenachse wird mit einer RRSB-Verteilung eine Gerade erhalten.

Für x' wird $Q_3(x') = 1 - e^{-1} = 0{,}632$. Der Wert x' kann also aus dem RRSB-Netzpapier als Schnittpunkt der eingetragenen Parallelen zur Abszisse im Abstand $Q_3 = 0{,}632$ abgelesen werden. Für die Verteilungsdichtekurve folgt durch Differenzieren von Gleichung (11.41)

$$q_3(x) = \frac{nx^{n-1}}{(x')^n}\exp\left[-\left(\frac{x}{x'}\right)^n\right] \ . \tag{11.43}$$

Die einfache grafische Behandlung und die Streckung des Grobanteils sind Vorteile der RRSB-Verteilung, was diese Verteilung besonders für aus Zerkleinerungen erhaltene Partikelkollektive anwendbar macht. In der Statistik ist die RRSB-Verteilung auch als WEIBULL-Verteilung bekannt.

11.6 Auswertung einer Siebanalyse

Nachfolgend wird die beispielhafte Auswertung der Messwerte einer Siebanalyse anhand einer RRSB-Verteilung durchgeführt.

Beispiel 11.2

In der DIN ISO 9276-1 [21] sind die Daten einer Siebanalyse in tabellarischer Form gegeben. Für dieses Beispiel sollen die Durchgangs- und Rückstandssummenkurven, die Verteilungssummenkurve im RRSB-Netz sowie die Verteilungsdichte als Histogramm (mit linearer und logarithmischer Abszisse) ausgewertet und dargestellt werden. Außerdem sind die volumenbezogene und die massenbezogene Oberfläche des Partikelkollektivs unter der Annahme kugelförmiger, homogener Partikel mit der Dichte $\varrho_P = 1000\,\text{kg}\,\text{m}^{-3}$ zu ermitteln. (Daten der Siebanalyse und Ergebnisse im Excel-Berechnungsblatt in Abb. 11.8.)

Bei einer einfachen Siebanalyse wird das Aufgabegut mit der Masse m_{ges} in die Masse des Grobguts m_G und die Masse des Feinguts m_F getrennt, siehe Abb. 11.7. Für den Durchgang, der mit der Masse des durch das Sieb mit der Sieböffnungsweite oder dem Äquivalentdurchmesser x gefallene Feingut gebildet wird, gilt

$$Q_3(x) = D(x) = \frac{m_F}{m_{\text{ges}}} = \frac{m_F}{m_G + m_F} \tag{11.44}$$

und für den Rückstand, der auf dem Sieb verbleibt und mit der Masse des Grobguts

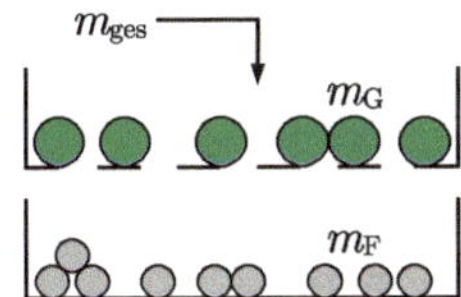

Abbildung 11.7: Schema einer einfachen Siebanalyse

gebildet wird,

$$R(x) = 1 - D(x) = 1 - Q_3(x) \, .$$ (11.45)

Für die Ermittlung der Verteilungssummenkurve $Q_3(x) = D(x)$ aus einer Siebanalyse mit n Größenklassen folgt nach DIN ISO 9276-1 [21] für die Verteilungssumme bis einschließlich der Größenklasse i mit $1 \leq v \leq i \leq n$

$$Q_3(x_i) = D(x_i) = \sum_{v=1}^{i} \Delta Q_{3,v} = \sum_{v=1}^{i} \overline{q}_{3,v} \Delta x_v \, .$$ (11.46)

Die praktische Auswertung einer Siebanalyse wird mit den zwischen jeweils zwei Siebböden zurückgehaltenen Massen Δm_v durchgeführt

$$Q_3(x_i) = D(x_i) = \sum_{v=1}^{i} \Delta D_v = \sum_{v=1}^{i} \frac{\Delta m_v}{m_{\text{ges}}} \, .$$ (11.47)

Für die Verteilungsdichte in der Größenklasse i folgt entsprechend Gleichung (11.33)

$$\overline{q}_{3,i} = \frac{\Delta Q_{3,i}}{\Delta x_i}$$ (11.48)

und für die Verteilungsdichte mit logarithmischer Abszisse nach Gleichung (11.35)

$$\overline{q}_{3,i}^{*}(\lg x_{i-1}, \lg x_i) = \frac{\Delta Q_{3,i}}{\lg(x_i/x_{i-1})} \, .$$ (11.49)

Unter vereinfachenden Annahmen ist die Ermittlung der volumenbezogenen Oberfläche eines Partikelkollektivs möglich. Für das kugelförmige oder sphärische Einzelpartikel gilt

$$a_{V,\text{P}} = \frac{A_\text{P}}{V_\text{P}} = \frac{6}{d}$$ (11.50)

und für das nichtsphärische Einzelpartikel mit der Sphärizität ϕ entsprechend Gleichung (11.23)

$$a_{V,\text{P}} = \frac{6}{\phi \, x_V} \, .$$ (11.51)

Daraus folgt die volumenbezogene Oberfläche des Partikelkollektivs $a_{V,\mathrm{K}}$

$$a_{V,\mathrm{K}} = \frac{A_\mathrm{ges}}{V_\mathrm{ges}} = \frac{\sum_{i=1}^n \Delta A_i}{\sum_{i=1}^n \Delta V_i} = \sum_{i=1}^n a_{V,i} \frac{\Delta V_i}{V_\mathrm{ges}} = \sum_{i=1}^n a_{V,i} \Delta Q_{3(\mathrm{Vol}),i} \qquad (11.52)$$

mit

$$\Delta A_i = \frac{\Delta A_i}{\Delta V_i} \Delta V_i = a_{V,i} \Delta V_i \ . \qquad (11.53)$$

Darin sind ΔA_i die Oberfläche, ΔV_i das Volumen und $a_{V,i}$ die volumenbezogene Oberfläche der Partikel in der Größenklasse i. $\Delta Q_{3(\mathrm{Vol}),i}$ ist die relative Menge in dieser Größenklasse mit dem Volumen als Mengenart. In der DIN ISO 9276-1 wird für $r = 3$ nicht zwischen Masse und Volumen differenziert, weshalb hier der zusätzliche Index „(Vol)" vergeben wird.

Liegen kugelförmige Partikel vor und ist die Dichte der Partikel unabhängig von der Partikelgröße, gilt näherungsweise für die volumenbezogene Oberfläche des Partikelkollektivs

$$a_{V,\mathrm{K}} = \frac{6}{\phi} \sum_{i=1}^n \frac{\Delta Q_{3(\mathrm{Vol}),i}}{\overline{x}_i} = \frac{6}{\phi} \sum_{i=1}^n \frac{\Delta D_i}{\overline{x}_i} \qquad (11.54)$$

mit einem arithmetisch gemittelten Äquivalentdurchmesser der Größenklasse i

$$\overline{x}_i = \frac{x_{i-1} + x_i}{2} \ , \qquad (11.55)$$

und für die massenbezogene Oberfläche des Partikelkollektivs oder der Partikel in der Größenklasse i

$$a_{m,\mathrm{K}} = \frac{a_{V,\mathrm{K}}}{\rho_\mathrm{P}} \quad \text{bzw.} \quad a_{m,i} = \frac{a_{V,i}}{\rho_\mathrm{P}} \ . \qquad (11.56)$$

Zur Lösung der Aufgabenstellung in Beispiel 11.2 wird ein Excel-Berechnungsblatt gemäß Abb. 11.8 erstellt. Die darin eingetragenen Daten für die Partikelgrößenklassen und den in diesen Klassen zurückgehaltenen Massen Δm_i wurden der DIN ISO 9276-1 [21] entnommen. Zunächst wird die Berechnungstabelle erstellt:

1. In die erste Spalte wird der Index i (und zusätzlich der Index v gemäß Gleichung (11.47)) aufgenommen. Die zweite, dritte und vierte Spalte enthalten – abweichend von der DIN ISO 9276-1 – den unteren und oberen Äquivalentdurchmesser x_{i-1} bzw. x_i sowie die „Klassenbreiten" Δx_i. Im Unterschied zur DIN ISO 9276-1 wird hier die Partikelgrößenklasse von $0\,\mathrm{mm}$ bis $0{,}063\,\mathrm{mm}$ aufgenommen, da bei Siebanalysen typischerweise in einer Schale unterhalb des Siebes mit der kleinsten Maschenweite ein Durchgang aufgefangen wird.

2. In der fünften Spalte werden die in den Klassen gravimetrisch ermittelten Massen Δm_i aufgeführt, ihre Summe m_ges und in der sechsten Spalte die relativen Massen

									$\phi =$	1	$\rho_p/(\mathrm{kgm^{-3}}) =$	1000	
i,v	x_{i-1}	x_i	Δx_i	Δm_i	$\Delta Q_{3,i}=\Delta D_i$	$Q_{3,i}=D_i$	ΔR_i	R_i	$\bar{q}_{3,i}=\Delta D_i/\Delta x_i$	$\bar{q}^*_{3,i}=\Delta D_i/\lg(x_i/x_{i-1})$	$\bar{x}=(x_{i-1}+x_i)/2$	$a_{v,i}$	$a_{m,i}$	$\lg\lg 1/(1-Q_{3,i})$
	mm	mm	mm	g	1	1	1	1	$\mathrm{mm^{-1}}$	$\mathrm{mm^{-1}}$	mm	$\mathrm{mm^{-1}}$	$\mathrm{m^2\,kg^{-1}}$	1
							0,0000							
1	0,000	0,063	0,063	0,000	0,0000	0,0000	0,0010	1,0000	0,0000	0,0000	0,032	0,000	0,000	
2	0,063	0,090	0,027	0,483	0,0010	0,0010	0,0009	0,9990	0,0370	0,0065	0,077	0,078	0,078	-3,362
3	0,090	0,125	0,035	0,435	0,0009	0,0019	0,0016	0,9981	0,0257	0,0063	0,108	0,050	0,050	-3,083
4	0,125	0,180	0,055	0,773	0,0016	0,0035	0,0025	0,9965	0,0291	0,0101	0,153	0,063	0,063	-2,817
5	0,180	0,250	0,070	1,208	0,0025	0,0060	0,0050	0,9940	0,0357	0,0175	0,215	0,070	0,070	-2,583
6	0,250	0,355	0,105	2,415	0,0050	0,0110	0,0110	0,9890	0,0476	0,0328	0,303	0,099	0,099	-2,318
7	0,355	0,500	0,145	5,313	0,0110	0,0220	0,0180	0,9780	0,0759	0,0740	0,428	0,154	0,154	-2,015
8	0,500	0,710	0,210	8,694	0,0180	0,0400	0,0370	0,9600	0,0857	0,1182	0,605	0,179	0,179	-1,751
9	0,710	1,000	0,290	17,871	0,0370	0,0770	0,0610	0,9230	0,1276	0,2488	0,855	0,260	0,260	-1,458
10	1,000	1,400	0,400	29,463	0,0610	0,1380	0,1020	0,8620	0,1525	0,4175	1,200	0,305	0,305	-1,190
11	1,400	2,000	0,600	49,265	0,1020	0,2400	0,1600	0,7600	0,1700	0,6585	1,700	0,360	0,360	-0,924
12	2,000	2,800	0,800	77,280	0,1600	0,4000	0,2100	0,6000	0,2000	1,0950	2,400	0,400	0,400	-0,654
13	2,800	4,000	1,200	101,420	0,2100	0,6100	0,2400	0,3900	0,1750	1,3556	3,400	0,371	0,371	-0,388
14	4,000	5,600	1,600	115,920	0,2400	0,8500	0,1250	0,1500	0,1500	1,6424	4,800	0,300	0,300	-0,084
15	5,600	8,000	2,400	60,375	0,1250	0,9750	0,0240	0,0250	0,0521	0,8070	6,800	0,110	0,110	0,205
16	8,000	11,200	3,200	11,592	0,0240	0,9990	0,0010	0,0010	0,0075	0,1642	9,600	0,015	0,015	0,477
17	11,200	16,000	4,800	0,483	0,0010	1,0000		0,0000	0,0002	0,0065	13,600	0,000	0,000	
			Summen	482,99	1,0000		1,0000					2,81	2,81	

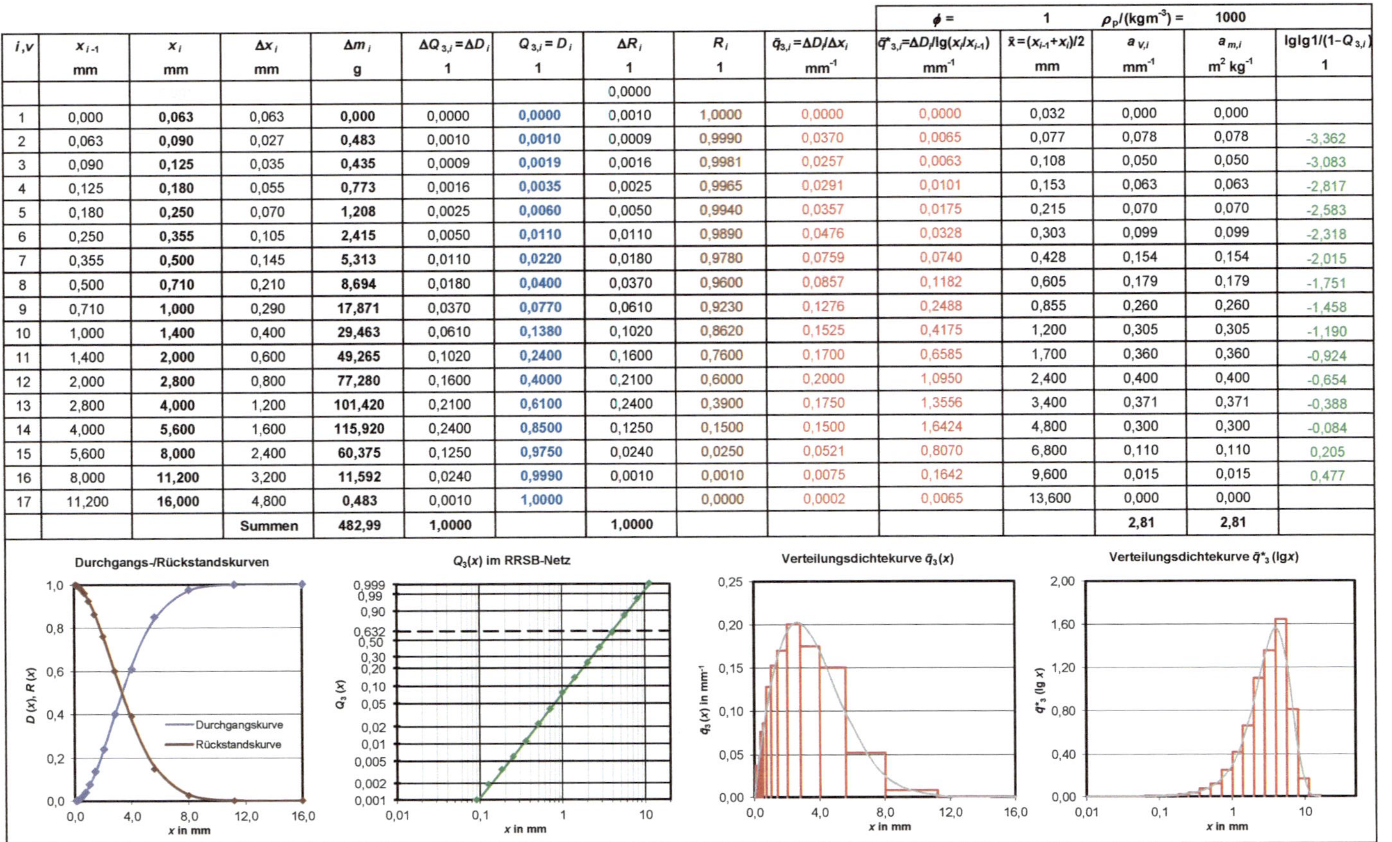

Abbildung 11.8: Auswertung einer Siebanalyse einschließlich Darstellung der Verteilung (Daten der Siebanalyse aus [21])

$$\Delta Q_{3,i} = \Delta D_i = \frac{\Delta m_i}{m_{\text{ges}}} \tag{11.57}$$

berechnet. Aus diesen Werten wird in der nächsten Spalte unter Verwendung von Gleichung (11.47) die Verteilungssumme $Q_3(x_i) = D(x_i)$ für die Darstellung der Verteilungssummenkurve oder Durchgangssummenkurve ermittelt.

3. Optional kann die Rückstandssummenkurve $R(x_i)$ mit Gleichung (11.45) bestimmt werden. Dafür sind die relativen Rückstandsmassen ΔR_i nicht erforderlich. Sollen diese jedoch ebenfalls in einer Spalte ausgewiesen werden, ist die Beziehung $\Delta R_i = \Delta D_{i+1}$ zu beachten, da die Masse Δm_i der Durchgang des Siebes mit dem Äquivalentdurchmesser oder der Maschenweite x_i gleichzeitig der Rückstand von x_{i-1} ist. Die Auftragung der Durchgangs- und Rückstandssummenkurven in einem Diagramm erfolgt grundsätzlich in Abhängigkeit von x_i, also dem jeweils oberen Wert der Partikelgrößenklassen.

4. Für die Darstellung der Verteilungsdichtekurve als Histogramm ist die Berechnung der mittleren Verteilungsdichte in der jeweiligen Größenklasse erforderlich. Diese wird gemäß Gleichung (11.33) mit

$$\overline{q}_{3,i} = \frac{\Delta Q_{r,i}}{\Delta x_i} = \frac{\Delta D_i}{\Delta x_i} \tag{11.58}$$

berechnet. Für die Darstellung des Histogramms mit logarithmischer Abszisse ist – wie oben beschrieben – die Umrechnung der Werte der Verteilungsdichte erforderlich, damit die Gesamtfläche gleich eins bleibt. Nach Gleichung (11.35) gilt für die Transformation

$$\overline{q}_{3,i}^{*} = \frac{\Delta Q_{3,i}}{\lg(x_i/x_{i-1})} = \frac{\Delta D_i}{\lg(x_i/x_{i-1})} \; . \tag{11.59}$$

Die Berechnung der Verteilungsdichte $\overline{q}_{3,i}^{*}$ und die Darstellung ihrer Ausgleichsfunktion erfordert für $i = 1$ eine zusätzliche „Stützstelle", weshalb in der Spalte x_i für $i = 0$ ein kleiner Wert nahe null, z. B. 0,001, eingegeben wird (in der Tabelle in hellgrauer Farbe dargestellt).

5. Für die Berechnung der volumen- und der massenbezogenen Oberflächen des Partikelkollektivs ist der arithmetisch gemittelte Äquivalentdurchmesser $\overline{x}_i$ nach Gleichung (11.55) erforderlich. Die volumenbezogenen Oberflächen $a_{V,i}$ der Partikel in der Größenklasse i folgen nach Gleichung (11.54) mit

$$a_{V,i} = \frac{6}{\phi} \frac{\Delta Q_{3(\text{Vol}),i}}{\overline{x}_i} = \frac{6}{\phi} \frac{\Delta D_i}{\overline{x}_i} \; . \tag{11.60}$$

Daraus kann die volumenbezogene Oberfläche des Kollektivs $a_{V,K}$ durch Summation ermittelt werden. Die Umrechnung in die massebezogenen Oberflächen $a_{m,i}$ und $a_{m,K}$ erfolgt unter Verwendung der Partikeldichte mit Gleichung (11.56).

6. Für die spätere Darstellung des RRSB-Diagramms werden in der letzten Spalte die Werte $\lg \lg 1/(1 - Q_3)$ berechnet.

Für das hier verwendete Beispiel soll eine RRSB-Verteilung als Ausgleichsfunktion angenommen und deren Parameter bestimmt werden:

7. Die Berechnung erfolgt im Arbeitsblatt in einer neuen Tabelle (am besten im Arbeitsblatt rechts neben der bereits bestehenden Tabelle), siehe Abb. 11.9. Zur besseren Übersicht können die Werte der Spalten i, x_i und $Q_{3,i} = D_i$ aus Abb. 11.8 kopiert werden. In dieser Tabelle werden Eingabefelder für die Lage- und Streuungsparameter n bzw. x' erstellt und darin jeweils z. B. 1 als Startwert eingetragen. Die Ermittlung dieser Parameter erfolgt über eine Ausgleichung nach der GAUSSschen Methode der kleinsten Quadrate und unter Verwendung des Solvers, wie in Abschnitt 2.7.1 beschrieben. Dazu wird in der vierten Spalte die Verteilungssumme $Q'_{3,i} = D'_i$ unter Verwendung von Gleichung (11.41) berechnet und in der fünften Spalte die vertikalen Abweichungsquadrate $(Q'_{3,i} - Q_{3,i})^2$ und daraus die Summe der Abweichungsquadrate am unteren Ende der Spalte. In einer weiteren Spalte folgen die relativen vertikalen Abweichungen $(Q'_{3,i} - Q_{3,i})/Q_{3,i}$.

8. Für die Darstellung im RRSB-Diagramm sind zwei Stützstellen für die RRSB-Funktion erforderlich, die in der Spalte $\lg \lg 1/(1 - Q'_3)$ bestimmt werden. Für die weiteren Diagrammdarstellungen folgen die Werte der Rückstandssummen $R_i = 1 - Q'_{3,i} = 1 - D'_i$ und die Werte für die Verteilungsdichten $q_{3,i}$ nach Gleichung (11.43). Die Werte für $q^*_{3,i}$ folgen aus einer Grenzwertbetrachtung auf Basis von Gleichung (11.35) zu

$$\overline{q}^*_{3,i} = \overline{q}_{3,i}\, x_i \ln(10) \ . \tag{11.61}$$

Das Diagramm mit den Durchgangs- und Rückstandssummenkurven in Abb. 11.8 kann nun erstellt werden. Darin werden die aus der Siebanalyse berechneten Werte für D_i und R_i als diskrete Punkte und die Ausgleichskurven mit den entsprechenden Daten aus Abb. 11.9 erstellt.

Für die Darstellung der Verteilungssummenkurve $Q_3(x)$ in einem RRSB-Diagramm muss – wegen der Ordinatenteilung nach $\lg \lg 1/(1 - Q_3)$ – ein eigenes Diagramm „angefertigt" werden, siehe Abb. 11.8:

9. Dafür wird ein Diagramm mit einer linear skalierten Ordinate und einer logarithmisch skalierten Abszisse erstellt und darin die Werte aus der Spalte $\lg \lg 1/(1 - Q_{3,i})$ in Abb. 11.8 in Abhängigkeit des Äquivalentdurchmessers x_i als Punkte eingetragen. Die Ausgleichsfunktion folgt als Linie auf Basis der beiden oben berechneten Stützstellen in der Spalte $\lg \lg 1/(1 - Q'_{3,i})$ aus Abb. 11.9. Die Skalierung der Ordinate wird manuell auf Basis einer separaten Tabelle erstellt, die drei Spalten enthält: eine Spalte mit den vorzugebenden, im Diagramm anzeigenden Werten für $Q_{3,i}$, eine Spalte mit den nach $\lg \lg 1/(1 - Q_{3,i})$ umgerechneten Werten und eine Spalte mit den Äquivalentdurchmessern x_i. Die im RRSB-Diagramm eingetragenen horizontalen Hilfslinien erfordern jeweils zwei Datenpunkte mit den Koordinaten $(x_i; \lg \lg 1/(1 - Q_{3,i}))$.

i,v	x_i/mm	$Q_{3,i}=D_i$	$Q'_{3,i}=D'_i$	$(Q'_{3,i}-Q_{3,i})^2$	$\Delta Q_{3,i}/Q_{3,i}$	lg lg $1/(1-Q'_{3,i})$	$R'_i=1-Q'_{3,i}$	$q_{3,i}$/mm^{-1}	$q^*_{3,i}$/mm^{-1}
	x'/mm	**4,042252028**		Lageparameter					
	n	**1,843180726**		Streuungsparameter					
1	0,063	0,0000	0,000466	2,175E-07		-3,693	0,9995	0,0136	0,0020
2	0,090	0,0010	0,000900	1,004E-08	-10,0%		0,9991	0,0184	0,0038
3	0,125	0,0019	0,001648	6,382E-08	-13,3%		0,9984	0,0243	0,0070
4	0,180	0,0035	0,003225	7,630E-08	-7,9%		0,9968	0,0330	0,0137
5	0,250	0,0060	0,005901	1,033E-08	-1,7%		0,9941	0,0434	0,0250
6	0,355	0,0110	0,011231	5,236E-08	2,1%		0,9888	0,0580	0,0474
7	0,500	0,0220	0,021010	9,849E-07	-4,5%		0,9790	0,0766	0,0882
8	0,710	0,0400	0,039715	8,284E-08	-0,7%		0,9603	0,1010	0,1652
9	1,000	0,0770	0,073358	1,329E-05	-4,7%		0,9266	0,1301	0,2996
10	1,400	0,1380	0,132077	3,514E-05	-4,3%		0,8679	0,1619	0,5218
11	2,000	0,2400	0,239182	6,777E-07	-0,3%		0,7608	0,1917	0,8827
12	2,800	0,4000	0,398452	2,422E-06	-0,4%		0,6015	0,2013	1,2976
13	4,000	0,6100	0,624996	2,251E-04	2,5%		0,3750	0,1695	1,5610
14	5,600	0,8500	0,838556	1,309E-04	-1,3%		0,1614	0,0969	1,2495
15	8,000	0,9750	0,970376	2,137E-05	-0,5%		0,0296	0,0240	0,4425
16	11,200	0,9990	0,998560	1,936E-07	0,0%		0,0014	0,0016	0,0400
17	16,000	1,0000	0,999997	1,078E-11	0,0%	0,739	0,0000	0,0000	0,0002
			$\Sigma\,(Q'_{3,i}-Q_{3,i})^2 =$	**4,31E-04**					

Abbildung 11.9: Tabelle zur Anpassung der Parameter für die RRSB-Funktion

Für die Darstellung der Verteilungsdichtekurve mit linearer und mit logarithmischer Abszisse ist die Darstellung in Excel als Säulen- oder Balkendiagramm nicht geeignet, da die Breite der Balken nicht an die Größenklassen angepasst werden kann. Hier bietet sich die Darstellung des Histogramms als Polygonzug an, siehe dazu den Datenauszug in der Tabelle in Abb. 11.10. Die Erstellung der Tabelle erfolgt ähnlich zu Listing 2.3 in Abschnitt 2.3.3 in VBA über den Aufruf mit einer Schaltfläche (siehe Abschnitt 2.3.1):

10. Zunächst erfolgt die Deklaration der Laufvariablen `i` und `j`, dem Speicher für die Anzahl der Zeilen der Tabelle `iAnzahlZeilen` sowie der Range-Variablen `rng`. Anschließend werden die Arrays zum Speichern, Erstellen und Ausgeben des Histogramms `vx`, `vq3`, `vqlog3` bzw. `adHist()` definiert.

11. Im Arbeitsblatt in Abb. 11.8 erhält die Zelle in der Spalte i,v mit dem Wert $i = 0$ den Namen `oberste_Zelle_Tab`. Dieser Name wird in VBA der Konstanten `sTopTab` zugewiesen. Die linke Zelle in der obersten Datenzeile der Tabelle mit dem Wert 0,001 in Abb. 11.10 erhält im Arbeitsblatt den Namen `oberste_Zelle_HG`. Dieser Name wird in VBA der Konstanten `sTopHG` zugewiesen. Die Variable `arrOffset` bekommt in einem Array Werte der für die Erstellung des Histogramms relevanten Spalten – relativ zur Zelle `oberste_Zelle_Tab`.

12. Mit dem `Set`-Befehl wird die Range-Variable `rng` auf die Zelle `sTopTab` gesetzt und der Bereich der Variablen bis zur untersten Zeile der Tabelle erweitert. Anschließend wird die Zahl der Zeilen in `rng` in `iAnzahlZeilen` gespeichert und die Werte aus der Tabelle in die Variablen `vx`, `vq3` und `vqlog3` eingelesen.

x_i /mm	$\bar{q}_{3,i}$ /mm^{-1}	$\bar{q}^*_{3,i}$ /mm^{-1}
0,001	0,0000	0,0000
0,001	0,0000	0,0000
0,063	0,0000	0,0000
0,063	0,0000	0,0000
0,063	0,0370	0,0065
0,090	0,0370	0,0065
0,090	0,0000	0,0000
0,090	0,0257	0,0063
0,125	0,0257	0,0063
0,125	0,0000	0,0000
⋮	⋮	⋮
16,000	0,0002	0,0065
16,000	0,0000	0,0000

Abbildung 11.10: Tabelle zur Darstellung des Histogramms als Polygonzug (Datenauszug). Die Zeile in schwarzer Farbe bildet den ersten, linken Datenpunkt und wird im VBA-Code im Abschnitt „Daten erste Zeile …" erzeugt. Die Zeilen in grüner, roter und blauer Farbe werden in der For-Schleife erzeugt und bilden jeweils den linken oberen, den rechten oberen und den rechten unteren Punkt eines „Balkens".

13. Das dynamische Array adHist() wird initialisiert, die Daten für das Histogramm zugewiesen und im Arbeitsblatt in den über die Konstante sTopHG definierten Bereich ausgegeben, siehe dazu die Tabelle in Abb. 11.10.

14. Die Darstellung der Ausgleichsfunktionen für die Verteilungsdichtekurven in den Diagrammdarstellungen mit linearer und logarithmischer Abszisse in Abb. 11.8 erfolgen mit den Daten in den beiden rechten Spalten von Abb. 11.9.

Listing 11.1: VBA-Code für die Berechnung der Histogramme

```vba
Option Explicit
Option Base 1

'Einlesen der Daten aus der Tabelle zur Siebanalyse, Berechnung der Stützstellen
'für das Histogramm als Polygonzug, Ausgabe der Daten in eine Tabelle (kompakter Code)
Private Sub cmdArrayHistogramm_Click()

    '''Variablendeklaration
    'Laufvariablen und Anzahl Zeilen
    Dim i As Integer, j As Integer, iAnzahlZeilen As Integer
    Dim rng As Range        'zum Speichern von Ranges
    'zum Speichern der Daten zur Erstellung des Histogramms
    Dim vx As Variant, vq3 As Variant, vqlog3 As Variant
    Dim adHist() As Double  'Array zum Speichern/Ausgeben Histogramm

    '===================================================================
    'Definierter Name der ersten Zelle der Tabelle (i=0)
    Const sTopTab As String = "oberste_Zelle_Tab"
    'Definierter Name der ersten Zelle für den Bereich des Histogramms
    Const sTopHG As String = "oberste_Zelle_HG"
    'Welche Spalten in 'Offset' zu 'sTopTab' sind erforderlich?
    Dim arrOffset As Variant:    arrOffset = Array(2, 9, 10)
    '===================================================================
```

```
25   Set rng = Range(sTopTab)                    'Setzt 'rng' auf die Zelle 'sTopTab'
     Set rng = Range(rng, rng.End(xlDown))       'Erweitert 'rng' bis zur letzten Zeile

     With rng                        'Einlesen der Werte für das Histogramm
         iAnzahlZeilen = .Rows.Count:           vx = .Offset(, arrOffset(1)).Value
30       vq3 = .Offset(, arrOffset(2)):         vqlog3 = .Offset(, arrOffset(3))
     End With


     'Initialisierung 'adHist'
     ReDim adHist(1 To 3 * iAnzahlZeilen - 2, LBound(arrOffset) To UBound(arrOffset))
35
     'Daten erste Zeile (i = 0) von 'adHist'
     adHist(1, 1) = vx(1, 1)
     adHist(1, 2) = 0
     adHist(1, 3) = 0
40
     'Daten alle anderen Zeilen von 'adHist'
     For i = 2 To 3 * iAnzahlZeilen - 2 Step 3
         j = i \ 3 + 2          'Berechnung des Index in den ursprünglichen Arrays

45       'Zeichne vertikal hoch (bei vorheriger Klasse)
         adHist(i + 0, 1) = vx(j - 1, 1)
         adHist(i + 0, 2) = vq3(j, 1)
         adHist(i + 0, 3) = vqlog3(j, 1)
         'Zeichne horizontal nach rechts (in der aktuellen Klasse)
50       adHist(i + 1, 1) = vx(j, 1)
         adHist(i + 1, 2) = vq3(j, 1)
         adHist(i + 1, 3) = vqlog3(j, 1)
         'Zeichne vertikal runter
         adHist(i + 2, 1) = vx(j, 1)
55       adHist(i + 2, 2) = 0
         adHist(i + 2, 3) = 0
     Next


     'Wähle Bereich zur Ausgabe der Histogrammdaten aus und gebe Daten aus
60   Set rng = Range(sTopHG).Resize(3 * iAnzahlZeilen - 2, _
             UBound(arrOffset) - LBound(arrOffset) + 1)
     rng = adHist

 End Sub
```

Sind für die Auswertung eines Partikelsystems zu wenig Datenpunkte vorhanden, ist ggf. die Erstellung einer weiteren Datentabelle erforderlich. In dieser können die Daten insbesondere für die Verteilungsdichte in Abhängigkeit der x_i in ausreichend kleinen Schrittweiten – unter Berücksichtigung der logarithmischen Skalierung – mit einer sogenannten Normzahlreihe nach DIN 323 [15, 16] berechnet werden. Die Normzahlen nach RENARD basieren auf einer geometrischen Reihe, die durch den Multiplikator oder Stufensprung $\sqrt[m]{10}$ der Reihe Rm als Verhältnis des Gliedes einer Reihe zum vorhergehenden und ausgehend vom Wert 1 beschrieben wird [15, 16]. Darin gibt m die Anzahl der Stufen je Dezimalbereich an. So basiert auch die Abstufung der Maschenweiten der für Abb. 11.8 verwendeten Siebe auf der Reihe R 20 mit $x_i = x_{i-1}\sqrt[m]{10}$ für $m = 20$. Die x_i der neuen Datentabelle werden mit einem hinreichend großen Wert für m berechnet. Daraus folgen die Werte von $q_{3,i}$ mit Gleichung (11.43), von $\overline{q}_{3,i}^{*}$ mit Gleichung (11.61) und daraus die Darstellung der Ausgleichsfunktionen.

A Definition und Umrechnung von Konzentrationsmaßen

Tabelle A: Definition und Umrechnung von Konzentrationsmaßen einer Komponente i in einem Gemisch aus k Komponenten. $c = \sum_{j=1}^k c_j$, $\varrho = (\beta =) \sum_{j=1}^k \beta_j$, j Laufindex, B Bezugskomponente (vgl. [25, 51, 73, 85]).

	Definition	Dimension	gesucht	gegeben x_i	X_i (mit $X_B = 1$)	w_i	X_i' (mit $X_B' = 1$)	c_i	β_i
Stoffmengen-anteil	$x_i = \dfrac{n_i}{\sum_{j=1}^k n_j}$	$\dfrac{\text{kmol}}{\text{kmol}}$	$x_i =$		$\dfrac{X_i}{\sum_{j=1}^k X_j}$	$\dfrac{w_i/M_i}{\sum_{j=1}^k w_j/M_j}$	$\dfrac{X_i'/M_i}{\sum_{j=1}^k X_j'/M_j}$	$\dfrac{c_i}{c}$	$\dfrac{\beta_i/M_i}{\sum_{j=1}^k \beta_j/M_j}$
Stoffmengen-beladung	$X_i = \dfrac{n_i}{n_B}$	$\dfrac{\text{kmol}}{\text{kmol}}$	$X_i =$	$\dfrac{x_i}{x_B}$		$\dfrac{w_i/M_i}{w_B/M_B}$	$X_i' \dfrac{M_B}{M_i}$	$\dfrac{c_i}{c_B}$	$\dfrac{\beta_i/M_i}{\beta_B/M_B}$
Massenanteil	$w_i = \dfrac{m_i}{\sum_{j=1}^k m_j}$	$\dfrac{\text{kg}}{\text{kg}}$	$w_i =$	$\dfrac{x_i M_i}{\sum_{j=1}^k x_j M_j}$	$\dfrac{X_i M_i}{\sum_{j=1}^k X_j M_j}$		$\dfrac{X_i'}{\sum_{j=1}^k X_j'}$	$\dfrac{c_i M_i}{\sum_{j=1}^k c_j M_j}$	$\dfrac{\beta_i}{\varrho}$
Massen-beladung	$X_i' = \dfrac{m_i}{m_B}$	$\dfrac{\text{kg}}{\text{kg}}$	$X_i' =$	$\dfrac{x_i M_i}{x_B M_B}$	$X_i \dfrac{M_i}{M_B}$	$\dfrac{w_i}{w_B}$		$\dfrac{c_i M_i}{c_B M_B}$	$\dfrac{\beta_i}{\beta_B}$
Stoffmengen-konzentration	$c_i = \dfrac{n_i}{V}$	$\dfrac{\text{kmol}}{\text{m}^3}$	$c_i =$	$\dfrac{x_i \varrho}{\sum_{j=1}^k x_j M_j}$	$\dfrac{X_i \varrho}{\sum_{j=1}^k X_j M_j}$	$\dfrac{w_i \varrho}{M_i}$	$\dfrac{X_i' \varrho}{M_i \sum_{j=1}^k X_j'}$		$\dfrac{\beta_i}{M_i}$
Partialdichte, Massen-konzentration	$\beta_i = \dfrac{m_i}{V}$	$\dfrac{\text{kg}}{\text{m}^3}$	$\beta_i =$	$\dfrac{x_i M_i \varrho}{\sum_{j=1}^k x_j M_j}$	$\dfrac{X_i M_i \varrho}{\sum_{j=1}^k X_j M_j}$	$w_i \varrho$	$\dfrac{X_i' \varrho}{\sum_{j=1}^k X_j'}$	$c_i M_i$	
mittlere molare Masse	$M = \dfrac{m}{n}$	$\dfrac{\text{kg}}{\text{kmol}}$	$M =$	$\sum_{j=1}^k x_j M_j$	$\dfrac{\sum_{j=1}^k X_j M_j}{\sum_{j=1}^k X_j}$	$\dfrac{1}{\sum_{j=1}^k w_j/M_j}$	$\dfrac{\sum_{j=1}^k X_j'}{\sum_{j=1}^k X_j'/M_j}$	$\dfrac{\sum_{j=1}^k c_j M_j}{c}$	$\dfrac{\varrho}{\sum_{j=1}^k \beta_j/M_j}$

Abbildungsverzeichnis

Tabellenverzeichnis

Listingsverzeichnis

Literaturverzeichnis

[1]   BAEHR, H. D. und KABELAC, S. *Thermodynamik.* 15. Aufl. Berlin Heidelberg: Springer, 2012. DOI: 10.1007/978-3-642-24161-1.

[2]   BAEHR, H. D. und STEPHAN, K. *Wärme- und Stoffübertragung.* 8. Aufl. Berlin Heidelberg: Springer, 2013. DOI: 10.1007/978-3-642-36558-4.

[3]   BENNETT, J. G. „Broken coal". In: *J. Inst. Fuel* 10 (1936), S. 22–39.

[4]   BILLO, E. J. *Excel for Scientists and Engineers: Numerical Methods.* New Jersey: Wiley-VCH, 2007. DOI: 10.1002/9780470126714.

[5]   BLACHNIK, R. *Taschenbuch für Chemiker und Physiker.* Bd. 3: *Elemente, anorganische Verbindungen und Materialien, Minerale.* 4. Aufl. Berlin Heidelberg: Springer, 1998. DOI: 10.1007/978-3-642-58842-6.

[6]   BRAUER, H. *Grundlagen der Einphasen- und Mehrphasenströmungen.* Grundlagen der chemischen Technik. Aarau: Sauerländer, 1971.

[7]   BUNDESMINISTERIUM FÜR UMWELT, NATURSCHUTZ UND REAKTORSICHERHEIT. *Erste Allgemeine Verwaltungsvorschrift zum Bundes-Immissionsschutzgesetz: Technische Anleitung zur Reinhaltung der Luft – TA Luft.* 2002. URL: http://www.bmub.bund.de/fileadmin/bmu-import/files/pdfs/allgemein/application/pdf/taluft.pdf (besucht am 22.03.2016).

[8]   CARLSON, E. C. „Don't Gamble With Physical Properties For Simulations". In: *Chem. Eng. Prog.* 92.10 (1996), S. 35–46.

[9]   CHAPRA, S. C. und CANALE, R. P. *Numerical Methods for Engineers.* 7. Aufl. New York: McGraw-Hill, 2015.

[10] COHEN, E. R. u. a. *Quantities, Units and Symbols in Physical Chemistry.* IUPAC Green Book. 3. Aufl. Cambridge: IUPAC & RSC Publishing, 2008. DOI: 10.1039/9781847557889.

[11] COLBURN, A. P. „Simplified Calculation of Diffusional Processes". In: *Ind. Eng. Chem.* 33.4 (1941), S. 459–467. DOI: 10.1021/ie50376a008.

[12] DIN 1333:1992-2. *Zahlenangaben.*

[13] DIN 1338:2011-03. *Formelschreibweise und Formelsatz.*

[14] DIN 1343:1990-01. *Referenzzustand, Normzustand, Normvolumen.*

[15] DIN 323-1:1974-08. *Normzahlen und Normzahlreihen; Hauptwerte, Genauwerte, Rundwerte.*

[16] DIN 323-2:1974-11. *Normzahlen und Normzahlreihen; Einführung.*

[17] DIN 66143:1974-03. *Darstellung von Korn-(Teilchen-)größenverteilungen; Potenznetz.*

[18] DIN 66144:1974-03. *Darstellung von Korn-(Teilchen-)größenverteilungen; Logarithmisches Normalverteilungsnetz.*

[19] DIN 66145:1976-04. *Darstellung von Korn-(Teilchen-)größenverteilungen; RRSB-Netz.*

[20] DIN EN 10255:2004 + A1:2007. *Rohre aus unlegiertem Stahl mit Eignung zum Schweißen und Gewindeschneiden – Technische Lieferbedingungen.*

[21] DIN ISO 9276-1:2004-09. *Darstellung der Ergebnisse von Partikelgrößenanalysen – Teil 1: Grafische Darstellung.*

[22] DIN ISO 9276-2:2006-02. *Darstellung der Ergebnisse von Partikelgrößenanalysen – Teil 2: Berechnung von mittleren Partikelgrößen/-durchmessern und Momenten aus Partikelgrößenverteilungen.*

[23] DIN ISO 9276-4:2006-02. *Darstellung der Ergebnisse von Partikelgrößenanalysen – Teil 4: Charakterisierung eines Trennprozesses.*

[24] DIN ISO 9276-6:2012-01. *Darstellung der Ergebnisse von Partikelgrößenanalysen – Teil 6: Deskriptive und quantitative Darstellung der Form und Morphologie von Partikeln.*

[25] *Energietechnische Arbeitsmappe.* 15. Aufl. Berlin Heidelberg: Springer, 2000. DOI: 10.1007/978-3-642-56960-9.

[26] ENGEL, V. *Fluiddynamik in Packungskolonnen für Gas-Flüssig-Systeme.* Bd. 3. Fortschritt-Berichte VDI 605. 1999.

[27] ENGEL, V. *Persönliche Information.* 2014.

[28] F.I.R.S.T. GESELLSCHAFT FÜR TECHNISCH-WISSENSCHAFTLICHE SOFTWARE-ANWENDUNGEN MBH. *FLUIDCAL: Calculation of Thermodynamic and Transport Properties.* Wermelskirchen, 2012.

[29] FLEISCHHAUER, C. *Excel in Naturwissenschaften und Technik.* 2. Aufl. München: Addison-Wesley, 2000.

[30] FULLER, E. N., ENSLEY, K. und GIDDINGS, J. C. „Diffusion of Halogenated Hydrocarbons in Helium. The Effect of Structure on Collision Cross Sections". In: *J. Phys. Chem.* 73.11 (1969), S. 3679–3685. DOI: 10.1021/j100845a020.

[31] GAUDIN, A. M. „Milling and Concentration – An Investigation of Crushing Phenomena". In: *Trans. Am. Inst. Min. Metall. Eng.* 73 (1926), S. 253–316.

[32] GMEHLING, J. u. a. *Chemical Thermodynamics: For process simulation.* Weinheim: Wiley-VCH, 2012.

[33] GMEHLING, J. u. a. *Vapor-Liquid Equilibrium Data Collection.* Bd. 1. Chemistry Data Series. Frankfurt am Main: DECHEMA, 1991–2014.

[34] GOEDECKE, R. *Fluidverfahrenstechnik: Grundlagen, Methodik, Technik, Praxis.* 1. Aufl. Weinheim: Wiley-VCH, 2011. DOI: 10.1002/9783527623631.

[35] GÓRAK, A. und SØRENSEN, E. *Distillation: Fundamentals and Principles.* Burlington: Elsevier Science, 2014. DOI: 10.1016/B978-0-12-386547-2.01001-2.

[36] GRASSMANN, P. *Physikalische Grundlagen der Verfahrenstechnik.* 3. Aufl. Grundlagen der chemischen Technik. Frankfurt am Main: Salle, 1983.

[37] HAIDER, A. und LEVENSPIEL, O. „Drag Coefficient and Terminal Velocity of Spherical and Nonspherical Particles". In: *Powder Technol.* 58.1 (1989), S. 63–70. DOI: 10.1016/0032-5910(89)80008-7.

[38] HERWIG, H. und KAUTZ, C. H. *Technische Thermodynamik.* Pearson, 2007.

[39] HERWIG, H. und SCHMANDT, B. *Strömungsmechanik: Physik – mathematische Modelle – thermodynamische Aspekte.* 3. Aufl. Berlin Heidelberg: Springer, 2015. DOI: 10.1007/978-3-662-45069-7.

[40] ISO 9276-3:2008-07. *Representation of results of particle size analysis – Part 3: Adjustment of an experimental curve to a reference model.*

[41] ISO 9276-5:2005-08. *Representation of results of particle size analysis – Part 5: Methods of calculation relating to particle size analyses using logarithmic normal probability distribution.*

[42] KIRSCHBAUM, E. *Destillier- und Rektifiziertechnik.* 4. Aufl. Berlin Heidelberg: Springer, 1969. DOI: 10.1007/978-3-662-11458-2.

[43] KISTER, H. Z. *Distillation Design.* 1. Aufl. McGraw-Hill, 1992.

[44] KLAPP, E. *Apparate- und Anlagentechnik: Planung, Berechnung, Bau und Betrieb stoff- und energiewandelnder Systeme auf konstruktiver Grundlage.* 1. Aufl. Berlin Heidelberg: Springer, 2002.

[45] KOFLER, M. und NEBELO, R. *Excel programmieren: Abläufe automatisieren, Apps und Anwendungen entwickeln mit Excel 2007 bis 2013.* München: Hanser, 2013. DOI: 10.3139/9783446439122.

[46] KRUCKER, G. *VBA-Code zur Polynomregression (persönliche Mitteilung).* 2015. URL: http://www.krucker.ch (besucht am 11.05.2015).

[47] KSB AKTIENGESELLSCHAFT. *Auslegung von Kreiselpumpen.* Techn. Inform. Frankenthal, 2005. URL: https://www.ksb.com/blob/52816/23e6a496a8731c 640f05314ad37a594a/auslegung-de-data.pdf (besucht am 22.03.2016).

[48] KSB AKTIENGESELLSCHAFT. *Kennlinienheft Wassernormpumpe/Wärmeträgeröl-/ Heißwasserpumpe 50 Hz Etanorm.* Frankenthal: KSB, 14. März 2016. URL: https://shop.ksb.com/ims_docs/00/00215A9B0E3B1EE5BADE24C0B9D2B4C0. pdf (besucht am 22.03.2016).

[49] LESCHONSKI, K., ALEX, W. und KOGLIN, B. „Teilchengrößenanalyse. 1. Darstellung und Auswertung von Teilchengrößenverteilungen (Fortsetzung)". In: *Chem. Ing. Tech.* 46.3 (1974), S. 101–106. DOI: 10.1002/cite.330460307.

[50] LEWIS, W. K. und WHITMAN, W. G. „Principles of Gas Absorption". In: *Ind. Eng. Chem.* 16.12 (1924), S. 1215–1220. DOI: 10.1021/ie50180a002.

[51] LOHRENGEL, B. *Einführung in die thermischen Trennverfahren: Trennung von Gas-, Dampf- und Flüssigkeitsgemischen.* 2. Aufl. München: Oldenbourg, 2012.

[52] LUCAS, K. *Thermodynamik: Die Grundgesetze der Energie- und Stoffumwandlung*. Bd. 7. Berlin Heidelberg: Springer, 2008. DOI: 10.1007/978-3-540-68648-4.

[53] MACEDO, E. A. und RASMUSSEN, P. *Liquid-Liquid Equilibrium Data Collection: Supplement 1*. Bd. 5.4. Chemistry Data Series. Frankfurt am Main: DECHEMA, 1987.

[54] MAĆKOWIAK, J. *Fluiddynamik von Füllkörpern und Packungen: Grundlagen der Kolonnenauslegung*. 2. Aufl. Berlin Heidelberg: Springer, 2003. DOI: 10.1007/978-3-642-55575-6.

[55] MCCABE, W. L., SMITH, J. C. und HARRIOTT, P. *Unit Operations of Chemical Engineering: International Edition*. 7. Aufl. McGraw-Hill Higher Education, 2005.

[56] MCCABE, W. L. und THIELE, E. W. „Graphical Design of Fractionating Columns". In: *Ind. Eng. Chem.* 17.6 (1925), S. 605–611. DOI: 10.1021/ie50186a023.

[57] MERSMANN, A. und DEIXLER, A. „Packungskolonnen". In: *Chem. Ing. Tech.* 58.1 (1986), S. 19–31. DOI: 10.1002/cite.330580109.

[58] MERSMANN, A., KIND, M. und STICHLMAIR, J. *Thermische Verfahrenstechnik: Grundlagen und Methoden*. 2. Aufl. Berlin Heidelberg: Springer, 2005. DOI: 10.1007/3-540-28052-9.

[59] MOHR, P. J., TAYLOR, B. N. und NEWELL, D. B. „CODATA recommended values of the fundamental physical constants: 2010". In: *Rev. Mod. Phys.* 84.4 (2012), S. 1527–1605. DOI: 10.1103/RevModPhys.84.1527.

[60] MOLLIER, R. „Ein neues Diagramm für Dampfluftgemische". In: *Z. Ver. Dtsch. Ing.* 67.36 (1923), S. 869–872.

[61] ONDA, K., TAKEUCHI, H. und OKUMOTO, Y. „Mass Transfer Coefficients between Gas and Liquid Phases in Packed Columns". In: *J. Chem. Eng. Jpn.* 1.1 (1968), S. 56–62. DOI: 10.1252/jcej.1.56.

[62] PAPULA, L. *Mathematische Formelsammlung*. 11. Aufl. Wiesbaden: Springer Fachmedien, 2014. DOI: 10.1007/978-3-8348-2311-3.

[63] PENG, D.-Y. und ROBINSON, D. B. „A New Two-Constant Equation of State". In: *Ind. Eng. Chem. Fundam.* 15.1 (1976), S. 59–64. DOI: 10.1021/i160057a011.

[64] POLING, B. E., PRAUSNITZ, J. M. und O'CONNELL, J. P. *The Properties of Gases and Liquids*. 5. Aufl. New York: McGraw-Hill, 2001.

[65] RACHFORD, H. H. und RICE, J. D. „Procedure for Use of Electronic Digital Computers in Calculating Flash Vaporization Hydrocarbon Equilibrium". In: *J. Petrol. Technol.* 4.10 (1952), S. 19. DOI: 10.2118/952327-G.

[66] RAMMLER, E. „Gesetzmäßigkeiten in der Kornverteilung zerkleinerter Stoffe". In: *Z. Ver. Dtsch. Ing.* 5 (1937), S. 161–168.

[67] RAYLEIGH, L. „On the Distillation of Binary Mixtures". In: *Philos. Mag. Ser. 6* 4.23 (1902), S. 521–537. DOI: 10.1080/14786440209462876.

[68] RENON, H. und PRAUSNITZ, J. M. „Local Compositions in Thermodynamic Excess Functions for Liquid Mixtures". In: *AIChE J.* 14.1 (1968), S. 135–144. DOI: `10.1002/aic.690140124`.

[69] ROSIN, P., RAMMLER, E. und SPERLING, K. *Korngrößenprobleme des Kohlenstaubs und ihre Bedeutung für die Vermahlung: Bericht C52 des Reichskohlenrates.* Techn. Ber. Berlin, 1933.

[70] RUMPF, H. und EBERT, K. F. „Darstellung von Kornverteilungen und Berechnung der spezifischen Oberfläche". In: *Chem. Ing. Tech.* 36.5 (1964), S. 523–537. DOI: `10.1002/cite.330360516`.

[71] RVT PROCESS EQUIPMENT GMBH. *Datenblatt Hiflow® Ring 50-6 Kunststoff.* 2014. URL: `http://www.rvtpe.de/wp-content/uploads/2013/02/HR-50-6-PP.pdf` (besucht am 22.03.2016).

[72] SANDER, R. „Compilation of Henry's law constants (version 4.0) for water as solvent". In: *Atmos. Chem. Phys.* 15.8 (2015), S. 4399–4981. DOI: `10.5194/acp-15-4399-2015`. URL: `http://www.henrys-law.org` (besucht am 22.03.2016).

[73] SATTLER, K. und ADRIAN, T. *Thermische Trennverfahren. Aufgaben und Auslegungsbeispiele.* 1. Aufl. Weinheim: Wiley-VCH, 2007.

[74] SCHILLER, L. und NAUMANN, A. „Über die grundlegende Berechnung bei der Schwerkraftaufbereitung". In: *Z. Ver. Dtsch. Ing.* 44 (1933), S. 318–320.

[75] SCHLICHTING, H. und GERSTEN, K. *Grenzschicht-Theorie.* 10. Aufl. Berlin Heidelberg: Springer, 2006. DOI: `10.1007/3-540-32985-4`.

[76] SCHLÜNDER, E.-U. und THURNER, F. *Destillation, Absorption, Extraktion.* Braunschweig: Vieweg, 1995.

[77] SCHUHMANN, R. „Principles of Comminution, I-Size Distribution and Surface Calculations: Tech. Publ. 1189". In: *Trans. Am. Inst. Min. Metall. Eng.* (1940).

[78] SKOGESTAD, S. *Chemical and Energy Process Engineering.* Boca Raton: CRC Press, 2009.

[79] SMUKALA, J., SPAN, R. und WAGNER, W. „New Equation of State for Ethylene Covering the Fluid Region for Temperatures From the Melting Line to 450 K at Pressures up to 300 MPa". In: *J. Phys. Chem. Ref. Data* 29.5 (2000), S. 1053–1121. DOI: `10.1063/1.1329318`.

[80] SOAVE, G. „Equilibrium constants from a modified Redlich-Kwong equation of state". In: *Chem. Eng. Sci.* 27.6 (1972), S. 1197–1203. DOI: `10.1016/0009-2509(72)80096-4`.

[81] SØRENSEN, J. M. und ARLT, W. *Liquid-Liquid Equilibrium Data Collection: Ternary Systems.* Bd. 5.2. Chemistry Data Series. Frankfurt am Main, Great Neck und N.Y.: DECHEMA, 1979.

[82] SØRENSEN, J. M. und ARLT, W. *Liquid-Liquid Equilibrium Data Collection: Binary Systems.* Bd. 5.1. Chemistry Data Series. Frankfurt am Main: DECHEMA, 1979.

[83] SØRENSEN, J. M. und ARLT, W. *Liquid-Liquid Equilibrium Data Collection: Ternary and Quaternary Systems.* Bd. 5.3. Chemistry Data Series. Frankfurt am Main: DECHEMA, 1980.

[84] SPAN, R. u. a. *TREND: Thermodynamic Reference and Engineering Data 2.0.* Lehrstuhl für Thermodynamik, Ruhr–Universität Bochum, 2015.

[85] STEPHAN, P. u. a. *Thermodynamik: Grundlagen und technische Anwendungen.* Bd. 2: *Mehrstoffsysteme und chemische Reaktionen.* 15. Aufl. Berlin Heidelberg: Springer, 2010. DOI: 10.1007/978-3-540-36855-7.

[86] STICHLMAIR, J., BRAVO, J. L. und FAIR, J. R. „General model for prediction of pressure drop and capacity of countercurrent gas/liquid packed columns". In: *Gas Sep. Purif.* 3.1 (1989), S. 19–28. DOI: 10.1016/0950-4214(89)80016-7.

[87] STICHLMAIR, J. G. und FAIR, J. R. *Distillation: Principles and Practices.* New York: Wiley-VCH, 1998.

[88] STIESS, M. *Mechanische Verfahrenstechnik – Partikeltechnologie 1.* 3. Aufl. Berlin Heidelberg: Springer, 2009. DOI: 10.1007/978/3-540-32552-9.

[89] TRUCKENBRODT, E. *Fluidmechanik.* Bd. 1: *Grundlagen und elementare Strömungsvorgänge dichtebeständiger Fluide.* 4. Aufl. Berlin Heidelberg: Springer, 1996. DOI: 10.1007/978-3-540-79018-1.

[90] TYN, M. T. und CALUS, W. F. „Diffusion coefficients in dilute binary liquid mixtures". In: *J. Chem. Eng. Data* 20.1 (1975), S. 106–109. DOI: 10.1021/je60064a006.

[91] VDI-GESELLSCHAFT VERFAHRENSTECHNIK UND CHEMIEINGENIEURWESEN. *VDI Heat Atlas.* 2. Aufl. Berlin Heidelberg: Springer, 2010. DOI: 10.1007/978-3-540-77877-6.

[92] VDI-GESELLSCHAFT VERFAHRENSTECHNIK UND CHEMIEINGENIEURWESEN. *VDI-Wärmeatlas.* 11. Aufl. Berlin Heidelberg: Springer, 2013. DOI: 10.1007/978-3-642-19981-3.

[93] VEREINIGTE FÜLLKÖRPER-FABRIKEN GMBH & CO. KG. *Gesamtprospekt.* 2015. URL: http://www.vff.com/de/download?download=1:gesamtprospekt-ger (besucht am 23.03.2016).

[94] VIGNES, A. „Diffusion in Binary Solutions. Variation of Diffusion Coefficient with Composition". In: *Ind. Eng. Chem. Fundam.* 5.2 (1966), S. 189–199. DOI: 10.1021/i160018a007.

[95] VON BÖCKH, P. und SAUMWEBER, C. *Fluidmechanik: Einführendes Lehrbuch.* 3. Aufl. Berlin Heidelberg: Springer, 2013. DOI: 10.1007/978-3-642-33892-2.

[96] WADELL, H. „Sphericity and Roundness of Rock Particles". In: *J. Geol.* 41.3 (1933), S. 310–331. DOI: 10.1086/624040.

[97] WADELL, H. „Volume, Shape, and Roundness of Rock Particles". In: *J. Geol.* 40.5 (1932), S. 443–451. DOI: 10.1086/623964.

[98] WAGNER, W. und PRUSS, A. „International Equations for the Saturation Properties of Ordinary Water Substance. Revised According to the International Temperature Scale of 1990. Addendum to J. Phys. Chem. Ref. Data 16, 893 (1987)". In: *J. Phys. Chem. Ref. Data* 22.3 (1993), S. 783–787. DOI: 10.1063/1.555926.

[99] WAGNER, W. und PRUSS, A. „The IAPWS Formulation 1995 for the Thermodynamic Properties of Ordinary Water Substance for General and Scientific Use". In: *J. Phys. Chem. Ref. Data* 31.2 (2002), S. 387–535. DOI: 10.1063/1.1461829.

[100] WAGNER, W. u. a. „New Equations for the Sublimation Pressure and Melting Pressure of H_2O Ice Ih". In: *J. Phys. Chem. Ref. Data* 40.4 (2011), S. 1–11. DOI: 10.1063/1.3657937.

[101] WHITMAN, W. G. „The Two-Film Theory of Gas Absorption". In: *Chem. Metall. Eng.* 29.4 (1923), S. 146–148.

Stichwortverzeichnis